DUMONT'S
GROSSES HANDBUCH

AQUARELL-MALEREI

JENNY RODWELL

DUMONTS GROSSES HANDBUCH

AQUARELL-MALEREI

Techniken · Materialien · Beispiele

monte von DUMONT

Die Deutsche Bibliothek - CIP-Einheitsaufnahme

DuMont's grosses Handbuch Aquarellmalerei : Techniken, Materialien, Beispiele / Jenny Rodwell. [Aus d. Engl. übers. von Helga Willinghöfer]. - Dt.-sprachige Sonderausg. - Köln : DuMont, 2000
(Monte von DuMont)
Einheitssacht.: The complete watercolour artist <dt.>
ISBN 3-7701-8559-5

Aus dem Englischen übersetzt von Helga Willinghöfer

Titel der englischen Originalausgabe:
The Complete Watercolour Artist

Satz: Fotosatz Froitzheim, Bonn

Printed in China ISBN 3-7701-8559-5

INHALT

EINLEITUNG

Das Malen mit Aquarellfarben ist seit Jahrhunderten beliebt; ihre leuchtende Transparenz zeigt eine Frische, die sich mit keinem anderen Medium erreichen läßt. Jedoch hält auch diese Technik Fallstricke bereit. Die Schönheit der Aquarellfarben hat viele Menschen dazu angeregt, mit ihnen zu arbeiten, aber nicht wenige waren von ihren Ergebnissen enttäuscht, weil sie sich ohne die notwendige Einführung in Gesetze und Techniken des gewählten Mediums in die Malerei gestürzt hatten. So ist es beispielsweise wichtig, der Farbe geduldig Zeit zum Trocknen zu lassen – sonst ist das Ergebnis durchweichtes Papier mit unkontrolliert zerlaufenden Farben. Auch das Auftragen dünner Lasuren kann Schwierigkeiten bereiten.

Dieses Buch möchte allen, die aquarellieren oder auch mit anderen Arten von Wasserfarbe arbeiten, Grundkenntnisse verschaffen, um sie zu befähigen, die Möglichkeiten des Mediums voll auszuschöpfen. Deshalb ist es nicht einfach ein Handbuch für Anfänger; es soll auch denen helfen, die schon einige Erfahrung haben und ihr Methodenrepertoire erweitern wollen. Wenn man die angemessenen Techniken kennt und etwas Übung hat, kann die Aquarellmalerei eine der interessantesten Kunstformen sein. Auch kommt sie zwei ganz verschiedenen Arbeitsweisen entgegen: der methodischen und der spontanen.

Die besten Arbeitsweisen

Mit etwas Wissen um Ausgangsmaterialien und Techniken und mit einigem Experimentieren lassen sich alle Eigentümlichkeiten des Aquarells vorteilhaft nutzen. Man kann z. B. streng methodisch ans Werk gehen, eine recht genaue Vorzeichnung machen, sich die Plazierung der Farben überlegen, sie mischen und verdünnen, um die richtigen Schattierungen zu erhalten, und die Formen dann vorsichtig ausmalen und die Farbtöne steigern, wobei man die Farbe zwischendurch trocknen läßt. Man kann auch mit trockenem Pinsel arbeiten, indem man das Wasser aus dem Pinsel drückt, um feine Strukturen zu erzielen.

Andererseits erlaubt die Tatsache, daß Wasserfarben in nassem Zustand zum Verfließen und Ineinanderlaufen neigen, auch spontanes Arbeiten. Das heißt, daß man beim Malen des Bildes den Zufall eine spannende Rolle spielen läßt. Beide Vorgehensweisen können auch miteinander kombiniert werden; ein leichtes Zerfließen der Farbe kann in einem sorgfältig durchkomponierten Bild sehr reizvoll sein.

Besonderheiten des Aquarells

Was das Medium dem Anfänger schwierig erscheinen läßt, ist das Faktum, daß Aquarellfarben transparent sind; das bedeutet, daß keine helle Farbe über eine dunkle gelegt werden kann, weil diese durchschimmern würde. Hat man eine dunkle Farbe aufgetragen, dann ist man festgelegt und kann die Wirkung nur durch Übermalen mit einer noch dunkleren Farbe verändern. Dies macht den Hauptunterschied zwischen Aquarell und Ölfarbe aus. Beim Aquarell lassen Fehler sich nicht mittels einer neuen Farblage ungeschehen machen, wie es beim Arbeiten in Öl möglich ist.

Andere Unterschiede betreffen die eigentliche Malweise. Bei Ölfarben können Glanzlichter – helle, mitunter rein weiße Farbtöne, die Lichtreflexe auf einem Gegenstand wiedergeben – noch in der letzten Arbeitsphase gesetzt werden. Beim Aquarell verwendet man die Farben jedoch gewöhnlich von hell nach dunkel. Deshalb werden die Glanzlichter oft einfach von frei gelassenen Stellen des weißen Papiers gebildet. Beim Farbauftrag beginnt man mit den hellen Tönen, und die dunkleren werden darübergelegt. Das heißt, daß von Anfang an klar sein muß, welche Teile des Bildes hell sein sollen, denn diese erhalten nur wenig oder gar keine Farbe.

Darüber hinaus läßt sich Ölfarbe auf der Leinwand noch manipulieren, denn sie haftet nicht eher vollkommen auf der Oberfläche, bis sie getrocknet ist. Wasserfarben hingegen kann man nicht so verwenden. Gewöhnlich bestimmt das Wasser den Farbton: je mehr Wasser, desto heller die Farbe.

Mischtechniken

Es hat schon immer verschiedene Arten von Wasserfarben gegeben, und heute ist das Angebot größer denn je. Und die Wasserfarben können natürlich auch mit anderen Medien gemischt werden.

Der Abriß der historischen Entwicklung der Malerei mit Wasserfarben, der den ersten Teil dieses Buches bildet, zeigt, daß Wasserfarben teilweise für erste Skizzen zu Ölgemälden verwendet wurden oder daß zu manchen Zeiten jegliches Hinzufügen anderer Materialien zu einem »reinen Aquarell« verpönt war. Heute indessen wollen viele Künstler ihre Materialien frei von irgendwelchen Zwängen verwenden. Man kann z. B. Farbstifte zusammen mit Lavierungen benutzen; auch Feder und Tusche und die Gouache (eine opake Form der Wasserfarbe) bieten viele Möglichkeiten. Deckende Wasserfarben sind älter, als man vielleicht annehmen mag – viele der alten Meister verwendeten die Gouache, um letzte Glanzlichter zu setzen.

Zwar hat das Medium gewisse Regeln, aber man sollte sich ihnen nicht sklavisch unterwerfen. Das Allerwichtigste ist, herauszufinden, welche Methoden, Techniken und Materialien einem selbst und der jeweiligen Arbeit am besten entsprechen; wenn Sie dies und die notwendigen Grundregeln im Auge behalten, werden Sie nicht viel falsch machen.

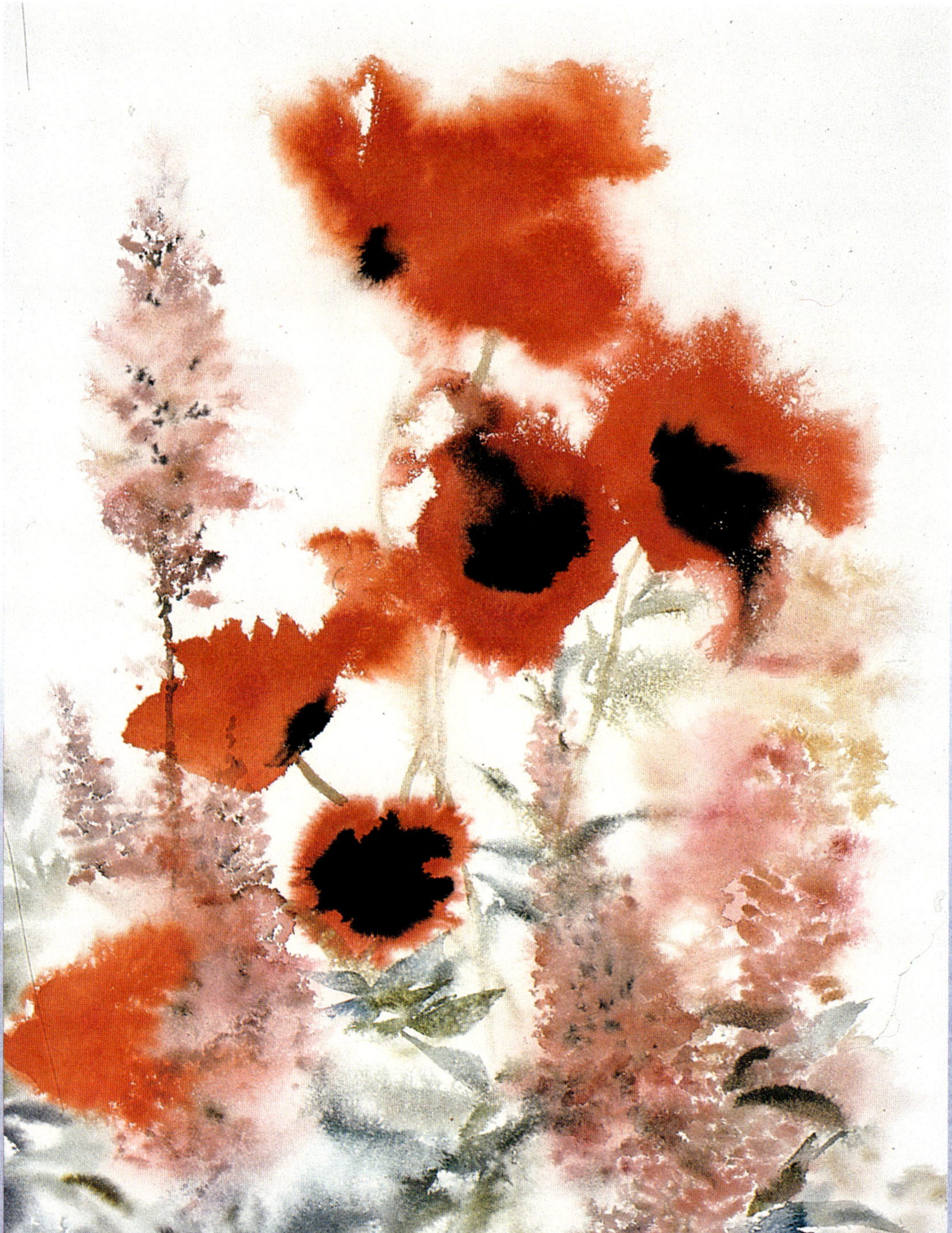

GESCHICHTE DER MALEREI MIT WASSERFARBEN

Wasserfarben sind eines der ältesten uns bekannten künstlerischen Medien. Konkrete Beweise für ihre Verwendung durch die Menschen der Steinzeit haben sich in dunklen Höhlen erhalten, die – wir wissen nicht warum – von den ersten Künstlern dieser Welt ausgeschmückt wurden. Seit damals hat die Wasserfarbe zur Geschichte der Kunst beigetragen.

Erst im 18. Jahrhundert jedoch wurde das Aquarell als eigenständiges Medium anerkannt, und seither erfreut es sich bei Amateuren wie professionellen Künstlern großer Beliebtheit. Seine beiden wichtigsten Qualitäten – Lebendigkeit und Vielseitigkeit – sind, wie dieser Teil des Buches zeigt, von den Anfängen bis heute unveränderte Faktoren geblieben.

DIE VORLÄUFER

PRÄHISTORISCHE KUNST

Obwohl wir über unsere prähistorischen Vorfahren, die vor ungefähr 20 000 Jahren lebten, wenig wissen, ist es doch sicher, daß unter ihnen begabte Künstler waren. Ausgestattet mit einfachen Farben aus Erde, Mineralien und tierischen Pigmenten – roter und gelber Ocker, Mangan, Graphit und tiefrote Eisenoxyde –, Werkzeug zum Ritzen der Umrißlinien, Geräten zum Aufstreichen der Farben und in einigen Fällen mit beinernen Röhren zum Blasen fein pulverisierter Pigmente, krochen diese Maler der Altsteinzeit in die inneren Winkel großer Kalksteinhöhlen.

Schwarze Spuren an den Höhlenwänden und -decken zeigen, daß sie die furchteinflößende Dunkelheit mit dem schwachen Licht einfacher Talglampen erhellten.

Für die Künstler war es nicht einfach, die Decken und Wände dieser Räume zu erreichen. Man nimmt an, daß sie recht unbequem auf den Schultern oder Rücken anderer standen oder flach auf dem Rücken auf schmalen Vorsprüngen lagen. Ihre Farben bestanden aus zerstampften Pigmenten, mit Wasser verdünnt und einer Art Bindemittel, das auf der Felsoberfläche haftenblieb, vermischt. Die feuchte Konsistenz dieser Farben trug dazu bei, die Gemälde in der klammen Luft der Kalksteinhöhlen zu erhalten.

Auf diese Weise entstanden lebendige und naturgetreue Bilder, zumeist vom Jagdwild – typisch ist der Büffel – der Menschen des Paläolithikums. In einigen Fällen haben die Künstler ältere Darstellungen wiederholt übermalt. Viele dieser zuletzt entstandenen Bilder blieben über Jahrtausende unversehrt erhalten.

Gegen Ende des 19. Jahrhunderts wurden im nordspanischen Altamira erstmals solche Malereien entdeckt. Sie stellten die geläufigen Ansichten über Kultur und Fähigkeiten der prähistorischen Menschen sogleich in Frage. Viele damalige Historiker waren skeptisch und mochten nicht glauben, daß »jene Wesen« technisch dermaßen geschickt waren. Einige erklärten die Höhlenbilder zu Fälschungen.

Eine andere wichtige Entdeckung wurde 1940 in der Nähe von Montignac in der Dordogne (Frankreich) gemacht, als vier Jungen beim Spielen auf die Höhlenmalereien von Lascaux stießen. Seither sind weitere Bilder gefunden worden, und die Forscher des 20. Jahrhunderts haben nach wissenschaftlichen Analysen die Echtheit der Höhlenbilder anerkannt. Dennoch fiel es manchem schwer, zu akzeptieren, daß die wahren Vorläufer der gefeierten Meister diese primitiven Steinzeitmaler waren, die vor vielen tausend Jahren abgelegene, dunkle Höhlen ausschmückten.

Stehender Büffel
Altamira, Spanien

Hier sehen wir einen lebendigen Beweis für das Können der Höhlenmaler: Die plumpe, bedrohliche Kraft des Büffels ist in meisterlicher Weise eingefangen. Dies ist ein Beispiel für die Detailgenauigkeit, mit der viele der Tiere wiedergegeben wurden; es bezeugt eine Auffassung, die verblüffend modern wirkt – ganz anders als die symbolhafte und stilisierte Darstellungsweise vieler primitiver und antiker Kunstwerke. In den Höhlenmalereien hat das Tier den Vorrang. Menschliche Gestalten erscheinen selten, und wenn, dann fast immer als Strichmännchen, mit Pfeilen auf die Tiere zielend.

Seit der Entdeckung der Höhlenmalereien wurden Vermutungen über ihren Zweck angestellt und besonders zu der Frage, warum sie in die dunkelsten Winkel gemalt wurden. Daß die Steinzeitmenschen vielleicht sehr viel bessere Augen hatten, ist unwahrscheinlich, denn mit ziemlicher Sicherheit mußten sie die Höhlen beleuchten. Nach der gängigsten Theorie stellen die Bilder eine Art des Zaubers dar, und die Dunkelheit sollte religiöse Ehrfurcht einflößen, wenn Formen und Farben im Lampenlicht zuckten. Die Überlagerung eines Bildes mit einem anderen legt nahe, daß die Künstler die Höhlen nicht aus ästhetischen Gründen ausmalten, sondern weil das Festhalten eines Tieres im Bild bei der Jagd helfen sollte.

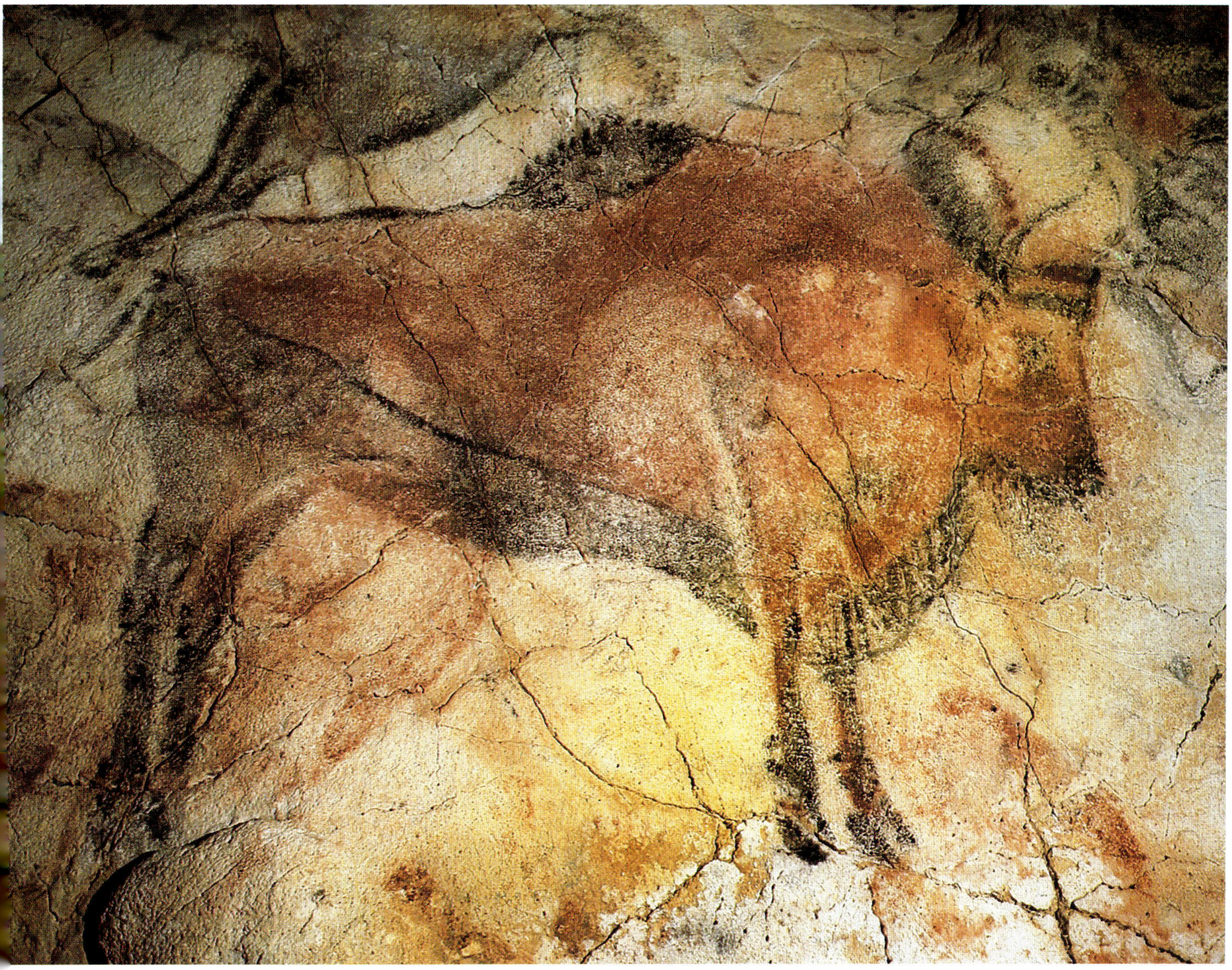

DIE VORLÄUFER

FRÜHE MALGRÜNDE

(Papyrus und Pergament)

Die Maler, die während 3000 relativ gleichmäßig verlaufender Jahre der ägyptischen Geschichte Gebäude, Gräber und Papyrusrollen schmückten, wurden weder ermutigt, neue Wege zu gehen, noch betrachtete man sie als eigenständige Künstler. Ein und dieselben Handwerker, die Schreiber, schrieben und malten, und sie wurden wahrscheinlich auf vielen verschiedenen Gebieten geschult. Doch scheint unter ihnen eine Hierarchie existiert zu haben, denn einige bekleideten hohe Ämter in der ägyptischen Regierung. Wahrscheinlich bekam jeweils ein Team von Schreibern ein Projekt zugewiesen: Einige zeichneten die Umrißlinien, andere schrieben, und einige fügten Farbe und Details hinzu, vielleicht unter der Aufsicht eines »Meisters«, der an kritischen Punkten eingriff.

Die Maler arbeiteten hauptsächlich mit mineralischen Pigmenten. Eisenoxyde färbten rot, während Blau aus Kieselerde, Kupfer und Kalzium gewonnen wurde. Kohle lieferte Schwarz, Kalk oder Gips waren die Ausgangsstoffe für Weiß; ferner gab es gelben Ocker und ein Grün aus zerstoßenem Malachit. Die Pigmente wurden in Wasser aufgeschwemmt und mit einem Bindemittel, wahrscheinlich pflanzlicher oder tierischer Klebstoff, versetzt. Mit diesen Farben, manchmal über einer zarten Untermalung, erzielten die Schreiber brillante Farbtöne, von denen viele dank der mineralischen Zusammensetzung bis heute überraschend intensiv geblieben sind. Die Malutensilien, die man in Gräbern gefunden hat, sind erstaunlich einfach und bilden einen auffälligen Kontrast zu den subtilen Ergebnissen, die die Schreiber-Maler damit erzielten. Geschrieben und gemalt wurde mit verschiedenen Pinseln: feinen Binsen mit zerkauten Enden, Stücken von Palmblattrippen und Holzstäbchen, deren Fasern an einem Ende auseinandergeklopft waren.

Mit dieser Ausstattung mußte ein Schreiber-Maler nach einer harten Lehrzeit Bilder in einem vorgegebenen, aperspektivischen Stil malen können. Alle Figuren zeigen sowohl Profil- wie auch Frontalansichten – stilisierte, von vorn gesehene Augen sitzen in einem im Profil dargestellten Kopf; die Beine werden von der Seite wiedergegeben, während die Schultern sich eckig in die Frontale drehen usw. Diese Regeln wurden selten übertreten. Aber an den lebensvollen Gesten, den kompositionellen Tricks an Stellen, wo Gliedmaßen oder Kleidungsstücke Begrenzungslinien überschneiden, an den naturgetreu dargestellten Tieren und Pflanzen und nicht zuletzt an den raffinierten Farben können wir erkennen, daß es auch Raum für Kreativität gab.

Papyrus war in der Antike der verbreitetste Träger für Schrift und Bild. Hergestellt wurde er aus den der Länge nach gespaltenen Stengeln der Papyruspflanze, die in Sümpfen üppig gedieh. In griechischer und römischer Zeit kam das Pergament auf; es fand im Laufe der Zeit weite Verbreitung (obwohl Papyrus lange bevorzugt wurde). Auch die prachtvoll illustrierten Evangeliare des Mittelalters entstanden auf Pergament.

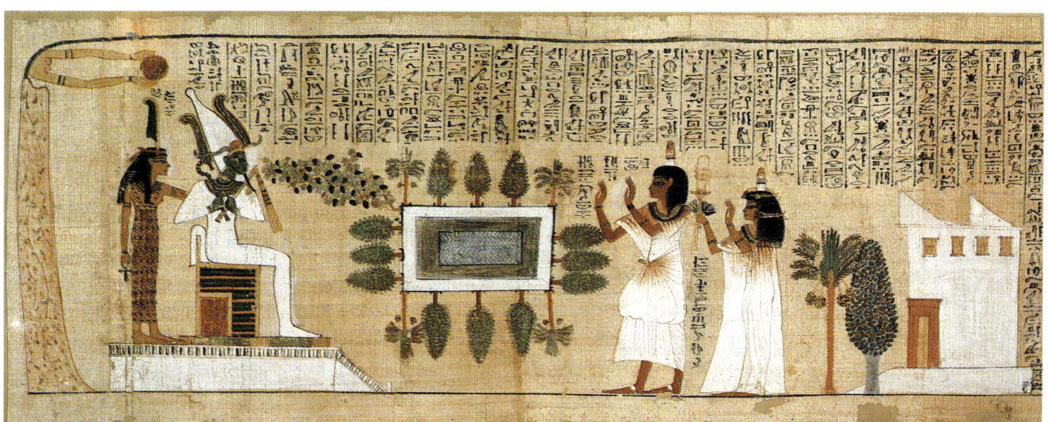

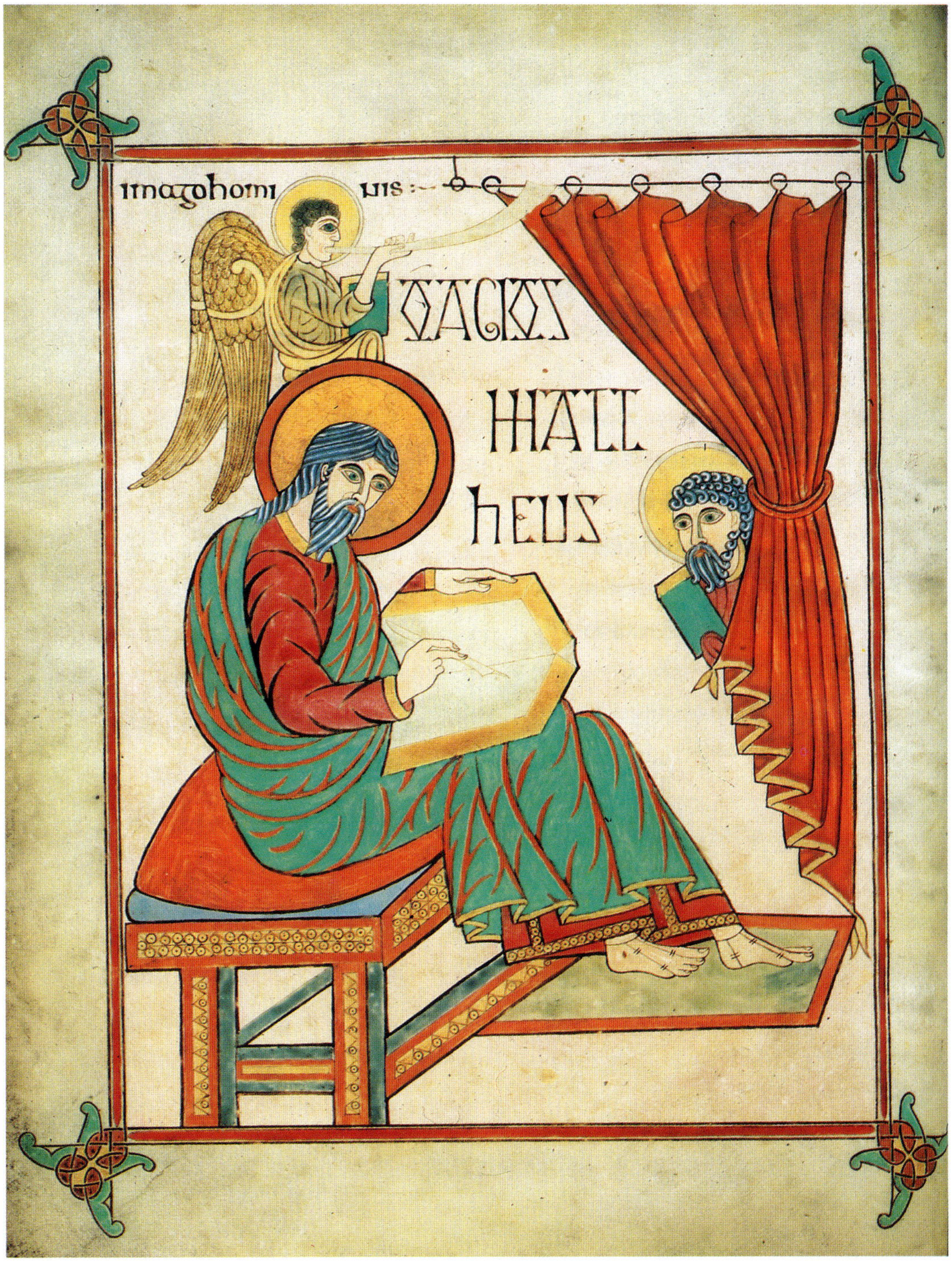

Nacht und seine Frau
Totenbuch (um 1320–1290 v. Chr.)

Wie die Höhlenmaler Tausende von Jahren vor ihnen malten viele altägyptische Künstler für »Galerien«, die, so glaubten sie, für immer in Dunkelheit gehüllt bleiben würden. In leuchtenden Farben entstanden beseelte Szenen auf Papyrusrollen, die dann versiegelt in die Gräber wichtiger Persönlichkeiten gelegt wurden.

Diese Texte sollten ihren Besitzern helfen, wenn sie vor Osiris, den Richter der Toten, traten, und sie zugleich bei den komplizierten Vorbereitungen auf das Leben im Jenseits anleiten. Die von den Archäologen gefundenen Papyrusrollen sind zusammengetragen worden und unter dem Titel »Totenbuch« bekannt, wobei es mehrere Versionen gibt.

Die hier abgebildete Version ist ein Manuskript für Nacht, einen ranghohen Schreiber, und seine Frau. Wir sehen die beiden, wie sie aus ihrem Haus treten und die aufgehende Sonne und Osiris, der auf einem Podium sitzt, begrüßen. Wie in vielen solcher Manuskripte tritt der Text selbst optisch zurück. Er ist in einfachem, schmucklosem Schwarz geschrieben, ganz ähnlich einem modernen bebilderten Buch. In der bildlichen Darstellung überwiegt das lineare Element; die Figuren sind formelhaft im Profil wiedergegeben, aber nicht perspektivisch. Die Bäume um das Wasserbecken scheinen parallel zum Boden zu wachsen. (LINKS)

Der Evangelist Matthäus
Lindisfarne-Evangeliar (um 690–700 n. Chr.)

Das Lindisfarne-Evangeliar, eine illuminierte Handschrift aus dem abgelegenen Kloster von Lindisfarne auf Holy Island vor der Nordostküste Englands, stellt einen künstlerischen Höhepunkt der angelsächsischen Epoche dar. Diese Darstellung ist linear, ohne viel Tiefe, aber mit jenen strahlenden Farben ausgeführt, die für das große Zeitalter der Manuskriptilluminierung typisch sind. (OBEN)

DIE VORLÄUFER

FRESKEN

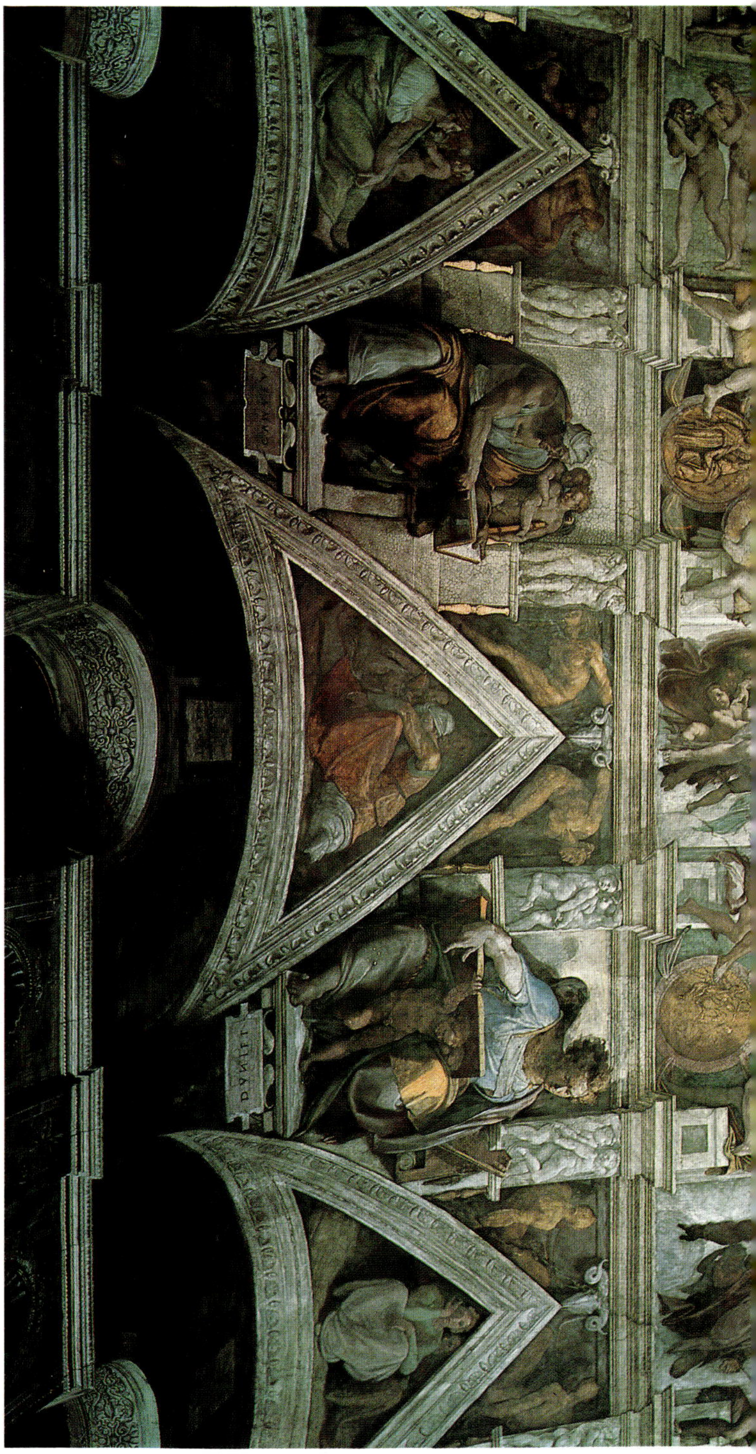

Mit der Freskomalerei hat die Menschheit zweifellos einen künstlerischen Gipfelpunkt erreicht. Echte Fresken sind die schönste Art, Bauwerke innen und außen zu dekorieren, die Künstler je erdacht haben. Leider werden sie heute kaum noch hergestellt, weil ihre Technik modernen Konstruktionsmethoden nicht entspricht. Die Freskomalerei erlebte in der Renaissance ihre Blütezeit, und es wird wohl kaum je eine Technik erfunden werden, die als Dekorationsmöglichkeit für Wände und Decken so überaus anziehend und gleichzeitig so effektiv wäre. Beim klassischen oder echten Fresko, italienisch *fresco buono,* trägt der Künstler die mit Wasser vermischten Pigmente direkt auf den noch feuchten, frischen Putz auf, wobei Verputzen und Malen sorgfältig aufeinander abgestimmt werden. Wenn der Putz aus absolut reinen Grundstoffen besteht – z. B. aus weißem, gipsfreiem Kalk und reinem Sand –, dann rufen die Säuren in der Luft eine chemische Reaktion hervor, bei der sich die Pigmente dauerhaft mit dem Untergrund verbinden. Das Ergebnis ist ein Gemälde, das wirklich ein Teil des Bauwerks selbst ist, keine später hinzugefügte Dekoration.

Der Begriff *fresco secco* wird für Malereien auf schon einmal getrocknetem Putz verwendet. Bevor der Künstler mit der Arbeit beginnt, wird die Wand gründlich mit Kalkwasser befeuchtet. Im antiken Rom finden wir einige wunderschöne Wandmalereien, von denen die meisten wahrscheinlich auf bereits trockenen Putz gemalt wurden.

Es war jedoch das *fresco buono,* das etwa zwischen dem 13. und 16. Jahrhundert triumphierte, und die Werke jener Zeit blieben unerreicht. Die höchsten Ansprüche wurden gestellt: Nur reinster Kalk, mindestens zwei Jahre in der Kalkgrube gelagert, konnte verwendet werden; die frisch verputzte Fläche wurde mit fein zerriebenen, in saubersten Wasser gelösten Erdpigmenten bemalt. Die Fresken Giottos (1266/1267–1337) in Padua gelten als Meisterwerke, ebenso seine Fresken in den Kapellen von Santa Croce in Florenz.

Im 16. Jahrhundert wandten sich viele Maler erneut dem *fresco secco* zu. Im 19. Jahrhundert versuchte man in Nordeuropa, das echte Fresko wiederzubeleben, aber diese Versuche scheiterten an der Feuchtigkeit des Klimas.

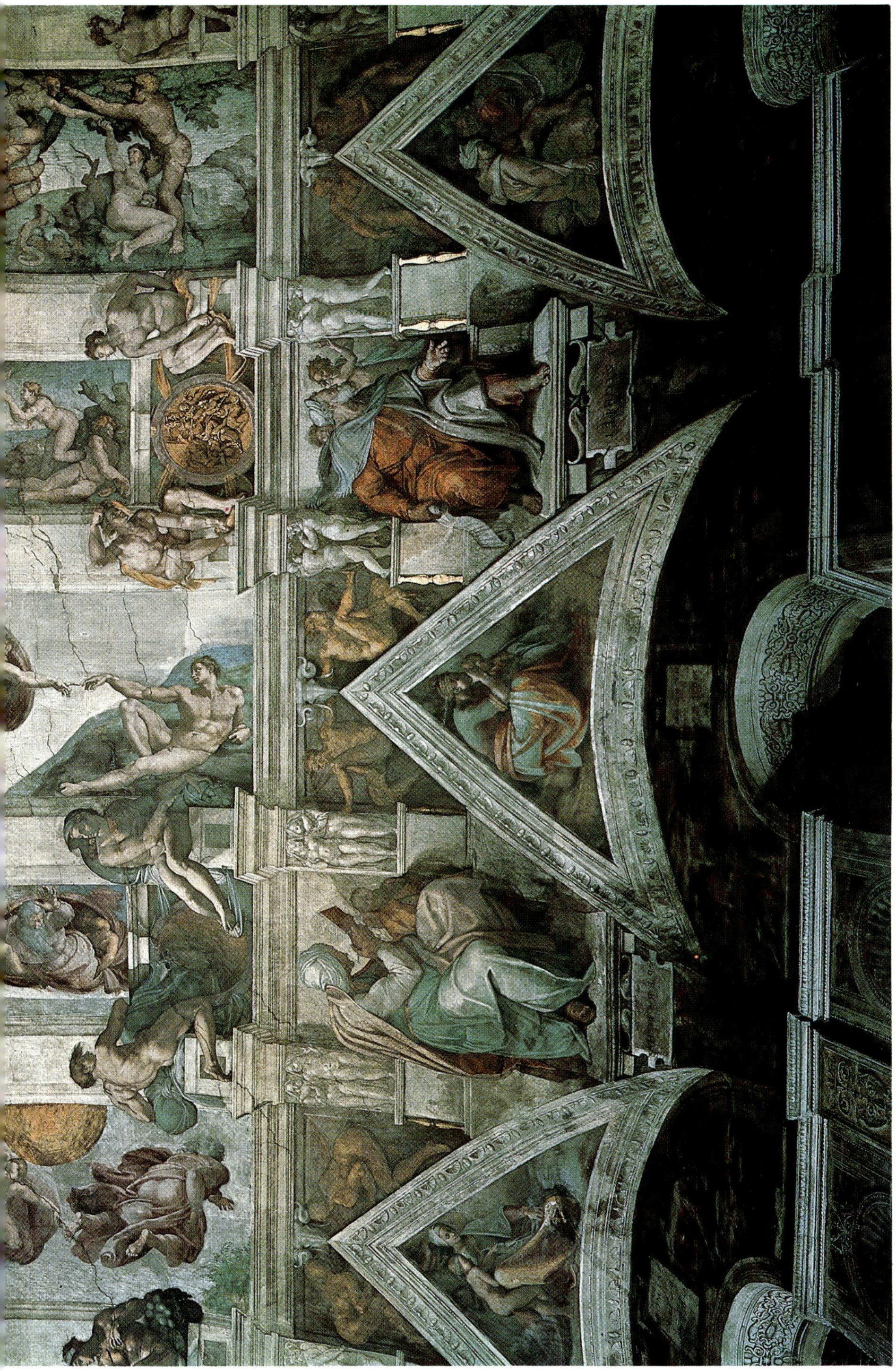

Decke der Sixtinischen Kapelle
Michelangelo Buonarroti
(1508 begonnen)

In diesem weltberühmten Meisterwerk erweckte Michelangelo (1475–1564) die gesamte Decke der Sixtinischen Kapelle zum Leben. Die Gestalten scheinen über die Fläche zu schweben und zu gleiten. Dies ist Freskomalerei in Vollendung.

Es dauerte zweieinhalb Jahre, bis der Bilderzyklus mit Szenen aus der Genesis vollendet war. Er wuchs langsam, Abschnitt für Abschnitt und parallel mit der letzten Putzschicht über die riesige Decke.

Vor allem für größere Fresken dieser Art mußte zunächst ein vollständiger Plan oder Karton mit genauer Angabe des täglichen Malpensums entworfen werden. Die meisten Künstler planten exakte Schemata, bevor sie mit der eigentlichen Arbeit begannen. Dann konnte Pausleinen über die Fläche gespannt und die Komposition mittels Durchdrücken oder Poncieren übertragen werden.

Der verwendete Putz war das Produkt jahrelanger, sorgfältiger Arbeit. Der Kalk wurde in eine Grube geschüttet und mindestens zwei Jahre lang gewässert und durchgerührt, bis er rein genug war. Jeder Fehler bei der Putzherstellung konnte die baldige Zerstörung des Freskos bedeuten, weil chemische Verunreinigungen ein Verblassen der Farben zur Folge haben.

Der Putz wurde in drei Schichten aufgetragen. Die erste Schicht, trusilar, *war von grober Beschaffenheit; darauf folgte eine zweite,* arricciato, *die mehr Kalk enthielt. Dann wurde die Fläche, die der Künstler an einem Tag bemalen konnte, abgemessen und die dritte Putzschicht nur auf diesen Bereich aufgetragen. Diese Schicht nannte man* intonaco, *und sie enthielt noch mehr Kalk.*

In der Sixtinischen Kapelle arbeitete man beim Verputzen und Freskieren auf hohen Gerüsten. Die Malereien wurden zunächst aus dünnen, transparenten Schichten aufgebaut, die in den feuchten Putz einzogen und völlig von ihm aufgesogen wurden – ein Verfahren, das der Aquarellmalerei ähnelt. Dann folgten die Details, einschließlich der Glanzlichter aus rein weißem Kalk. Die italienischen Maler liebten Schraffuren und Schatten, um Form und Volumen wiederzugeben.

DER OSTEN

CHINESISCHE KUNST

Farben auf Wasserbasis kennt man in China seit mindestens 3000 Jahren; oft wurde ihre Verwendung von den langen und zählebigen Traditionen der Philosophie und der Religion bestimmt.

Die chinesische und die japanische Kunst sind für ihre Lebendigkeit berühmt: Die Gestalten scheinen sich zu bewegen; der Bambus wiegt sich, Blätter und Blumen schaukeln im Wind. Die Techniken, denen diese Effekte sich verdanken, basieren teilweise darauf, daß man mit einem Pinsel auf Seide oder Papier schrieb. Die saugfähige Oberfläche dieser Materialien regte die chinesischen Maler zum Gebrauch dünnflüssiger Medien wie Tusche und wasserlösliche Farben an.

Die Seidenindustrie, die auf Seidenraupenzucht beruht, bestand in China seit etwa 2000 v. Chr. Das aus den Kokons der Seidenraupen gewonnene Material nimmt leicht Wasser auf und ist für das Malen in zarten Schichten ideal. Bemalte Seide diente als Wanddekoration oder wurde als Frühform des Buches in Rollen aufbewahrt.

Die Chinesen stellten auch schon früh Papier her. Angeblich hat Tsai-Lun es im Jahre 105 n. Chr. erfunden, indem er Pflanzen zu Fasern zerklopfte und diese miteinander verwob. Bald verwendete man auch Lumpen und alte Netze für die Papierherstellung.

Jahrhundertelang war die Kunst des Malens für die Chinesen von der Kalligraphie nicht zu trennen. Keineswegs nur eigens geschulten Künstlern vorbehalten, wurde die Malerei als unentbehrliche Fähigkeit – besonders für Gelehrte, Dichter, Philosophen und selbst Kaiser – angesehen und von Kindheit an gelehrt. Aus diesem Grunde zeigen viele Bilder philosophische Themen. Einige wollen dem Betrachter sehr direkt und bewußt Wissen vermitteln, gelegentlich unterstützt von wunderschön gestalteten Textabsätzen. Andere Bilder, besonders die großen Landschaften, sind hingegen visuelle Formen der Meditation.

Die Landschaftsbilder versuchen, eine friedliche Beziehung zur Natur aufzubauen. Menschliche Gestalten scheinen winzig neben sich auftürmenden Bergen und überhängenden Bäumen. Nebelspiralen wirbeln um dramatisch hervorgehobene Gipfel; die Kleinheit und Zerbrechlichkeit der Menschen spiegelt ihre nebensächliche und vergängliche Stellung in der Natur und im unausweichlichen Lauf der Welt. Die geistige Basis dieser Gemälde liegt in Lehren wie dem Taoismus und dem Buddhismus, die vom Menschen verlangen, seinen Platz im großen Ordnungssystem der Natur zu akzeptieren.

Obwohl in China immer die Landschaft als das eigentliche Thema der Malerei betrachtet wurde, hat man wichtige und interessante Persönlichkeiten von Zeit zu Zeit porträtiert. Der menschliche Körper steht jedoch nicht – wie in der westlichen Kunst so häufig – im Mittelpunkt des visuellen Interesses. Statt dessen betrachtet man die Personen eingebunden in das alltägliche Leben und in religiöse Zeremonien. Eine der bekanntesten seidenen Schriftrollen hat der Kaiser Hui Tsang (der von 1101 bis 1125 regierte) bemalt. Dargestellt sind Frauen beim Herrichten einer Rolle aus gerade gewobener Seide. Ein anderer berühmter Künstler, Chou Fang (um 740–800), malte hochstehende Damen in anmutigen Haltungen, wie er sie täglich bei Hofe sah. Die Frauen stehen neben grünenden Büschen, kleinen Tieren oder Vögeln, die ihre modische Eleganz unterstreichen.

Iris mit Schmetterlingen und Insekten
Anonymer Künstler (16. Jahrhundert)

Diese mit Tusche und Farben bemalte seidene Bildrolle stammt aus der Zeit der Ming-Dynastie (1368–1644), als Freiheit und Farbe in der chinesischen Kunst wiederauflebten.

Unter dem Einfluß der philosophischen Lehren des Taoismus und des Buddhismus hatten einige chinesische Malerschulen eine Art Reinigungsprozeß in Richtung auf ein sehr einfaches und strenges Ideal der Ruhe hin durchgemacht. Mu-ch'i (um 1200–1270), ein vom Zen beeinflußter malender Mönch, schuf ein mystisches Bild mit dem Titel »Die Abendglocke eines Tempels im Nebel«, auf dem weitentfernte, winzige Punkte der Landschaft schemenhaft durch den Dunst sichtbar werden. Auch die Landschaften anderer Maler waren immer häufiger aus leerem Raum komponiert; einige von ihnen fangen mit ein paar Pinselstrichen auf unvergleichliche Weise eine geheimnisvolle und entrückte Stimmung ein.

Nachdem mongolische Eroberer zwischen 1280 und 1368 über China regiert hatten, wurde das Land unter einer einheimischen Dynastie, den Ming, wiedervereinigt. Die Kunst erlebte eine Zeit der Entspannung und stärkerer Farbigkeit, die leuchtende Bilder von Tieren und Hofszenen hervorbrachte. Offiziell ernannte Künstler tauchten wieder auf, jedoch mußten sie sich nicht mehr so strengen Einschränkungen unterwerfen wie zuvor. Vogel- und Blumenmaler arbeiteten z. B. wieder für das Kaiserhaus, nunmehr aber frei von Vorschriften, die sorgfältige Studien verlangt hatten. In einigen Fällen führte dies zu rein dekorativen oder die älteren Meister nachahmenden Werken, aber manche Maler, wie der hier vorgestellte anonyme Künstler, machten sich die neuen Freiheiten kreativ zunutze. Phantasiegelenkte Pinselstriche brachten wunderschöne Bilder hervor und verliehen dem Begriff »dekorativ« eine durchaus positive Bedeutung.

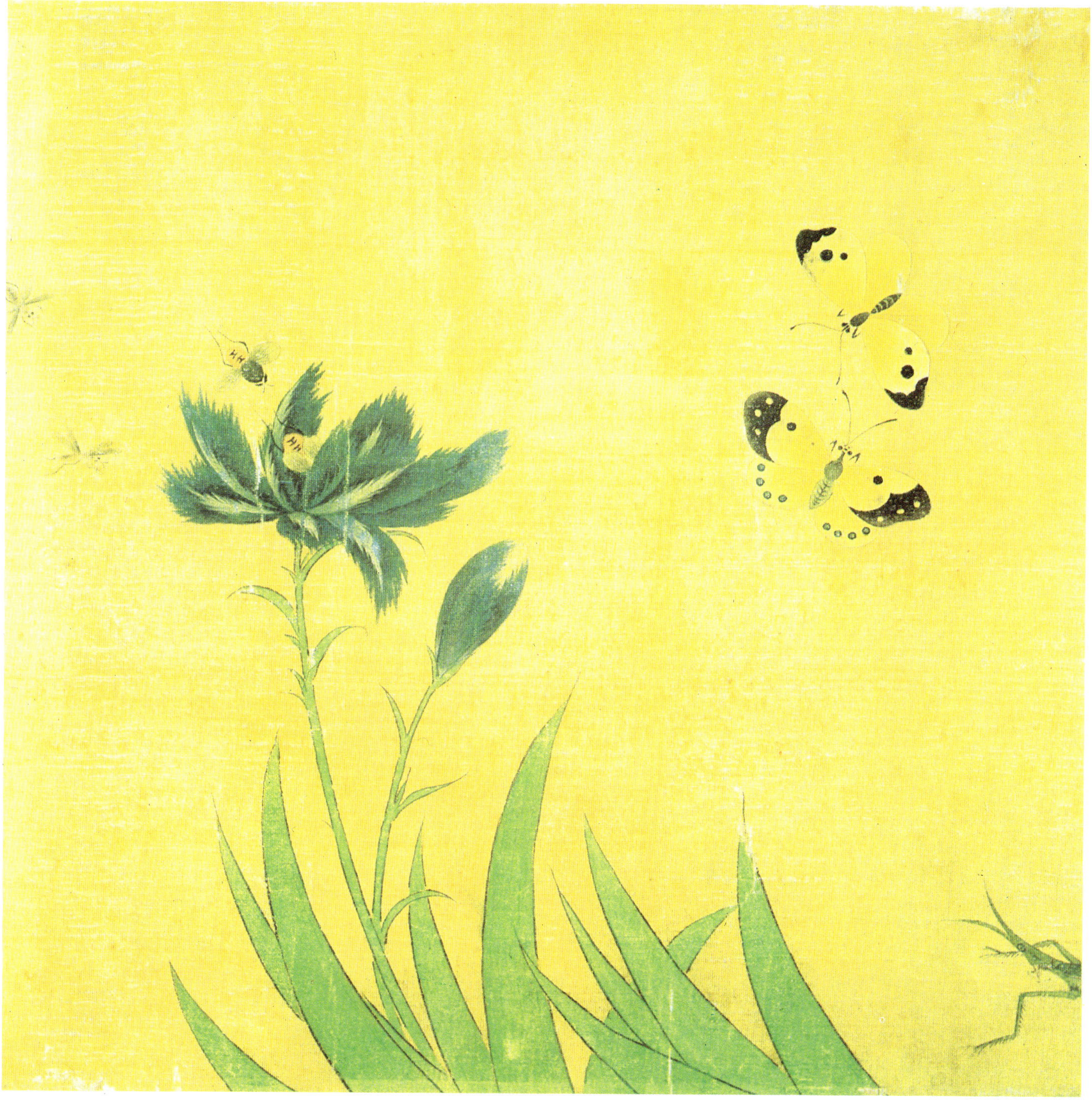

Mahnworte der Lehrerin an die Hofdamen
(Ausschnitt)
Ku K'ai-chih (4. Jahrhundert)

Einer der größten Meister der frühchinesischen Malerei arbeitete zur Zeit der »sechs Dynastien«, als zwischen 222 und 589 das alte Han-Reich in drei Königreiche aufgeteilt wurde. Ku K'ai-chih (344–ca. 405) lebte unter der östlichen Chin-Dynastie. Für die Malerei existierten bereits strenge Richtlinien, zu denen bewährte Arten der Pinselführung, getreuliche Objektwiedergabe und das Kopieren älterer Werke zur Aufrechterhaltung der Tradition gehörten. Kopien von Ku K'ai-chihs Werken haben sich erhalten; diese Bildrolle – Tusche und Farben auf Seide – ist wahrscheinlich eins seiner Originalgemälde.

Die mit feinen Pinselstrichen umrissenen Personen sind eindeutig individuelle Charaktere und keine stilisierten menschlichen Gestalten. Die Bildrolle behandelt ein ernstes moralisches Thema, die oft zerbrechlichen Beziehungen zwischen Männern und Frauen, aber es findet sich auch eine leicht humoristische Note.

Wie ein großer Teil der chinesischen Kunst wurden Ku K'ai-chihs Bilder von literarischen und philosophischen Ideen angeregt. Diese Rolle z. B. illustriert einige Schriften Chang Huas. Der moralisierende Ton wird in einer Passage deutlich: »Alle Menschen wissen, wie sie ihr Gesicht verschönern können, aber keiner weiß seinen Geist zu schmücken.«

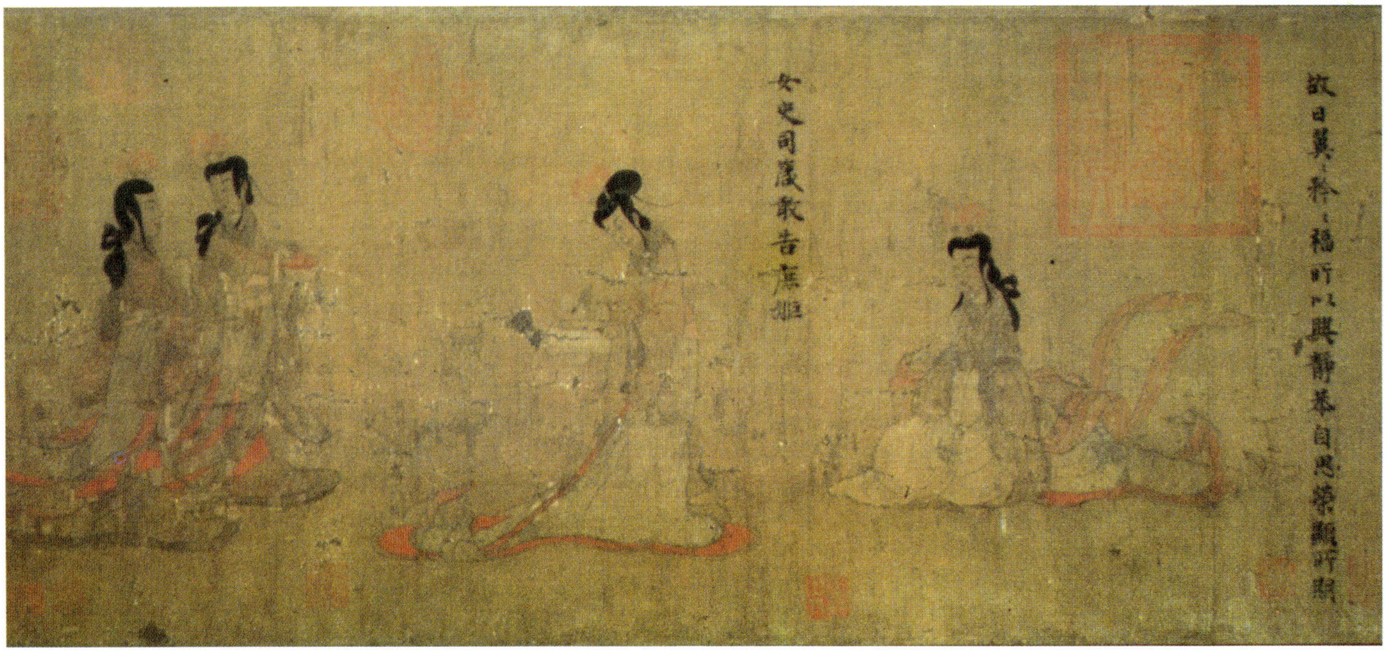

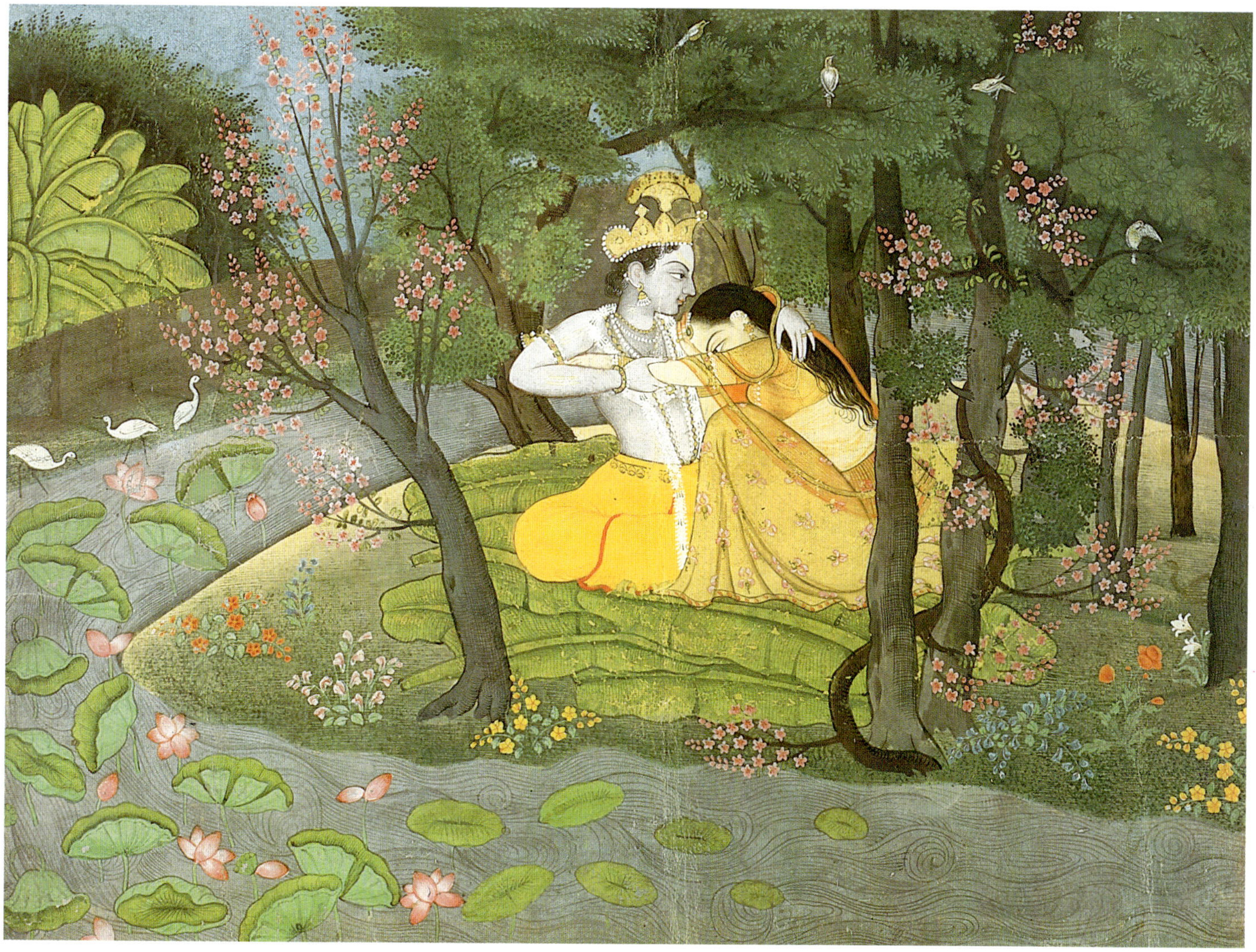

Radha und Krischna in einem Wäldchen
Aus der Radschasthani-Schule (18. Jahrhundert)

Ein Gott, der menschliche Gestalt angenommen hat, und ein Milchmädchen lagern in dieser Liebesszene in einem idyllischen Wald. Das Bild stammt aus einer der farbenreichsten Epochen der indischen Kunst, der Radschput-Hindu-Tradition der Miniaturmalerei. Diese Kunstrichtung erlebte ihre Blütezeit zwischen dem 16. und dem 19. Jahrhundert in zwei führenden Schulen, der Radschasthani-Schule in Radschputana und der Pahari-Schule im Pandschab. Sie wurzelte in Hofleben und in höfischer Unterhaltung und wurde durch indische Epen und Legenden inspiriert.

Der Wischnu-Kult war in Nordindien überaus verbreitet und regte zu Schauspielen, Geschichten, Liedern und Bildern an. Der Hindugott Wischnu nahm verschiedene Gestalten an, auch die Gestalt Krischnas, der Freude und Liebe – Heilmittel gegen das Leid – repräsentiert. Er hat auch eine leicht schalkhafte Seite, und seine Liebesabenteuer mit den Kuhmägden, von denen Radha seine Favoritin war, übten auf die indischen Geschichtenerzähler und Künstler große Anziehungskraft aus. Sie konzentrierten sich oft auf diesen heiteren Aspekt eines alten Kultes, dessen ältere, ernstere Versionen von einem Krischna erzählt hatten, der seine Gespielinnen verließ, um gegen die Tyrannei zu kämpfen.

Blumen und Schmuck sind sehr genau wiedergegeben, die Gesichter, ins Profil gewendet, in einer für diese Schulrichtung typischen Weise stilisiert. Das überall deutlich werdende Bemühen um Gestaltung und Farbigkeit und die stilisierten Formen verleihen dem Bild etwas Magisches. Es verläßt die irdische Realität und führt den Betrachter in eine glücklichere Welt.

DER ERSTE AQUARELLIST

ALBRECHT DÜRER

(1471–1528)

Als erster europäischer Maler verwendete Albrecht Dürer Wasserfarben als ernstzunehmende Alternative zu Ölfarben. Liebe zur Naturgeschichte und sorgfältiges Beobachten von Pflanzen, Vögeln und Tieren führten ihn zu umfassender Erkundung der Möglichkeiten dieses Mediums. Das Aquarell mit seinen zarten, transparenten Tönen ermöglichte ihm bei seinen Naturdarstellungen wissenschaftliche Genauigkeit. Dürer arbeitete sowohl als Stecher wie auch als Ölmaler; dies befähigte ihn dazu, Linie und Farbe einzusetzen und Aquarelle zu schaffen, die in ihrer Detailgenauigkeit atemberaubend sind.

Dennoch geriet die Wasserfarbe nach Dürers Tod trotz seiner meisterhaften Schöpfungen wieder in Vergessenheit; man betrachtete sie als zweitrangiges Medium, für Miniaturen, Manuskriptillustrationen und Studien zu Ölgemälden geeignet. Fast 300 Jahre vergingen, bis sie wieder als autonomes Medium zur Geltung kam.

Das Ende des 15. Jahrhunderts wird allgemein als Ausgang der Früh- und Beginn der Hochrenaissance betrachtet. Somit lebte Dürer in einer der bedeutsamsten Epochen der Kunstgeschichte. Er war Zeitgenosse künstlerischer Genies – Michelangelo, Raffael, Tizian, Botticelli, Hieronymus Bosch und Leonardo da Vinci.

Der junge Dürer lernte das Stechen von seinem Vater, einem Goldschmied, und später war er besonders im Kupferstechen sehr geschickt. Von Jugend an entwickelte er ein starkes Gefühl für die Linie mit ihrer wechselnden Breite und ihren Möglichkeiten zur Detailwiedergabe. Dieser Ansatz wird in all seinen Aquarellen deutlich, besonders in den Pflanzenbildern mit ihrer Kombination transparenter Farben und exakter Umrisse.

Als Lehrling in einer Malerwerkstatt entwickelte Dürer seine virtuose Beherrschung der Farbe noch weiter. Später, in den neunziger Jahren des 15. Jahrhunderts, reiste er durch Deutschland und besuchte Italien.

Die Biographen bemerken, daß er die Werke anderer Künstler sah und von ihnen beeindruckt war; er begann auch, Landschaften mit Wasserfarben zu malen. Nach der Rückkehr in seine Geburtsstadt Nürnberg eröffnete Dürer 1495 seine eigene Werkstatt. Später suchte und gewann er das Mäzenatentum einiger der mächtigsten Persönlichkeiten seiner Zeit, z. B. der Kaiser Karl V. und Maximilian I. Inzwischen hatte sich Nürnberg zu einer der Hochburgen des Protestantismus entwickelt. Dürer unterstützte die Lehren der Reformation und wurde ein Freund Martin Luthers. Er war ein echter Renaissancemensch, und seine weitgefächerten Interessen ließen ihn auch Abhandlungen über Geometrie, Perspektive und Festungswesen schreiben.

Das große Rasenstück
Albrecht Dürer (1503)

Dieses Bild ist ein klassisches Beispiel für das Klischee »seiner Zeit voraus«. Dürers Aquarell der Gräser und wilden Blumen stand außerhalb der zeitgenössischen Kunst und blieb für Jahrhunderte einzig in seiner Art. In seinem sachlichen Realismus nimmt es einen großen Teil der modernen Malerei und Illustration vorweg.

Um jede Pflanze vollständig abzubilden, legte Dürer den Standpunkt des Betrachters fast auf Bodenniveau, und man glaubt eher einen Querschnitt vor sich zu haben als eine der gewohnten Bildkompositionen. Gleichzeitig nutzte er die Transparenz der Wasserfarbe, um Umrisse und Formen wiederzugeben und die Sonnenstrahlen auf den Blättern festzuhalten.

Dürer war von manchen Konventionen, die später, besonders im 18. Jahrhundert, die Arbeit der Aquarellisten beherrschen sollten, gottlob unberührt. Ein »reines« Aquarell mußte zu jener Zeit wirklich transparent sein, und man hielt die Verwendung von Deckweiß für »Schwindel«. In diesem Bild setzte Dürer Deckfarben ein, um die Blattflächen zu modellieren, während ein Teil der Umrißlinien des Grases und der Blätter mit Feder und Tusche gezeichnet ist. Die Farben wurden zuerst mit ganz leichten Pinselstrichen angelegt. Dann überarbeitete Dürer einzelne Teile des Bildes, bis jeder Grashalm lebendig dastand.

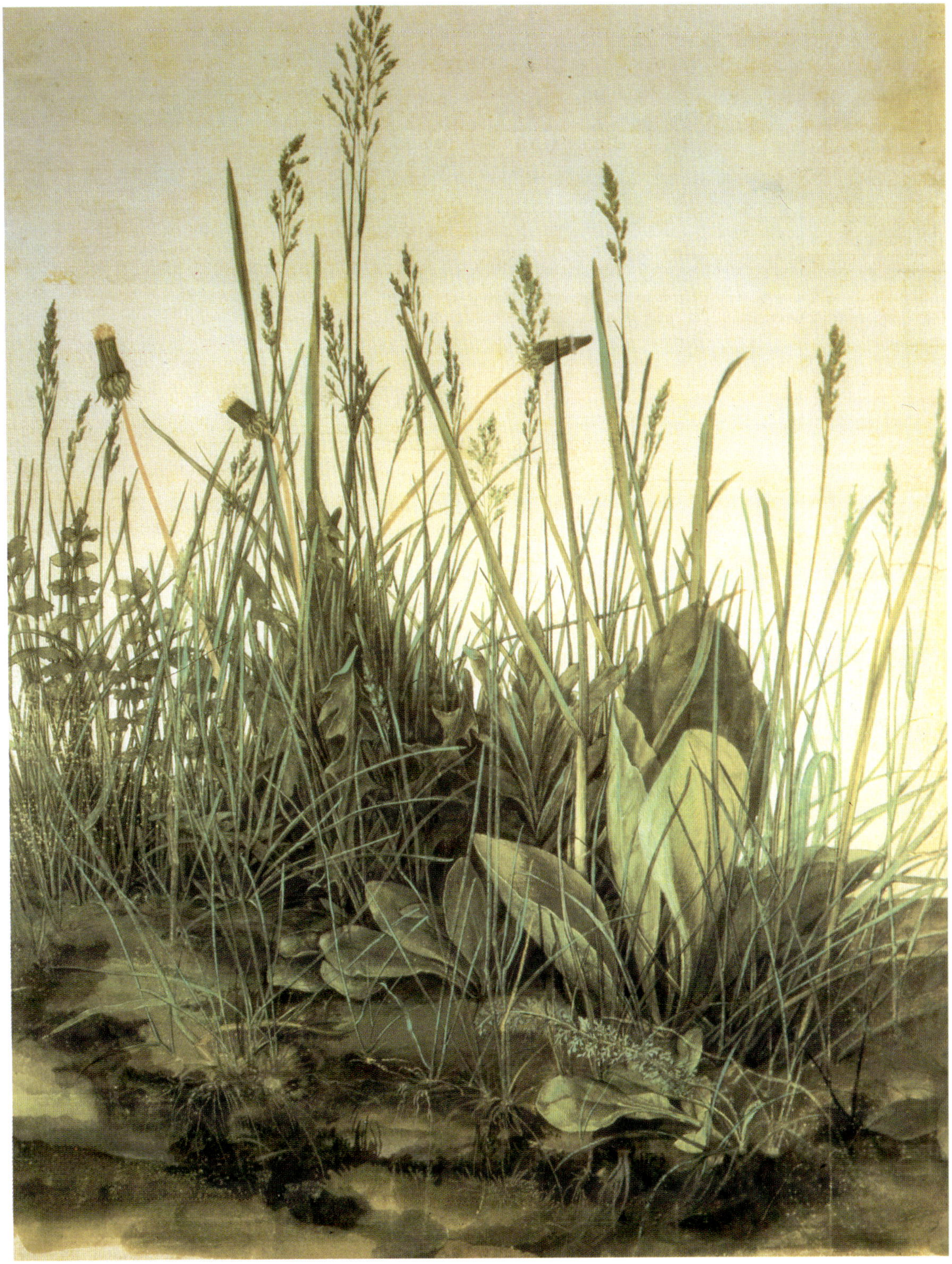

EIN WEG ZU ANDEREN MEDIEN

RUBENS

(1577–1640)

Auf einen Menschen des 20. Jahrhunderts hätte Rubens' große Werkstatt in Antwerpen wie eine betriebsame, gut organisierte Fabrik gewirkt. Der flämische Meister hat in seinem Leben fast tausend Gemälde geschaffen, darunter Formate, die die Wände eines modernen Hauses gänzlich bedecken könnten. Aquarelle spielten bei der Herstellung dieser riesigen Ölgemälde eine wichtige Rolle.

Peter Paul Rubens (1577–1640) verdankte seine unglaubliche Produktion den Methoden, deren er sich bei der Ausführung seiner Bilder bediente. Zunächst entwickelte er die grundlegenden Kompositionslinien eines Bildes. Dann fertigte er eine Zeichnung an und danach eine genaue Aquarellskizze. Mit Hilfe von Wasserfarben konnte Rubens die Anordnung der Farben und das Helldunkel schnell ausarbeiten, bevor das Werk in Ölfarben gemalt wurde.

Die Skizze diente als Entwurf für die Werkstatt. Rubens' Gehilfen vergrößerten sie auf die endgültigen Maße und malten die großen Flächen. Der Künstler selbst gab dem Bild dann den letzten Schliff.

Während des 16. und 17. Jahrhunderts spielten Arbeiten in Wasserfarbe meistens nur die zweitrangige Rolle als Farbstudie für Ölgemälde – im Grunde eine natürliche Weiterentwicklung des Kartons.

Karton bedeutet in diesem Zusammenhang eine originalgroße Zeichnung für ein Ölgemälde oder ein Fresko. Der Karton wurde auf der Wand, der Leinwand oder auf Holz befestigt und dann übertragen, indem man die Umrißlinien entweder durchpauste oder perforierte, so daß feiner Kohlenstaub auf den Malgrund durchrieseln konnte.

Anfangs waren die Kartons monochrome Zeichnungen, aber die Künstler benutzten zunehmend Deckweiß für die Glanzlichter. Diese Verwendung von hellem Weiß ermöglichte es ihnen, bereits auf dem Karton die gesamte Helldunkelskala zu entwickeln. Als Raffael (1483–1520) den Auftrag zu Entwürfen für Wandteppiche für die Sixtinische Kapelle bekam, schuf er farbige Kartons im Maßstab 1:1, die mit einer Art Wasserfarbe gemalt waren.

Auch Anthonis van Dyck (1599–1641) benutzte Wasserfarbe als Arbeitshilfe für Ölgemälde, wenn auch auf ganz andere Art als Rubens. Van Dyck legte eine Sammlung von verschiedenen Entwürfen für die Hintergründe seiner Porträts an, indem er Aquarellskizzen, oftmals Landschaften, nach der Natur malte. Die Skizzen dienten als Farbanleitungen und bildeten die Basis für die realistischen Hintergründe seiner Bilder.

Nach Rubens' Tod setzten viele seiner Gehilfen die Tradition, Aquarelle als Vorbereitung für Ölgemälde zu verwenden, fort. Jacob Jordaens (1593 bis 1678) vollendete einige der Werke des Meisters, und auch danach folgte er bis zum Ende seiner Laufbahn Rubens' Methoden auf das genaueste.

Abgesehen von Dürer, der in der ersten Hälfte des 16. Jahrhunderts gestorben war, gab es keine großen Maler, die die Wasserfarbe um ihrer selbst willen benutzten – mit einer kleinen Ausnahme: Die Aquarellstudien einiger holländischer Künstler fanden Anerkennung als selbständige Arbeiten. Die wichtigsten unter diesen Künstlern waren die Brüder Adriaen (1610–1684) und Isaak (1621–1649) van Ostade sowie Allart van Everdingen (1621–1675), deren Werk viele holländische Zeitgenossen beeinflußte.

Nereide und Triton
Peter Paul Rubens

Auf diesem dramatischen Bild sehen wir eine Nereide, eine der mythischen Meernymphen der Ägäis, und Triton, den sagenumwobenen Sohn des Poseidon. Dem Künstler ist es gelungen, zwischen den Formen der Meereswesen und der Bewegung der Wellen eine harmonische Einheit zu schaffen. Die Nereide gehört zu den typischen üppigen Frauengestalten Rubens', während Triton, ein Mischwesen aus Mensch und Delphin, mit dem Muschelhorn dargestellt ist, das er gewöhnlich trägt.

Über diese Farben und Formen hat Rubens reines Deckweiß gelegt, nicht nur als Glanzlichter, sondern auch, um schimmernde Feuchtigkeit wiederzugeben.

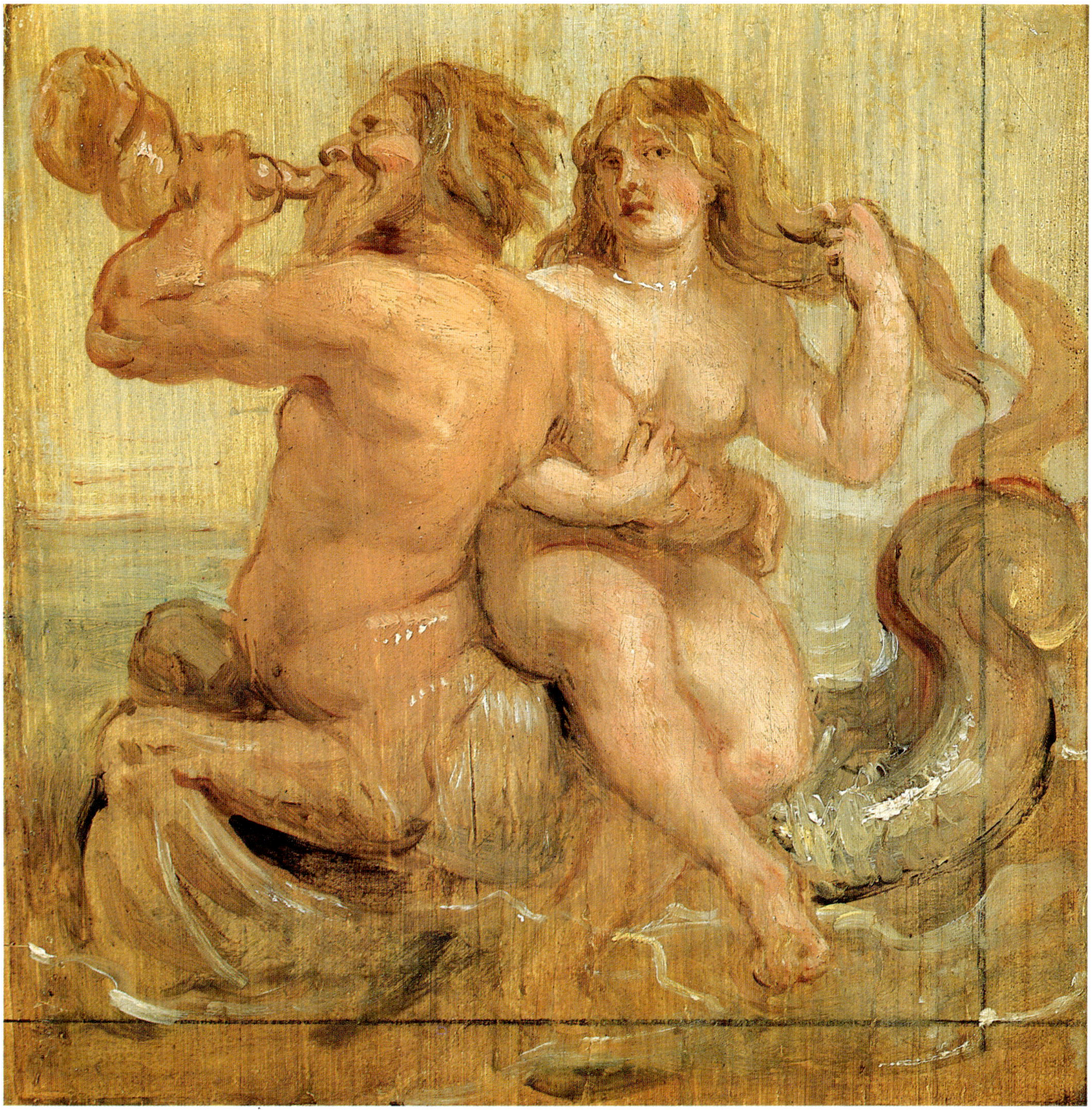

EIN WEG ZU ANDEREN MEDIEN

RAFFAEL

(Die Wandteppiche für die Sixtinische Kapelle)

In der zweiten Dekade des 16. Jahrhunderts wurde eine Folge riesiger Wasserfarbenbilder quer durch Europa von Italien nach Brüssel transportiert. Raffael (1483–1520) hatte den Auftrag bekommen, eine Serie von zehn großen Wandteppichen für die Neuausstattung der Sixtinischen Kapelle zu entwerfen. Wenn auch die Italiener als Maler überall anerkannt waren, galten doch die flämischen Gobelinmanufakturen als besser geeignet. Raffael zeichnete deshalb zehn Kartons, einige davon mehr als drei Meter hoch, die den Webern als Vorlage dienen sollten.

Auch wenn ihre Farben teilweise ausgeblichen sind, blieben acht dieser Kartons erhalten – eine erstaunliche Tatsache, bestehen sie doch jeweils aus mehreren zusammengeklebten Blättern. Darüber hinaus hat man sich keine große Mühe gegeben, sie zu erhalten, nachdem die Tapisserien fertig waren. Erst viel später begann man, sie als kostbare Kunstwerke zu betrachten.

Raffaels Erfahrung als Kupferstecher erwies sich als unschätzbar beim Lösen eines der größten Probleme, die der Entwurf der Wandteppiche stellte: Die Weber würden bei der Arbeit nicht vor, sondern hinter dem Webrahmen stehen. Das bedeutete, daß Raffael die Kartons seitenverkehrt zeichnen mußte; Christus hebt z. B. die linke Hand statt der rechten. Dieser spiegelverkehrte Entwurf ist beim Kupferstich eine gängige Technik, denn dort entsteht aus dem Bild auf der Metallplatte ebenfalls ein seitenverkehrtes Druckbild auf dem Papier.

Raffael wußte, daß die Weber Hunderte Kilometer entfernt mit seinen Kartons arbeiten würden und daß es keine Möglichkeit zu Rückfragen gab. Deshalb mußten die Entwürfe einfach und klar sein. Das Bemühen um Einfachheit beherrschte jeden Aspekt des Kartons. Bei den Personen wurde jeder Farbton deutlich heller oder dunkler als der dahinterliegende gewählt. Die Farben der Kleidung sind rein und lebhaft; Falten und Knicke im Stoff heben sich klar ab. Das Mienenspiel ist kühn, ja übertrieben, um seine Interpretation zu erleichtern. Raffaels Entwürfe berücksichtigten auch die Schwierigkeiten der Umsetzung von Malerei in Gewebe: Das Seidengarn der Wandteppiche war weniger leicht zu handhaben, und feine Farbabstufungen ließen sich nur schwer wiedergeben.

Mit den originalgroßen Kartons konnten die Weber unmittelbar ans Werk gehen. Zu jener Zeit wäre es schwierig gewesen, einen geeigneten Bildträger herzustellen, der für diesen Zweck groß genug gewesen wäre; deshalb zeichnete Raffael auf aneinandergeklebten Blättern. Die Pigmente waren mit Tierleim gebunden, was die Farben opak machte; einige von ihnen sind mit der Zeit verblaßt. Raffaels Gehilfen hatten die Aufgabe, die Farben zu reiben und zu mischen.

Die Arbeit an den Kartons war leicht aufzuteilen. Die Gehilfen konnten große Farbflächen skizzieren, die schnell trockneten. Der Meister selbst ergänzte dann die schwierigeren Details, z. B. Gesichtszüge.

Wandteppich mit der Darstellung des wunderbaren Fischfangs
Raffael (1515–1516)

Die Weber haben vollkommene Arbeit geleistet, waren aber durch die Besonderheiten des Mediums eingeschränkt. Farben, Gestik und Mimik sind getreulich in die Seide der Tapisserie übertragen worden. An der Art, in der sich Figuren und Vögel klar abzeichnen, kann man sehen, wie hilfreich die deutlichen Farbkontraste waren. Die Textur des Teppichs läßt die Darstellung zwangsläufig flacher wirken als in einem Gemälde. Es ist schwierig, wenn nicht unmöglich, die Illusion von Realität zu schaffen, denn der Betrachter ist sich nur allzu bewußt, daß er auf ein flaches Bild schaut, ja, das Gewebe selbst erinnert ihn ständig daran. So ist die Wiedergabe der Luftperspektive, die die Berge auf einem Gemälde in die Ferne rücken läßt, hier nicht gelungen, obwohl die Farben genau getroffen sind. Die Konturen der Berge lassen die Verschwommenheit weit entfernter Gegenstände vermissen.

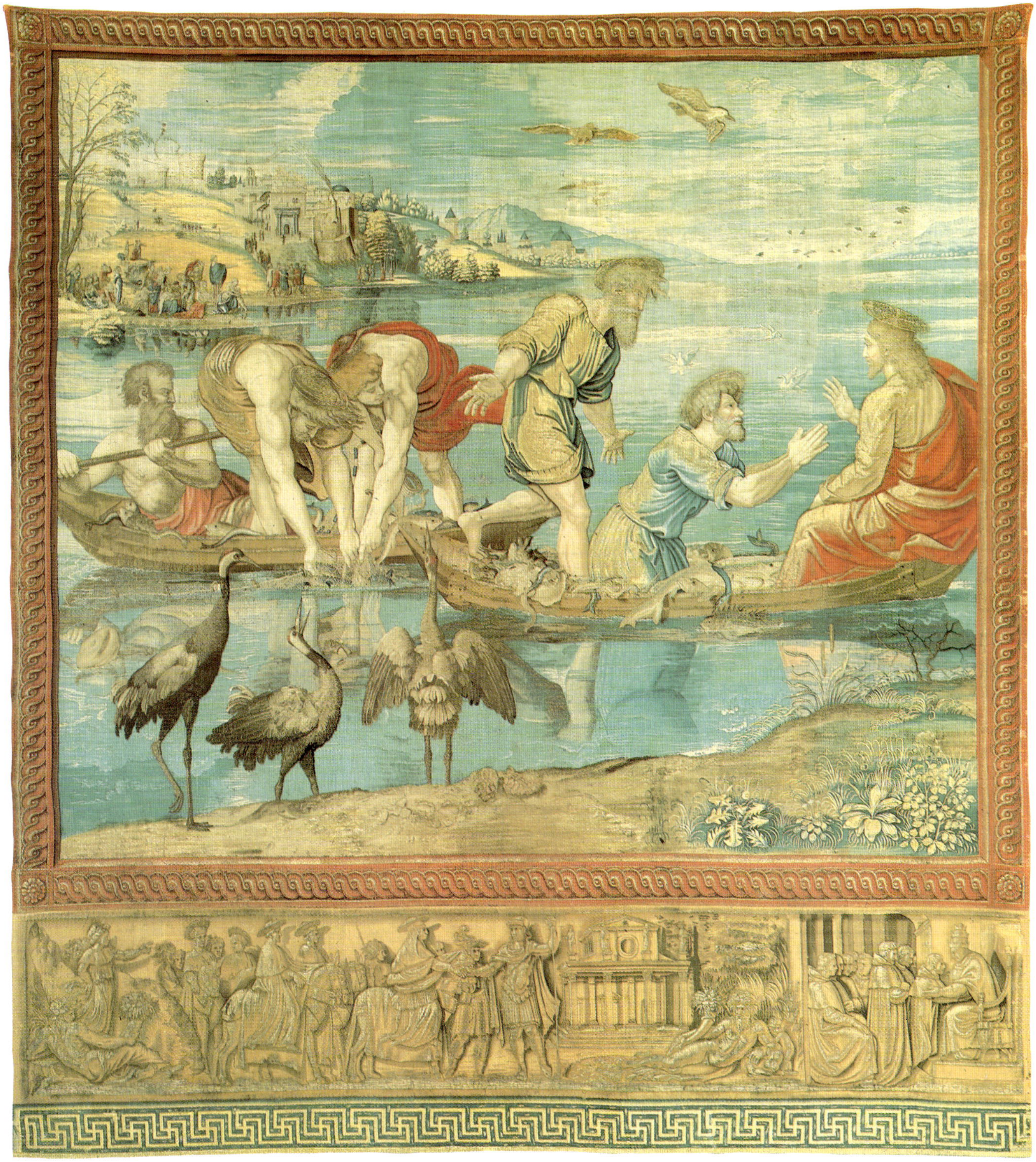

MONOCHROME BILDER

LAVIERUNGEN

Lavierte Arbeiten in brauner Tinte, im 17. Jahrhundert häufig als tonale Vorstudien entstanden, erlangten mit der Zeit eine immer größere Anerkennung als eigenständige, vollendete Kunstwerke. Gerade dieses neutrale Medium nahm die große Aquarelltradition des 18. Jahrhunderts vorweg. Manche Künstler erweiterten ihre Palette um einige Farben, aber diese waren erdig und gedämpft und dienten nie zur realistischen Wiedergabe der Farben der Wirklichkeit. Vielmehr sah man sie als Erweiterung der Helldunkelskala und nicht als eigenständige Farben. Rote Erdfarben, Sienaerde und Umbra wurden gewöhnlich dazu benutzt, um die Tonabstufung eines späteren Ölgemäldes festzulegen.

Das Lavieren ist eine geschmeidige, schnelle Technik, mit der der Künstler seine Ideen zügiger ausarbeiten kann als im traditionellen Ölgemälde. Es ist deshalb leicht verständlich, warum einige dieser Arbeiten sich zu fertigen Kunstwerken entwickelten und als eigenständiger Teil eines Œuvres betrachtet wurden. Viele lavierte Zeichnungen, Vorstudien zu Ölgemälden, sind in ihrer reichen Tonalität überraschend vollkommen. Wenn man die Werke Rembrandts und auch die von Nicolas Poussin (1594–1665) betrachtet, ist es in der Tat oft unmöglich, zwischen einer lavierten Skizze als Vorstudie und einer autonomen Arbeit zu unterscheiden. Manche Darstellungen, die aus leichten Pinselstrichen und Flecken entstanden, wirken erstaunlich modern. Dies trifft besonders auf Arbeiten Rembrandts (1606–1669) und des französischen Malers Claude Lorrain (1600–1682) zu, dessen lavierte Zeichnungen im Vergleich zu seinen Ölgemälden locker und frei anmuten.

Diese Technik ist ein echter Vorläufer des Aquarells, denn die Maler konnten ein Bild damit aus einzelnen dünnen Schichten aufbauen. Mit dieser Methode lassen sich auch extrem dunkle Töne erzielen. Die Farbe des Papiers diente oft zur Wiedergabe heller Töne und Glanzlichter – eine Technik, die in der klassischen Zeit der Aquarellmalerei intensiv verwendet werden sollte.

Die Künstler fertigten solche Arbeiten jedoch oft auch als rasche Landschaftsskizze im Freien an, und dies erforderte eine andere Technik. Der Künstler wählte dann ein graues oder mittelhelles – oft zart untermaltes weißes oder gebrochen weißes – Papier, das den mittleren Ton des Bildes darstellte. Mit brauner Tinte (Sepia oder Bister) für die Schatten und Deckfarben für die Glanzlichter entstanden dunklere bzw. hellere Töne. Die Tönung des Papiers hatte den Vorteil, daß der Künstler einen mittleren Ton nicht erst durch Abstufen vom reinen Papierweiß, sondern fast unmittelbar zur Verfügung hatte.

Der barmherzige Samariter vor der Herberge
Rembrandt (1641–1643)

Diese lockere Skizze einer bekannten Bibelszene ist mit Feder und Pinsel in Bister ausgeführt und an einigen Stellen mit opakem Weiß korrigiert. Die Figurengruppe mit dem Pferd ist mit der Feder gezeichnet, während die Formen am Rand direkt mit dem Pinsel gemalt wurden, mit dem Rembrandt auch lavierte. Viele von Rembrandts schönsten Zeichnungen sind reine Pinselzeichnungen.

Einer der charakteristischsten Züge von Rembrandts Ölgemälden ist seine Behandlung des Lichts. Sie ist technisch nicht immer korrekt; die Beleuchtung kann z. B. aus unterschiedlichen Quellen kommen, oder Rembrandt fügt zusätzliche Lichtquellen hinzu, um eine Besonderheit zu betonen. Sein Erfolg bei dieser unkonventionellen Vorgehensweise verdankt sich seinem außergewöhnlichen Talent. Bei einem weniger begabten Künstler würden die Ergebnisse zweifellos künstlich oder gestellt wirken. Rembrandt verwendete Licht und Schatten, um eine dramatische Stimmung zu erzielen, und weniger, um Realität zu schildern.

In diesem Bild ist es dem Künstler gelungen, Entfernung und nächtlich verschwommene Formen anzudeuten, indem er in den Bereichen außerhalb der Mittelgruppe mit dem Pinsel arbeitete. Dort, wo sich das zentrale Licht nach außen zerstreut, sind Schatten mit verdünnter Tinte gezeichnet, und so entsteht ein unheimliches nächtliches Licht.

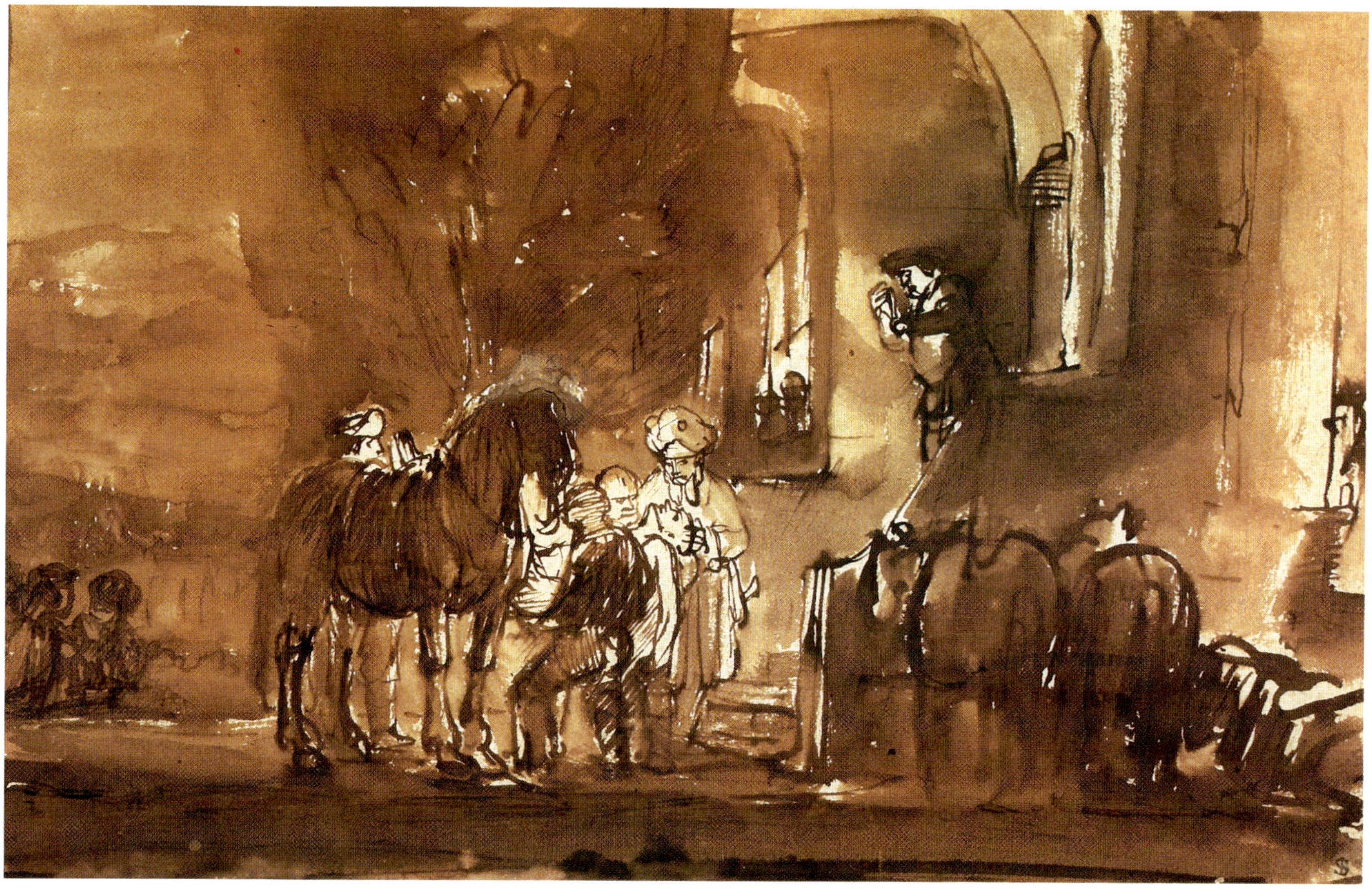

DER VATER DER ENGLISCHEN AQUARELLMALEREI

PAUL SANDBY

(1725–1809)

Es ist sicher richtig, Paul Sandby als den Vater der englischen Aquarellmalerei zu betrachten, denn er war ein lebhafter und experimentierfreudiger Geist, fähig, sich von seiner Ausbildung und der Tradition zu lösen.

Das Werk dieses ehemaligen Militärkartographen steht am Anfang der großen Zeit der englischen Aquarellmalerei, als dieses Medium sich von der nüchternen Verwendung in topographischen Aufnahmen zu einem Mittel lebendiger Naturwiedergabe wandelte.

In den Jahren nach der Rebellion »Bonnie Prince Charlies« (Prinz Charles Edward Stuart) von 1745 wurde Sandby zu einer militärischen Landvermessung nach Schottland geschickt. Im Troß der Rotröcke besuchte er weit abgelegene Teile des Hochlands, und obwohl er exakte Geländekarten anfertigen sollte, entwickelte er eine Liebe zur Landschaft, die später in seinen Bildern zum Ausdruck kommen sollte.

Natur faszinierte Sandby, ganz gleich, ob sie ruhig und voll entwickelt war wie im großen Park von Windsor oder rauh und zerklüftet. Etwa ab 1752 lebte Sandby in London und malte oft im Park von Windsor, wo sein Bruder Hilfsaufseher war. Thomas Sandby (1721–1798) hatte farbige Skizzen von Gewehren und Ausrüstungsgegenständen für die Armee sowie einige Architekturzeichnungen gemacht, und er fuhr mit Bildern fort, die denen seines Bruders sehr ähnlich waren.

Trotz seiner technischen Ausbildung entwickelte Paul Sandby einen Stil, der ein emotionales Eingehen auf die Landschaft widerspiegelt – eines der auffälligsten Merkmale seiner Arbeiten. Sandby besaß viel Gespür für Atmosphäre und Licht. Um das Spiel des Sonnenlichts auf dem Laub, den Wechsel des Wetters, die Wildheit abgelegener Gegenden und die Stimmung beim Anblick zerfallender mittelalterlicher Mauern in alten Parklandschaften auszudrücken, setzte er die Pinselstriche ganz leicht auf das Papier.

Sandby war auch bei der Verwendung seiner Materialien sehr erfindungsreich und phantasievoll. Er soll z. B. eines Tages einen warmen Schwarzton aus den verbrannten Krusten seines Frühstücksbrötchens und Gummiwasser gemischt haben. Sandby fühlte sich nicht dazu verpflichtet, ausschließlich transparent zu arbeiten, und deshalb verwendete er ganz ungezwungen transparente Wasserfarbe und Deckfarbe, entweder zusammen oder getrennt.

1760 stellte er einen Teil seiner Bilder in London aus. Dies war die erste öffentliche Ausstellung von Aquarellen als eigenständigen Arbeiten und nicht als »kolorierten Zeichnungen«. Von da an hatte Sandby großen Einfluß auf die zeitgenössischen Aquarellisten. Dieser Einfluß wurde noch dadurch verstärkt, daß er als prominente Persönlichkeit bei kulturellen Ereignissen eine sehr aktive Rolle spielte und zu den Gründungsmitgliedern der Royal Academy in London zählte.

Eine Kuhmagd
im großen Park von Windsor
Paul Sandby (1765–1770)

Mit diesem Bild, das von den hohen, sich biegenden Stämmen der beiden Bäume beherrscht wird, hat Sandby sozusagen das klassische Aquarell ins Leben gerufen. Die Transparenz der Farbe ist virtuos genutzt worden, um den Eindruck von weichem Licht und kühlen Schatten zu erwecken. In Mittel- und Hintergrund hat Sandby sehr blasse Farben verwendet, um so dunstiges Sonnenlicht wiederzugeben, während die langen Schatten auf dem Boden gleichsam den Gedanken an die verrinnende Zeit hinzufügen.

Sandby ging es mehr um das Laubwerk als Ganzes statt um die Wiedergabe jedes einzelnen Blattes oder Zweiges. Diesen Effekt hat er mit lockeren Pinselstrichen erreicht; so schuf er ein Feuerwerk von reflektiertem Sonnenlicht um die Kronen der Bäume, während ein zarter Goldton durch das Blätterdach schimmert.

Die schattigen Partien der überhängenden Zweige bestehen aus locker verteilten Flecken warmer und kühler neutraler Töne. Die Beschaffenheit der Baumstämme und des Laubs ist mit leichten, skizzenhaften Pinselstrichen angegeben, die Schattierungen auf den Stämmen deuten die knorrige und altersrauhe Struktur der Rinde an. Diese lockere Pinselführung war für die Darstellung eines historischen Gegenstands wie Windsor Castle eine ungewöhnliche und vorher nie dagewesene Arbeitsweise.

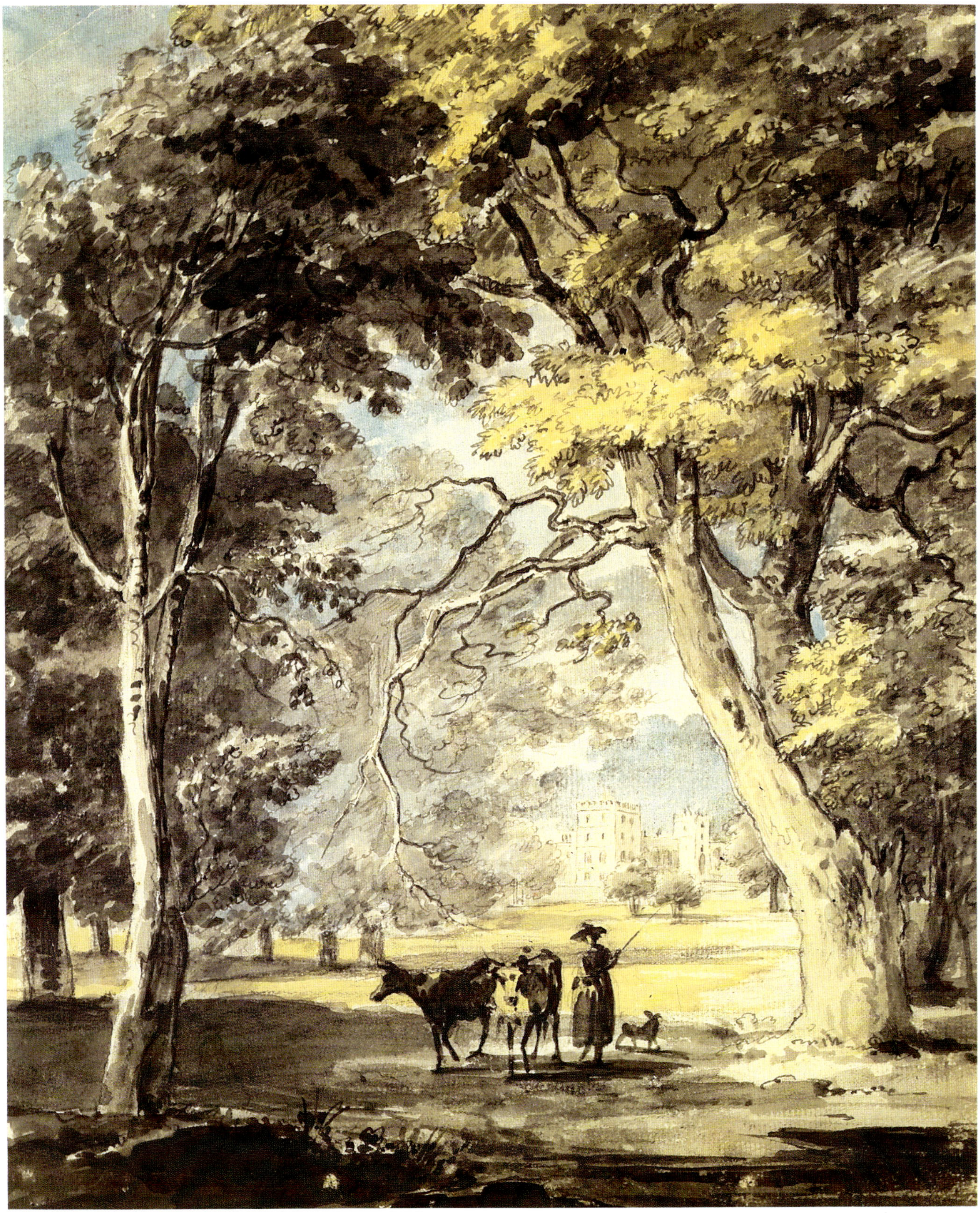

DIE ENTDECKUNG EUROPAS

BILDUNGSREISEN

Als England seine Handelsbeziehungen und Kontakte erweiterte und vermehrt auf das Ausland blickte, wurde in den reichen Familien der Gedanke wach, ihren Söhnen könne ein wenig Schliff guttun. Eine Art mobile Benimmschule entstand – junge Aristokraten, die alle, begleitet von ihren Hauslehrern, in etwa derselben Reiseroute durch das europäische Festland folgten. Die Privatlehrer, denen das Leben sicher nicht immer leicht gemacht wurde, hatten den Spitznamen »Bärenführer«, und die Reisen nannte man allgemein »Kavalierstour«. Dieser Brauch erlebte in den sechziger Jahren des 18. Jahrhunderts seine höchste Blüte.

Die jungen Männer wurden in Amsterdam mit Handel und Gewerbe vertraut gemacht, bevor sie durch Deutschland und Österreich nach Italien reisten. Schließlich kehrten sie über Paris, wo sie ihre Reitkünste vervollkommneten, in den Norden zurück.

Nach Italien ging es der Kunst wegen. Die Europäer des 18. Jahrhunderts waren sich der Bedeutung der italienischen Renaissance sehr bewußt, und alle Kunstliebhaber zog es nach Italien zu den Werken der großen Meister. Wasserfarbe war ideal, um die Stationen dieser Reisen festzuhalten; so erhielten einige der jungen Kavaliere Zeichenunterricht, während andere von Malern begleitet wurden.

Bald folgten andere Reisende ihrem Vorbild. So besuchten z. B. wohlhabende Geschäftsleute mit ihren Familien die modischen Erholungsorte.

Dies alles bedeutete, daß viele Künstler zum erstenmal klassische Ruinen und dramatische Alpenlandschaften sahen, Szenen, die die Malerei des 18. Jahrhunderts beherrschten und den Anfang der neoklassischen Kunst und der Romantik darstellen.

Naturgetreue druckgraphische Darstellungen, quasi die Ansichtspostkarten des 18. Jahrhunderts, waren sehr beliebt. Diese monochromen Stiche berühmter Landschaften, Gemälde und Ruinen wurden von den begeisterten Reisenden verbreitet. Zu den Künstlern, die sie herstellten, gehörten Michael »Angelo« Rooker und John Robert Cozens. Cozens, der zahlreiche Aquarelle schuf, besuchte die Schweiz und Italien. Diese Reisen beeinflußten ihn sehr, und seine Bilder zeichnen sich durch gedämpfte Farben – oft Blaugrün oder Blaugrau – aus.

Bald kamen kolorierte Drucke in Mode. Die Farbe wurde immer wichtiger. Topographische Aquarelle, die die Landschaft oft äußerst genau wiedergaben, fanden Anerkennung als selbständiges Genre und waren sehr gesucht – eine Entwicklung, die den Beginn der »englischen Nationalkunst« markiert.

Der Nemi-See
John Robert Cozens

Als Constable die Landschaften John Robert Cozens' (1752–1797) als »reine Poesie« bezeichnete, dachte er sicher auch an diese Darstellung des Nemi-Sees. Das Bild vereinigt all jene Elemente, die spätere Generationen Cozens als ersten Romantiker ansehen ließen – seine Naturverbundenheit, seine Vorliebe für unberührte Landschaften, schroffe Felsen und wechselhaften Himmel.

Eine gewisse melancholische Stimmung durchzieht alle Bilder Cozens', und in der Tat litt der Künstler gegen Ende seines Lebens an einer Gemütskrankheit. Dr. Thomas Monro *(s. S. 34)* *behandelte ihn, aber er starb, ohne genesen zu sein.*

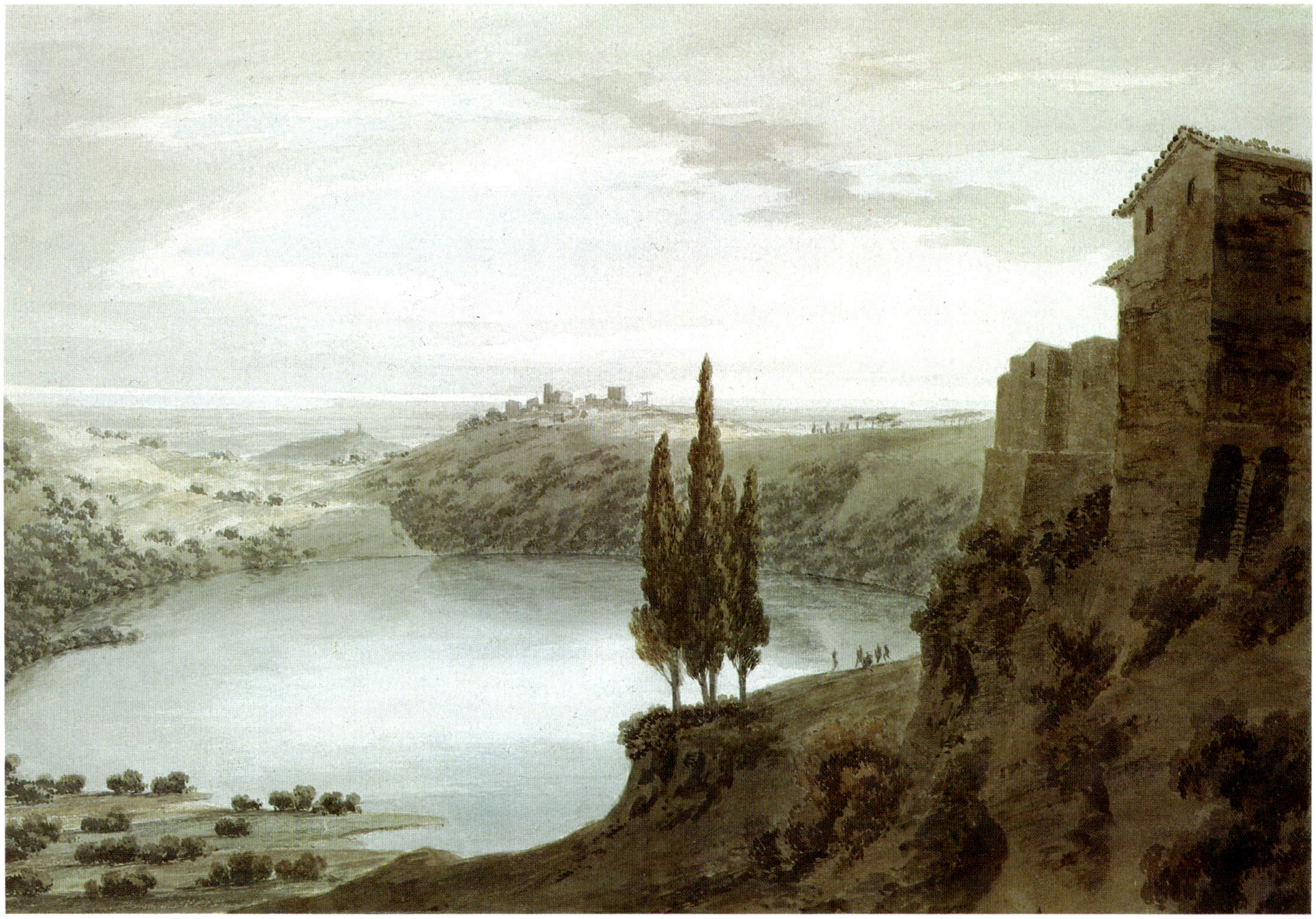

J. M. W. TURNER

(1775–1851)

Turner ist allgemein als einer der großen Meister des Aquarells bekannt, obwohl er lange Zeit versuchte, sich von diesem Medium zu lösen und in die seiner Meinung nach erhabenere Welt der Ölmalerei überzuwechseln. Schon im Alter von 15 Jahren stellte er seine Aquarelle erstmals dem Publikum vor, und von da an schöpfte er die Möglichkeiten dieses Mediums bis an die Grenzen aus.

In seinen Aquarellen strebte Turner danach, das elementare Wesen des Lichts zu erfassen, und zwar so sehr, daß manche seiner Bilder sich beim Betrachten fast aufzulösen scheinen. Bemerkenswerter noch ist, daß es ihm gelang, den gleichen Effekt auch in der schwerfälligeren Ölmalerei zu erreichen, obwohl nicht alle von diesen Arbeiten begeistert waren. Kritiker im 19. Jahrhundert bezeichneten Turners Landschaften als »Bilder von nichts«.

Auf Kritik ist Turner während seiner künstlerischen Laufbahn ständig gestoßen; schließlich machte sie ihn zu einem verbitterten, zurückgezogenen Menschen, der den Publikumsgeschmack offen verachtete. Seine künstlerische Entwicklung begann, als er Lehrling wurde. Nachdem er für einen Bierhändler Drucke koloriert hatte, arbeitete er von seinem 13. Lebensjahr an für den Kartographen Thomas Malton und fertigte detaillierte Landkarten, Pläne und Zeichnungen an. In diesen Ausbildungsjahren lernte Turner, wie wichtig Präzision und Perspektive sind, und ein gut Teil seines Frühwerks ist deutlich von dieser Art Detailgenauigkeit beeinflußt.

Daneben erhielt der junge Turner Unterstützung von einem typischen »Kunstenthusiasten« des 18. Jahrhunderts – Dr. Monro, der eine inoffizielle Kunstschule gründete, um junge Talente wie Turner oder Thomas Girtin (s. S. 34f.), der Turner stark beeinflußte, zu fördern.

Bis zum Alter von 21 war Turner im wesentlichen Aquarellist, und zeit seines Lebens bediente er sich dieses Mediums, denn er hatte bald gemerkt, daß mit diesen Arbeiten, die sich teilweise seinen zahlreichen Reisen verdanken, Geld zu verdienen war. Mehrmals fuhr er nach Italien, wo die Farbe, besonders in Beziehung zum Licht, ihn gefangennahm. Diese Besessenheit sollte sein Werk bald beherrschen, und sie sorgte auch für leidenschaftliche Kontroversen. Beim Betrachten seiner Bilder, einschließlich der großen Ölgemälde, die er in zunehmendem Maße schuf, zeigt sich, wie diese Besessenheit in seine Darstellungen geradezu einbricht und alle Konvention auf den Kopf stellt.

Turners Ölgemälde wurden scharf angegriffen, fanden aber auch in den vierziger Jahren des 19. Jahrhunderts schon entschlossene Verteidiger. Einigen Kritikern erschienen sie als »vergrößerte Aquarelle«, und obwohl dies nicht stimmt, haben beide Medien einander natürlich beeinflußt. Turner hinterließ 20 000 Aquarelle; nur wenige davon waren jemals öffentlich ausgestellt worden, aber heute werden sie wegen ihrer Licht- und Farbeffekte hoch gelobt.

Tintern Abbey
J. M. W. Turner (1794)

Dieses Bild zeigt in seinem komplizierten Linienwerk und der Betonung des Strukturellen, wie stark das topographische Zeichnen Turner beeinflußt hat. Aber es finden sich bereits Anzeichen eines Stilwandels. Obwohl Zeichnung und Konstruktion das Entscheidende bleiben, hat Turner warme und kühlere Töne nicht nur zur Umschreibung der Formen eingesetzt, sondern auch, um Atmosphäre zu schaffen.

Mit der Zeit wandelte sich Turners Palette gebrochener Grau-, Blau- und Sepiatöne, und seine Zeichnungen wurden farbenfroher. Der Künstler beschäftigte sich in zunehmendem Maße mit Licht, Raum und Farbe, und so trat das Element des Linearen mehr und mehr zurück.

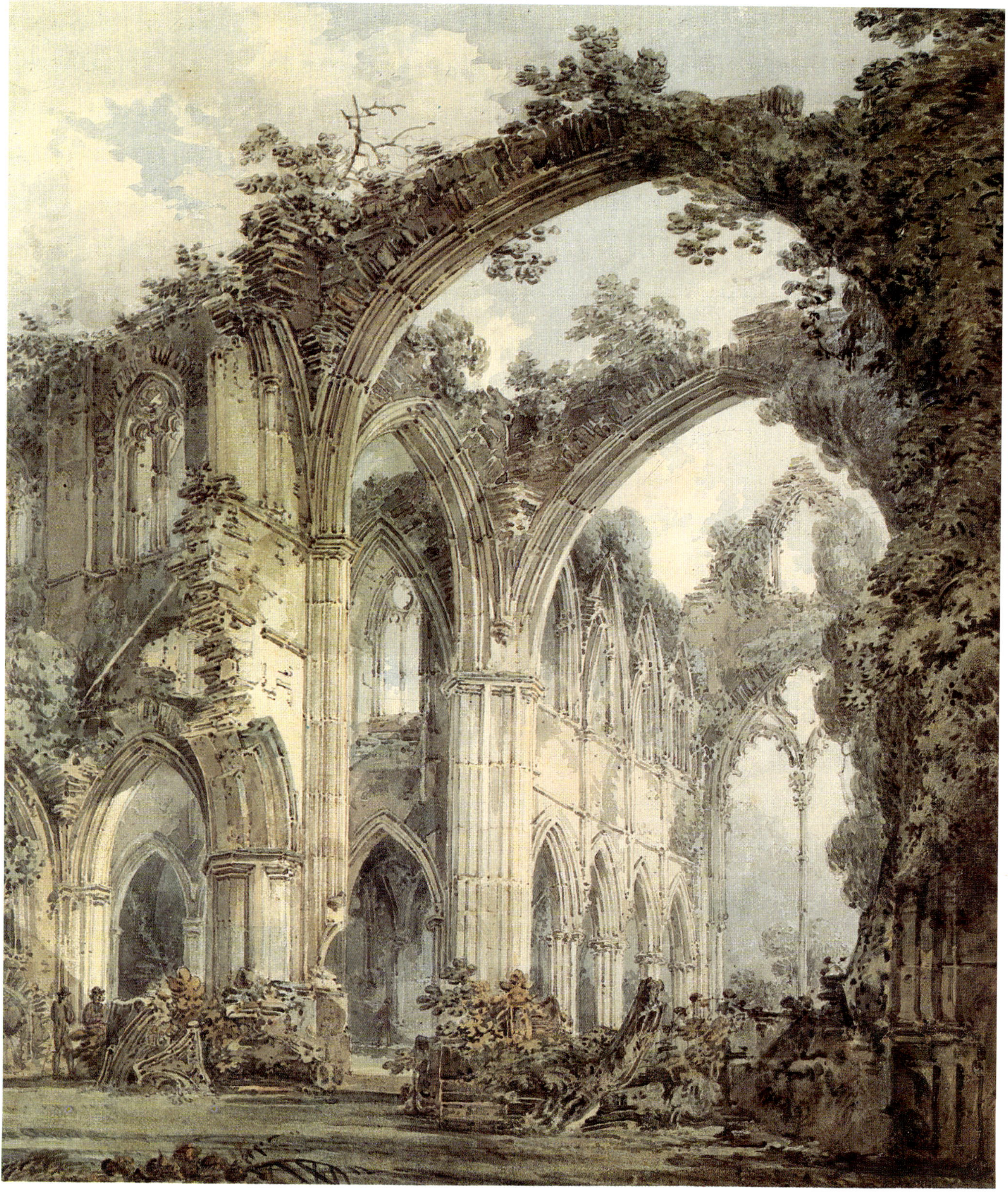

DIE ENGLISCHEN AQUARELLISTEN

DR. MONROS AKADEMIE

Der Arzt Dr. Thomas Monro (1759–1833) war ein Mann, der seiner Zeit voraus war. Er hatte sich auf die Behandlung von Geisteskrankheiten spezialisiert – ein Fach, das zu jener Zeit häufig eine Zielscheibe des Spotts und verächtlicher Bemerkungen abgab. Monro versuchte sich auch als Amateurmaler und Kunstsammler. Sein Interesse an Kunst und Künstlern führte ihn 1794 dazu, in seinem Haus an der Adelphi Terrace in London eine »Schule« für junge Aquarellmaler zu eröffnen.

Nachdem er Staffeleien, Zeichenbretter und -material besorgt hatte, gab er bekannt, daß jeder, der für ein paar Stunden die Schule besuchen würde, eine warme Mahlzeit und eine halbe Krone bekomme. Die jungen Leute, die in Monros Haus zusammenkamen, um dort die Bilder anderer Maler zu kopieren, trafen bei ihm viele der wichtigsten Künstler jener Zeit. Damals schickte man angehende Künstler gewöhnlich irgendwo in die Lehre statt auf eine Kunstakademie, und der Gedanke an ein Künstlerforum oder an gemeinsames Arbeiten war ziemlich neu. Die Royal Academy war erst 1768 eröffnet worden, die Society of Artists 1760.

Die Aquarellmalerei verdankt diesem Arzt wahrscheinlich mehr als jedem zeitgenössischen Künstler; denn in Monros Schule lernten sich die beiden größten Aquarellisten des späten 18. und frühen 19. Jahrhunderts, J.M.W. Turner und Thomas Girtin, kennen.

Turner und Girtin arbeiteten als topographische Zeichner, bis sie einander im Alter von 19 Jahren in Monros Institut begegneten. Zu den ersten Schritten ihrer Ausbildung dort gehörte das akribische Kopieren von Canaletto-Zeichnungen aus der Sammlung des Arztes. Diese Übungen, zu jener Zeit eine gängige Unterrichtsmethode, schulten die topographischen Fertigkeiten der jungen Maler. Turner und Girtin beeinflußten sich wechselseitig so stark, daß ihre frühen Werke mitunter schwer auseinanderzuhalten sind.

Girtin ging später nach Paris, und nach diesem Besuch entwickelte sich sein Talent zu solcher Höhe, daß sein in wenigen Jahren entstandenes Werk einen Meilenstein in der Entwicklung der Aquarellmalerei darstellt. Seine Bilder sind das Verbindungsglied zwischen den kolorierten Zeichnungen des 18. und den eigenständigen Aquarellen des 19. Jahrhunderts. Als Girtin 1802 erst siebenundzwanzigjährig starb, drückte Turner seine Bewunderung für ihn mit den Worten aus: »Wenn der arme Tom am Leben geblieben wäre, hätte ich verhungern müssen.«

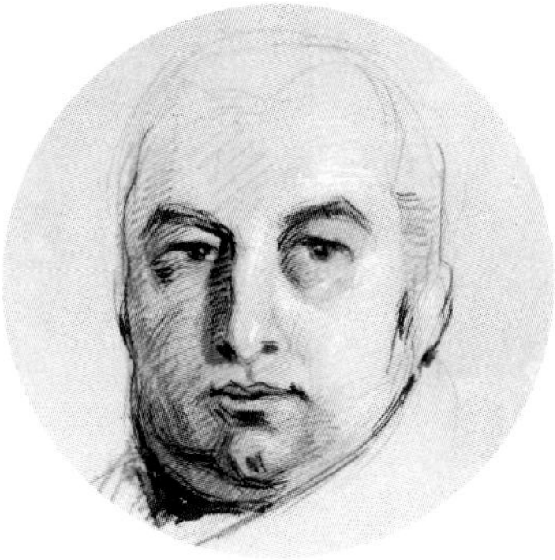

Porträt Dr. Thomas Monro
Henry Monro

Bei Dr. Monro trafen sich junge Künstler zum Zeichnen und Malen. Diese Zusammenkünfte wurden als »Monro Academy« berühmt.

Die Gartenterrasse
Thomas Girtin

Dieses harmonische, friedvolle Bild zeigt, welch begabter Aquarellist der Künstler war. Unter anderem fand Thomas Girtin (1775–1802) eine ganz neue Form, Bäume darzustellen: Statt das Laub zeichnerisch wiederzugeben, führte er Baumkronen oder -gruppen großzügig-flächig aus, wobei er Stellen mit dichterem Laub durch eine dunklere Tönung andeutete.

1794 begab Girtin sich auf seine erste Malreise. Seine Palette, bis dahin mit ihren Blau-, Grün- und Grautönen stark von Cozens' Werk beeinflußt, veränderte sich und zeigte nun auch warme, volle Farben. Girtin liebte die sanften Hügel und Täler Yorkshires, aber er war auch ein Meister klassischer Themen und komplizierter Stadtansichten. Dieses Bild zeigt, wie großartig Girtin Komposition und Linearperspektive beherrscht, ein Talent, das später seinen vielleicht schönsten Ausdruck in einer großen Panoramaansicht Londons fand, die 1802, im Jahr seines Todes, zum erstenmal ausgestellt wurde.

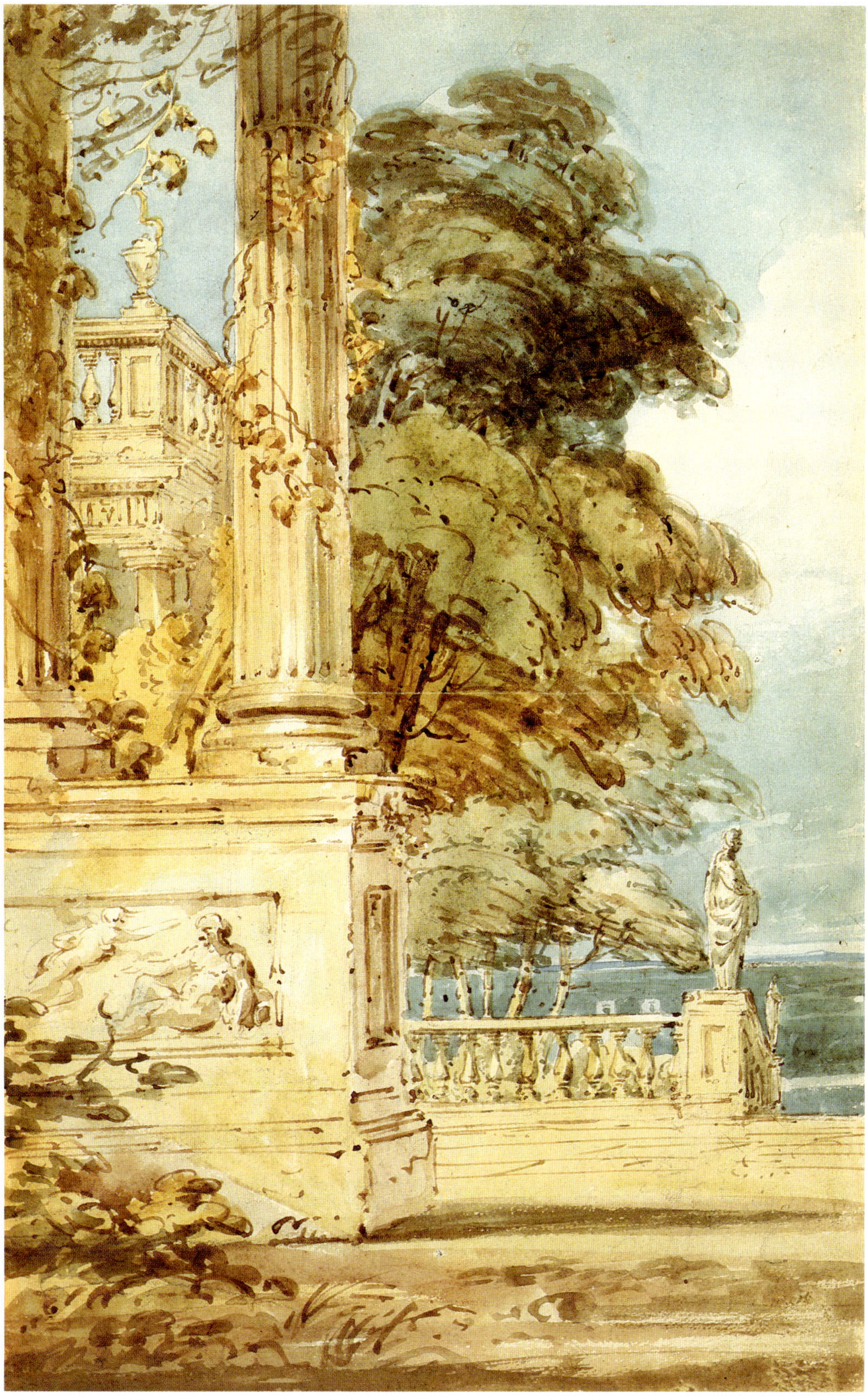

DIE ENGLISCHEN AQUARELLISTEN

DIE MENSCHLICHE GESTALT

(Abkehr von der Landschaft)

Im 18. Jahrhundert dominierte in der Aquarellmalerei die Landschaft: dramatische Alpenpanoramen, romantisch verfallene Ruinen sowie Stadt- und Dorfansichten. Die Künstler hatten sich aus den engen Grenzen kolorierter topographischer Zeichnungen gelöst, und das Aquarell hatte sich zu einem eigenständigen Medium entwickelt.

In diesen Landschaften tauchten zwar oft Menschen auf, aber sie spielten keine wichtige Rolle. Meist waren sie in empfindsamer Weise in einer romantischen Umgebung dargestellt, die dem Publikumsgeschmack entgegenkam.

Die Bilder von James Ward (1769–1859) und Joshua Cristall (1767–1847) kündigten etwas Neues an. Bei ihnen spielte die menschliche Gestalt oft eine zentrale Rolle, während die Landschaft zum Hintergrund für die agierenden Personen wurde. Diesen Malern ging es um lebendige Charaktere, nicht um Figuren als romantische Staffage. Besonders Ward bemühte sich, dem Romantizismus und der »französischen« Eleganz, die man im 18. Jahrhundert so sehr bewunderte, aus dem Weg zu gehen. Seine Bauern und Landleute wirken robust und ungekünstelt, sie tragen ihre einfache Arbeitskleidung, und Mienen und Gesten werden getreu wiedergegeben.

Inzwischen war auch die Karikatur, die uns das 18. Jahrhundert mit all seiner Korruption, Anmaßung und moralischen Verkommenheit so unvergleichlich direkt vor Augen stellt, zu einer eigenen Kunstform geworden. Der Begriff »Karikatur« tauchte 1748 zum erstenmal in England auf, obwohl der Gedanke, die Züge eines Menschen ins Groteske zu übersteigern, nicht neu war. Für diese Bilder, die bitter satirisch oder wohlwollend-spöttisch sein können, wurden sehr häufig Wasserfarben verwendet, und sei es nur, um Zeichnungen und Stiche zu kolorieren. Einer der berühmtesten Karikaturisten des 18. Jahrhunderts, William Hogarth (1697 bis 1764), benutzte hin und wieder Wasserfarben, um in seinen Zeichnungen farbige Akzente zu setzen.

Andere bekannte Karikaturisten verwendeten die Aquarelltechnik sehr viel ausgiebiger und verwandelten so in Serienproduktion hergestellte Bilder, die von Hand koloriert wurden, in Kunstwerke. Die wichtigsten Vertreter dieser Richtung waren Thomas Rowlandson (1756–1827) und James Gillray (1757–1815).

Die französische Jagd
Thomas Rowlandson

Rowlandson begann als seriöser Porträtmaler; nachdem das Vermögen, das ihm eine Tante hinterlassen hatte, ausgegeben war, verlegte er sich aufs Zeichnen, um seine Schulden bezahlen zu können. Zu Lebzeiten sehr populär, wurde er nach seinem Tode vergessen und erst am Ende des 19. Jahrhunderts wiederentdeckt.

Während das Thema dieses Bildes recht handfest wirkt, ist die technische Behandlung alles andere als derb. Die Farben und ihre Abstufungen werden sehr raffiniert eingesetzt, die Linienführung ist fein und ausgewogen. Rowlandson wollte die Gesellschaft nicht analysieren, und er war auch kein Intellektueller. Ihm lagen einzelne Szenen und Geschehnisse mehr als sozialkritische Kommentare. Er arbeitete schnell; Gestalten werden mit wenigen Strichen umschrieben, während die Gesichter oft in karikaturhafter Vereinfachung wiedergegeben sind. In mehrfigurigen Kompositionen wirken die Köpfe wie hier typisiert, ohne Individualität. Rowlandson studierte zwei Jahre Kunst in Paris, und seine Behandlung der Linie ist oft als eher französisch denn englisch bezeichnet worden. Er liebte gewundene, sich schlängelnde Umrißlinien und wogende Formen. Manchmal wirken seine Gestalten – wie bei diesem Bild – eher knochig und ausgemergelt; gewöhnlich malte er sie in dünnen Farbschichten.

Rowlandsons Frühwerk wurde stark von den Arbeiten des Malers und Zeichners John Hamilton Mortimer (1740–1779) beeinflußt. So macht Rowlandson z. B. bei der Behandlung von Schraffur und Kreuzschraffur Anleihen bei Mortimer.

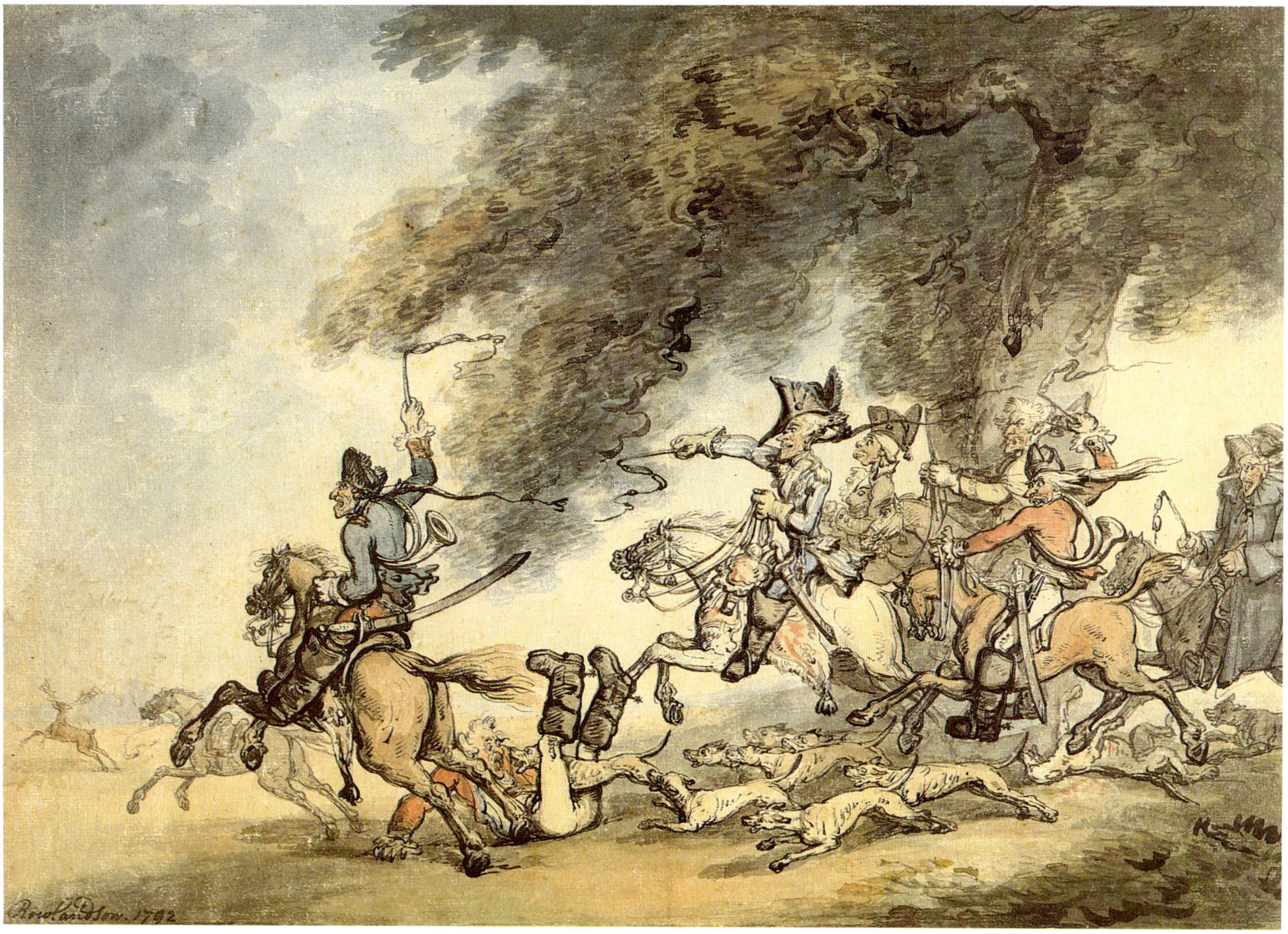

DIE ENGLISCHEN AQUARELLISTEN

EINE NEUE ENTWICKLUNG

(Imagination und Phantasiegestalten)

Gegen Ende des 18. Jahrhunderts zeichnete sich, angeregt von einigen sehr phantasiebegabten Malern, eine neue Entwicklung ab. Im Kontrast zu den auf der Beobachtung basierenden, realistisch-gegenständlichen Landschafts- und Personendarstellungen, die bis dahin die Aquarellmalerei des 18. Jahrhunderts bestimmt hatten, ließen die Themen dieser Bilder die irdische Realität hinter sich und spiegeln Visionäres. Der Gedanke, daß ein Künstler die reale Welt abbilden soll, wie er sie sieht, lag diesen Malern fern.

William Blake (1757–1827), Dichter und bildender Künstler, schuf u. a. die berühmten Gedichtfolgen »Lieder der Unschuld« und »Lieder der Erfahrung«. Seine bekanntesten Arbeiten sind die 21 Aquarelle zum Buch Hiob. Blake entfernte sich hierbei völlig von traditionellen Auffassungen. Er schuf seine eigene Welt – eine Welt lebhafter, subjektiv, nicht realistisch verwendeter Farben – mit fremdartigen, dramatisch inszenierten Gestalten in einer visionären Umgebung. Der Raum ist nicht natürlich, sondern bewußt künstlich und stilisiert. Blakes bevorzugte Themen waren die metaphysische und die religiöse Welt.

Zu seinen Nachfolgern gehörte Samuel Palmer (1805–1881), bekanntestes Mitglied der Künstlergruppe »Shoreham Ancients«. Diese Maler lebten in und um Shoreham in Kent, und sie widmeten sich, zumindest während einer gewissen Phase ihrer künstlerischen Entwicklung, der gleichen mittelalterlich-mystischen Bildsprache.

Der aus der Schweiz stammende, seit 1797 in London lebende Johann Heinrich Füssli (1741–1825) war ebenfalls ein romantischer Individualist, dessen Bilder abseits der Konvention standen. Einige seiner Arbeiten ähneln denen Blakes sehr; auch Michelangelos Werk hat Füssli stark beeinflußt.

Satan weckt die aufrührerischen Engel (Das verlorene Paradies)
William Blake

Blakes frühe Bilder waren traditionell, an der Neoklassik orientiert, während in späteren Arbeiten wie der hier abgebildeten sein persönlicher Romantizismus zum Tragen kam. Geprägt wurde er von der mittelalterlichen Bildwelt und dem Manierismus der Spätrenaissance.

Wie Füssli ließ sich auch Blake von literarischen Vorbildern inspirieren. Besonders bewunderte er die Werke Dantes und John Miltons. Ferner wurde er von Michelangelo beeinflußt; die Gestalten in seinen Bildern zeigen dieselben dramatischen Gesten und Mienen.

Zu Beginn seiner Laufbahn war Blake Kupferstecher; dies zeigt sich in seiner absolut sicheren Linienführung. Kupferstecher geben Räumlichkeit und Schatten durch unterschiedlich breite Linien wieder, denn allein dieses Ausdrucksmittel steht ihnen zur Verfügung. Dieses Bild bezeugt, mit welcher Leichtigkeit Blake sein Können einzusetzen verstand. Viele seiner Aquarelle sind kolorierte Zeichnungen mit kräftigen, flüssig mit Feder und Tinte gezogenen Umrißlinien. Die Art, wie er die Farbe verwendet und ein Thema interpretiert, ist subjektiv und phantastisch, aber sehr subtil; manchmal handelt es sich nur um ganz zarte Abtönungen. Blake weigerte sich, die Natur nachzubilden, denn dabei, so erklärte er, kämen nichts als »Flecke und Kleckse« heraus. Statt dessen zog er sich in seine visionäre Welt zurück und verließ sich ganz auf die Kraft seiner Imagination.

Seltsamerweise fand Blake zu Lebzeiten wenig Anerkennung; sein Werk war umstritten und wurde teilweise scharf kritisiert. Aber trotz fehlender öffentlicher Wertschätzung beeinflußte Blake die Künstler seines Kreises. Auch für die Malerei und Buchillustration des 20. Jahrhunderts war er außerordentlich wichtig, und heute hat er zahllose Bewunderer.

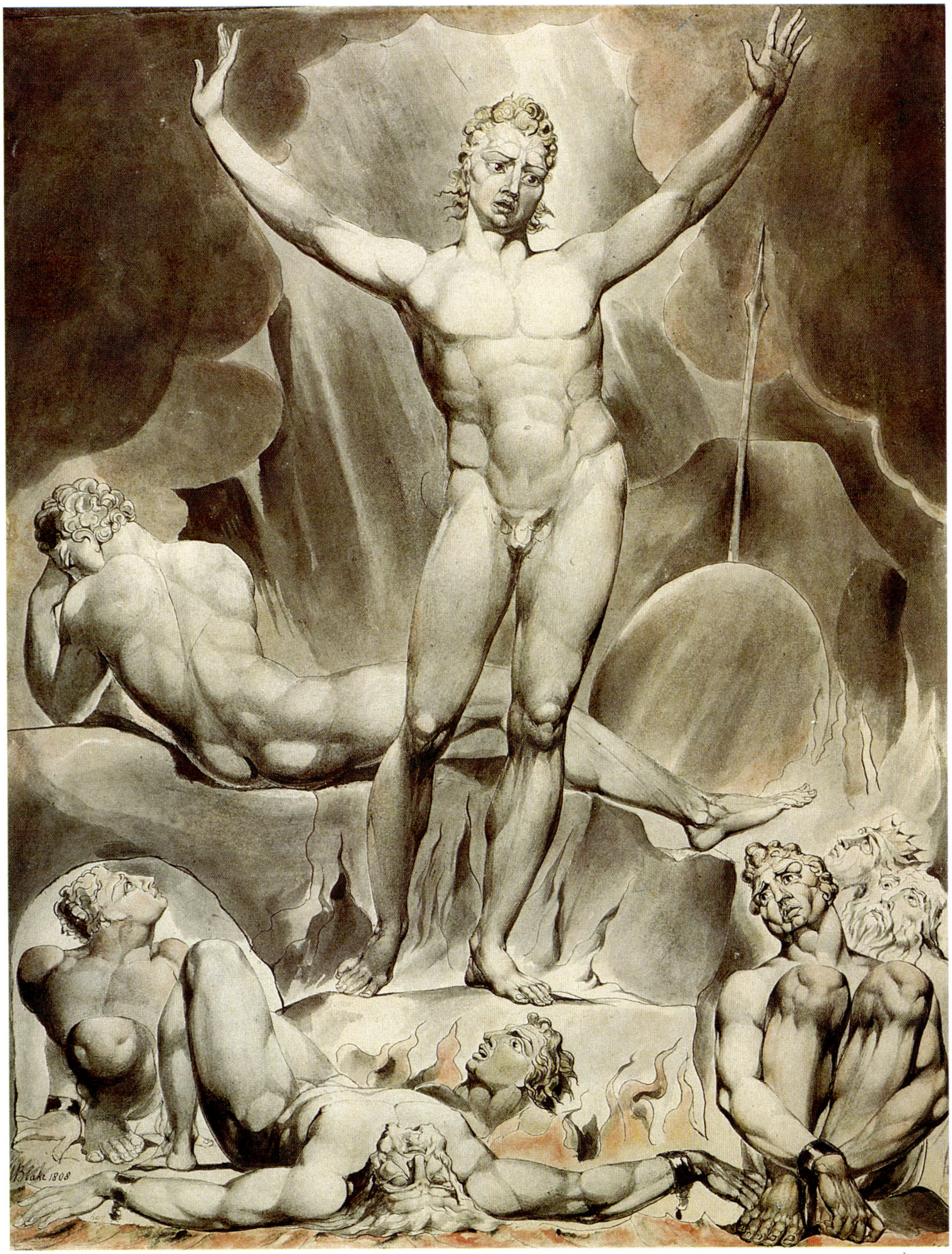

KÜNSTLERVEREINIGUNGEN

Obwohl sich im Verlauf des 18. Jahrhunderts immer mehr bekannte Künstler dem Aquarell zuwandten, war es doch schwierig, die Kunstinstitutionen davon zu überzeugen, daß das Aquarell nicht weniger wert sei als die Ölmalerei. Die Royal Academy in London z. B. vergab noch im frühen 19. Jahrhundert die besten Ausstellungsplätze grundsätzlich an Ölgemälde und Miniaturen. Darüber hinaus wurden Künstler, die nur mit Wasserfarben malten, nicht als Mitglieder zugelassen.·

Schließlich gründeten die Aquarellisten eigene Vereinigungen, in denen sie selbst Ausstellungen organisieren konnten. Die erste Gesellschaft, gegründet 1804, war die später so genannte »Old Watercolour Society«. Die Ausstellungen dieser zur Exklusivität neigenden Gesellschaft waren so erfolgreich, daß der Wettbewerb der Mitglieder um Anerkennung und Ausstellungsfläche schließlich zur Gründung einer Konkurrenzvereinigung führte, der »New Society of Painters in Miniature und Watercolours«.

Es gibt mehrere Künstler, die in dieser Übergangszeit als Bindeglied zwischen Alt und Neu fungiert haben. Zu ihnen gehört John Varley. Überaus produktiv, beeinflußte er nicht nur die Ausstellungen der Gesellschaft, sondern auch das Werk anderer Künstler wie John Sell Cotman, David Cox und Peter de Wint.

Auf der Pariser Weltausstellung von 1855 wurden auch englische Aquarelle gezeigt. Hierdurch gewann das Medium überall in Europa an Popularität; die Kritiker bekundeten lebhaftes Interesse an den 114 in Paris ausgestellten englischen Aquarellen. Sie hoben hervor, daß in England Maler ersten Ranges ihre Energie dem Aquarell als Kunstwerk in sich widmeten und daß viele dieser Arbeiten die Kraft von Ölgemälden besäßen. So wurde die Vielseitigkeit dieses Mediums deutlich. Der französische Journalist Edmond About wies besonders darauf hin, daß es in London zwei Gesellschaften gebe, die sich die Förderung der Aquarellmalerei und den Verkauf der Bilder zur Aufgabe gestellt hätten. Obwohl die Verwendung von Wasserfarben für die Maler auf dem Kontinent absolut nicht neu war, galt das Aquarell doch eine Zeitlang als »englischer« Beitrag zur zeitgenössischen Kunstszene.

Schritt für Schritt anerkannten auch die altherkömmlichen englischen Kunstinstitutionen die Aquarellmalerei als eigenständiges Medium; dennoch war dies ein langwieriger Prozeß. Die Haltung änderte sich nur allmählich: So bekam die Old Watercolour Society schließlich von Königin Victoria die Erlaubnis, ihrem Namen das Wort »Royal« hinzuzufügen, aber dies geschah erst 1881, als viele ihrer bekanntesten Mitglieder bereits tot waren.

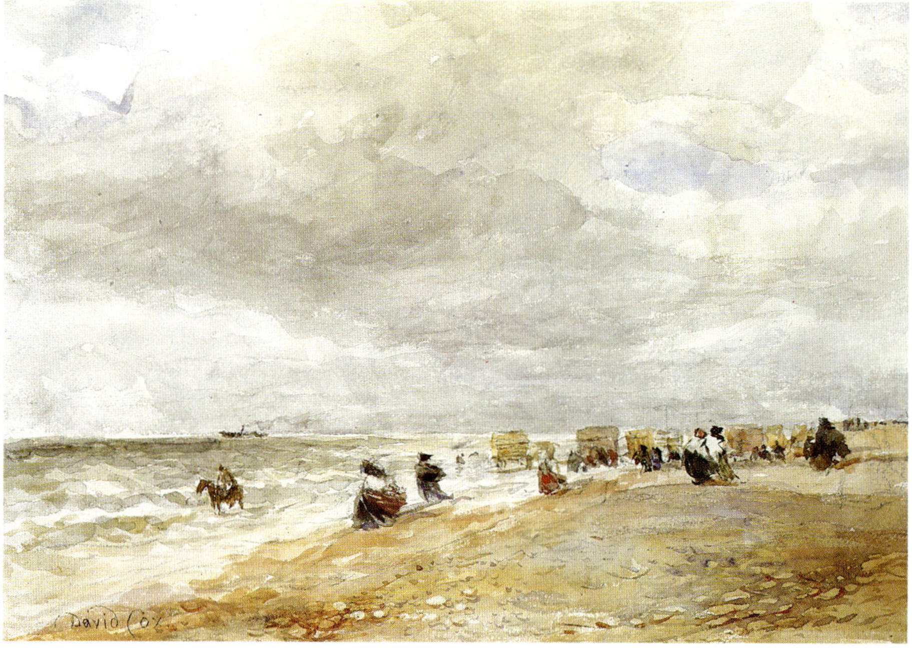

Der Strand von Rhyl
David Cox

David Cox (1783–1859) war ein begeisterter Schüler John Varleys. Diese sturmgepeitschte, atmosphärisch dichte Szene zeigt jedoch, wie sehr er sich hier bereits von seinem Vorbild gelöst hat. Cox gehörte zu einer Gruppe neuer Mitglieder, die in den frühen zwanziger Jahren des 19. Jahrhunderts der Old Watercolour Society beitraten. Ihr kühner Umgang mit der Farbe brachte frischen Wind in die englische Aquarellmalerei, trug ihnen aber auch Kritik ein. Cox etwa wurde vorgeworfen, zu hastig und oberflächlich zu arbeiten. Er bevorzugte ein rauhes, leicht gebrochen weißes Papier, das die Lasuren aufsog und heute als »Cox-Papier« bekannt ist. Über Bleistift oder Kohle legte er zunächst eine zarte Lasur und arbeitete dann mit satten, sehr nassen Farben weiter. Die Pinselstriche im Vordergrund sind kürzer, sie geben sorgfältig einzelne Details wieder. An einigen Stellen schimmert noch das rauhe weiße Papier durch. Im ganzen wirkt das Bild sehr spontan.

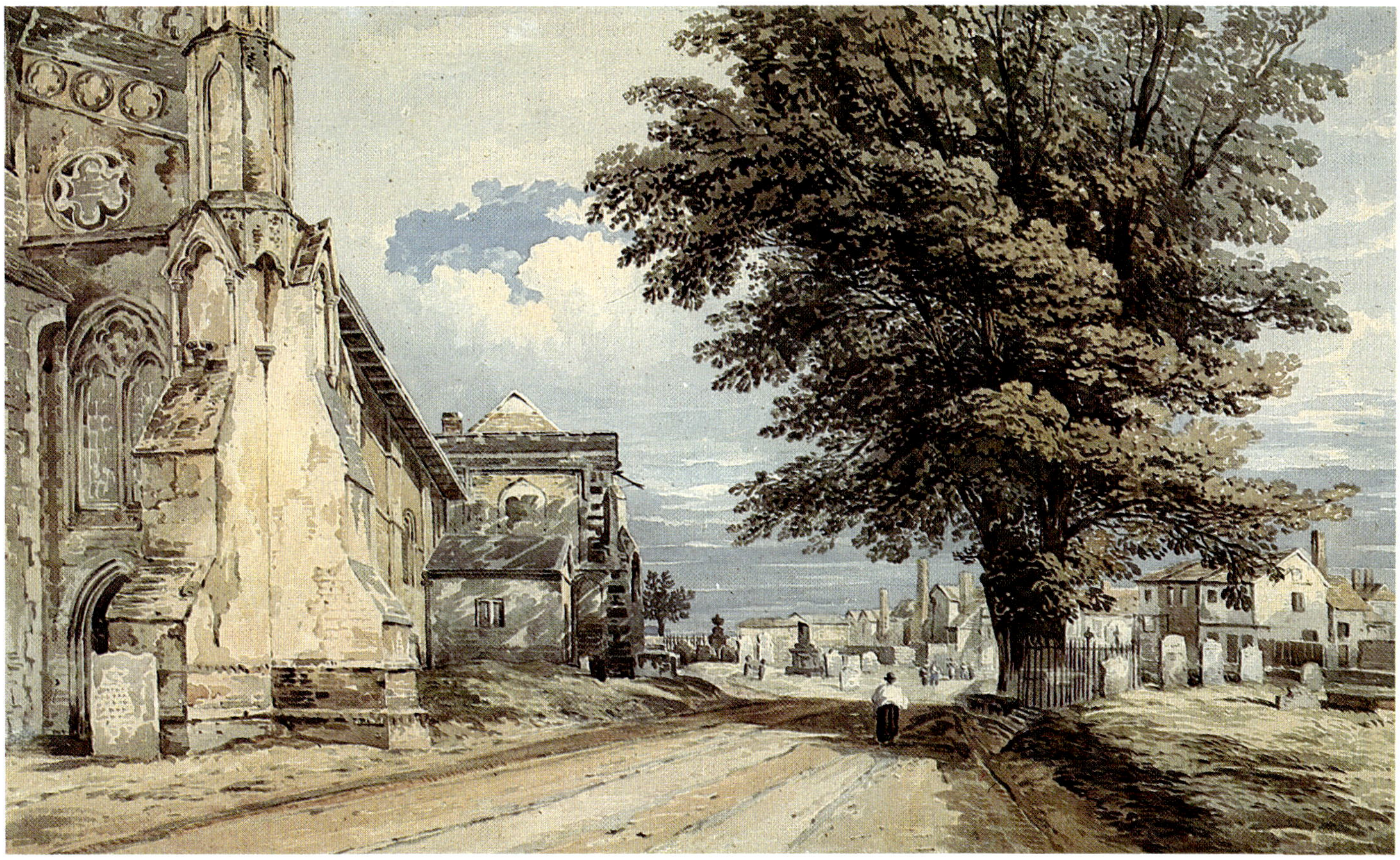

Waltham Abbey
John Varley

Dieses handwerklich perfekte Bild hat ein Künstler gemalt, der, obschon manchmal angegriffen, zweifellos zu den vitalsten Persönlichkeiten in der Entwicklung der Aquarellmalerei gehört. John Varley (1778–1842) war auch ein begabter Lehrer, der eine Reihe von Büchern veröffentlichte, so z. B. »Grundlagen der Landschaftsmalerei« und eine »Praktische Abhandlung über die Kunst des perspektivischen Zeichnens«. Sein Werk regte unzählige Amateure an, mit ihren Skizzenbüchern aufs Land zu fahren und sich im Aquarellieren zu versuchen. Die Ausrüstung war leicht transportabel, und man erzielte relativ schnell Ergebnisse, was das Medium für Hobbymaler wie professionelle Künstler attraktiv machte.

Varley wurde wie sein jüngerer Bruder Cornelius gegen den hartnäckigen Widerstand seines bürgerlichen Elternhauses Maler. Er gehörte zu den Gründungsmitgliedern der Old Watercolour Society und war ein Meister darin, korrespondierende Farbflächen zu schaffen, die dem Gesamtbild eine harmonische Wirkung geben.

Wie geschickt er mit Licht- und Schatteneffekten umzugehen verstand, sieht man in diesem Bild.

Einer der bekanntesten Aussprüche Varleys, »Die Natur will bearbeitet werden«, unterstreicht die Bedeutung, die er der Läuterung des Naturgegebenen durch den Künstler und dem Beachten des Details beimaß. Er empfahl auch, ein Bild so aufzubauen, daß der Blick des Betrachters auf einen Punkt gelenkt wird. Bei diesem Bild z. B. folgt das Auge über die in den Schatten des Baumes eintretende Gestalt dem Verlauf der Straße in die Tiefe.

Varley war ein äußerst produktiver Aquarellist, und seine Motive und Themen wiederholten sich mit der Zeit. Dazu kommt, daß manche Bilder weniger beseelt und kraftloser wirken als andere. Dennoch hat Varley in der Entwicklung der Aquarellmalerei zweifellos eine führende Rolle gespielt und die Arbeiten vieler Künstler maßgeblich beeinflußt.

DIE ENGLISCHEN AQUARELLISTEN

ANERKENNUNG

Das 19. Jahrhundert ließ den Aquarellisten im allgemeinen mehr Freiheit, eigene Wege zu erkunden, als die frühen Jahre dieses Mediums. Dank der weitreichenden Anerkennung des Aquarells fühlten die Maler sich nun nicht mehr als Außenseiter, sondern entwickelten ein neues Selbstbewußtsein als wirklich »Dazugehörende«. Diese Haltung brachte es mit sich, daß die einzelnen Künstler, selbst wenn sie zu einer Gruppe gehörten, ausgesprochen persönliche Auffassungen entwickelten. So ist z. B. der Stil Samuel Palmers, der mit den Shoreham Ancients (s. S. 38) in Verbindung stand, sehr ausgeprägt.

Mit wachsendem Selbstvertrauen durchbrachen mehr und mehr Künstler die engen Grenzen anerkannter Arbeitsweisen – man kombinierte verschiedene Medien und mischte transparente Aquarellfarben mit Deckfarben.

Palmer verwendete beispielsweise gern dickflüssige Gouache und benutzte gelegentlich Ölfarbe, Tusche und Wasserfarbe in ein und demselben Bild. Constable, der hauptsächlich in Öl arbeitete, malte vor allem seine Gewitter- und Himmelsdarstellungen mit Aquarellfarben oder Gouache.

Die meisten englischen Künstler beschränkten sich bei ihrer Arbeit auf die sie umgebende Landschaft und schenkten dem europäischen Kontinent relativ wenig Beachtung – aus dem einfachen Grund, daß die Französische Revolution und die Napoleonischen Kriege das Reisen in Europa zunehmend gefährlich machten.

Aus unserem heutigen Blickwinkel lassen sich verschiedene Gruppen »lokaler« Künstler ausmachen, so z. B. die Schule von Norwich in Ostanglien, zu der Cotman und John Crome (1768–1821) gehörten; Cotman hatte jedoch auch Verbindungen zu Yorkshire, wo er seine fruchtbarste und ergiebigste Schaffenszeit verbrachte. Constable wurde immer wieder aufs neue von den Hecken und der lieblichen Landschaft seiner Heimat Suffolk inspiriert. Palmer und seine Nachfolger in Kent wandten sich Shoreham und seiner Umgebung zu, während de Wint eine tiefe Liebe zu Lincolnshire, der Heimat seiner Frau, entwickelte.

Brücke über einen Nebenfluß des Witham in Lincolnshire
Peter de Wint

Alle Aquarelle Peter de Wints (1784–1849) strahlen Ruhe aus. Die Landschaft Lincolnshires liebte er ganz besonders; die Familie seiner Frau stammte aus dem Landstädtchen Lincoln, und hier sind die qualitätvollsten Arbeiten des Künstlers entstanden.

De Wint machte seine Lehre bei dem Mezzotintokünstler J. R. Smith. Später lernte er Varley und über Dr. Monro auch Girtin kennen. De Wint gehörte zur zweiten Künstlergeneration der Old Watercolour Society, und an der Qualität seines Werks orientierte sich die anspruchsvolle englische Aquarellmalerei. Nachdem de Wint seinen Stil gefunden hatte, blieb er ihm sein Leben lang treu.

Dieses Bild mit der Brücke und der Frau ist sehr liebevoll gemalt, was der ganzen Szene Wärme und Intimität verleiht. In der Wiedergabe der Wasseroberfläche wird de Wints meisterhafte Technik deutlich, und man erkennt auch, wie kraftvoll er mit der Farbe umzugehen verstand. Die Szene lebt von den warmen Tönen, die sich wirkungsvoll gegen den kühlen, blassen Himmel abheben. Der Blick des Betrachters richtet sich auf die helle Zone unter dem Brückenbogen, der sich im Wasser spiegelt.

De Wint trug die Farben mit schwerem Pinsel satt auf, um danach mit einem spitzen Gegenstand, wahrscheinlich dem Pinselende, Glanzlichter in die Farbe zu kratzen, so daß an diesen Stellen das weiße Papier durchschimmert. Auf diese Weise entstanden die zarten Wellen auf der Wasseroberfläche und die Rippen der Gräser im Vordergrund. Durch diesen Kunstgriff erhält das Gemälde Leben und Plastizität.

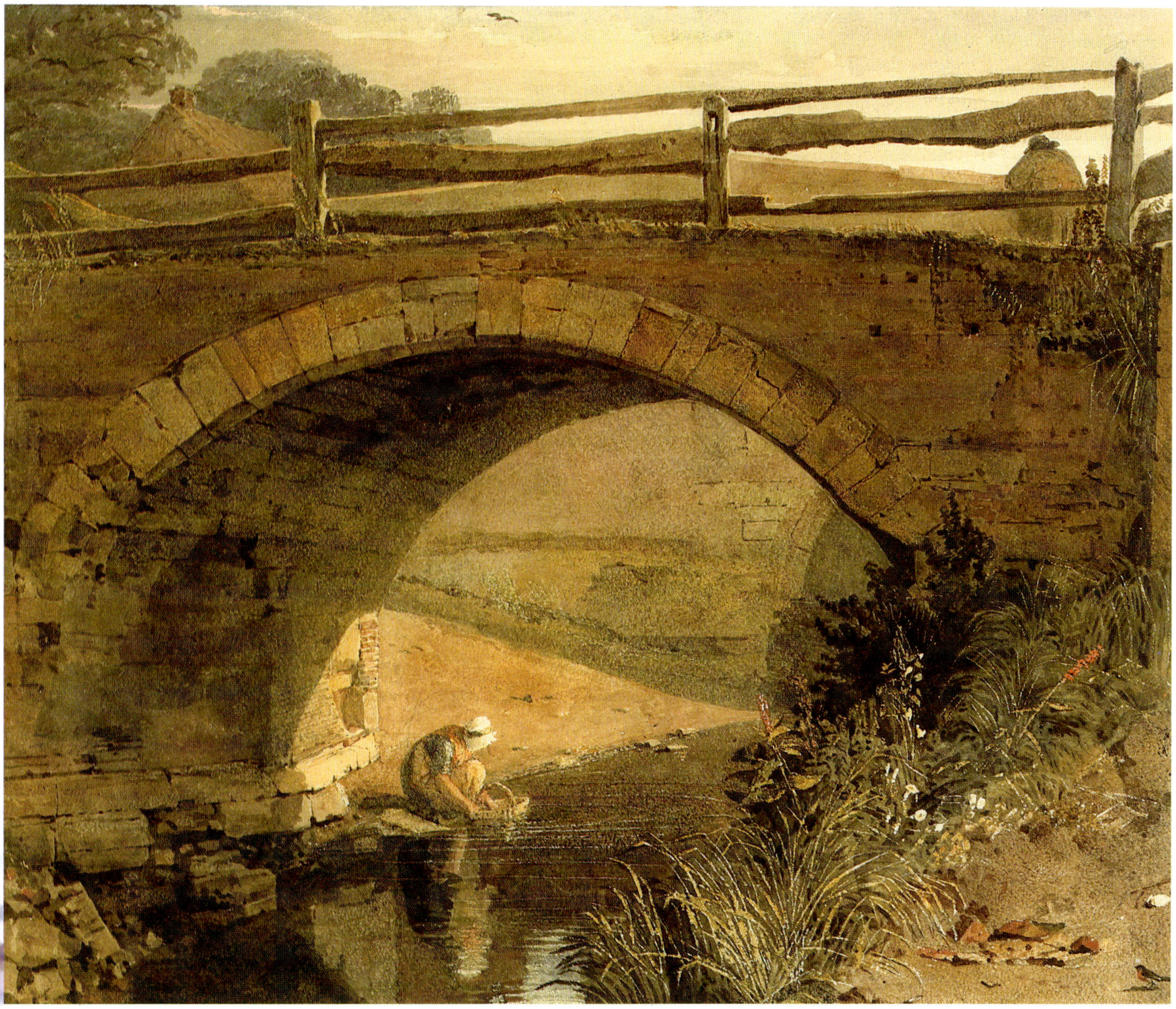

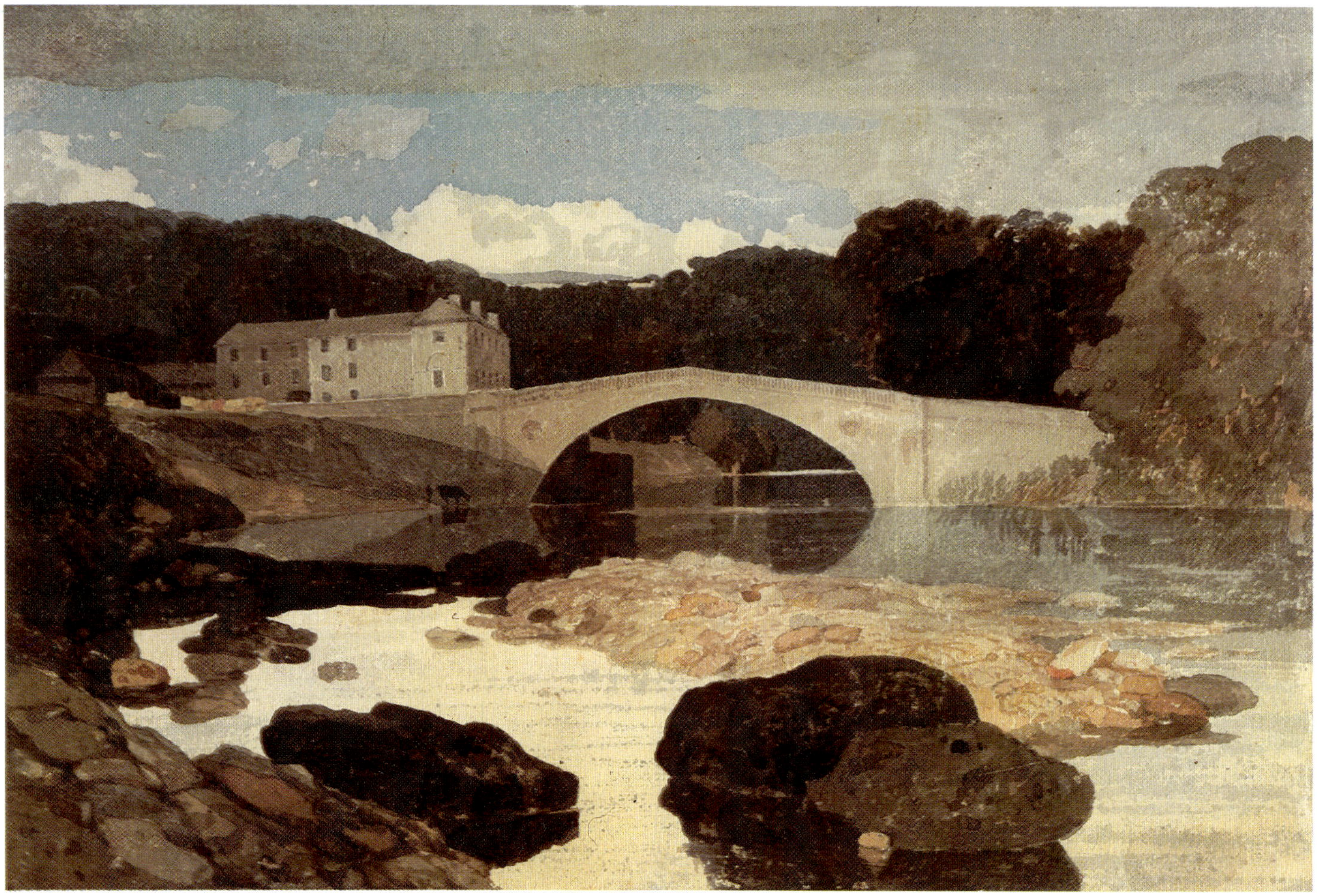

Die Greta-Brücke, Yorkshire
John Sell Cotman (1807)

Cotman (1782–1842) gehörte zu Dr. Monros Schülern. Zwischen seinem einundzwanzigsten und dreiundzwanzigsten Lebensjahr hielt er sich dreimal in Yorkshire auf, wo viele seiner besten Arbeiten entstanden.

Diese Darstellung der Greta-Brücke zeigt ein Gefühl für Form und abstrakte Komposition, bei der jedes Detail überflüssig wäre. Cotman arbeitet mit Flächen klarer Farbe – eine Technik, die er wahrscheinlich bei Dr. Monro von Varley gelernt hatte. Das Bild verrät, welch genialer Kolorist Cotman war, indem er ebenmäßige Farbschichten auftrug, aus denen sich die Details von selbst entwickeln. So bestehen z. B. die Felsen wie die Bäume aus einfachen Schichten warmer und kalter Farben. Die Wirkung ist verblüffend, und das Ganze mutet so realistisch an, daß der Betrachter die Abstraktheit der Komposition in der Anordnung positiver und negativer Flächen und den Kontrasten zwischen Licht und Schatten fast übersieht.

In einem Garten in Shoreham
Samuel Palmer

Der Garten, in den wir hier sehen, wirkt wie eine farbenglühende Traumphantasie. Das Bild, eine Mischung aus Aquarell und Gouache, gehört zu einer Serie von Arbeiten Samuel Palmers (1805–1881), die innerhalb seiner künstlerischen Entwicklung eine geschlossene Gruppe bilden. Die großen goldfarbenen und weißen Gouachetupfen sind typisch für die zwischen 1826 und 1835 in Palmers Shoreham-Zeit entstandenen Bilder.

Selbst ohne diese Werke der Shoreham-Zeit gälte Palmer als prominenter Maler, denn er schuf eine ganze Reihe traditioneller, sehr qualitätvoller Landschaftsbilder, einige davon wirklich hervorragend. Der Maler war Sohn eines Buchhändlers, und obwohl er wahrscheinlich keinerlei künstlerische Ausbildung erhielt, stellte er seine Bilder bereits im Alter von 14 Jahren in der Royal Academy aus.

1824 lernte Palmer Blake kennen, der damals schon weit über sechzig war. Für den jungen Mann wurde Blake zu einer Art Prophet. Er schloß sich den Shoreham Ancients, einer kleinen Gruppe von Blake-Anhängern, an, und durch ihn wurde das Dorf in Kent bald von dem gleichen Schleier eines religiösen Mystizismus umgeben, wie es im 20. Jahrhundert mit Cookham an der Themse durch den Maler Stanley Spencer geschehen sollte.

Zu der Künstlergruppe in Shoreham gehörten John Linnell (später Palmers Schwiegervater), George Richmond, Francis Oliver Finch und Edward Calvert; alle sahen sich als Mitschöpfer eines neuen Goldenen Zeitalters der Romantik und der Poesie, unberührt von materialistischen Erwägungen.

Palmers visionäre Sehweise war ihrer Zeit weit voraus, und er hat das 20. Jahrhundert stark beeinflußt. Die Technik dieses Bildes ist sehr modern, aber die Atmosphäre, die die Frauengestalt und die ganze Komposition ausstrahlen, scheint den Betrachter zurück ins Mittelalter zu führen. Diese Stimmung durchzieht viele Bilder der Shoreham-Zeit.

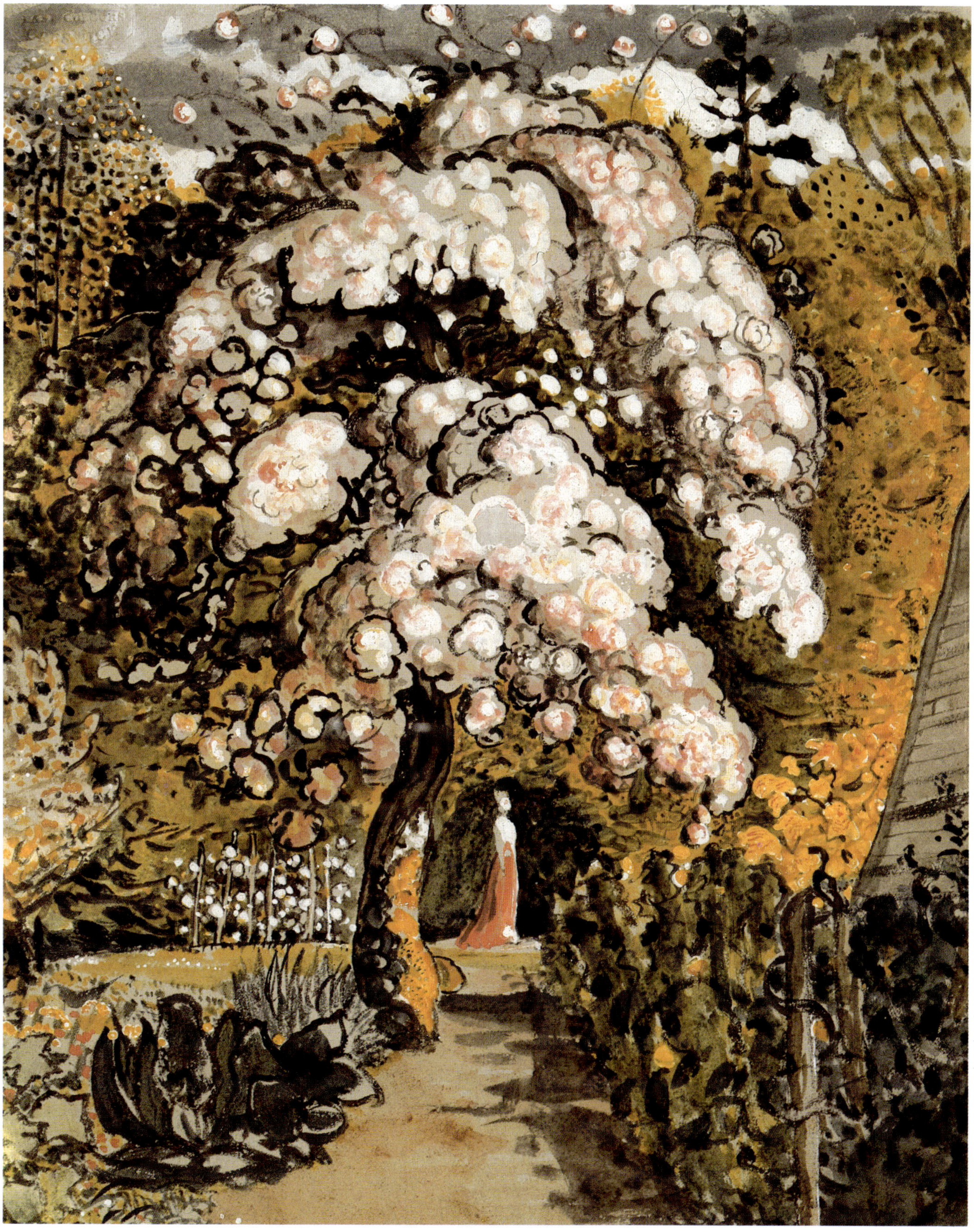

DIE ENGLISCHEN AQUARELLISTEN

WILLIAM MORRIS

(Die Präraffaeliten)

Die »Präraffaelitische Bruderschaft« war eine Künstlervereinigung, die sich im späten 19. Jahrhundert als bewußter Gegenpol zu den zeitgenössischen Strömungen bildete. Ihre Anhänger blickten voll romantischer Sehnsucht auf das ihrer Vorstellung nach Goldene Zeitalter vor Raffael zurück. Ihre Arbeiten zeichnen sich durch satte Farben, verschlungene Ornamente und ungewöhnliche Details aus, und einige der führenden Präraffaeliten experimentierten auch sehr intensiv mit Aquarellfarben. Die präraffaelitischen Maler trafen mit ihren ersten Werken auf ein recht konservatives Publikum und wurden zunächst verlacht. Später jedoch sollte ihre Kunst sehr populär werden.

Zu den wichtigsten Mitgliedern der Gruppe gehörten William Holman Hunt, Dante Gabriel Rossetti, Edward Burne-Jones und John Everett Millais. Aus vielen ihrer Bilder strahlt eine entschieden mittelalterliche Atmosphäre; der Betrachter sucht in den Miniaturlandschaften im Hintergrund geradezu nach Schloßtürmen und Burgen, und über vielen Szenen liegt eine zauberische Stimmung. Die Präraffaeliten strebten nach der Verschmelzung von Poesie und Märchen mit üppiger, farbenreicher Illustration. Um dies zu erreichen, ließen sie ihrer Phantasie freien Lauf, hielten sich aber gleichzeitig streng an das althergebrachte Handwerk. Ihre Zeichnungen verraten höchste Meisterschaft, und die Künstler machten sich mit einer Vielzahl von Materialien vertraut.

Die präraffaelitischen Maler arbeiteten hauptsächlich in Öl, und wenn sie Aquarellfarben verwandten, dann nicht wie bis dahin üblich lasierend in transparenten, von hell nach dunkel übereinandergelegten Schichten, sondern deckend, mit so wenig Wasser wie möglich, so daß die Farben am Ende ungewöhnlich schwer auf dem Bild lagen. Mit der opaken Gouache entstanden ähnlich dichte, detailreiche Werke. Aquarelle, Gouachen und Ölgemälde der Präraffaeliten zeigen in der Tat sehr große Ähnlichkeit.

Rückblickend kann man einen Entwicklungsstrang von Blake über Samuel Palmer bis zu den Präraffaeliten verfolgen: die Vorliebe für mystische Themen und das Bestreben, den Betrachter aus dem Bereich der materiellen, irdischen Dinge in eine spirituelle, idealistische Welt voll religiöser, mythischer und märchenhafter Gestalten zu entführen. Zu den präraffaelitischen Bildern mit ihren phantastischen und mythischen Szenen gehört jedoch auch eine Treue zur Natur, die die exakte Wiedergabe aller Blätter, Früchte, Blumen und Tiere mit sich brachte.

William Morris (1834–1896) stand in enger Verbindung zu den Präraffaeliten, und unter seinem Einfluß schlug die Bewegung eine neue Richtung ein; immer noch rebellisch, wandte sie sich jetzt gegen die graue Uniformität industriell hergestellter Produkte.

Morris hatte Architektur, dann Malerei studiert und wandte sich später dem Design zu. Er war der Ansicht, daß die Methoden der Massenproduktion den Menschen in der Entfaltung seines kreativen Potentials behinderten. Um dies zu ändern, gründete er die Firma Morris and Co. für exklusive Einrichtungsgegenstände, die die englische Wohnkultur des 19. Jahrhunderts verändern sollten. Mit Hilfe anderer Künstler, wie z. B. Burne-Jones, entwarf er Teppiche, Wandbehänge, Tapeten, Textilien und Glas. 1890 gründete er die Kelmscott Press, einen Verlag, in dem überaus sorgfältig gestaltete Bücher erschienen. Obwohl Morris eine neue und einflußreiche Stilrichtung im zeitgenössischen Design kreierte, blieb er in der Verwendung satter Farben und üppiger Schmuckelemente doch traditionell.

Avon-Chintz
William Morris

Dieser Stoffmusterentwurf mit seinen verschlungenen Blattranken und Blumen erinnert an frühkeltische und christliche Handschriftenilluminationen. In solchen Formen spricht sich Morris' Bestreben aus, die in seinen Augen kalt und inhuman gewordene Gesellschaft zum Positiven zu verändern. Morris verwendete für seine Entwürfe sehr häufig Wasserfarben.

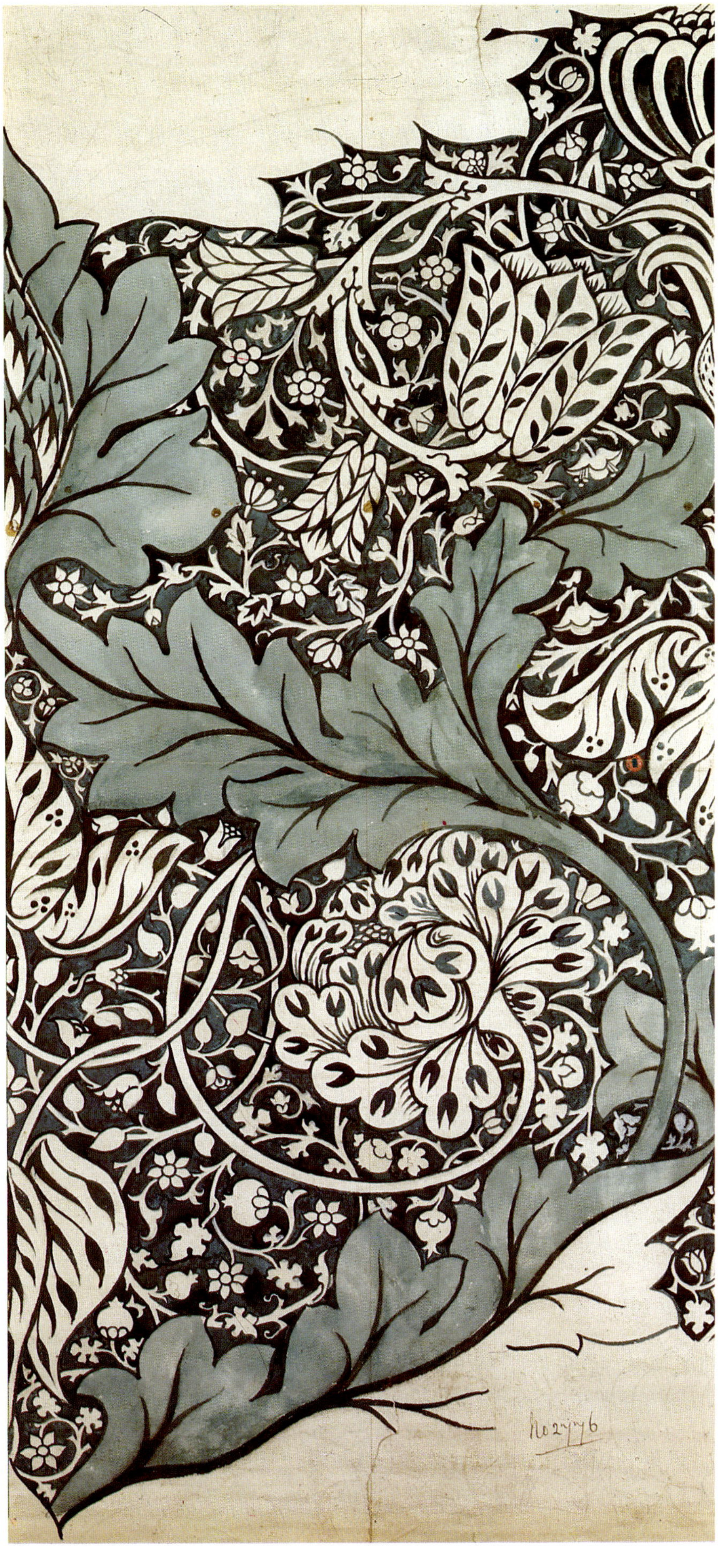

DIE WISSENSCHAFTLICHE TRADITION

BOTANIK

Die Malerei mit Wasserfarben steht seit langem auch im Dienst der Wissenschaft, denn dieses Medium erlaubt es, Farbtöne schrittweise und sehr präzise aufzubauen, und eignet sich deshalb hervorragend zur Wiedergabe winziger Details von Pflanzen und Tieren.

Die ersten Pflanzenmaler stellten Arzneikräuterbücher zusammen, die in den meisten europäischen Ländern weit verbreitet waren. Die Bilder sollten die Handschriften und Bücher nicht in erster Linie schmücken, sondern die Bestimmung der einzelnen Pflanzen erleichtern. Ein Beispiel ist die Dioskurides-Handschrift, ein 512 in Konstantinopel entstandener Prachtkodex, heute in Wien aufbewahrt, mit zahlreichen Illustrationen in opaken, gouacheähnlichen Farben.

Als mit der Renaissance in der westlichen Welt das Interesse an der Wissenschaft auf eine neue Basis gestellt wurde, begannen Scharen von Pflanzenmalern damit, unzählige Pflanzenarten minuziös auf dem Papier festzuhalten. Diese Maler sahen sich jedoch nicht als Künstler, sondern als Illustratoren. Im allgemeinen hält man Albrecht Dürer für den ersten wirklichen Aquarellisten, indessen haben diese frühen Pflanzenmaler bereits lange vor seiner Zeit Deck- und Aquarellfarben verwandt.

Seit dem 16. Jahrhundert entdeckten und erforschten die Europäer die übrige Welt. Botaniker und Wissenschaftler – unter ihnen der Franzose Jacques Le Moyne de Morgues, der 1564 Florida bereiste, und sein Kollege John White – fuhren in ferne Länder und hielten deren exotische Flora und Fauna im Bild fest; oft war dies die einzige Möglichkeit, die Heimat mit den Entdeckungen bekannt zu machen. Eine Abenteurerin war auch Maria Sibylla Merian (1647–1717), die mit ihren Bildern ein einzigartiges Zeugnis über die Blumen, Früchte, Insekten und Vögel Surinams hinterlassen hat.

Der niederländische Asienhandel eröffnete neue Wege für diesen Zweig der Aquarellmalerei. Der Deutsche Engelbert Kämpfer, der für die holländische Ostindische Kompanie als Arzt tätig war, zeichnete und malte Pflanzen auf Ceylon und Java, in Bengalen und Japan. Auf ähnliche Weise bahnte der Handel Malern den Weg zu Flora und Fauna Afrikas und der Westindischen Inseln. Das 18. Jahrhundert, die Zeit der Aufklärung, in der auch das Interesse an Pflanzen, Gartenbau, Kunst und Reisen wuchs, war auch eine Zeit der Förderer und Gönner. Sir Joseph Banks, von 1778 an Präsident der Royal Society, interessierte sich besonders für Botanik. Unter seinen Auspizien bereisten junge Künstler fremde Länder; so begleiteten Alexander Buchan und Sydney Parkinson den Weltumsegler James Cook auf der »Endeavour«, und mit Banks' Hilfe konnten die Brüder Franz Andreas und Ferdinand Lucas Bauer Österreich verlassen, um in England zu arbeiten.

Auch heutzutage werden Illustrationen für Botanikbücher größtenteils mit Aquarellfarben oder Gouache gezeichnet. Die Unterrichtsmethoden der Institute für wissenschaftliches Zeichnen haben sich seit der Zeit der frühen Meister kaum verändert; nach wie vor liegt das Schwergewicht auf dem exakten Beobachten und der Entwicklung der Fähigkeit, eine wissenschaftlich korrekte und dabei ästhetisch ansprechende Abbildung zu schaffen.

Hickorybaum (Spondias Mombin)
Maria Sibylla Merian (um 1700)

Maria Sibylla Merian malte mit Aquarell- und Deckfarben auf Velin. Ihr Interesse galt hauptsächlich den Insekten, aber auch da, wo Pflanzen für sie von nachrangiger Bedeutung sind, besitzen ihre Zeichnungen für Botaniker großen Wert. Maria Sibylla Merian beherrschte ihr Handwerk vollkommen und hielt unermüdlich kleinste Details fest. Dennoch spricht aus ihren Zeichnungen auch eine starke Imaginationskraft. Auf diese Weise schafft sie geradezu eine zweite lebendige Welt; jedes Merkmal einer Pflanze ist naturgetreu, oft etwas größer als in Wirklichkeit wiedergegeben. Die Insekten bilden einen integralen Bestandteil dieser phantasiereichen Darstellungen.

Maria Sibylla Merian war die Tochter des schweizerischen Kupferstechers Matthäus Merian d. Ä., und sie stach auch selbst einige ihrer Arbeiten in Kupfer. Während eines Aufenthalts in einem holländischen Konvent, der eine Sammlung südamerikanischer Insekten besaß, beschloß sie, selbst eine Reise zu unternehmen, um lebende Insekten zu zeichnen. Im Jahre 1698 – sie war bereits 51 Jahre alt – machte sie sich mit ihrer Tochter nach Surinam auf, wo sie zwei Jahre zeichnend und malend zubrachte. 1705 erschienen diese Arbeiten unter dem Titel »Metamorphosis Insectorum Surinamensium«.

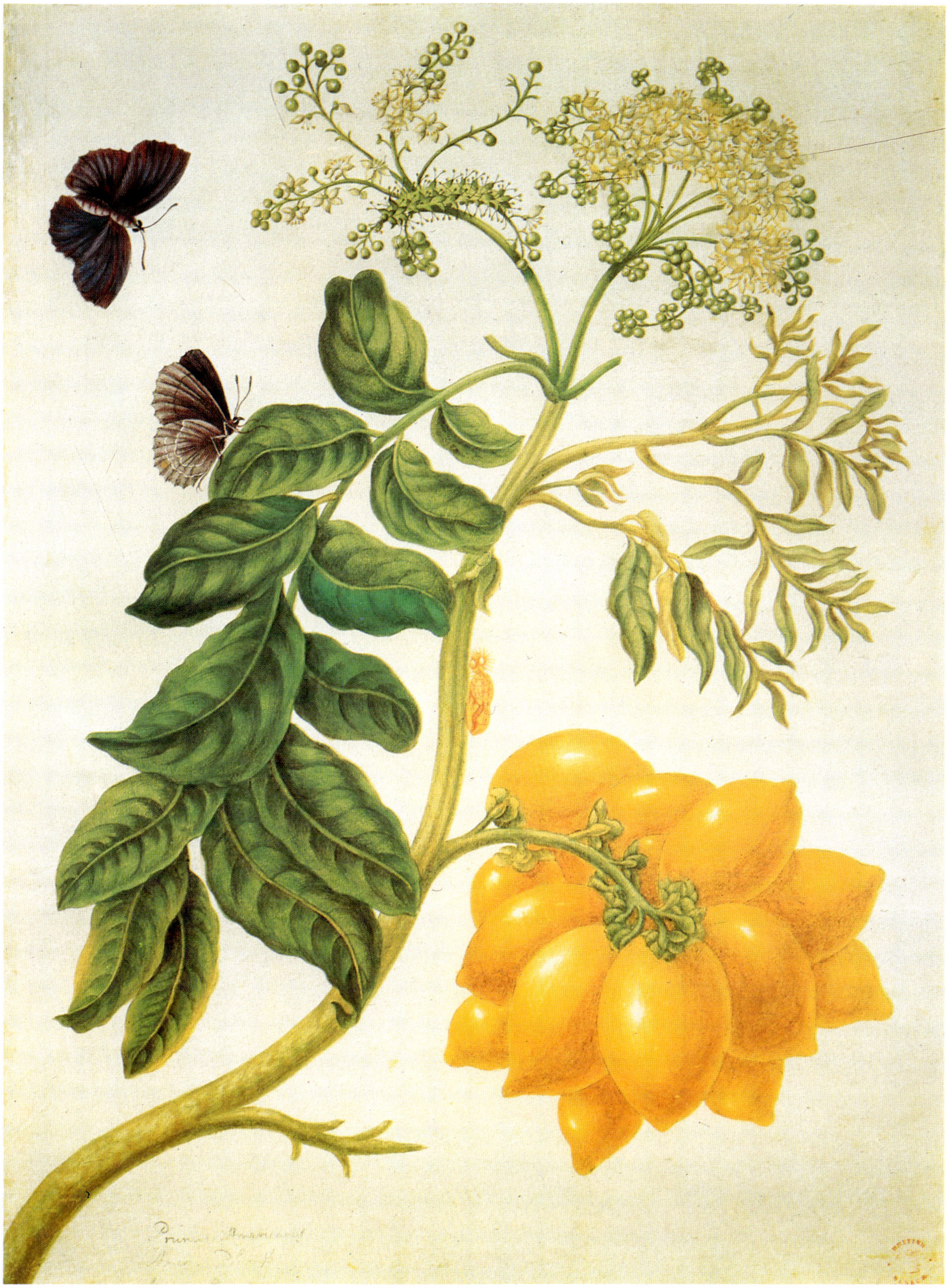

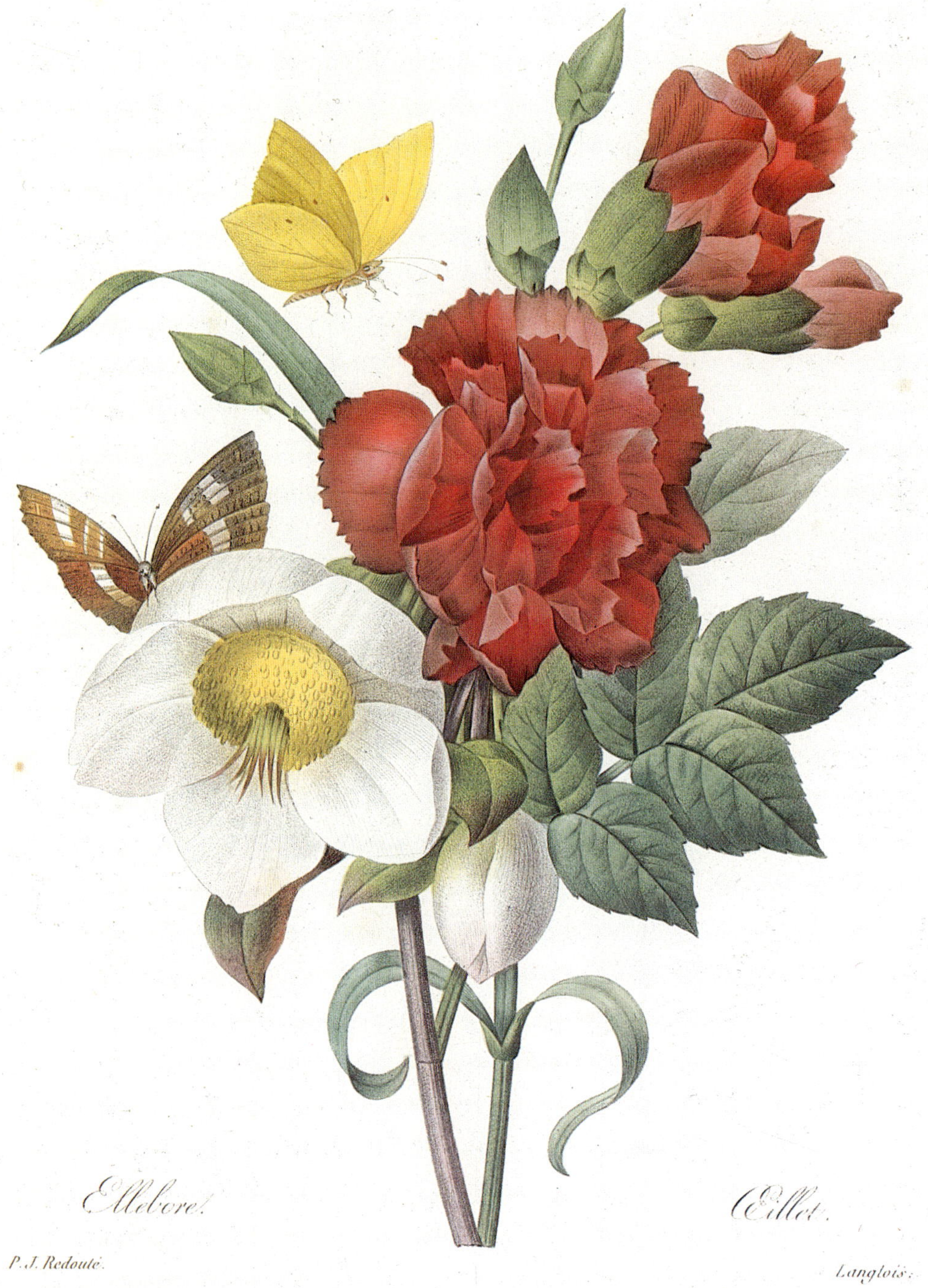

Christrose und Nelke
Aus: Les Choix de plus Belles Fleures
Pierre-Joseph Redouté (1827–1833)

Der Franzose Pierre-Joseph Redouté (1759–1840) schuf einige der schönsten Pflanzenporträts überhaupt. Er bekam seine große Chance, als die Kaiserin Josephine ihn beauftragte, die unzähligen Blumenarten im Garten von Schloß Malmaison zu erfassen. Aus dieser und darauf folgenden Arbeiten entstanden die illustrierten Bücher, die Redoutés Ruhm begründeten. Zur Herstellung dieser Bände bediente man sich der zu jener Zeit modernsten Verfahren, von denen der Künstler einige, z. B. ein verfeinertes Punktätzen, selbst entwickelte.

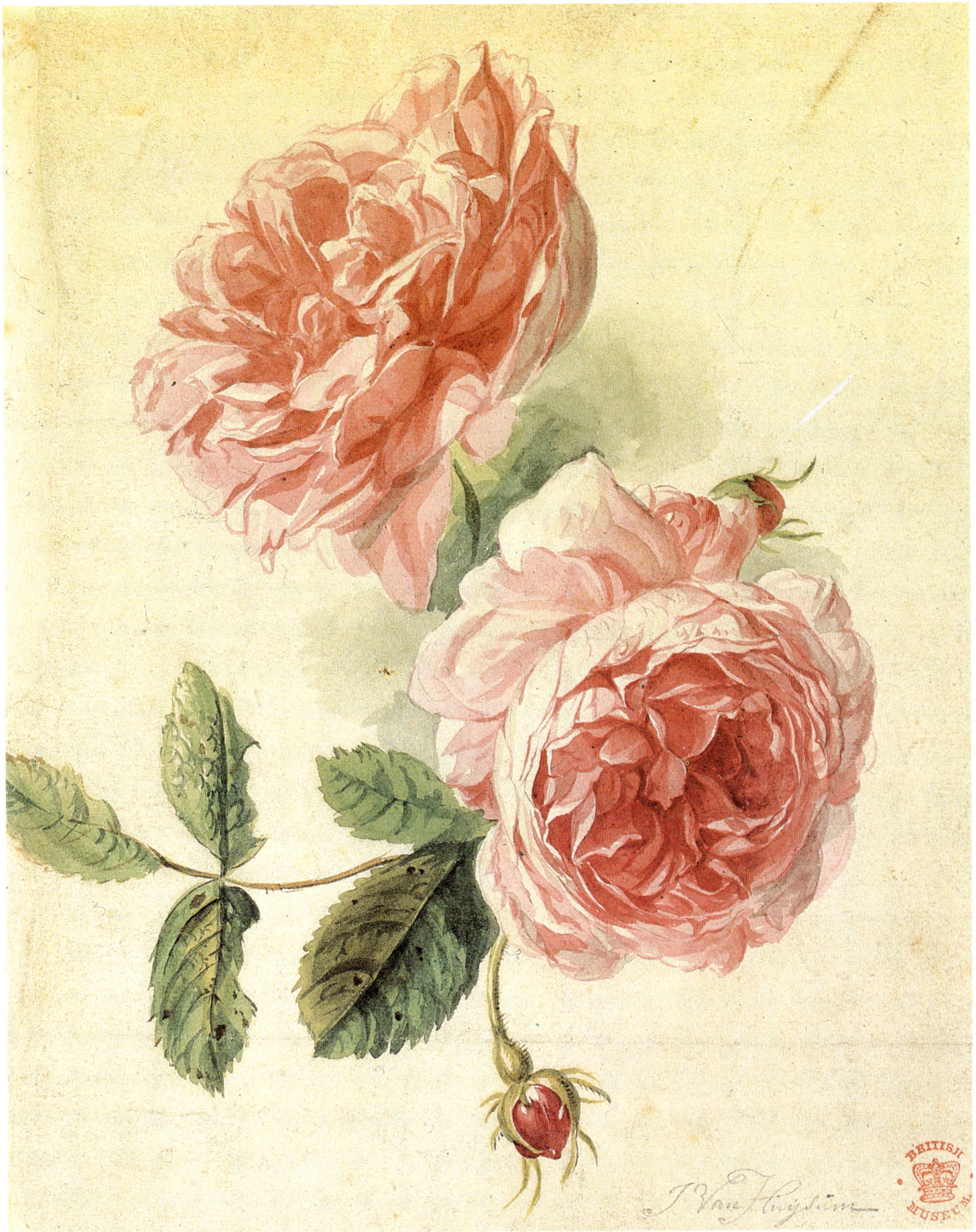

Zentifolie (Rosa centifolia)
Jan van Huysum

Dieses aus hauchzarten, transparenten Schichten aufgebaute Aquarell unterscheidet sich stark von den farbigen Zeichnungen vieler Gartenbuchillustratoren. Jan van Huysum (1682–1749) war mehr Blumenmaler denn Illustrator. Sein Werk umfaßt Zeichnungen, Aquarelle und Ölgemälde.

Van Huysums Aquarelle sind mit leichter Hand gemalt. Allein der Pinselstrich umreißt die Formen der Blüten und Blätter, während das zart lavierte Grün hinter den Rosen dem Bild Tiefe verleiht. Unregelmäßigkeiten und Verfärbungen der Laubblätter hat van Huysum getreulich wiedergegeben, anders als auf manchen der frühen holländischen Blumengemälde, wo jede Blüte frontal und ohne andere zu überschneiden arrangiert wurde.

Gartenbau war im 17. Jahrhundert ein überaus populäres Thema; in den Gärten pflanzte man Wildblumen an, und aus fremden Ländern gelangten neue Zierpflanzenarten nach Europa. Mit dem Interesse an der Flora wuchs auch die Nachfrage nach Abbildungen der neuen Blumenspezies, und die Niederlande entwickelten sich zu einem wichtigen Zentrum für dieses Genre der Malerei.

FARBIGE SKIZZEN

SPONTANEITÄT

Der Unterschied zwischen einer Aquarellskizze und einem vollendeten Aquarell ist oft nur sehr klein. Im allgemeinen läßt sich die Frage nicht durch einen kurzen Blick auf das betreffende Bild klären, denn eine Arbeit, die wie eine flüchtige Skizze wirkt, kann sehr wohl ein fertiges Gemälde sein. Die Antwort liegt vielmehr in der Absicht, mit der das Bild gemalt wurde: Für gewöhnlich dient die Skizze der Erinnerung; der Künstler hält einen Gegenstand oder ein Ereignis rasch in den wichtigsten Zügen fest, um das Motiv in einem späteren Werk auszuarbeiten.

Vor seiner Anerkennung als eigenständiges Medium wurde das Aquarell oft für Studien zu Ölgemälden verwendet. Diese Rolle spielte es auch weiterhin, lassen sich doch solche farbigen Skizzen bequem und unkompliziert aufs Papier bringen. Oft sind sie genauso bekannt wie das endgültige Gemälde; manchmal ist dies auch verloren oder zerstört, und nur die Studien blieben erhalten.

In der Epoche der Kavalierstouren (s. S. 30) stellte die Aquarellskizze sozusagen das Äquivalent der Urlaubsfotos unserer Zeit dar. Sie konnte schnell angefertigt werden, entweder von den jungen reisenden Aristokraten selbst, die damit ihr künstlerisches Talent entfalteten, oder von einem eigens engagierten Maler.

Zahllose große Meister haben sich für ihre Studien der Wasserfarbe bedient; am bekanntesten sind vielleicht die Arbeiten von Eugène Delacroix, die 1832 auf seiner Afrikareise entstanden. Die Seiten seiner Skizzenbücher lassen den Zauber Arabiens lebendig werden: Winzige Bildchen halten Basare, maurische Interieurs und Gegenstände fest. Darauf griff Delacroix in seinen Ölgemälden zurück; keines besitzt jedoch den Charme jener frühen Miniaturskizzen.

Gouache erweist sich für solche Studien als besonders brauchbar, denn sie kann direkt, sauber und zügig in dicken, opaken Schichten aufgetragen werden. Die Malerin Gwen John arbeitete ungewöhnlich viel mit Gouache, und ihre schlichten Farbskizzen erfreuen sich heute wachsender Beliebtheit.

Blick über eine weite Landschaft mit Bäumen im Vordergrund
John Constable

Mehr als jeder andere Maler des 19. Jahrhunderts besaß Constable (1776–1837) ein Gespür für den englischen Himmel mit seinen sich unablässig verändernden Wolkenbildern. Er hat einmal gesagt: »Der Himmel ist der Grundton, das Richtmaß und der wichtigste Vermittler von Empfindung – er beherrscht alles.« Constables Interesse für Wolkenformationen und Wetterphänomene ging weit über das rein Künstlerische hinaus. Er vertiefte sich in das Thema und konnte die Bedeutung bestimmter Wolkenformen interpretieren. Wir wissen, daß er von Luke Howards Werk »The Climate of London« beeinflußt wurde.

Constables Ruhm gründet auf seinen Ölgemälden, und die Aquarelle, in denen er die Wechselhaftigkeit von Wind, Regen und Sonne sehr viel besser erfassen konnte, standen lange in deren Schatten. Bis vor kurzem sind sie praktisch gar nicht ausgestellt worden.

Diese Aquarellskizze ist eine von Hunderten, in denen Constable die flüchtigen und von Jahreszeit zu Jahreszeit unterschiedlichen Erscheinungen des englischen Wetters einzufangen versucht hat.

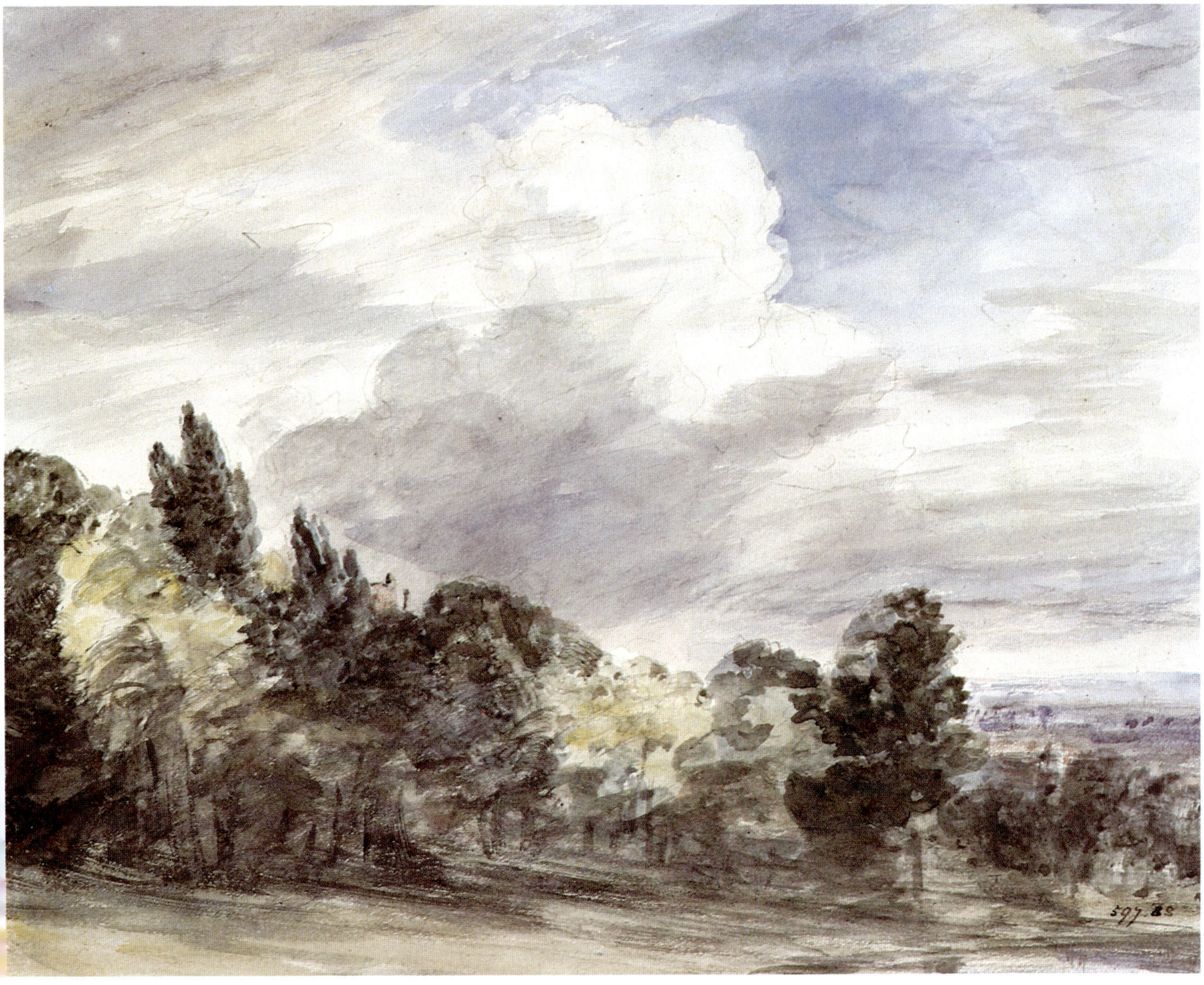

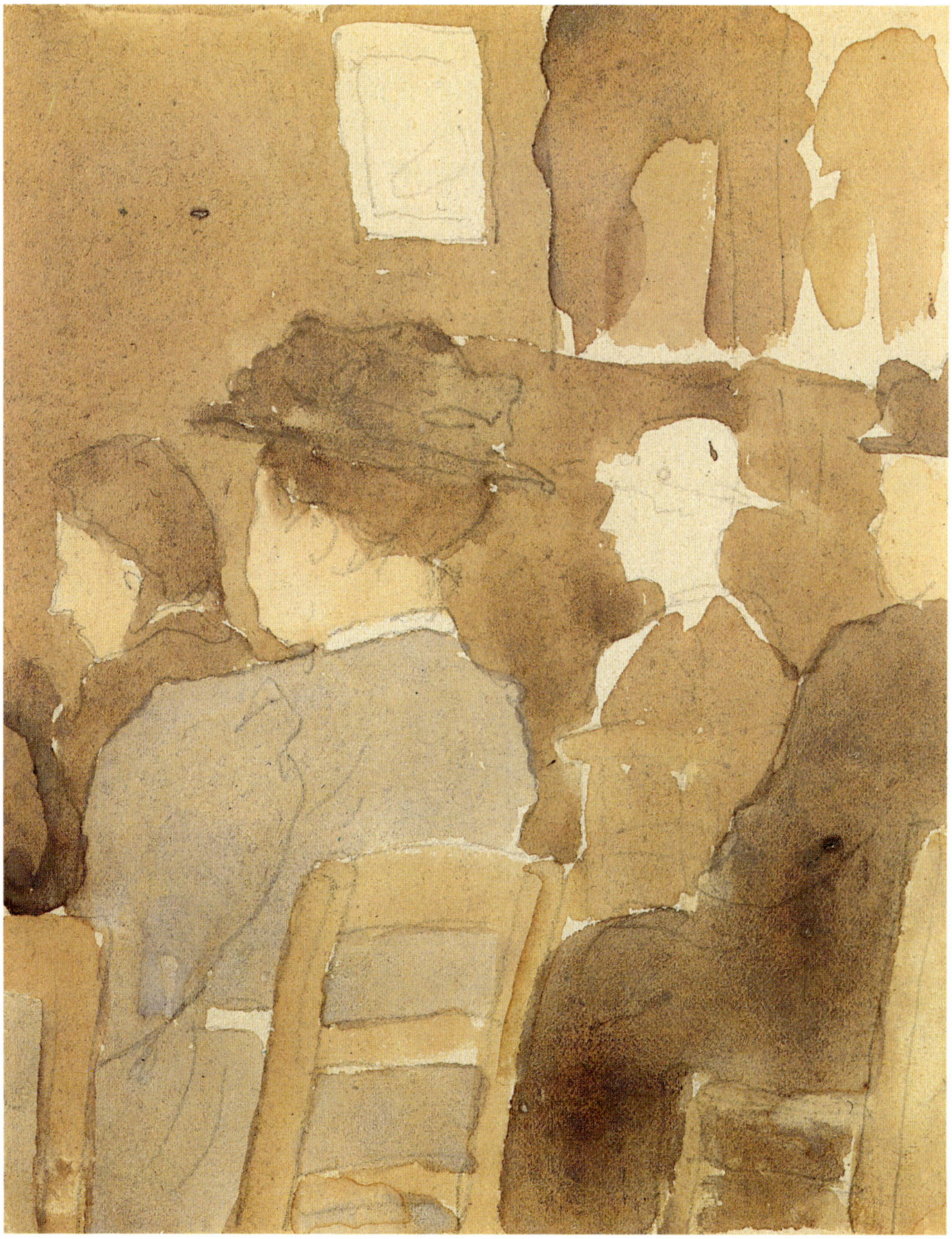

Eine korpulente Dame und andere Personen in der Kirche
Gwen John (1913–1925)

Dieses rasch hingeworfene Aquarell über Bleistift, das aus einer in der Kirche gemachten Skizze entstand, ist in Linienführung, Farbe und im Detail so sparsam, wie es die Wasserfarbe erlaubt. Dennoch enthält es viele Informationen. Wohl nur selten ist mit Bleistift und Pinsel in solcher Eile so viel Atmosphäre eingefangen worden.

Gwen John (1876–1939)schrieb einmal: »Die Menschen sind für mich wie Schatten, und ich bin auch wie ein Schatten.« In diesem Bild sind nicht nur die Personen, sondern auch die Zwischenräume schattenartig laviert. Gwen John hat Hunderte von Aquarellen und Gouachen dieser Art gemalt. Sie war sehr religiös, und der Gottesdienst in der Kirche von Meudon, einem kleinen Ort vor Paris, wo sie zu jener Zeit lebte, faszinierte sie.

Die meisten Arbeiten dieser Serie können nicht genau datiert werden, aber alle verraten den Einfluß japanischer Drucke. Dennoch lenken die abstrahierenden Kompositionen und vereinfachten Formen nie vom Thema ab, sondern steigern es.

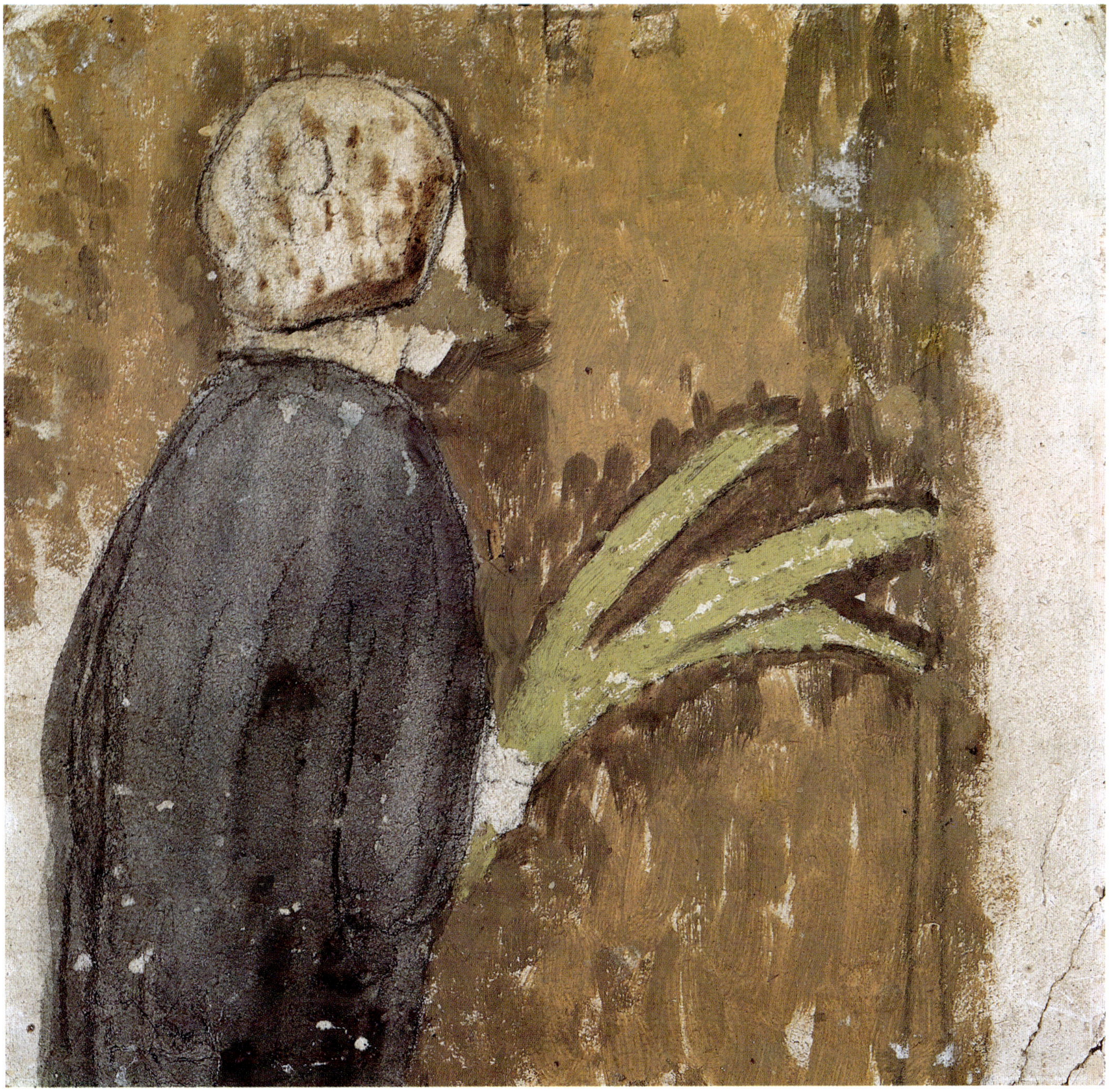

Mädchen mit einem Palmwedel
Gwen John (1927–1932)

Diese Skizze eines jungen Mädchens mit einem Palmwedel in der Hand – wahrscheinlich spielt die Szene am Palmsonntag – ist in gebrochenen Farben mit Kohle und Gouache ausgeführt. Auch hier zeigt sich der Einfluß japanischer Kunst auf Gwen John. Die Formen sind schlicht, kaum plastisch, aber fließend, wobei die Farbe nur wenig Binnenstruktur schafft. Diese Technik erinnert an fernöstliche Drucke, auf denen einfache, scherenschnittartige Figuren so arrangiert werden, daß die Negativformen des Hintergrunds wesentlich zur Komposition beitragen. Mit ganz wenigen Pinselstrichen hat die Künstlerin die Atmosphäre eingefangen, den stillen Ernst der Zeremonie und die Einsamkeit des jungen Mädchens. Wie bei den Ölgemälden Gwen Johns besteht der Hintergrund auch hier aus kurzen, vertikalen Strichen. Dabei hat sie die Deckkraft der nur wenig verdünnten Gouache ausgenutzt, diese aber nicht kompakt aufgetragen, so daß das getönte Papier an einigen Stellen sichtbar bleibt.

Gwen John lebte sehr zurückgezogen, und bis vor kurzem blieb ihr Talent fast völlig unbeachtet. So hatte z. B. einer ihrer Bekannten einen ganzen Stapel ihrer späten Gouachen, Aquarelle und Skizzen, zu denen auch dieses Bild gehört, achtlos in einen Schrank geworfen, wo sie jahrelang unentdeckt blieben.

BILD UND WORT

ILLUSTRATIONEN

Das Illustrieren von Texten ist eine der ältesten Kunstformen überhaupt, und Wasserfarbe diente von Anfang an auch diesem Zweck. Solche Bilder fanden jedoch – gleich, ob auf Schriftrollen, an Wänden oder in Büchern – zwangsläufig nur wenig Betrachter.

Selbst nach der Erfindung der Druckerpresse blieb es noch lange unmöglich, Farbabbildungen in großer Zahl herzustellen. Manchmal wurden Stiche mit Wasserfarben handkoloriert, wobei die Auflage natürlich nicht hoch sein konnte. Bücher mit farbigen Abbildungen, wie z. B. botanischen Illustrationen, wurden gedruckt, waren jedoch relativ teuer und erreichten deshalb nur eine kleine Leserschaft. Billigere Massenware enthielt Schwarzweißabbildungen. Die Entwicklung der Illustration vollzog sich somit im 18. und 19. Jahrhundert unabhängig vom Aquarell, das bis in unser Jahrhundert nur einem vergleichsweise kleinen Publikum zugänglich blieb. Heute hat sich diese Situation radikal geändert: Der technische Fortschritt ermöglicht es, Farbabbildungen in Massen herzustellen.

Aquarelle lassen sich gut reproduzieren. Mit modernen Druckverfahren kann man die zarte, durchscheinende Farbe originalgetreu wiedergeben, und oftmals ist es schwierig, einen qualitätvollen Druck auf Anhieb vom Original zu unterscheiden. Darüber hinaus greift der moderne Illustrator fast automatisch zum Aquarell oder zur Gouache, gelegentlich auch zu Acrylfarben, denn Ölfarbe trocknet nur langsam.

Die Gouache, die vor der Erfindung des Druckens bei der individuellen Ausgestaltung von Büchern bevorzugt wurde, ist wegen ihrer kräftigen Farben und ihrer Deckkraft noch immer eines der wichtigsten Medien für Illustratoren. Weit davon entfernt, die traditionellen Medien Gouache und Aquarell zu ersetzen, hat die moderne Technik im Gegenteil dazu beigetragen, sie einem breiten Publikum näherzubringen.

Die Mönche, die ihre heiligen Texte so liebevoll und mühsam illuminierten, wären sicher erstaunt, wenn sie sähen, daß ihre Kunstwerke heute zu Hunderttausenden vervielfältigt werden können.

Die Kollegen
Honoré Daumier

Honoré Daumier (1808–1879) war ein leidenschaftlicher Karikaturist, dessen Illustrationen für verschiedene satirische Blätter einen höchst unsentimentalen und kritischen Blick auf die Gesellschaft seiner Zeit verraten. Wegen seiner Spottbilder auf den französischen König Louis Philippe wurde er einmal sogar ins Gefängnis gesteckt. Seine Arbeiten beeinflußten viele Künstler; man kann z. B. verfolgen, wie die Zeichnungen H. K. Brownes (Phiz), der Charles Dickens' Werke illustrierte, pointierter und besser wurden, nachdem er Daumiers Technik studiert hatte.

Richter und Anwälte gehörten zu Daumiers Lieblingsthemen, und er porträtierte sie mit unbarmherziger Schärfe. Bei dieser Zeichnung in Feder, Tusche und Wasserfarbe wird sein Talent auf den ersten Blick deutlich: Gestik, Haltung und Gesichtsausdruck sind treffend erfaßt. In triumphierender Selbstzufriedenheit, die Beine fest auf die Erde gesetzt, lehnen sich die beiden Anwälte zurück. Die Komposition lebt von dem starken Kontrast zwischen Licht- und Schattenzonen. Flüssig und zügig sind die Figuren gezeichnet, wobei der Pinsel beim Farbauftrag zugleich die Formen bestimmt; die geschwungenen Schatten und die helleren Striche betonen das Wehen der Roben. Daumiers flüssiger Zeichenstil bringt etwas Karikaturhaftes in die beiden Gesichter, und durch das Licht bekommen sie einen bleichen, unheimlichen Schimmer.

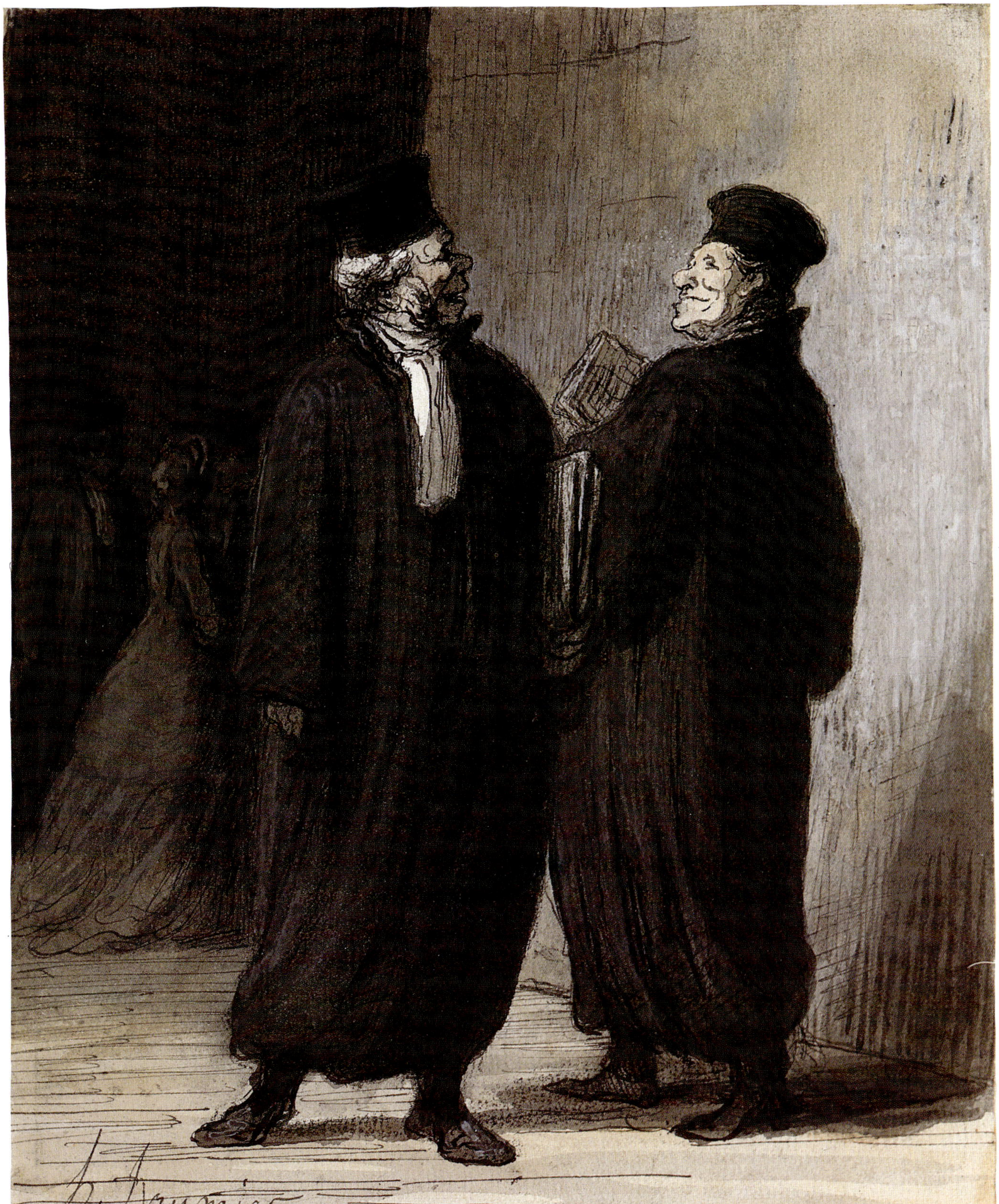
h. Daumier

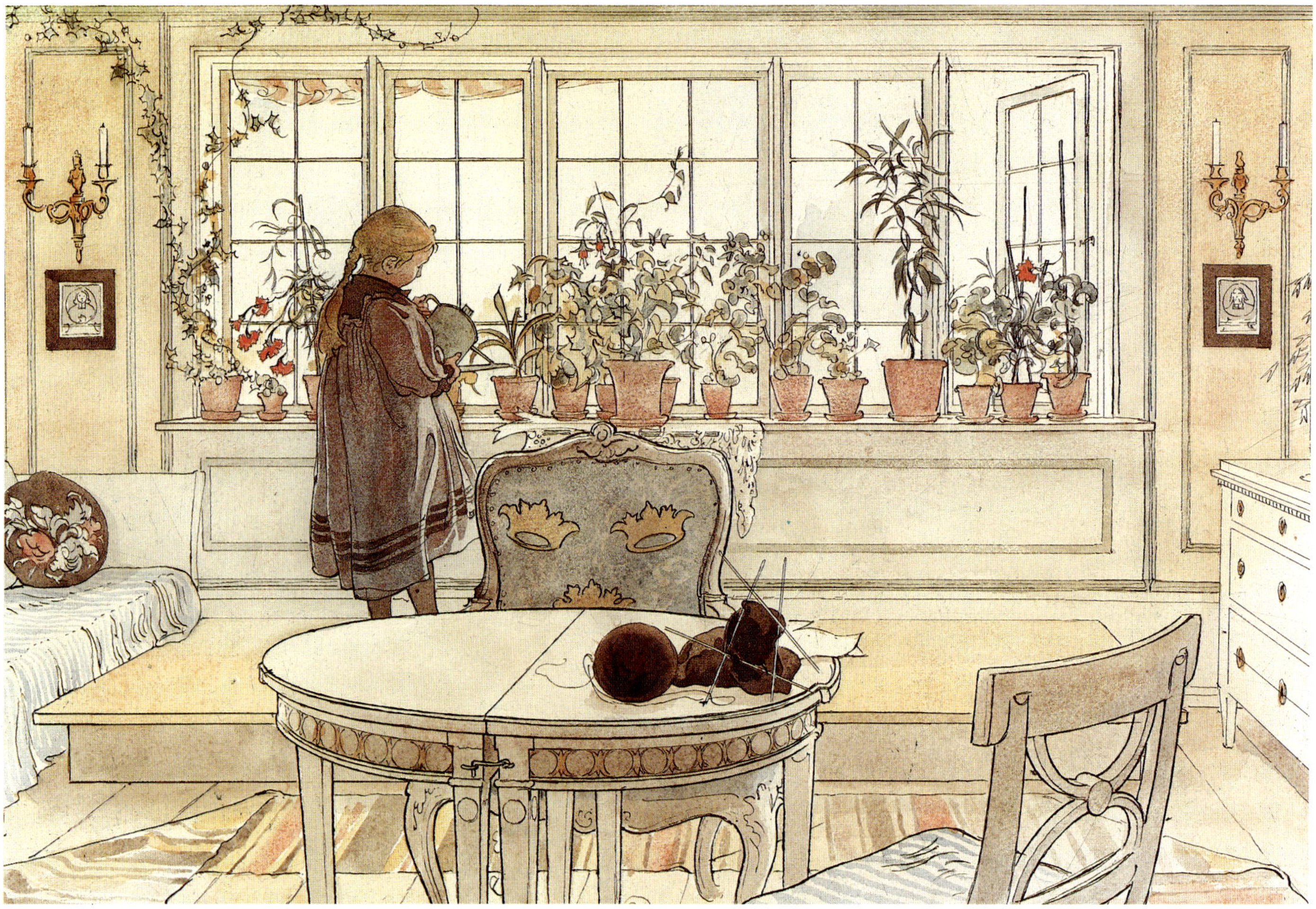

Das Blumenfenster
Carl Larsson (um 1894–1897)

Dieses Aquarell ist eine der schönsten Arbeiten eines Künstlers, der einen großen Teil seines Schaffens der Kultivierung des häuslichen Lebens widmete. Es gehört zu einer Serie von Illustrationen, die unter dem Titel »Ett Hem« (Das Heim) erscheinen – ein Titel, der viel über die Absichten und Leitgedanken des Künstlers verrät.

Auf dem Bild mit seinem hellen Interieur des 19. Jahrhunderts sehen wir eine von Carl Larssons Töchtern beim Blumengießen. Das Haus der Familie bildete für den schwedischen Illustrator (1853–1919) eine nie versiegende Quelle der Inspiration. Dort, in Klein Hyttnäs, verbrachten Carl und Karin Larsson die längste Zeit ihres Ehelebens, und für sie war es mehr als eine bloße Wohnstätte. Natürlich spielt das Heim im Leben einer jeden Familie eine wichtige Rolle; für die Larssons aber bedeutete es auch eine Möglichkeit, ihr kreatives Potential zu verwirklichen. Gemeinsam verwandelten sie das Haus in ein Kunstwerk, malten Wandbilder und trugen mit erlesenem, sehr individuellem Geschmack Möbel und Haushaltsgegenstände zusammen.

»Ein Heim ist nichts Totes, sondern ein lebendiges Wesen . . ., es muß sich von Augenblick zu Augenblick weiterentwickeln«, schrieb Larsson. »Sollte ich sterben, was ja nur allzu wahrscheinlich ist, dann wird, denke ich mir, unser Heim trotzdem fortdauern.« Das Haus ist tatsächlich erhalten geblieben, zwar nicht als Wohnung, aber doch als sehr angenehme Stätte: Es ist in ein Museum umgewandelt worden.

In den meisten Bildern Larssons ist Wasserfarbe mit Feder und Tusche für die Umrißlinien kombiniert. Larsson verstand sich hervorragend aufs Zeichnen und setzte die Linie so ein, daß seine Bilder niemals flach wirken. Details und entferntere Gegenstände werden mit fast unmerklichen Linien umschrieben, während die Hauptformen und die Objekte im Vordergrund mit kräftigerem Strich gezeichnet sind.

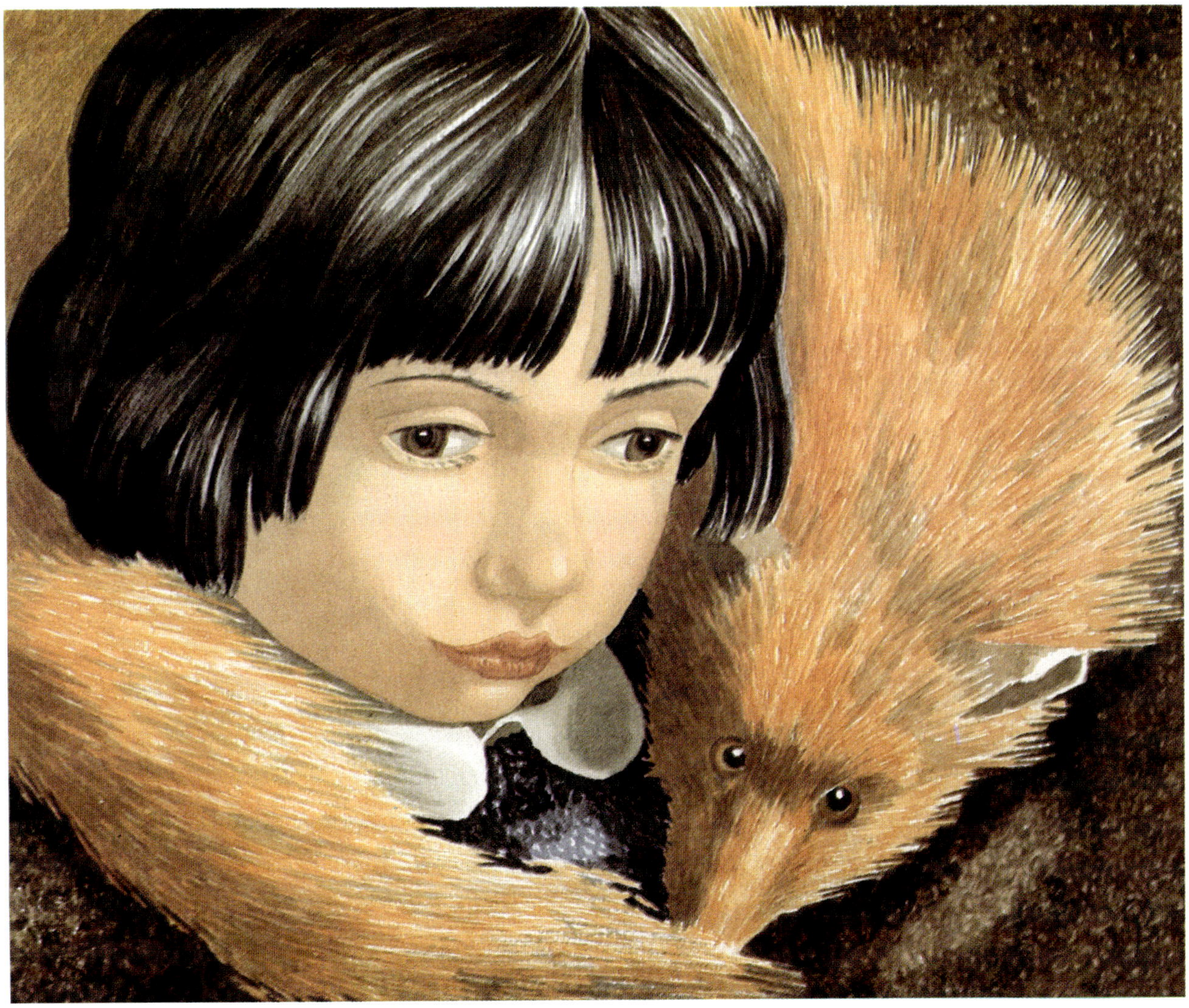

Blindes Mädchen mit Fuchspelz
Catherine Brighton (1981)

Das Aquarell von Catherine Brighton (geb. 1943) gehört zu einer Serie von Illustrationen für ein Kinderbuch. Die Augen des kleinen Mädchens schauen blicklos am Betrachter vorbei. Weil das Kind blind ist, kommt dem Tastsinn allerhöchste Bedeutung zu, und so hat die Künstlerin sich bemüht, die Textur aller Dinge in der Welt dieses Mädchens auszudrücken.

Einige Tage lang hatte die Malerin eine echte Fuchsboa bei sich im Atelier, um das »Pelzige« wirklich vollkommen erfassen zu können. Dabei hat sie der Versuchung, jedes einzelne Haar darzustellen, nicht nachgegeben, sondern statt dessen mit schmalen Pinselstrichen einen Gesamteindruck zu vermitteln versucht. Stellenweise schimmert die Farbe des Papiers noch durch und bildet die Glanzlichter im Fell und in den Glasaugen des Fuchses.

Catherine Brighton fertigt für ihre Bilder zunächst immer eine Bleistiftzeichnung an; diese überträgt sie dann mit Hilfe eines Leuchttischs auf Aquarellpapier. Bei Personendarstellungen beginnt sie mit dem Gesicht, dem Teil des Bildes, auf den der Blick des Betrachters sofort fällt. Sie ist der Ansicht, daß das Gesicht die Emotionen ausdrückt und daß es sinnlos ist, sich den übrigen Bildteilen zuzuwenden, solange das Gesicht nicht »stimmt«.

Bei diesem Bild hat die Künstlerin das Haar des Kindes zunächst in einem grauen Ton gemalt, wobei sie schmale Streifen des weißen Papiers frei ließ. Die dunklen Partien wurden sodann mit Lampenschwarz aufgetragen. Nach dem Trocknen dieser Farbschicht hat sie über das Haar einschließlich der Glanzlichter eine ganz zarte Schicht Preußischblau gelegt, um so den bläulichen Schimmer schwarzen Haars zu treffen. Anders als viele Aquarellisten ließ sie die Farben nicht ineinanderlaufen, sondern wartete vor dem Auftragen einer Farbe jeweils, bis die zuvor gemalte Partie trocken war. So entstand ein präzises Bild mit klaren Linien; ein dem entgegengesetzter Aquarellstil zielt gerade auf eine gewisse Verschwommenheit ab, indem die Farben naß auf feuchtes Papier aufgetragen werden und verfließen.

Catherine Brighton lebt davon, Kinderbücher zu schreiben und zu illustrieren. Sie sagt: »Für mich steht am Anfang eines Buches keine literarische Idee, sondern eine bildliche Vorstellung. Mir schwebt ein Bild vor, und darum herum spinne ich die Geschichte.«

Sie benutzt Fotos höchstens, um kleine technische Details wie das Aussehen einer bestimmten Radform zu überprüfen, aber nie als Vorlage für ein ganzes Bild. Sie meint: »Die Menschen sind dermaßen an fotografische Abbilder gewöhnt, daß sie sie für wirklich realistisch halten. Dabei sind Fotos nur eine Möglichkeit, abzubilden, was wir sehen. Ein Foto gibt einen eingefrorenen Augenblick wieder, während sich ein Gemälde viel besser kontrollieren läßt. Man kann damit sehr gezielt Gefühle, Atmosphäre und Stimmungen mitteilen.«

AQUARELLMALEREI IN AMERIKA

DIE NEUE WELT

In den letzten Jahrzehnten des 18. Jahrhunderts wuchs die Qualität der amerikanischen Kunst rapide, und bald war auch der Einfluß amerikanischer Künstler auf die Alte Welt zu spüren – eine Entwicklung, die bis heute fortdauert; in vielen Bereichen der westlichen Kunst spielen Amerikaner eine führende Rolle. Dieser Prozeß begann damit, daß amerikanische Künstler zum Studieren und Arbeiten nach Europa kamen. Einer der ersten Pioniere in Richtung Osten war der in Pennsylvanien geborene Maler Benjamin West (1738–1820); er bereiste zunächst Italien und ließ sich dann in London nieder, wo er Präsident der Royal Academy wurde.

Mit der Erforschung des riesigen amerikanischen Kontinents machten sich auch die Künstler daran, die vielgestaltige Landschaft, Flora und Fauna im Bild festzuhalten. So unternahm z. B. der in Paris erzogene Ornithologe John Audubon (1780–1851) mehrere Expeditionen in die amerikanischen Urwälder; die Vogelstudien, die er dort anfertigte, wurden nicht nur in Amerika, sondern auch in Europa berühmt. Im 19. Jahrhundert galt das Interesse der Künstler dem Wilden Westen. Diese Ölgemälde und Aquarelle idealisieren mitunter, viele vermitteln jedoch auch ein recht unsentimentales und realistisches Bild vom Leben zu jener Zeit.

Während die Vereinigten Staten in der zweiten Hälfte des 19. Jahrhunderts an Selbstbewußtsein und Macht gewannen, suchten ihre Bürger ironischerweise gerade zu dieser Zeit in der Alten Welt nach künstlerischer und intellektueller Anregung. Kunstwerke wurden importiert, und es bestand ein aufrichtiges und offenes Interesse an europäischen Traditionen.

Gleichzeitig erlebte das Aquarell in Amerika einen kometenhaften Aufstieg. 1866 wurde die American Water Color Society gegründet; ihr erster Präsident war Samuel Colman. Zu den Gründungsmitgliedern gehörte auch Winslow Homer, mit dessen frischen, realistischen Bildern eine neue Epoche in der amerikanischen Kunst begann.

Wie viele amerikanische Künstler, z. B. Thomas Eakins und Maurice Prendergast, erhielt Homer seine Ausbildung in Europa und konnte vor seiner Rückkehr nach Amerika unzählige Eindrücke sammeln. Manche seiner Landsleute blieben für längere Zeit oder für immer in Europa und übten dort beträchtlichen Einfluß auf das kulturelle Leben aus. Whistler etwa zog 1859 nach London, Mary Cassatt (1844–1926) schloß sich den französischen Impressionisten an. John Singer Sargent (1856–1925) besaß zunächst ein Atelier in Paris und lebte später hauptsächlich in England, wo er prominente Zeitgenossen wie die Schauspielerin Ellen Terry porträtierte, bevor er sich dem Aquarell zuwandte und als Landschaftsmaler arbeitete.

Die amerikanische Aquarellmalerei wurde somit nicht nur von Europa beeinflußt, sondern die Botschafter amerikanischer Malerei spielten ihrerseits eine bedeutende Rolle für die Kunst der Alten Welt. Dieser kulturelle Austausch über den Atlantik hinweg ist bis heute nicht abgerissen.

Tanzender Negerknabe
Thomas Eakins

Für dieses Aquarell mit einem tanzenden Negerknaben, begleitet von einem Banjospieler und einem zweiten Mann, der mit dem Fuß den Takt klopft, hat Eakins einen althergebrachten Arbeitsprozeß umgekehrt. Statt eine Aquarellskizze als Ausgangspunkt für ein späteres Ölgemälde anzufertigen, hat er für das Aquarell eine Vorstudie in Öl gemalt.

Thomas Eakins (1844–1916) hatte viel Sinn fürs Detail und liebte es, kleinste Einzelheiten des Alltagslebens in seinen Bildern festzuhalten. Manches seiner Bilder ruft Erinnerungen an Karikaturen des 18. Jahrhunderts wach, jedoch nicht so sehr durch drastische Übertreibung, sondern eher im Hinblick auf jene Faszination durch Gesten und Gesichtszüge, die, gepaart mit scharfem Realismus, den flüchtigen Augenblick für den zukünftigen Betrachter festzuhalten vermag. Obwohl Eakins' Bilder sehr detailgenau und akkurat gemalt sind, teilweise sogar nach exakten Vorzeichnungen entstanden, sind sie voller Leben.

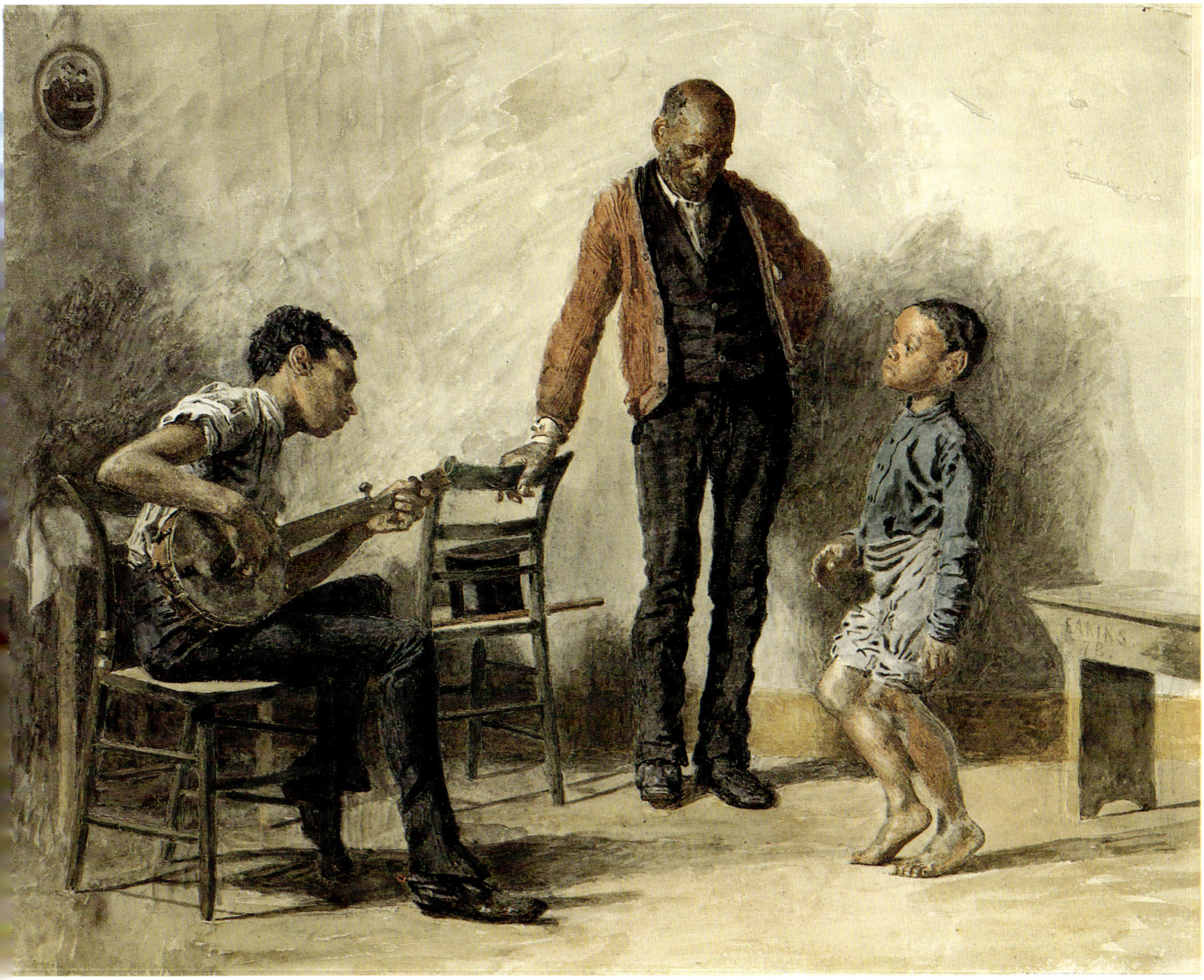
EAKINS

Studie in Grau und Grün:
Eine Werkstatt in der Bretagne
James Abbott McNeill Whistler (1893)

Diese kleine, vom Sonnenlicht überstrahlte bretonische Straßenszene hat der Künstler in fein abgestuften, gedämpften warmen und kalten Farben ausgeführt. Anders als vielen zeitgenössischen Künstlern ging es Whistler (1834–1903) weniger um den Inhalt als um einen harmonischen Farbzusammenklang in seinen Bildern. Hier hat er eine schwer zu kontrollierende Technik verwendet, indem er die Farbe größtenteils naß in naß auftrug, und doch ist das Ergebnis nicht zufällig. Die Sepia-, Umbra- und Grautöne spielen in einer sorgfältig durchdachten, zarten und beruhigten Harmonie ineinander.

Bei der Naß-in-naß-Technik erwartet man gewöhnlich sehr spontan wirkende Bilder, denn es ist nicht möglich, das Ineinanderlaufen der Farben im Griff zu halten. Whistler hat sich hier für diese ungezwungene Malweise entschieden, aber seine Farbskala handhabt er sehr diszipliniert, so daß die Bildentwicklung nie außer Kontrolle gerät, auch wenn die Darstellung impressionistisch anmutet.

Die Wurzeln dieser Vorgehensweise liegen in Whistlers Erfahrungen mit der Ölmalerei. Er war Schüler des französischen Malers Charles Gleyre, zu dessen Prinzipien die methodische Vorbereitung eines Bildes und der Palette gehörte. Die angemischten Farben, auch die Abstufungen jedes einzelnen Tons, mußten bei ihm streng getrennt und sorgfältig geordnet sein, so daß jeder vorhandene Farbton zu einer bestimmten Stelle im Bild gehörte. Bei Aquarellfarben ist so etwas nicht möglich; dennoch ging Whistler bei seinen subtil abgestuften Arbeiten mit der gleichen strengen Methodik vor. Durch das Ineinanderlaufen der Farben wirken die Aquarelle impressionistisch und spontan.

Whistlers Bilder haben viel Atmosphäre. Er besaß ein starkes Gespür für Stimmungen und Wettereffekte, und wenn er auch vor allem in Öl oder Pastell malte, eröffnete ihm das Aquarell doch die Möglichkeit, feinste Nuancen des Lichts einzufangen. Sehr aufgeschlossen, beschäftigte er sich intensiv mit anderen Künstlern: Rembrandt, Courbet, die Impressionisten und die japanische Kunst übten großen Einfluß auf seine Gedanken und sein Werk aus. Er selbst wirkte auf viele andere Künstler, z. B. Gwen John, Wilson Steer und Walter Sickert.

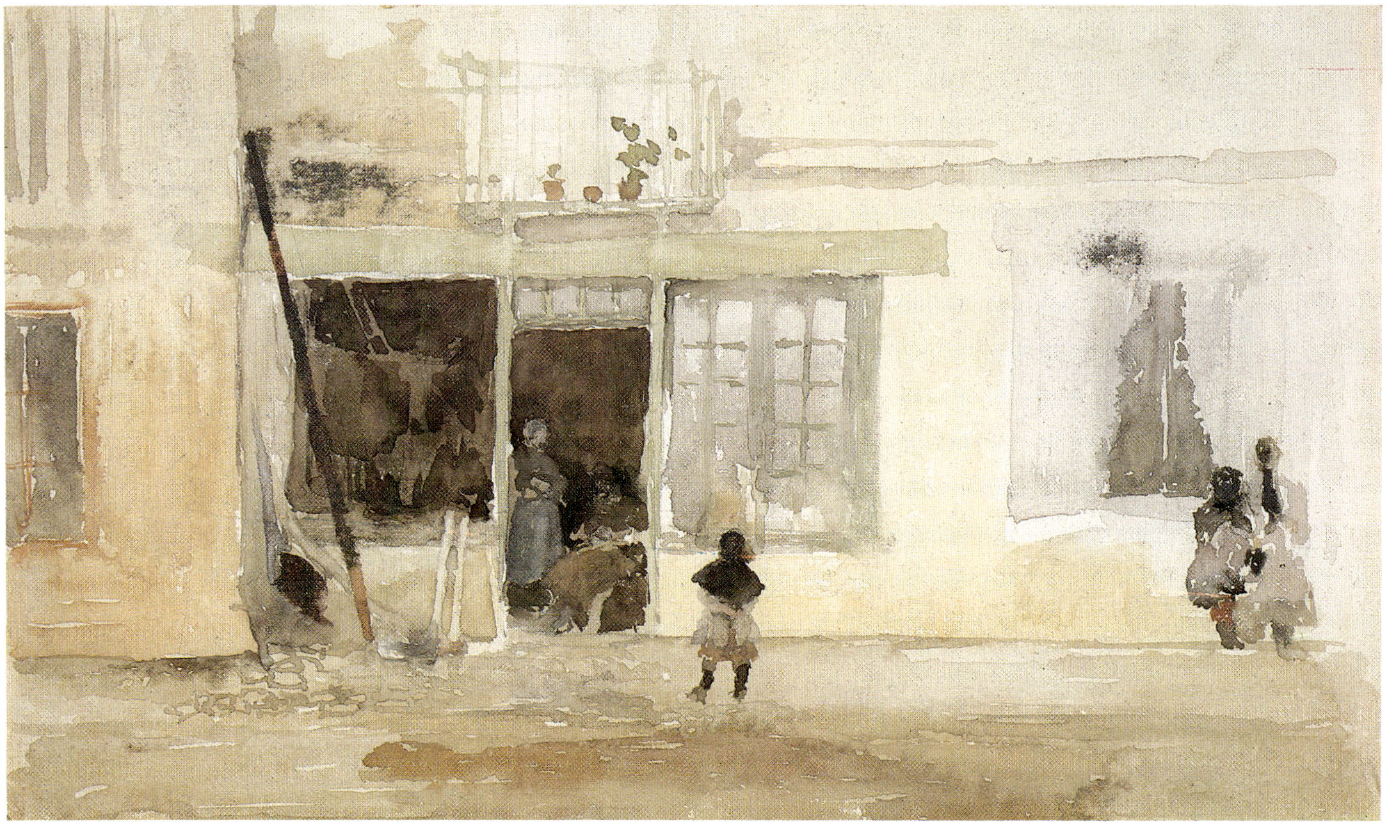

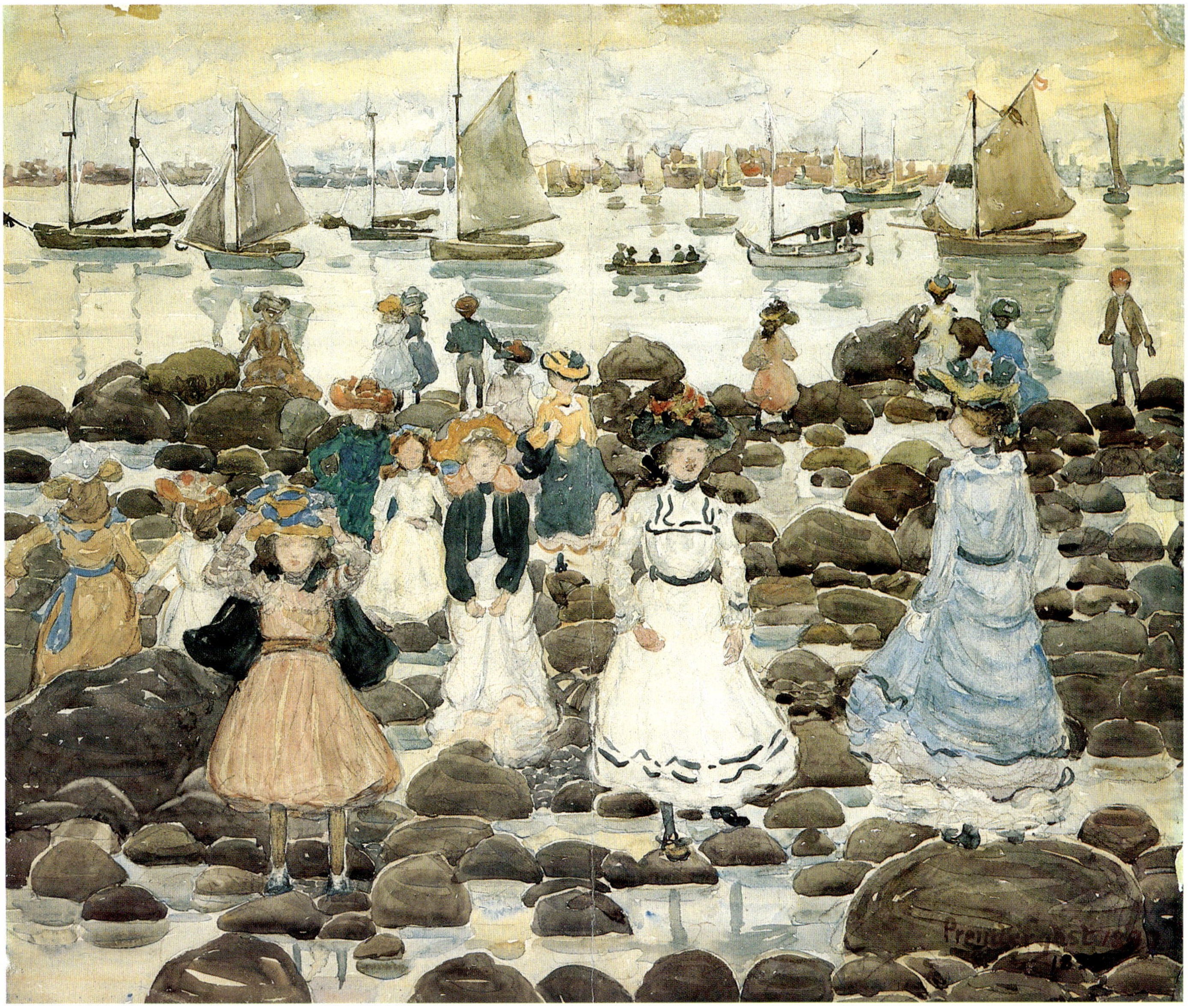

Ebbe bei Beachmont
Maurice Prendergast

Maurice Prendergast (1859–1924) zeigt die bei amerikanischen Künstlern oft anzutreffende Vorliebe für die Details des Alltags; er verstand diesen Realismus wirkungsvoll mit jener Sehweise zu verbinden, die er in Paris kennengelernt hatte. Ihn faszinierten typisch amerikanische Szenen, insbesondere bevölkerte Straßen und Strände.

Dieses Bild verrät auch seinen Hang zum Dekorativen: Wir sehen eine Gruppe adrett herausgeputzter Mädchen, die auf runden Felsbrocken stehen. Personen und Steine sind gleichsam als flache Formen wiedergegeben. Prendergast ging es um eine farbenfrohe Komposition und um die Wirkung der Gestalten vor dem Hintergrund. Die Komposition wirkt fast wie eine dekorative Illustration.

Maurice Prendergast kam einundzwanzigjährig nach Paris, als der Impressionismus in Blüte stand, und studierte dort an dem privaten Kunstinstitut Académie Julian. Die Impressionisten haben ihn stark geprägt, ebenso Paul Cézanne. Seine Palette und die kalligraphische Pinselführung erinnern an die Postimpressionisten, zu denen Cézanne gehörte. 1914 ging Prendergast nach New York zurück, wo er sich der avantgardistischen Künstlergruppe »Los Pocho« anschloß; mit ihr zusammen stellte er auch seine Bilder aus. Für die amerikanische Malerei bedeutete dies in vieler Hinsicht den Beginn einer neuen Ära.

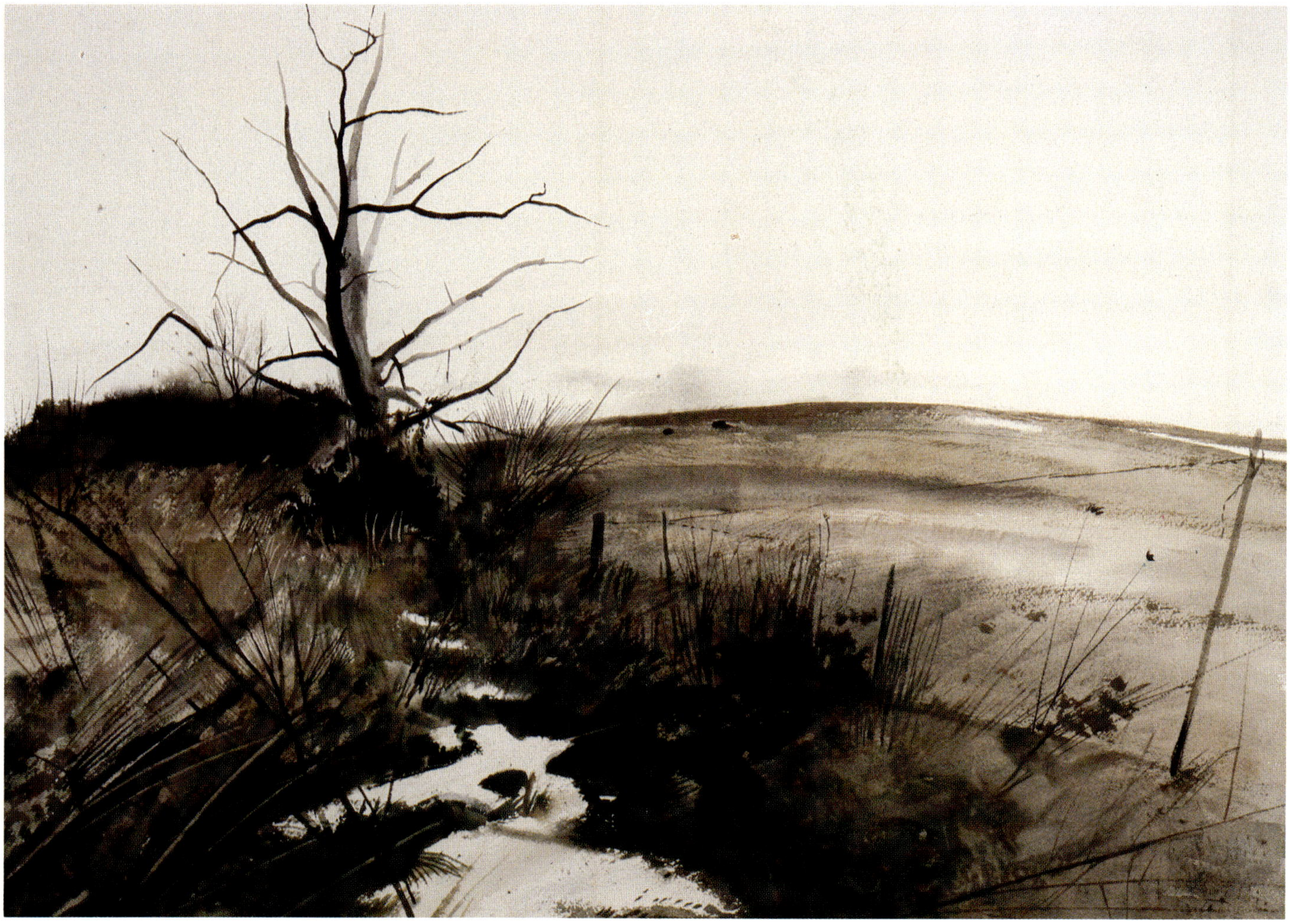

Winterende
Andrew Wyeth (1946)

Diese öde Winterlandschaft mit dem kahlen, toten Baum ist typisch für Wyeth' Kunstschaffen in den vierziger Jahren. Sein Frühwerk ist durch vergleichsweise großzügig angelegte Farbflächen gekennzeichnet; später entwickelte er, ausgehend von detaillierten Zeichnungen, einen sehr linearen Malstil. Seit den späten vierziger Jahren hegt er eine Vorliebe für düstere Landschaften, und mit Bildern dieser Art wurde er bekannt.

Andrew Wyeth (geb. 1917) hat keine Kunstakademie besucht, sondern wurde von seinem Vater N. C. Wyeth ausgebildet, einem Kinderbuch- und Wildwestgeschichtenillustrator, der auch ländliche Szenen malte. 1945 starb Andrews Vater bei einem Autounfall. Wyeth hat die traumatische Wirkung dieses Unglücks nie zu verdrängen versucht, und vielleicht kann man die danach entstandenen Bilder als Ausdruck einer desillusionierten Weltsicht interpretieren. Viele von Wyeth' Bildern zeigen einsame Landschaften; die Palette – fast nur Grün-, Braun- und Ockertöne – vermittelt eine pessimistische Stimmung. Man spürt etwas wie Heimweh – vielleicht nach dem verschwindenden ländlichen Amerika, aber in den Bildern verfallener Häuser und kahler Landstriche zeigt sich kaum Sentimentalität.

Wyeth' besonderes Talent liegt im Umgang mit dem trockenen Pinsel. Dabei drückt der Künstler das Wasser so weit wie möglich aus dem Pinsel, nimmt die mit ganz wenig Wasser angelöste Farbe mit dem fast trockenen Pinsel auf und reibt sie damit in das Papier. Diese Technik erlaubt ein sehr kontrolliertes Arbeiten. Obwohl ein Aquarell traditionellerweise von hell nach dunkel aufgebaut wird, wobei das Weiß des Papiers die Glanzlichter darstellt, kann man.auch anders vorgehen. So wandeln manche von Wyeth' Aquarellen den Von-hell-nach-dunkel-Prozeß ab, wobei der Künstler beim Herausarbeiten von Glanzlichtern mit fast trockenem Pinsel sehr reizvolle Effekte erzielte.

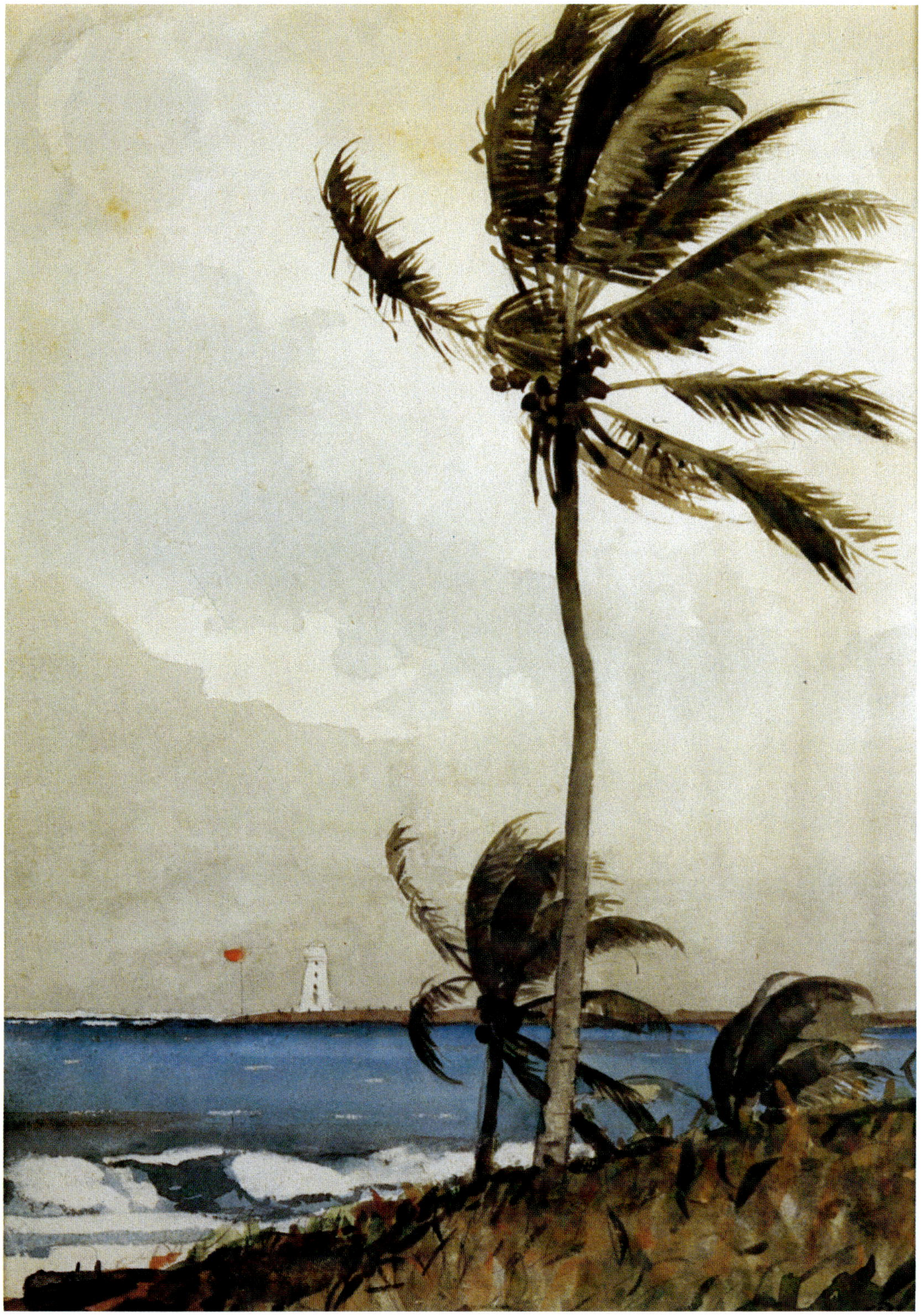

Palme bei Nassau (Bahamas)
Winslow Homer

Winslow Homer (1836–1910) verließ Paris sehr früh und wurde deshalb nicht mehr vom Impressionismus beeinflußt. Dennoch wirken seine Bilder, von heute aus gesehen, wie eine Vorwegnahme dieses Stils. Seine Aquarelle zeigen ein schimmerndes Licht, besonders der Himmel und das Wasser, für die er wie die Impressionisten gebrochene Farben verwendete. Das Gras im Vordergrund dieses Bildes besteht aus roten und grünen Farbflecken, die sich im Auge des Betrachters mischen. Dieser Technik der optischen Mischung haben sich später einige der Impressionisten und besonders die Neoimpressionisten bedient.

Homers Bilder lassen sich jedoch nur schwer einer bestimmten Richtung zuordnen. In ihnen verbinden sich ätherisches Licht und Bewegung mit scharfen, graphischen Formen, die noch die Ausbildung des Künstlers zum Illustrator verraten. Homer, geboren in Boston, Massachusetts, arbeitete zunächst als Illustrator für »Harper's Bazaar«; während des Bürgerkriegs war er als Bildkorrespondent an der Front tätig. Später machte er ausgedehnte Reisen durch Amerika und besuchte die abgelegensten Landstriche. Nach seinem vierzigsten Lebensjahr widmete er sich ganz der Malerei, wobei sein Hauptinteresse typisch amerikanischen Genreszenen und Landschaften galt. Neben Aquarellen hat er auch Ölgemälde hinterlassen, aber gerade in der Aquarelltechnik glückten ihm seine besten Landschaften und Seestücke.

Auf diesem Bild finden wir kühne Lavierungen bei Himmel und Wasser, kombiniert mit disziplinierter und dennoch expressiver Pinselführung bei den sturmgepeitschten Blattwedeln der Palmen.

GRÖSSERE FREIHEIT

Die modernen Künstler verwenden jedes Medium, das ihnen gerade zusagt, und neigen kaum noch dazu, sich zu spezialisieren. Flexibler Umgang mit verschiedenen Materialien ist außerordentlich wichtig; denn die Phantasie wird, wenn dem Künstler nur begrenzte technische Mittel zur Verfügung stehen, leicht eingeschränkt, während eine Vielfalt an Medien auch schöpferische Ideen wecken kann.

Die Geschichte der Aquarellmalerei im späten 19. und 20. Jahrhundert zeigt, daß die Aquarelltechnik zunehmend mit anderen künstlerischen Ausdrucksformen verbunden wurde, ohne jedoch als eigenständiges Medium zu verschwinden. Fast alle modernen europäischen Maler haben gelegentlich Aquarell und Gouache eingesetzt – manchmal wie in der Vergangenheit für Skizzen, häufig aber auch in Kombination mit anderen Medien. Daneben gab es viele Künstler, die vorwiegend aquarellierten.

Das Arbeiten mit Wasserfarbe kann sehr befreiend wirken und Künstlern, die vorher andere Techniken bevorzugt haben, neue Möglichkeiten aufzeigen. Dies trifft sicherlich für Paul Cézanne zu, der in der Spätphase seines Schaffens überaus häufig zum Aquarell griff. Es eröffnete ihm neue Wege, Probleme anzugehen, die sich ihm auch in der Ölmalerei gestellt hatten.

Ebenso bietet die Gouache ein spannendes Experimentierfeld. Mit ihren kräftigen Farben hat sie die Künstler des Expressionismus oder des englischen Vortizismus in den Stand gesetzt, schnell und spontan lebhafte Bilder zu malen.

Die abstrakten Maler haben besonders gern mit Aquarellfarben und Gouache gearbeitet. Kandinsky, ein Pionier der abstrakten Malerei, bevorzugte das Aquarell, weil es ihm ermöglichte, seine intuitiven Ideen mühelos umzusetzen.

Seit Beginn des 20. Jahrhunderts tritt das künstlerische Medium in zunehmendem Maße hinter das Konzept eines Bildes zurück.

Diese Entwicklung setzte bereits in den letzten Jahrzehnten des 19. Jahrhunderts ein, als man anfing, den Inhalt eines Bildes für wichtiger zu halten als das Medium, in dem es ausgeführt war.

Ein Maler wie Seurat definierte sein künstlerisches Schaffen in erster Linie über den Gedanken des Pointillismus, wobei er ganz unterschiedliche Mittel benutzte – auch das Aquarell –, um sein vornehmliches Thema, die Zerlegung der Farben und ihre optische Mischung, durchzuspielen; während es einem modernen Künstler, der einen transparenten Farbauftrag anstrebt, wahrscheinlich gleichgültig ist, ob er diesen Effekt mit Aquarellfarbe, farbiger Tinte oder dünner Ölfarbe erzielt.

Stilleben mit Äpfeln, Flasche und Stuhllehne
Paul Cézanne (um 1905)

Cézanne war der Ansicht, daß sich die Plastizität eines Gebildes entwickelt, indem die Farbe so aufgetragen wird, daß sie die Lichtreflexion auf den verschiedenen Ebenen der Oberfläche eines Gegenstandes wiedergibt. Mit dem Satz »Es ist der Reflex, der umhüllt« versuchte er zu beschreiben, wie das Licht einen Körper umfängt und ihm Realität und Räumlichkeit verleiht. Er hielt auch das Zeichnerische für wichtig, konnte sich aber mit der Methode, erst die Linie zu setzen und nachträglich Farbe aufzutragen, nie ganz anfreunden.

Hier kam ihm das Aquarell zu Hilfe. Er konnte damit einen Gegenstand aus dünnen, transparenten Schichten aufbauen, Farben und Schattierungen innerhalb nur angedeuteter, oft gebrochener Umrißlinien auftragen und mit der Richtung des Pinselstrichs den Eindruck welliger, zerklüfteter oder glatter Oberflächen entstehen lassen. Das Ergebnis war ein fast vollkommenes Verschmelzen von Umrißlinie, Abschattierung und Farbton, was ihm eine gewisse Flexibilität ermöglichte.

Cézannes obsessive Beschäftigung mit der Umrißlinie war Gegenstand vieler Untersuchungen. Bei genauer Betrachtung dieses Bildes erkennt man, daß er die Form genau analysiert hat, um dann durch die Pinselführung die individuellen Bildgegenstände gleichsam zu skulptieren. Mit der Aquarellfarbe entwickelte er das Gerundete, Dreidimensionale der Äpfel, ohne vorher eine flache Form im Umriß zu zeichnen. Die Zeichnung entstand im Grunde mit dem Pinsel.

Paul Cézanne (1839–1906) gehört zu den wichtigsten Vertretern des Postimpressionismus. Die Impressionisten benutzten die Farbe, um Atmosphäre wiederzugeben, während Cézanne mit ihr die Form selbst herausbildete. Hauptsächlich malte er in Öl, jedoch gehören seine späten Aquarelle zu den schönsten Beispielen für seinen individuellen Umgang mit der Farbe.

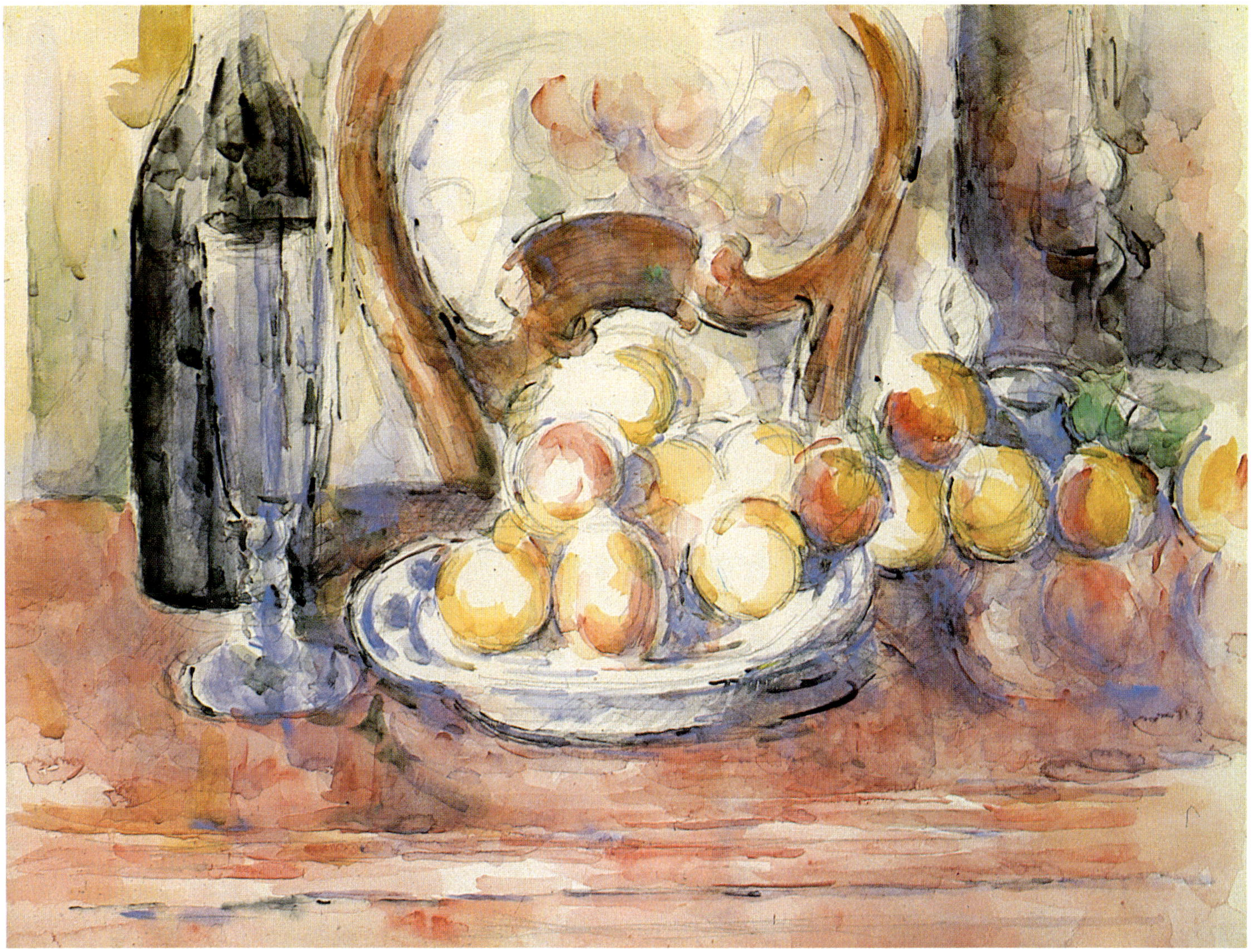

Zwei U-Boote an einer Mole
John Nash (1941)

Das Wasser in diesem Bild ist auf sehr einfache Weise wiedergegeben: Zwischen dünnen, transparenten Pinselstrichen schimmert das Papier durch, während dunklere, kompakte Striche die Spiegelung der Mole andeuten. Kontrastierend zur reflektierenden Wasseroberfläche ragen die mattfarbenen Aufbauten der U-Boote empor. Ihre harten, metallischen Formen werden durch die sorgfältige Abstufung der Grau- und Blautöne akzentuiert.

Die englischen Maler John und Paul Nash sind bekannt für ihre Kriegsbilder. Beide schufen eindrucksvolle Darstellungen des 1. Weltkriegs, der für sie eine grausame Erfahrung bedeutete. Über den Angriff, nach dem das Ölgemälde »Over the Top« entstand, schrieb John Nash: »Es war reiner Mord, und ich hatte Glück, mit heiler Haut davonzukommen.« Im 2. Weltkrieg wurden die Brüder zu offiziellen Kriegskünstlern ernannt: Paul (1889–1946) arbeitete für das Luftfahrt- und das Informationsministerium, John (1893–1977) für die Admiralität.

John war nicht unmittelbar in die Geschehnisse des 2. Weltkriegs verwickelt, und so wirkt dieses Aquarell in gewisser Weise objektiv. Es geht ihm hier um Formen und Stimmung, weniger um ein tatsächliches Ereignis. Wie das frühere Aquarell »Nocturne: Bristol Docks« verrät diese Arbeit Nashs Interesse an den starren Formen der Schiffsleiber.

John Nashs Werk, zu dem viele friedvolle Landschaftsbilder gehören, ist das Werk eines Individualisten, der sich keiner speziellen Bewegung anschloß. Ihn faszinierten die Farbphänomene einer Landschaft, ihre Formen und Tonabstufungen. Dennoch war er kein streng realistischer Maler; tatsächlich bewegen sich manche seiner Bilder an der Grenze zum Abstrakten.

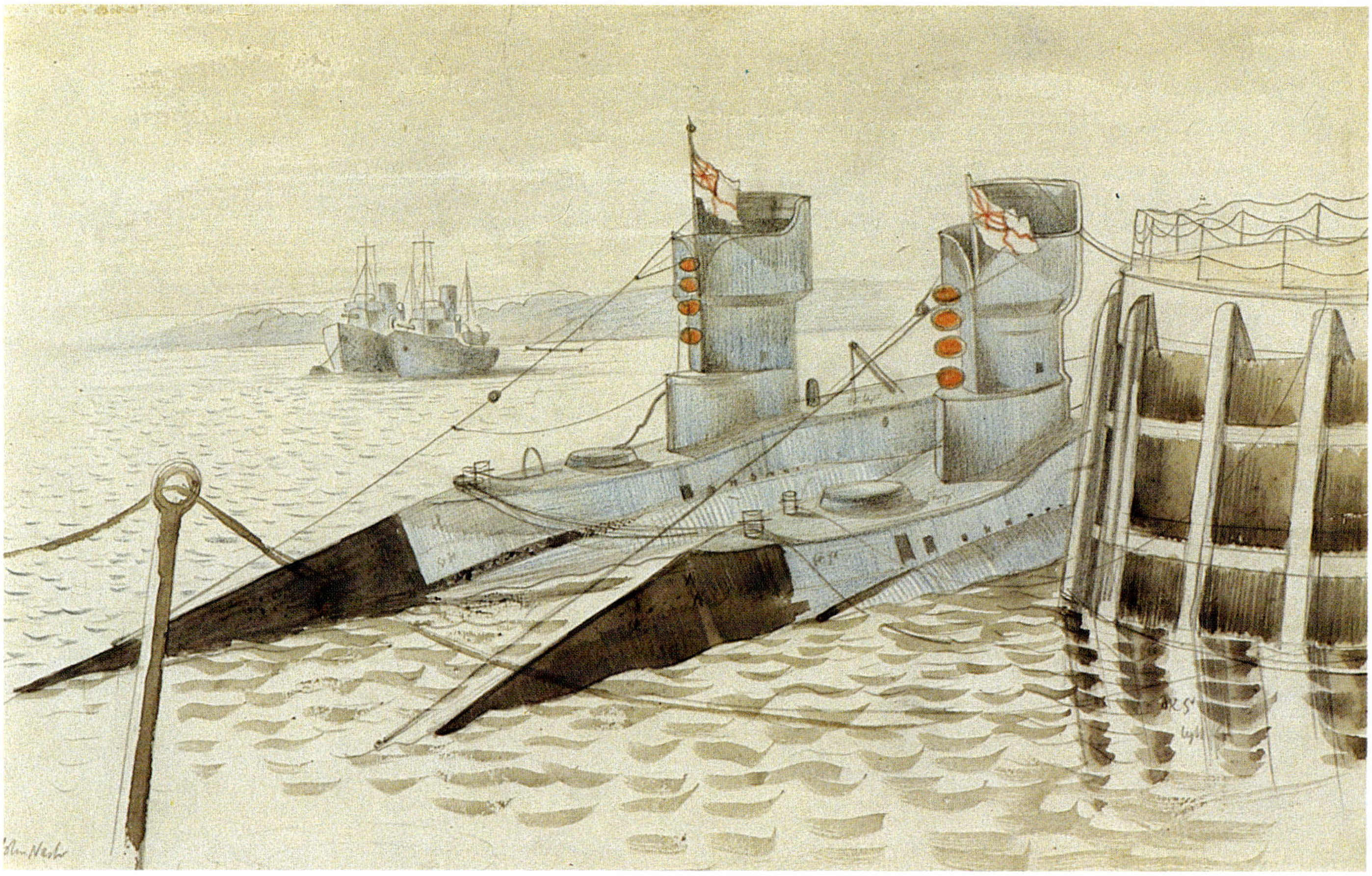

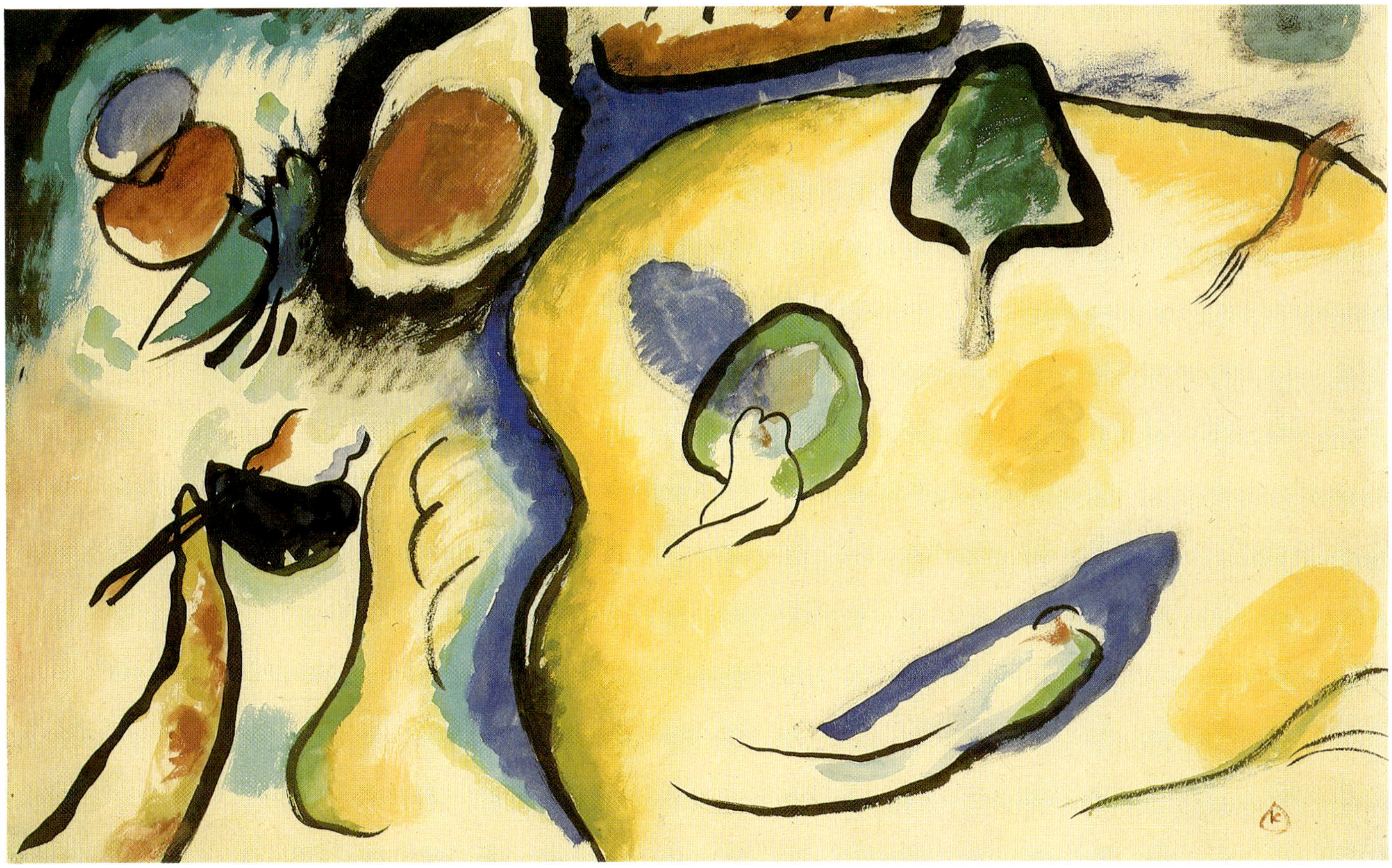

Studie zu »Improvisation 25« (Garten der Liebe)
Wassily Kandinsky (1912)

Dieses Aquarell stammt aus einer Schaffensperiode Kandinskys, die man als revolutionär bezeichnen kann – es ist eines der ersten abstrakten Gemälde. Wassily Kandinsky (1866–1944) wird oft als Vater der modernen, abstrakten Malerei betrachtet; einer Richtung, die die Welt nicht so schildert, wie wir sie sehen, und weit über die phantastischen Sprünge und Träume von Malern wie Blake und Palmer hinausgeht. Seine ersten abstrakten Bilder malte Kandinsky um 1910, und bis heute blieb er eine Quelle der Inspiration für viele jener modernen Künstler, die mit der Form Bedeutung oder Gefühle übermitteln statt konkrete Gegenstände wiedergeben wollen.

In Moskau geboren, erhielt Kandinsky eine umfassende Erziehung und absolvierte ein Jurastudium. Sein Leben lang war er ein Intellektueller, leidenschaftlich am Geistigen und an der Theosophie interessiert. Anhänger dieser Bewegung, einer Reaktion auf den Materialismus des 19. Jahrhunderts, beschäftigten sich auf einem hohen, dem Nichteingeweihten nahezu unverständlichen Niveau jenseits der traditionellen Wissenschaft und Religion mit der Frage nach dem Göttlichen. Theosophisches Gedankengut inspirierte Kandinsky zu vielen seiner Bilder.

Zu seinem Werk gehören die »Kompositionen«, eine Serie vollendeter abstrakter Bilder. Daneben finden sich die weniger ausgearbeiteten »Improvisationen«; das hier abgebildete Aquarell ist eine Vorstudie zu einer der »Improvisationen«.

Kandinsky war der Ansicht, die Kunst könne den Weg zu einer neuen Spiritualität und zur Überwindung des alten materialistischen Denkens weisen. Für viele seiner Bilder bediente er sich des Aquarells, da es seiner spontanen und intuitiven Art des Arbeitens entgegenkam.

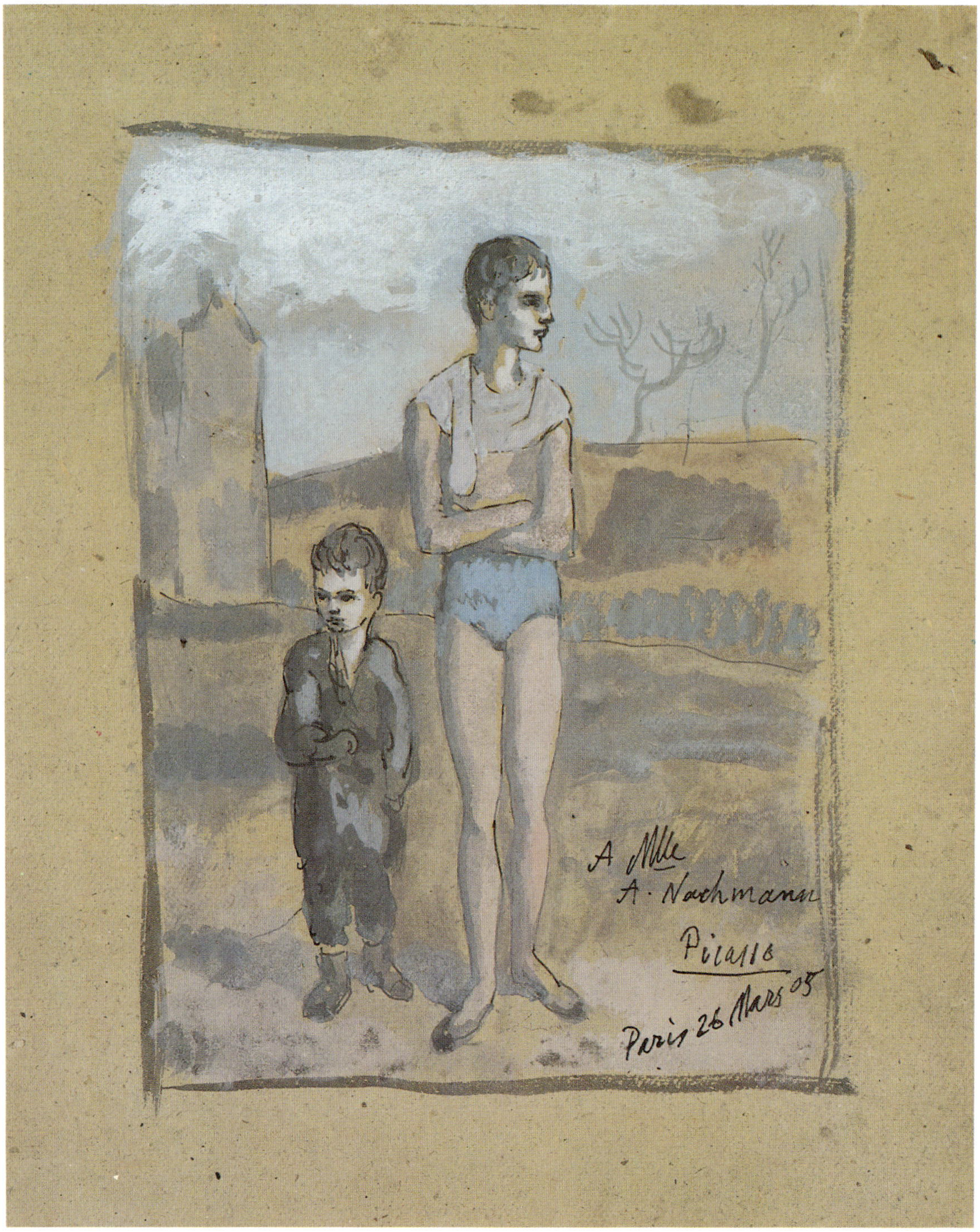

Junger Akrobat mit Kind
Pablo Picasso (1905)

Pablo Picasso (1881–1973) war ein unglaublich vielseitiger Künstler: Er arbeitete mit Öl-, Gouache- und Aquarellfarbe, zeichnete mit Kohle, schuf Collagen, Lithographien, Radierungen, Aquatintablätter, und wie er seine Medien wechselte, so bewegte er sich auch zwischen ganz unterschiedlichen Zeichen- und Malstilen hin und her.

Picasso stammte aus Spanien, lebte jedoch fast ausschließlich in Frankreich. Er verwendete Aquarell und Gouache häufig in Skizzen zu größeren Arbeiten. Dieses Bild ist eine der vielen Studien zu dem Gemälde »Die Gaukler«. Die zarten Farbschattierungen verweisen in eine Zeit zwischen Picassos blauer und der rosa Periode.

Um 1905/1906 wandte Picasso sich intensiv dem Thema Akrobaten und Zirkuskünstler zu. Diese Periode folgte einer Phase, in der er sehr strenge, ernste Figuren – vorwiegend in Blautönen – gemalt hatte. Die Zirkusbilder lassen bereits seine Hinwendung zu größerem Reichtum an subtiler Farbigkeit erkennen.

Eine feine schwarze Linie umreißt die beiden Gestalten auf diesem Bild und beschreibt vor allem die Gesichtszüge. Diese klare Linearität setzt die Figuren von dem Hintergrund locker aufgetragener Farbflecke ab und bringt sie optisch stärker nach vorn.

Manche Bildpartien sind aus Schichten opaker Gouache über transparenten Aquarellfarben aufgebaut. Kurze, wohlüberlegt und sicher gesetzte Pinselstriche wirken formbildend, präzis aufgetragenes Hell- und Dunkelgrau kennzeichnet Licht- und Schattenzonen. Die reichliche Verwendung von Weiß läßt das Bild pastellartig, kreidig wirken und bindet die Personen in die Landschaft ein. Dieser Effekt erfährt noch eine Steigerung dadurch, daß sich die Farbe der Kleidung am Himmel und in anderen Elementen des Hintergrundes wiederholt.

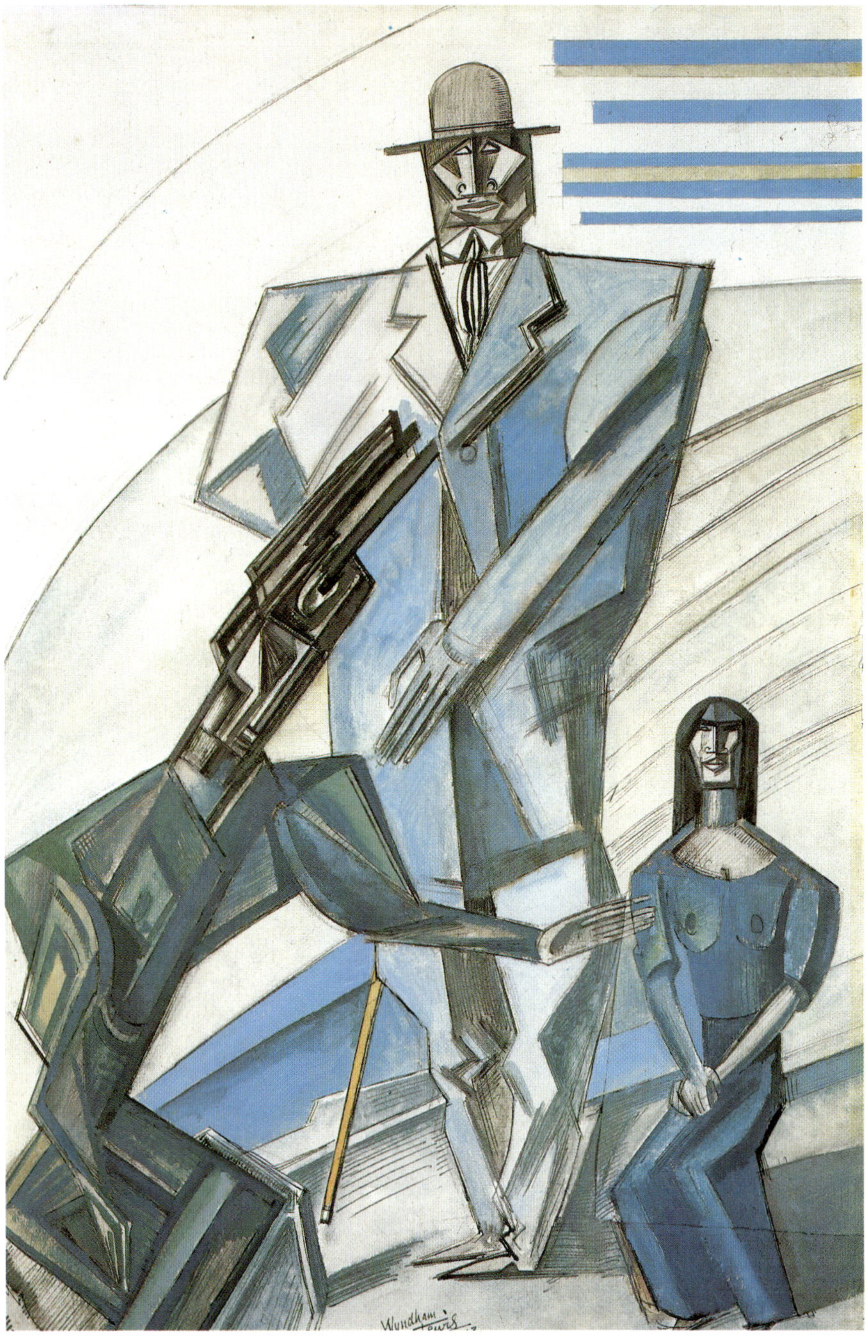

Am Meer
Wyndham Lewis

Wyndham Lewis (1882–1957) gehört zu jenen Künstlern des 20. Jahrhunderts, die mit ihren Bildern Gefühle und Assoziationen mitzuteilen versuchen.

Die Welt der Industrie, eine Vorliebe für scharfe Kanten, harte Kontraste und graphische Strukturen kennzeichnen die Werke einer im Jahr 1914 um Wyndham Lewis entstandenen Gruppe englischer Künstler. Sie verschmolz Elemente des Kubismus und des Futurismus zu einer neuen Richtung britischer Malerei, die die Kunst mit dem Maschinenzeitalter versöhnen wollte. In der Zeitschrift der Vortizisten, »Blast«, erschienen graphische, äußerst dynamische Darstellungen riesenhafter Maschinerien. Die Werke dieser Künstler, so auch dieses Bild, wirken in ihrem Versuch, Gegenstände von verschiedenen Seiten abzubilden, kubistisch, fast skulptural. Viele der kubistischen Bilder Braques und Picassos geben die Objekte in ganz ähnlicher Weise wieder: Die Oberfläche wird in gekippte, in verschiedenen Winkeln aneinanderstoßende Ebenen aufgesplittert, um Räumlichkeit zu suggerieren.

Obwohl wir es hier mit einer figürlichen Darstellung zu tun haben, beruht die Kraft dieses Bildes hauptsächlich auf der Spannung, die durch das abstrakte Arrangement der drei Gestalten hervorgerufen wird.

VIELSEITIGKEIT

Viele zeitgenössische Künstler verwenden Wasserfarben, aber nur wenige kann man als echte Aquarellisten bezeichnen. Manche kombinieren das Aquarell mit anderen Techniken, während andere häufig ihr Medium wechseln. Oft verbindet ein Künstler Aquarellfarben mit anderen Materialien, um mannigfaltige Texturen wiederzugeben oder einen Gegensatz zwischen opaken und transparenten Bildteilen zu schaffen.

Der technische Fortschritt hat auch auf dem Farbenmarkt für neue Produkte gesorgt. Es gibt z. B. hochkonzentrierte flüssige Wasserfarben in überaus leuchtenden Tönen zu kaufen – ein für Graphiker und Illustratoren ideales Arbeitsmittel, denn diese Farben kommen in Reproduktionen intensiv und strahlend heraus. Aquarellstifte und -stäbchen ermöglichen dem Maler, mit ein und demselben Gerät linear und flächig zu arbeiten. Die klassischen Aquarellfarben sind inzwischen in verschiedenen Formen erhältlich: in Näpfchen oder in der Tube. Diese Auswahl – wozu noch Gouache und die billigeren Plakatfarben kommen – hat die Wasserfarbenmalerei zu einem für viele erschwinglichen Medium gemacht.

Darüber hinaus läßt sich die transparente Wirkung des Aquarells auch mit den modernen, preiswerten Acrylfarben hervorbringen. Sie bieten den Vorteil, daß gewisse materialbedingte Probleme der traditionellen Aquarellmalerei wegfallen – etwa die Schwierigkeit, die empfindliche Oberfläche der Kunstwerke zu schützen.

Porträt eines kleinen Mädchens
Ian Sidaway (1986)

Dieses Bild ist ein modernes Beispiel für den Gebrauch des Aquarells in einer schnellen Skizze als Richtschnur für ein späteres Ölgemälde. Es illustriert, wie wenig die Grundprinzipien und -techniken der Aquarellmalerei sich im Laufe der Jahrhunderte verändert haben. Das Ölgemälde, das schließlich entstand, ist ein großes Porträt des Mädchens und seiner Schwester vor einem detailreichen Hintergrund. Der Künstler fertigte Aquarellskizzen verschiedener Teile des geplanten Bildes an; hier hat er sich bemüht, mit Hilfe der rasch und bequem zu handhabenden Aquarellfarbe Ebenbildlichkeit zu erreichen. Die frische Unbefangenheit solcher Skizzen geht beim Arbeiten in Öl oft verloren, weil Details mehrmals überarbeitet werden. Gewöhnlich müssen Porträtisten ihre Bilder während des Entstehens beträchtlich ändern, je nachdem, wie dem Modell sein Konterfei gefällt. Vorstudien mit Wasserfarben sind ein ausgezeichnetes Mittel, mit solchen Veränderungen fertig zu werden. Gesicht und Haar des Mädchens sind in leichten, vereinfachenden Farbschichten wiedergegeben. Dem Künstler ging es in dieser Phase um die wichtigsten Farbabstufungen; das Haar ist in vier verschiedenen Tönen gemalt, das Gesicht in einer Reihe warmer und kühler Fleischtöne. Das Weiß des Papiers bildet Helligkeiten und Glanzlichter, was dem Porträt Lebendigkeit und Unmittelbarkeit verleiht.

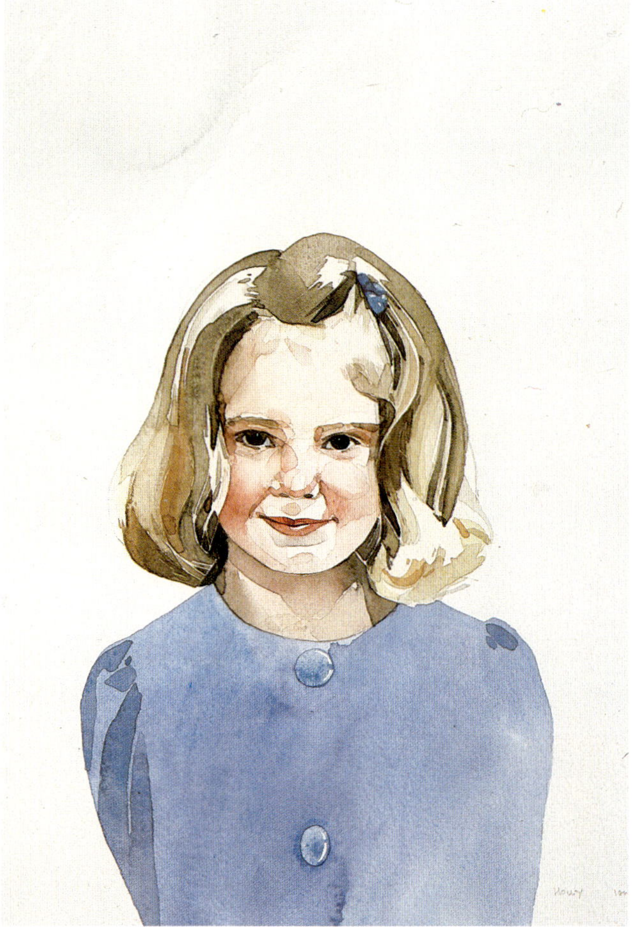

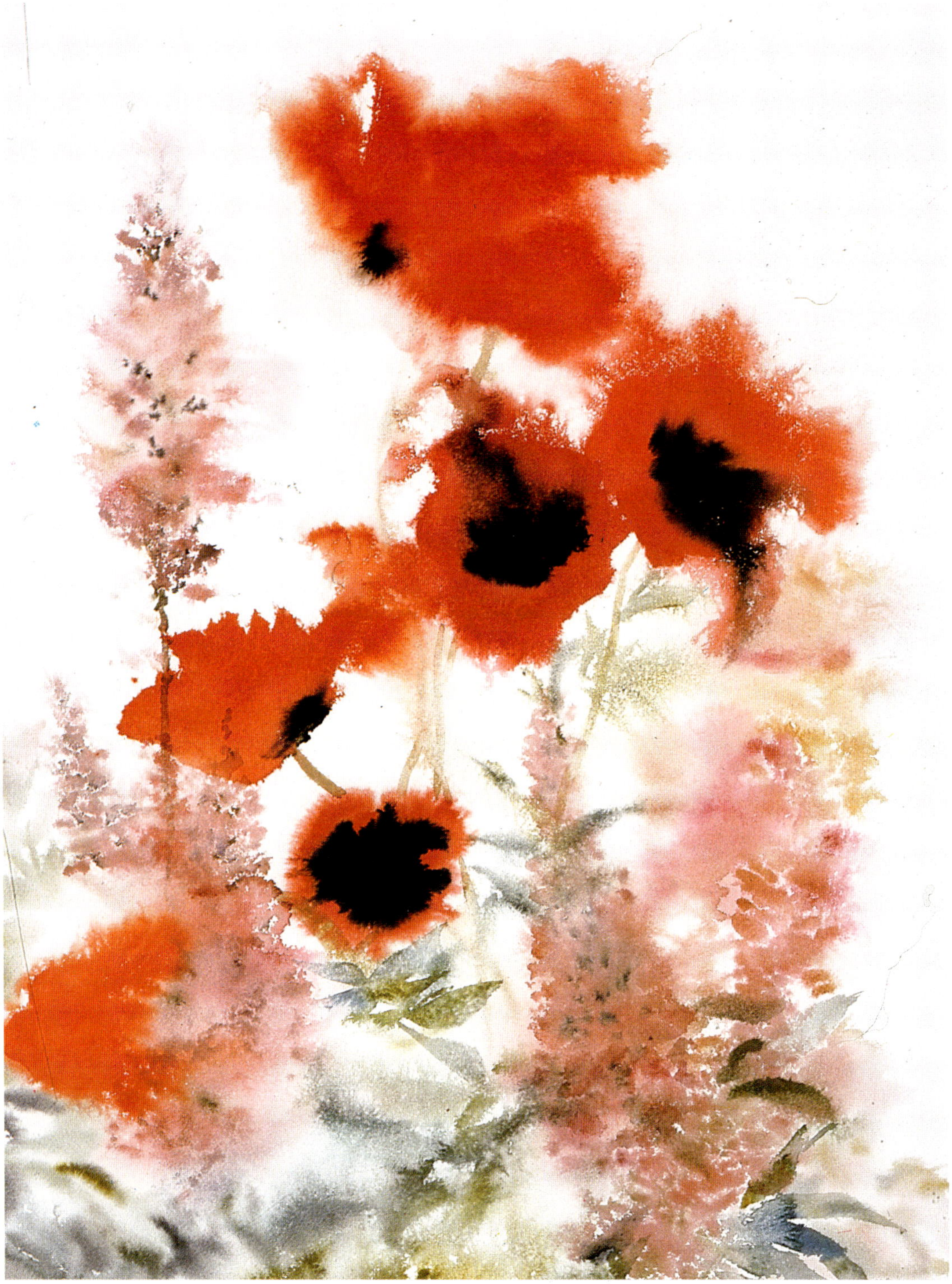

Mohn und Lupinen
Caroline Bailey (1986)

Die Illustratoren botanischer Werke strebten nach wissenschaftlich exakter Abbildung von Pflanzen; Caroline Bailey hingegen will Blumen so zeigen, wie das Auge sie in einem bestimmten Moment sieht, um so eine besondere Stimmung im Betrachter zu wecken oder um seine Gefühle zu jener Zeit widerzuspiegeln.

Caroline Bailey hat auch in Öl und Pastell gemalt, benutzt jedoch hauptsächlich Aquarellfarbe und Gouache, manchmal im selben Bild. Sie arbeitet sehr spontan, mit sehr wäßriger Farbe auf feuchtem, aufgespanntem Aquarellpapier, gelegentlich mit flüssigen Farben wegen ihrer intensiveren, konzentrierteren Pigmente. Bei der Arbeit sprüht sie immer wieder Wasser auf das Papier, damit die Farben besser verlaufen; Grüntöne mischt sie stets selbst, um ein, wie sie es nennt, fades, künstliches Aussehen zu vermeiden.

Caroline Bailey (geb. 1953) lernte Textildesign, und sie hat ein Auge für Farbeffekte, die ans Abstrakte grenzen. Dennoch wäre es falsch, sie eine abstrakte Malerin zu nennen, denn ihr geht es immer um figürliche Themen: Landschaften, Bäume und Blumen. Selbst wenn ihre Bilder zur Abstraktion tendieren, entstehen sie doch immer aus der direkten Beobachtung.

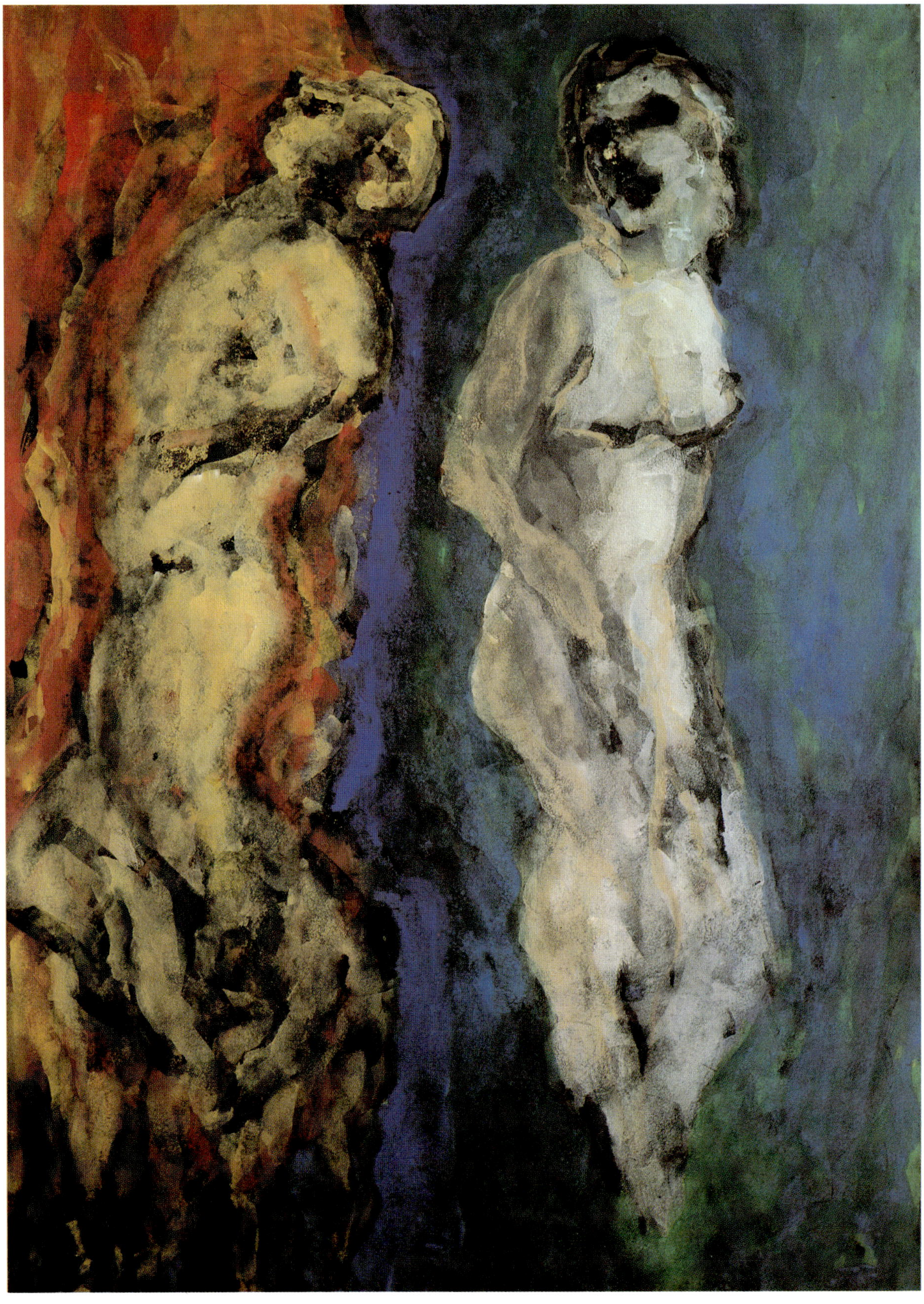

Nephele narrt Ixion
Arturo Di Stefano (1985)

Der mythische König Ixion, auf der Erde von allen gemieden (er hatte seinen Schwiegervater ermordet), wurde von Zeus in den Himmel aufgenommen. Zum Dank für seine Rettung versuchte er jedoch, Hera, die Gemahlin des höchsten Gottes, zu verführen. Zeus, von Hera über diesen Frevel informiert, täuschte Ixion, indem er eine Wolke, Nephele, mit der Gestalt Heras schuf. Ixion vereinigte sich mit ihr, und dieser Verbindung entsprangen die Kentauren, Mischwesen aus Mensch und Pferd. Schließlich wurde Ixion zur Strafe auf ein brennendes Rad gebunden, das sich für alle Ewigkeit am Himmel dreht.

Auf diesem für das Medium ungewöhnlich großen Bild (106,7 × 76,2 cm) setzt Arturo Di Stefano (geb. 1955) die Möglichkeiten der Gouache ein, um den Mythos auf seine Weise darzustellen. Wie viele moderne Künstler verwendet Di Stefano die Farbe nicht zur Wiedergabe von Gesehenem, sondern um etwas Eigenes auszudrücken. Diese Absicht bestimmt die Wahl des Materials und der Technik.

Auf diesem Bild sehen wir, wie Ixion vom Gegenstand seines Verlangens behext wird. Die Gouache erlaubte einerseits einen ganz dünnen Auftrag, der in das Papier einzog und es färbte, andererseits aber auch kräftige, deckende Pinselstriche. Die physische Beschaffenheit der Farbe ist hier sehr wichtig: Bei Nephele wirkt sie körperlos, ist größtenteils transparent aufgetragen, von ganz anderer Konsistenz als die Flammen der Begierde, in denen Ixion brennen muß. Das Feuer und Ixion sind in expressiven Rot-, Gelb-, Orange- und Schwarztönen gehalten. Die Farben »beißen« einander und drücken so Ixions Qual und Leidenschaft aus.

Di Stefano, in England geborener Sohn italienischer Eltern, hat eine ganze Reihe von Illustrationen zum Ixion-Mythos gemalt, in Öl und Gouache. Er gehört zu den Künstlern, die die Malerei wieder mit der Poesie und der Literatur vereinigen möchten. Malerei soll Teil einer umfassenden Kultur der Phantasie sein, statt sich nur mit sich selbst zu beschäftigen. In dieser Haltung erinnert Di Stefano an Blake und Füssli.

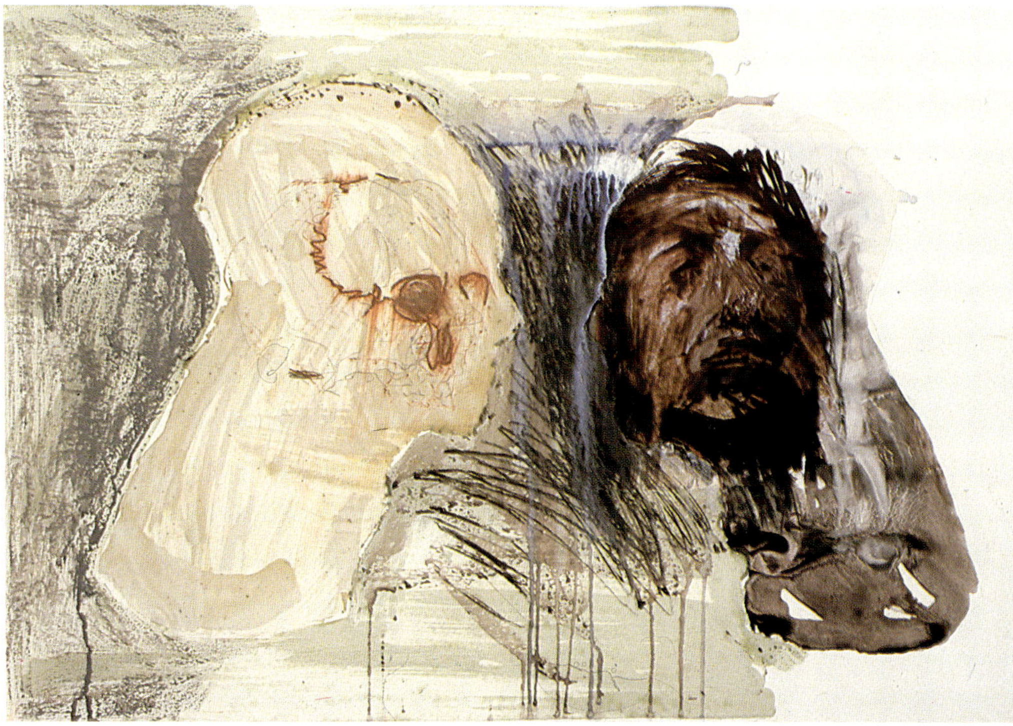

Zeichnung aus der Serie »Embleme und Ikone«
Adam Lowe (1986)

Ein wichtiges Element dieses in einer Mischtechnik entstandenen Bildes von Adam Lowe (geb. 1959) ist seine Oberflächenbeschaffenheit, die sofort ins Auge springt, wenn man das Werk im Original sieht. Es gehört zu einer Serie, in der farbige Fotokopien mit Aquarellen collagiert und mit Bleistift, Kreide und Wachs überarbeitet wurden. Die Kontraste der Texturen, besonders zwischen der fließenden, aber matten Wasserfarbe und den transparenten, schimmernden gewachsten Partien, sind genauso wichtig wie die Bildlichkeit.

Der Künstler sagt, daß man das Bild im Sinne einer Auseinandersetzung zwischen Vernunft und Gefühl interpretieren kann, wobei der Schädel die Vernunft und das dunkle Gesicht das Gefühl repräsentiert.

Sowohl der fotokopierte Kopf als auch das flüssig gezeichnete Profil wirken unvollendet. Der Künstler ließ sie bewußt amorph und schemenhaft. Der verwaschene Bereich hinter dem Profil ist kaum ausgearbeitet, wenn auch mit einer recht deutlichen Linie abgegrenzt; im Innern besteht er jedoch nur aus losen Pinselstrichen, die skizzenhaft und ziellos wirken. Der fotokopierte Kopf hingegen wurde mit spontanen, aber sehr bestimmten Farbstrichen in einem dunklen Ton übermalt. Aber auch hier mutet die Arbeit nicht definitiv abgeschlossen an. Insofern zeigen die beiden Köpfe eine Verwandtschaft, nicht weil sie kompositionell miteinander in Beziehung stehen, sondern weil beide sich in einer Art Übergang befinden. Der Künstler mußte sie in seinem Bild in einem Augenblick der Verwandlung erstarren lassen, aber er hat versucht, durch seine Technik die Vorstellung unablässiger Veränderung zu erwecken.

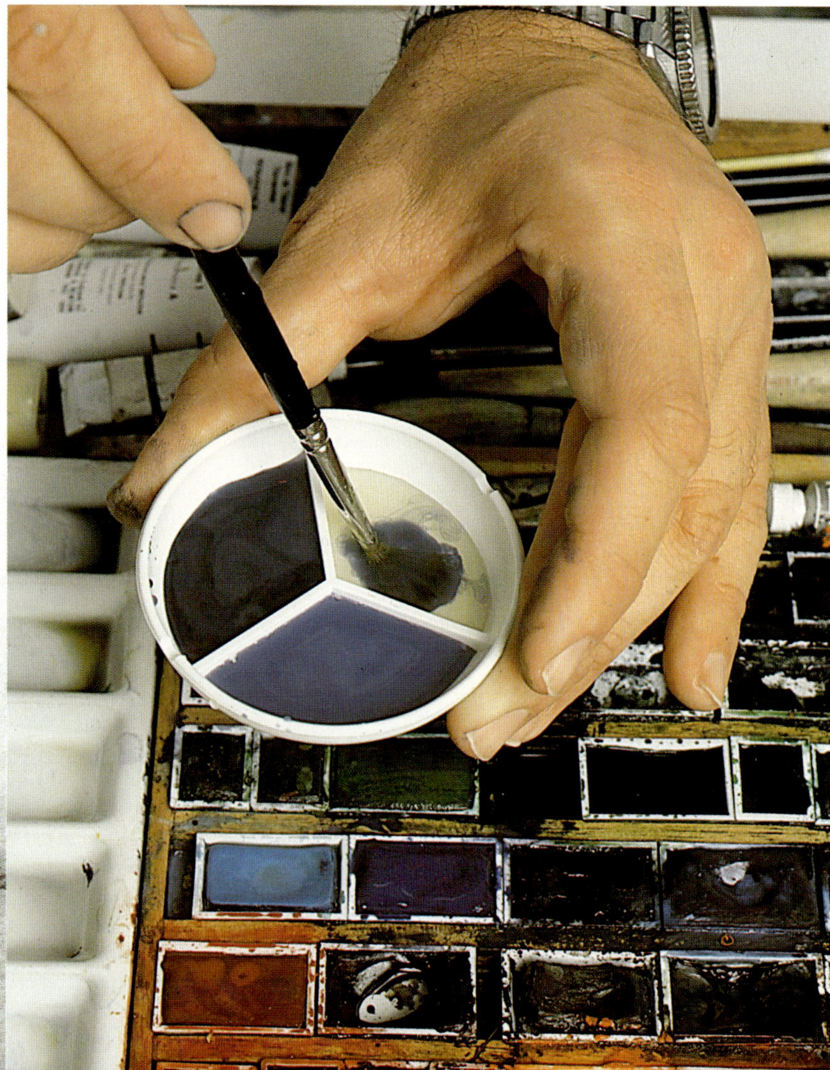

MATERIAL UND AUSRÜSTUNG

Gutes Handwerkszeug ist für jeden Aquarellmaler von immenser Wichtigkeit. Aus dem großen Angebot, das heute besteht, hat man nur allzuleicht das Falsche oder überflüssige statt wirklich notwendiger Dinge gewählt. In diesem Kapitel wollen wir eine Atelierausrüstung vorstellen, außerdem die für das Malen im Freien erforderlichen Utensilien.

Im Anschluß daran wird verdeutlicht, wie wichtig genaue Kenntnisse der Möglichkeiten der Farbe sind; wir stellen grundlegende Tatsachen und Theorien vor, erklären, was beim Farbenmischen geschieht, und vor allem, wie dabei vorzugehen ist. Mit Hilfe dieser Grundkenntnisse kann man sich dann eine eigene Palette zusammenstellen und je nach Bedarf entsprechende Farben entwickeln. Schließlich gehen wir auf die wichtigsten Kompositionsregeln ein und zeigen, wie man ein Thema auswählt und den Bildaufbau plant.

DER ARBEITSPLATZ

Aquarellisten haben gegenüber anderen Malern einen Vorteil: Ihre Arbeitsausrüstung ist relativ kompakt, transportabel und schnell einzusetzen. Die Farbnäpfchen sind klein, Staffeleien gewöhnlich leicht und zusammenlegbar, und der Malgrund besteht einfach aus Papier oder Karton. All dies bedeutet, daß als Arbeitsplatz sowohl ein vollständig eingerichtetes Atelier als auch eine Zimmerecke in Frage kommen, genauso wie eine ganz einfache mobile Ausstattung, die man immer wieder wegräumen kann.

Für die Arbeit im Freien genügen ein Skizzenblock und ein kleiner Farbkasten. Damit ausgerüstet, kann man rasche Skizzen als Basis größerer Arbeiten anfertigen.

Die Arbeitsfläche

Aquarellmaler brauchen eine flache Unterlage, um dünne Farbschichten auftragen zu können; für das Hinzufügen von Details sollte die Arbeitsfläche dagegen schräg stehen. Dem Anfänger, der zu Hause malt, genügt zunächst ein Brett, auf dem das Papier befestigt und das mit ein paar Büchern in einen beliebigen Winkel gebracht werden kann. Mit der Zeit aber wird man ein solches Provisorium wahrscheinlich lästig finden und sich zum Kauf eines richtigen Zeichentischs oder eines Arbeitstischs mit Schubladen und verstellbarer Platte entschließen. Auch eine Staffelei (s. S. 86 f.) ist unentbehrlich.

Bequemlichkeit, Licht und Ablagefläche

Bequemlichkeit ist bei der Einrichtung eines Arbeitsplatzes ein ganz wichtiger Punkt; um so erstaunlicher mutet es an, daß gerade dieser Aspekt häufig vernachlässigt wird. Zunächst sollte man sicher sein, daß es im Arbeitsraum nicht zieht. Versuchen Sie, alle Utensilien so anzuordnen, daß Platz zum Umhergehen bleibt, um eine Pause zu machen oder das Werk noch einmal zu überdenken. Detailliertes, sorgfältiges Arbeiten verlangt einen bequemen, möglichst einen drehbaren Stuhl, von dem aus alle Werkzeuge leicht zu erreichen sind. Ein in der Höhe verstellbarer Stuhl ist besonders dann von Vorteil, wenn man an einer kippbaren Unterlage oder einer Tischstaffelei arbeitet, während ein hoher Schemel das Malen an einer großen Staffelei erleichtert.

Eine wesentliche Rolle spielt die Beleuchtung des Arbeitsplatzes – im Idealfall Tageslicht, wobei weiße Wände für zusätzliche Helligkeit sorgen. Viele Maler arbeiten bei künstlicher Beleuchtung, und manche finden dies sogar besser, weil die Intensität des Lichtes dabei konstant bleibt. Tageslichtlampen geben ein nahezu natürliches Licht, manche Künstler verwenden aber auch ganz normale Glühlampen.

Bei der Einrichtung des Arbeitsplatzes sollte man genügend Stauraum einplanen. Das nächstliegende Problem – wohin mit Wassergefäß, Farben und Pinseln? – läßt sich mit einem Beistelltischchen (eventuell rollbar) lösen. Sie werden jedoch bald feststellen, daß Papiervorräte, Skizzen und fertige Bilder schnell zu eindrucksvollen Stapeln anwachsen und daß ein Schrank oder ein Schreibtisch mit vielen Schubladen kein Luxus ist. Wenn Sie sehr großformatige Bilder malen, ist es ratsam, eine Kommode mit flachen, sehr breiten Schubladen zu kaufen.

Ein letzter Hinweis: Halten Sie Ihren Arbeitsplatz von Anfang an sauber und aufgeräumt. Sie sollten immer genau wissen, wo sich eine bestimmte Farbe, ein Pinsel oder ein Nachschlagewerk befinden. Denn wenn man in einem kritischen Moment zu lang nach einer dringend benötigten Farbe suchen muß, kann ein ganzes Bild schon verdorben sein. Und verschmutzte Pinsel, Paletten oder Wassergläser berauben die Farben ihrer Leuchtkraft.

Ideal ist ein Arbeitsplatz mit gutem Tageslicht

Weiße Wände machen den Arbeitsplatz heller

Eine Schreibtischleuchte mit einer normalen Glühlampe oder einer Tageslichtlampe ist eine brauchbare Alternative

Eine Tischstaffelei (Schrägflächentisch). Das Brett wird von einer Strebe in einem beliebigen Winkel festgehalten.

Arbeitstisch

Ein bequemer Stuhl, möglichst auf Rollen oder drehbar, ist bei komplizierten Arbeiten sehr wichtig

Fahrbares Tischchen für Wassergefäße, Farben, Pinsel und anderes Zubehör

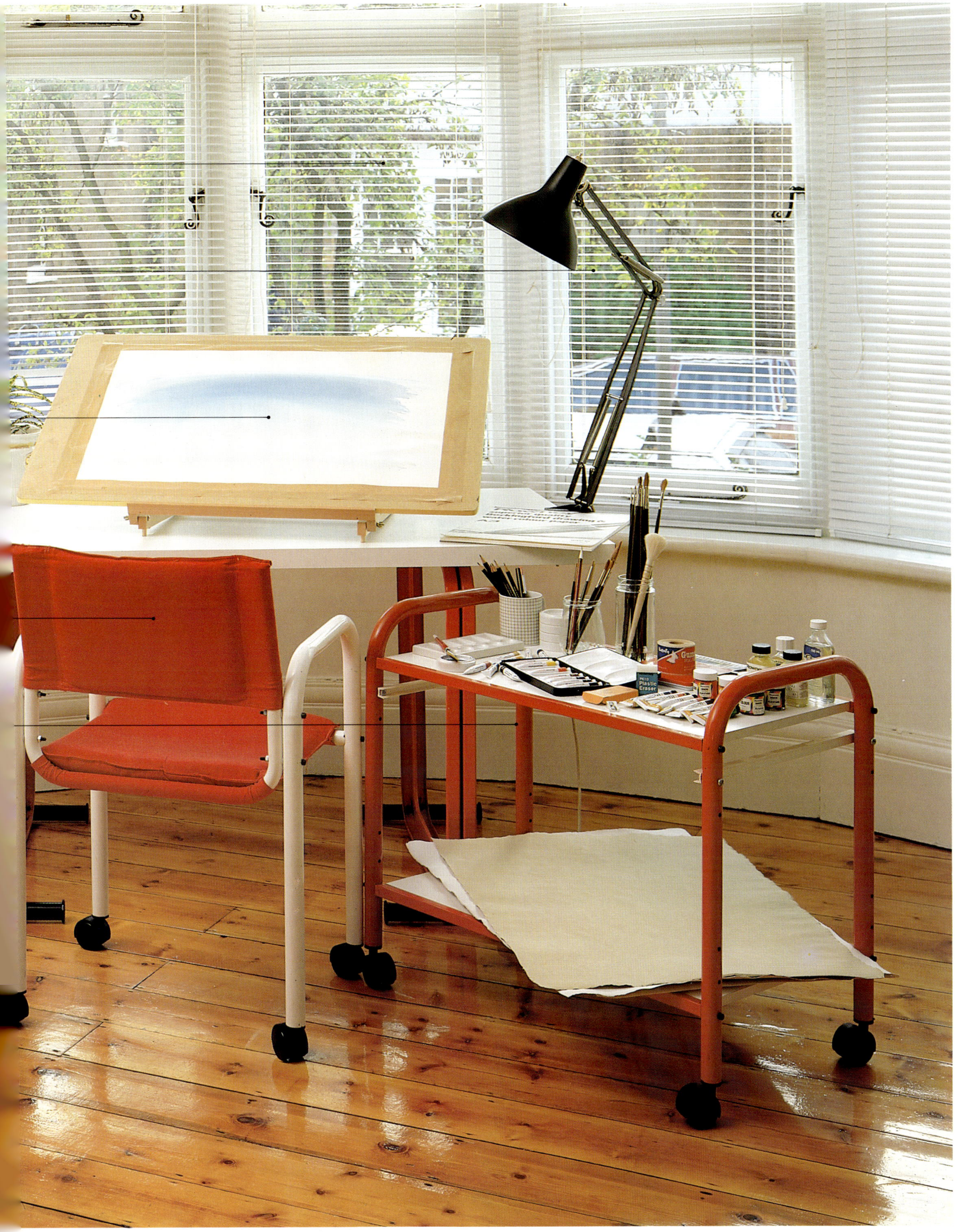
Plastic Eraser

MALFARBEN

Früher wurden Aquarellfarben in Form harter Stäbchen, die mit Wasser auf der Palette gerieben wurden, produziert; heute bietet man sie hauptsächlich in zwei Formen an: in Näpfchen und in Tuben. Daneben gibt es flüssige Wasserfarbe in Fläschchen, opake Farben wie Gouache und Plakatfarbe in kleinen Gläsern und natürlich Aquarellstifte.

Wasserfarben bestehen hauptsächlich aus Pigmenten, die mit Wasser, Gummiarabikum (als Bindemittel), Glyzerin (damit die Farbe geschmeidig bleibt) und einem Konservierungsmittel vermischt sind. Gelegentlich wird behauptet, daß sie generell zum Verblassen neigen, aber das ist eine grobe Vereinfachung, denn manche Pigmente sind stabiler als andere. Besonders hohe Lichtechtheit weisen die Umbra- und Sienatöne, Chromoxydgrün, Cölinblau, Kobaltblau, grüne Erde und lichter Ocker auf, wogegen Chromgelb, Karminrot und Vandyckbraun weniger lichtecht sind und sich mit der Zeit verändern.

Aquarellfarbe

Echte Aquarellfarbe enthält keine deckenden Substanzen und ist deshalb immer transparent. Die beste Qualität wird aus echten Pigmenten hergestellt und oft auch als »Künstlerfarbe« bezeichnet. Sie ist zwar teurer als die einfachere »Studienfarbe«, aber die Farben sind strahlender, und deshalb verwenden fast alle erfahrenen und professionellen Maler diese bessere Qualität. »Studienfarbe« wird meistens aus billigeren Ersatzstoffen gewonnen, und sie ist oft unbeständig, d. h., man muß damit rechnen, daß sie ausbleicht. Schon beim ersten Farbenkauf ist es ratsam, wenigstens einige Grundfarben in Künstlerqualität zu wählen. Zwischen teurer und billiger Farbe besteht in der Tat ein großer Unterschied, und man verliert schnell die Freude an der Sache, wenn die ersten Ergebnisse wegen schlechter Qualität des Materials enttäuschend ausfallen. Studienfarbe empfiehlt sich, wenn man eine neue Farbe erst einmal ausprobieren möchte. Mit den Studienfarben läßt sich gut experimentieren; wenn Sie mit einem Ton gut zurechtkommen, sollten Sie beim nächsten Mal die Künstlerqualität wählen.

Gepreßte oder gestanzte Farbtabletten sind die billigste Form; man benötigt jedoch relativ viel Zeit, um die Farbe mit dem feuchten Pinsel anzulösen.

Gehen Sie mit Ihren Farben sorgsam um: Sie halten lange, wenn man sie gut behandelt. Tuben müssen immer fest zugeschraubt werden, damit die Farbe nicht eintrocknet. Sollte dies einmal passieren, werfen Sie die Tube aber nicht gleich weg; Sie können sie aufschneiden und wie ein Näpfchen weiterbenutzen. Auch Farbe in Näpfchen kann sehr trocken und hart werden; ein paar Tropfen Wasser genügen, um sie wieder verwendbar zu machen.

Gouache und Plakatfarbe

Gouache ist eine opake Wasserfarbe, die aus gröber gemahlenem Pigment als die reine Aquarellfarbe hergestellt wird; die helleren Töne entstehen durch die Beimischung von Deckweiß. Die matt auftrocknende Gouache ist ein lebendiges, direktes Medium und eignet sich für sorgfältig ausgearbeitete Kompositionen ebenso wie für lockere Farbskizzen. Ihr größter Vorteil besteht darin, daß man mit ihr auch hell auf dunkel (s. S. 204 f.) malen kann. Weil sie opak ist, läßt sie sich besonders gut auf getöntem oder farbigem Papier einsetzen. Plakatfarben sind wie die Gouache matt und deckend, aber von gröberer Konsistenz.

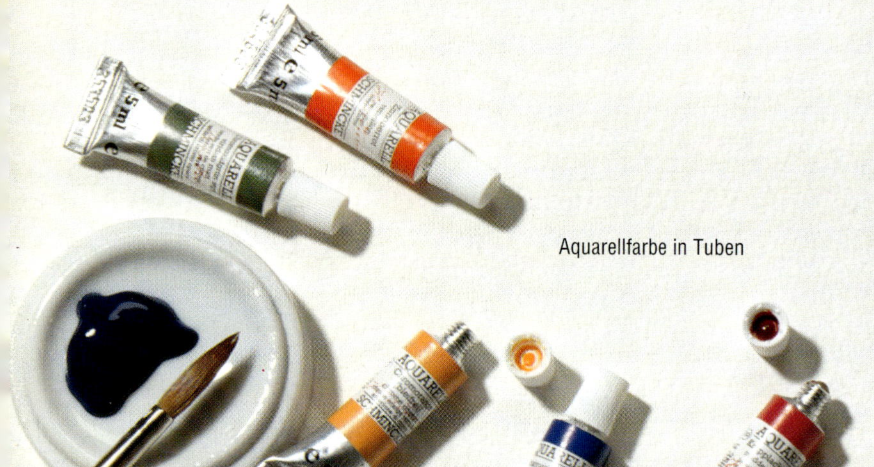

Aquarellfarbe in Tuben

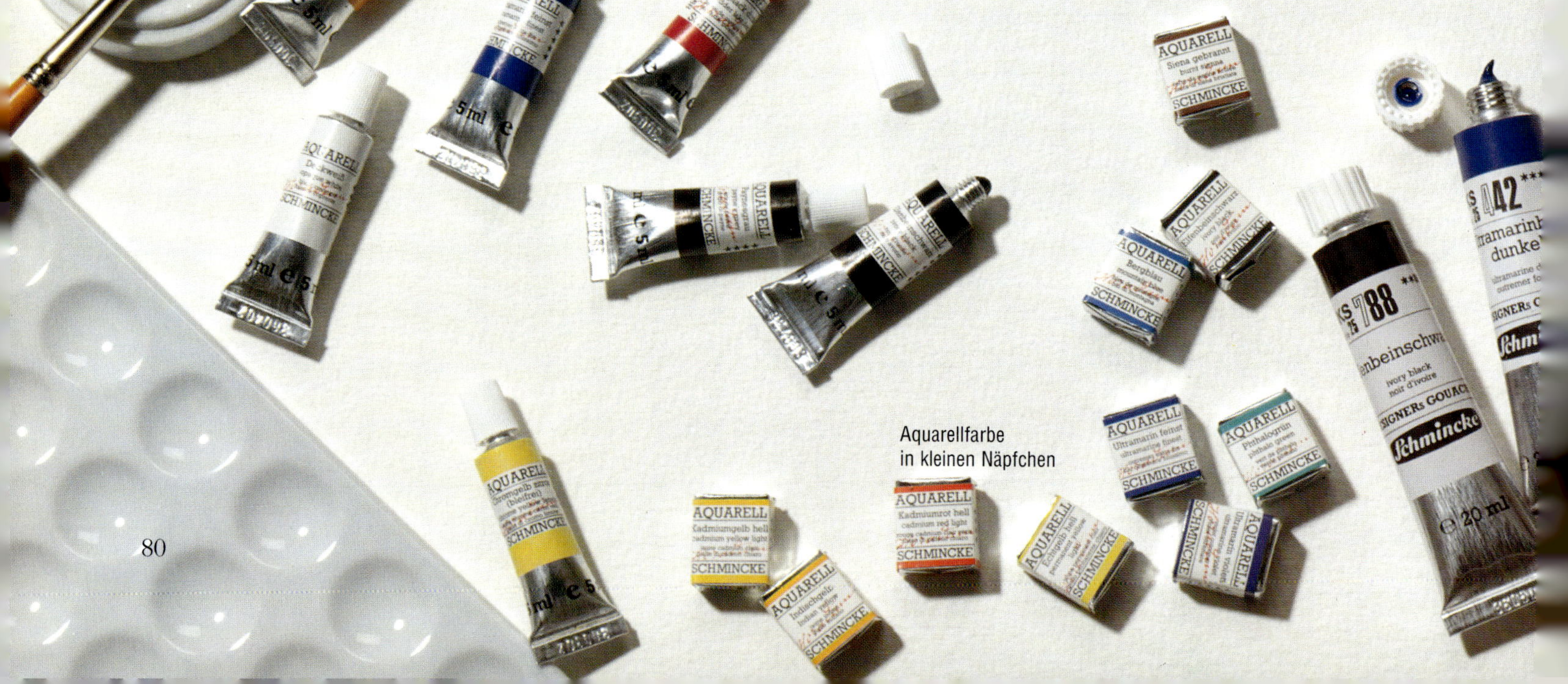

Aquarellfarbe in kleinen Näpfchen

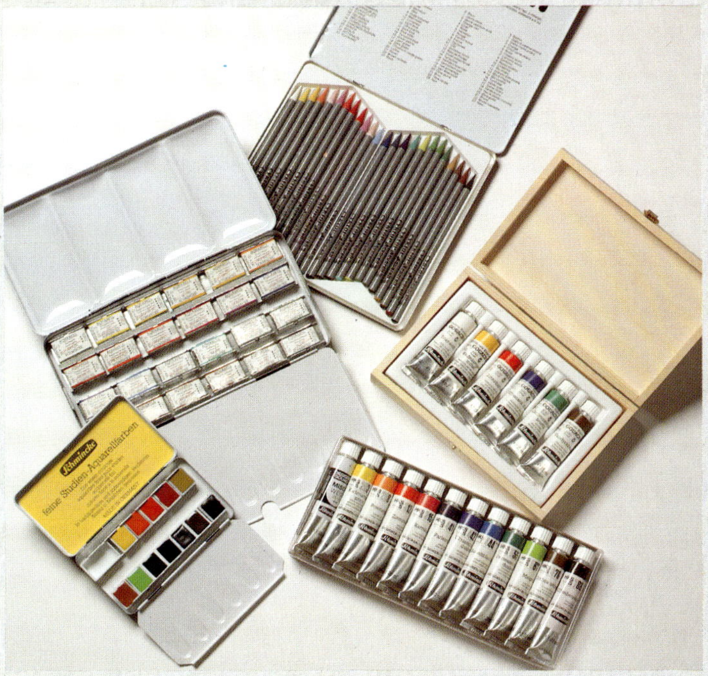

MALKÄSTEN UND FARBSETS
Aquarellfarbe, Gouache, Aquarellstifte und konzentrierte Flüssigfarbe sind auch als Sets erhältlich. Damit besitzt man eine Basisfarbpalette, die mit der Zeit erweitert werden kann.

Alle Aquarellfarben werden von den Herstellern laufend hinsichtlich des Farbtons, der Konsistenz und der Transparenz geprüft, so daß ihre Qualität gleichbleibt. Die meisten Firmen geben den Lichtechtheitsgrad der einzelnen Farben an; allerdings variiert die Einteilung dieser Skala von Hersteller zu Hersteller.

Flüssige Wasserfarbe

Wasserfarben gibt es auch in flüssiger Form. Sie sind meist hoch konzentriert; mit einer Pipette läßt sich die Farbmenge, die man ins Wasser gibt, genau dosieren. Konzentrierte Farben können unbeständig sein, einige verblassen sehr schnell. Designer und Illustratoren schätzen sie jedoch wegen ihrer Intensität und Brillanz, zumal da mangelnde Lichtechtheit bei Arbeiten, die nur zum Zweck der Reproduktion entstehen, nicht sehr ins Gewicht fällt.

Farbsets und Malkästen

Neben einzelnen Tuben, Näpfchen und Gläsern kann man auch Farbsets oder gefüllte Malkästen in verschiedenen Größen kaufen. Für das Arbeiten im Freien sind kleine Malkästen unschätzbar. Eine Auswahl von Tubenfarben, in einem Kistchen verpackt, ist ebenfalls sehr praktisch.

Aquarellstifte

Zum Kombinieren von Linien und Lavierungen eignen sich Aquarellstifte, wasservermalbare Farbstifte, die der Handel in vielen Farbtönen anbietet.

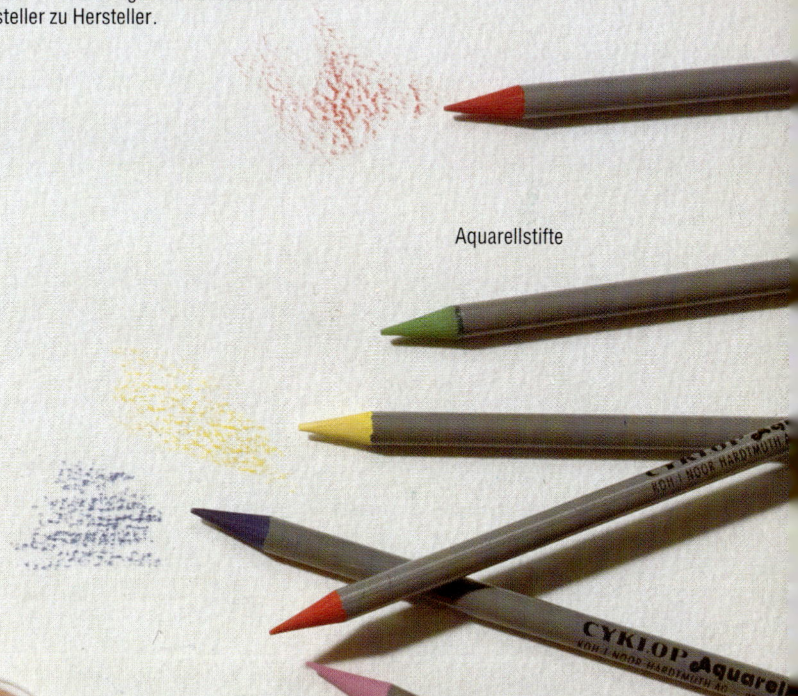

Aquarellstifte

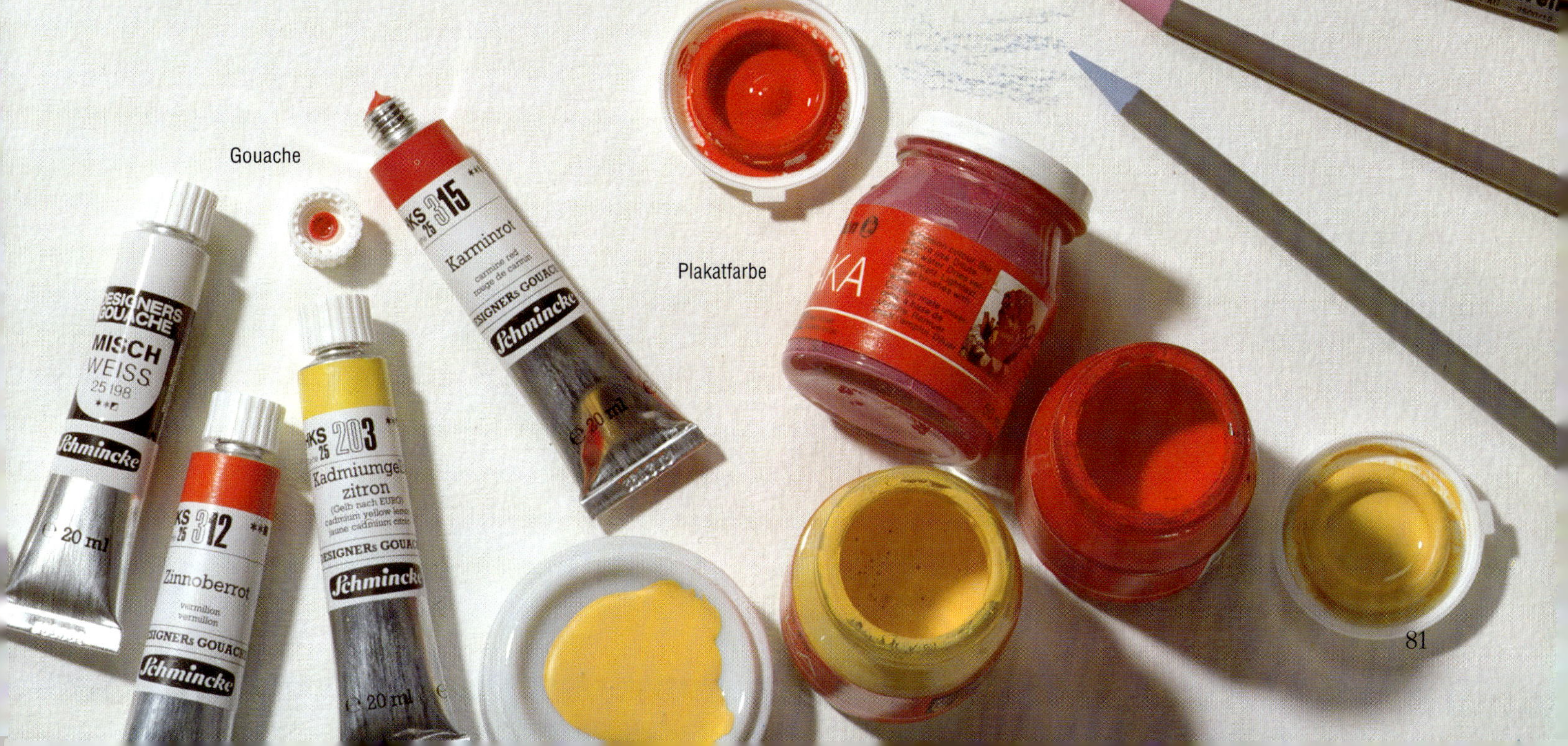

Gouache

Plakatfarbe

PINSEL

Aquarellpinsel, die grundsätzlich weicher als Ölmalpinsel sind, gibt es als Naturhaar- und als Kunstfaserpinsel. Die besten sind zweifellos die sog. Kolinsky-Rotmarderpinsel mit den Haaren vom Schweif des sibirischen Amurmarders. Wenn man sie richtig pflegt, sind diese sehr teuren Pinsel lang haltbar und somit ihren Preis auch wert.

Das Besondere daran ist ihre Elastizität und Geschmeidigkeit, die eine spontane und dennoch kontrollierte Pinselführung erlaubt. Diese Eigenschaften besitzen billigere Pinsel nur in begrenztem Maße. Daneben können Rotmarderpinsel viel Farbe aufnehmen und behalten dabei ihre sehr feine Spitze.

Manche Hersteller mischen die teuren Marderhaare mit anderen, z. B. Rindsohrenhaaren. Feh- oder reine Rindsohrenhaarpinsel – letztere gelten als besser – sind noch billiger. Auch Ziegen-, Kamel- oder Mungohaarpinsel werden angeboten.

Die synthetischen Aquarellpinsel kann man in zwei Gruppen unterteilen: sehr weiche Pinsel, die der Textur und Flexibilität der Naturhaarpinsel nahekommen sollen, und Allzweckpinsel aus Nylon, die für Aquarell-, Öl- und Acrylmalerei verwendet werden können.

Pinselformen

Alle Pinsel bestehen aus einem Kopf oder Körper, der mit einer Metallzwinge an einem hölzernen Stiel befestigt ist. Bei einem Qualitätspinsel werden Sie keine abstehenden Haare finden, er behält seine Fasson.

Zu unterscheiden sind die beiden Hauptgruppen Rundpinsel und Flachpinsel, außerdem gibt es etliche Sonderformen, z. B. Katzenzungenpinsel. Für die Aquarellmalerei benutzt man Rundpinsel. Flachpinsel sind nicht unbedingt erforderlich, können aber bei großflächigen Arbeiten und als Verwaschpinsel hilfreich sein.

Spezialpinsel

Mit Spezialpinseln lassen sich besondere Effekte erzielen. So entstehen die sehr weichen, »knochenlosen« Formen chinesischer und japanischer Aquarelle durch besondere Pinsel. Mit diesen Bambus- oder Rohrpinseln kann man sehr gut große Farbflächen auftragen, ansonsten finden sie in der westlichen Aquarellmalerei jedoch kaum Verwendung.

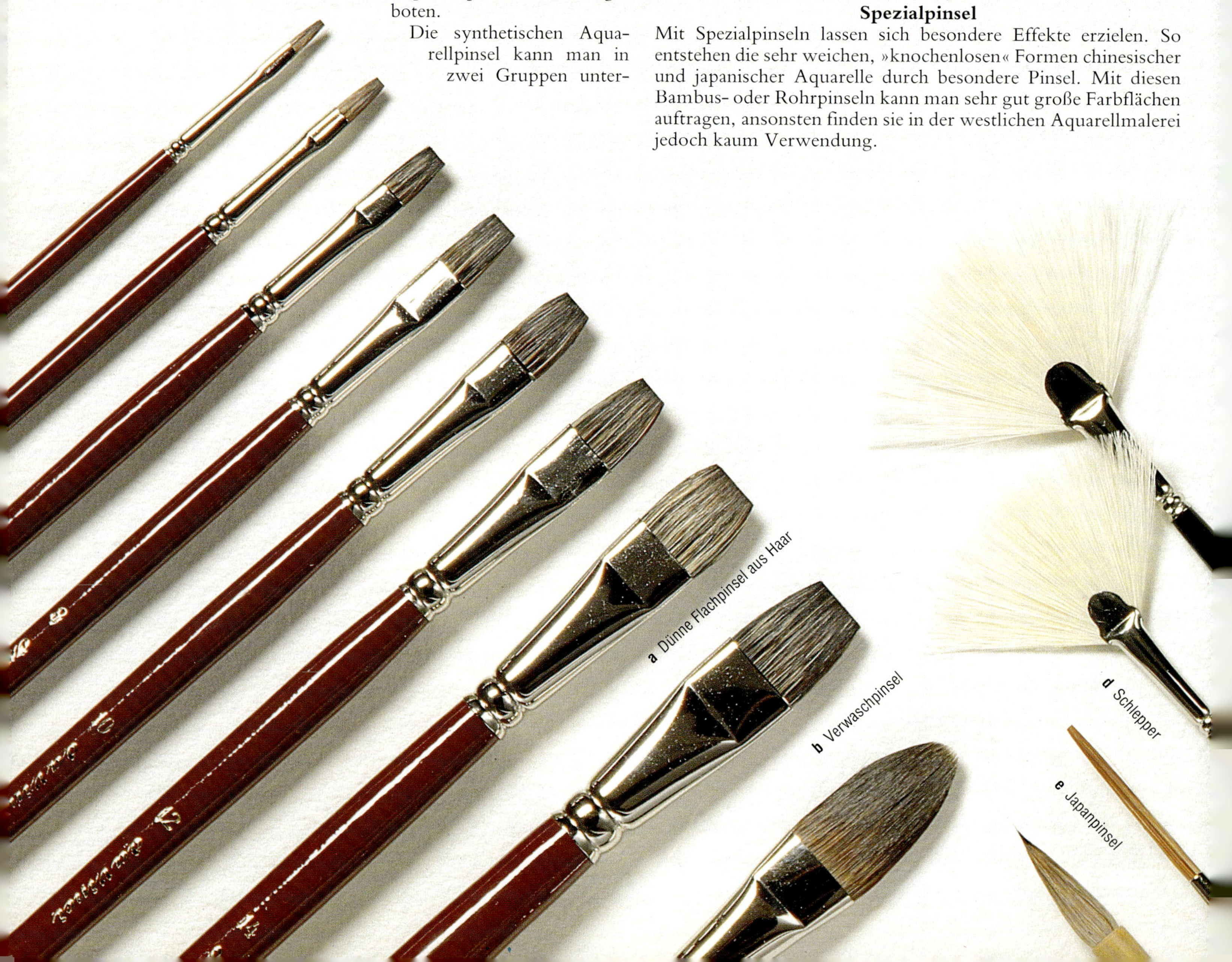

a Dünne Flachpinsel aus Haar

b Verwaschpinsel

d Schlepper

e Japanpinsel

Um sehr weiche Farbübergänge zu erzielen, benutzen viele Aquarellmaler fächerförmige Pinsel, die es in mehreren Größen gibt. Man findet verschiedene sehr große Pinsel für Lavierungen, und man benötigt sie, obwohl sie teuer sind, spätestens dann, wenn man große, gleichmäßige Farbflächen malen will.

Borstenpinsel für Öl- und Acrylfarben sind steifer als Aquarellpinsel und deshalb geeignet, Fehler durch Abreiben der Farbe zu korrigieren.

Für lineare Techniken benutzt man gelegentlich langgebundene, spitze Pinsel, »Schlepper« genannt, die vor allem als Schriftpinsel entwickelt wurden.

Miniaturen und feine Details können mit Retuschepinseln aus Marderhaar gemalt werden. Sie sind besonders kurz gebunden. Mit kleinen Anstreicherpinseln lassen sich große Flächen zügig ausmalen, und man verwendet sie auch für Spezialeffekte wie die Spritztechnik.

Pinselgrößen

Die Größeneinteilung der Pinsel reicht normalerweise von 00 bis 12 oder 14, wobei 00 die kleinste Größe ist. Einige Hersteller liefern noch größere Ausführungen, andere bieten einen 000-Pinsel für besonders feines Arbeiten an. Bei manchen Flachpinseln wird die Größe nach der Breite des Kopfes angegeben, etwa von 5 bis 25 mm.

Pinselpflege

Man sollte seine Pinsel immer unter fließendem Wasser ausspülen und sie niemals mit den Haaren nach unten in ein Gefäß stellen. Nach dem Malen wäscht man sie mit warmem Wasser und milder Seife sorgfältig aus. Danach werden sie vorsichtig ausgeschüttelt – nicht ausgedrückt! – und an der Luft getrocknet. Es ist sehr schwierig, Pinsel wieder in Fasson zu bringen, wenn man achtlos mit ihnen umgegangen ist. Viele Pinsel werden mit einer kleinen Plastikhülse zum Schutz der Haare verkauft. Werfen Sie diese Hülsen nicht weg, aber stecken Sie sie erst nach dem vollständigen Trocknen des Pinsels wieder vorsichtig auf.

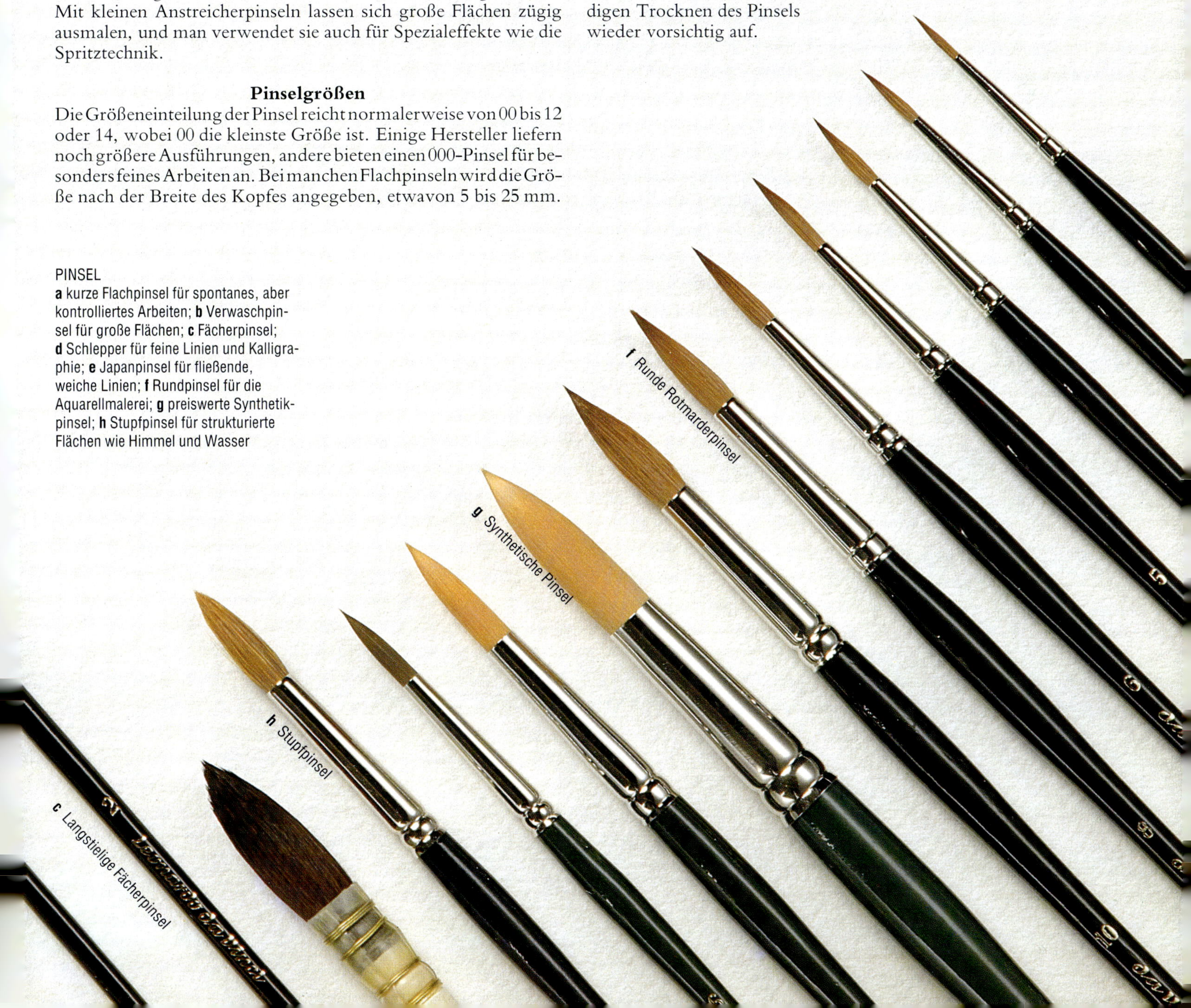

PINSEL
a kurze Flachpinsel für spontanes, aber kontrolliertes Arbeiten; **b** Verwaschpinsel für große Flächen; **c** Fächerpinsel; **d** Schlepper für feine Linien und Kalligraphie; **e** Japanpinsel für fließende, weiche Linien; **f** Rundpinsel für die Aquarellmalerei; **g** preiswerte Synthetikpinsel; **h** Stupfpinsel für strukturierte Flächen wie Himmel und Wasser

MALGRÜNDE

Der Malgrund ist die Arbeitsfläche des Künstlers, der Bildträger. Für die Aquarellmalerei heißt das: Papier, und das ist relativ preiswert, leicht erhältlich und problemlos mitzuführen.

Beim Aquarell spielt der Malgrund eine überaus wichtige Rolle, er trägt unmittelbar zum Bild bei. Aquarellpapier gibt es in vielen verschiedenen Gewichten, Oberflächenstrukturen, Farben und Qualitäten, und oftmals wird seine Textur ein integraler Bestandteil des Kunstwerks, etwa wenn die Vertiefungen eines rauhen Papiers als weiße Sprenkel in einer Farbfläche sichtbar bleiben und dem Bild Spontaneität und Lebendigkeit verleihen. Auf diese Weise kann z. B. ein Himmel winzige Glanzlichter bekommen, Lichtreflexionen auf Blattwerk wirken strahlender und Sonnenschein heller.

Getöntes Papier wird häufig für Gouachen benutzt, und seine Farbe ist dann Bestandteil des Bildes. Auch für Aquarelle nimmt man gelegentlich ganz schwach getöntes Papier, wobei die hellsten Lichter, die sonst vom Papierweiß gebildet werden, natürlich fehlen.

Fast alle Aquarellpapiere haben eine »richtige« und eine »falsche« Seite. Die zum Malen gedachte Seite wird gewöhnlich geleimt. Wenn Sie das Papier genau betrachten, erkennen Sie, daß die Fasern auf der richtigen Seite ungeordneter und weniger symmetrisch als auf der Rückseite verlaufen.

Das beste Papier wird aus mehrfach gereinigtem Hadernbrei handgeschöpft und mit Tierleim präpariert. Handgeschöpftes Papier trägt das Wasserzeichen des Herstellers und zeigt die charakteristischen unregelmäßigen Büttenränder. Maschinell hergestelltes Papier hat gerade, beschnittene Kanten.

Der Anfänger sollte nicht gleich zu stark strukturiertem oder sehr grobkörnigem Papier greifen. Solches Papier wird von vielen Künstlern bevorzugt, stellt den Neuling jedoch vor Probleme, weil der Farbverlauf auf der unregelmäßigen Oberfläche sich nur schwer kontrollieren läßt. Dennoch kann diese Papierqualität, wenn man etwas Erfahrung hat, sehr schöne Ergebnisse bringen.

Für den Anfänger empfiehlt sich ein mittelrauhes Papier. Die Oberflächenbezeichnungen der Hersteller sind allerdings nicht einheitlich. So wird mittelrauhes Aquarellpapier gemäß der Herstellungsmethode auch als »cold-pressed« bezeichnet, gelegentlich auch mit dem seltsamen Namen »not«-Papier, weil es nicht heiß gepreßt ist. Auch erfahrene Künstler benutzen gern mittelrauhes Papier, denn es erlaubt verschiedene Techniken. Seine Oberfläche läßt die Farben relativ gut verlaufen, andererseits bleiben Linien jedoch scharf, und man kann es gut für feine, kleinteilige Kompositionen verwenden.

Glattes, heiß gepreßtes (»hot-pressed«) Papier eignet sich in erster Linie für Zeichnungen in Bleistift oder Feder und Tusche.

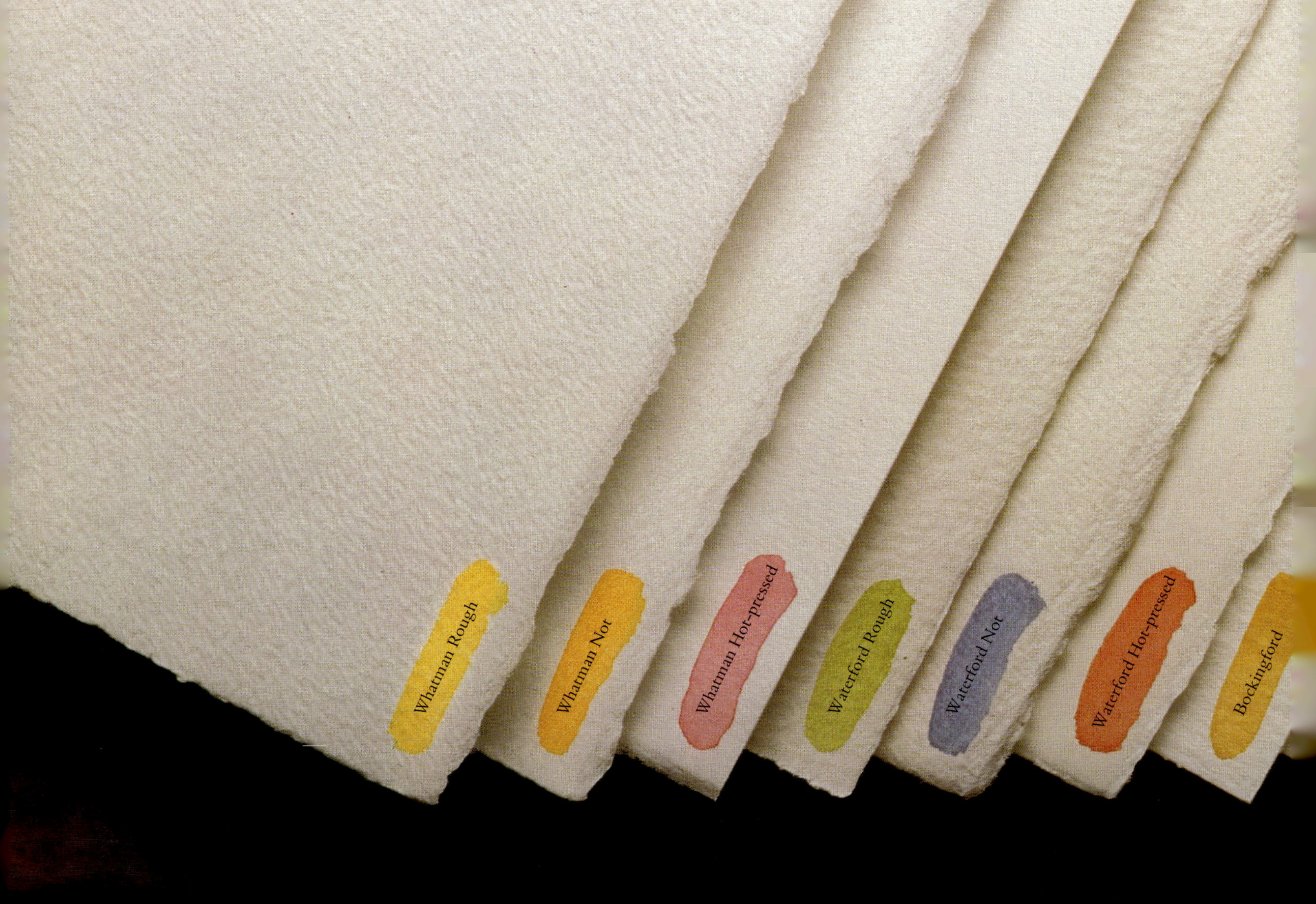

Manche Aquarellmaler bevorzugen es, weil die Farben darauf schnell verlaufen und auch an Leuchtkraft gewinnen. Viele Künstler finden es jedoch für das Aquarell nicht saugfähig genug.

Aufspannen des Papiers

Wenn Aquarellpapier nicht sehr schwer ist, wellt es sich bei der Berührung mit Wasser und Farbe. Deshalb muß leichteres Papier vor dem Gebrauch gespannt werden. Dazu legt man es in ein Wasserbad oder hält es unter fließendes Wasser, bis es vollkommen naß ist. Dann schüttelt man überschüssiges Wasser vorsichtig ab und legt den Bogen mit der richtigen Seite nach oben auf das Zeichenbrett. Dieses sollte größer sein als das Papier und so stabil, daß es sich unter dem nassen Papier nicht wirft. Nun wird der Bogen vorsichtig mit beiden Händen glattgestrichen, und unmittelbar darauf werden die Ränder mit gummierten Klebestreifen auf dem Brett befestigt. Zur Verstärkung kann man die Ecken zusätzlich mit Reißnägeln sichern. Danach läßt man das Papier an der Luft trocknen.

Das Papier wird hauptsächlich deshalb aufgespannt, damit es in feuchtem Zustand nicht wellig wird. Besonders schwere Papierqualitäten lassen sich aber auch ohne Aufspannen verwenden. Leichtes Aquarellpapier wiegt ungefähr 150 g/m², stärkeres 285 g/m². Extrem festes Papier kann auf besondere Rahmen gespannt werden, ähnlich jenen, auf die auch Leinwand gespannt wird. Für dünneres Papier eignen sie sich jedoch nicht.

Manche Künstler spannen ihre Bögen, damit sie leichter zu transportieren sind, auf dünne Bretter oder Karton. Karton wirft sich aber leicht, wenn das Papier trocknet. Man kann dies verhindern, indem man den Bogen über beide Seiten des Kartons spannt.

Wenn man sein Papier nicht selbst spannen will, verwendet man fertige Aquarellblocks, die an allen vier Seiten verleimt sind. Sie sind in verschiedenen Formaten erhältlich.

PAPIEROBERFLÄCHEN
Aquarellpapiere werden in verschiedenen Stärken und Oberflächen hergestellt, die den diversen Ansprüchen, speziellen Techniken und angestrebten Effekten entgegenkommen. Der Künstler stimmt die Wahl des jeweiligen Papiers auf das Thema, die Technik und die gewünschten Ergebnisse ab. Englische Papiere werden in »rough« (rauh), »not« oder »cold-pressed« (mit etwas glatterer Oberfläche) und »hot-pressed« (glatt) eingeteilt. Deutsche Hersteller verwenden z. B. die Bezeichnungen »matt«, »rauh«, »extra rauh« (Schleicher & Schuell), »Feinkorn«, »Grobkorn« (Schoellershammer) u. a.

Foto: Tif Hunter

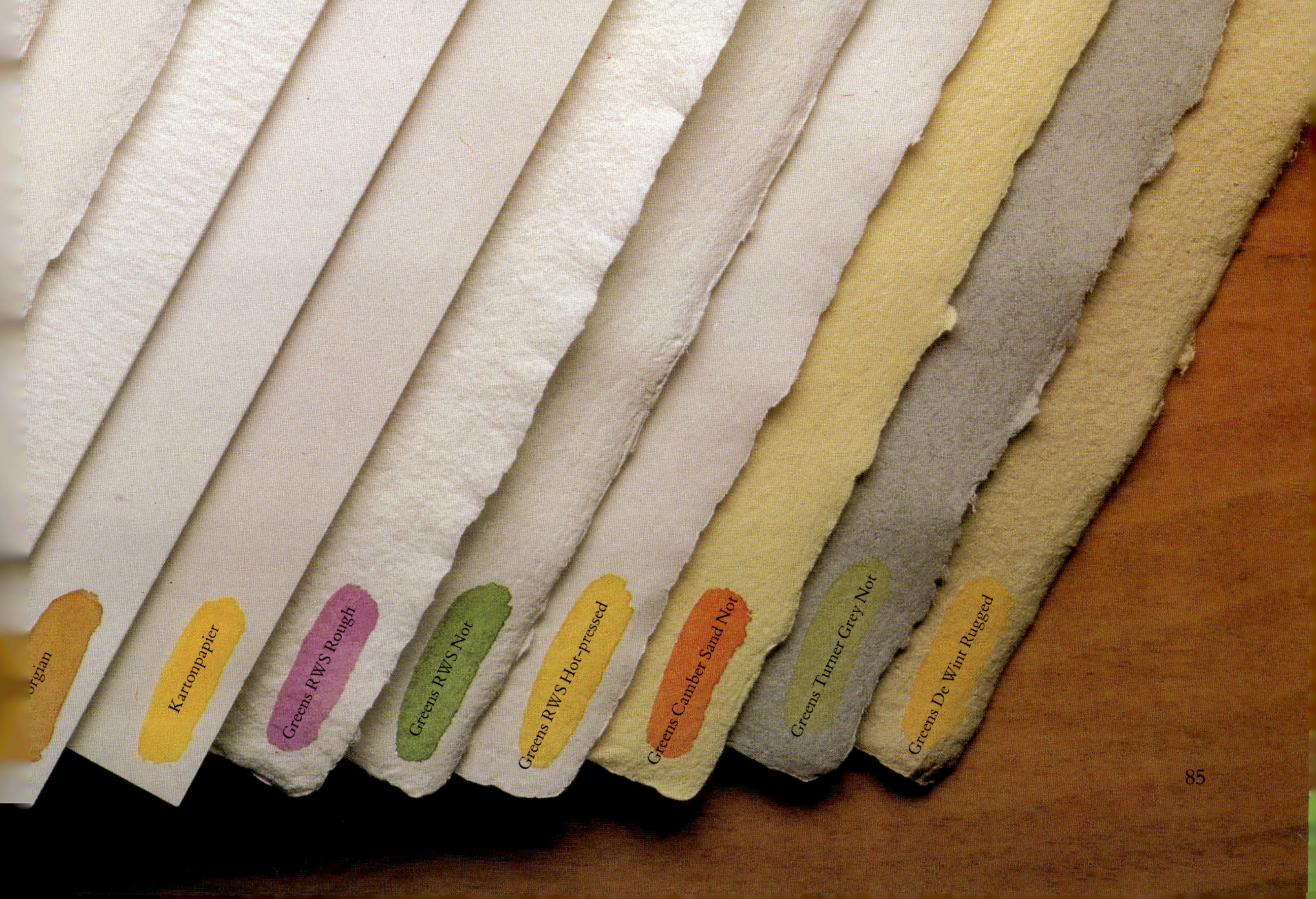

STAFFELEIEN

Der Aquarellmaler benötigt eine Staffelei, die leicht zu transportieren, zusammenlegbar und so stabil ist, daß sie das Brett mit dem aufgespannten Papier tragen kann. Die übliche Atelierstaffelei mit stabilem Holzrahmen, Klemmschrauben und Rollen eignet sich nur bedingt, denn der Rahmen steht meist senkrecht, was für das Aquarellieren ungünstig ist. Besser läßt sich auf einer kippbaren Fläche arbeiten, damit sehr feuchte Farbschichten auf ein horizontal liegendes Blatt aufgetragen werden können, während man die Unterlage für das Malen von Details in eine bequeme Schräglage bringt.

Tischstaffeleien

Das Angebot an Tischstaffeleien ist groß, und viele Typen eignen sich auch für die Aquarellmalerei. Besonders gern wird eine Miniaturausführung der hölzernen Atelierstaffelei benutzt, die jedoch entsprechend ihrem Verwendungszweck keine Rollen hat. Mittels Verstrebungen an der Rückseite läßt der Rahmen sich schräg stellen; im allgemeinen ist es jedoch nicht möglich, ihn bis in die Horizontale zu neigen.

Eine einfachere Version der Tischstaffelei besteht im Grunde nur aus einem Holzrahmen, der das Zeichenbrett hält und ähnlich einem Liegestuhl in verschiedenen Winkeln arretiert werden kann. An der Unterseite sollten Gummifüßchen angebracht sein, um Rutschen zu verhindern. Eine solche Staffelei ist ideal für das Arbeiten zu Hause oder im Atelier, denn sie läßt sich mühelos umhertragen, und das Zeichenbrett muß nicht festgeschraubt werden. So läßt es sich einfach herunternehmen und, falls nötig, flach auf den Tisch legen.

Stehende Staffeleien

Eine weitere Alternative sind Staffeleien, die vorn zwei feststehende und hinten ein verstellbares Bein haben. Das Zeichenbrett ruht auf einer stabilen Querleiste. Auch diese Staffelei ist hauptsächlich für das Arbeiten in Räumen konzipiert. Wenn man sie im Freien benutzen will, muß man eine vollkommen ebene Standfläche finden.

Feldstaffeleien

Die besten Staffeleien für die Arbeit im Freien bestehen aus Leichtmetall (Aluminium), haben einzeln justierbare Beine, die auch in der Länge verstellbar sind, und eine bewegliche Stütze mit Klemmschrauben, so daß das Zeichenbrett sich in jeden beliebigen Winkel kippen läßt. Man kann sie auf Schirmgröße zusammenklappen und so problemlos transportieren. Hölzerne Staffeleien mit verstellbaren Beinen sind sperriger, besitzen aber oft eine stabile Ablage für Farben und Wassergefäße.

Am bekanntesten ist wahrscheinlich die hölzerne Kofferstaffelei. Dabei handelt es sich um eine Kombination aus zusammenlegbarer Staffelei und einem Holzkasten für die Malutensilien. Der Kasten läßt sich beim Malen in eine Art Tablett oder Schublade umfunktionieren und bietet Farben, Paletten, Wassergefäßen und anderen Dingen Platz.

STAFFELEIEN
a Westminster – Feldstaffelei aus Leichtmetall; **b** Canterbury – leichte, zusammenlegbare Staffelei; **c** St. Pauls – vergleichbar der Canterbury-Staffelei, aber mit Halterung für einen Kasten; **d** Salisbury-Kofferstaffelei – zusammenlegbar und vielseitig zu verwenden.

TISCHSTAFFELEI
Eine kompakte Staffelei – ideal, wenn nicht viel Platz zur Verfügung steht. Der Rahmen läßt sich in verschiedene Winkel neigen.

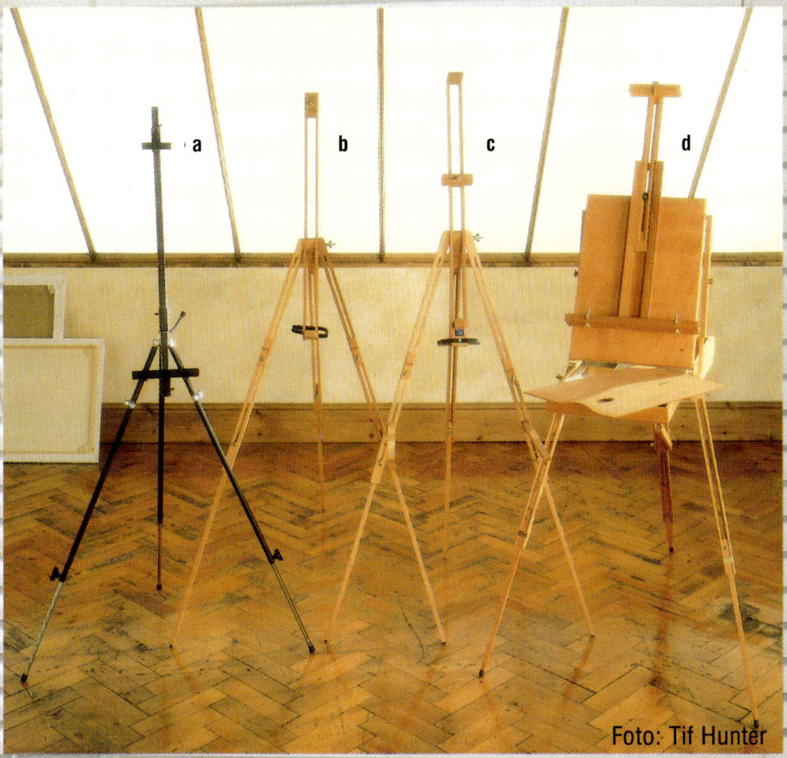
a
b
c
d
Foto: Tif Hunter

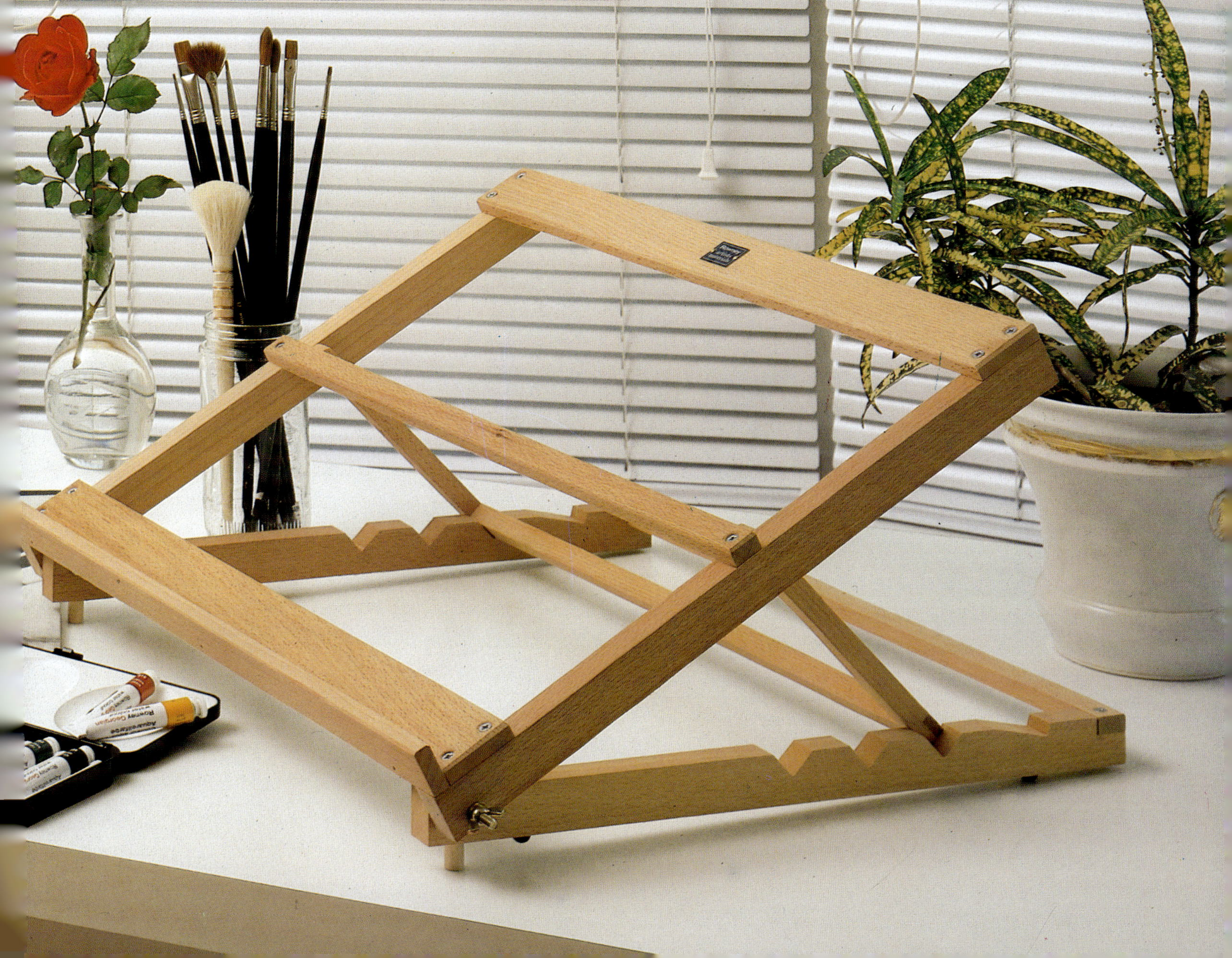

WEITERE AUSRÜSTUNG

Neben den bisher beschriebenen Materialien benötigen Sie noch einige Dinge, die wir hier vorstellen.

Bleistifte gibt es in unterschiedlichen Härtegraden von sehr hart (9H) bis sehr weich (8B): Mit den weichen lassen sich satte, dunkle Linien ziehen, während die harten Minen scharfe, blasse Linien ergeben. Es empfiehlt sich ein relativ weicher Stift (B oder 2B).

Ein gutes *Zeichenbrett* hält ein Leben lang und bedeutet keine unnütze Geldausgabe. Man kann sich natürlich auch selbst ein Brett zurechtschneiden; wichtig ist, daß das Holz stabil ist und sich nicht verzieht.

Malmittel und Zusätze

Das einzige unbedingt erforderliche Malmittel beim Aquarellieren ist sauberes Wasser; mit verschiedenen anderen Substanzen, die man der Farbe oder dem Wasser beimischt, lassen sich jedoch besondere Effekte erzielen, oder sie erleichtern den Farbauftrag.

Dazu gehört *Gummiarabikum,* das der Farbe zugesetzt werden kann. Zuviel davon macht die Farbe geleeartig, aber in kleinen Mengen sorgt es für mehr Transparenz und Leuchtkraft.

Gummilösung ist eine dünnflüssige Form des Gummiarabikums, die ebenfalls besseren Farbfluß bewirkt und den Glanz erhöht. *Glyzerin* verzögert das Trocknen der Farbe, was besonders dann hilfreich ist, wenn man nasse Farben ineinanderarbeiten will. Glyzerin wirkt auch dem Austrocknungseffekt von Sonnenlicht oder Heizungsluft entgegen. Möchte man das Trocknen der Farbe beschleunigen, dann setzt man dem Wasser etwas 96%igen *Alkohol* zu. Ein paar Tropfen gereinigte *Ochsengalle* im Wasser lassen die Farben besser fließen und am Papier haften. Zum Abdecken von Stellen, die weiß bleiben sollen, eignet sich *flüssiger Maskiergummi.* Nach dessen Trocknen kann mit Farbe gearbeitet werden, und ist die Farbe getrocknet, reibt man den Maskiergummi mit dem Finger oder einem Radiergummi ab, so daß die scharf umgrenzten weißen Formen zum Vorschein kommen. Zuletzt kann man seine Bilder durch das Auftragen von *Aquarellfirnis* schützen. Auch er läßt die Farben leuchten und lebendiger erscheinen. Von Puristen wird er allerdings abgelehnt, weil er die matte Oberfläche eines Aquarells verändert.

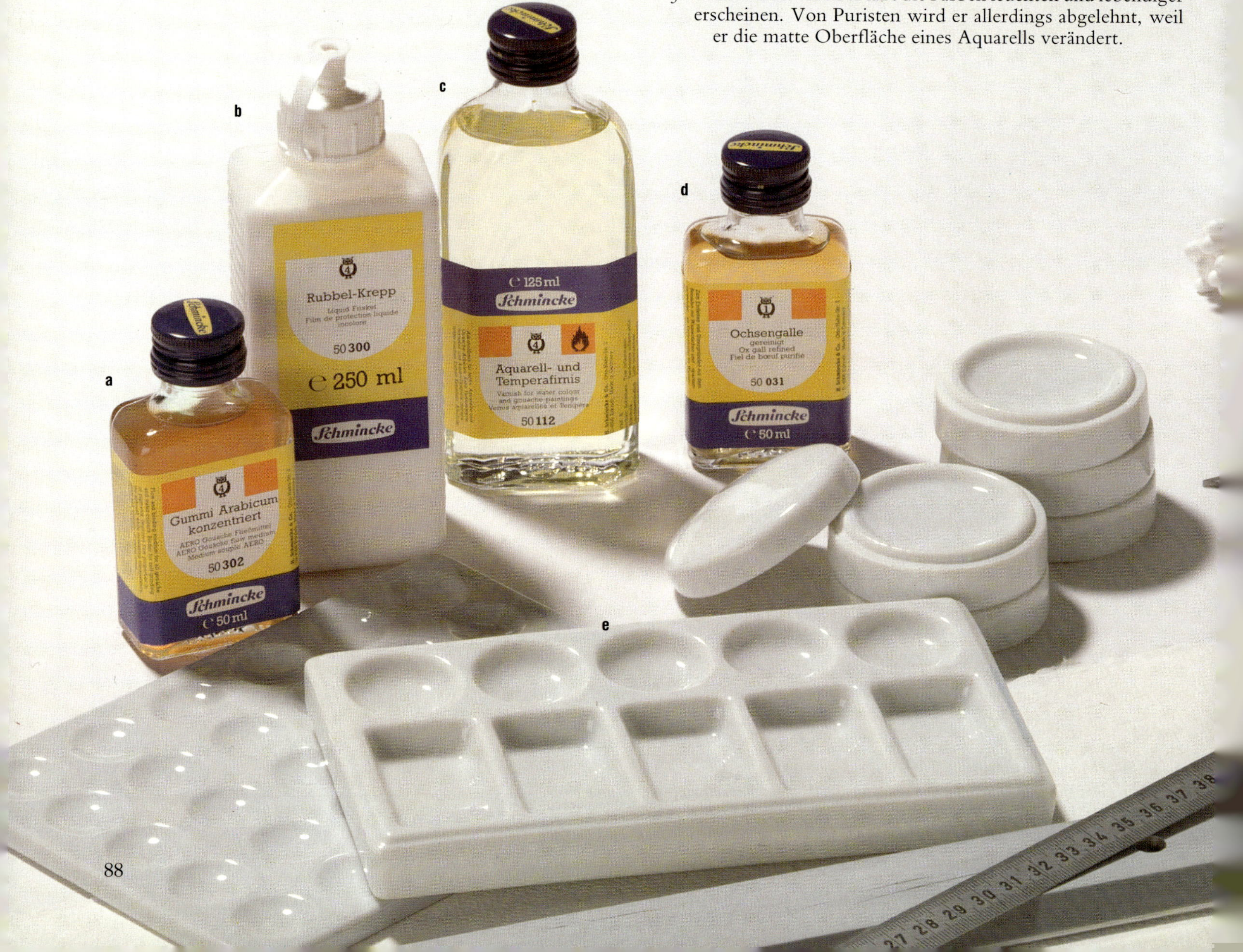

a Gummiarabikum; **b** Maskiergummi (Rubbelkrepp); **c** Firnis; **d** Ochsengalle; **e** Paletten und Mischschälchen in verschiedenen Formen und Größen. Porzellan eignet sich am besten, denn Plastik ist oft wasserabweisend, und die Farben ziehen sich beim Mischen zusammen; **f** Wassergefäße; **g** Baumwolltuch oder Papiertücher und **h** Schwämme, um Spritzer abzuwischen oder überschüssiges Wasser und Farbe vom Bild abzunehmen; **i** Wattestäbchen, um kleinere Farbpartien aufzuhellen oder Fehler zu korrigieren; **j** Radiergummis; **k** Metallklammern, mit denen man das Papier auf dem Zeichenbrett befestigt; **l** Zeichendreieck mit abgeschrägten Kanten; **m** Metallineale; **n** Anspitzer; **o** Bleistifte in verschiedenen Härtegraden; **p** Arbeitsmesser und **q** Skalpell zum Bleistiftspitzen.

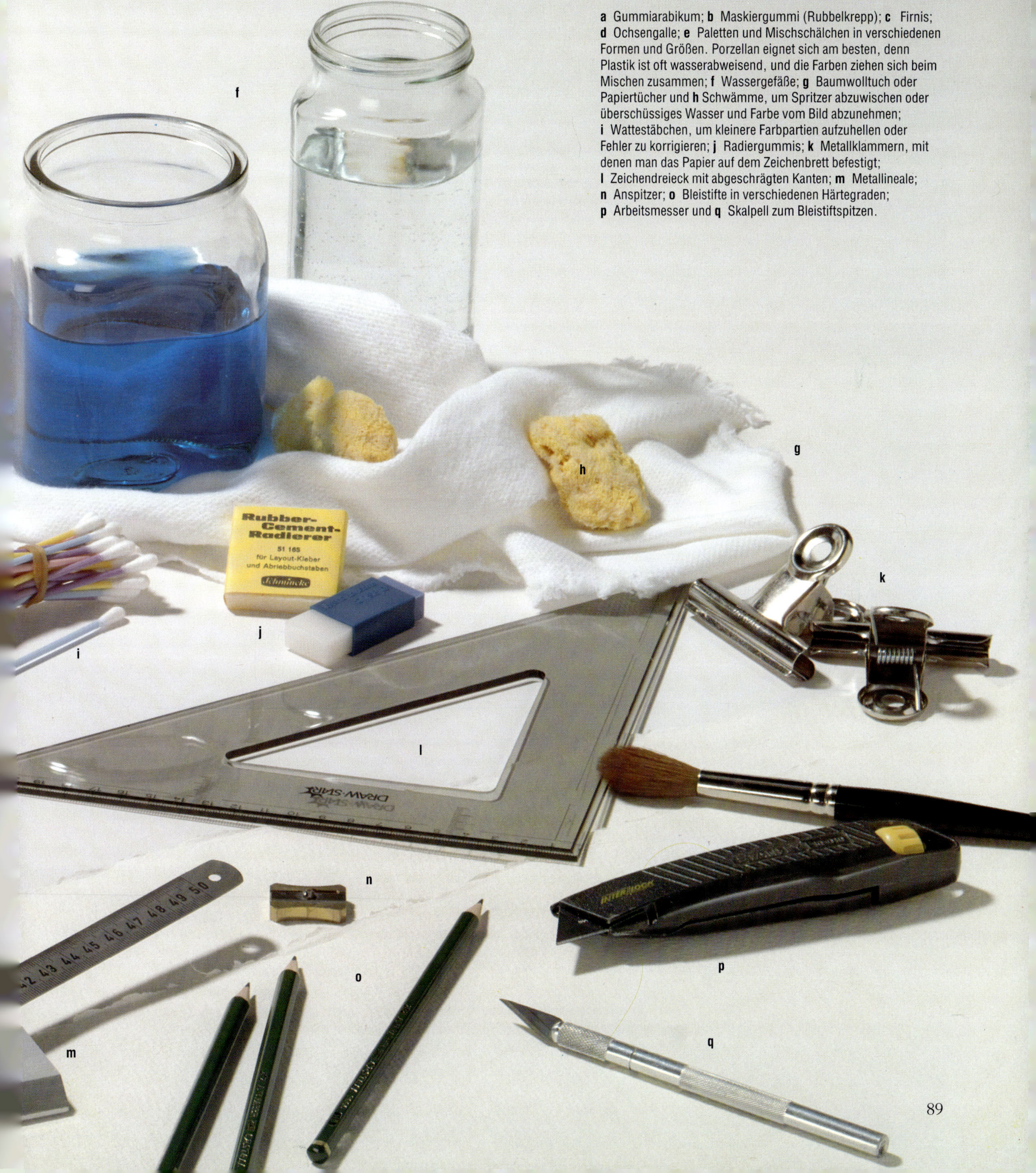

PIGMENTE

Künstlerfarben enthalten Pigmente, zu feinstem Pulver zermahlene färbende Stoffe pflanzlicher, mineralischer oder tierischer Herkunft. »Erdpigmente« wie Umbra oder Siena sind unreine, manganoxydhaltige Eisenoxyde, die aus Erde gewonnen werden. Naturumbra ist gelblichbraun, gebrannte Umbra ergibt ein tiefes, warmes Braun. Die Sienaerden sind im allgemeinen gelbbraun oder rot, Natursiena gibt ein stumpfes Sandgelb, während gebrannte Siena kastanienbraun leuchtet. Eine andere wichtige Gruppe sind die Ocker mit lichtem Ocker als bekanntestem Vertreter. Die Ocker, alle gelblich oder gelbbraun, werden hauptsächlich aus eisenoxydhaltigem Ton gewonnen.

Grüne Erde enthält ein Eisensilikat. Auch Chromoxyd liefert Grün, und aus Mischungen blauer und gelber Pigmente entstehen weitere Grüntöne.

Einige Farben, wie Kadmiumgelb, das als Niederschlag bei der Reaktion von Kadmiumsulfid mit Zinksulfid bzw. Kadmiumselenid (für einen dunkleren Ton) entsteht, werden aus anorganischen Pigmenten gewonnen. (Bei dem chemischen Prozeß des Ausfällens sinken die unlöslichen Stoffe in einer Lösung nach unten.) Kadmiumrot ist eine Ausfällung der Mischung von Kadmiumsulfid und -selenid. Kadmiumgelb und Kadmiumrot, die es jeweils in verschiedenen Helligkeitsstufen gibt, sind teuer, aber weil sie den Grundfarben Rot und Gelb am besten entsprechen, kann man kaum auf sie verzichten.

Viele Farben, zu deren Herstellung früher tierische oder pflanzliche Stoffe verwendet wurden, können heute synthetisch erzeugt werden – billiger und im Ton von den ursprünglichen organischen Farben oft nicht zu unterscheiden.

Die älteren Farben

Im Verlauf der Geschichte ist die Zahl der den Künstlern zur Verfügung stehenden Farben allmählich gewachsen. Die Palette der prähistorischen Höhlenmaler umfaßte nur wenige Farben, die

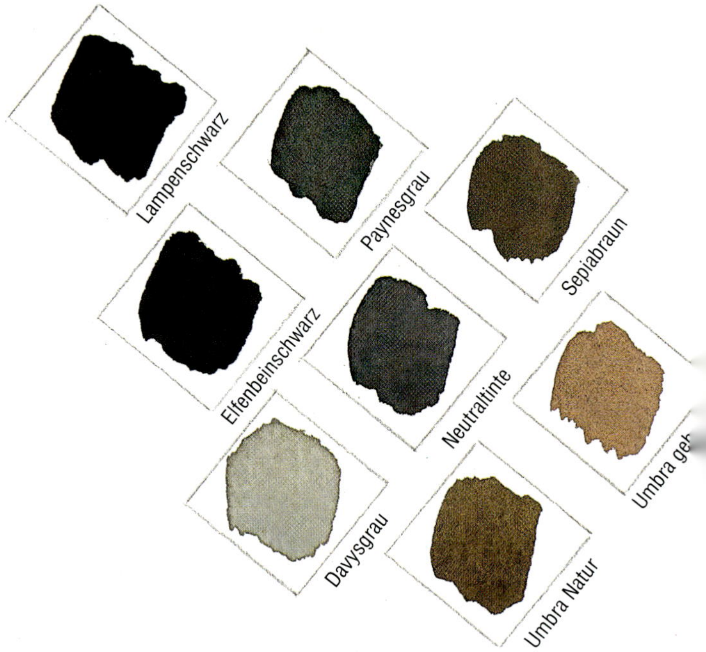

CHRONOLOGIE DER PIGMENTE
Viele heute gebräuchliche Farben werden aus Pigmenten hergestellt, die erst seit dem 19. oder 20. Jahrhundert bekannt sind. Andere benutzten die Maler schon jahrhundertelang. Krapprot und Zinnoberrot werden z. B. seit über 2000 Jahren verwendet, Chromoxydgrün, Chromgelb, die Kadmiumfarben und Kobaltblau erst seit relativ kurzer Zeit.

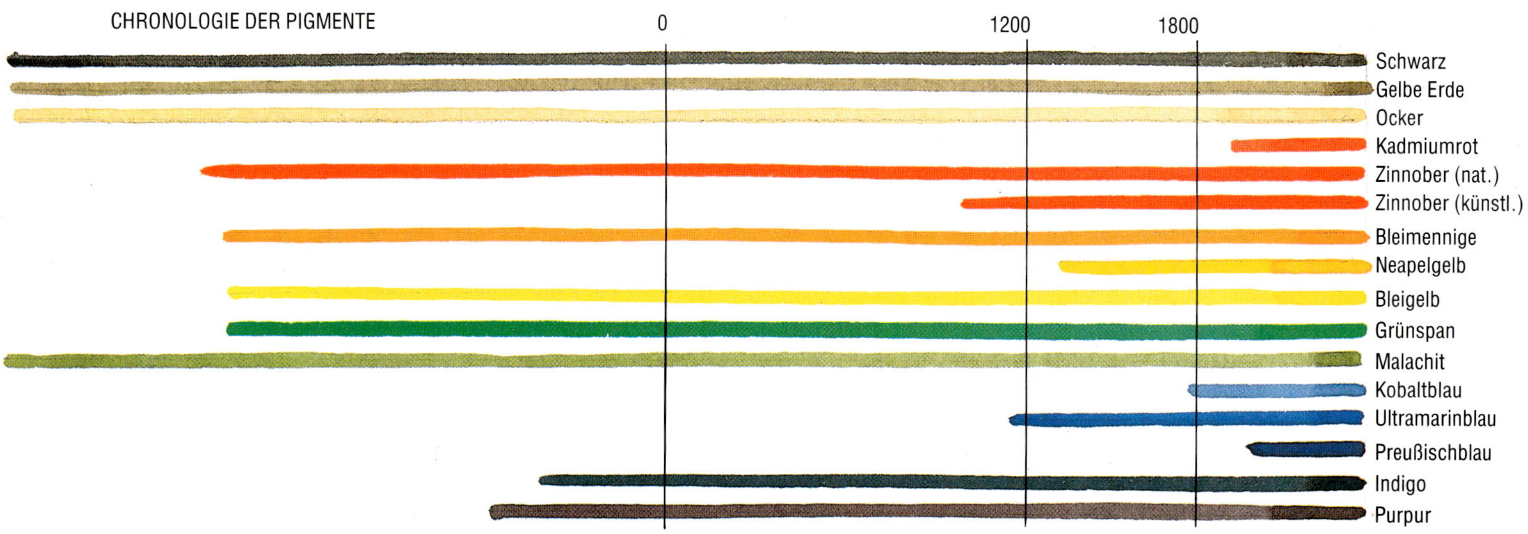

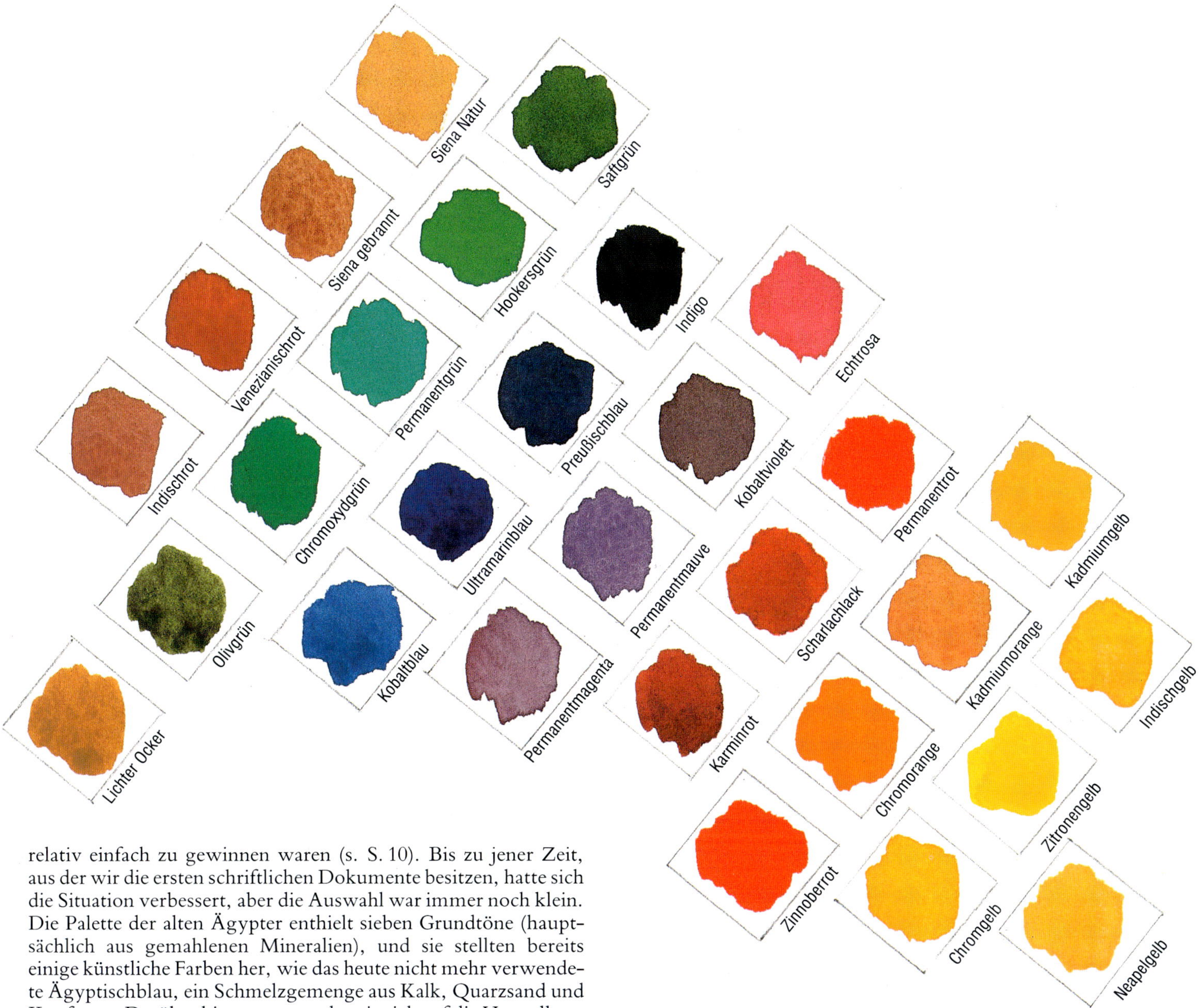

relativ einfach zu gewinnen waren (s. S. 10). Bis zu jener Zeit, aus der wir die ersten schriftlichen Dokumente besitzen, hatte sich die Situation verbessert, aber die Auswahl war immer noch klein. Die Palette der alten Ägypter enthielt sieben Grundtöne (hauptsächlich aus gemahlenen Mineralien), und sie stellten bereits einige künstliche Farben her, wie das heute nicht mehr verwendete Ägyptischblau, ein Schmelzgemenge aus Kalk, Quarzsand und Kupfererz. Darüber hinaus verstanden sie sich auf die Herstellung von Bleiweiß. Dieses giftige Pigment war jahrhundertelang – bis in die heutige Zeit – in Gebrauch. Das zweite zur Verfügung stehende weiße Pigment, die Kreide, besitzt eine wesentlich schwächere Deckkraft als Bleiweiß.

Die Römer entwickelten weitere Farben: Aus der Wellhornschnecke gewannen sie Purpur, Grünspan entstand aus einer chemischen Reaktion des Kupfers, und Indigo, ein natürlicher Pflanzenfarbstoff, wurde als Malfarbe wie auch als Färbemittel für Stoffe verwendet. Heute gewinnt man Indigo künstlich aus Anilin, einem Steinkohlenteerdestillat.

Aus dem 13. Jahrhundert stammen drei weitere Farben, die bis heute weithin verwendet werden: Zinnoberrot, Krapprot und Ultramarin; aber erst seit dem späten Mittelalter stand den Künstlern eine wirklich breite Farbpalette zur Verfügung. Als Nebenprodukt der Stoffärbereien und der Glasindustrie, die mit der Zeit immer mehr technische Erfahrung und Materialkenntnisse erwarben, entstanden neue Farben.

Einige Farben, die die Künstler heute ganz selbstverständlich benutzen, gibt es erst seit dem 19. oder 20. Jahrhundert, etwa Kobaltblau, Kadmiumrot und -gelb sowie Chromoxydgrün. Als Alternativen zum toxischen Bleiweiß entwickelte die Industrie Zink- und Titanweiß.

FARBAUSWAHL
Dem Aquarellmaler stehen heute mehrere Dutzend Farben zur Verfügung; das Angebot variiert von Hersteller zu Hersteller (z. B. Lukas 60 Farbtöne, Winsor & Newton 85, Schmincke 116). Die 37 hier abgebildeten Farben gehören zu den beliebtesten. Die meisten Künstler entwickeln bestimmte Vorlieben und beschränken ihre Palette auf zehn oder zwölf Farbtöne.

FARBE UND LICHT

Ganze Bibliotheken sind zur Farbtheorie geschrieben worden, besonders im 20. Jahrhundert, doch hat das meiste davon für den Maler wenig Bedeutung. Wissenschaftliche Theorien, die Farbe in Begriffen der Optik und der Physik als Lichtphänomen beschreiben, sind für Fotografen, Bühnenbeleuchter und Filmemacher unerläßlich, denn ihre Arbeit schließt den Umgang mit Lichtstrahlen, die auf reflektierende Oberflächen treffen, ein. Das Interesse des Malers ist buchstäblich handfester: Ihm geht es um das Aufbauen von Farbtönen durch Mischen verschiedener Pigmente.

Der Wissenschaftler betrachtet die Farben als Komponenten des Lichts. Wir alle kennen aus dem Physikunterricht das Experiment, bei dem weißes Licht mittels eines Prismas in die Spektralfarben zerlegt wird. Auch Regentropfen wirken als Prismen: Wenn Sonnenlicht auf sie fällt, entsteht ein Regenbogen. Alle Dinge absorbieren oder reflektieren Licht in unterschiedlichem Maße, und dadurch kommt ihre Farbe zustande.

Der Maler verwendet jedoch Pigmente und hat dementsprechend andere Probleme als ein Filmemacher oder Fotograf. Wir sehen die Farbe der Pigmente, weil sie, wie alle Dinge, Licht reflektieren. Der Künstler geht also nicht mit »reinen« Farben um, sondern mit stofflichen Substanzen; wenn er zwei Pigmente miteinander vermischt, wirken die Farben schnell stumpf und schmutzig. Es ist unmöglich, Pigmente »rein« zu mischen, z. B. aus gelbem und blauem Pigment ein wirklich strahlendes Grün zu erhalten. Somit meint ein Maler mit dem Ausdruck »Primärfarben« etwas anderes als der Physiker, der sich mit dem Licht beschäftigt.

Primärfarben

Als Primär- oder Grundfarben bezeichnen wir Farben, die nicht ermischt werden können, sondern ihrerseits die Grundelemente aller anderen Farben sind. Theoretisch läßt sich aus ihnen, wenn man sie in unterschiedlicher Menge zusammengibt, jede mögliche Farbe ermischen. Aber es gibt, wie gesagt, zwei Arten von Primärfarben, je nachdem ob es um das Mischen farbigen Lichts oder – in der Malerei – um das Mischen von Pigmentfarben geht.

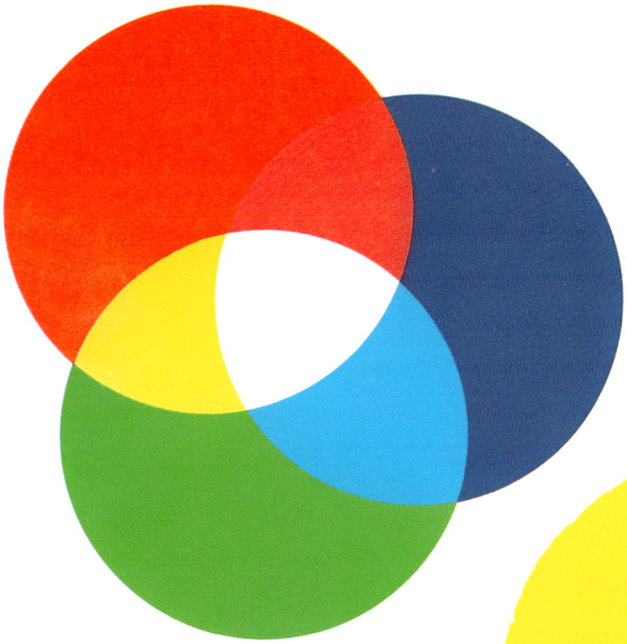

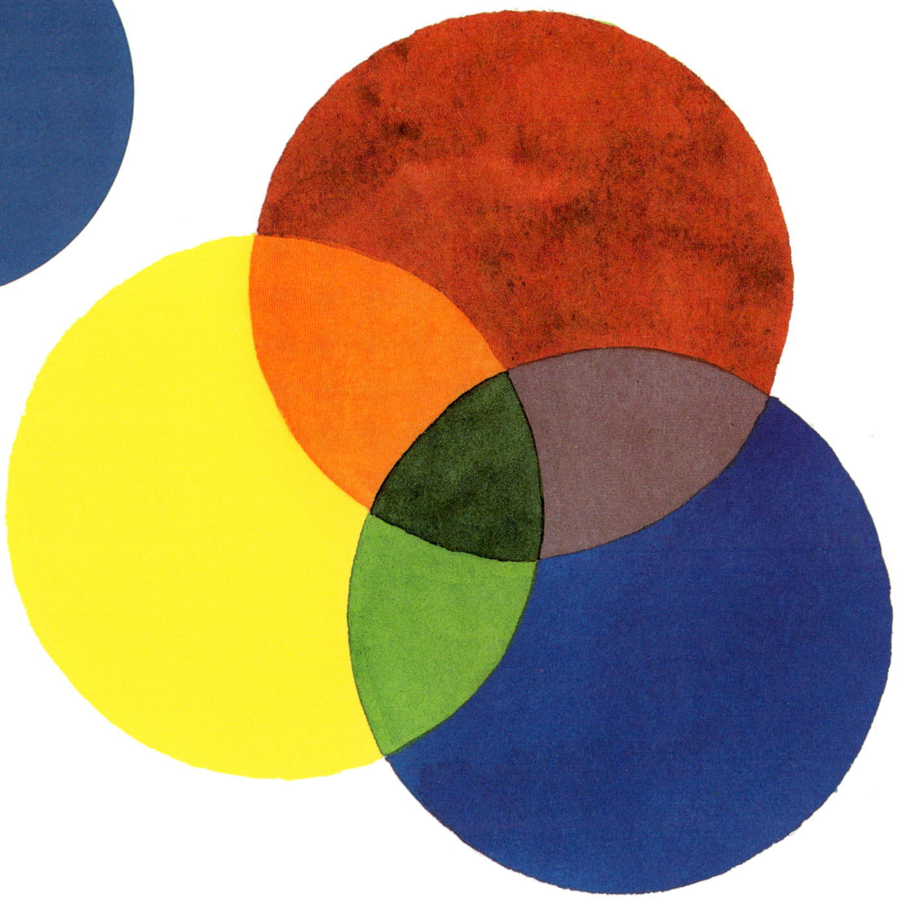

ADDITIVE UND SUBTRAKTIVE MISCHUNG
Additive Mischung (oben) ist die Mischung farbiger Lichter; die Primärfarben hierbei sind Rot, Blau und Grün, die Sekundärfarben Gelb, Magenta und Cyan. Rotes, blaues und grünes Licht ergibt zusammen weißes Licht.

Künstler arbeiten mit der stofflichen, subtraktiven Mischung (rechts). Hier sind die Primärfarben Rot, Blau und Gelb, die sekundären Orange, Grün und Violett. Aber so verhält es sich nur in der Theorie; in der Praxis gibt es bessere Möglichkeiten, die Sekundärfarben zu erhalten (s. S. 94).

Die Primärfarben beim Mischen farbigen Lichts (»additive Mischung«) sind *Grün, Rot* und *Blau.* Sie bilden die drei Hauptelemente des weißen Lichts. Wenn man aus einem Lichtstrahl das Grün ausfiltert, bleibt eine Mischung der beiden anderen Farben: Magenta. Filtert man das Rot heraus, dann bleibt eine Mischung aus Blau und Grün: Cyan, und wird Blau ausgefiltert, dann entsteht gelbes Licht aus der Kombination von Grün und Rot.

Aber Licht ist nicht dasselbe wie Malfarbe, und jeder Maler weiß, daß eine Mischung aus grünen und roten Pigmenten nicht Gelb ergibt. Die Primärfarben des Malers sind *Rot, Gelb* und *Blau.* Im Idealfall sollte es möglich sein, damit jeden anderen Ton zu erzielen. Das Mischen von Pigmentfarben wird als »subtraktive Farbmischung« bezeichnet.

Der Künstler steht jedoch vor dem Problem, daß die Bedingungen eben nicht ideal sind. Die Farbe, die er benutzt, absorbiert wie jeder andere Gegenstand einen Teil des Lichts, wodurch die aus zwei Primärfarben ermischte Farbe (Sekundärfarbe) an Leuchtkraft verliert.

Wenn man Rot, Gelb und Blau als Malfarben zu gleichen Teilen mischt, wird mehr Licht absorbiert, und das Ergebnis ist ein dunkles Grau. Es ist wichtig, stets an die Tendenz zum Vergrauen zu denken, wenn man Malfarben mischt.

Im 19. und 20. Jahrhundert haben die Maler viel über dieses Problem nachgedacht. Um zu verhindern, daß die Farben einander neutralisieren und »schmutzig« werden, haben viele Impressionisten sich der »optischen Mischung« im Gegensatz zur stofflichen, subtraktiven Mischung der Farben auf der Palette bedient. Bei der optischen Mischung verschmelzen nebeneinander aufgetragene verschiedenfarbige Flecke oder Punkte im Auge des Betrachters zu einer neuen Farbe. Die Impressionisten bemühten sich auch darum, das Licht selbst und seine schimmernden Effekte wiederzugeben. Dabei malten sie Schatten nicht einfach grau, sondern in der Komplementärfarbe der lichtbeschienenen Partien. So erscheinen z. B. im gelben Sonnenlicht die Schatten purpurfarben.

Die Pointillisten wie Seurat und Signac waren die radikalsten Verfechter der optischen Mischung, und ihre Bilder bestehen teilweise nur aus unzähligen farbigen Punkten. Sie zerlegten die Farben konsequenter als die Impressionisten; bei ihnen entstand Orange z. B. aus einem Gewirr roter und gelber Flecken. Der Mehrfarbenrasterdruck ist ein weiteres Beispiel für optische Mischung.

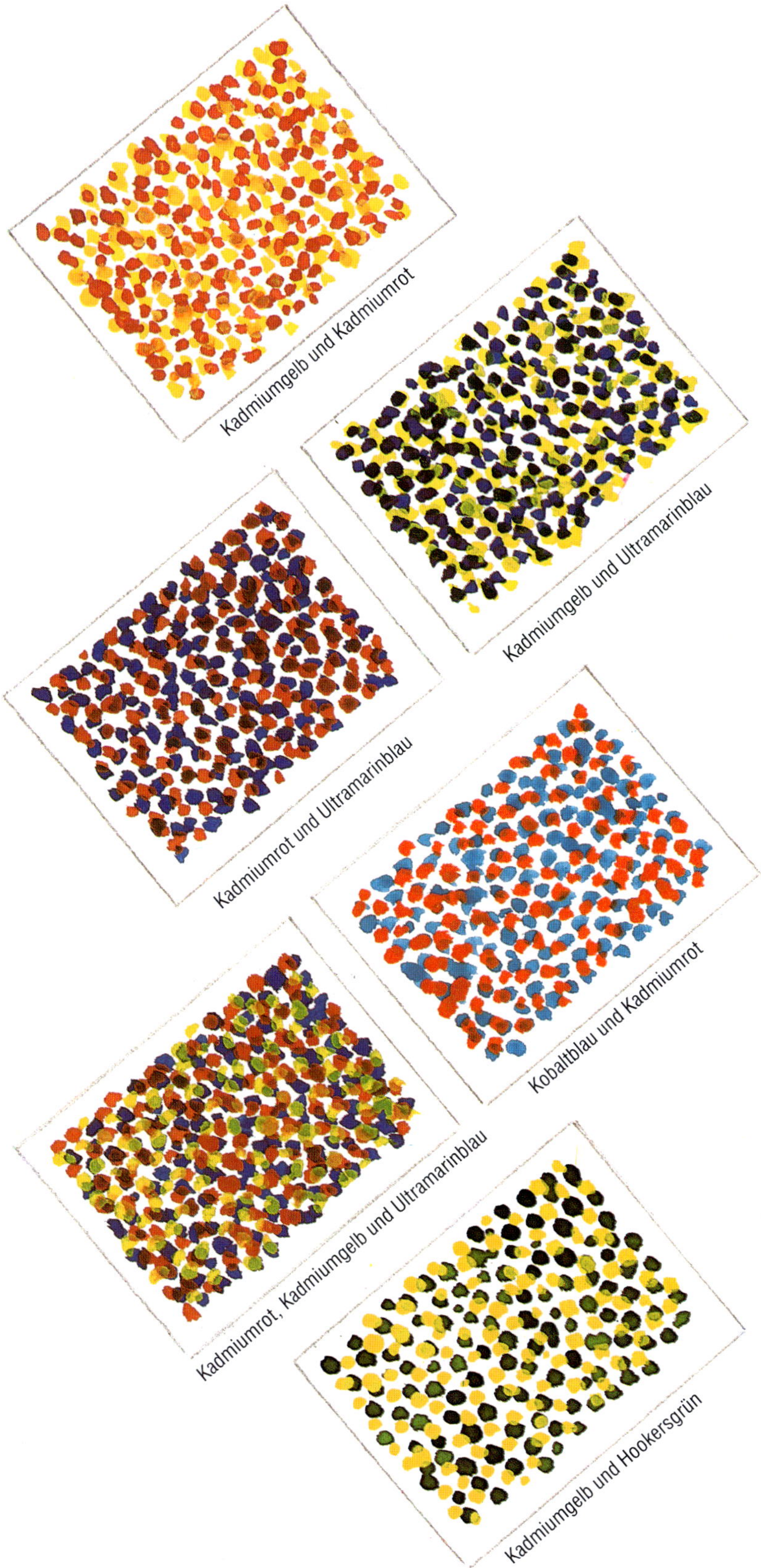

OPTISCHE MISCHUNG
Anstatt die Farben auf der Palette zu mischen, kann man sie auch in einzelnen Pünktchen auftragen, so daß sie, aus einer gewissen Entfernung betrachtet, optisch miteinander verschmelzen. Diese Beispiele zeigen, wie Tupfer verschiedener Farben die Illusion einer einzigen neuen Farbe schaffen: So mischen sich rote und gelbe Punkte optisch zu Orange.

EXPERIMENTE MIT FARBEN

Die ersten Erfahrungen mit Farben und Farbmischungen machen wir gewöhnlich im Kindergarten oder in den ersten Schuljahren. Ein Kind findet schnell heraus, daß ein roter Farbstift, mit einem gelben übermalt, Orange ergibt oder daß aus Blau und Gelb Grün werden kann. Leider gerät dieses Grundwissen oft in Vergessenheit, und wenn man sich später der Malerei zuwendet, verliert man sich leicht in komplizierten Farbtheorien. Sie sollten sich deshalb in das Stadium kindlicher Experimente zurückbegeben und einfach beobachten, was beim Mischen verschiedener Farben passiert. Gewöhnlich erkennt man dann, daß das, was man in jungen Jahren herausgefunden hatte, wertvoller war als jede Theorie.

Sekundär- und Tertiärfarben

Sekundärfarben entstehen aus der Mischung zweier Primärfarben. Somit sind Grün, Orange und Violett Sekundärfarben. Tertiärfarben bildet man, indem man eine Primärfarbe mit einer Sekundärfarbe mischt. Tertiärfarben sind Rotviolett, Violettblau, Blaugrün, Gelbgrün, Gelborange und Orangerot.

Komplementärfarben

Jede Farbe hat eine Komplementär- oder Ergänzungsfarbe; im Farbkreis ist das die jeweils gegenüberliegende Farbe. So ist Grün die Komplementärfarbe von Rot, Orange die Komplementärfarbe von Blau. Die Verwendung der Komplementärfarben trägt entscheidend zum Gelingen eines Bildes bei. Den Schatten eines Gegenstandes kann man z. B. in einem dunkleren Ton der Komplementärfarbe dieses Gegenstandes oder des auf ihn fallenden Lichtes wiedergeben. Komplementärfarben können ein Gemälde ausbalancieren und Harmonie schaffen; und ein vorwiegend in Grüntönen gehaltenes Bild gewinnt durch etwas Rot an Lebendigkeit.

Der Farbkreis

Der Farbkreis mit je einem Gelb, Rot und Blau als Primärfarben ist für das Mischen von Farben nicht der beste Ausgangspunkt. Bei den Aquarellfarben entsprechen Kadmiumrot, Kadmiumgelb und ein Blauton zwischen Kobalt- und Ultramarinblau den Primärfarben. Wenn man eine Sekundärfarbe ermischen möchte, gibt es jedoch bessere Möglichkeiten als die, einfach zwei dieser Primärfarben zusammenzugeben.

Der hier abgebildete Farbkreis enthält für jede Primärfarbe ein Farbpaar: Zitronengelb und Kadmiumgelb, Kadmiumrot und Karminrot, Kobaltblau und Ultramarinblau. Es ist am besten, selbst einen Farbkreis zu entwickeln, indem man verschiedene Farben ausprobiert. So ergeben Kadmiumrot und Karminrot, jeweils mit Ultramarinblau gemischt, unterschiedliche Violettöne; mit Zitronengelb, lichtem Ocker und Umbra Natur sowie verschiedenen Blautönen läßt sich eine Vielzahl von Grünvarianten herstellen. Keine Farbkarte vermag so viel Information und Erfahrung zu vermitteln wie das Experimentieren beim Zusammenstellen eines persönlichen Farbkreises.

DER PRAKTISCHE FARBKREIS
Der Standardfarbkreis mit einem Rot, einem Gelb und einem Blau ist für den Künstler nur von begrenztem Nutzen, wenn es ums Farbenmischen geht. Denn in der Praxis entstehen auf diese Weise oft nur getrübte Sekundärfarben. Ein kühleres Rot wie Karminrot dagegen ergibt mit Ultramarinblau ein schönes Violett; ganz ähnlich entsteht aus kaltem Kobaltblau und kaltem Zitronengelb ein strahlenderes Grün als aus Primärblau und Primärgelb. Deshalb ist es für den Maler sinnvoll, einen eigenen praktischen Farbkreis zu entwickeln. Der hier abgebildete Farbkreis enthält eine warme und eine kalte Version jeder Primärfarbe. Er soll als Anleitung bei der Erstellung Ihres persönlichen Farbkreises dienen; experimentieren Sie mit verschiedenen Farben, bis Sie die erwünschten Resultate erzielen.

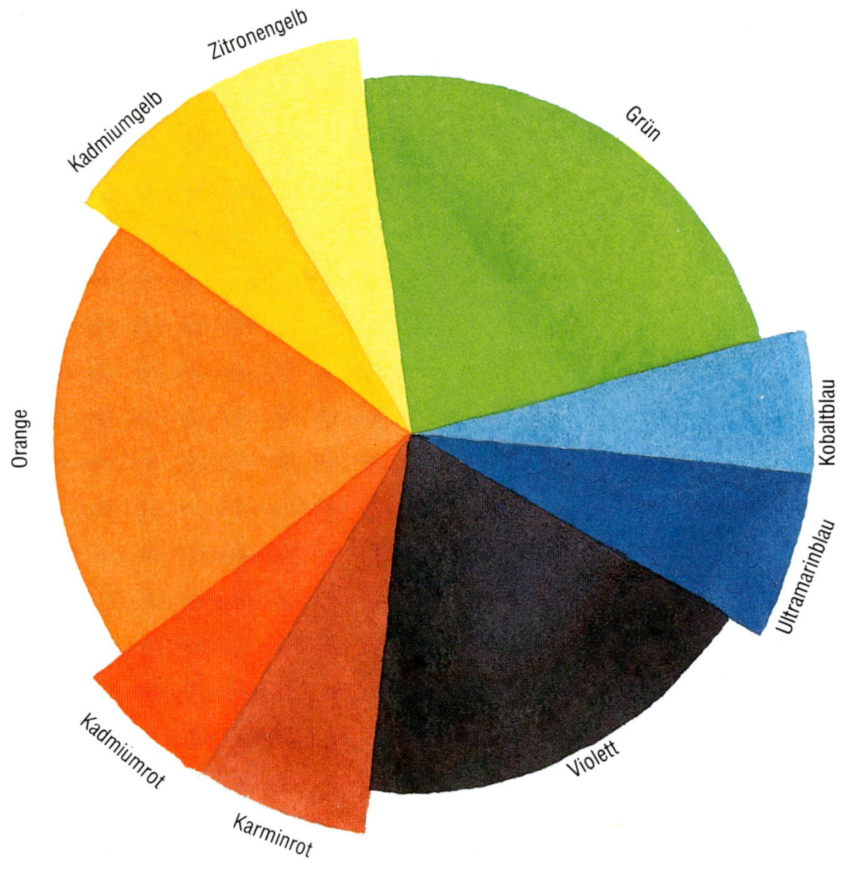

SEKUNDÄRFARBEN
Sekundärfarben entstehen, wenn zwei Primärfarben zu gleichen Teilen vermischt werden (links): Gelb und Blau ergeben Grün, Rot und Gelb ergeben Orange, Blau und Rot ergeben Violett.

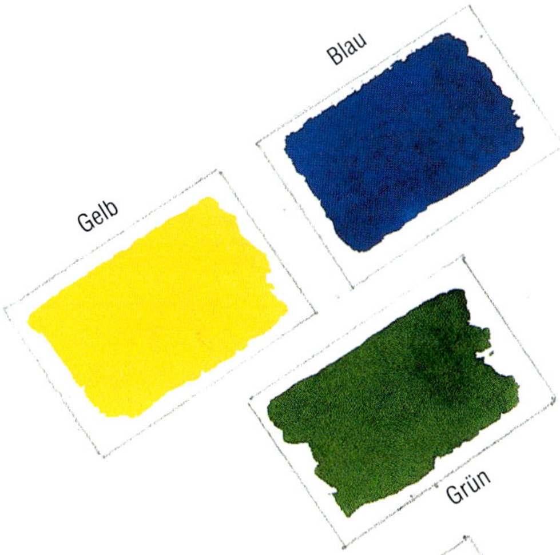

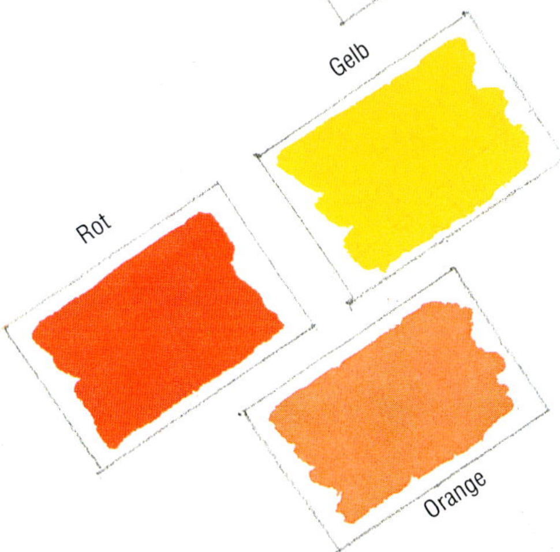

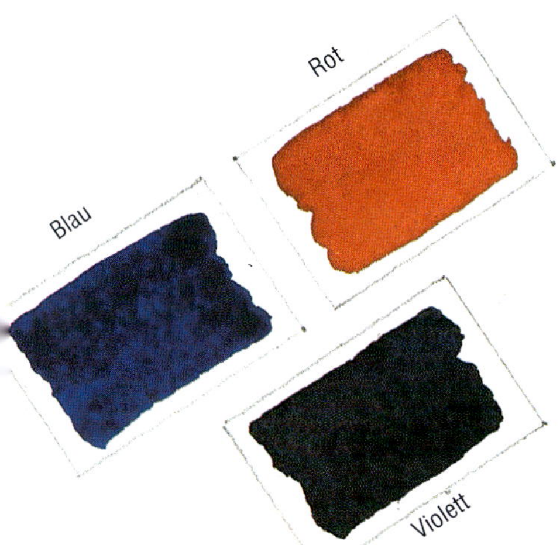

TERTIÄRFARBEN
Eine Tertiärfarbe entsteht durch Mischen einer Primär- und einer Sekundärfarbe (rechts): Aus Gelb und Orange wird Gelborange, aus Gelb und Grün Gelbgrün, Blau und Grün ergeben Blaugrün, aus Blau und Violett entsteht Blauviolett, aus Rot und Violett Rotviolett, und aus Rot und Orange wird Rotorange.

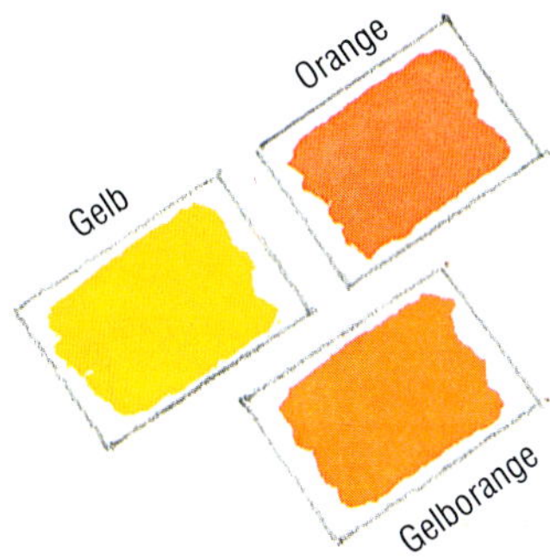

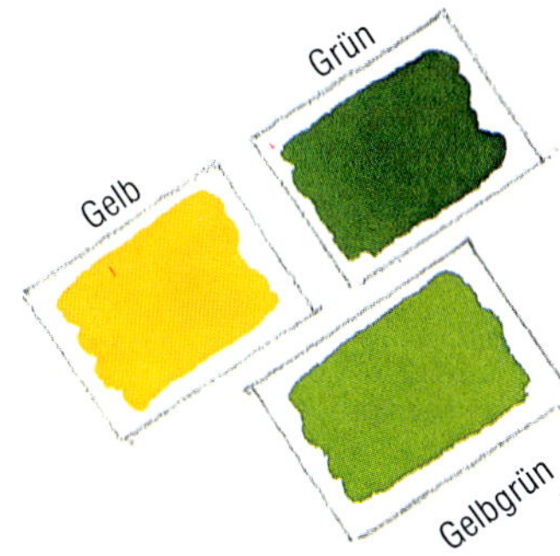

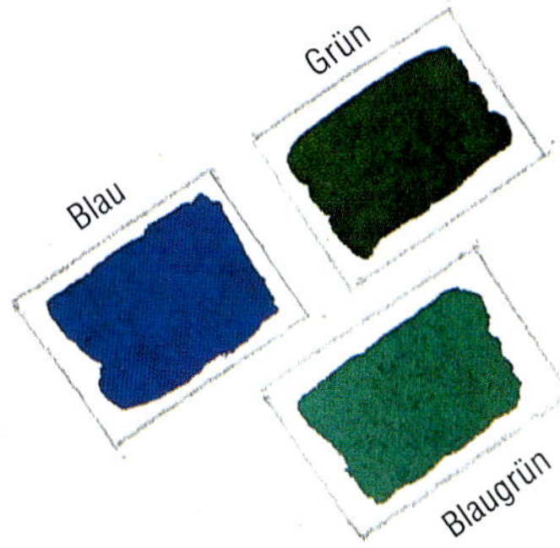

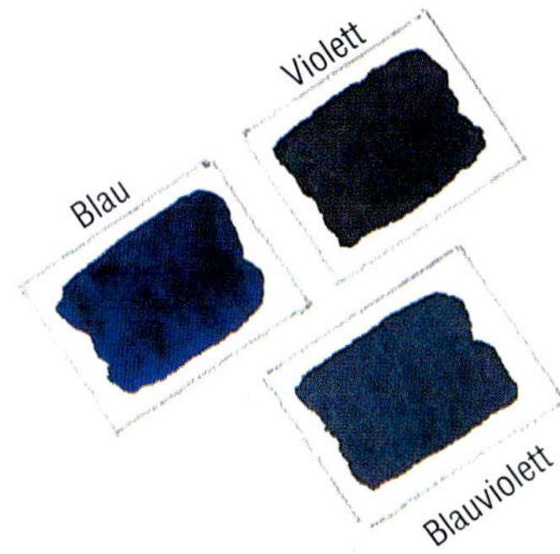

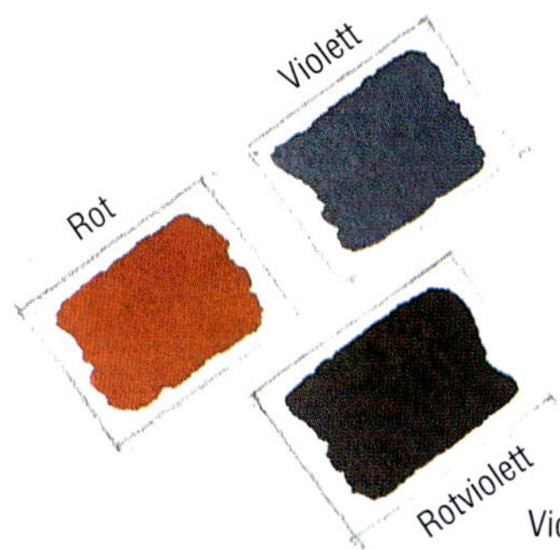

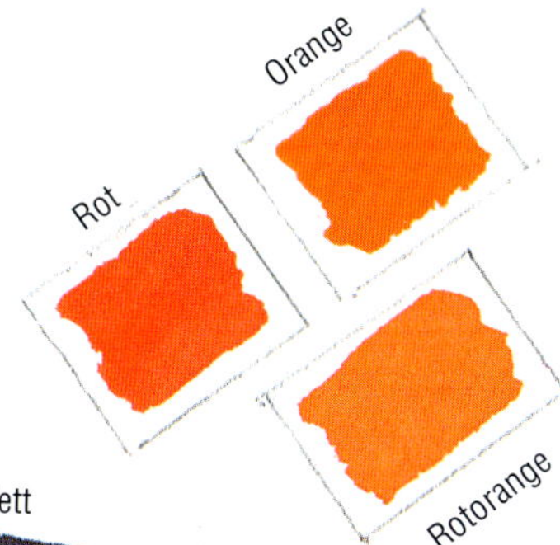

KOMPLEMENTÄRFARBEN
Das sind die Farben, die sich im Farbkreis gegenüberliegen. Violett und Gelb sind Komplementärfarben, ebenso Blau und Orange sowie Rot und Grün.

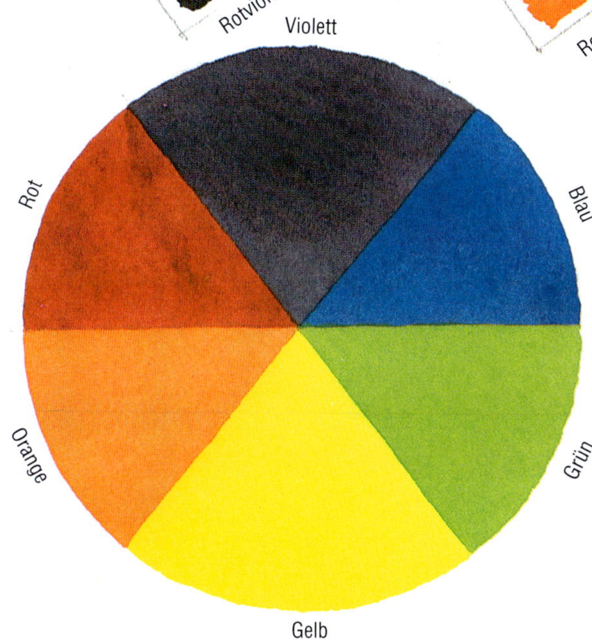

HELLDUNKEL UND NEUTRALE TÖNE

Das Helldunkel eines Bildes ist genauso wichtig wie seine Farbigkeit. Jede Farbe hat einen »Tonwert«, einen Helligkeitsgrad, der jeweils einem bestimmten Grau auf einer von Weiß bis Schwarz reichenden Grauleiter entspricht. Gelb z. B. hat einen hellen Tonwert, eine intensivere Farbe wie Rot einen dunkleren. Wenn Sie sich vorstellen können, wie eine bestimmte Farbe auf einer Schwarzweißfotografie aussähe, haben Sie ihren Tonwert erfaßt.

Bei der Planung eines Bildes sollte man sorgfältige Überlegungen hinsichtlich der Helldunkelbeziehungen anstellen. Um das Helldunkel eines Gegenstandes abzuschätzen, betrachtet man ihn am besten mit halbgeschlossenen Augen; dabei tritt die Farbwahrnehmung etwas zurück, und es wird einfacher, helle und dunkle Partien zu unterscheiden. Die Berücksichtigung von Helligkeitskontrasten macht ein Bild lebendiger. Läßt man das Helldunkel außer acht, dann wird es der Darstellung an Räumlichkeit mangeln; dreidimensionale Dinge, bei denen Licht- und Schattenzonen nicht angemessen wiedergegeben sind, wirken flach oder verzerrt. Eine Komposition kann dadurch kraftlos und fade erscheinen. Die Helldunkelverteilung trägt also entscheidend zum Gelingen eines Bildes bei. Wenn man eine reine Primärfarbe oder eine Mischung aus zwei Primärfarben abtönt, verändert man sie in Richtung der sog. »neutralen« Farben; sie verliert an Intensität, ist weniger »gesättigt«. Wird Grün z. B. weniger grün, dann wird es neutraler oder nähert sich schrittweise dem Grau.

Der Begriff »rein« wird auf die Primärfarben oder eine Mischung aus zwei Primärfarben angewandt. Es gibt verschiedene Möglichkeiten, den Sättigungsgrad reiner Farben zu verändern: Man kann einfach Weiß hinzugeben, und die Intensität wird sofort schwächer. So verändert sich Rot durch die Zugabe von Weiß zu Rosa. (In der Aquarellmalerei erreicht man das durch stärkere Verdünnung mit Wasser, wodurch mehr Papierweiß durchscheint.) Ebensogut kann man Schwarz zusetzen, so daß die Farbe dunkler wird. Dies ist jedoch nicht ratsam, da Schwarz die Farben tot und stumpf macht. (Als Alternative bietet sich an, einen dunklen Farbton wie Umbra Natur oder Paynesgrau beizumischen.)

Die dritte Möglichkeit, die Sättigung einer reinen Mischung zweier Primärfarben herabzusetzen, ist die Hinzufügung einer weiteren Farbe, so daß ein neutraler Ton entsteht. Man nimmt zunächst eine Primärfarbe und mischt in gleicher Menge eine andere dazu. So entsteht eine neue reine Farbe: Aus Rot und Blau z. B. erhält man Violett. Fügt man jetzt eine dritte Farbe hinzu, ist das Ergebnis ein trüber, neutraler Farbton. Durch Veränderungen des Mischungsverhältnisses der Ausgangsfarben können Sie dem neutralen Ton einen »Farbstich« verleihen. Für die praktische Arbeit sind die gedämpften, neutralen Töne von größter Wichtigkeit. Reine Farben, ausschließlich verwendet, verlieren schnell ihre Wirkung, und das Bild sieht flach und uninteressant aus. Ohne neutrale Töne geht der Kontrast, der die Leuchtkraft der Primär- oder Sekundärfarben erst zur Geltung bringt, verloren. Neutrale Töne sind auch wichtig, um ein Bild harmonisch erscheinen zu lassen: Werden die neutralen Töne aus den Grundfarben eines Gemäldes gemischt, dann wirkt das fertige Bild geschlossen und besitzt einen farblichen Zusammenhang. Eine weitere Möglichkeit, Harmonie zu schaffen, besteht darin, eine dem Charakter des Bildthemas entsprechende Hauptfarbe zu wählen und ein wenig von dieser Farbe den meisten außerdem verwendeten Farben beizumischen.

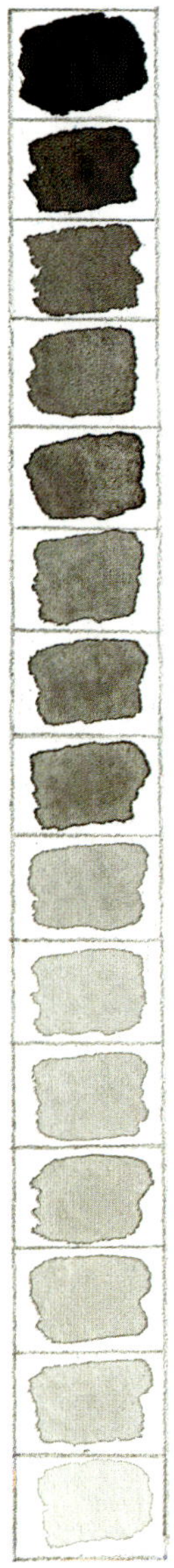

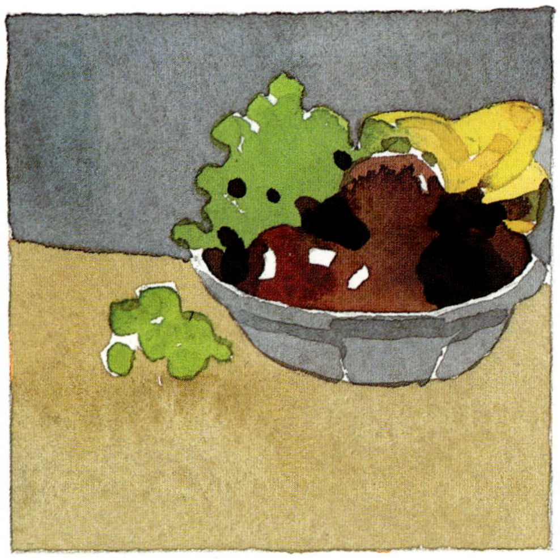

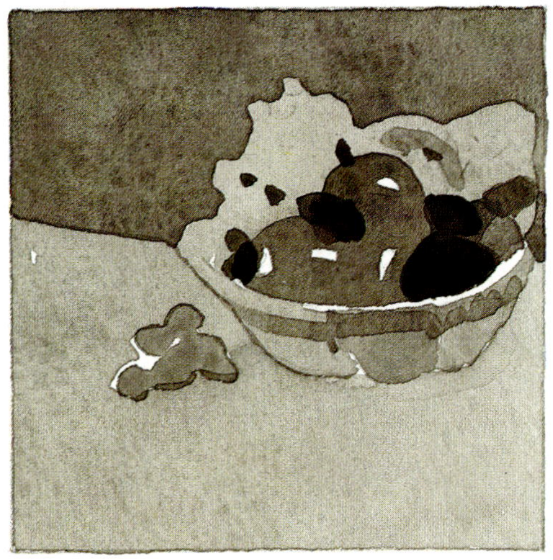

GRAUSTUFEN
Jede bunte Farbe hat einen Gegenwert auf einer Skala, die von sehr dunklem bis zu sehr hellem Grau reicht (links). Für die Aquarellmalerei bedeutet dies, daß man nur einen Ton, den dunkelsten, mischen muß. Durch Verdünnen mit Wasser lassen sich dann beliebig helle Töne erzielen. Das Stilleben (oben) zeigt dasselbe Thema, einmal farbig und einmal in Grautönen ausgeführt.

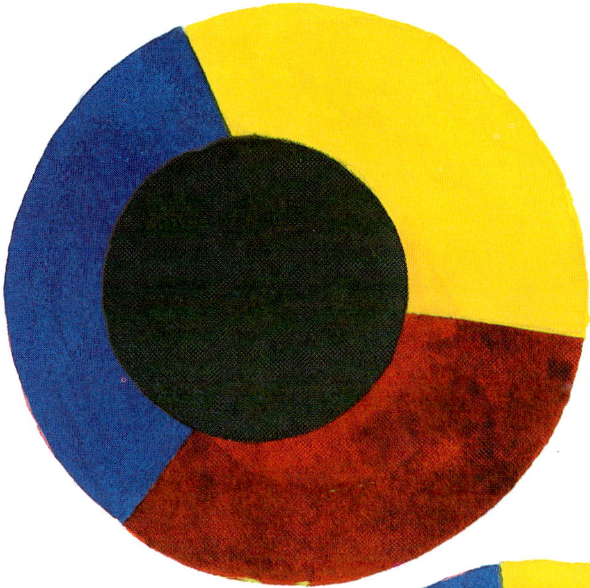

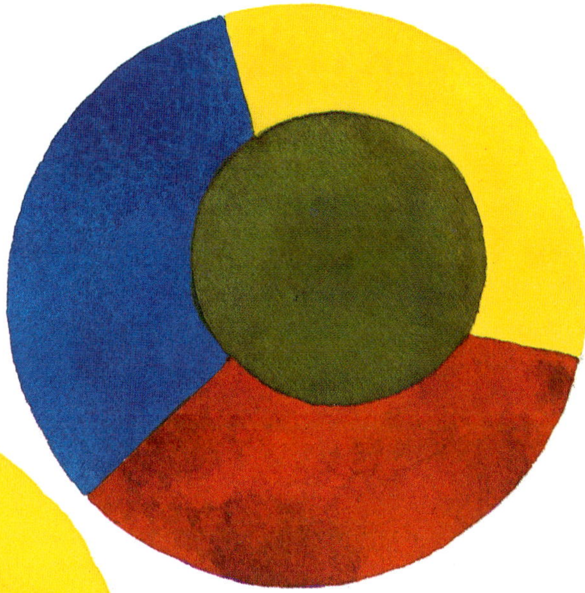

»FARBIGE« GRAUTÖNE
Neutrales Grau entsteht, wenn man Rot, Gelb und Blau in gleichen Teilen zusammenmischt. Verändert man das Mischungsverhältnis, dann bekommt man entsprechend nuancierte neutrale Töne. Die Kreise (rechts) demonstrieren dies; der innere Kreis – der neutrale Ton – zeigt jeweils einen »Farbstich« entsprechend der in der Mischung überwiegenden Ausgangsfarbe.

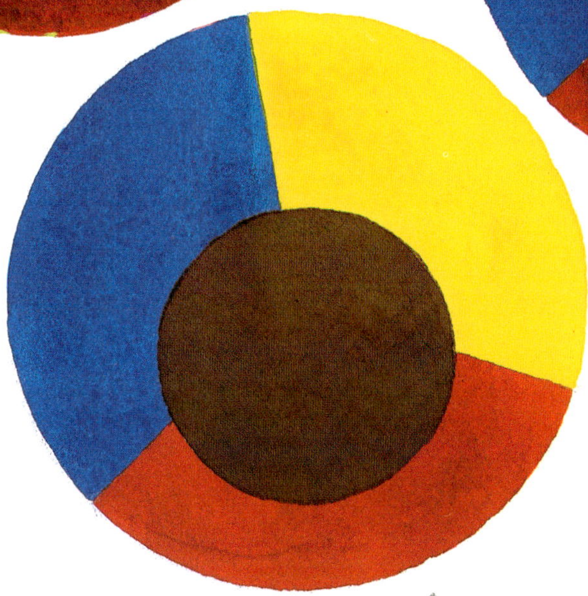

DAS MISCHEN VON GRAU
Grau entsteht nicht nur aus der Mischung von Schwarz und Weiß, sondern auch aus der Mischung bunter Farben. Hier hat der Künstler vier Grautöne aus jeweils drei Farben entwickelt. Es lohnt sich, auch mit anderen Farben zu experimentieren.

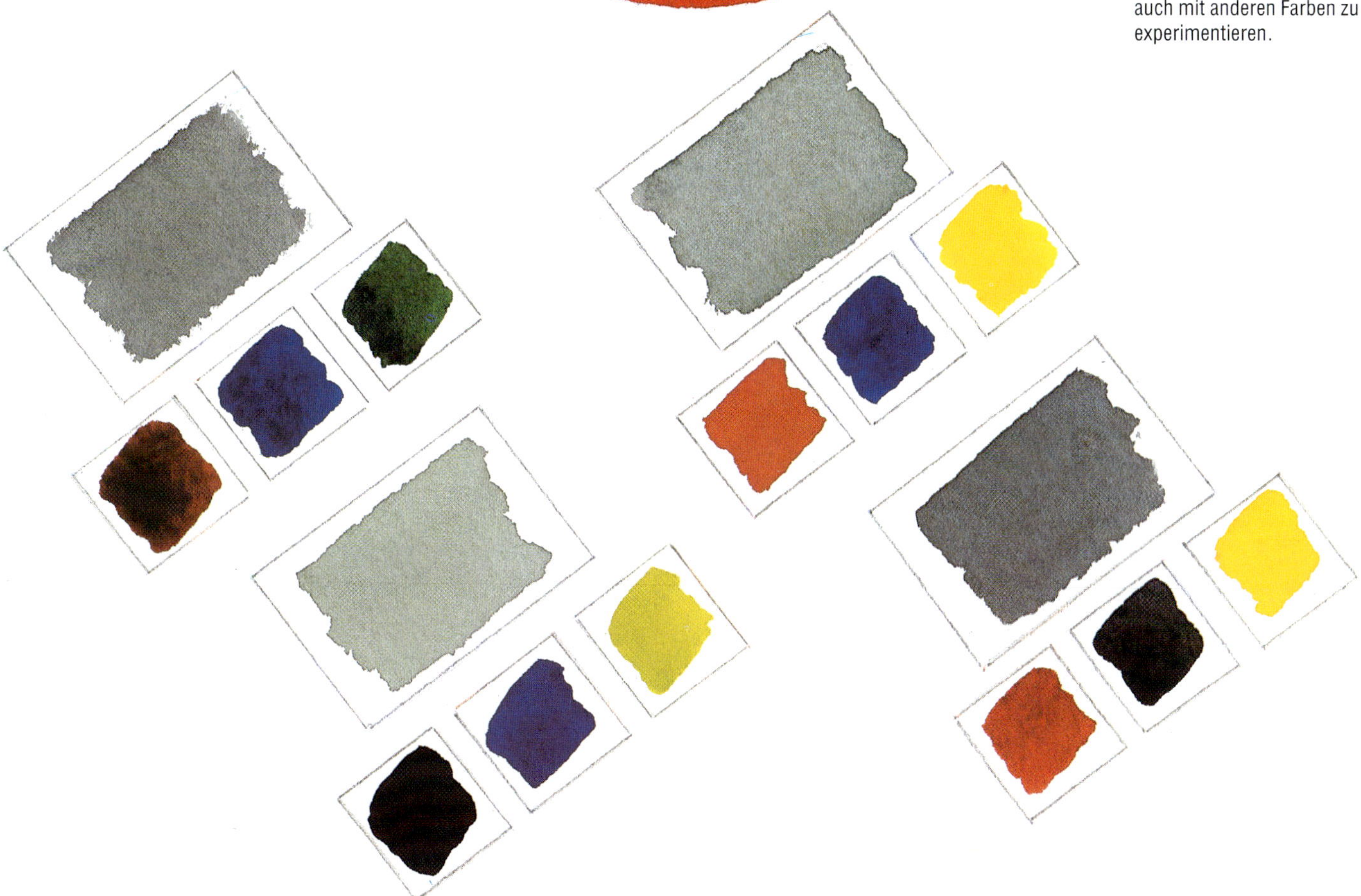

EIN EINFACHES THEMA

Die frische, durchscheinende Leuchtkraft der Aquarellfarben paßt zu jedem Thema und jeder Stimmung. Ein Farbfleck mag an einen blühenden Strauch erinnern, den man einmal im schwindenden Licht des Sonnenuntergangs auf einer Sommerwiese gesehen hat; ein paar Pinselstriche können in der Ferne vorübereilende Menschen andeuten oder eine Gestalt im Vordergrund umschreiben. Und mit den gleichen Farben läßt sich ein Gegenstand mikroskopisch genau und scharf erfassen, und der Künstler hat mit ihnen ein Medium, jedes Detail einer Pflanze getreu wiederzugeben.

Aber diese breite Skala kann sich für den Anfänger als Nachteil erweisen. Gerade die Vielseitigkeit der Aquarellfarben mag zunächst entmutigen, besonders, wenn der Ehrgeiz allzu groß ist. Wenn Sie zum erstenmal mit Aquarellfarben malen oder vergleichsweise wenig Erfahrung mit diesem Medium haben, sollten Sie mit einer ganz einfachen Komposition beginnen.

Die Beispiele, an denen im nächsten Kapitel dieses Buches Techniken und Prinzipien der Aquarellmalerei erläutert werden, bauen systematisch aufeinander auf. Wir beginnen mit einfachen Themen und steigern dann den Schwierigkeitsgrad der Kompositionen. Um zufriedenstellende Ergebnisse zu erzielen, bedarf es hauptsächlich der Erfahrung und der Sachkenntnis, die man nur durch Üben erwirbt. Also bleiben Sie geduldig! Halten Sie sich zunächst an einfache Aufgaben, und wenn Sie sich sicher fühlen, wagen Sie sich an die nächste Stufe. Nichts ist ärgerlicher und enttäuschender, als ein Bild zu verderben, weil man sein Ziel zu hoch gesteckt hat. Etliche Menschen rühren ihren Farbkasten nie wieder an, nachdem ihre ersten, zu ehrgeizigen Versuche mit einem Fehlschlag endeten.

Wählen Sie zunächst einen Bildgegenstand, der nicht zu kleinteilig ist, und eine schlichte Komposition. Nehmen Sie sich z. B. die Form einer Vase vor, so wird die Sache viel schwieriger, wenn die Vase selbst ein kompliziertes Muster hat. Ein schmuckloses Gefäß eignet sich besser. Auch ein Früchtestillleben sollte nur wenige einfache Elemente enthalten.

Wenn Sie sich an eine Landschaft machen wollen, beginnen Sie mit einer kontrastreichen, starkfarbigen Szene mit einem klar konturierten Gegenstand im Vordergrund. Gewöhnlich wird es leichter, wenn die Szene sich in Vorder-, Mittel- und Hintergrund aufteilen läßt: etwa ein Torpfosten im Vordergrund, ein Baum in mittlerer Entfernung und dunstverschleierte Hügel im Hintergrund. Gehen Sie so lange umher, und erproben Sie verschiedene Standorte, bis Sie einen möglichst einfachen Blickpunkt gefunden haben.

Malen im Freien

Für das Malen in der Natur sind Wasserfarben unübertrefflich: Die Farbnäpfchen sind klein und mühelos zu transportieren, die Staffelei ist leicht und meistens zusammenklappbar, und die Farben trocknen schnell. Auch wenn man das Bild nicht draußen vollenden will, kann man sich mit Aquarellfarben eine Farbanleitung und Skizzen machen und später zu Hause weiterarbeiten. Daneben besteht die Möglichkeit, anhand der Skizzen im Atelier ein neues, verändertes Gemälde zu beginnen.

Ist die Zeit knapp oder zwingt das Wetter zur Eile, begnügt man sich mit einer schnellen Bleistiftskizze. Dann mischt man die

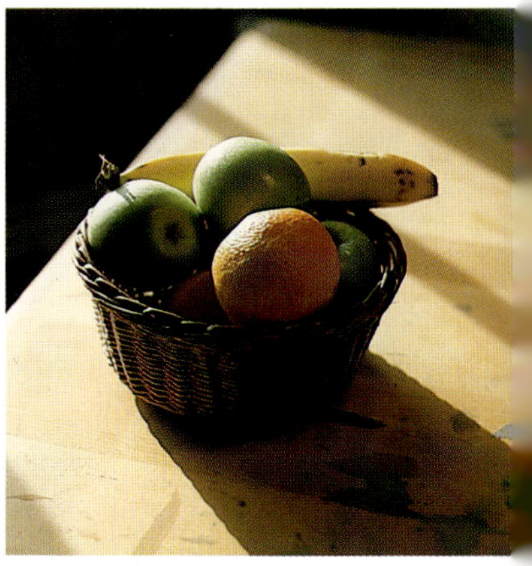

DIE ERSTEN SCHRITTE
Für einen Anfänger ist es immer ratsam, einen relativ anspruchslosen Bildgegenstand zu wählen. Dieser Früchtekorb ist ein gutes Beispiel für ein unkompliziertes Thema, das sogar noch weiter vereinfacht werden kann. In diesem Fall hat der Maler die runden Formen der Früchte simplifiziert und auf die detaillierte Wiedergabe der Struktur des Korbs verzichtet.

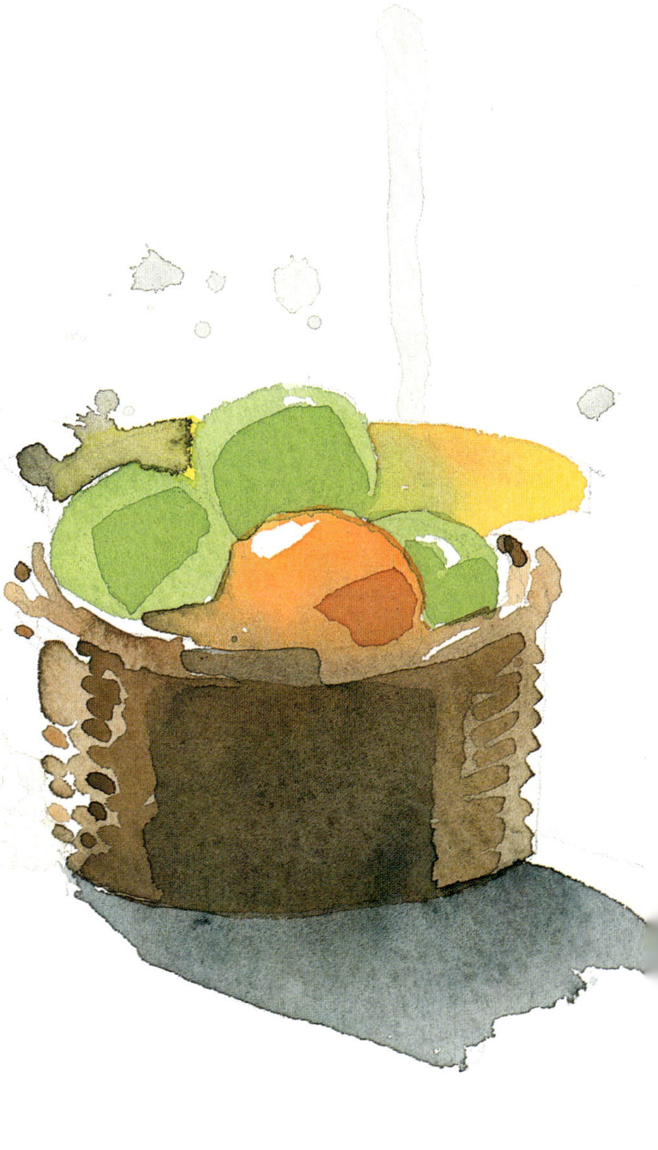

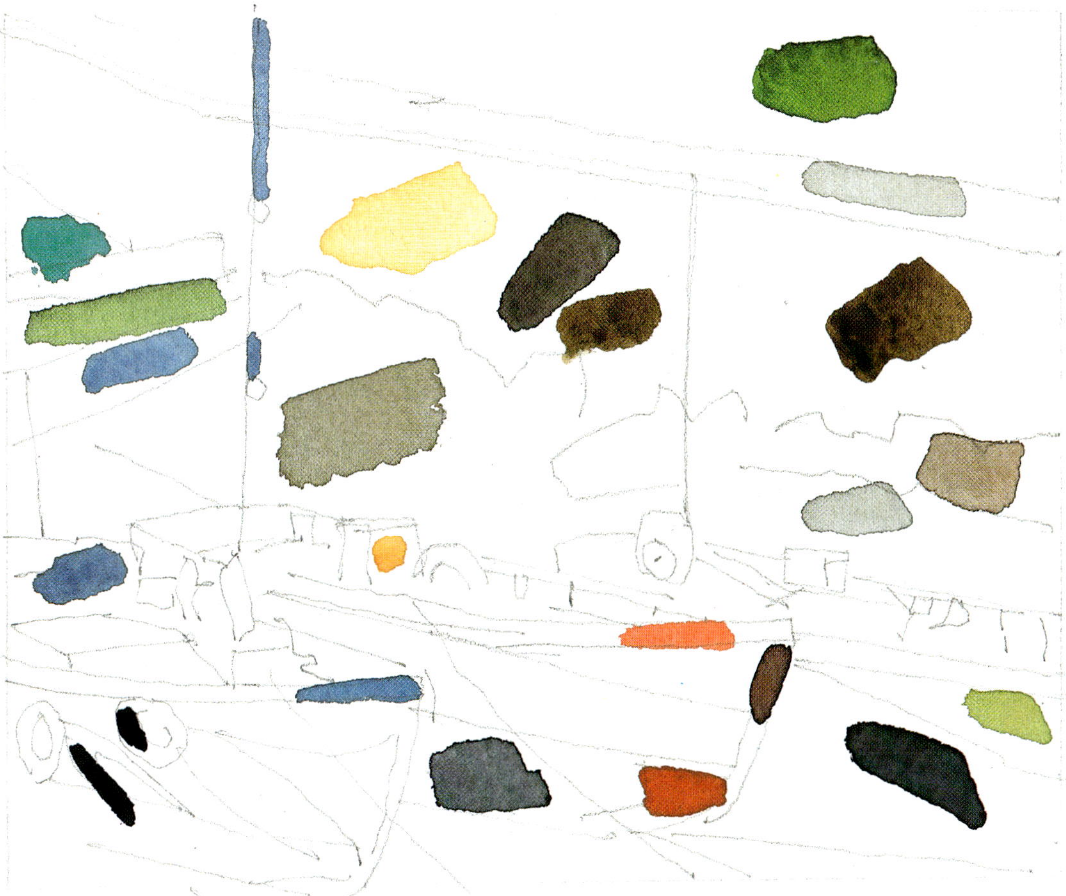

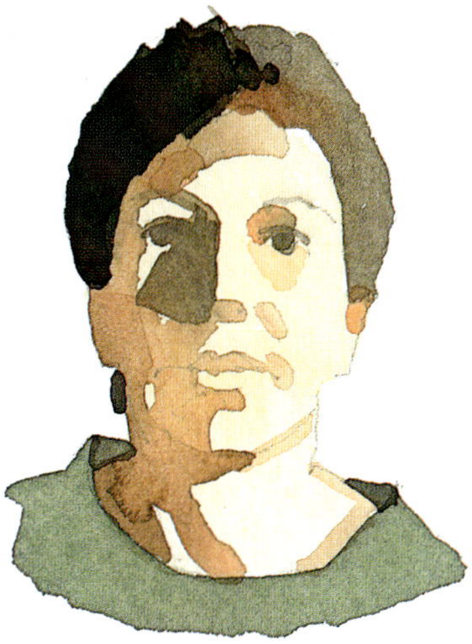

Farben für die verschiedenen Bildbereiche und trägt jeweils nur einen kleinen Tupfer davon auf. So entsteht eine Zeichnung mit vielen bunten Flecken; mit Hilfe dieser Skizze kann die ganze Szene später rekonstruiert werden, und man muß nur noch die in den Tupfen vorgegebenen Farben neu mischen.

Porträt- und Figurenmalerei

Nach einem lebenden Modell zu arbeiten ist interessant und sehr lohnend. Ganz gleich, ob man ein Porträt, eine einzelne Figur oder eine Gruppe malt – die Pose sollte immer so natürlich wie möglich sein. Eine steife oder gezwungene Haltung des Modells schmälert die Wirkung des Bildes. Nehmen Sie sich Zeit, und lassen Sie das Modell verschiedene Posen durchprobieren, bis es eine gefunden hat, in der es eine Zeitlang zu verharren vermag.

Bei einem Porträt ist die Haltung des Modells besonders wichtig, weil das Gesicht den Brennpunkt des Bildes darstellt. Gesichtsausdruck, Drehung des Kopfes und richtige Wahl des Hintergrundes tragen entscheidend zum Gelingen bei. Auf vielen Porträts blickt das Modell den Maler direkt an, aber ein Profil oder ein Dreiviertelprofil kann genauso reizvoll sein. In jedem Fall wichtig ist ein entspannter, natürlicher Ausdruck, denn dramatische Gesten oder ein allzu strahlendes Lächeln lassen sich niemals eine ganze Sitzung lang durchhalten.

Der Hintergrund kann aus einer glatten, einfarbigen Wand bestehen, oder man integriert die dargestellte Person in eine kompliziertere Komposition, bei der Formen, Farben und Helldunkeleffekte des Hintergrundes eine wesentliche Rolle spielen. Für welche Lösung man sich auch entscheiden mag, wichtig ist, daß das Bild von Anfang an sorgfältig und bewußt geplant wird.

FARBNOTIZEN
Manchmal fehlt es an Gelegenheit oder Zeit, ein Bild an Ort und Stelle zu vollenden. Dann sollte man eine schnelle Bleistiftzeichnung anfertigen und, wie der Künstler es hier getan hat, die Farben der einzelnen Bildelemente mit entsprechenden Farbtupfen andeuten. Mit Hilfe dieser Skizze kann man das Bild dann zu Hause in Ruhe beenden.

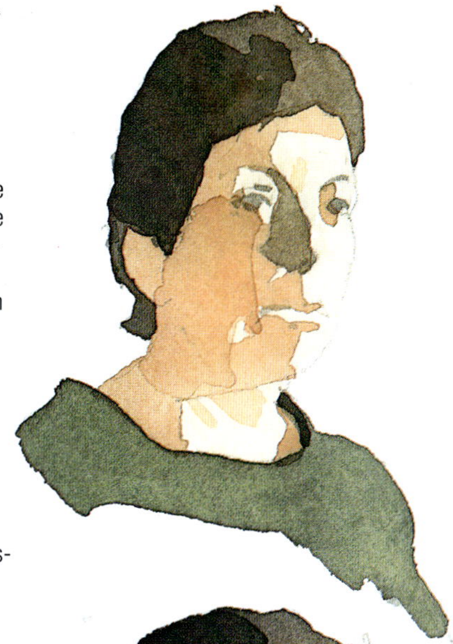

PORTRÄTS
Beim Malen eines Porträts sollte man einige Grundprinzipien im Auge behalten. So gibt es beispielsweise drei Standardansichten: Vorderansicht, Halbprofil und Profil. Es ist günstig, sich am Anfang auf diese drei Möglichkeiten zu beschränken. Bei den hier abgebildeten Beispielen hat der Maler die Beleuchtungseffekte vereinfacht dargestellt.

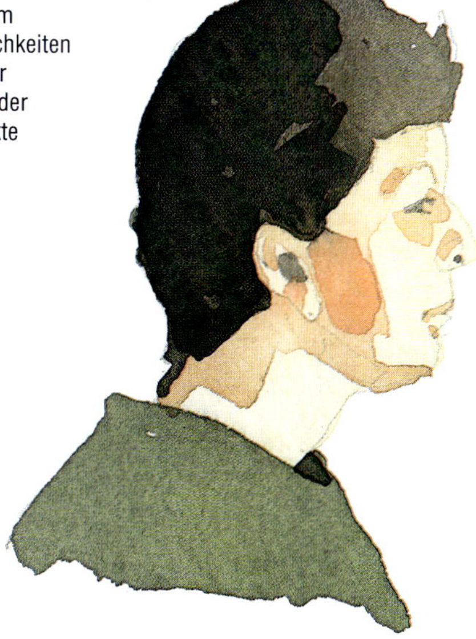

KOMPOSITION

Wo plaziert man den Bildgegenstand auf dem Papier? Wieviel Raum sollte um ihn herum frei bleiben? Wie werden die verschiedenen Elemente eines Bildes am besten angeordnet? Diese Fragen der Komposition gilt es zu entscheiden, bevor man zu malen anfängt. Selbst das einfachste Bild, etwa das einer Vase vor einer einfarbigen Wand, muß sorgfältig durchkomponiert werden. Unzählige Möglichkeiten stehen zur Wahl, und gleich nach der einfachsten oder anscheinend nächstliegenden zu greifen, ohne Alternativen durchzuspielen, wäre eine beklagenswerte Selbstbeschränkung. So, wie zwei Maler denselben Gegenstand nie auf die gleiche Weise sehen, existiert auch keine allein richtige Anleitung zur Komposition eines Bildes. Vielmehr ist Komposition eine Frage der persönlichen Vorliebe. Man kann »nach dem Lehrbuch« vorgehen, man kann auch alle traditionellen Vorstellungen über Bord werfen – wichtig ist nur, zu wissen, daß es Alternativen gibt.

Wenn Sie die Skizzen auf dieser Seite betrachten, erkennen Sie, daß der Künstler mit unterschiedlichen Kompositionsweisen experimentiert hat: Die Blumenvase ist aus verschiedenen Blickwinkeln wiedergegeben, manchmal wirkt sie groß im Verhältnis zu ihrer Umgebung, manchmal kleiner, und der Standort in dem rechteckigen Bildfeld variiert. Jede Skizze bietet eine interessante Sichtweise und gibt einen ganz profanen Gegenstand in optisch anregender Weise wieder.

Bildformat

Gewöhnlich verwendet man rechteckige Bögen, aber das ist kein Gesetz. Auch quadratische, runde oder ovale Aquarelle können reizvoll sein, und deshalb sollte sich die Bildkomposition nicht nach dem vorgegebenen Papierformat richten, sondern das Thema sollte die Maßverhältnisse des Bildes bestimmen. Falls nötig, schneiden Sie sich das Papier selbst zurecht.

Vom Format des Bogens hängen die Proportionen des Raumes ab, den man um einen Gegenstand lassen kann, und dies hat Einfluß darauf, wie ein Betrachter den Gegenstand wahrnimmt.

Auf einem Querformat z. B. kann ein Baum gedrungen und verkümmert wirken, weil oben und unten weniger Raum bleibt als an den Seiten. Derselbe Baum erscheint auf einem Hochformat groß und schlank. Im allgemeinen hat man ein sicheres Empfinden, welches Format dem jeweiligen Thema am besten entspricht.

Auch die Größe des Blattes will bedacht sein. Aquarellfarbe gilt oft als »zartes« Medium für kleinformatige, »elegante« Bilder; die Arbeiten vieler zeitgenössischer Künstler zeigen jedoch, daß diese Ansicht durchaus nicht berechtigt ist. Die Größe einer Farbfläche hängt von der verwendeten Pinselstärke ab und diese wiederum vom Thema und von der individuellen Auffassung des Künstlers. Die Dimensionen eines Werkes sind hauptsächlich eine Frage des Geschmacks.

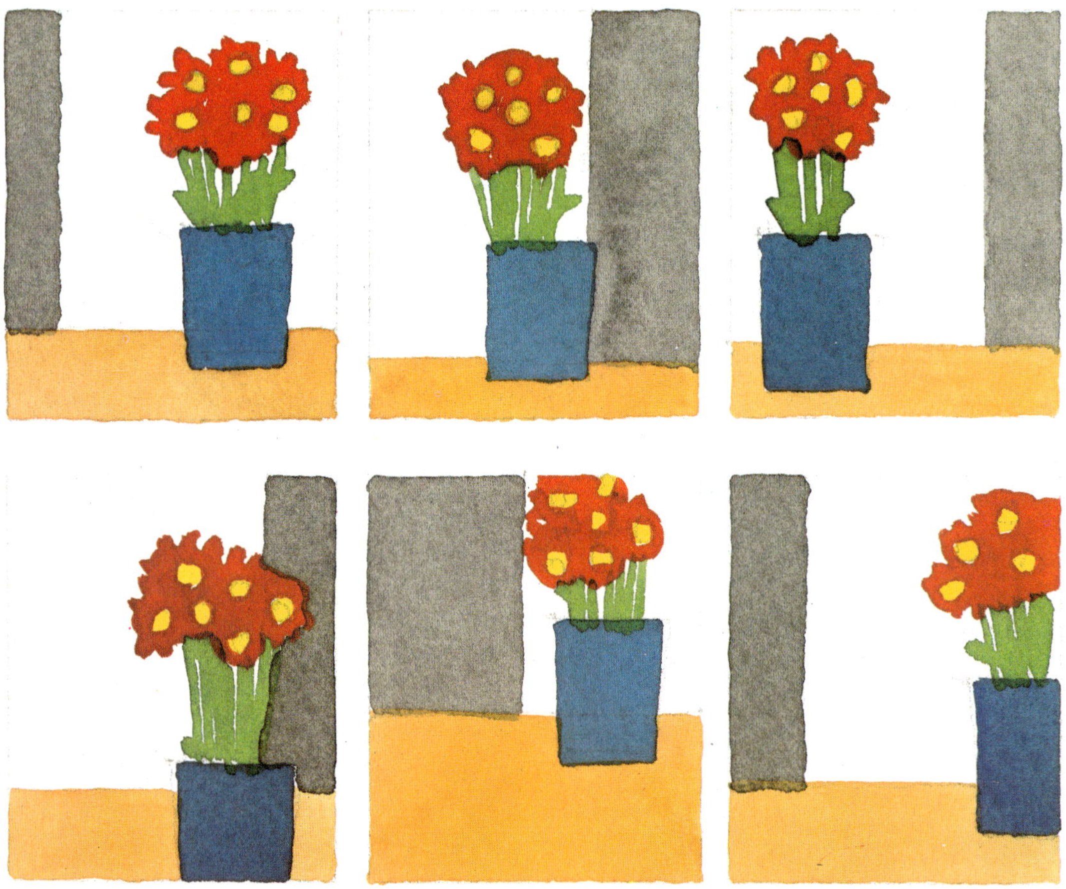

BILDKOMPOSITION
Wenn Sie ein Stilleben oder eine Person malen möchten, ist es wichtig, das Modell sorgfältig zu arrangieren und die Komposition gut zu durchdenken. Bei diesem Stilleben sind der Standort der Blumenvase im Verhältnis zum Hintergrund und ihre Größe im Verhältnis zu den anderen Bildteilen wesentlich. Der Künstler spielte hier verschiedene Kompositionsmöglichkeiten durch, indem er den Standort der Vase und die vertikalen und horizontalen Farbstreifen des Hintergrundes veränderte.

Harmonie und Rhythmus

Traditionsgemäß strebt jeder Künstler nach Harmonie in seinen Kompositionen. Er möchte den Blick des Betrachters in die Komposition hineinziehen und dort festhalten, indem er die Aufmerksamkeit durch die Anordnung der Formen und Farben behutsam von Punkt zu Punkt dirigiert. Unstimmige Elemente und störende Formen und Farben werden vermieden wie alles, was den Blick aus dem Bild herausführt. Diese Kompositionsweise beruht auf einem imaginären Kreis innerhalb der rechteckigen oder quadratischen Form des Gemäldes, was sich bei vielen Werken der alten Meister gut nachvollziehen läßt. Die »Handlung« spielt sich innerhalb des Kreises ab, während die Ecken der Komposition »ruhig« bleiben, damit sie den Blick nicht vom Zentrum ablenken.

Vom Modell zum Bild

Es ist nicht einfach, sich vorzustellen, wie ein Gegenstand als Bild aussehen wird, oder den Bildausschnitt festzulegen. Dieses Problem stellt sich besonders bei Landschaften mit ihren organischen, oft verfließenden Formen und dem Mangel an mechanischen Horizontalen oder Vertikalen, die als Orientierungsgerüst dienen könnten. Das menschliche Auge neigt dazu, ziellos von einem Baum zum anderen, von einem nahen Grasbüschel zu einer weit entfernten Hügelkuppe zu schweifen, ohne zu erkennen, wie die Szenerie sich am günstigsten im Bild festhalten ließe.

In einem solchen Fall erweisen sich »Suchrahmen« in verschiedenen Größen und Proportionen, durch die man seinen Vorwurf betrachtet, als hilfreich. Sie lassen sich aus festem Karton leicht herstellen. Indem man den Rahmen bewegt, findet man schnell eine Vielzahl möglicher Kompositionen, aus denen man sich die schönste aussuchen kann. Verwendet man statt eines starren Rechtecks zwei L-förmige Kartonstücke, dann können die Proportionen des Suchrahmens beliebig verändert werden, und es öffnet sich ein weites Experimentierfeld.

Dieses Hilfsmittel ist praktisch bei jeder Komposition einsetzbar, auch beim Arbeiten nach einer großen Zeichnung oder Skizze. In diesem Fall schiebt man den Suchrahmen über die Vorlage, um lohnende Ausschnitte zu finden.

BILDAUSSCHNITTE
Jedes Sujet bietet eine fast unbegrenzte Zahl von Kompositionsmöglichkeiten. Es gibt keine starren Regeln, welche richtig und welche falsch ist; die Wahl trifft allein der Maler. Bei dieser Strandszene hat der Künstler eine von vielen Möglichkeiten herausgegriffen. Die kleinen Abbildungen zeigen einige der weiteren Alternativen.

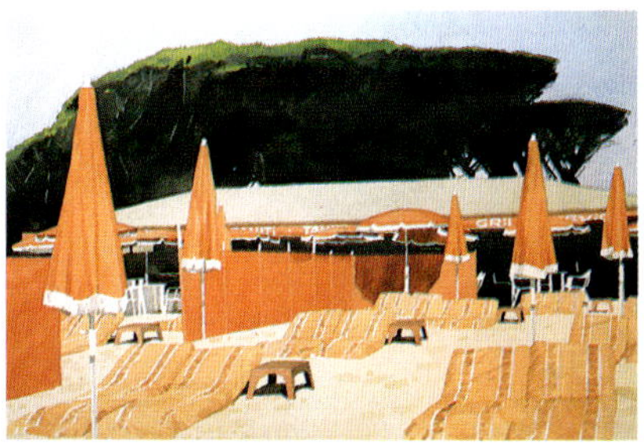

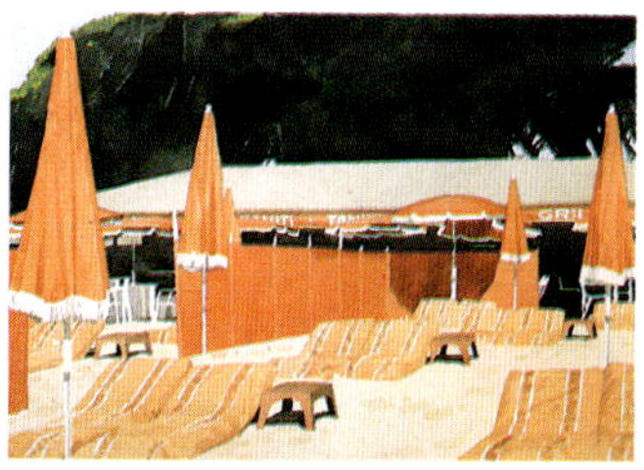

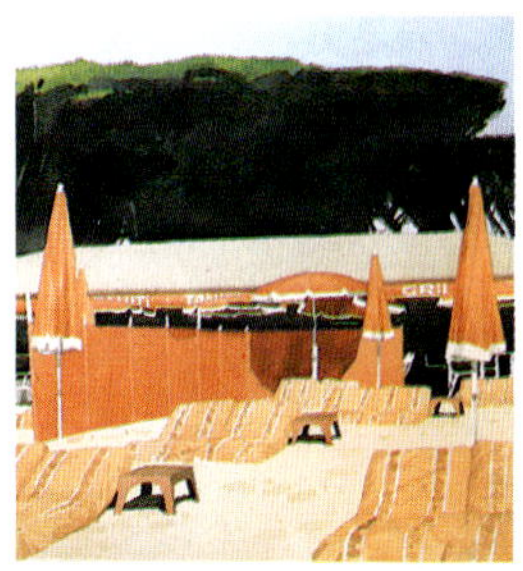

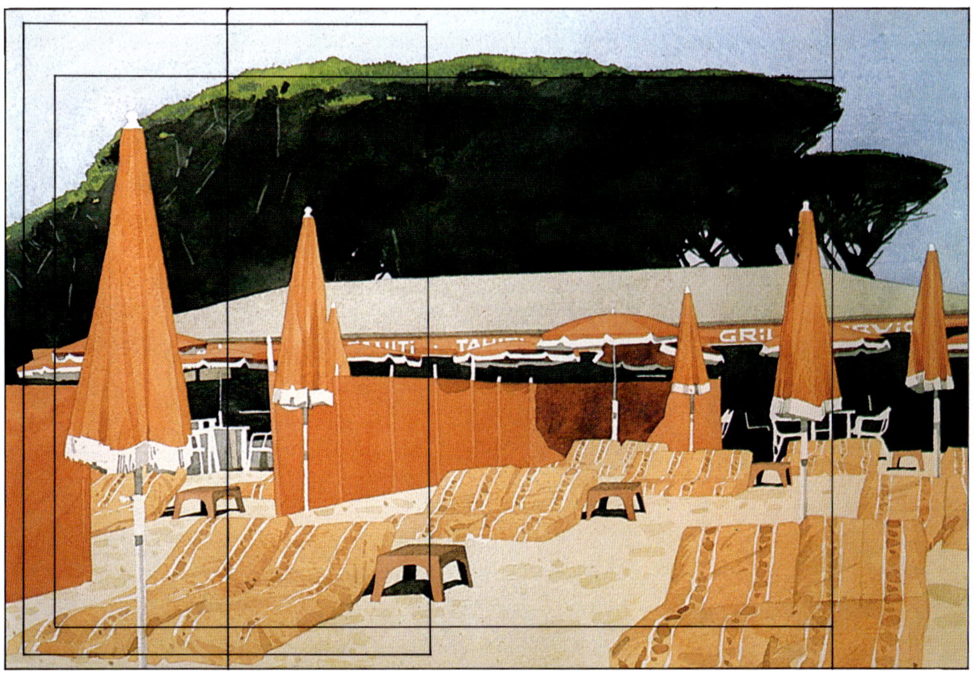

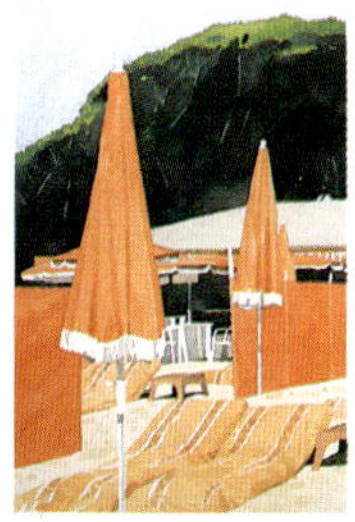

VORZEICHNUNGEN

Vorzeichnungen für ein Aquarell stellen eine besondere Kategorie von Zeichnungen dar und unterscheiden sich deutlich von autonomen Arbeiten. Ein Unterschied besteht darin, daß man sich bei einer Vorzeichnung keine Gedanken über die Helldunkelabstufung zu machen braucht, weil diese später durch die Farbe selbst erzielt wird. In diesem Arbeitsstadium genügt deshalb eine Umrißlinie.

Gewöhnlich wird die Vorzeichnung in Bleistift ausgeführt, wobei die Härtegrade HB und B sich am besten eignen. Bei einem zu weichen Stift vermischt sich der Graphit mit den Farben und läßt sie schmutzig aussehen. Die Bleistiftlinien dürfen nicht zu kräftig ausfallen, denn dann würden sie später durchscheinen. Manchmal wird dies wegen des besonderen Effekts gerade angestrebt, aber im allgemeinen vermeidet man zu starke Striche. Falls die Vorzeichnung zu dunkel geraten ist oder sehr viele Korrekturen enthält, kann man sie mit einem Knetgummiradierer bearbeiten, bis nur mehr zarte Linien sichtbar sind.

Farbstifte

Manche Künstler, vor allem Illustratoren, benutzen Farbstifte für ihre Vorzeichnung und ziehen die Umrißlinien oft in einem etwas dunkleren Ton der später aufzutragenden Aquarellfarbe. Im großen und ganzen erzielt man damit eine eher dekorative Wirkung, aber es lohnt sich durchaus, mit Farbstiften zu experimentieren und so sein Repertoire zu erweitern.

Malen ohne Vorzeichnung

Es ist oftmals möglich, auf Umrißlinien zu verzichten. Beim lavierenden Naß-in-naß-Arbeiten kann man das Bild ohne scharf gezogene Konturen ganz aus der Farbe aufbauen. Diese Methode bietet sich insbesondere für stimmungsvolle Landschaften, Himmelsdarstellungen, Wolken, Spiegelbilder im Wasser oder sonstige Themen an, bei denen es eher um verschwimmende Massen als um fest umrissene Formen geht. Sie kann auch brauchbar sein, wenn man die Wiedergabe eines individuellen Eindrucks, eine Interpretation statt einer exakten Darstellung

WIE MAN EIN AQUARELL BEGINNT
Es gibt zwei Möglichkeiten: Sie können zunächst mit Blei- oder Farbstift, Tinte oder Tusche Linien skizzieren, und Sie können ohne Vorzeichnung direkt mit Aquarellfarben malen. Die Beispiele zeigen die verschiedenen Vorgehensweisen. **a** Am besten ist ein relativ harter Bleistift, weil er nicht schmiert und eine zarte Linie hervorbringt, die später nicht durchscheint. **b** Hier wurde mit Farbstiften gezeichnet, so daß die Farbtöne der Linien mit denen der aufzutragenden Aquarellmalfarbe verschmelzen.
c Linien in wasserfester Tusche werden nicht in die Aquarellfarbe verlaufen, sondern scharf und klar bleiben.
d Wasserlösliche Tinte blutet beim Kontakt mit feuchter Farbe aus, die Konturlinien werden weicher und gehen ineinander über. **e** Wenn die Aquarellfarbe direkt und ohne Vorzeichnung aufgetragen wird, wirkt das Bild leicht und spontan.

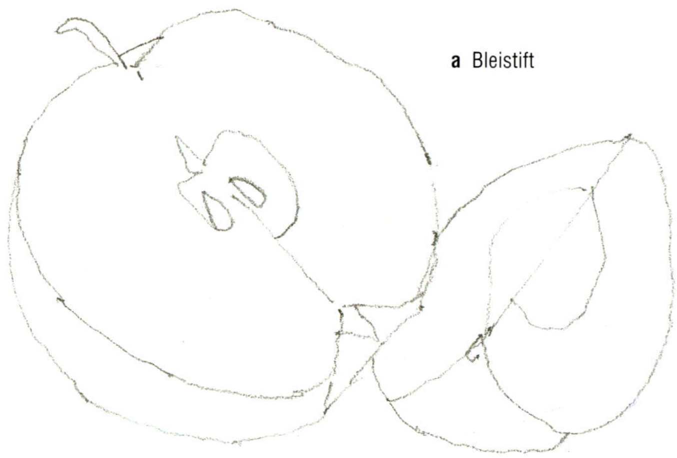

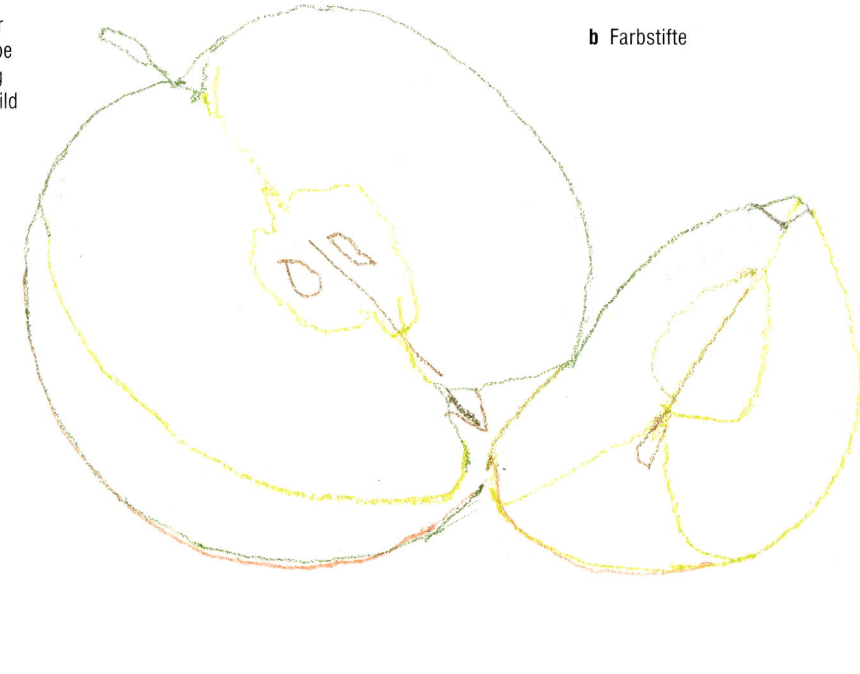

anstrebt. Caroline Bailey (s. S. 73) arbeitet auf diese Weise. Sie malt direkt auf feuchtes Papier und läßt die Farben frei verlaufen, ohne sie durch Linien einzugrenzen.

Feder und Tusche

Die Feder-und-Tusche-Technik, die schon fast als eigenständiges Medium betrachtet wird, eröffnet verschiedene Möglichkeiten: Man kann mit Tusche oder Tinte eine Zeichnung machen und diese dann mit Farbe ausarbeiten; oder man beginnt mit zarten farbigen Verwaschungen, in die man nach dem Trocknen zeichnet. Für beide Methoden hat sich die traditionelle Tauchfeder bewährt, denn damit läßt sich die Strichbreite durch Ändern des Drucks oder der Federhaltung variieren. Eine Alternative zur Feder stellen Röhrchen-Tuschefüller für technisches Zeichnen (wie der Rapidograph) dar, die sehr gleichmäßige Linien ziehen.

Tinte und Tusche gibt es in vielen Farben; traditionell werden hauptsächlich Schwarz und Brauntöne verwendet. Außerdem hat man die Wahl zwischen wasserfest und wasserlöslich. Soll die Linie scharf bleiben und nicht in die Farbe verlaufen, dann nehmen Sie wasserfeste Tusche; wenn Sie weichere Konturen bevorzugen, bietet sich wasserlösliche Tinte an.

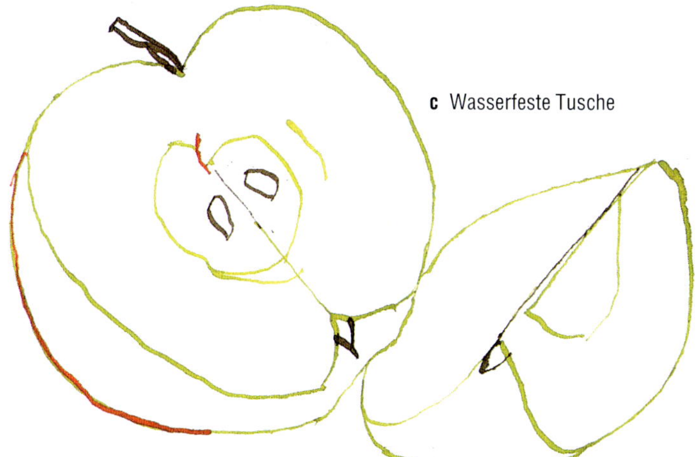

c Wasserfeste Tusche

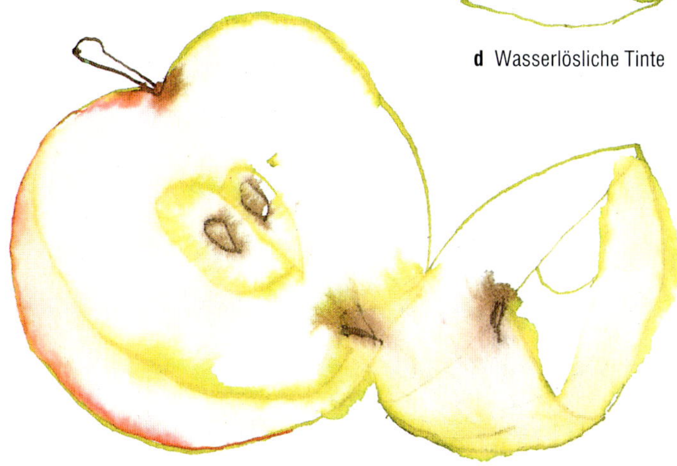

d Wasserlösliche Tinte

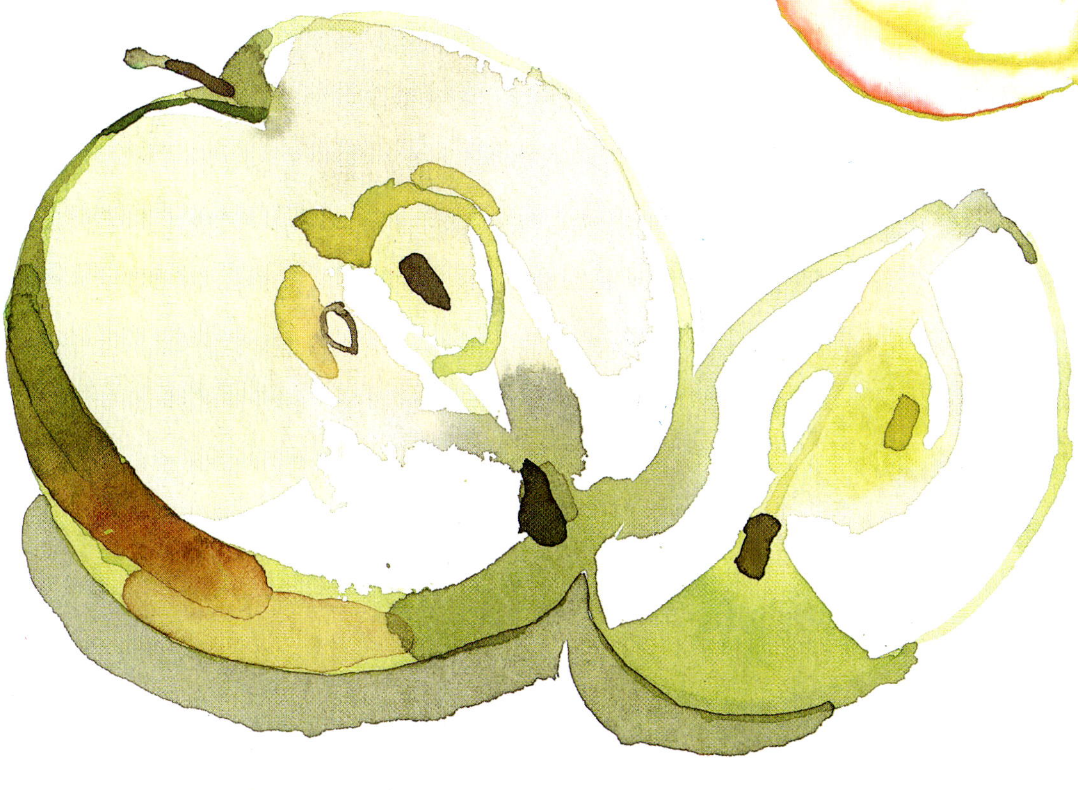

e Aquarellfarbe

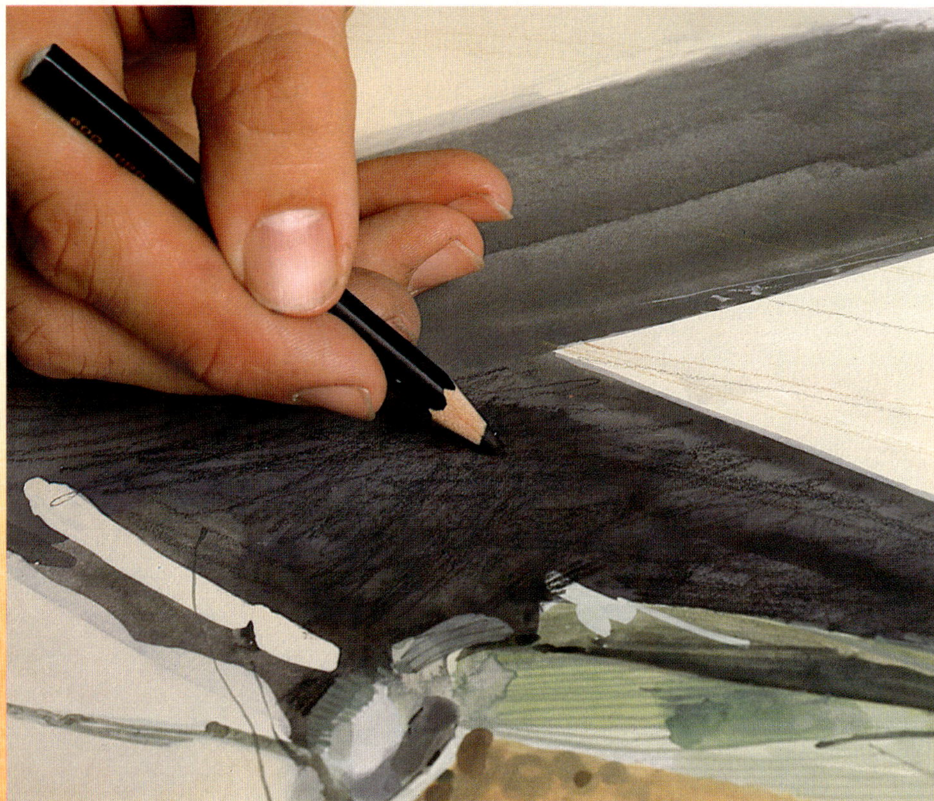

PRAKTISCHE BEISPIELE

Es ist nun an der Zeit, die Theorie in die Praxis umzusetzen. In diesem Kapitel werden die Prinzipien und Techniken der Aquarellmalerei detailliert erklärt. Jeder Darlegung folgen in die einzelnen Arbeitsschritte zergliederte Malprojekte, so daß Sie Ihre Kenntnisse praktisch erproben und die besonderen Effekte der jeweiligen Technik beobachten können. Am Ende beherrschen Sie eine Vielzahl von Tricks und Kniffen, und Ihr künstlerisches Vokabular wird sich so erweitert haben, daß Sie für jedes Sujet eine Technik finden, die nicht nur zum Thema paßt, sondern auch Ihrer persönlichen Arbeitsweise entspricht.

Bedenken Sie aber bitte eines: Zwar wurden die Malprojekte in Arbeitsschritte unterteilt, um zu demonstrieren, wie die verschiedenen Techniken sich am besten einsetzen lassen, jedoch sollten Sie nicht versuchen, die Beispiele sklavisch zu kopieren. Das Aquarell ist von Natur aus ein unberechenbares Medium, und Ihre Ergebnisse werden nie genau die gleichen sein wie die hier vorgestellten Arbeiten.

Schritt-für-Schritt-Beispiele: Ian Sidaway

AUFSPANNEN DES PAPIERS

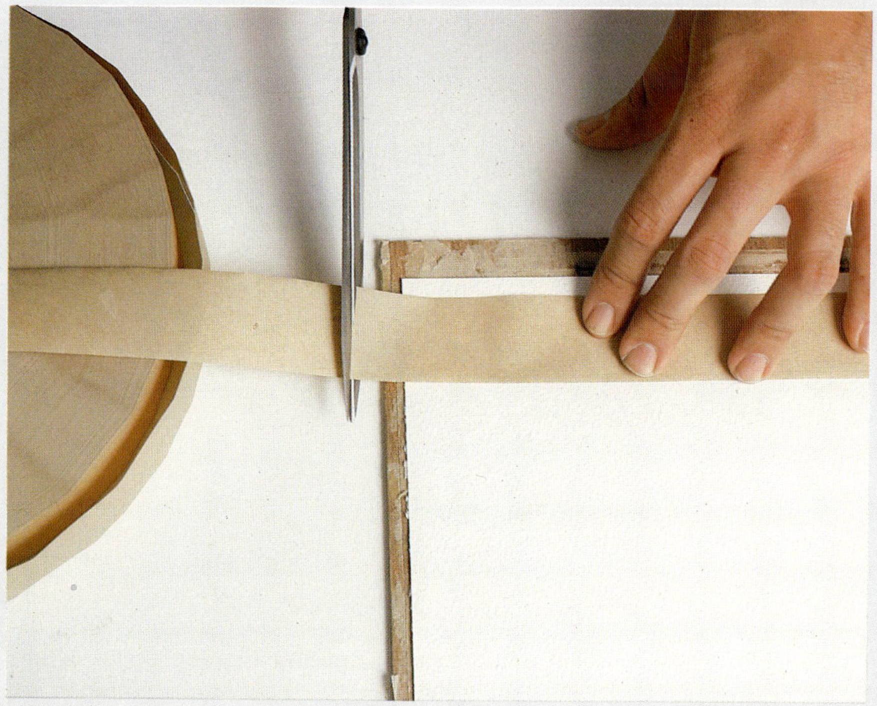

Wenn Sie leichteres Papier verwenden oder mit sehr nasser Farbe malen wollen, muß das Papier aufgespannt werden, damit es sich nicht wellt (s. S. 85).

Dazu brauchen Sie ein geeignetes Brett: glatt, damit es die Papieroberfläche nicht beschädigt, und so dick, daß es sich nicht wirft, wenn es feucht wird oder das Papier sich zusammenzieht. Dünne Sperrholzplatten sind nicht empfehlenswert; Sie benötigen ein stabiles Zeichenbrett oder ein Stück Tischlerplatte.

Das Papier kann entweder mit gummierten Klebestreifen oder mit Heftklammern auf dem Brett befestigt werden.

GUMMIERTE KLEBESTREIFEN

1. Schneiden Sie Klebestreifen in passender Länge zurecht.

2. Feuchten Sie das Papier mit einem Schwamm oder durch Eintauchen gründlich an.

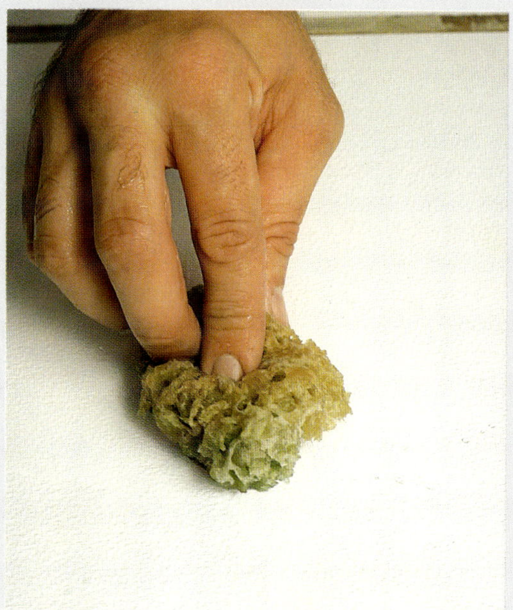

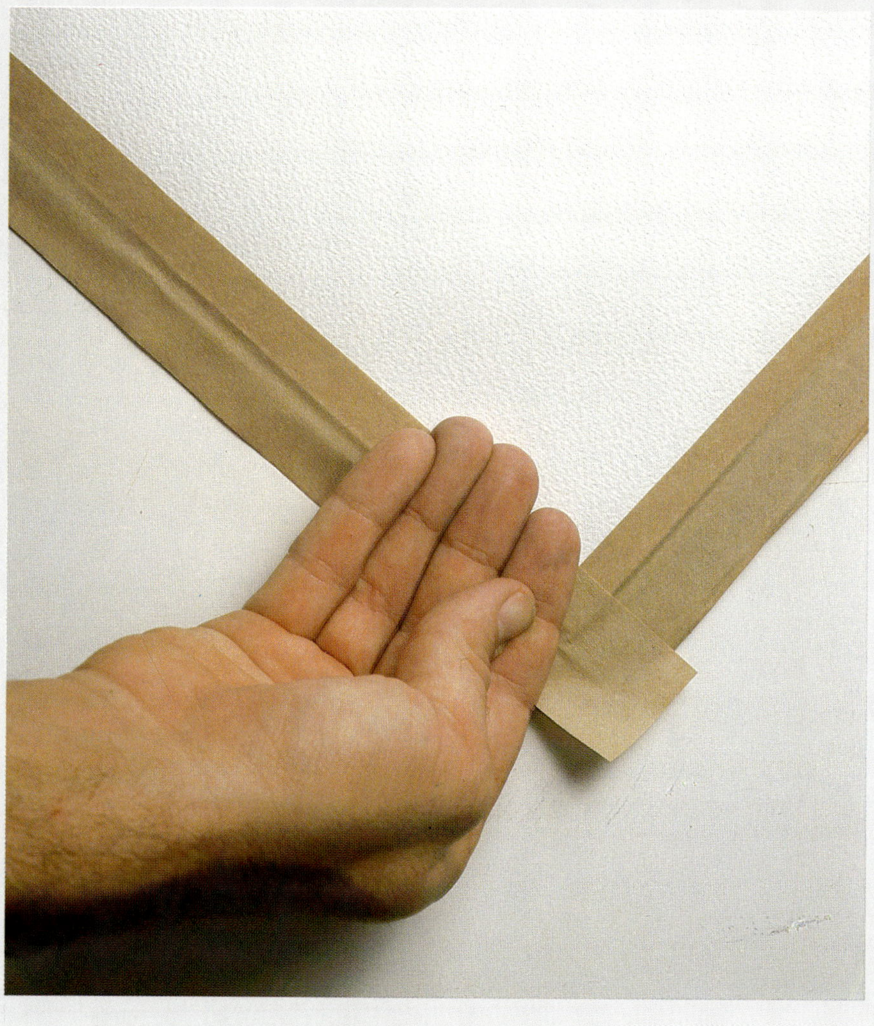

3. Legen Sie das Papier mit der richtigen Seite nach oben auf das Brett. Streichen Sie es mit einem sauberen Tuch glatt, und fixieren Sie es rundherum mit den Klebestreifen. An der Luft trocknen lassen.

HEFTKLAMMERN

1. Diese Methode eignet sich besonders für schweres Aquarellpapier. Legen Sie das Papier auf das Brett, und falten Sie die Ränder um. Ecken einschneiden.

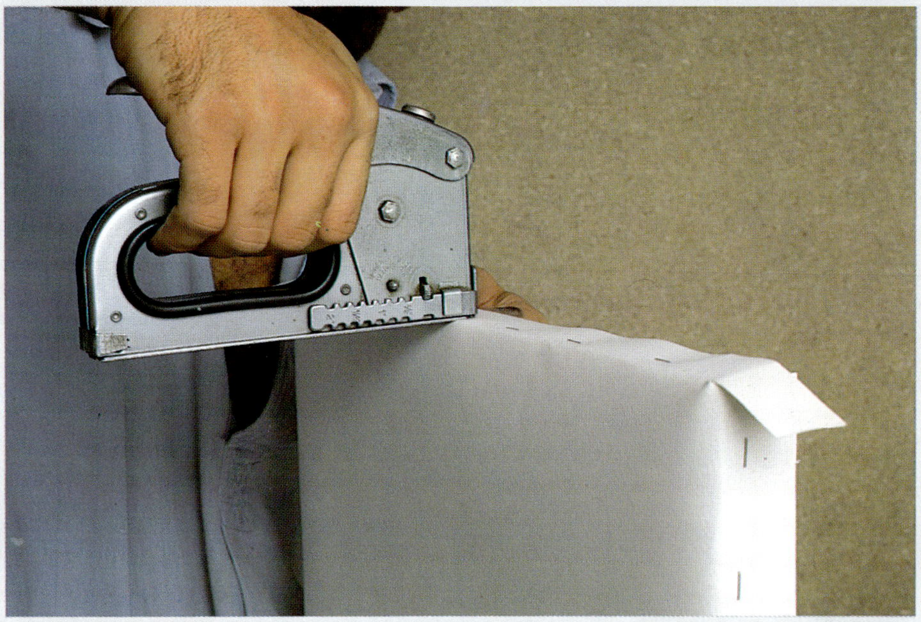

2. Knicken Sie die Ecken sorgfältig, und drücken Sie sie an. Nun werden die Ränder des Blattes auf dem Brett festgeheftet.

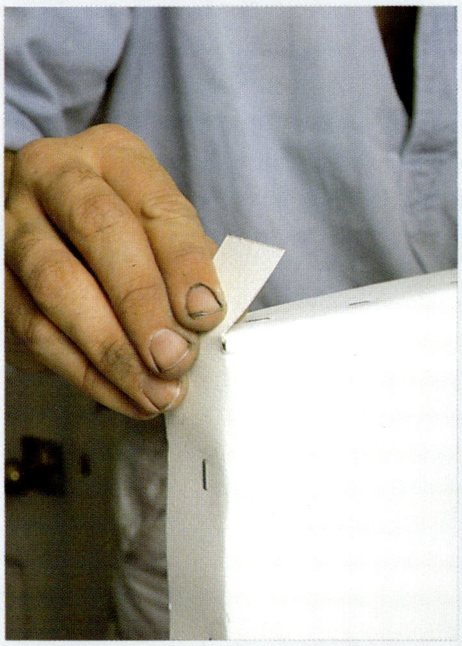

3. Danach heften Sie die Ecken fest. Schließlich befeuchten Sie das Papier mit einem Schwamm und lassen es an der Luft trocknen.

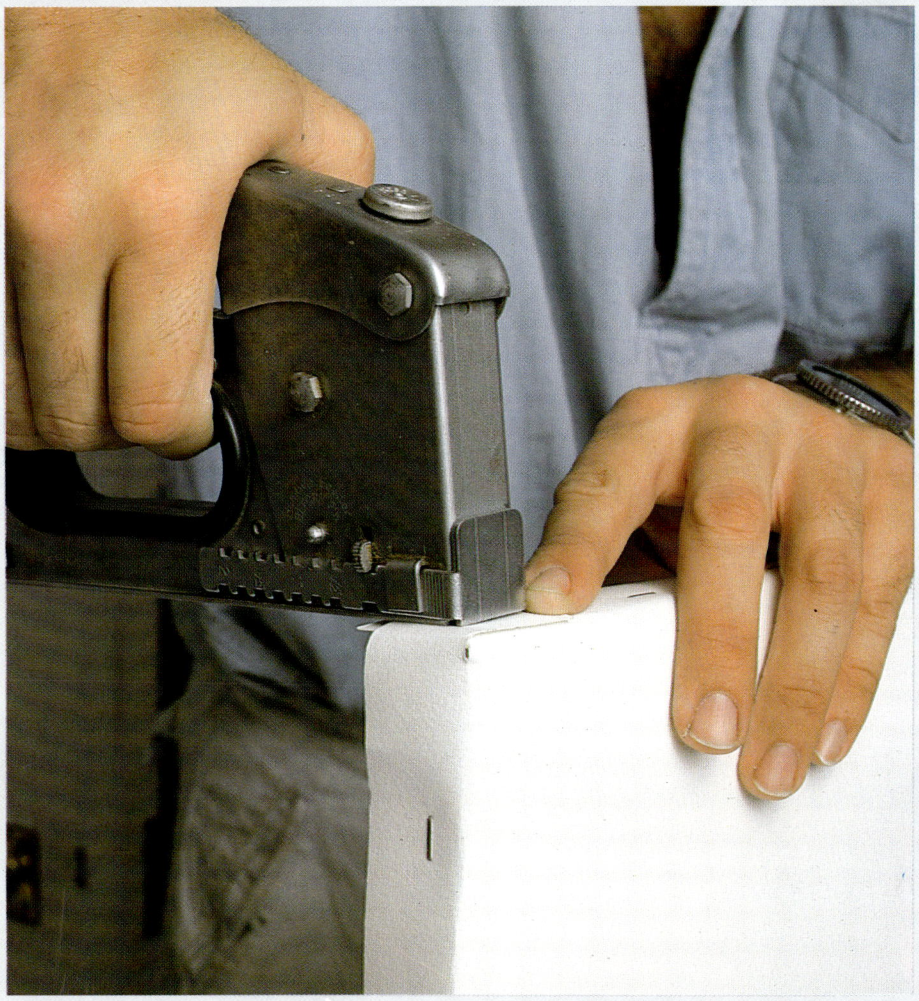

ANMISCHEN DER FARBEN

Beim Anmischen von Wasserfarben kommt es darauf an, nicht nur den gewünschten Farbton, sondern auch die richtige Konsistenz zu erzielen. Letzteres ist überaus wichtig, um Helligkeitsstufen und Farbtöne kontrollieren zu können.

Soll Ihr Bild zwei oder drei Helligkeitsstufen einer Farbe enthalten, dann ist es oft ratsam, diese im voraus anzumischen. Ganz gleich, ob Sie Farbe in Näpfchen oder Tuben verwenden, das Mischen ist eine Frage geduldigen Ausprobierens. Ob die Farbe die richtige Beschaffenheit hat, läßt sich nur feststellen, wenn man sie auf dem Papier und nicht nur auf der Palette sieht. Deshalb sollten Sie beim Mischen immer einen Bogen Papier zur Hand haben.

Wenn Sie mit Näpfchenfarben arbeiten, feuchten Sie die Farbe an, und lösen Sie die Pigmente mit drehenden Pinselbewegungen. Gepreßte Farbtabletten sind besonders trokken, weshalb das Anlösen recht lang dauern kann.

Dann geben Sie die feuchte Farbe auf die Palette oder in ein Mischschälchen, um sie je nach Erfordernis mit anderen Farben zu mischen. Falls Sie Tuben verwenden, drücken Sie ein wenig Farbe direkt auf die Palette, übertragen Sie mit dem Pinsel etwas davon in das Mischgefäß, und fügen Sie tropfenweise Wasser hinzu. Für sehr zarte Farbschichten benötigen Sie nur ganz wenig Farbe, mit viel Wasser verdünnt.

Einmal erzielte Farbtöne lassen sich nur mit viel Geduld von neuem ermischen. Deshalb sollten Sie möglichst immer die insgesamt benötigte Menge mischen.

Gouache

Die Konsistenz von Gouache hat keinen so großen Einfluß auf den Farbton, und deshalb ist das Mischen einfacher als bei Aquarellfarbe. Wenn Sie Gouache mit viel Wasser verdünnen, wirken die Farbschichten ebenfalls sehr zart, aber sie sind niemals so transparent wie reine Aquarellfarben.

Beim Mischen und Verdünnen von Gouachefarben spielt die beabsichtigte Maltechnik eine Rolle: Maskiertechniken verlangen eine relativ dicke und cremige Konsistenz, während die Farbe für Spritztechniken ziemlich dünnflüssig sein sollte.

Gouache dunkelt beim Trocknen nach; deshalb ist es wichtig, die Farbe zunächst auf einem Stück Papier auszuprobieren, bevor man sie in einem Gemälde verwendet.

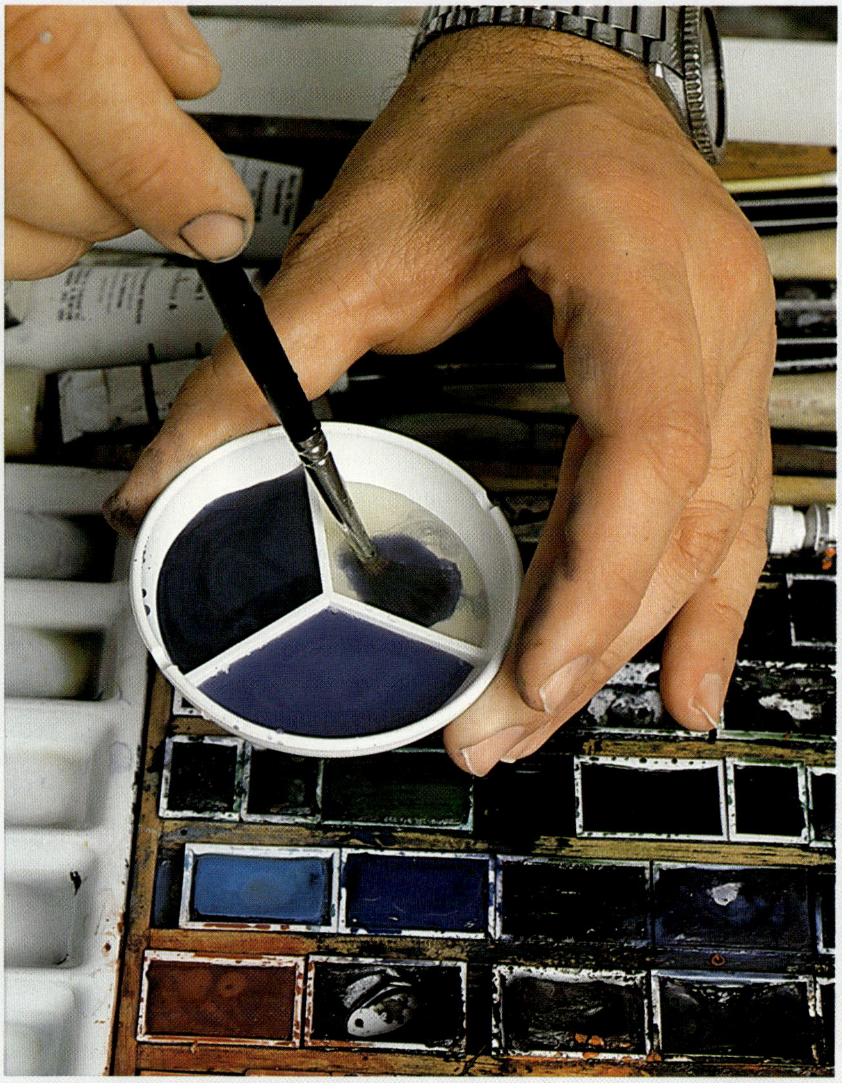

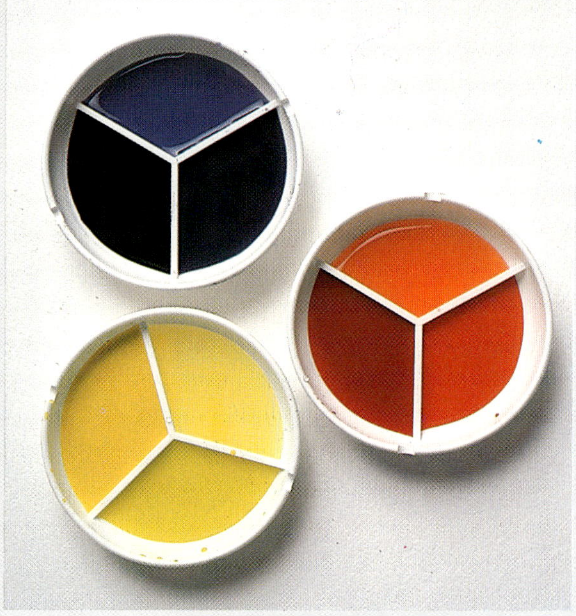

AQUARELLFARBE

1. In Porzellan- oder Emailschälchen werden Wasser und Farbe gemischt, bis die gewünschte Helligkeitsstufe erreicht ist. Brauchen Sie nur kleine Mengen mittelheller oder dunkler Töne, dann beginnen Sie mit der Farbe und geben das Wasser tropfenweise mit dem Pinsel zu. Für sehr helle Töne kann man die Farbe dem Wasser zufügen.

2. Mischen Sie von jeder Farbe so viel, wie Sie insgesamt benötigen. Es ist sehr schwierig, einen Farbton exakt nachzumischen.

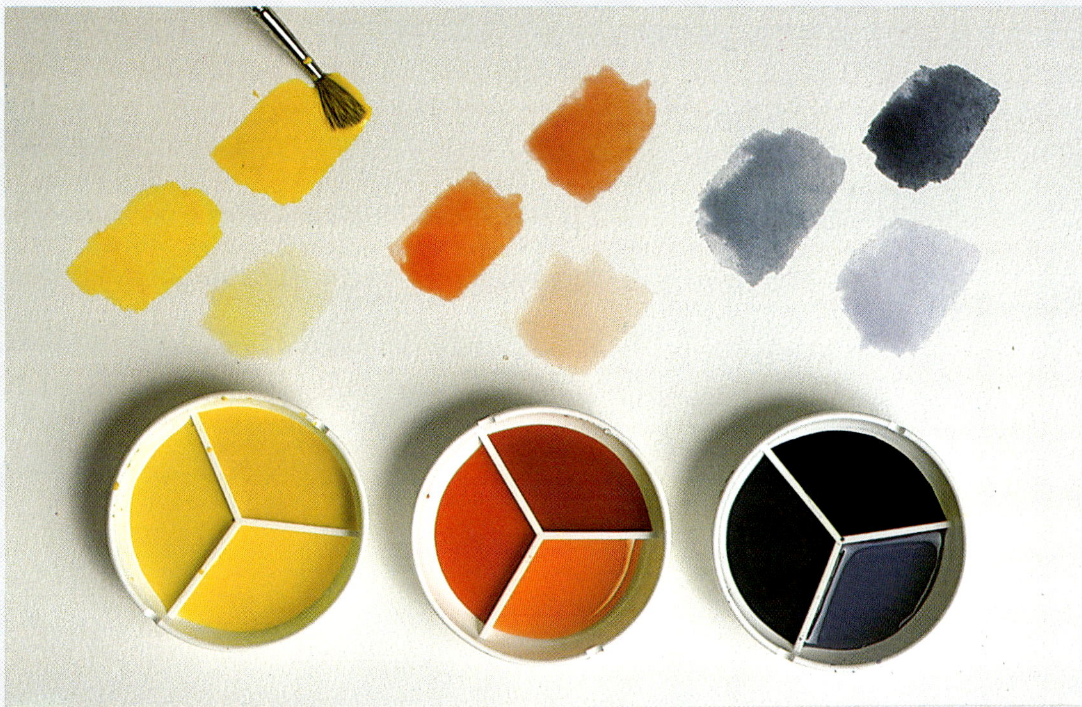

3. Testen Sie die Farben auf weißem Papier, um festzustellen, ob Sie die gewünschten Töne gefunden haben.

GOUACHE

1. Wählen Sie die Farben, mit denen Sie einen bestimmten Ton erzielen wollen. Rühren Sie kleine Mengen jeder Farbe zusammen, und verändern Sie den Ton der Mischung, indem Sie mehr Farbe hinzufügen. Schließlich geben Sie Wasser dazu, bis die Farbe die erforderliche Konsistenz hat.

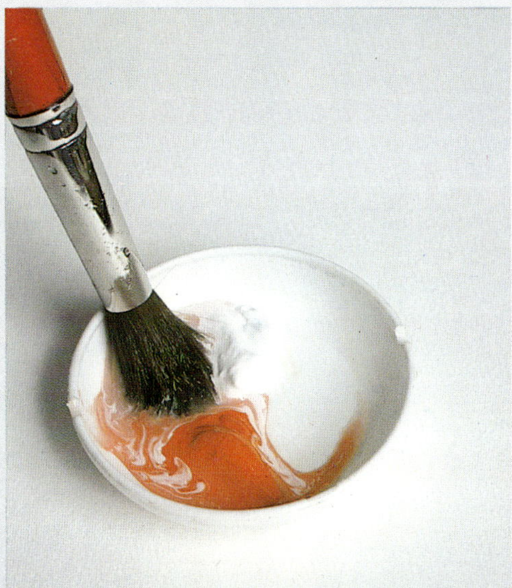

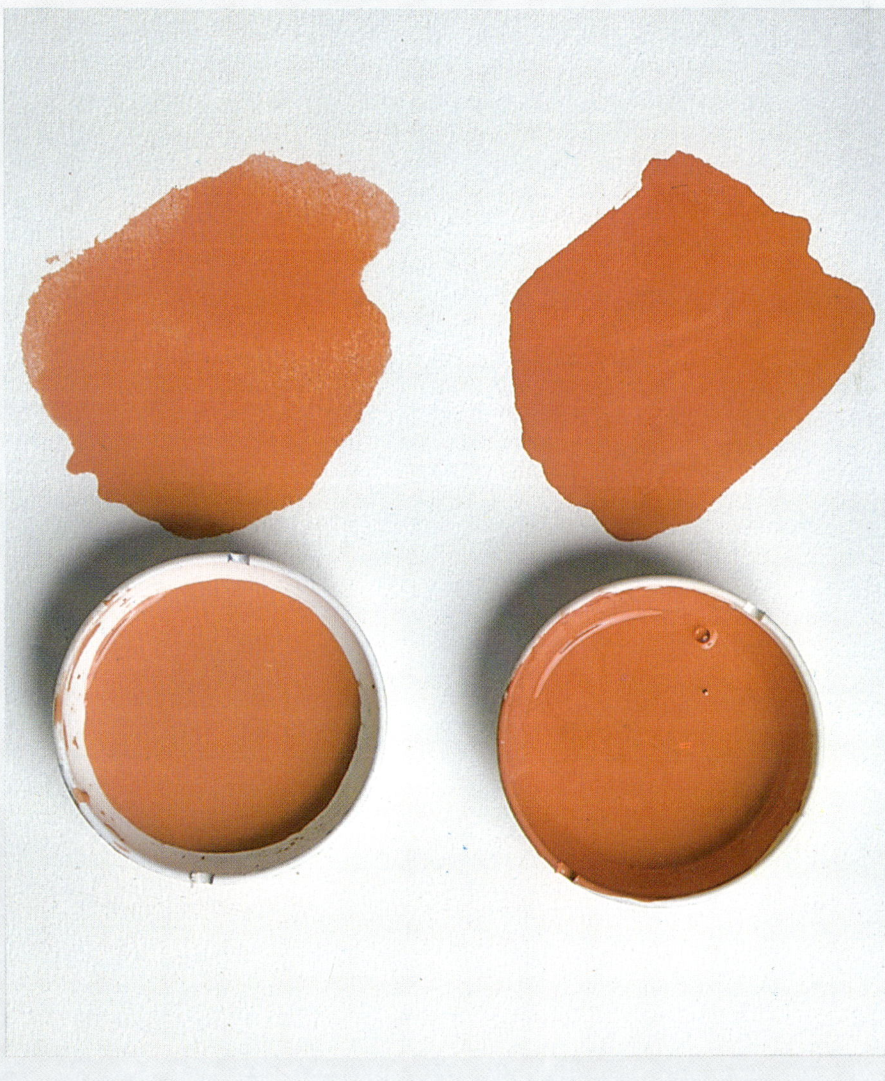

2. Gouache – vor allem durch Mischen erzielte Farbe – dunkelt beim Trocknen nach, weshalb man unbedingt eine Farbprobe (auf weißem Papier) trocknen lassen sollte.

NASS AUF TROCKEN

»Naß auf trocken« bezeichnet in der Aquarellmalerei die Technik, bei der auf trockenes Papier gemalt wird. Dies ist die wichtigste, klassische Arbeitsweise und umfaßt sowohl das großflächige Malen mit breitem Pinsel als auch das Anbringen feinster Details. Je mehr Farbschichten man lasierend übereinanderlegt, um so dunkler werden die Töne; jede Schicht muß trocknen, bevor die nächste aufgetragen wird.

Die Farbschichten können, wie in unserem Beispiel, ganz gleichmäßig aufgetragen werden. Es lassen sich aber auch durch zunehmendes Verdünnen der Farbe mehr oder weniger abgestufte Übergänge von dunkel nach hell erzielen. Auf jeden Fall darf die Farbe zwischen den einzelnen Pinselstrichen nicht antrocknen, weil es sonst Streifen und Ansatzstellen gibt.

Die Naß-auf-trocken-Technik eignet sich besonders für sehr präzises Arbeiten, etwa Illustrationen. Das trockene Papier hält die Farbe, so daß feine Strukturen und Details nicht verschwimmen. Doch kann man mit dieser Methode nicht nur scharf begrenzte Formen wiedergeben, sondern auch weiche, gerundete, indem man die einzelnen Farbtöne nebeneinandersetzt und die Konturen mit einem feuchten Pinsel ineinanderwischt. Auch Nebel- oder Wolkenbilder lassen sich mit dieser Methode malen, wenn man die Farben mit Hilfe von Wasser ineinanderfließen läßt.

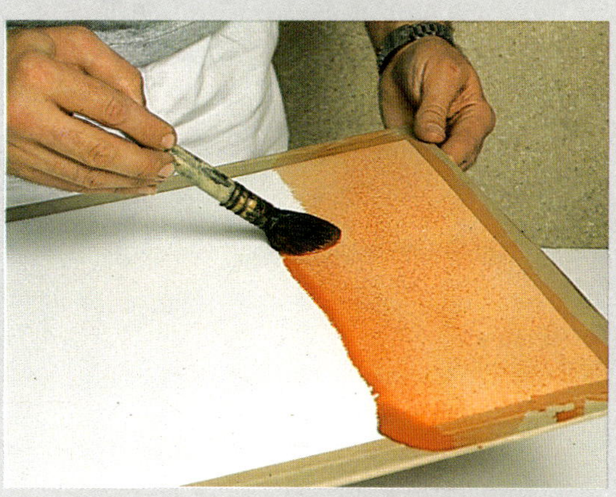

FARBAUFTRAG NASS AUF TROCKEN
1. Kippen Sie das Zeichenbrett leicht. Dann tränken Sie den Verwaschpinsel mit verdünnter Farbe und tragen diese in einer Hinundherbewegung, oben beginnend, auf. Arbeiten Sie gleichmäßig und so zügig, daß keine Ränder entstehen können.

2. Wenn das ganze Blatt gleichmäßig getönt ist, legen Sie das Brett flach hin und lassen die Farbe trocknen.

MALEN NASS AUF TROCKEN

1. Lassen Sie jede Farbschicht gut trocknen, bevor Sie darübermalen.

2. Die aufgetragene Farbe behält beim Trocknen ihre klare Begrenzung.

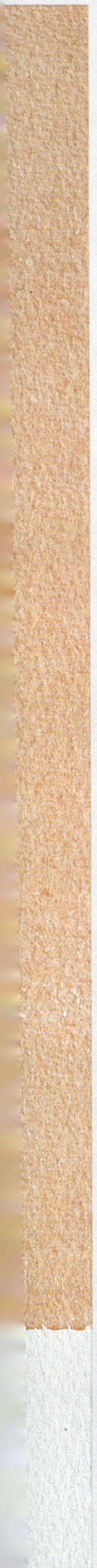

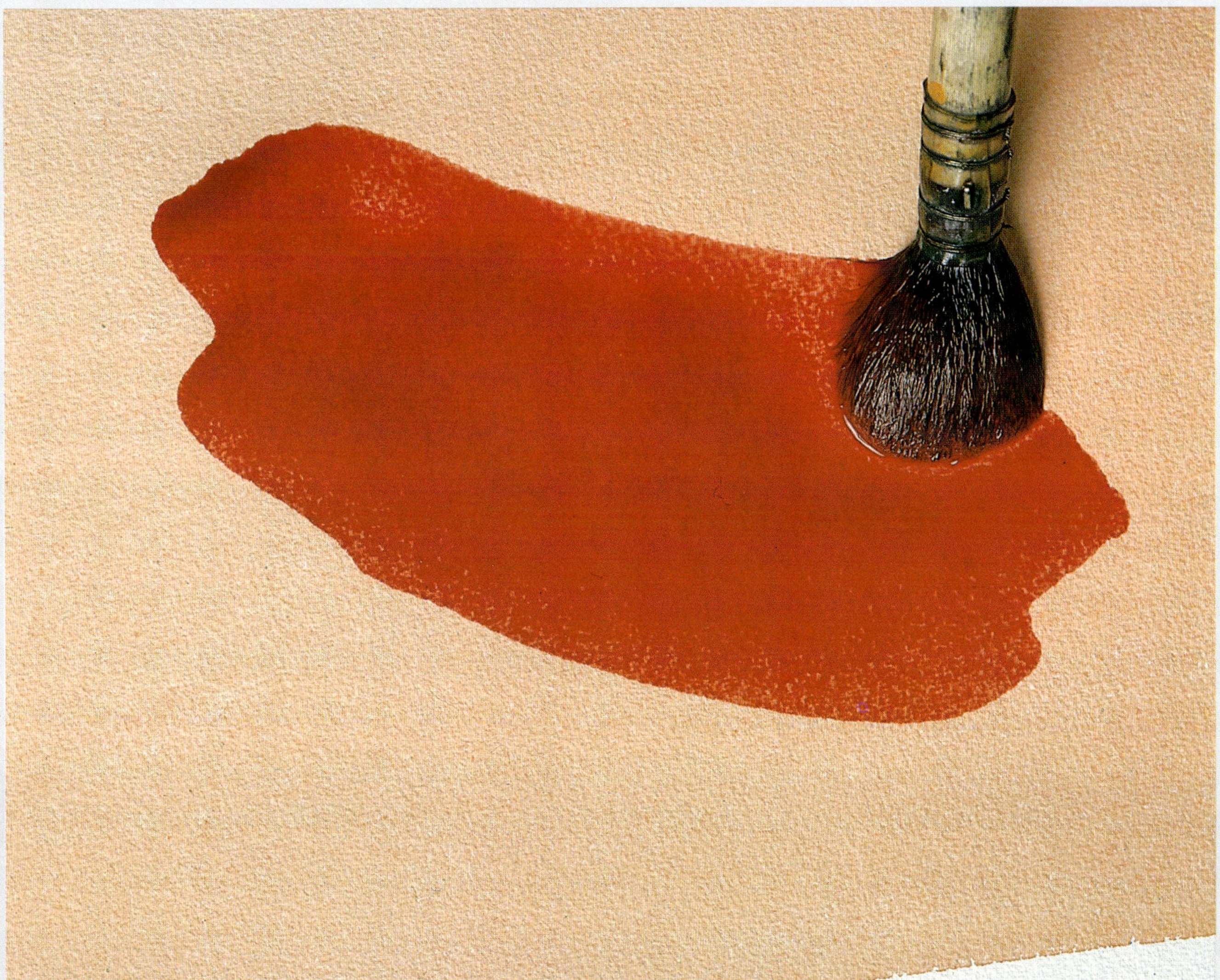

SEESTÜCK

Dieses Bild mit den dramatisch aufragenden, schwarzweiß geäderten Felsen im blauen Meer besteht aus naß auf trocken gemalten Farbschichten.

Der Maler hat jede Farbe vor dem Auftragen der nächsten trocknen lassen; deshalb blieben die Formen klar und graphisch, und die Struktur der Pinselstriche trägt wesentlich zum Charakter des Bildes bei. (Auf dem trockenen Papier behalten die Pinselstriche ihre Form und laufen nicht wie auf nassem Papier ineinander.) Die bewegte Meeresoberfläche z. B. hat der Künstler mit unregelmäßigen, leichten Pinselstrichen wiedergegeben.

Schicht um Schicht wurden die Farbtöne, immer dunkler werdend, aufgebaut. Die hellsten Stellen, etwa an den Felsen, ergeben sich durch Aussparen und werden vom Papierweiß gebildet.

Ohne das Meer wären die Felsen weniger interessant; erst die kontrastierende weite, leere Wasserfläche gibt ihnen Charakter, denn sie betont ihre bizarren, schroffen Umrißlinien. Der Künstler hat den Gegensatz noch unterstrichen, indem er ein asymmetrisches Kompositionsschema wählte. Die diagonale Reihung der Felsen teilt das Bild in zwei Hälften, von denen die obere die Aufmerksamkeit des Betrachters auf die Felsformation lenken soll.

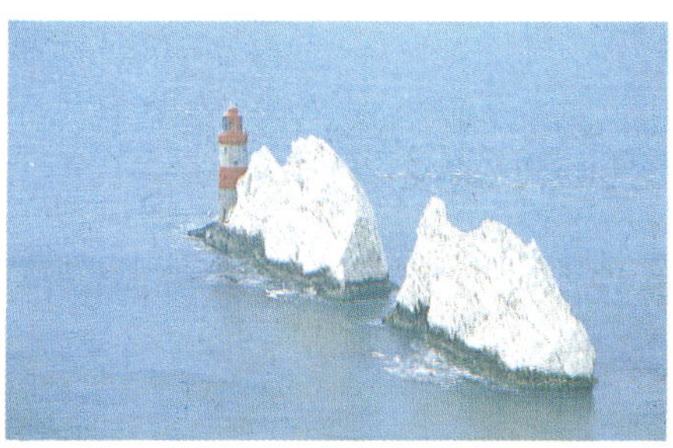

FARBPALETTE	
Paynesgrau	Chinesischweiß
Lichter Ocker	Karminrot
Elfenbeinschwarz	Kadmiumorange
Umbra Natur	

MALGRUND
Aufgespanntes Kartonpapier

1. VORZEICHNUNG
Zeichnen Sie zunächst mit einem H-Bleistift dünn die Umrißlinien der Felsen und des Leuchtturms. Die Linien sollten deutlich genug sein, um beim Malen als Orientierung dienen zu können, aber nicht so kräftig, daß sie durch die Farbe schimmern.

2. ERSTE FARBSCHICHT
Tragen Sie auf das trockene, aufgespannte Papier (s. S. 85) ganz zart sehr verdünntes, mit einem Hauch lichten Ockers vermischtes Paynesgrau als erste Schicht des Meeres und des Himmels auf. Benutzen Sie dazu einen Verwaschpinsel und für das präzisere Arbeiten an den Umrißlinien einen Rundpinsel Nr. 4.

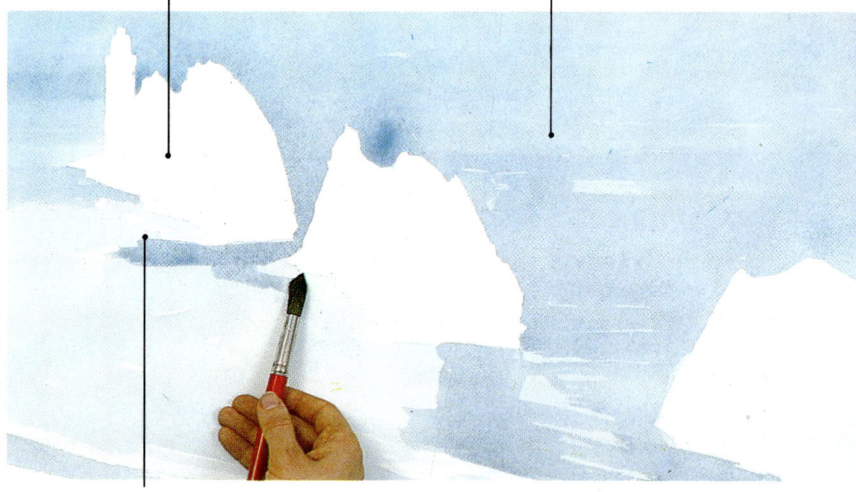

3. DUNKLERE TÖNE
Lassen Sie die Schicht trocknen (man kann den Prozeß mit einem Fön beschleunigen); dann tragen Sie die gleiche Farbmischung, aber weniger verdünnt, in horizontalen Strichen auf, wobei Sie einzelne Stellen der unteren Farbschicht frei lassen.

4. UNTERER TEIL DER FELSEN
Eine stark verdünnte Mischung aus Elfenbeinschwarz und lichtem Ocker, aufgetragen mit einem Rundpinsel Nr. 2, bildet die erste Schicht des dunklen Streifens an der Basis der Felsen. Lassen Sie Details außer acht, sie werden erst später hinzugefügt.

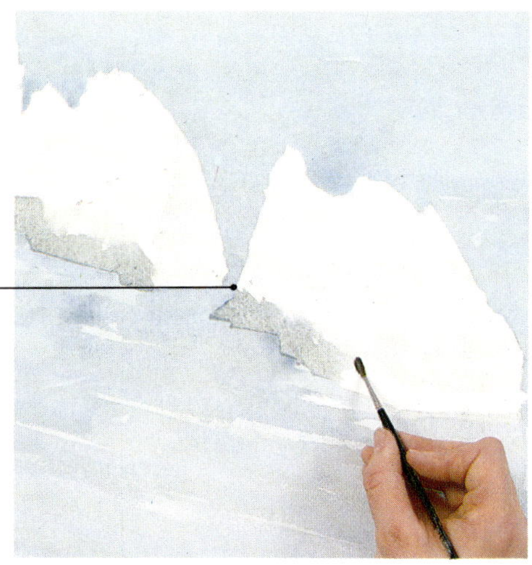

5. DUNKLERE STELLEN
Die Schatten, Spalten und Umrißlinien am Fuß der Felsen werden mit einem dunkleren Ton der gleichen Farbmischung angedeutet. Nur hier ist der Künstler ein wenig von der Naß-auf-trocken-Technik abgewichen: Um harte Linien zu vermeiden, hat er die Farbe aufgetragen, bevor die Schicht darunter ganz trocken war.

6. SCHATTEN
Vertiefen Sie die von den Felsen geworfenen Schatten mit einem Verwaschpinsel. Mit einer simplen Technik können Sie die unruhige Bewegung der Wellen wiedergeben: Setzen Sie mit Paynesgrau kreuz und quer verlaufende Pinselstriche. Einzelne Stellen der darunterliegenden Schichten bleiben frei, und so entsteht der Eindruck von Lichtreflexen.

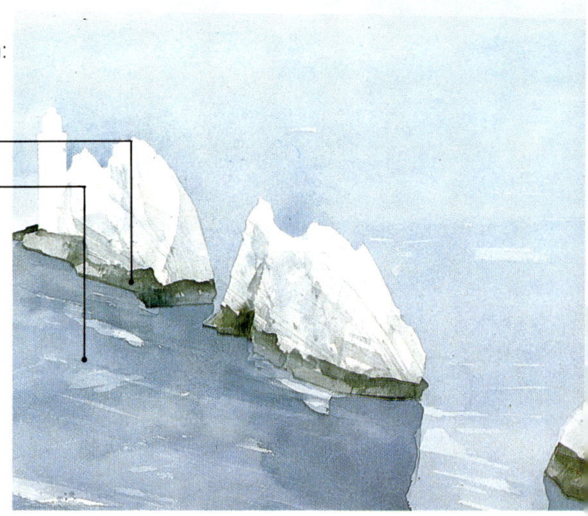

7. DETAILS DER FELSEN
Benutzen Sie den Rundpinsel Nr. 2. Bevor Sie die Farbe aufnehmen, drücken Sie die Feuchtigkeit aus dem Pinsel, bis er fast trocken ist. Bringen Sie leichte Striche der schon für das Meer verwendeten Mischung aus Paynesgrau und lichtem Ocker an, um die dunkle Äderung der Felsen wiederzugeben.

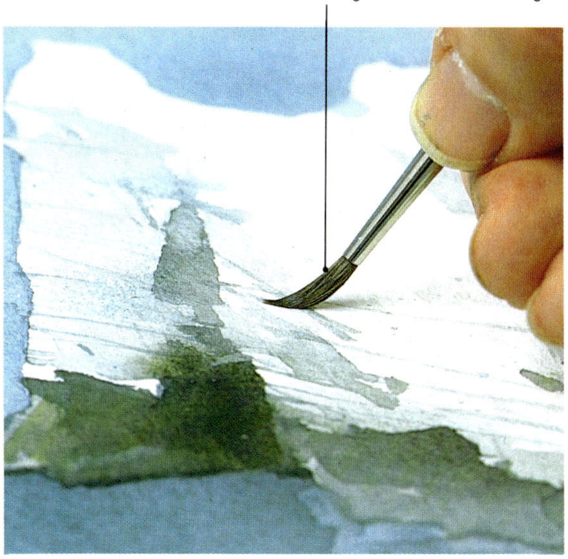

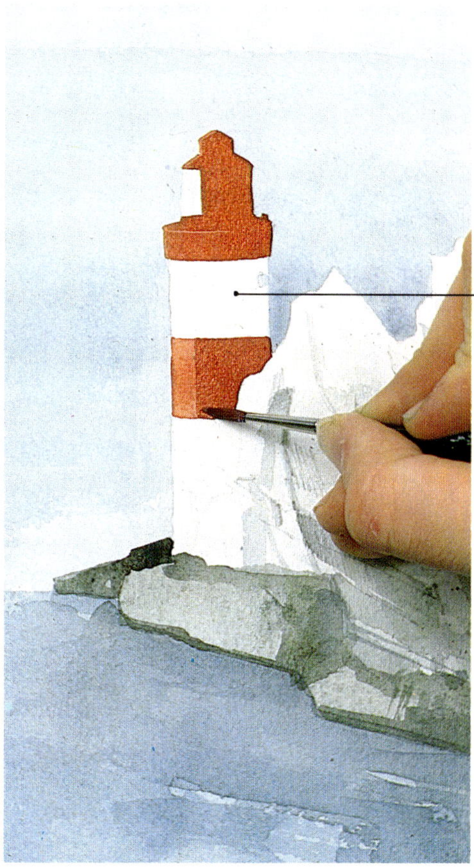

8. LEUCHTTURM
Die roten Partien des Leuchtturms werden mit einer Mischung aus Karminrot und Kadmiumorange gemalt. Tragen Sie zunächst eine ziemlich dünne Schicht auf, danach eine zweite derselben Farbe, aber weniger verdünnt. Lassen Sie einen schmalen Streifen der ersten Schicht frei. Dieser blassere Ton deutet einen Lichtreflex und die Rundung des Leuchtturms an. Für beide Arbeitsschritte nehmen Sie den kleinen Rundpinsel (Nr. 2), damit dieser Teil des Bildes sich scharf und präzis von den umliegenden, locker aufgetragenen Farbtönen absetzt.

9. ABSCHLUSSARBEITEN
Ein Teil des Leuchtturms liegt jetzt im Schatten, und mit einer dünnen Farbschicht können Sie die Form noch weiter ausbilden. Vertiefen Sie die Schatten in den roten Bereichen mit einer Mischung aus Kadmiumorange und Schwarz; Schatten auf den weißen Partien entstehen aus Umbra Natur und Elfenbeinschwarz. Als nächstes malen Sie die Fenster mit Elfenbeinschwarz. Die Farbgebung des Bildes wirkt noch harmonischer, wenn Sie ein wenig von der Meeresfarbe (Paynesgrau und lichter Ocker) am dunklen Fuß der Felsen anbringen.

Jetzt fehlen nur noch einige Details. Für die weiße Gischt an den Felsen tauchen Sie den Rundpinsel Nr. 2 in Chinesischweiß und rollen ihn über das Papier. Tun Sie aber nicht zuviel des Guten, sonst geht der angestrebte Effekt verloren.

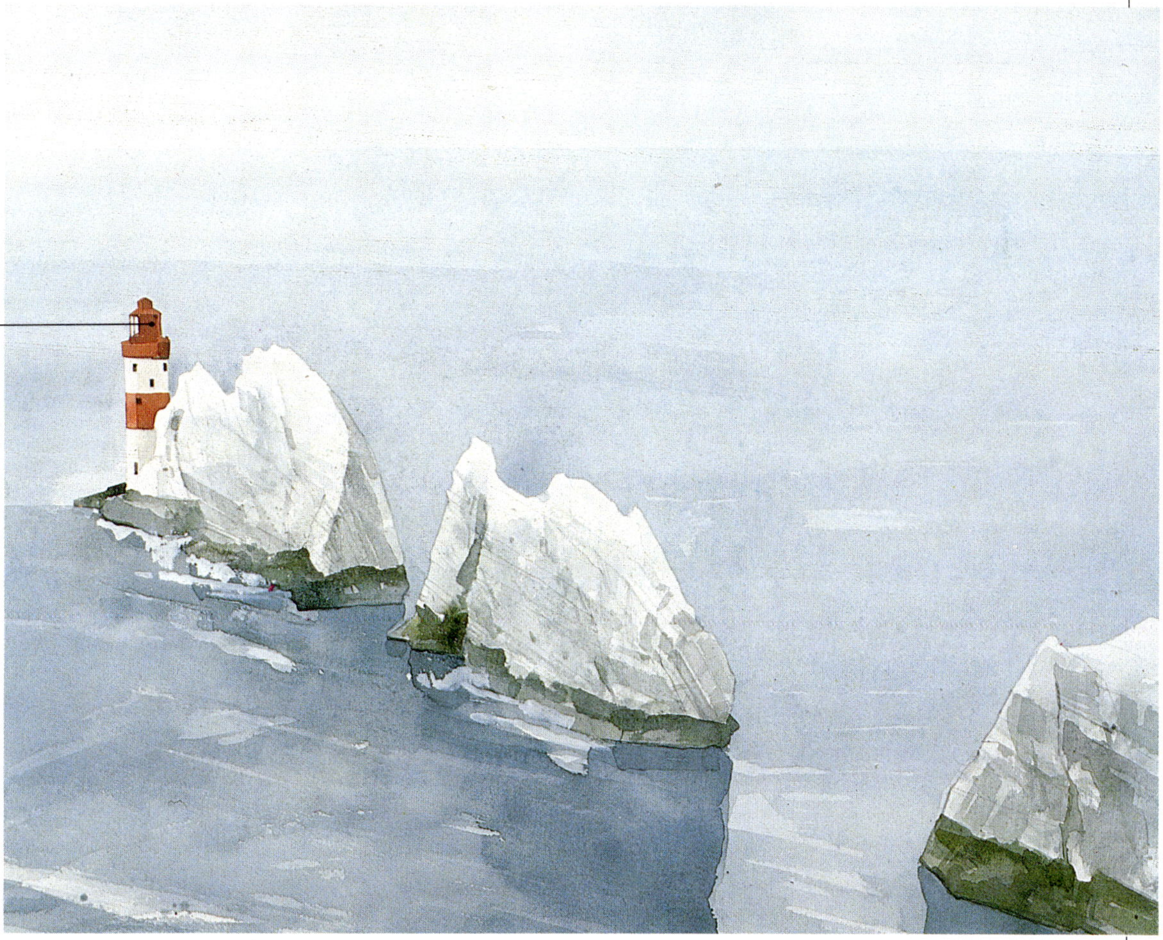

NASS IN NASS

Die Naß-in-naß-Technik wird seltener verwendet als die oben beschriebene klassische Aquarellmethode. Man malt dabei entweder auf feuchtem Papier oder über eine noch nicht trockene Farbschicht. So entstehen sehr spontane Bilder; die Ergebnisse lassen sich nie genau vorhersagen, und wegen dieses Überraschungsmoments wird die Technik von vielen Malern nach einiger Erfahrung damit als spannende Herausforderung geschätzt.

Naß-in-naß-Farbflächen werden angelegt, indem man das Papier zunächst mit einem großen Pinsel oder einem Schwamm anfeuchtet und die Farbe dann in breiten, horizontalen Strichen aufträgt. Das Verfahren bedarf der Übung, denn es ist nicht immer einfach, eine ebenmäßige Farbschicht zu erzielen.

Wenn Sie mit einer Farbe über eine andere, noch nasse malen, verlaufen beide ineinander. Dies bedeutet, daß Sie nicht in der traditionellen Weise von hell nach dunkel arbeiten können, weil die Farben nicht getrennt bleiben. Caroline Baileys Arbeiten sind ein gutes Beispiel für die Effekte dieser Methode. Ihre locker aufs Papier gesetzten Blumen bekunden eine sehr spontane, ungezwungene Malweise (s. S. 73).

Beim Naß-in-naß-Aquarellieren spielt der Zufall immer eine gewisse Rolle; wenn Sie die untere Farbschicht jedoch etwas antrocknen lassen, vermischen sich die Farben nicht völlig unkontrolliert, und Sie können Ihre Ergebnisse in Grenzen mitbestimmen.

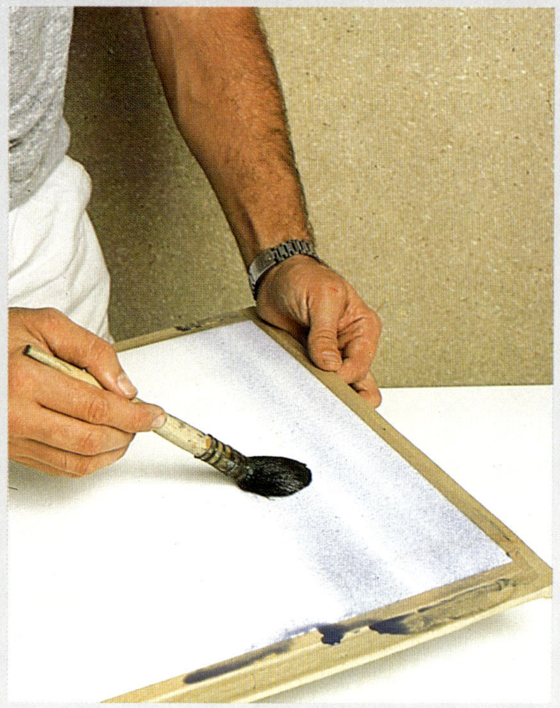

FARBAUFTRAG NASS IN NASS
1. Das aufgespannte Papier wird mit einem in klares Wasser getauchten Naturschwamm angefeuchtet. Dann kippen Sie das Zeichenbrett leicht und tragen die Farbe von oben nach unten in horizontalen Streifen auf.

2. Für diese Technik braucht man Übung. Unschöne Ränder entstehen zwar nicht so leicht wie bei der Naß-auf-trocken-Methode, Helligkeitsunterschiede lassen sich jedoch nicht immer ganz vermeiden.

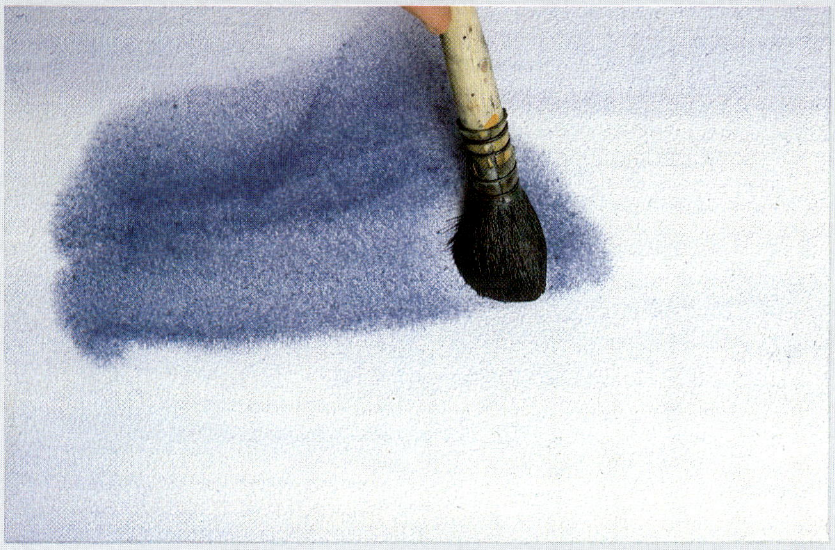

MALEN NASS IN NASS

1. Lassen Sie die erste Farbschicht etwas trocknen. Sie sollte eher feucht als naß sein. Dann tragen Sie die zweite Farbe auf.

2. Die Farbe verläuft, und die Formen werden weich mit verschwimmenden Rändern.

KORB MIT FRÜCHTEN

Die Naß-in-naß-Technik wurde bei diesem Bild in erster Linie für die großen Formen benutzt und um Farbharmonie zu schaffen. Der Maler hat die Farbschichten übereinandergelegt, ohne die untenliegende Schicht zunächst trocknen zu lassen. So konnten die Farben verlaufen und die Konturen sanft ineinander übergehen.

Diese Methode ist bei Früchtestilleben wie dem hier gezeigten besonders wirkungsvoll, denn die typischen Farben – Rot-, Grün-, Gelb- und Orangetöne – kommen – wenigstens in Spuren – in allen Früchten vor. So kann beim Malen das Rot des Paprikas in das Grün des Apfels verlaufen, der grüne Paprika hat leuchtendrote Tupfen usw. Die locker aufgetragenen Farbflecken dieser ersten Arbeitsphase dienen als Ausgangsbasis für die weitere Bildentwicklung; die ungezwungene Malweise schafft eine harmonische Verbindung der Farben und Formen.

Saubere Details erlaubt die Naß-in-naß-Technik allerdings nicht. Jedoch wollte der Künstler das Geflecht des Korbs wiedergeben, weil das Arrangement der Früchte dadurch hervorgehoben wird und sich gegen den Hintergrund besser behaupten kann. Das dunkle Flechtmuster wurde mit klaren, kalligraphischen Pinselstrichen auf die trockene Farbe gezeichnet.

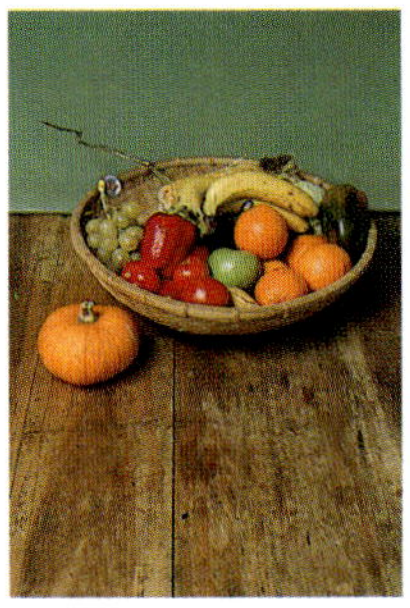

FARBPALETTE	
Kadmiumorange	Lichter Ocker
Umbra Natur	Kadmiumgrün
Kadmiumrot	Kadmiumgelb
Saftgrün	Sepiabraun
Zitronengelb	Indigo
Schwarz	
MALGRUND	
Aufgespanntes Bockingford-Papier 660 × 457 mm	

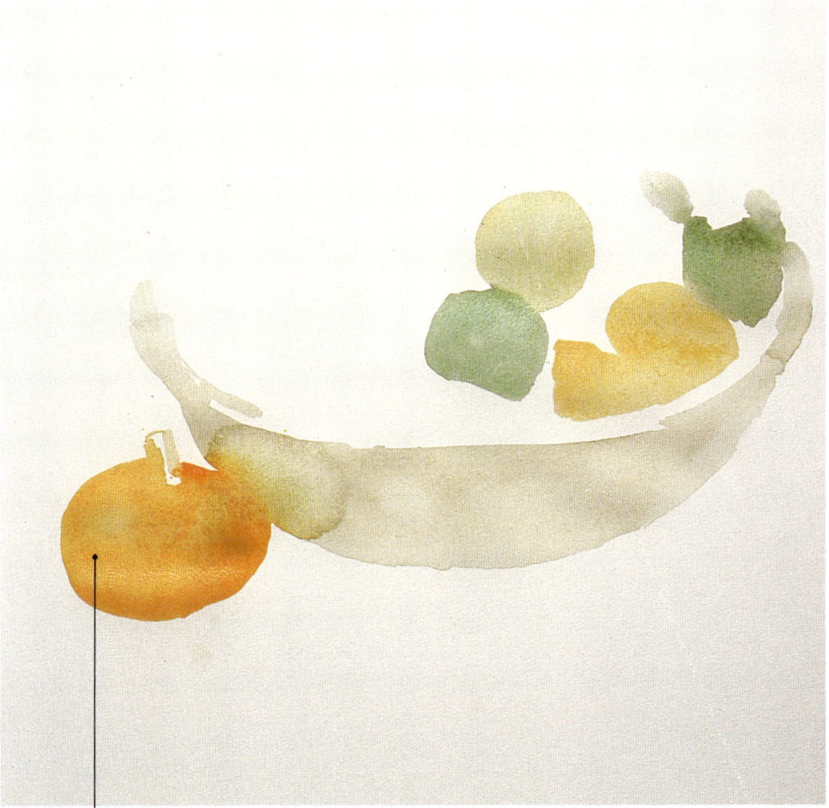

1. ERSTES STADIUM
Malen Sie, ohne mit Bleistift vorzuskizzieren, die wichtigsten Farbfelder mit einem Verwaschpinsel. Verwenden Sie für die Apfelsinen und den Kürbis Kadmiumorange, für Apfel und Paprika Kadmiumgrün und für den Korb lichten Ocker, gemischt mit Umbra Natur. Die Farbe sollte in diesem Stadium relativ dünn sein, die dunkleren Töne werden später hinzugefügt.

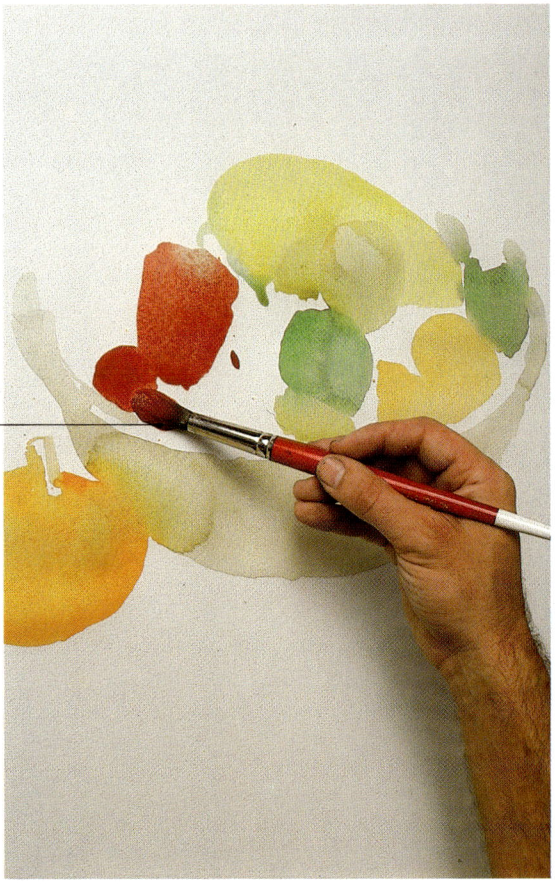

2. WEITERE FRÜCHTE
Geben Sie die Formen der anderen Früchte mit dünn aufgetragener Farbe an. Arbeiten Sie zügig, ohne daß die einzelnen Farben antrocknen. Zwischen Farben, die nicht ineinanderlaufen sollen, bleibt das Papier stellenweise frei. Hier hat der Künstler Grün, Gelb und Orange ausbluten und diese zufälligen Effekte zum Bild beitragen lassen. Malen Sie die Schatten des Korbs und den Tisch mit einer verdünnten Mischung aus Sepiabraun und Schwarz.

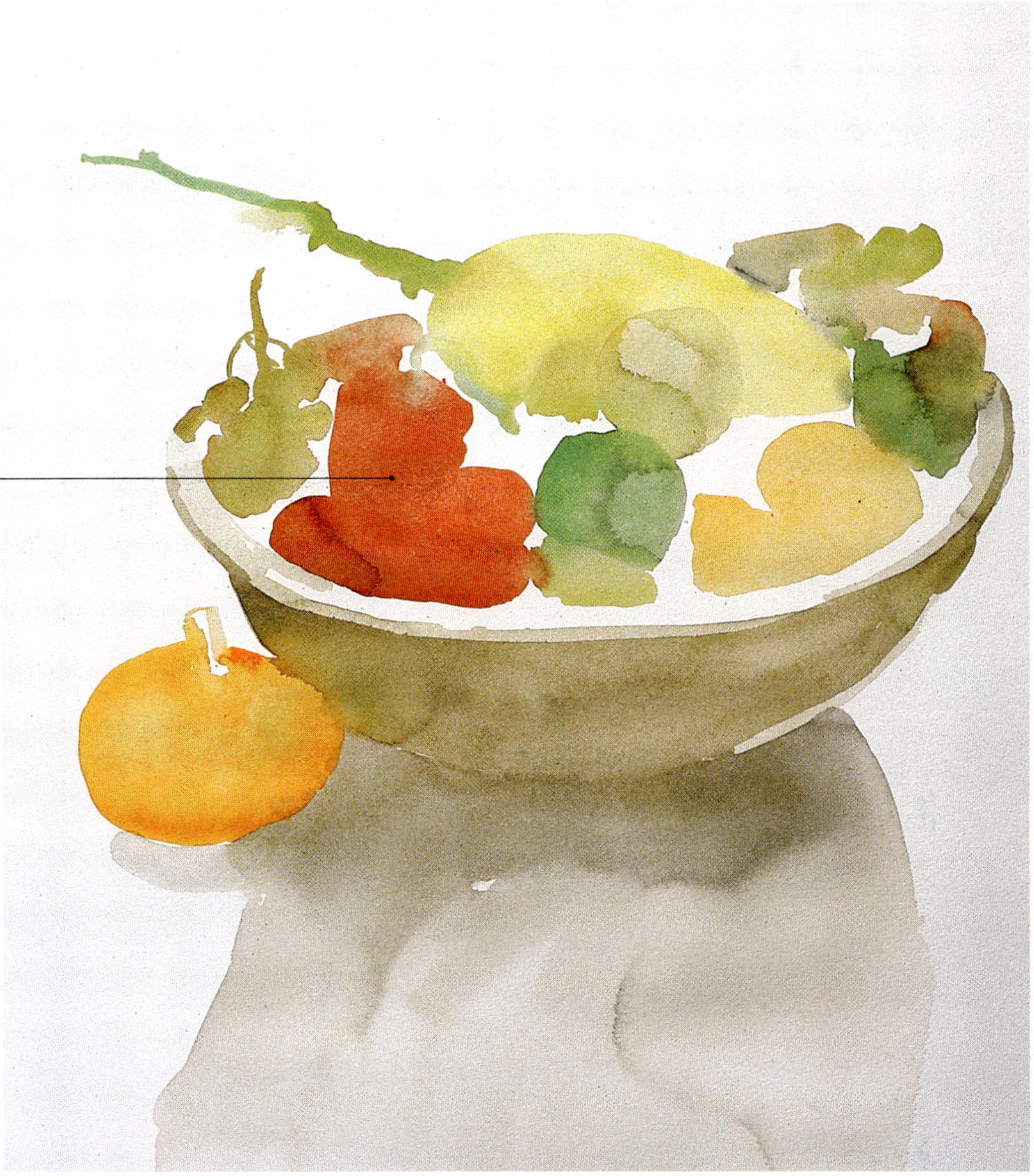

3. ZWEIFARBIGE FRÜCHTE
Für die Wiedergabe zwei- oder mehrfarbiger Früchte ist die Naß-in-naß-Methode ideal. Der Paprika z. B. ist rot und grün. Deshalb hat der Maler Kadmiumrot auf noch feuchtes Saftgrün gegeben und so eine sehr natürliche Wirkung erzielt.

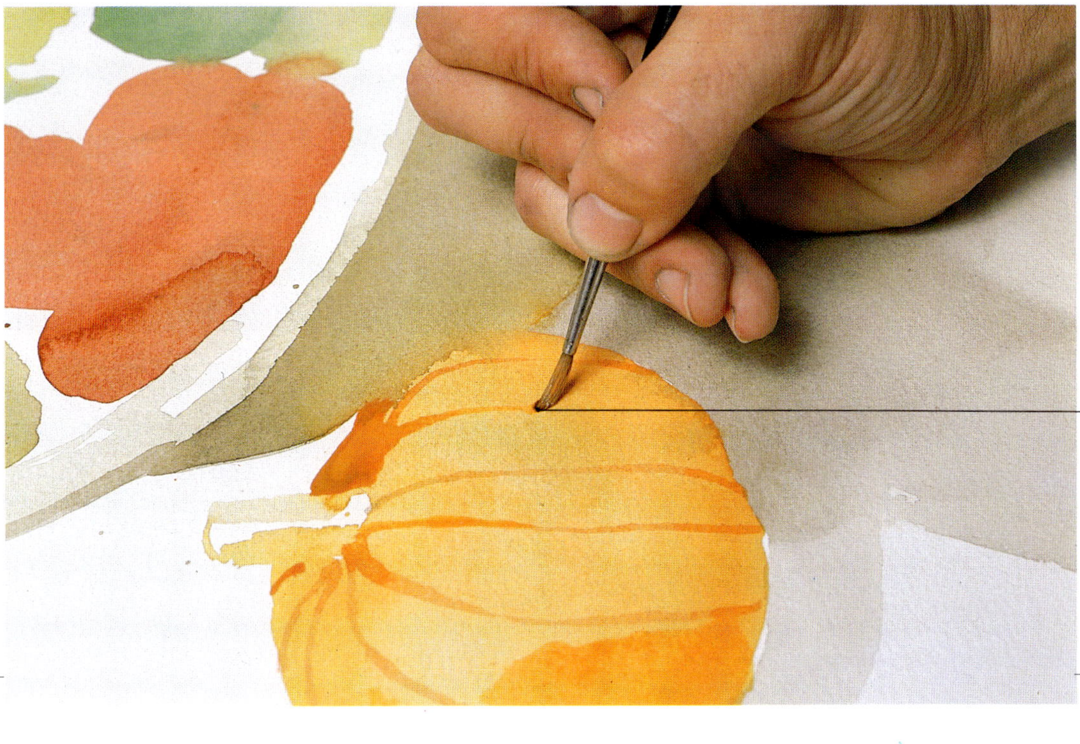

4. DETAILS
Für die Details verwenden Sie einen Pinsel Nr. 2. Versuchen Sie, die Formen und Texturen zu entwickeln: Die dunkelorangefarbenen Streifen auf dem Kürbis helfen z. B., seine runde Form wiederzugeben.

5. WEITERE DETAILS
Überarbeiten Sie die Trauben mit Saftgrün und die glänzende Oberfläche des Paprikas naß in naß mit Rot und Grün. Geben Sie dunkleres Kadmiumorange auf den Kürbis, achten Sie jedoch darauf, die plastische Wirkung der Streifen nicht zu verflachen.

6. DUNKLERE TÖNE
Vertiefen Sie die Farbtöne des Bildes, so daß die individuellen Formen und Merkmale der Früchte hervortreten. Verstärken Sie auch die Schatten auf dem Korb, damit seine Farbe besser zu den jetzt intensiveren Farben der Früchte paßt. Der Tisch ist in blassem Sepiabraun gehalten.

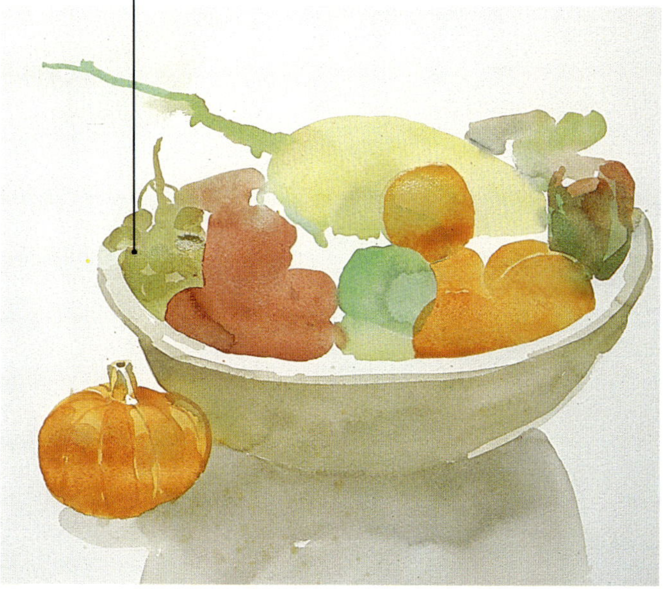

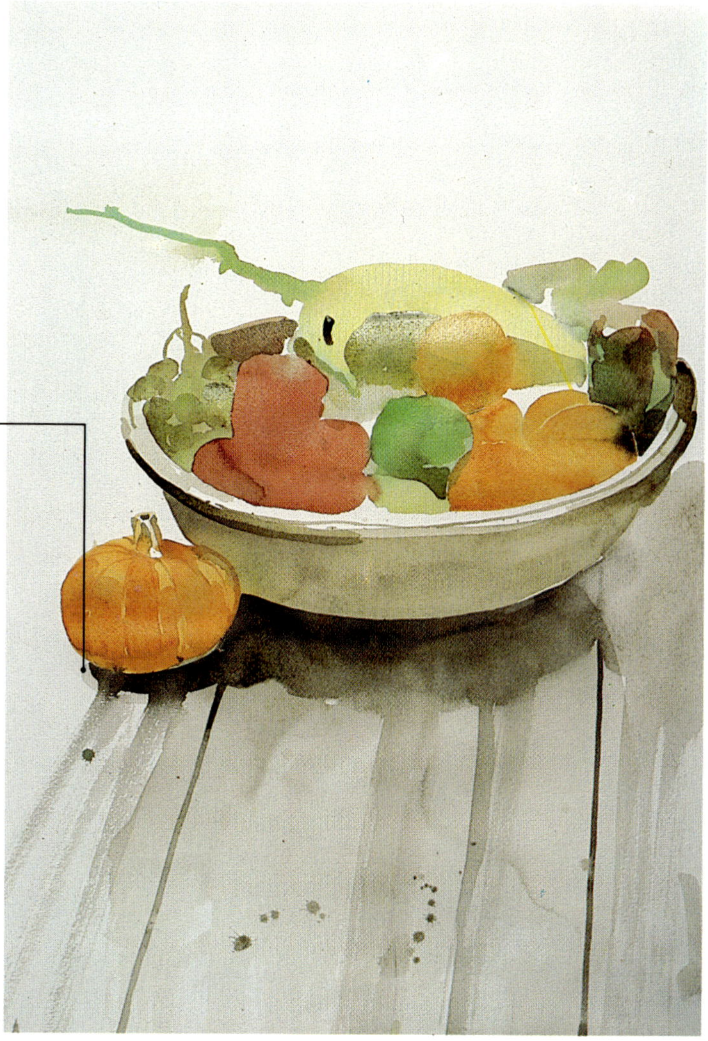

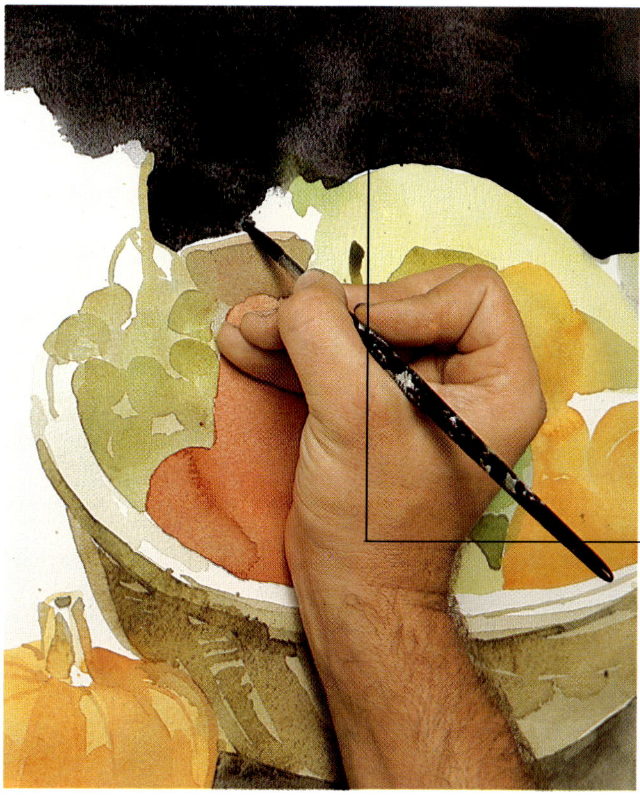

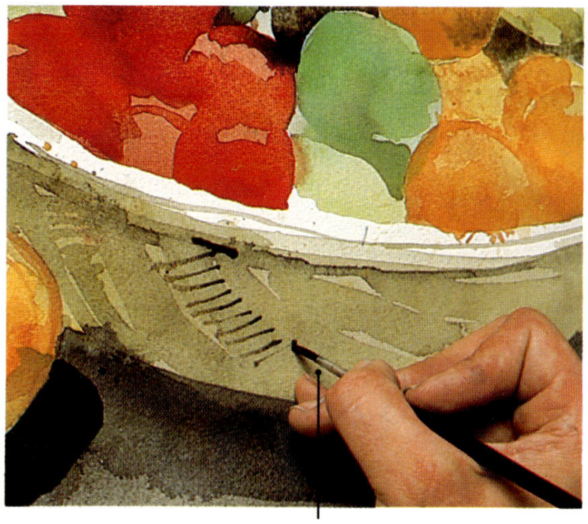

7. HINTERGRUND
Malen Sie den Hintergrund dunkelblau. Der Künstler fand hier die Farbe des tatsächlichen Hintergrundes den Farben der Früchte zu ähnlich, und so wählte er eine Mischung aus Indigo und Schwarz, um einen kräftigen Kontrast zu erreichen. Lassen Sie den Hintergrund trocknen, bevor Sie weiterarbeiten.

8. DETAILS DES KORBS
Deuten Sie das Korbgeflecht mit diagonalen schwarzen Strichen an. Dieses Muster gibt dem Korb Plastizität und Struktur, und zugleich fungiert der dunkle Ton als »optische Stütze«, so daß der Hintergrund nicht übermächtig wirkt.

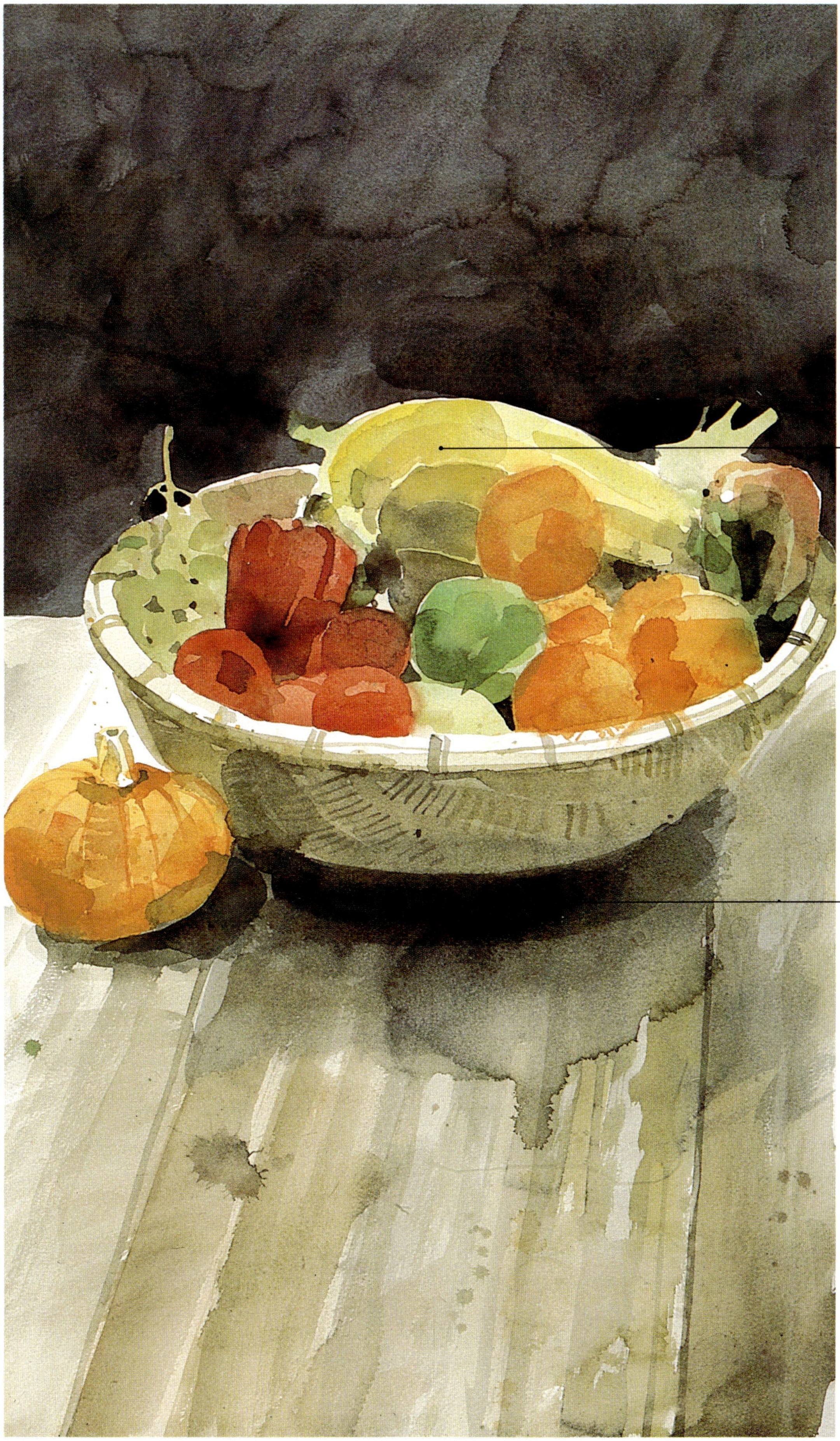

9. FARBANGLEICHUNG
Arbeiten Sie wie am Anfang mit einem Verwaschpinsel in breiten, spontanen Strichen, und verändern Sie, wo es notwendig ist, Farben und Tonstufen. Hier hat der Künstler Paprika, Apfel und Bananen überarbeitet und stärker strukturiert.

10. ABSCHLUSSARBEITEN
Zum Schluß hat der Künstler die dunkelste Schattenzone mit Schwarz und Indigo betont. Die Farbe des Hintergrundes taucht nun in jedem Teil des Bildes auf und hält so die Komposition zusammen.

FEDER UND TUSCHE

Scharfe Linien und Aquarellfarben lassen sich sehr schön miteinander verbinden, indem man Feder und Tusche einsetzt. Diese seit Jahrhunderten gebräuchliche Kombination war bei den englischen Malern des 18. Jahrhunderts besonders beliebt, und sie hat immer noch viele Freunde, vor allem bei den Illustratoren.

Man kann mit der Federzeichnung beginnen und dann Farbe hinzufügen oder umgekehrt zunächst farbig skizzieren und das Bild danach mit Feder und Tusche detailliert ausarbeiten. Die altmodische Tauchfeder bringt eine lebendige, flüssige Linie hervor, die gut zum Charakter des Aquarells paßt. Viele Maler, etwa Thomas Rowlandson (s. S. 37), haben diese Technik verwendet. Schwarz und Sepiabraun sind die traditionellen Tuschefarben, dem modernen Künstler steht jedoch eine viel größere Farbpalette zur Verfügung.

Je nachdem, ob Sie scharfe oder verschwimmende Linien bevorzugen, verwenden Sie wasserfeste bzw. wasserlösliche Tusche. Das Helldunkel eines Bildes können Sie mit Feder und Tusche unterstützen, indem Sie Schatten und dunkle Partien schraffieren und den Farbton, wie hier demonstriert, mit Aquarellfarbe anlegen.

FEDERZEICHNUNG AUF TROCKENEM PAPIER

1. Setzen Sie mit einer Tauchfeder Bündel kurzer, paralleler Striche neben- und übereinander. Je dunkler der Ton werden soll, um so dichter müssen Sie die Linien setzen, und um so stärker müssen sie sich überlagern.

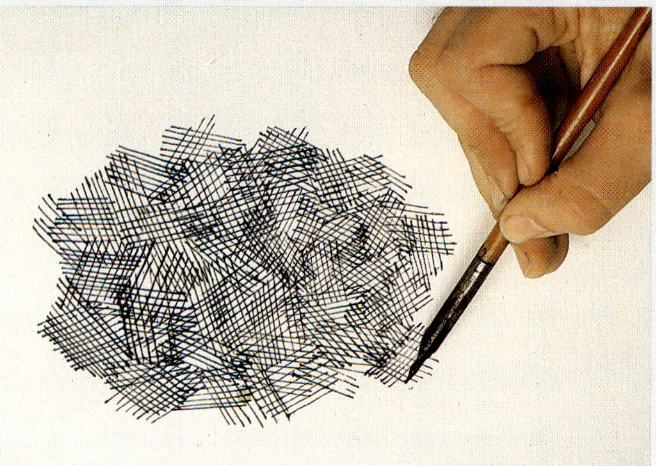

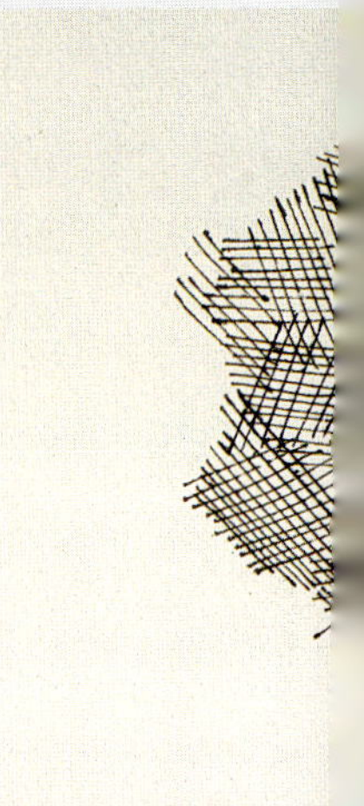

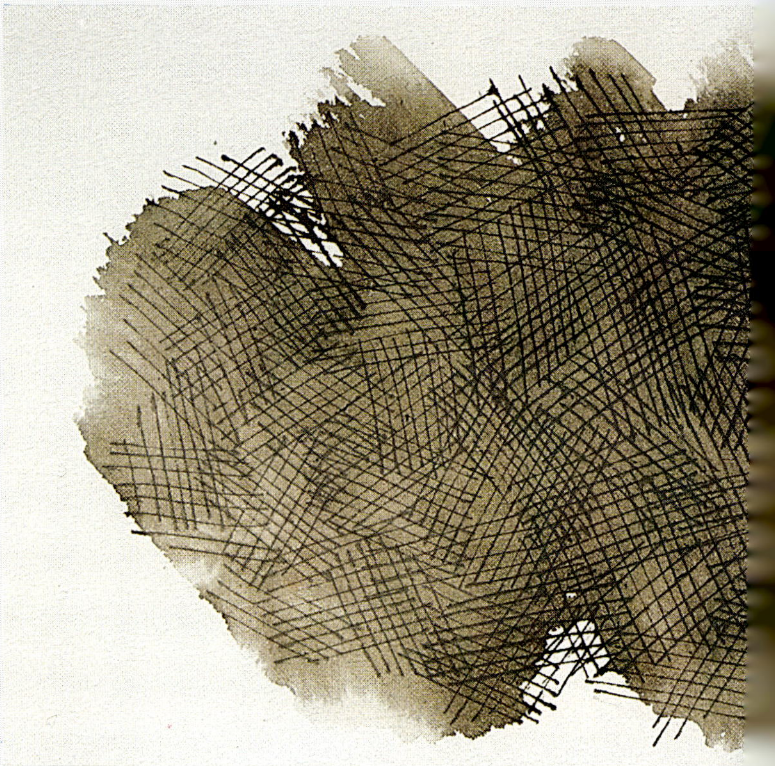

3. Das Wasser hat die Linien zerlaufen lassen, und das Ganze wirkt nun wie ein Aquarell.

2. Wenn Sie mit wasserlöslicher Tinte arbeiten, können Sie einen Aquarelleffekt erzielen, indem Sie die Linien mit klarem Wasser lavieren.

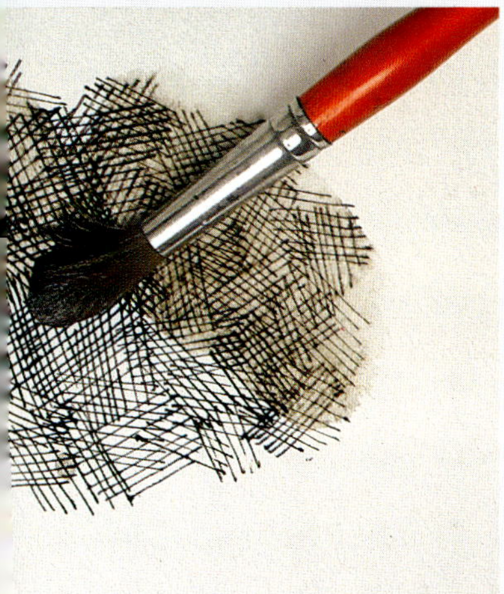

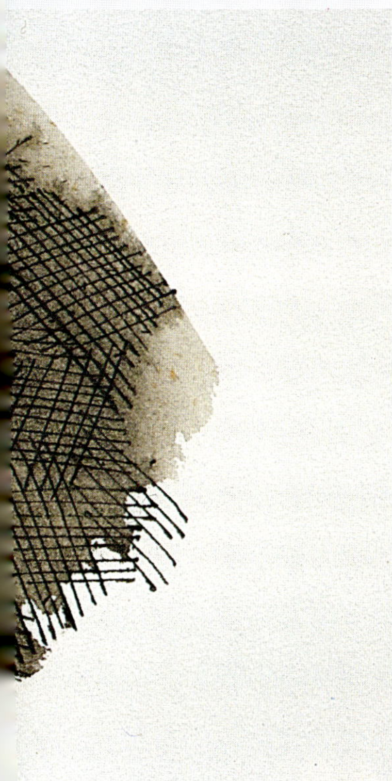

FEDERZEICHNUNG AUF FEUCHTER FARBE

1. Tragen Sie Farbe auf, lassen Sie sie antrocknen, und zeichnen Sie mit Feder und Tusche hinein. Die Tusche wird leicht in die feuchte Farbe ausbluten.

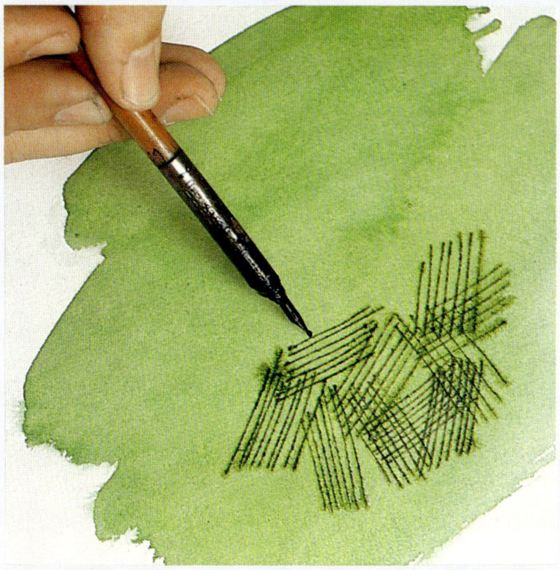

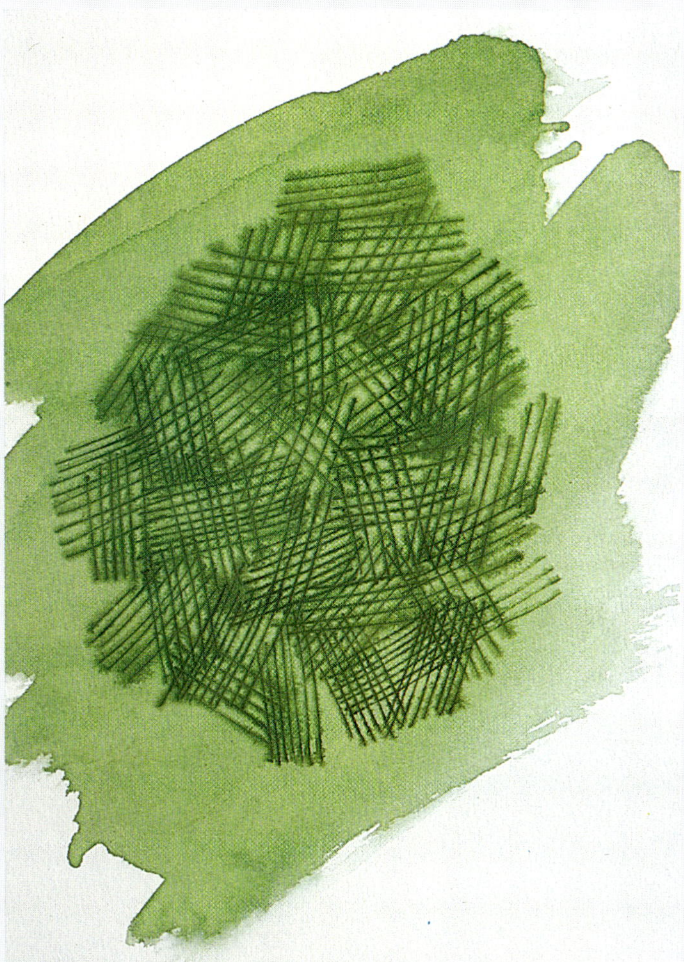

2. Insgesamt wirken die Linien nun sehr weich.

TOPF-PFLANZE

Bei dieser aquarellierten Zeichnung, in der Linie, Helldunkel und Farbe gleich wichtig sind, wurde mit einer altmodischen Tauchfeder gearbeitet. Sie schien dem Künstler besser geeignet als ein moderner Rapidograph mit seiner starren Röhrchenfeder, die eine zwar saubere, aber etwas sterile Linie hervorbringt. Mit der Tauchfeder werden die Linien unregelmäßig – einfach deshalb, weil man immer wieder absetzen muß, um die Feder einzutauchen. Beim Zeichnen der Agave mit ihren stachligen Blatträndern erweist sich diese Notwendigkeit als Vorteil.

Der Künstler hat wasserlösliche und wasserfeste Farben verwendet. Die Schraffuren entstanden mit wasserfester Tusche, während die Umrisse der Blätter mit wasserlöslicher Tinte gezeichnet wurden. Diese blutete in die später aufgetragene Farbe aus, und so wirkt die Kontur sehr organisch.

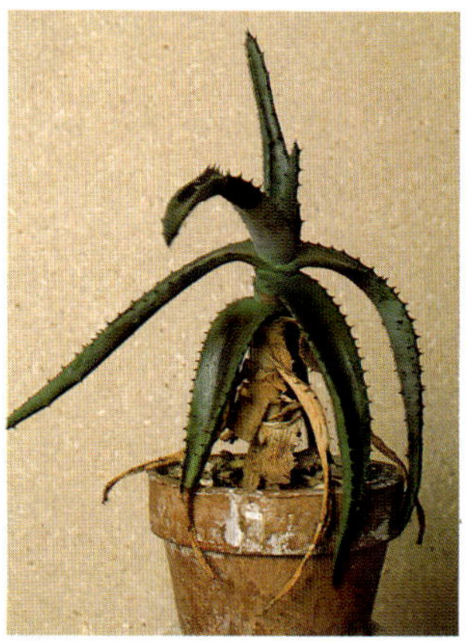

FARBPALETTE	
Konzentrierte Flüssigfarbe	
Moosgrün	Echtblau
Sepiabraun	Karminrot
Schwarz	
MALGRUND	
Daler-Aquarellkarton	
406 × 279 mm	

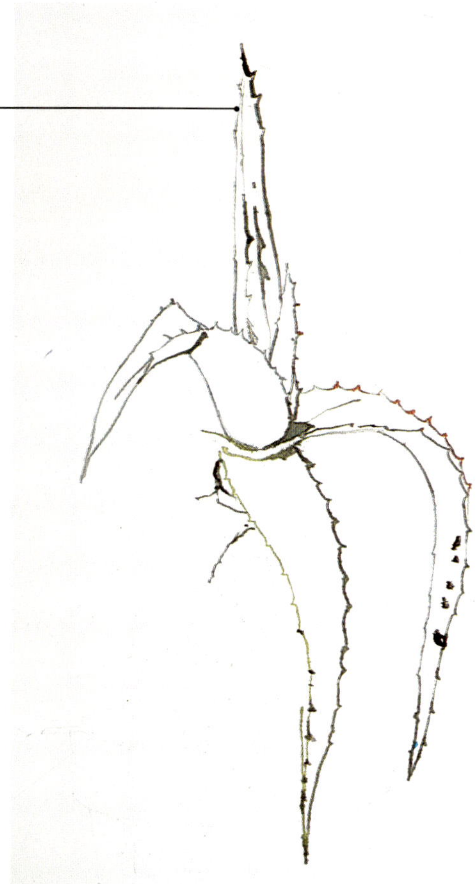

1. UMRISSLINIEN
Zeichnen Sie mit einer Tauchfeder mittlerer Stärke die Umrisse der Agave, wobei die Farben den Gegenstandsfarben entsprechen sollten. Hier hat der Maler Moosgrün, Echtblau und Sepiabraun verwendet. Sie sollten beim Zeichnen aber nicht übergenau sein; ein unerwarteter Farbakzent kann ein Bild »heben« und es lebendig werden lassen. Hier z. B. sind einige Blattzacken karminrot, was einen wirkungsvollen Kontrast zu den kühlen Grüntönen ergibt.

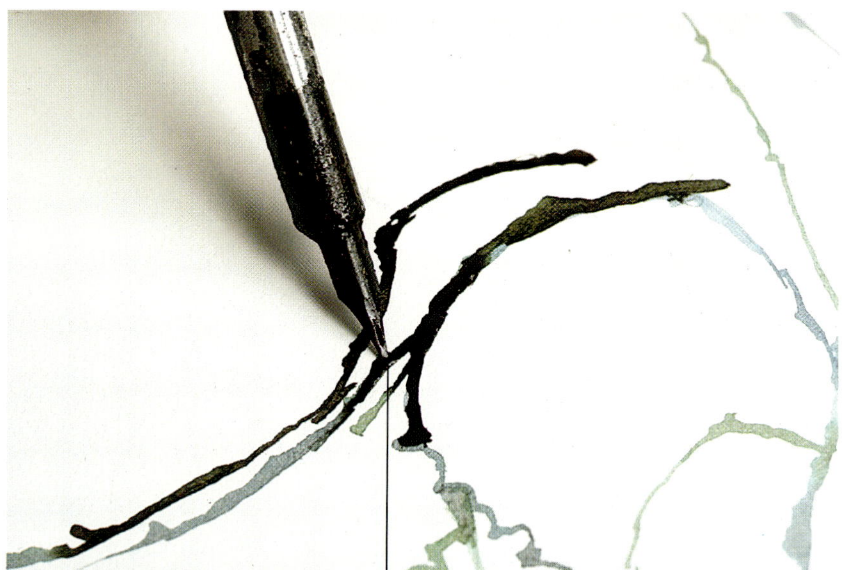

2. LINIENFÜHRUNG
Die Linien gewinnen an Ausdruck, wenn Sie mit einer anderen Farbe noch einmal darübergehen und dabei auch die Strichbreite variieren. Hier betont der Maler eine Stelle mit kräftig aufgetragenem Schwarz.

3. FARBE UND TONWERTE
Nachdem das Kompositionsgerüst fertig ist, geht es nun um Farbflächen und Helldunkel. Sie können mit Schraffur und Kreuzschraffur arbeiten, aber auch mit einem Pinsel verdünnte Farbe auftragen. Die unteren Blätter wurden mit Sepiabraun und Karminrot schraffiert; die Schattenpartien der oberen Blätter bestehen aus zartem Grün, aufgetragen mit einem Rundpinsel Nr. 4.

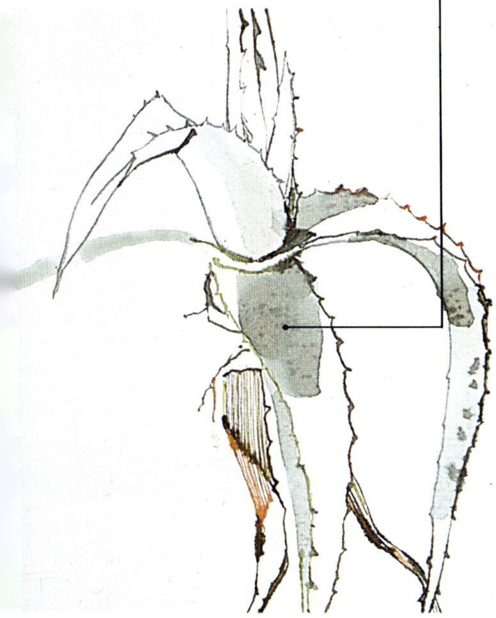

4. INTENSIVIEREN DER FARBEN
Bauen Sie die Farben von hell nach dunkel auf. Die Blätter erhalten zarte Lasuren in Grün, etwas dunkler als die erste Grünschicht.

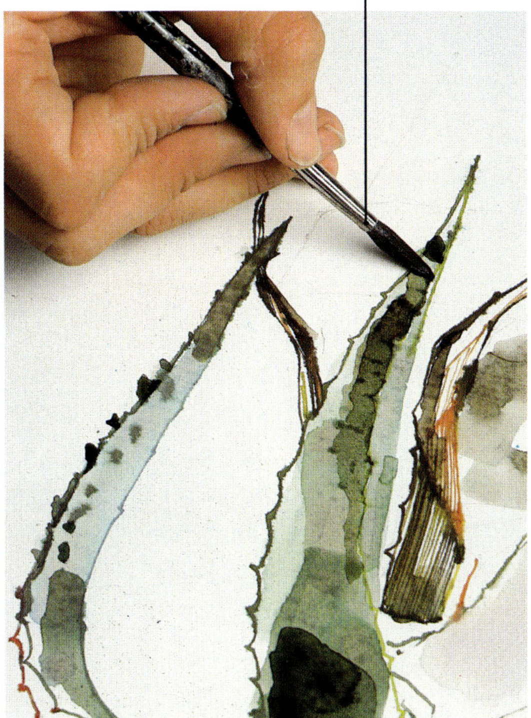

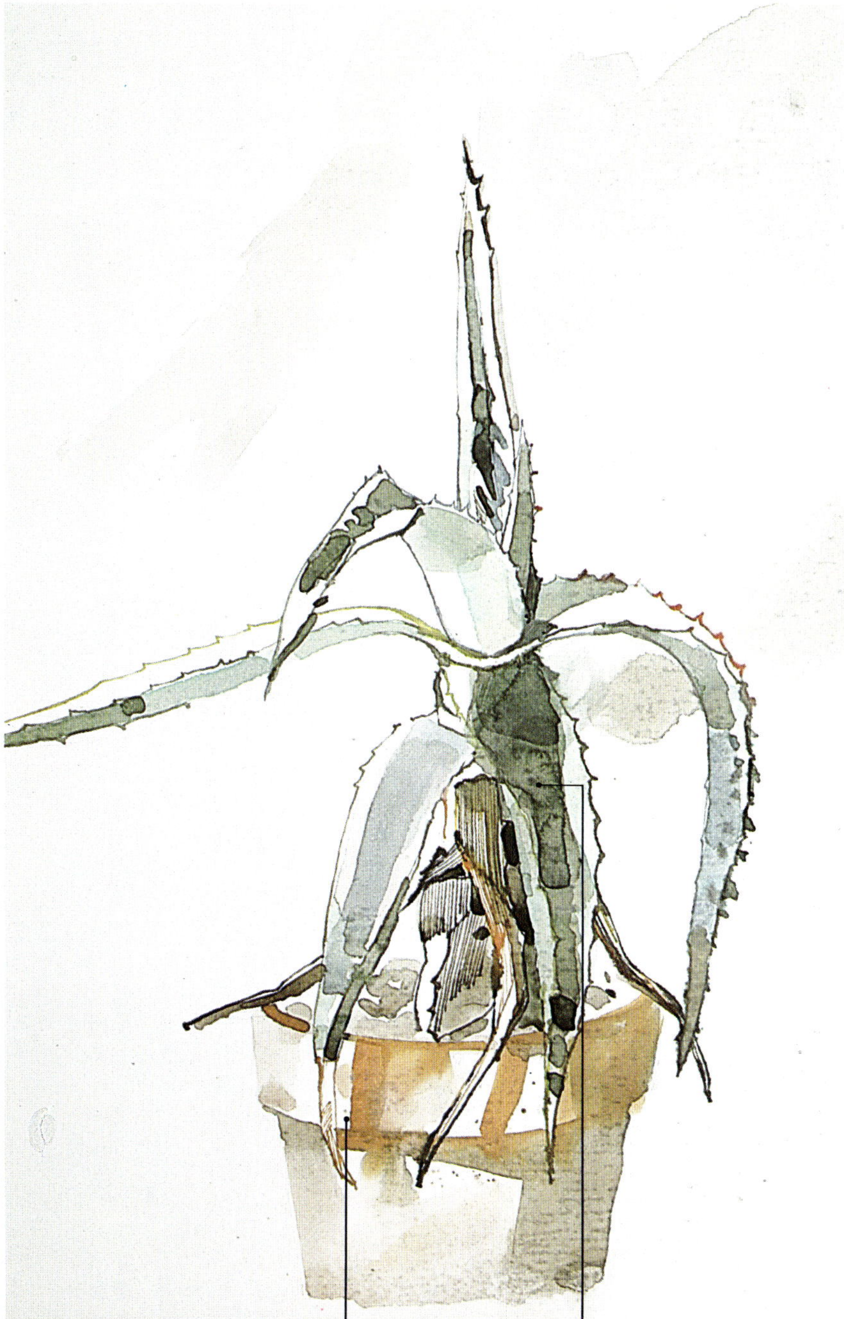

5. WARME TÖNE
Gestalten Sie die schraffierten Schattenpartien mit verdünntem Sepiabraun etwas weicher. Dann tragen Sie die warmen Farbtöne des Topfes auf, und zwar in feinen Schichten Karminrot und Sepiabraun. Stellenweise bleibt das Papierweiß sichtbar, um die Lichtreflexion anzudeuten.

6. ABSCHLUSSARBEITEN
Schließlich wird das Bild hier und da überarbeitet. In unserem Fall fand der Künstler einige der ursprünglichen Farben zu blaß und hat sie deshalb ein wenig verstärkt.

DIE DORF-KIRCHE

Feder und Tusche ist ein traditionelles Medium, mit dem Künstler bereits seit Jahrhunderten arbeiten; auch das Thema dieses Bildes ist recht konventionell. Doch muß man sich nicht an althergebrachte Methoden und Materialien halten. In diesem Fall hat der Maler verschiedene Medien kombiniert und so ein ungewöhnliches, reizvolles Ergebnis erzielt. Mit Gouache schuf er opake, geschlossene Farbflächen, die in wirkungsvollem Kontrast zur Transparenz der Aquarellfarben und zur spröden, linearen Struktur der Federzeichnung stehen.

Diese Mischtechnik kommt auf dem benutzten Papier besonders zur Geltung: Sein warmer Ton schimmert durch und vereint die unterschiedlichen Farben und Bildelemente zu einer harmonischen Komposition. Die Farben wurden frei und nicht fotografisch genau verwendet, und die spontane Pinselführung bringt Bewegung in das Bild, was besonders bei den Bäumen deutlich wird.

Die Farbgebung folgte der Subjektivität des Malers; so existieren die roten und gelben Flecken des Mauerwerks nur in der Phantasie des Künstlers, nicht an der wirklichen Kirche. Mit der Zeit werden Sie feststellen, daß Experimente solcher Art sehr ansprechend und lohnend sein können.

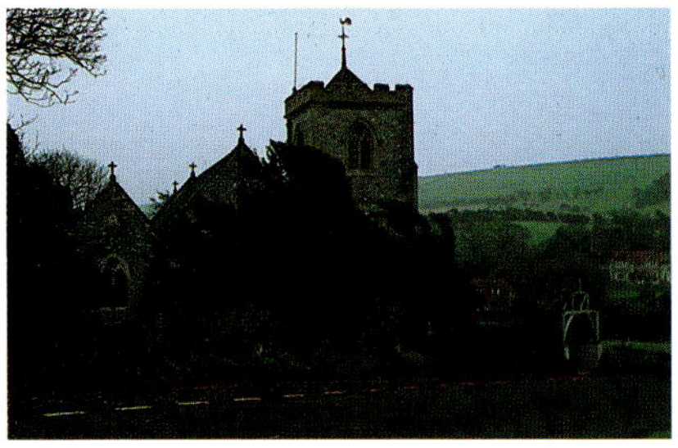

FARBPALETTE	
Zitronengelb	Saftgrün
Scharlachrot	Paynesgrau
Sepiabraun	
GOUACHE	
Kobaltblau	Weiß
TINTE	
Wasserlösliche schwarze Tinte	
MALGRUND	
Aufgespanntes Kartonpapier 406 × 508 mm	

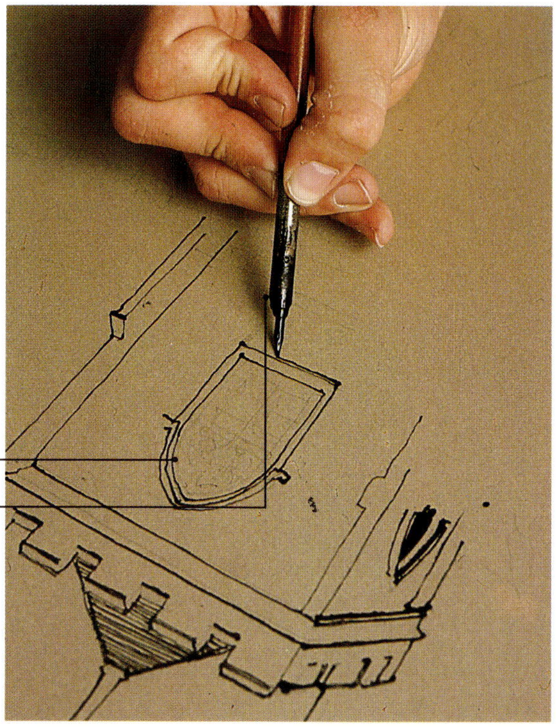

1. FEDERZEICHNUNG
Zeichnen Sie zunächst mit einer Tauchfeder und wasserlöslicher schwarzer Tinte die Kirche. Sie sollte sich ungefähr in der Mitte des Bogens befinden; die Arbeit wird einfacher, wenn Sie vorher eine Bleistiftskizze anfertigen.

2. LINIENSTÄRKE
Variieren Sie die Linienstärke; mit der Seite der Feder erzielen Sie feine Striche, durch festes Aufdrücken dagegen breite. Bei diesem Bild hat der Maler die Umrißlinien dick und die Binnenzeichnung zarter gehalten.

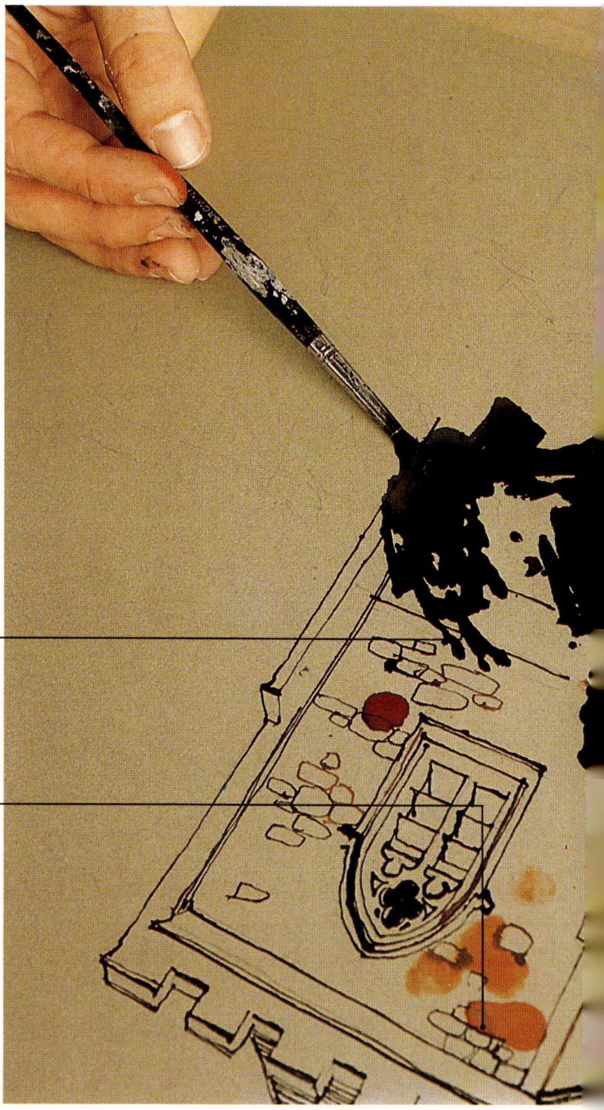

3. BÄUME
Malen Sie die Bäume mit kräftigen, schwungvollen Pinselstrichen in Sepiabraun. So wirken sie natürlich und wie windzerzaust. Die Farbe sollte so intensiv wie möglich sein.

4. FARBE
Beleben Sie das Mauerwerk mit leuchtenden, spontan aufgetragenen Farbtupfern. Diese werden später noch verändert und besser integriert, dürfen aber in diesem Stadium ruhig übertrieben bunt wirken. Der Künstler hat Zitronengelb und Scharlachrot verwendet, jedoch sind auch andere Farben möglich. Versuchen Sie, Alternativen zu finden.

5. MAUERWERK
Die Formen der Bäume bilden einen starken Kontrast zum linearen Aufbau der Kirche. Dies hat der Künstler so gestaltet, um den strengen Charakter des Architekturbildes aufzulockern. Deuten Sie mit Tupfen in verdünntem Schwarz und Sepiabraun einige Steine in der Fassade an.

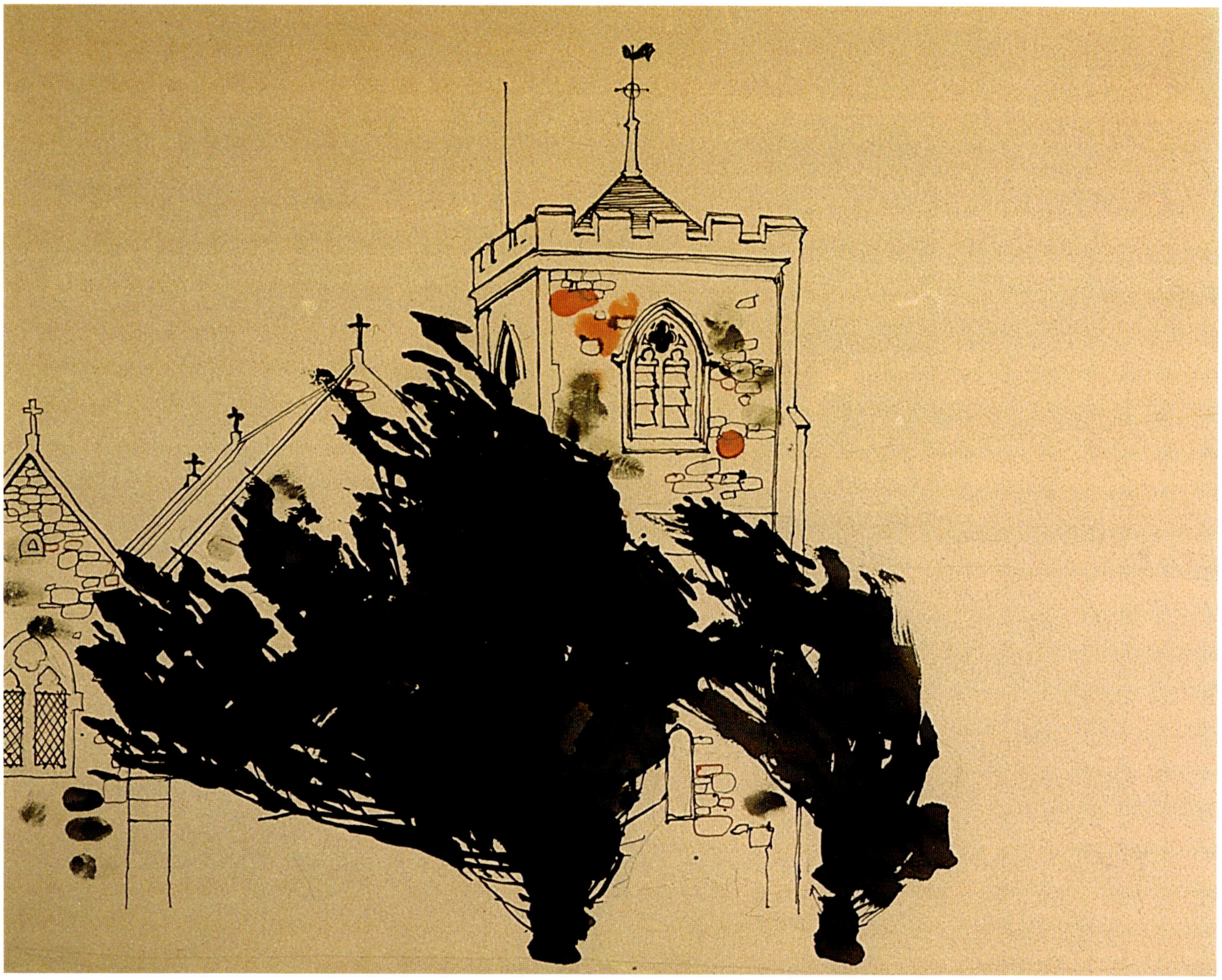

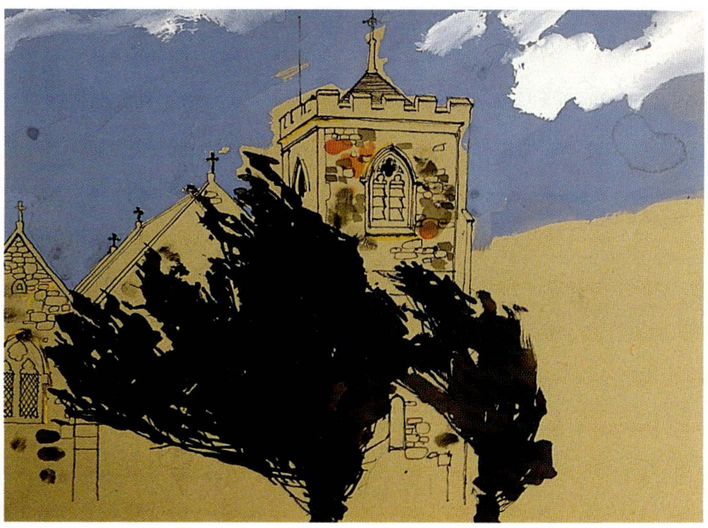

6. HIMMEL
Legen Sie den Himmel in Kobaltblau und Weiß an. Der Maler hat die farbkräftige, opake Gouache verwendet; Sie können jedoch auch Aquarellfarbe nehmen – der Himmel wirkt dann zarter und transparent.

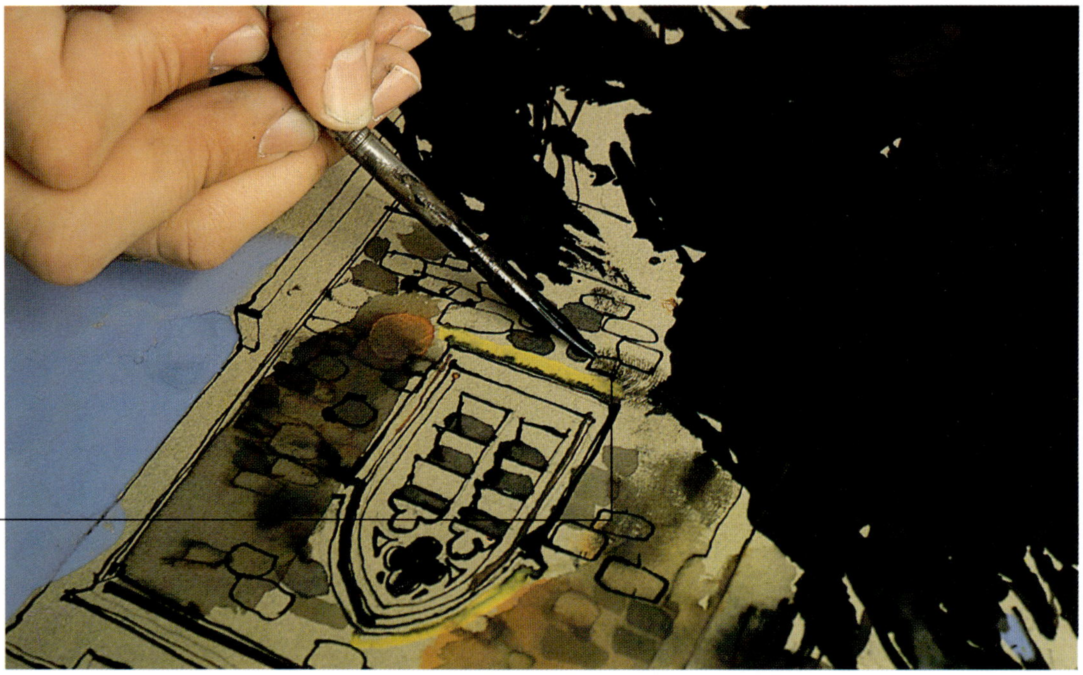

7. VERMISCHEN DER FARBEN
Geben Sie mit schnellen Pinselstrichen etwas klares Wasser über das Mauerwerk, so daß die Farben leicht ineinander verlaufen. Ziehen Sie einige Steine mit der Feder nach.

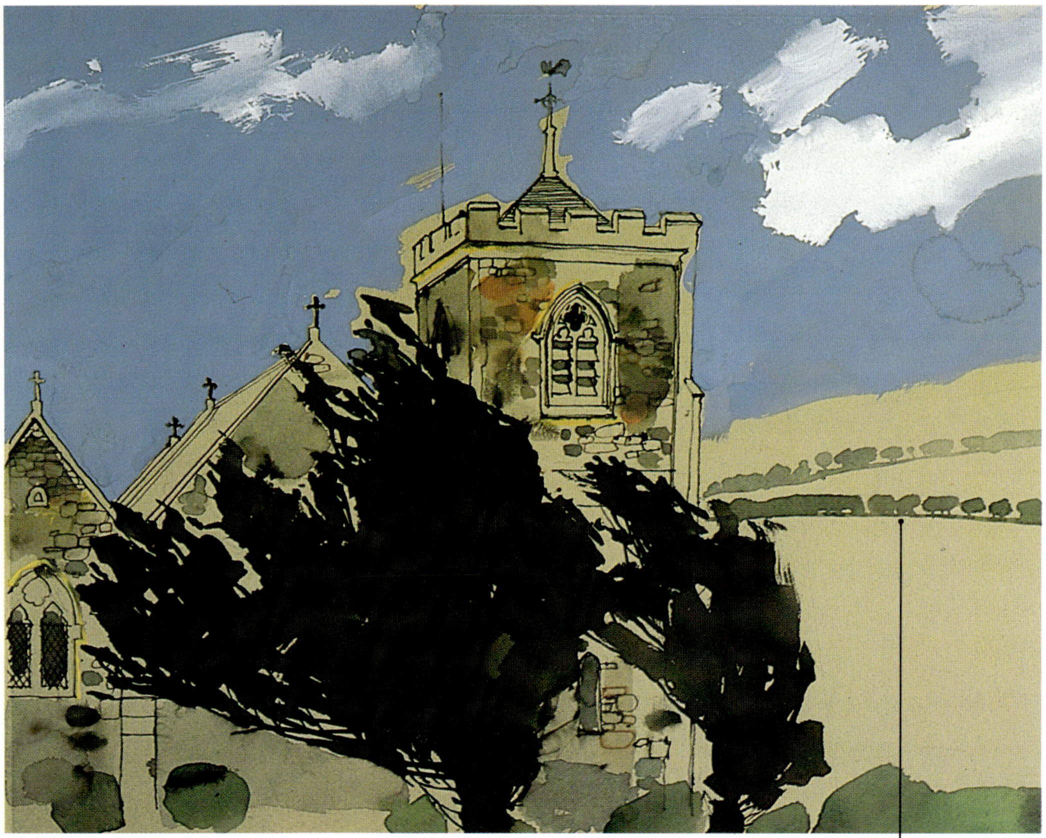

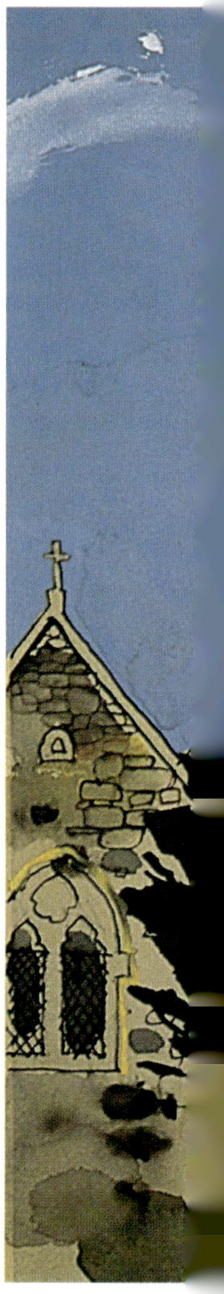

8. BÄUME
Malen Sie die Bäume in Saftgrün und Paynesgrau. Die hintere Reihe sollte etwas blasser werden, um die Entfernung anzudeuten (s. S. 134f.).

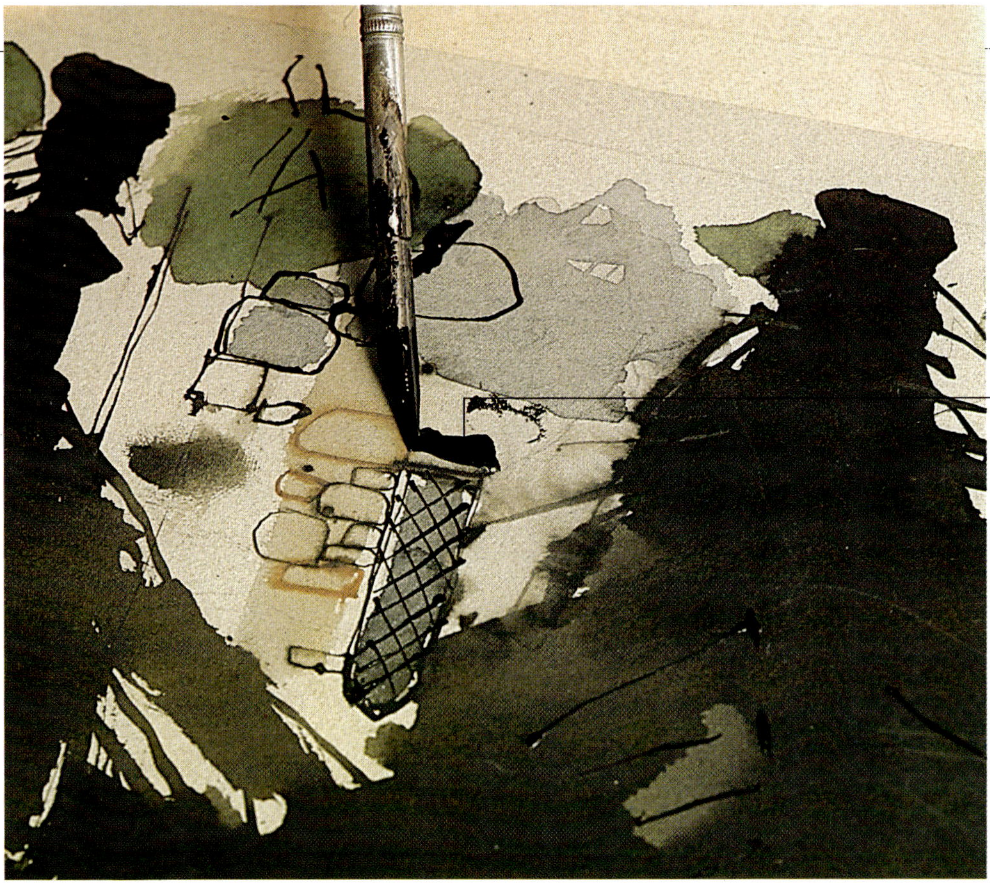

9. VERSTÄRKEN DER FARBTÖNE
Überarbeiten Sie das Bild, indem Sie Farbtöne vertiefen und Details hinzufügen. Hier betont der Maler eine Fensternische mit reinem Schwarz.

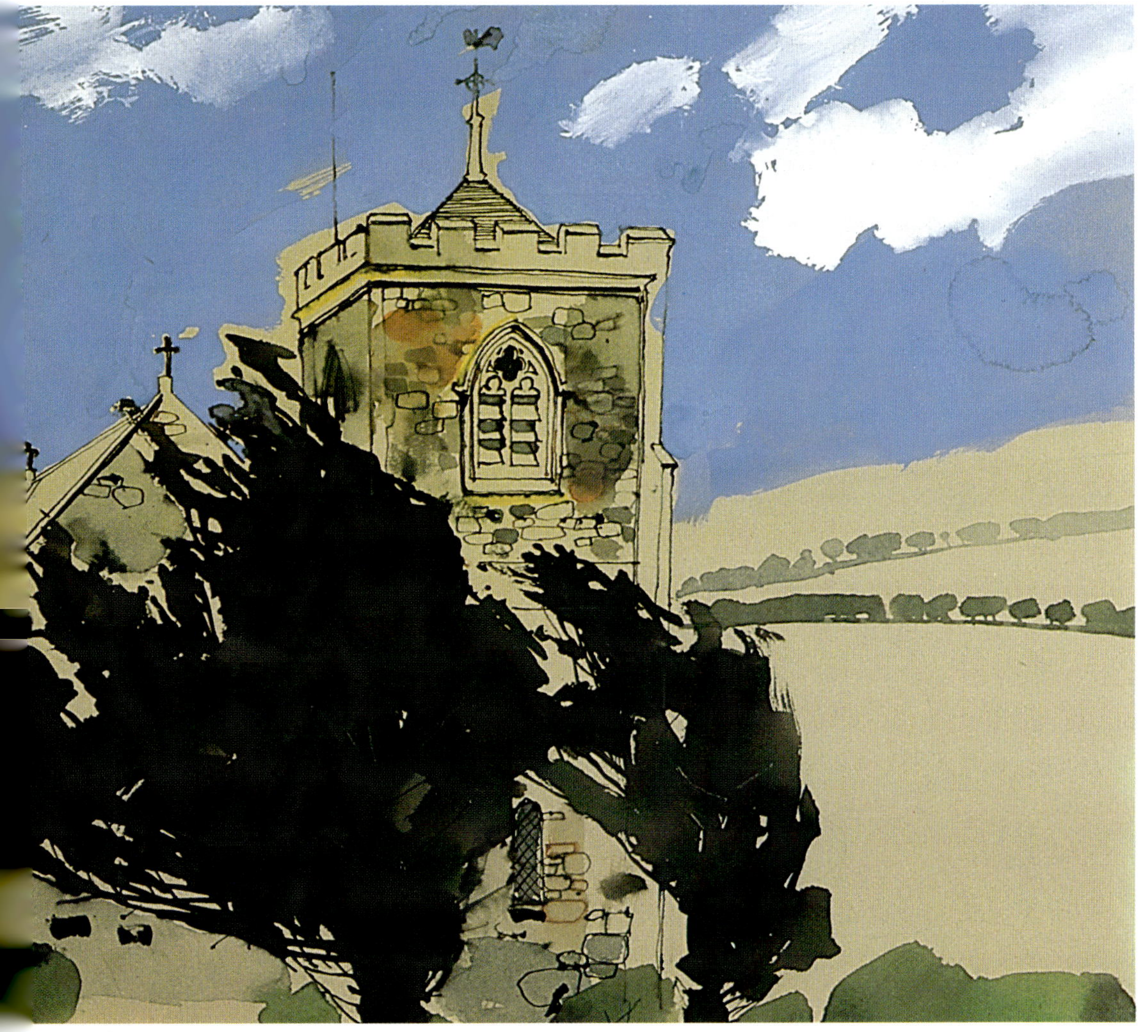

10. DAS FERTIGE BILD
Mit unterschiedlichen Medien und Techniken ist ein lebendiges, graphisch wirkendes Bild entstanden. Der warme Beigeton des Papiers verbindet die Formen und Farben harmonisch miteinander, und so wirkt das Ganze bei aller Spontaneität doch sehr geschlossen.

PERSPEKTIVE

Bei so gut wie jedem Bildthema spielt die perspektivische Darstellung eine gewisse Rolle, aber dennoch sollte die Perspektive in einem Bild nicht zu aufdringlich werden.

Zu unterscheiden ist zwischen Linearperspektive und Luftperspektive. Die erste basiert auf der Tatsache, daß in die Tiefe führende Parallelen – z. B. Eisenbahnschienen – aufeinander zuzulaufen scheinen. Auch wenn sie am Horizont (oder am Bildrand) verschwinden, bevor sie sich treffen, scheinen sie doch ein und demselben Punkt zuzustreben; diesen Punkt nennt man Fluchtpunkt. In einem Gemälde oder einer Zeichnung sollten deshalb alle in die Tiefe führenden Linien, wie Eisenbahnschienen oder Häuserreihen, den Eindruck erwekken, daß sie aufeinander zulaufen. Am Anfang kann man diese Linien mit dem Lineal ziehen, während ein erfahrener Künstler oft nach Augenmaß vorgeht. Zur Linearperspektive gehören, wie hier gezeigt, die Einpunkt-, die Zweipunkt- und die selten verwendete Dreipunktperspektive.

Ist die perspektivische Darstellung nicht korrekt, dann wirkt das Bild befremdlich. Dennoch sollte man sich darüber auch nicht zu viele Gedanken machen. Wenn Sie die Grundregeln beachten, werden Ihre Ergebnisse mit zunehmender Praxis von selbst richtig.

Unter Luftperspektive versteht man die Erscheinung, daß die Farben eines Gegenstandes mit wachsender Entfernung heller und kühler werden und der Kontrast schwindet. So wirken Hügelketten, je weiter weg sie liegen, wegen der atmosphärischen Trübung desto heller und blauer.

1. Einpunktperspektive

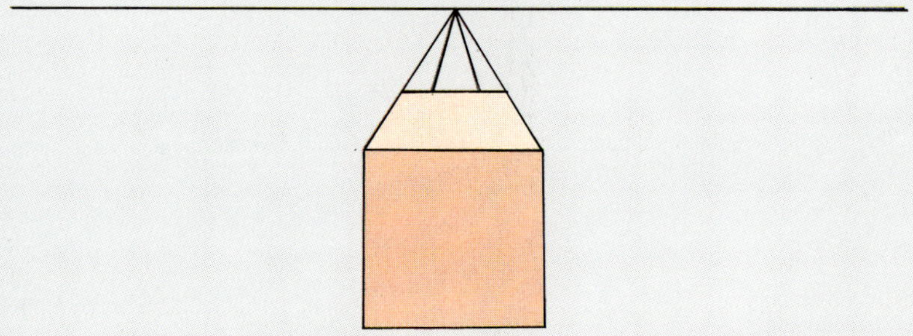

2. Zweipunktperspektive

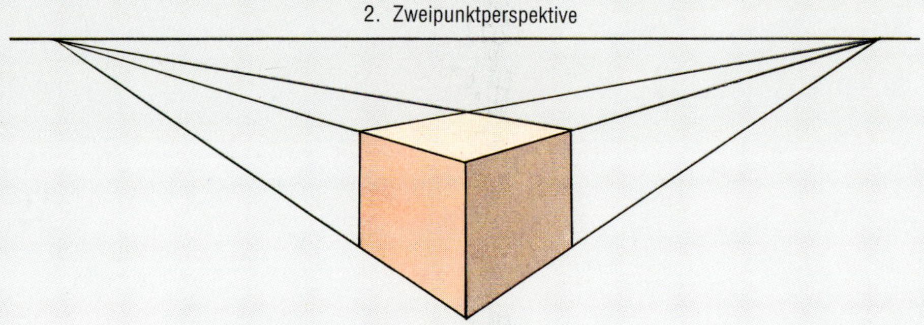

3. Dreipunktperspektive

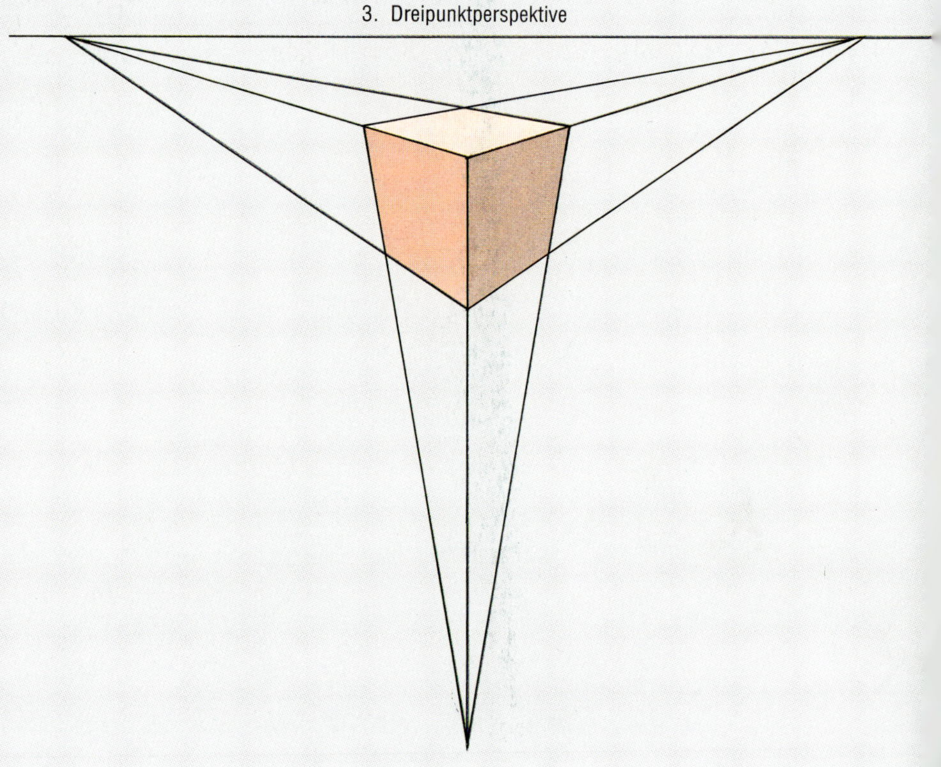

LINEARPERSPEKTIVE
Die Abbildungen zeigen, wie parallele, in die Tiefe führende Linien dem Fluchtpunkt zustreben. Bei der Einpunktperspektive oder Frontalperspektive treffen sich die senkrecht zur Bildebene verlaufenden Geraden in einem Punkt. Bei der Zweipunkt- und der Dreipunktperspektive ergeben sich aus den sichtbaren fliehenden Ebenen zwei bzw. drei Fluchtpunkte.

FLUCHTPUNKT
Die quadratischen Sockel der drei großen Steinvasen stehen in einer Reihe hintereinander. Die Kante des Rasens auf der linken Seite läuft parallel zur Flucht der Sockel. So findet in dieser Komposition das Gesetz der Linearperspektive – senkrecht zur Bildebene in die Tiefe verlaufende parallele Linien treffen sich im selben Fluchtpunkt – Anwendung.

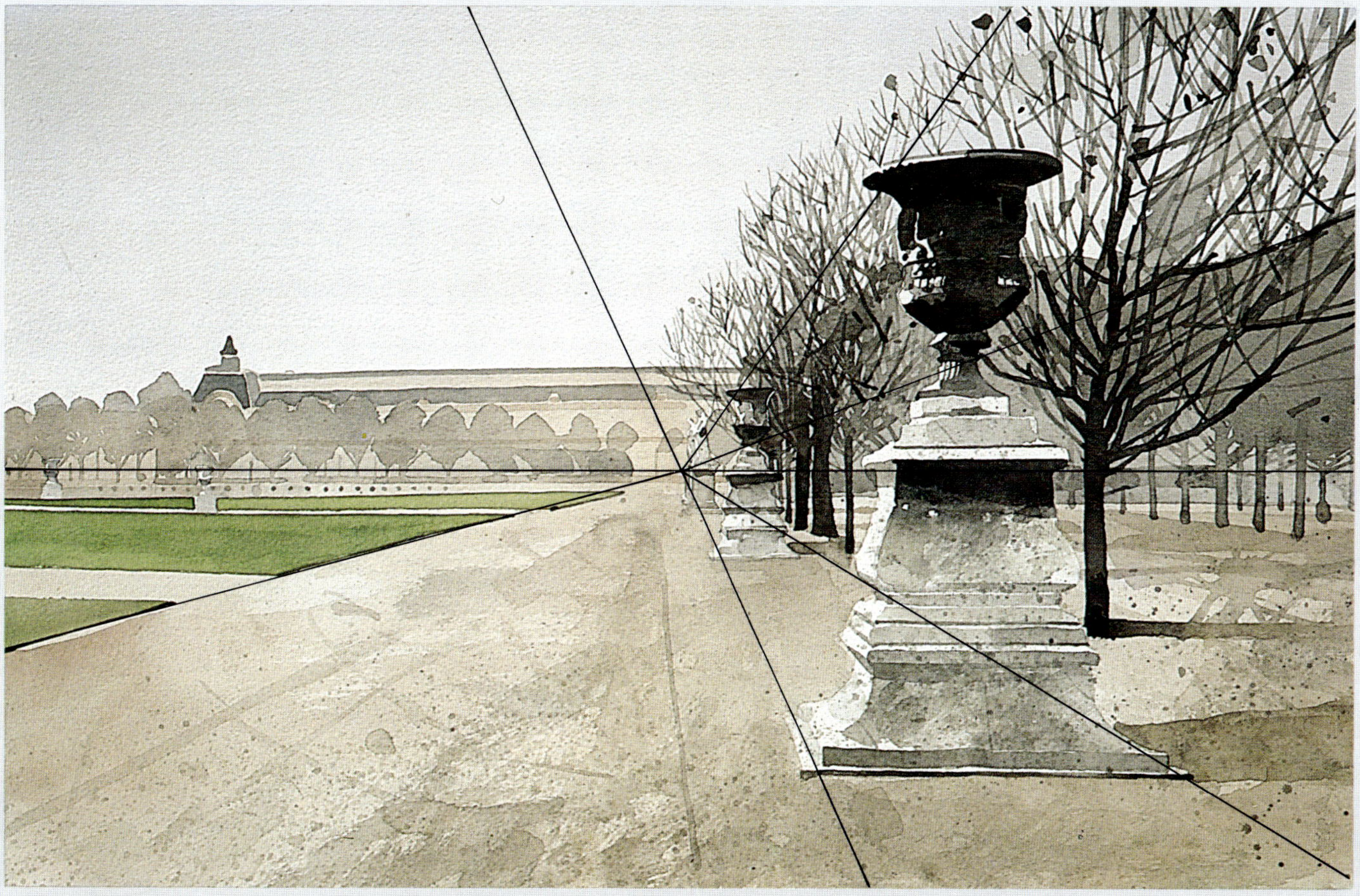

TUILERIEN-GARTEN

In dieser Komposition hat sich der Künstler der Linear- und der Luftperspektive bedient, um den Eindruck von Weite und Entfernung zu erwecken. Das Auge des Betrachters wird sogleich von den drei großen Steinvasen, die majestätisch in einer Reihe stehen und den Blick in die Tiefe ziehen, gefesselt.

Die quadratischen Sockel der Vasen haben denselben Fluchtpunkt – und hier ist auch schon Vorsicht geboten! Wenn Sie ein so auffälliges Element in Ihre Komposition einbeziehen, muß die perspektivische Darstellung absolut korrekt sein, denn Fehler würden allzusehr ins Auge springen; deshalb ist die Zeit, die Sie auf die Festlegung des Fluchtpunkts und der Fluchtlinien verwenden, gut investiert. Wenn Sie dies nicht per Augenmaß können, benutzen Sie ein Lineal.

Die Luftperspektive unterstützt den Eindruck von Weite. Farben und Formen entfernter Dinge sind sehr zart und kontrastarm, was zur Schaffung von Atmosphäre beiträgt. Die Reihe der Vasen wird nicht nur linearperspektivisch, sondern auch gemäß diesen Regeln der Luftperspektive dargestellt.

Die Vase im Vordergrund drängt sich dem Betrachter geradezu auf, was die Illusion von Räumlichkeit verstärkt. Der Künstler hat sich ganz auf den Helldunkelkontrast konzentriert; nur an einigen Stellen finden sich Zwischentöne.

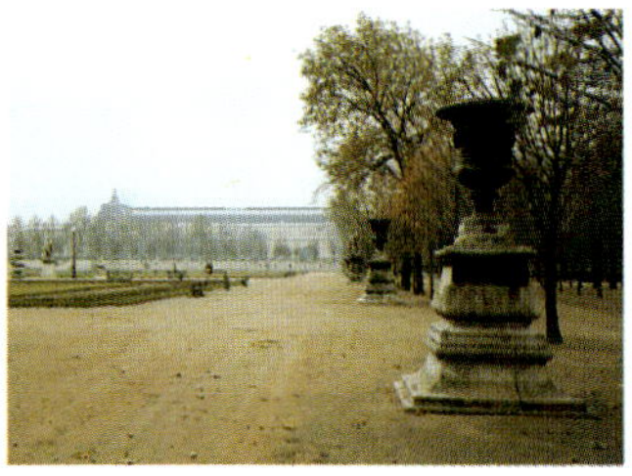

FARBPALETTE	
Kobaltblau	Sepiabraun
Madderbraun	Elfenbeinschwarz
Paynesgrau	Saftgrün
Lichter Ocker	Zitronengelb
MALGRUND	
Aufgespanntes Bockingford-Papier 356 × 508 mm	

1. VORARBEITEN
Beginnen Sie mit einer Bleistiftzeichnung; achten Sie besonders bei der Vasenreihe auf die Perspektive. Alle drei Vasen haben denselben Fluchtpunkt. Wenn die Zeichnung »sitzt«, malen Sie den Himmel mit einem Verwaschpinsel in stark verdünntem Kobaltblau. Lassen Sie diese Schicht trocknen, und legen Sie dann mit einem feinen Pinsel den hellsten Ton des Bauwerks mit Sepiabraun und Madderbraun an. Benutzen Sie diesen Farbton auch für den Vordergrund. Trocknen lassen.

2. DAS SCHLOSS
Es ist ratsam, für den Hauptteil des Gebäudes nur zwei Grundtöne zu verwenden, die erste dünne Schicht und einen zweiten, kräftigeren Ton aus Sepiabraun, Madderbraun und etwas Schwarz. Verwenden Sie die zweite Farbe für die dunkleren Architekturdetails und die Baumreihe. Malen Sie mit dieser Mischung, nachdem Sie ihr ein wenig Paynesgrau zugesetzt haben, auch das Dach.

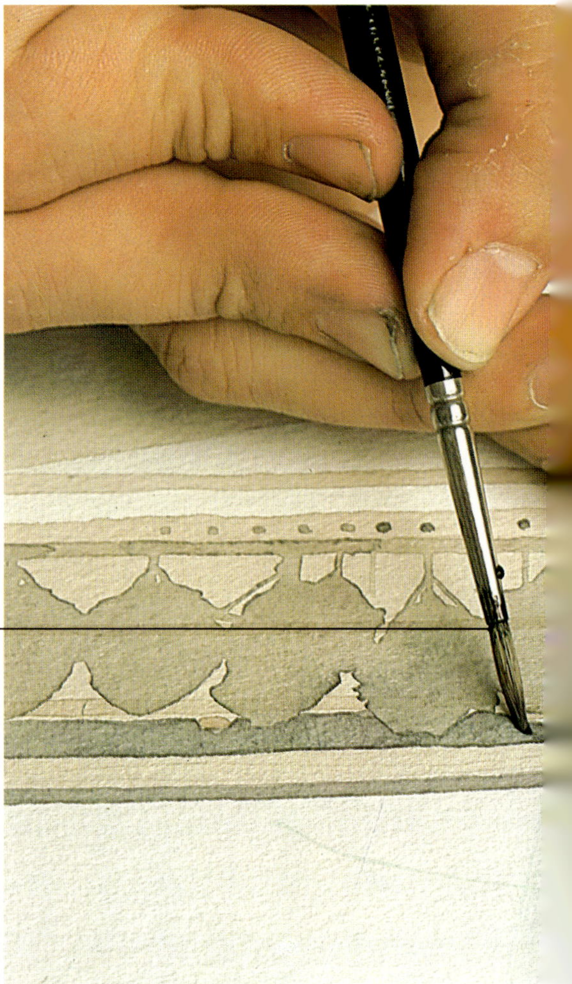

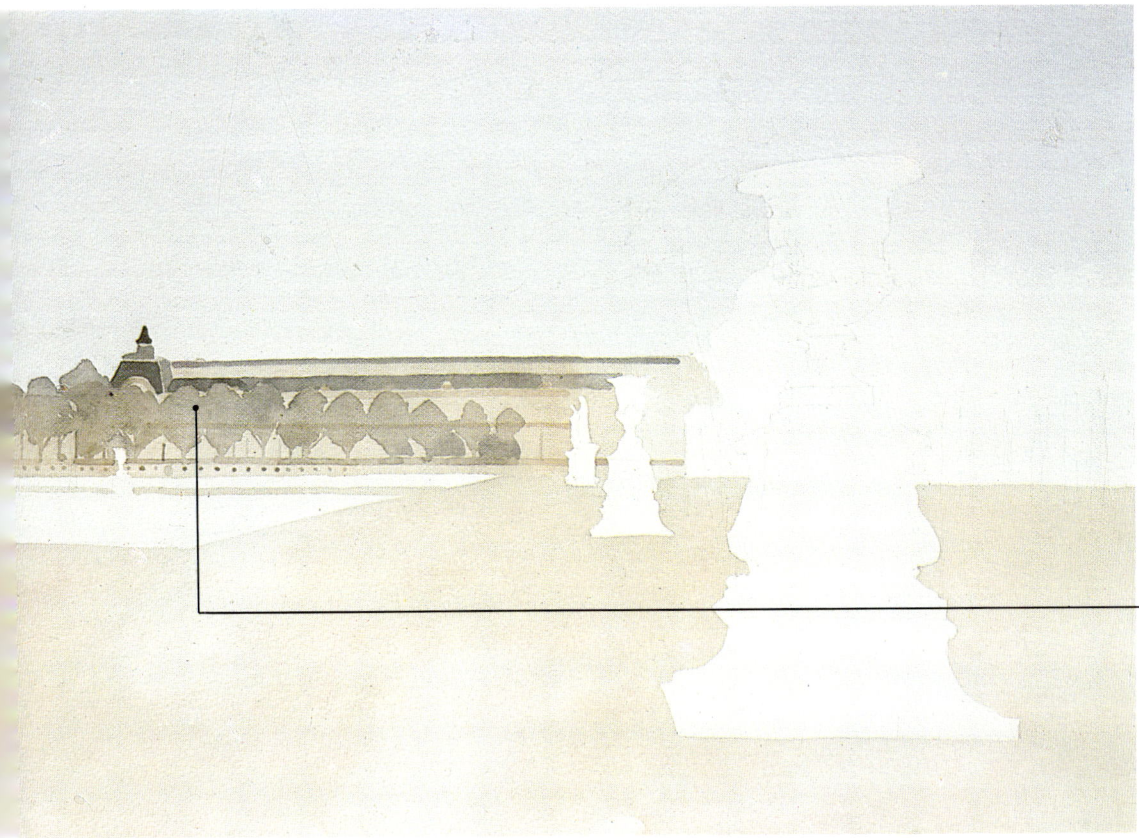

3. ENTFERNUNG UND RAUM
Bisher sind alle Farbtöne sehr blaß. Nach den Regeln der Luftperspektive werden so Entfernung und Weiträumigkeit betont. Aus dem gleichen Grund fehlen auch Details bei den Objekten im Hintergrund.

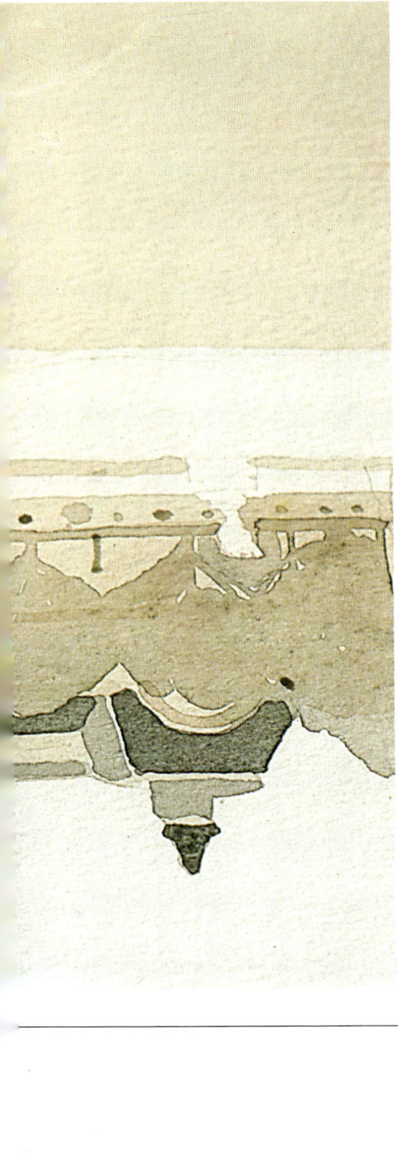

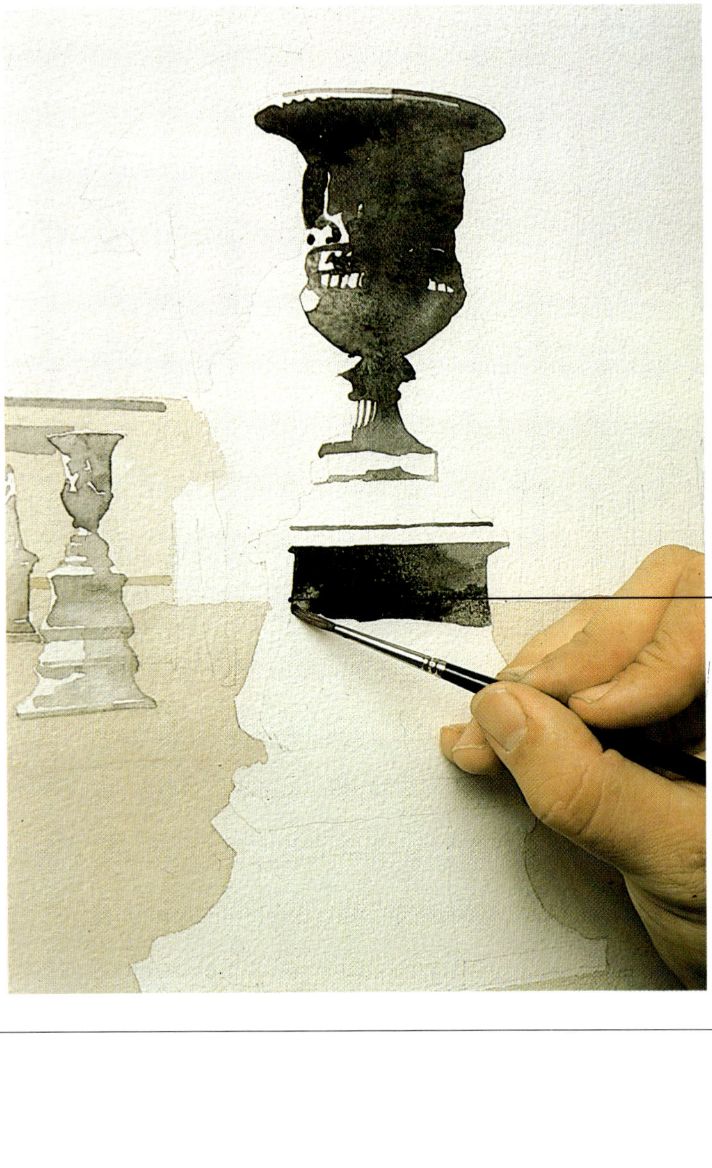

4. SCHATTEN DER VASEN
Mischen Sie einige der bisher verwendeten warmen Töne mit weiterem Paynesgrau, und malen Sie mit dieser Farbe die Schatten der beiden entfernter stehenden Vasen. Lassen Sie die Glanzlichter als scharf umrissene weiße Stellen frei. Dann geben Sie mit einer dunkleren – also weniger verdünnten – Mischung derselben Farbe die Schatten der Vase im Vordergrund an. Auch hier schafft das weiße Papier die Glanzlichter; arbeiten Sie nunmehr auch Details heraus.

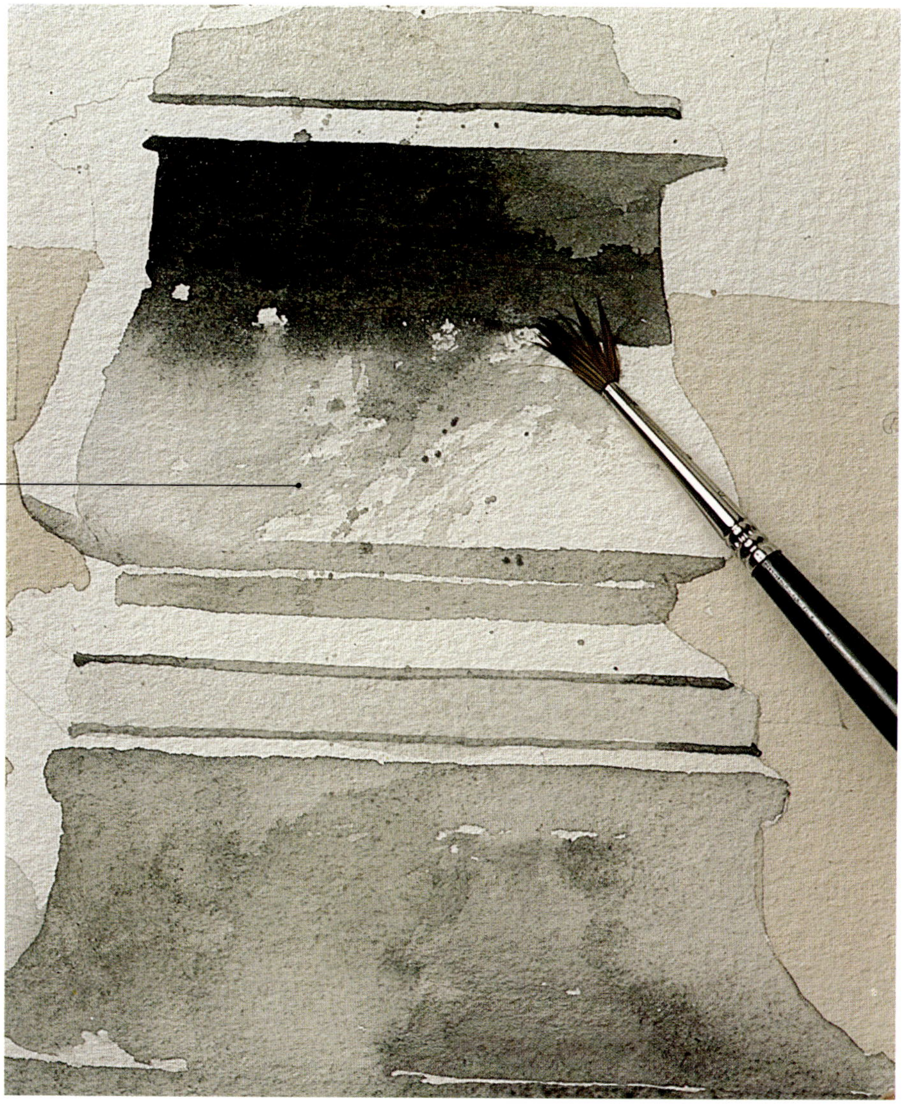

5. ARBEIT MIT TROCKENEM PINSEL
Benutzen Sie einen fast trockenen Pinsel, um die rauhe Oberfläche des Steins wiederzugeben. Dazu drücken Sie alles überschüssige Wasser aus dem Pinsel, tauchen die annähernd trockene Spitze in die Farbe und reiben sie ins Papier.

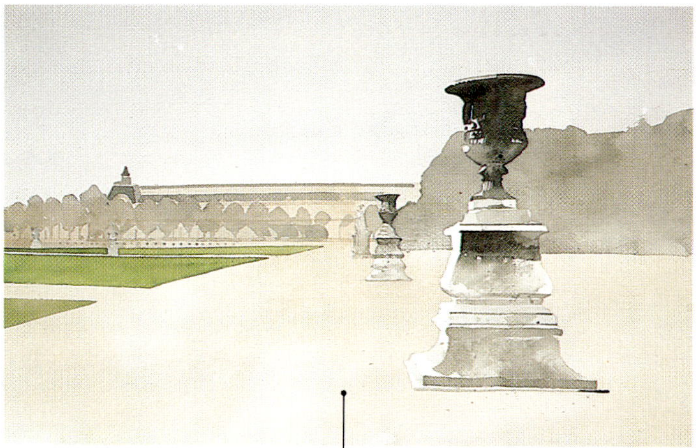

6. RASEN UND LAUB
Malen Sie den Rasen mit einer Mischung aus Saftgrün, lichtem Ocker und Zitronengelb. Die für die Vasen verwendete Mischung nehmen Sie – stark verdünnt – für die Laubmasse hinter den Vasen, die einen gleichmäßigen Hintergrund für weitere Bäume bilden soll. Lassen Sie die Farbe trocknen.

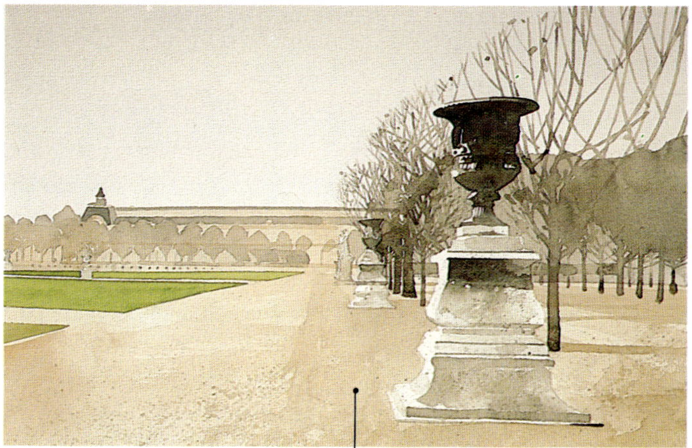

7. WEGE UND BÄUME
Gestalten Sie mit sparsam aufgetragener Farbe und trockenem Pinsel die Schatten auf dem Weg. Die trockene Malweise entspricht der sandigen, rauhen Textur des Gegenstands. Dann zeichnen Sie mit einem feinen Pinsel die erste Farbschicht der kahlen Bäume in einer verdünnten Mischung aus Paynesgrau und etwas lichtem Ocker.

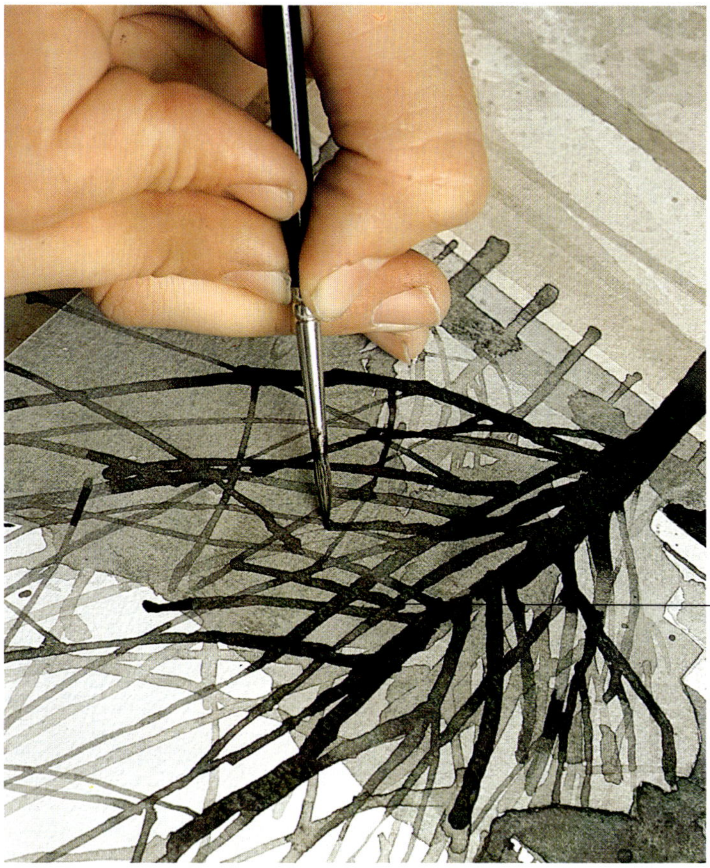

8. PERSPEKTIVE
Überarbeiten Sie die Bäume im Vordergrund mit einer kräftigeren Mischung aus Paynesgrau und lichtem Ocker. Durch diese Farbvertiefung im Vordergrund schaffen Sie in Ihrem Bild wiederum Luftperspektive und Räumlichkeit.

9. ABSCHLUSSARBEITEN
Vollenden Sie das Bild, indem Sie die Töne hier und da der dunklen Farbe der Bäume anpassen. Beispielsweise könnten die Töne der Vasen und die Schatten etwas vertieft werden, was den Gegensatz zwischen hellen und dunklen Partien verstärkt.

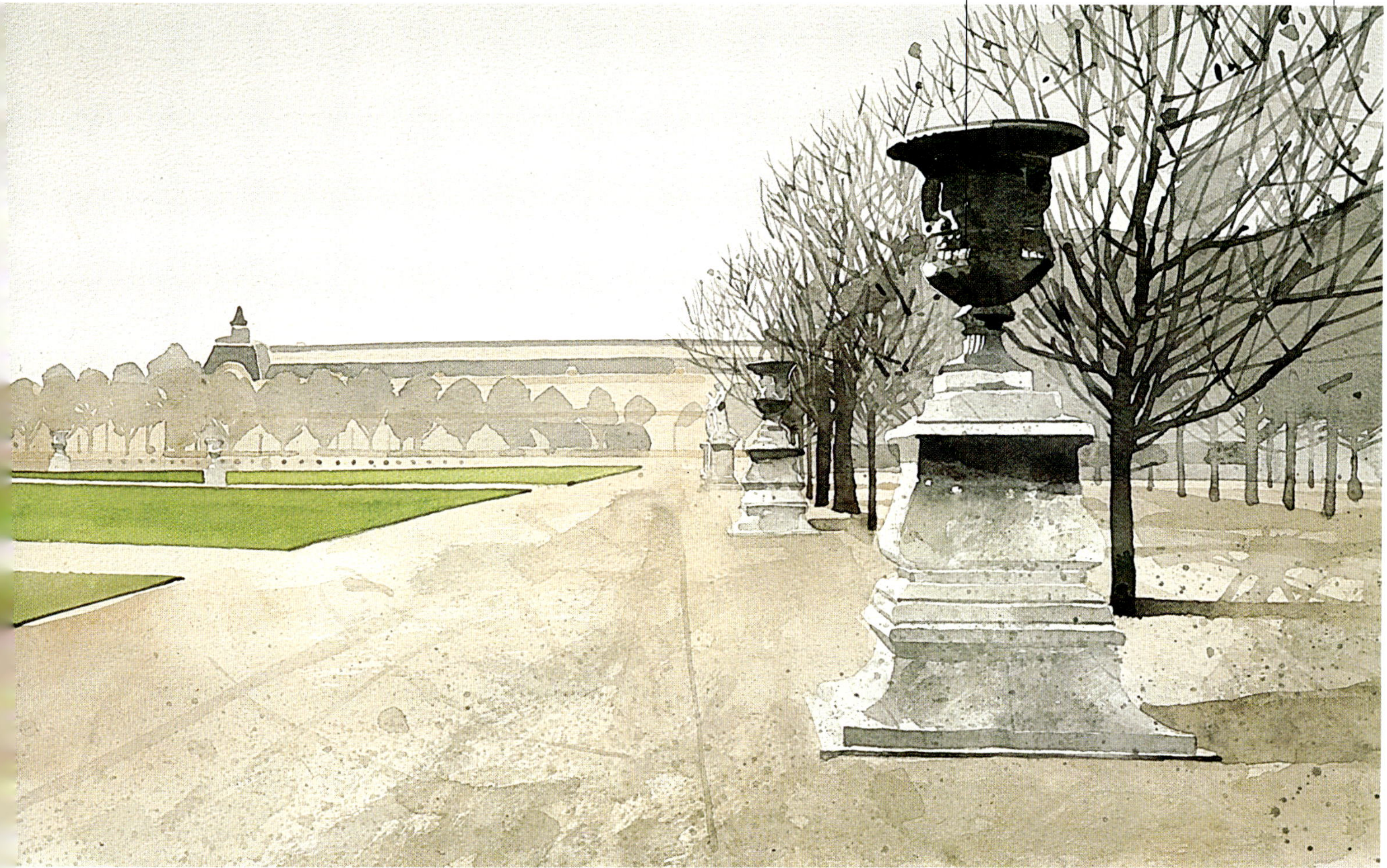

HÜGEL IN DER FERNE

Diese rasche Aquarellskizze mit grünen Feldern und in der Ferne verschwimmenden Hügelketten ist ein gutes Beispiel für die Anwendung der Luftperspektive.

Erstens hat der Künstler die Hügel mit wachsender Entfernung bläulicher und heller gemalt, was den Eindruck von Tiefe erzeugt. Die Aufhellung gibt die mit zunehmendem Abstand stärker werdende atmosphärische Trübung wieder. Je dunstiger und blauer die Landschaft, desto weiter scheint sie entfernt. Andererseits kann die Verwendung von Lokalfarben einen Gegenstand optisch näherrücken lassen, hier die grünen Felder und Büsche.

Außerdem stützt sich der Maler auf das Grundprinzip der Farbtheorie, daß kühle Farben zurückzuweichen, warme dagegen auf den Betrachter zuzukommen scheinen. Das Bild enthält zwar etliche Grüntöne – und Grün gilt allgemein als kalte Farbe –, jedoch wirkt dieses besondere, aus Saftgrün und Gelbtönen gemischte Grün im Vergleich zu den kalten Blaugrautönen des Hintergrundes warm.

Wenn Sie auf diese Weise weit entfernte Hügelketten malen, ist es wichtig, jede Farbschicht gut trocknen zu lassen. Sonst verlaufen die Farben ineinander, was die räumliche Wirkung beeinträchtigen würde.

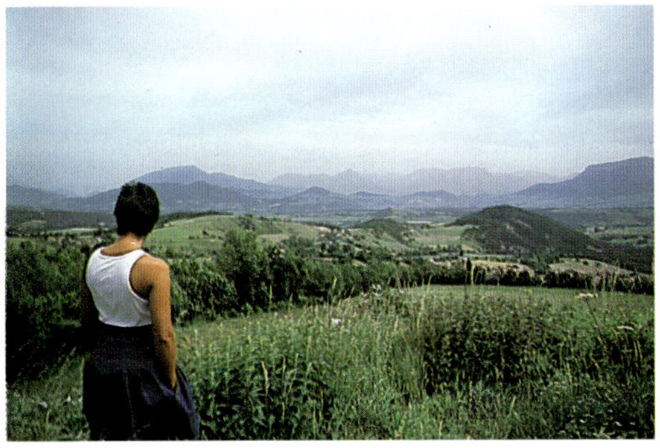

FARBPALETTE	
Paynesgrau	Kobaltblau
Saftgrün	Zitronengelb
Lichter Ocker	Sepiabraun
MALGRUND	
Aufgespanntes Bockingford-Papier	
508 × 356 mm	

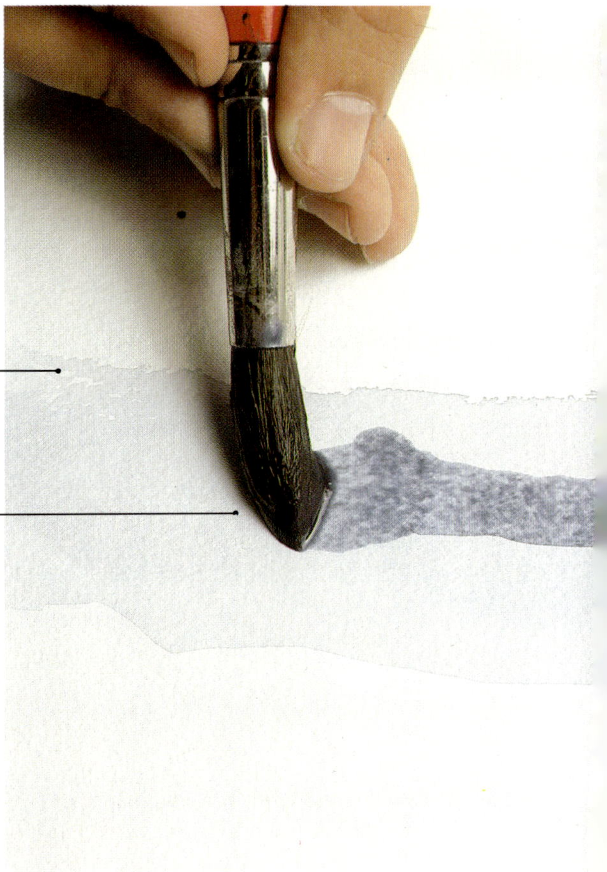

1. ENTFERNTESTE HÜGEL
Mischen Sie aus Paynesgrau und Kobaltblau einen sehr hellen Ton, und malen Sie die hinterste Hügelkette mit einem großen Verwaschpinsel als breiten Farbstreifen. Diese Farbschicht ist die blasseste des ganzen Bildes, und deshalb muß die Mischung sorgfältig abgestimmt werden. Wenn der erste Ton zu intensiv ist, gerät die ganze Komposition zu dunkel.

2. ZWEITE HÜGELKETTE
Lassen Sie die erste Farbschicht vollständig trocknen. Dann entsteht mit einer weniger verdünnten Mischung aus Paynesgrau und Kobaltblau die zweite Hügelkette, die vor der gerade gemalten liegt. Lassen Sie die Farbe trocknen.

Die Umrißlinie der Hügel sollte klar und natürlich aussehen. Dies läßt sich einfacher erreichen, wenn Sie die Hügelkette in einem einzigen Zug malen, statt mehrfach anzusetzen.

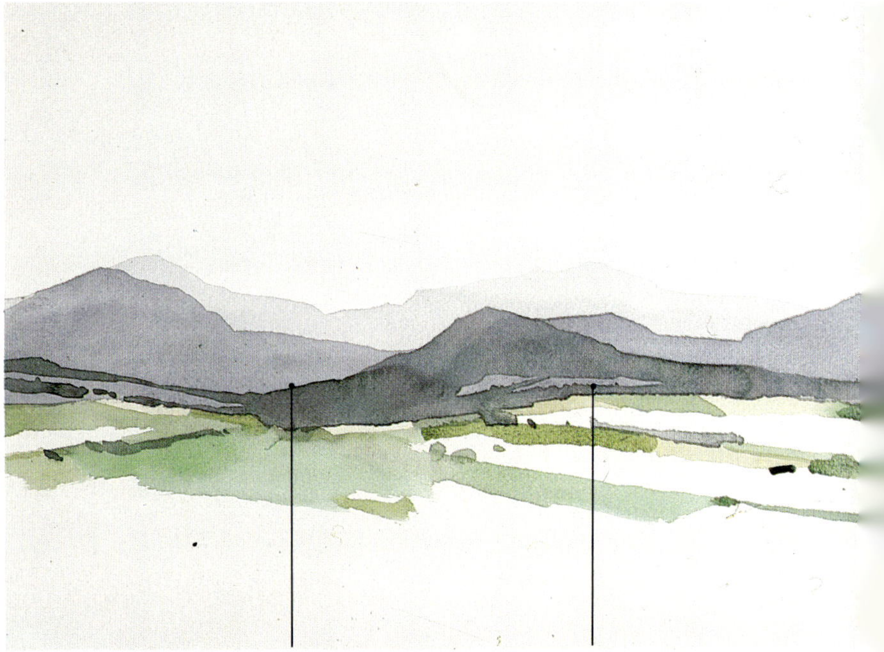

3. DRITTE HÜGELKETTE
Für die nächste Hügelkette fügen Sie der Farbmischung etwas Saftgrün zu. Malen Sie die Hügel mit dem Verwaschpinsel, lassen Sie an ein oder zwei Stellen die hellere Farbe der darunterliegenden Schicht als Glanzlicht durchschimmern. Wieder gut trocknen lassen.

4. MITTELGRUND
Für die Felder im Mittelgrund des Bildes verwenden Sie die Lokalfarben. Der dunkle Grünton besteht aus Saftgrün und Zitronengelb, der helle aus lichtem Ocker und Zitronengelb. Es ist nicht schlimm, wenn die Felder heller wirken als die entfernteren Hügel. Die wärmeren Farben schaffen dennoch die Illusion von räumlicher Nähe.

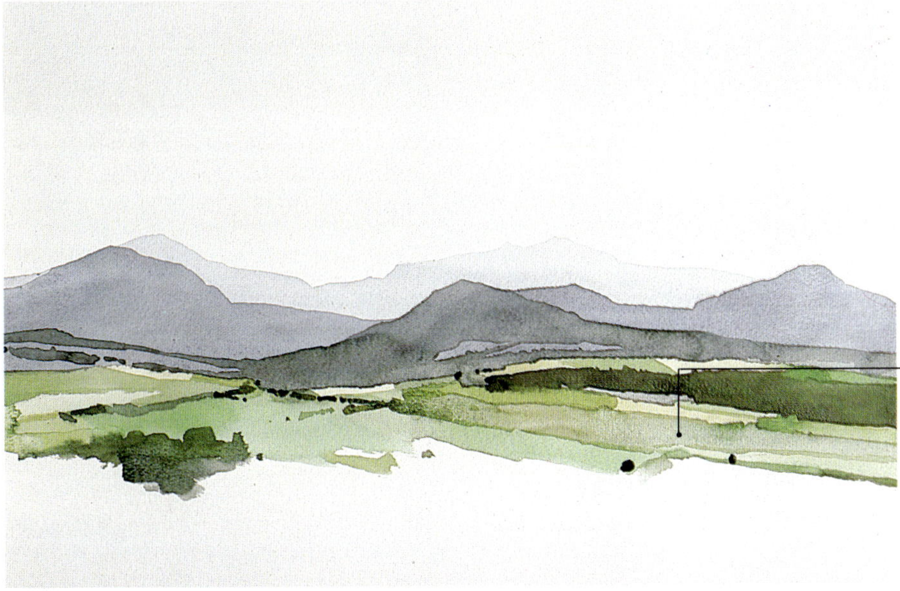

5. FELDER
Arbeiten Sie die Felder weiter aus, tupfen Sie mit einem Rundpinsel Nr. 7 eine Mischung aus Paynesgrau und Saftgrün ein, um Bäume und Hecken wiederzugeben. Gehen Sie nicht zu sehr ins Detail, denn dadurch würde der Eindruck von Entfernung aufgehoben, und die Dinge rückten zu sehr in den Vordergrund. Benutzen Sie statt dessen die Form der Pinselstriche, um Laub und Bäume lose anzudeuten.

6. VORDERGRUND
Mit lockeren Pinselstrichen tragen Sie nun eine Mischung aus Paynesgrau, Saftgrün und Sepiabraun (Sepiabraun macht den Farbton wärmer) für den Vordergrund auf.

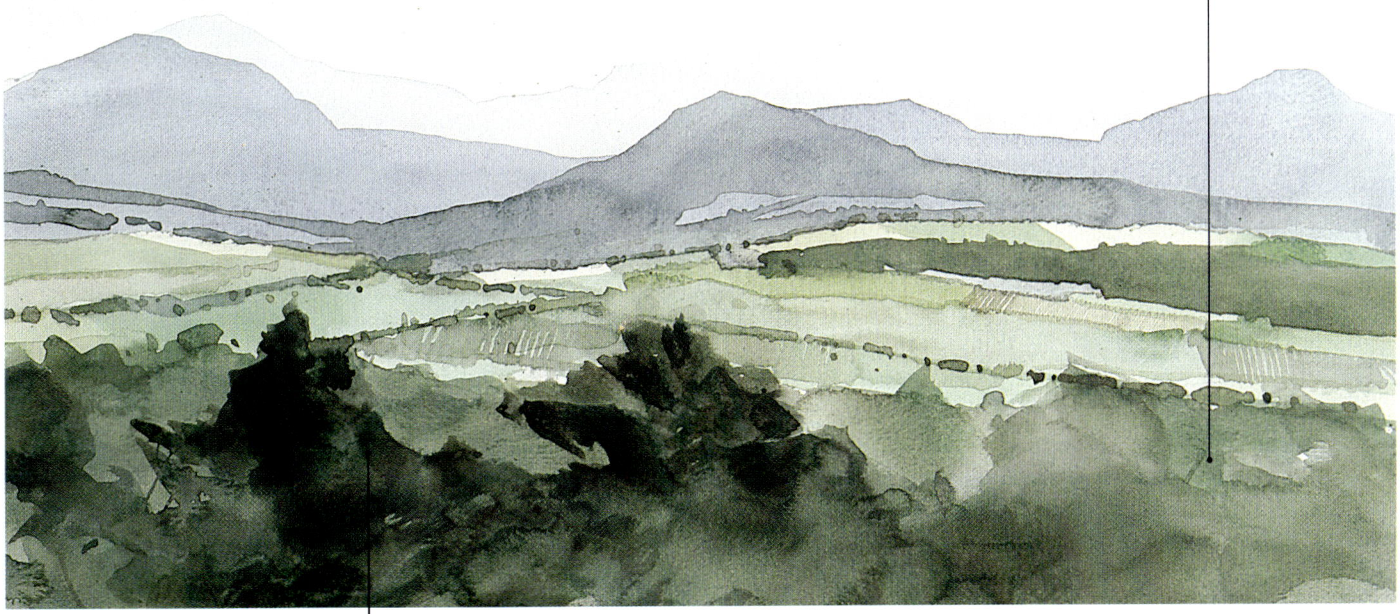

7. ABSCHLUSSARBEITEN
Deuten Sie mit flüchtigen Pinselstrichen auf der feuchten Farbe des Vordergrundes Laub, Zweige und Schatten an. Diese Details lassen den Vordergrund nach vorn kommen und unterstreichen so die Räumlichkeit des Bildes.

VON HELL NACH DUNKEL

Die Farben von hell nach dunkel aufzubauen ist die klassische Aquarellmethode: Der Künstler beginnt mit einem weißen Bogen Papier und trägt zunächst die hellen Farbtöne auf. Über diese zarten Schichten legt er immer dunkler werdende Töne. Den Schluß bilden die Partien tiefsten Schattens. Bei einem Aquarell werden die Glanzlichter, die Lichtreflexe, die einem Körper Plastizität verleihen, nicht wie bei einem Ölgemälde mit weißen Farbtupfen angegeben, sondern mit Hilfe frei gelassener Stellen des weißen oder nur leicht getönten Papiers.

Wenn Sie dunkle Farbtöne auf diese Art entwickeln, müssen Sie die Farbschichten jeweils gut trocknen lassen. Anderenfalls werden die Farben sich einfach vermischen, ohne daß der Eindruck von Plastizität entsteht.

Haben Sie es mit einem Bildgegenstand zu tun, der zahllose Farbnuancen aufweist, dann sollten Sie versuchen zu vereinfachen. Das Bild »Blaue Iris« (s. S. 146–149) zeigt, wie dies gemacht werden kann. Der Maler hat von jeder Hauptfarbe – dem Blau der Blüten und dem Grün der Blätter – drei Tonstufen wiedergegeben: hell, mittel und dunkel.

PLASTIZITÄT
Dieser Zylinder erhält seine Plastizität durch einen Farbaufbau von hell nach dunkel. Beginnen Sie mit einer hellen Farbschicht. Dann malen Sie eine zweite Schicht darüber, lassen aber einen Teil der helleren als Oberseite des Zylinders stehen. Um die Rundung des Zylinders wiederzugeben, lassen Sie beim Auftragen der nächstdunkleren Schicht jeweils einen Streifen der vorangegangenen unberührt. Die so entstehenden Dunkelheitsstufen suggerieren die Rundung des Körpers.

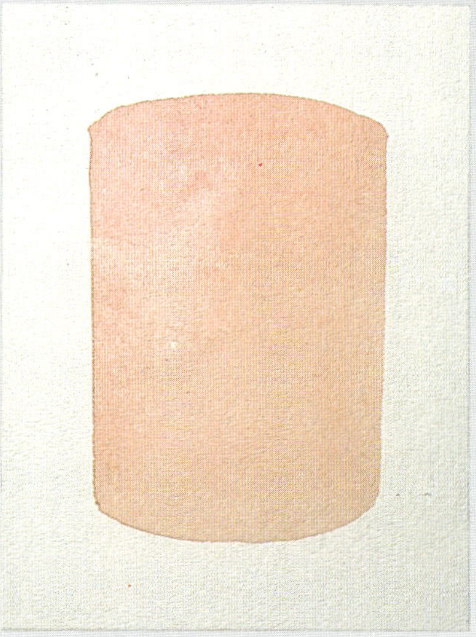

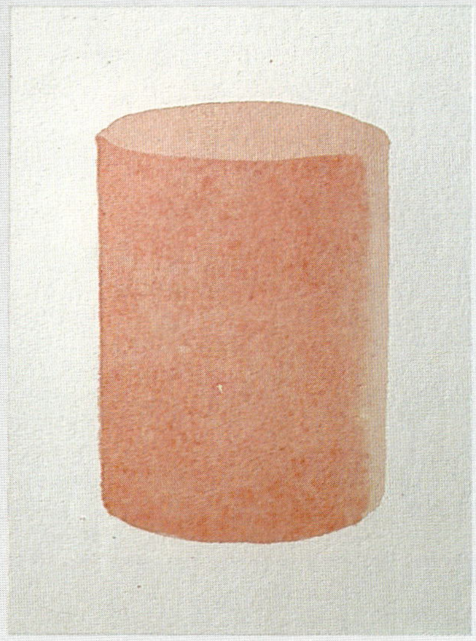

AUFBAUEN VON FARBTÖNEN
Wenn Sie mit Aquarellfarbe einen aus verschiedenen Farben zusammengesetzten Ton durch Übereinandermalen entwickeln, müssen Sie von hell nach dunkel arbeiten. Bei jedem der Kreuze scheint die untenliegende Farbe durch, wobei das Ausmaß dieses Effekts auch von der Dicke der Schichten und von den Pigmenten abhängt.

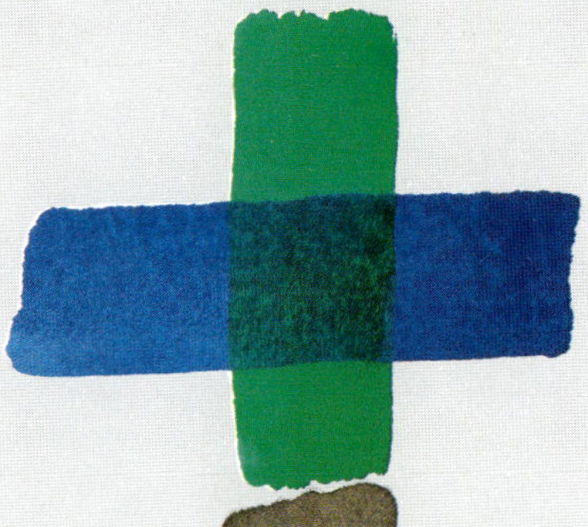

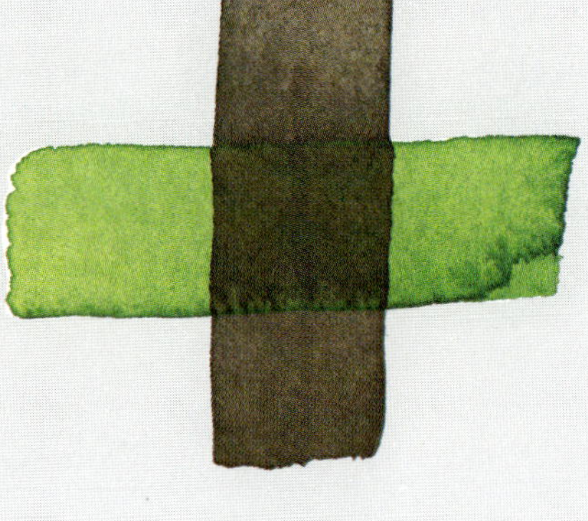

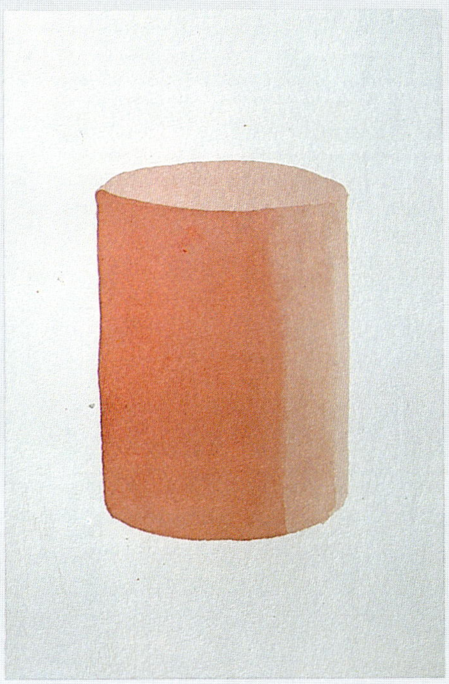

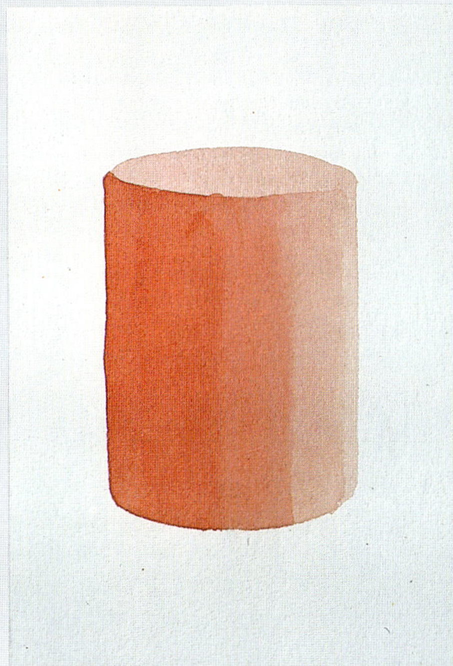

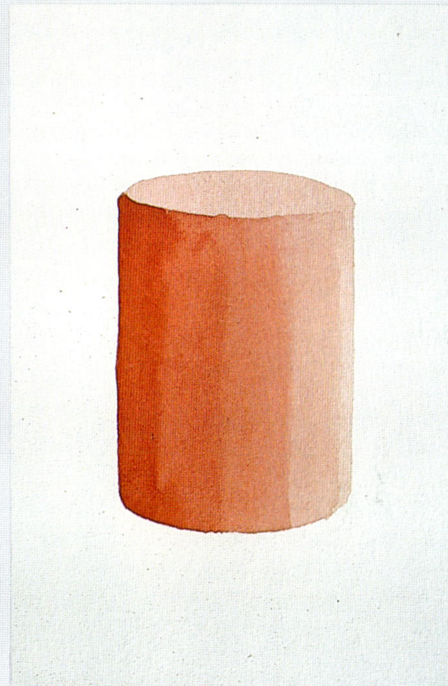

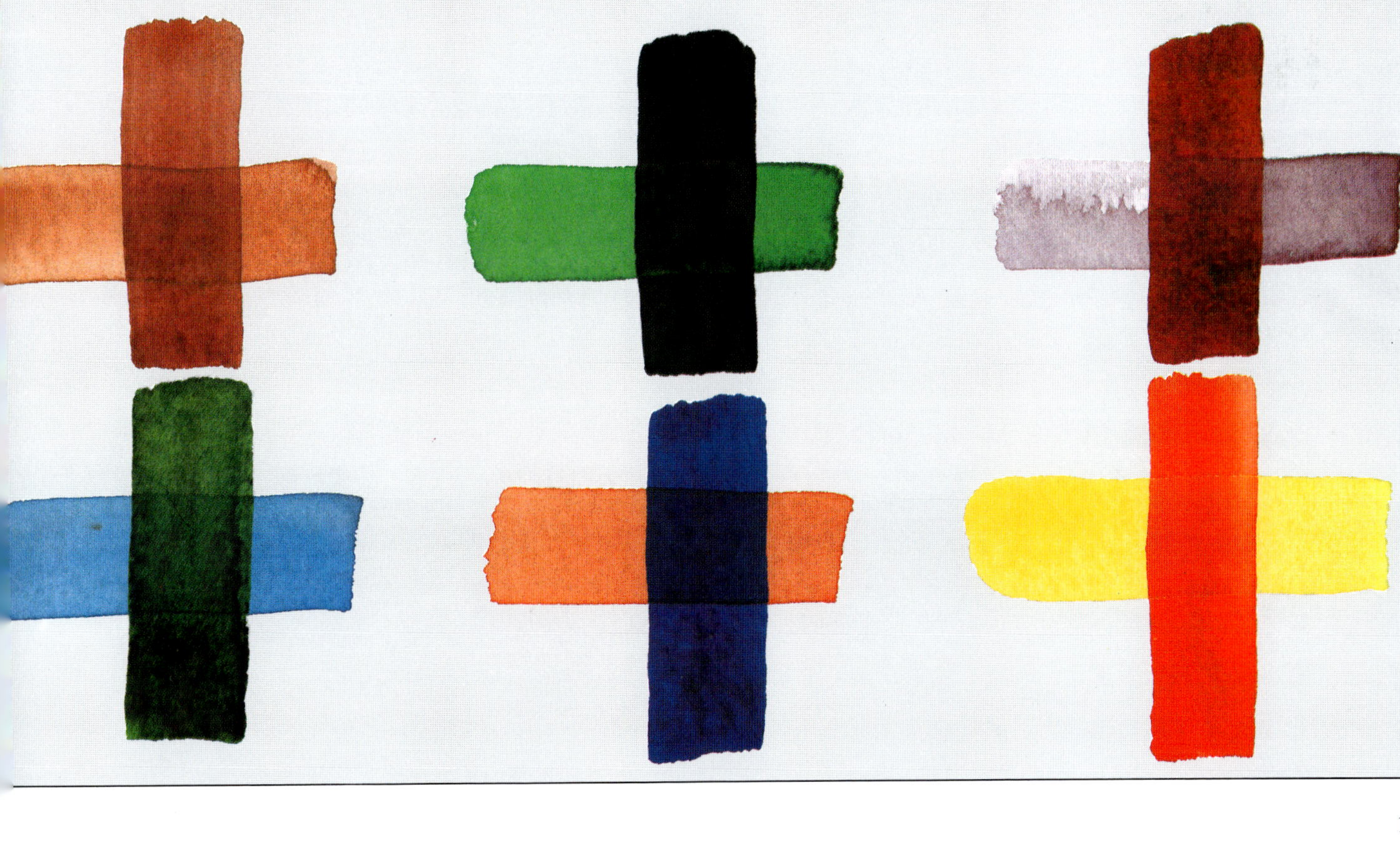

ANEMONEN AM FENSTER

Anemonen sind an sich strahlend bunte Blumen, aber weil sie hier vor einem Fenster stehen, kann man fast nur ihre Silhouette erkennen. Die Farben sind gedämpft, die Blumen und der weiße Krug erscheinen recht dunkel.

Mit ihren subtilen Farben und ihrer feingliedrigen Struktur wirken Blumen als Bildthema auf einen Anfänger gewöhnlich entmutigend. Hier hat der Künstler das Problem jedoch wesentlich vereinfacht: Die Blütenblätter bestehen nur aus jeweils zwei Tönen, einer zarten unteren Schicht und einer etwas kräftigeren Version derselben Farbe für die Schatten. Die Grundlage bildet auch hier die klassische Von-hell-nach-dunkel-Technik, wobei die Farbpalette beschränkt ist und relativ dunkle Töne vorwiegen.

Die Laubblätter sind als flache Formen mit einer einzigen Farbe gemalt. Aber weil die Linienführung fließend ist und die Form der Blätter sorgfältig beobachtet wurde, muten sie sehr lebensnah an. Dies wird noch dadurch gesteigert, daß die Farbe an den Stellen, wo die Blätter sich überschneiden, etwas verlaufen ist, so daß ein kaum wahrnehmbares Spiel von Licht und Schatten entsteht.

Die Bäume im Hintergrund hat der Künstler weggelassen, denn sie schienen ihm von der wirkungsvollen Einfachheit der scharf umrissenen Blüten und Blätter abzulenken. Ein wenig Blau deutet den Himmel hinter dem Fenster an und ruft den Eindruck von Weite hervor.

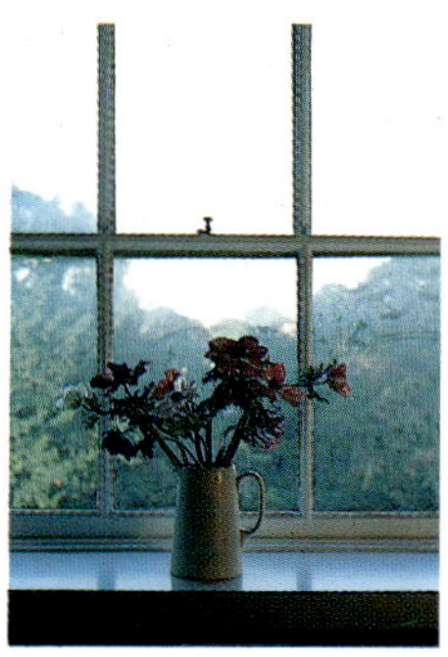

FARBPALETTE	
Karminrot	Elfenbeinschwarz
Madderbraun	Karminviolett
Ultramarinblau	Paynesgrau
Saftgrün	Lichter Ocker
MALGRUND	
Aufgespanntes Saunders-Papier 737 × 508 mm	

1. ERSTES STADIUM
Zeichnen Sie auf das aufgespannte Papier mit einem HB-Bleistift eine relativ detaillierte Skizze. Konzentrieren Sie sich aber auf die Hauptformen und die Anordnung des Gegenstands, lassen Sie Nebensächliches außer acht. Deuten Sie nun die Blüten farbig an. Die rosa Blüten entstehen aus einer verdünnten Mischung aus Karminrot und Madderbraun, für die blauen geben Sie etwas Ultramarinblau dazu.

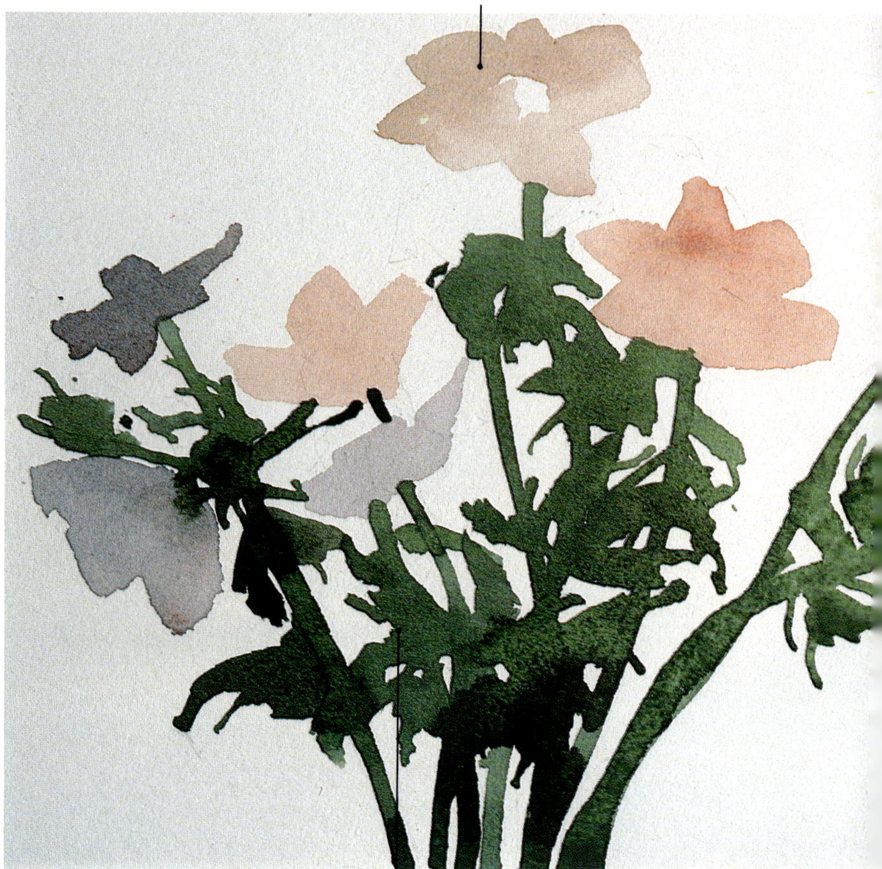

2. LAUBBLÄTTER
Malen Sie Blätter und Stengel in einer relativ stumpfen Mischung aus Saftgrün und Schwarz mit der Spitze eines Rundpinsels Nr. 2. Arbeiten Sie zügig, damit die Linien unverkrampft und fließend aussehen. Es geht leichter, wenn Sie den Pinsel ganz locker halten.

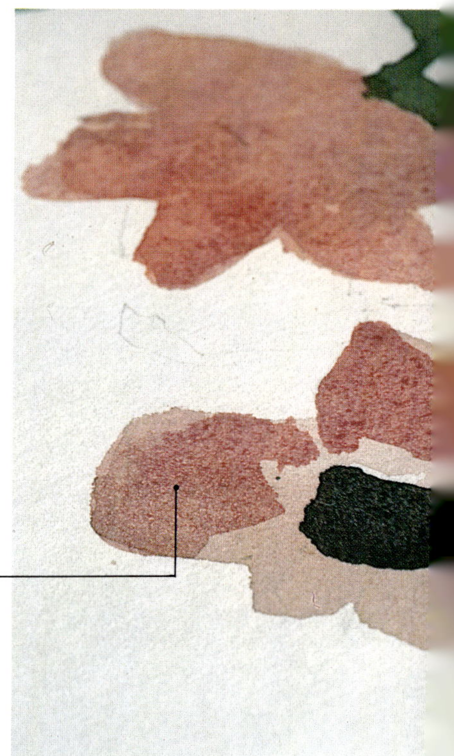

3. BLÜTENBLÄTTER
Wenn die erste Farbschicht trocken ist, malen Sie die schwarzen Zentren der Anemonenblüten. Geben Sie die Schatten an: Saftgrün und Karminviolett für die blauen Blütenblätter, Saftgrün und Karminrot für die rosafarbenen.

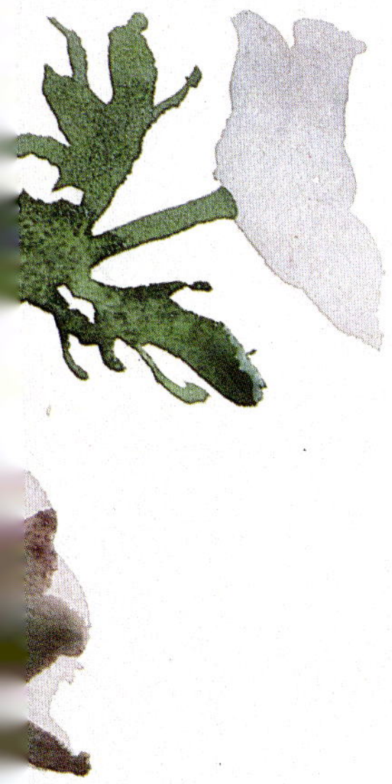

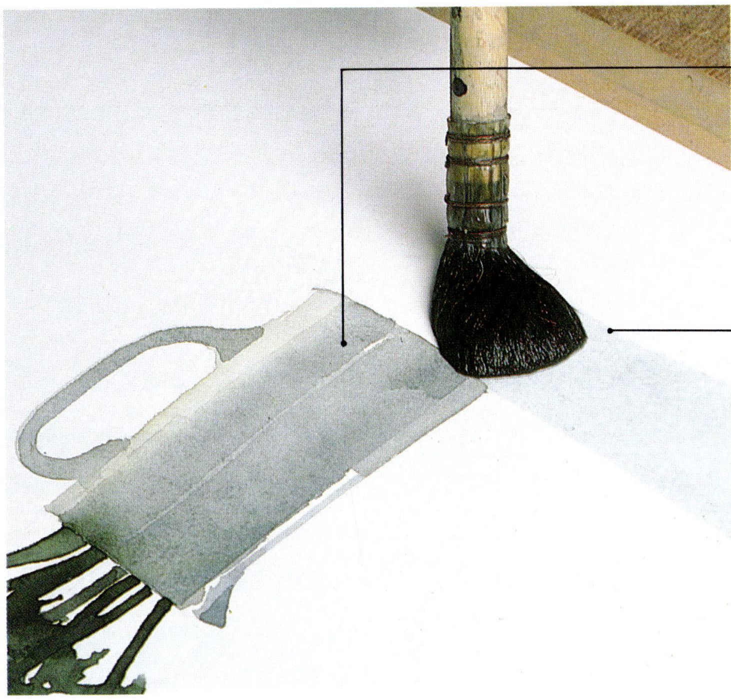

4. KRUG
Deuten Sie mit einem Rundpinsel Nr. 7 und einer Mischung aus Schwarz, Paynesgrau und lichtem Ocker die Schatten und Reflexe auf dem Krug an. Malen Sie die hellere Seite des Krugs mit verdünntem lichtem Ocker, solange die Schattenpartien noch feucht sind. So können die Farben ineinander übergehen, und die Rundung des Krugs tritt hervor.

5. SCHATTEN
Nach dem Trocknen überarbeiten Sie die Schattenpartien des Krugs mit kräftigen vertikalen Strichen derselben Farbe, um seine runde Form weiter zu betonen. Malen Sie den Henkel im selben dunklen Ton. Dann vertiefen Sie die Schatten auf den Blütenblättern, damit sie im Tonwert den Schatten auf dem Krug entsprechen. Schließlich nehmen Sie einen großen Fehhaarpinsel oder einen Verwaschpinsel Nr. 18, um Fensterrahmen und Fensterbrett mit einer Mischung aus Paynesgrau und lichtem Ocker anzudeuten.

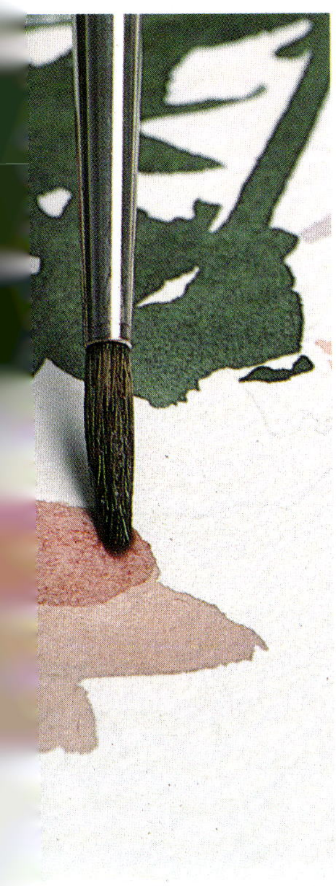

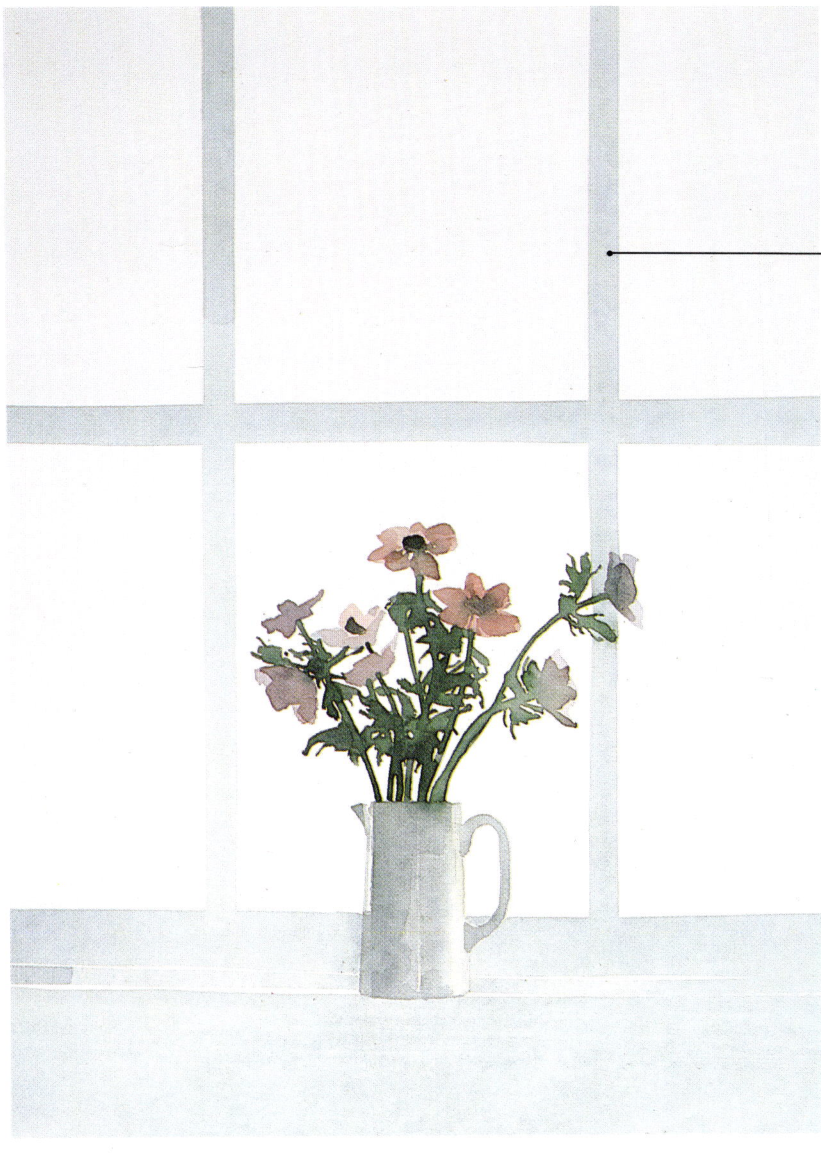

6. FENSTER
Die Blüten müssen vollkommen trocken sein, bevor Sie mit dem Verwaschpinsel und der für den Fensterrahmen benutzten Mischung aus Paynesgrau und lichtem Ocker die Fenstersprossen malen. Ziehen Sie rasch und sicher gerade Pinselstriche, ohne bei Blüten und Blättern abzusetzen.

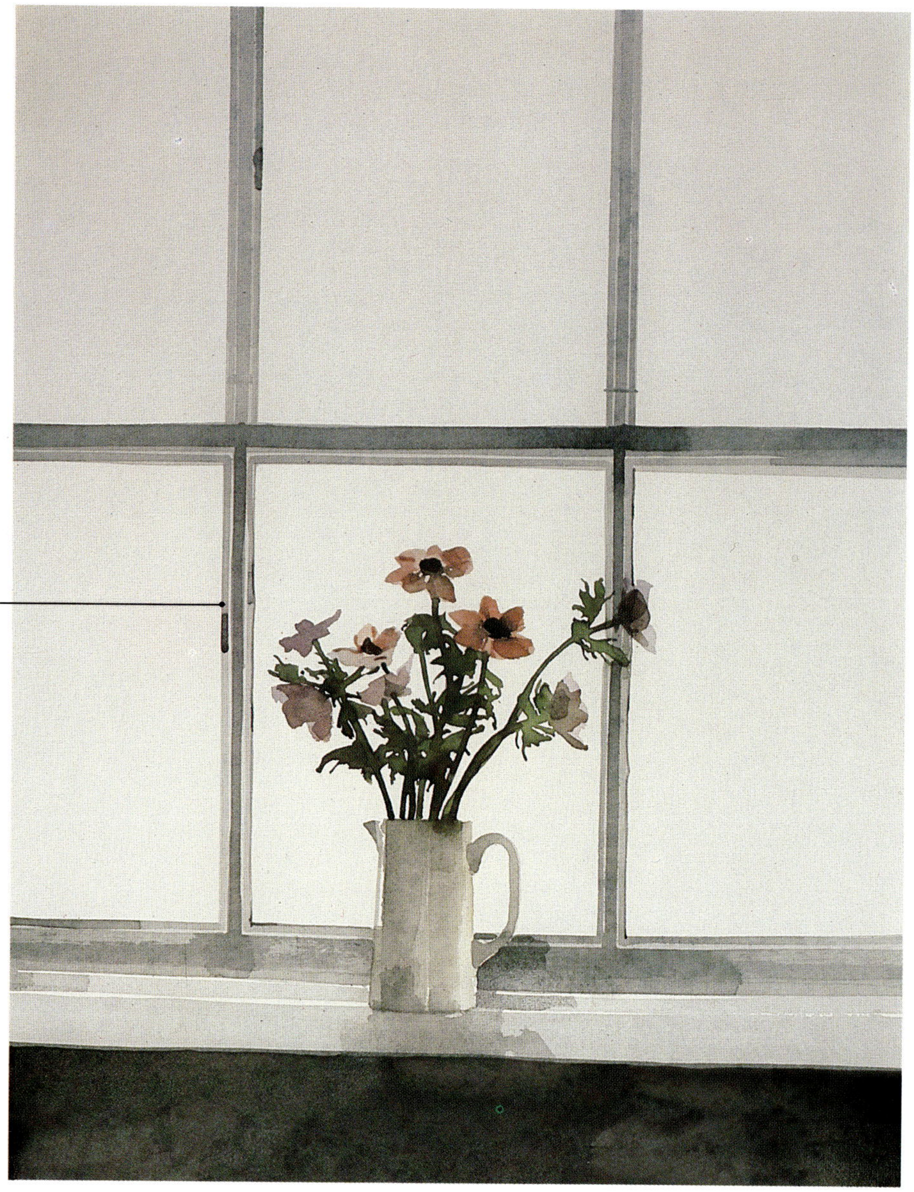

7. FENSTERRAHMEN
Lassen Sie die Farbe gut trocknen, und arbeiten Sie dann in einer dunkleren Mischung aus Paynesgrau und lichtem Ocker die Fenstersprossen und den Rahmen plastisch heraus. Benutzen Sie dazu ein Lineal. Die Vorderkante des Fensterbretts bekommt dieselbe dunkle Farbe.

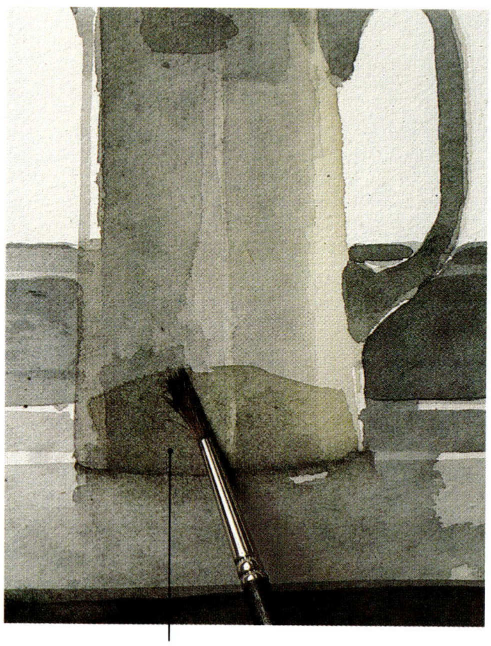

8. FERTIGSTELLUNG DES KRUGS
Entwickeln Sie das Helldunkel des Krugs weiter. Lassen Sie die weißen Glanzlichter unberührt, und überarbeiten Sie die Schattenpartien mit lichtem Ocker und Paynesgrau, um die Form und die schimmernde Oberfläche des Krugs zu betonen.

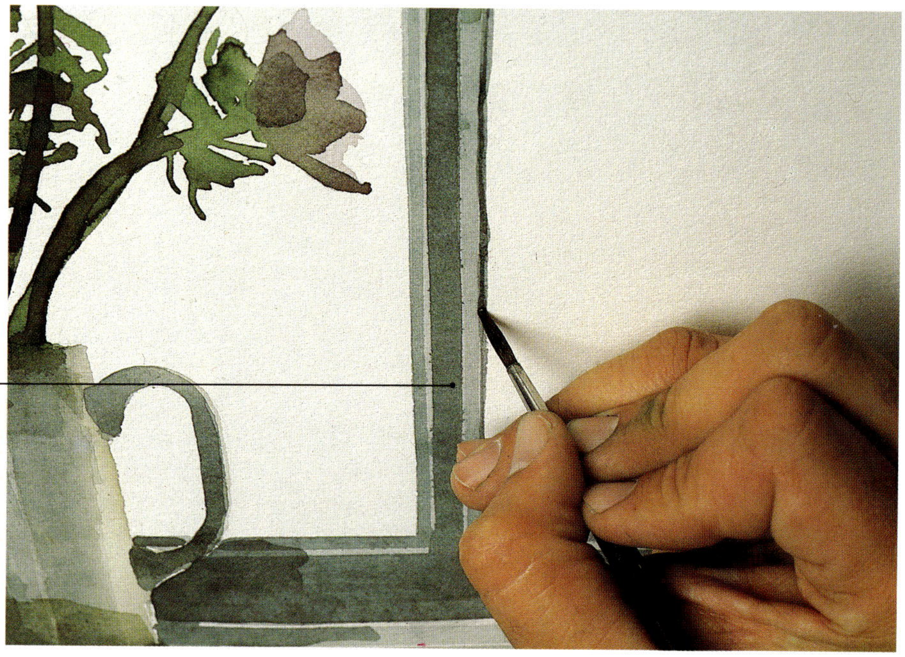

9. DUNKLE TÖNE
Dunkeln Sie die Farbe der Fenstersprossen so weit ab, daß sie im Ton zum Krug mit den Blumen paßt. Verwenden Sie eine dunkle Mischung aus Paynesgrau und lichtem Ocker, um den Fensterrahmen zu betonen.

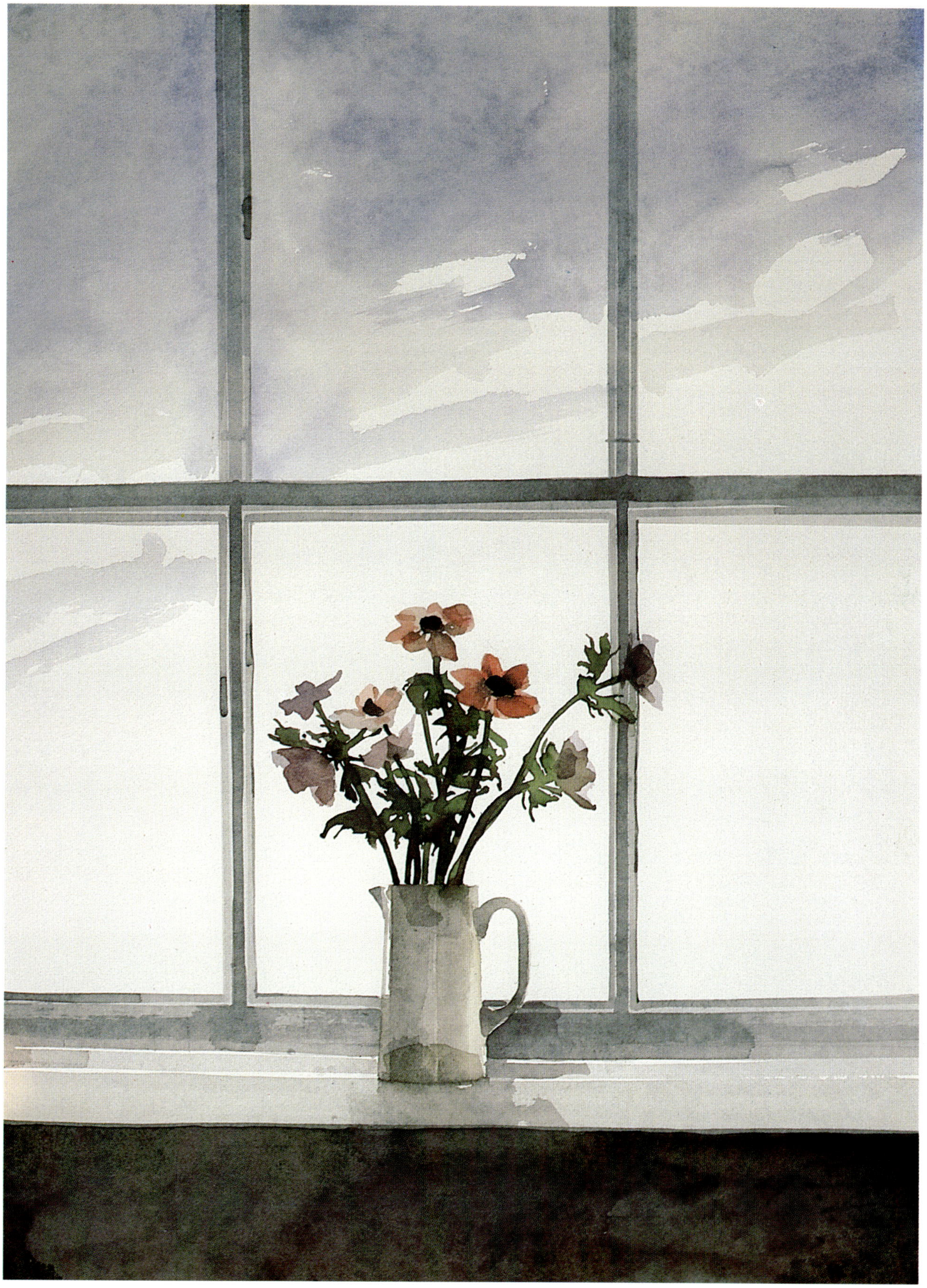

10. HIMMEL
Schließlich malen Sie den Himmel in verdünntem Kobaltblau mit einem Verwaschpinsel. Verteilen Sie die Farbe mit viel klarem Wasser über die obere Hälfte des Fensters, ziehen Sie sie dabei über die Fenstersprossen, aber arbeiten Sie rasch, damit die darunterliegenden Schichten nicht verwischen.

ALEXA

Dieses Porträt entstand ganz in der klassischen Aquarelltechnik von hell nach dunkel. Hier ist diese Technik besonders wirkungsvoll, denn die Szene liegt in warmem Sonnenlicht, und mit der zartgelben Untermalung des Porträts schuf der Maler eine Basis, auf der er Lokalfarben und dunklere Töne aufbauen konnte. Das blasse Gelb scheint an vielen Stellen durch und gibt die sonnenbeschienenen Partien wieder.

Das Porträt wirkt zwar kompliziert und detailreich, aber der Künstler hat diesen Effekt mit einem simplen Mittel erzielt: Jede Farbe kommt in nur drei oder vier Tonabstufungen vor. Das Haar ist z. B. in Hellbraun, Mittelbraun und Schwarzbraun gehalten, das Gesicht besteht aus drei oder vier Fleischtönen und die Hose aus Hell-, Mittel- und Dunkelblau. Mit dieser vergleichsweise einfachen Technik entstand ein so lebendiges und realistisches Bild, daß der Künstler den gleichförmig weißen Hintergrund beibehalten und trotzdem den Eindruck von Plastizität und Räumlichkeit vermitteln konnte.

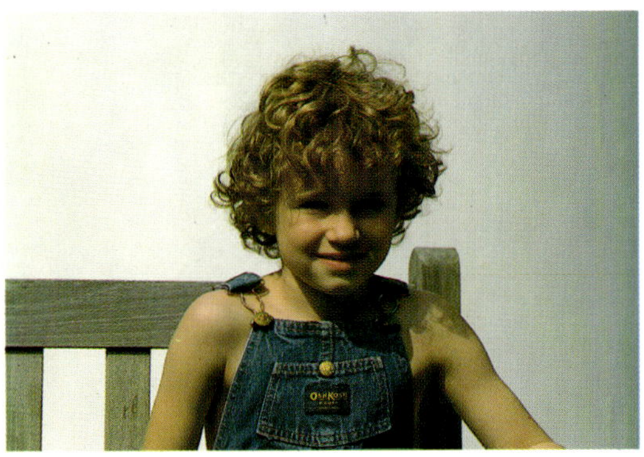

FARBPALETTE	
Kadmiumgelb	Madderbraun
Umbra Natur	Karminrot
Elfenbeinschwarz	Ultramarinblau
Sepiabraun	
MALGRUND	
Aufgespanntes Bockingford-Papier 559 × 406 mm	

1. ERSTES STADIUM
Zeichnen Sie mit einem relativ harten Bleistift eine Skizze, deren feine Linien als genaue, aber kaum sichtbare Hilfe beim Farbauftrag dienen sollen. Legen Sie mit einem Verwaschpinsel Nr. 12 eine ganz zarte Untermalung in Kadmiumgelb über das Porträt, und lassen Sie die Farbe trocknen.

Dann malen Sie mit einem Rundpinsel Nr. 4 den nächstdunkleren Ton des Haars in Sepiabraun. Geben Sie die Haarsträhnen als flache Formen wieder, lassen Sie die blaßgelben Glanzlichtbereiche unberührt. Wenn diese Schicht trocken ist, malen Sie die verschatteten Partien in einem etwas kräftigeren Ton der gleichen Farbe. Wieder gut trocknen lassen.

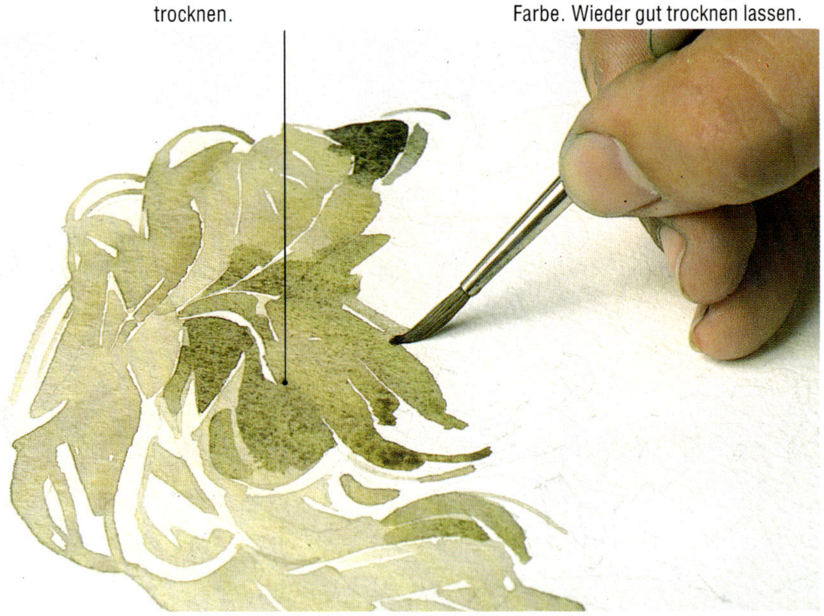

2. DUNKLE TÖNE
Mischen Sie für die dunkelsten Haarpartien Schwarz und Sepiabraun. Bedenken Sie, daß der Kopf auf der einen Seite von der Sonne beschienen wird, und verwenden Sie den dunklen Ton, um die tiefen Schatten auf der anderen Seite des Kopfes zu betonen.

3. FLEISCHTÖNE
Wenn das Haar völlig trocken ist, werden die zartesten Schatten auf dem Gesicht mit einer verdünnten Mischung aus Kadmiumgelb, Elfenbeinschwarz, Sepiabraun und Madderbraun angedeutet. Mildern Sie die harten Schattenlinien der Ponyfransen mit einem sauberen Pinsel und etwas Wasser, bis die Farbe des Haars in die Fleischtöne übergeht.

4. SCHATTEN
Malen Sie die dunklen Schatten auf Hals und Schulter mit einer Mischung aus Madderbraun, Umbra Natur und Elfenbeinschwarz, der Sie etwas Gummilösung zufügen. Die Gummilösung verändert weder den Farbton noch die Textur, aber sie läßt die folgenden Farbschichten besser verlaufen und hilft so, harte, unorganische Stufen zu vermeiden.

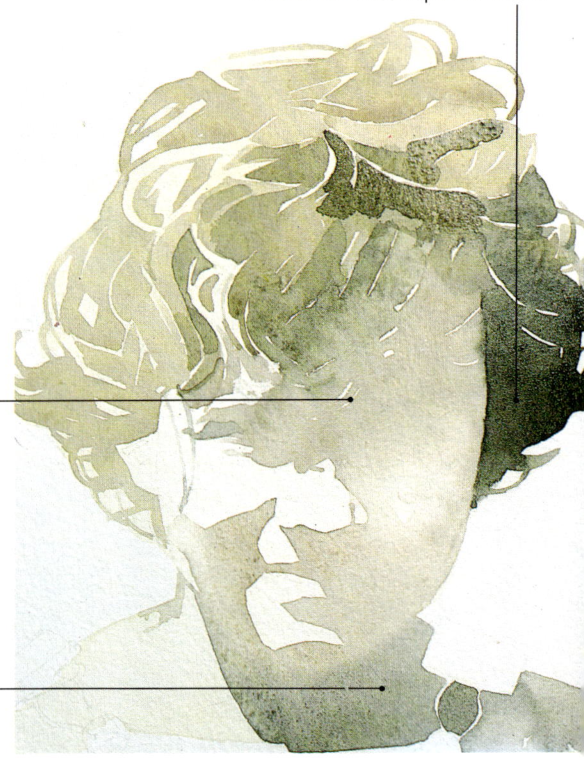

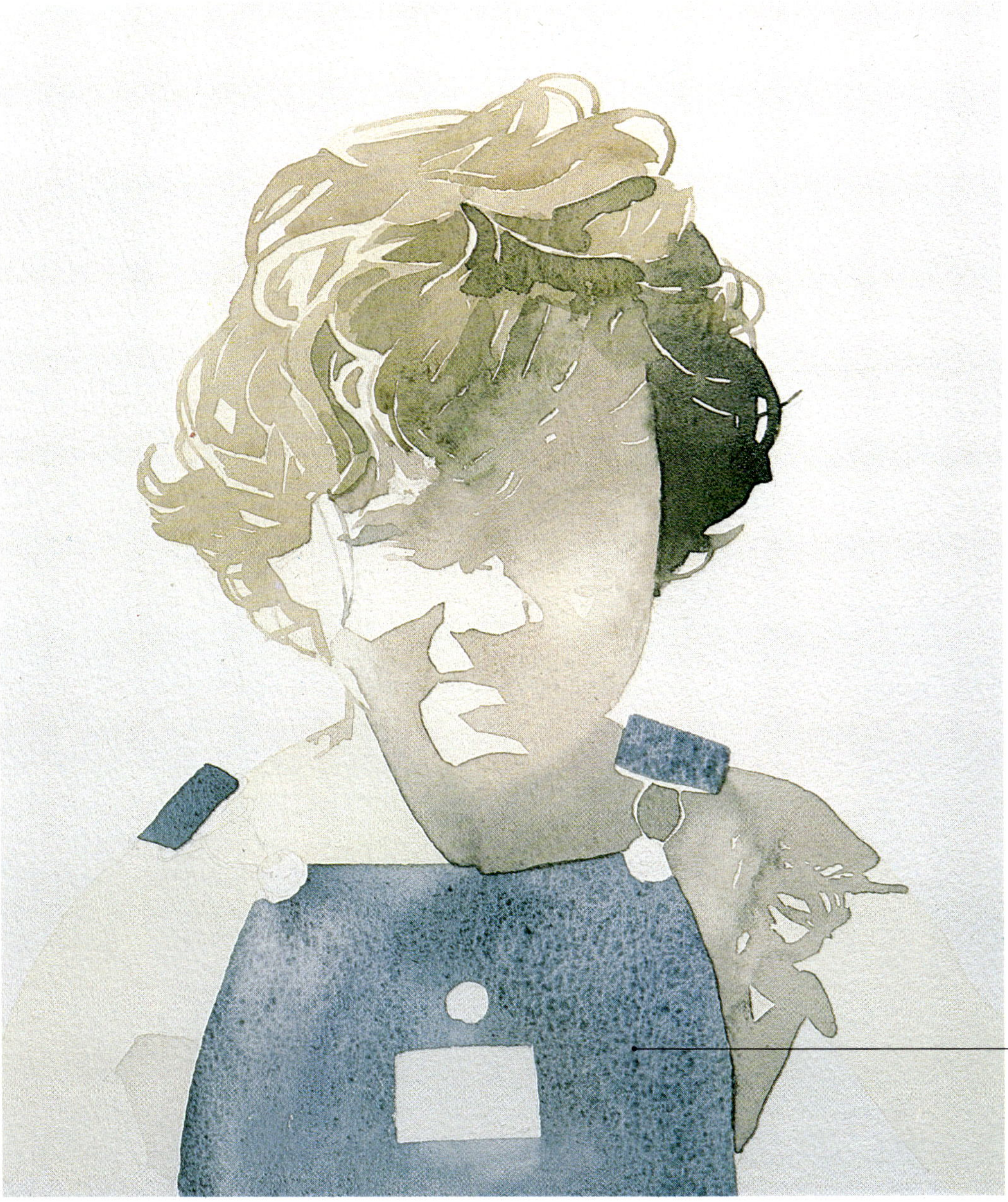

5. LATZHOSE
Arbeiten Sie nun an der Kleidung, und skizzieren Sie die Hose mit einer verdünnten Mischung aus Schwarz und Ultramarinblau. Wie zuvor werden erst die hellsten Partien angelegt und dann Schicht für Schicht dunklere Töne aufgebaut.

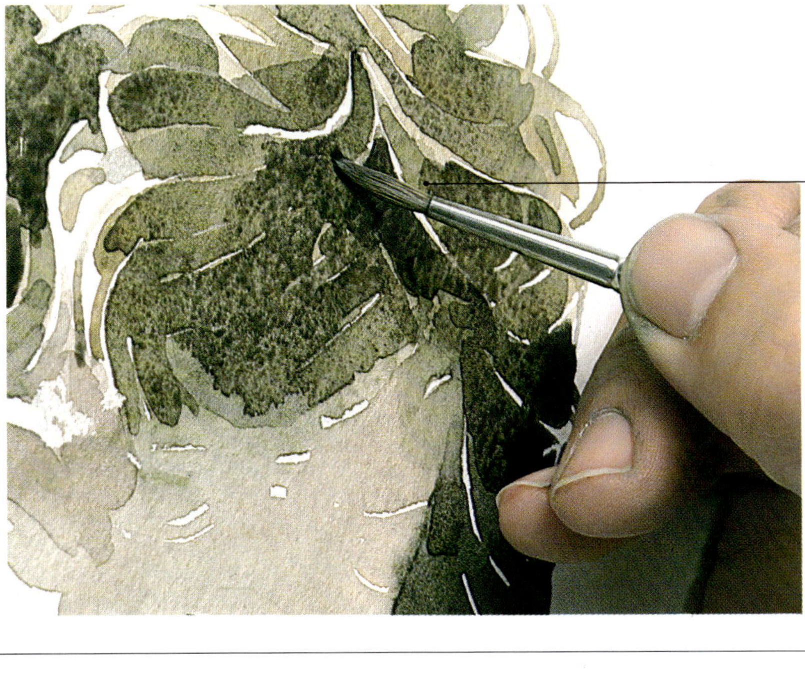

6. INTENSIVERE TÖNE
Nachdem die Hauptfarben aufgetragen sind, können Sie das Bild überarbeiten und zu blaß wirkende Bereiche vertiefen. Hier werden einige Schattenpartien im Haar intensiviert.

7. FERTIGSTELLUNG DES HAARS
Warten Sie, bis das Haar völlig trocken ist, und überarbeiten Sie die Schatten dann vorsichtig mit einer dunkleren Mischung aus Schwarz und Sepiabraun. Durch die Vertiefung dieser Schattenpartien, d. h. der Bereiche zwischen den Locken, bekommt das Haar mehr Plastizität.

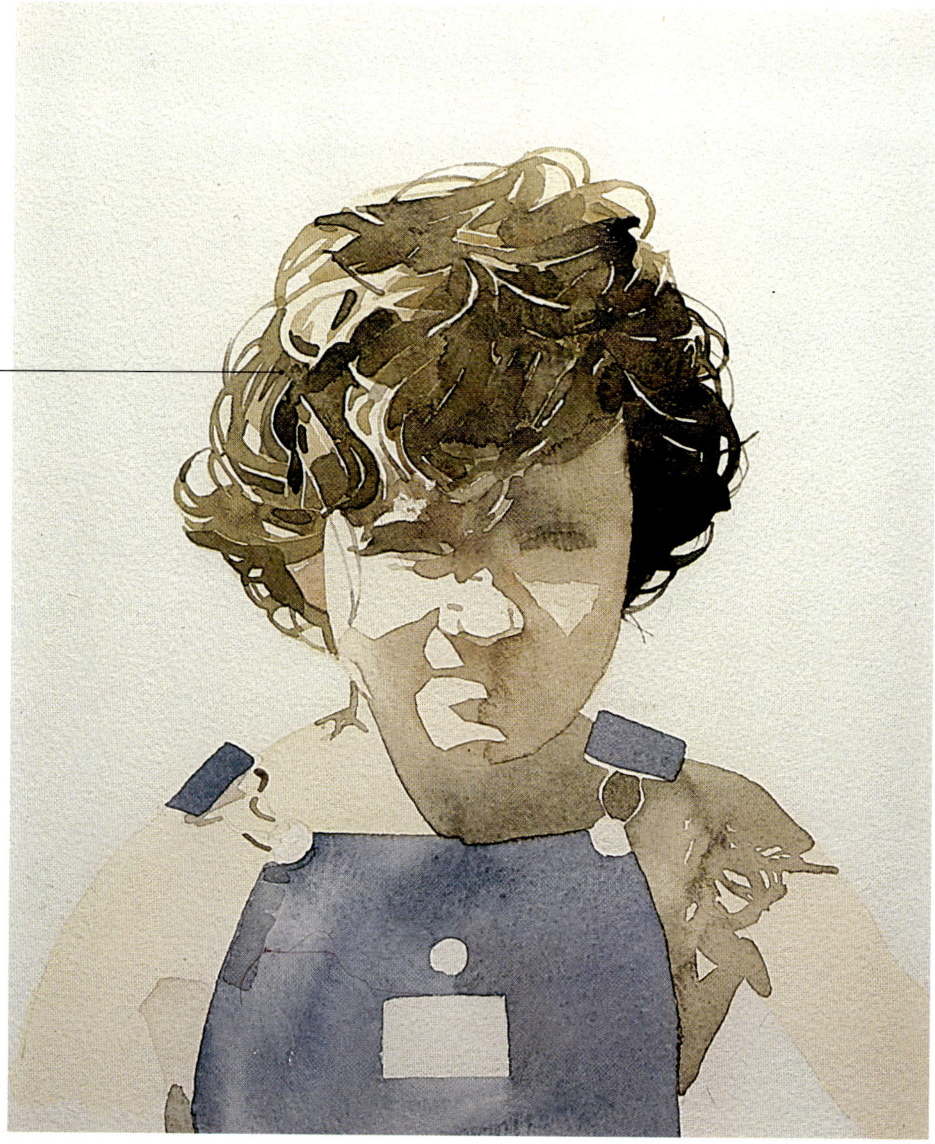

8. GESICHTSZÜGE
Malen Sie jetzt die dunkleren Gesichtspartien und die Schattentöne mit Madderbraun, Schwarz und Ultramarinblau. Die Gummilösung in der unteren Schicht sorgt dafür, daß die Farben gut verlaufen und sanft ineinander übergehen.

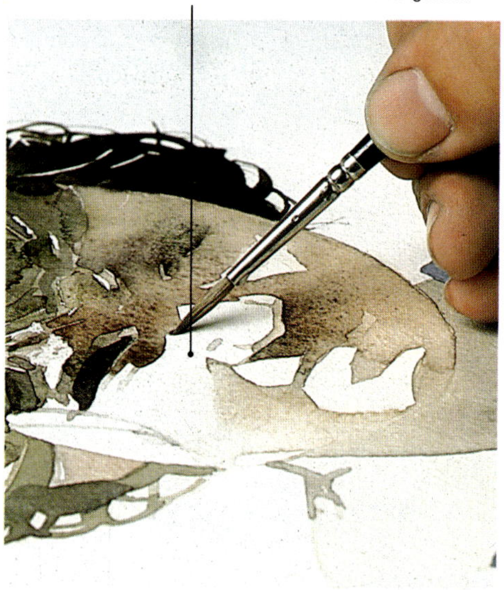

9. FERTIGSTELLUNG DER HOSE
Überarbeiten Sie die Hose mit einem Pinsel Nr. 2 und einer Mischung aus Ultramarinblau und Schwarz, betonen Sie dabei die wichtigsten Schattenpartien. Für die Knöpfe nehmen Sie verdünnte Umbra Natur.

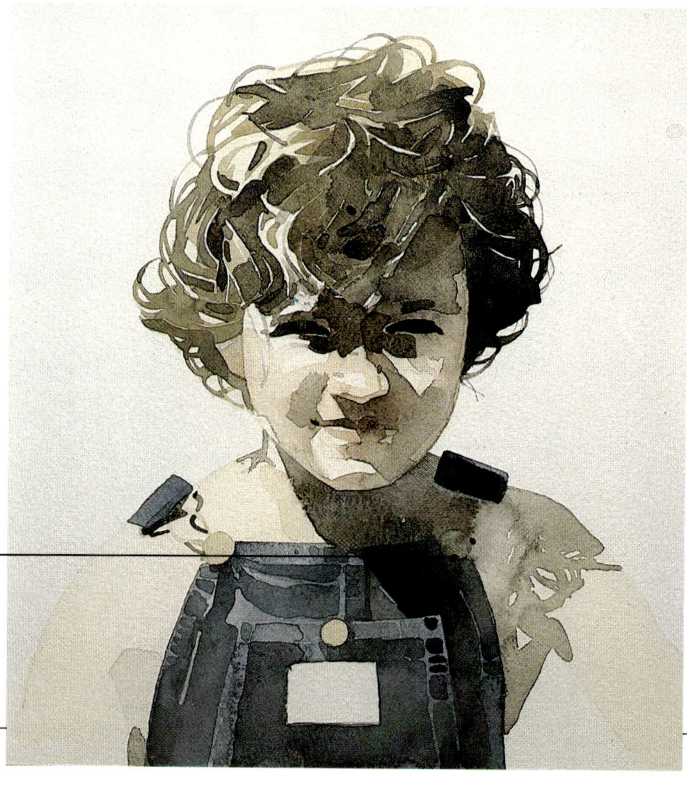

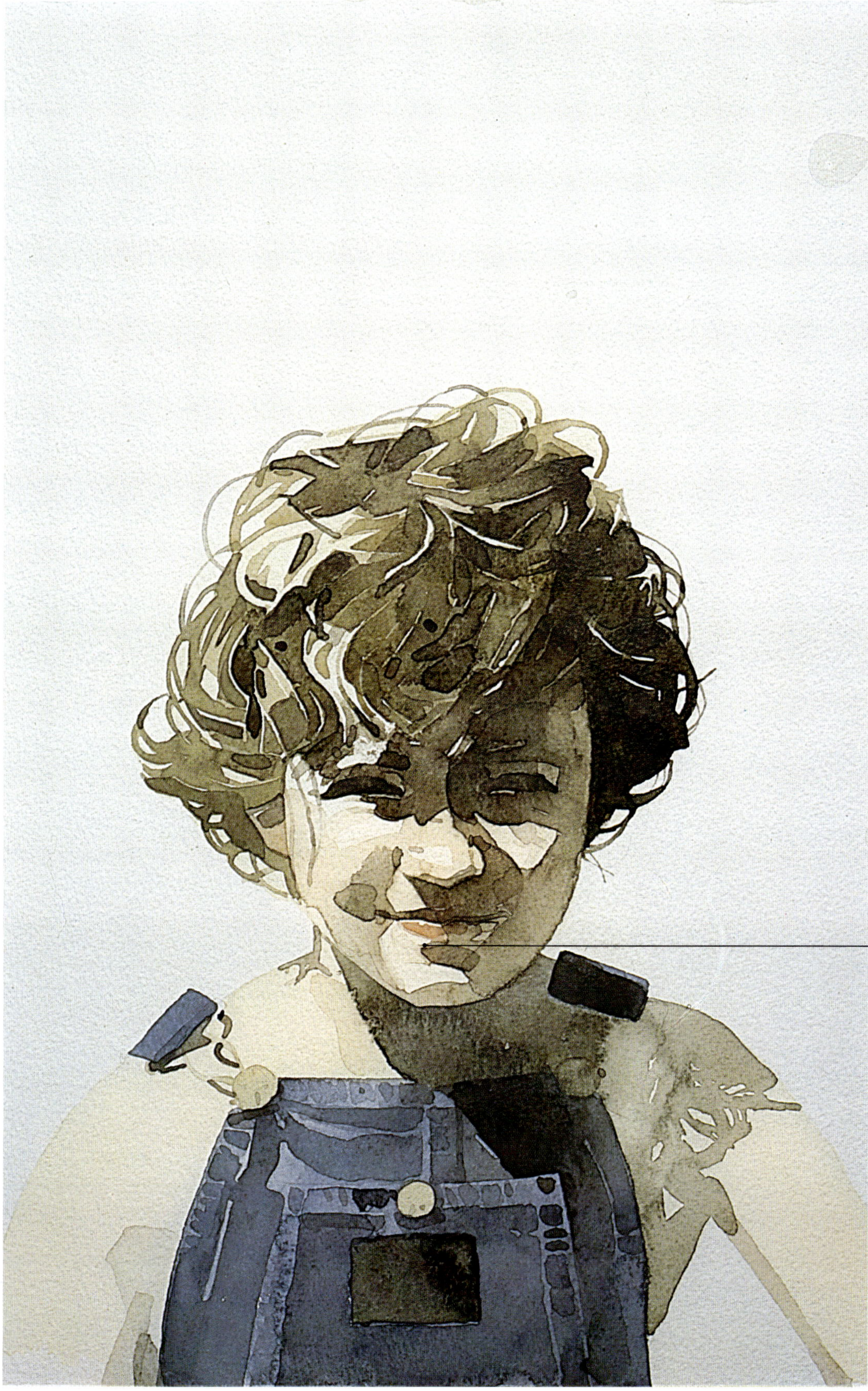

10. ABSCHLUSSARBEITEN
Zeichnen Sie noch einige Schatten in das Gesicht, die die Hauttöne vertiefen. Zum Schluß malen Sie die Lippen mit einer Mischung aus Karminrot und Umbra Natur.

BLAUE IRIS

Dieses Bild demonstriert die Kunst der Vereinfachung: Der Maler hat sich bei der Vase mit den Blumen auf einige Elemente beschränkt und nicht versucht, jedes Detail getreulich abzubilden. Dieses Vorgehen ist nur zu empfehlen – ob Sie eine Studie anfertigen oder ob Sie ein vollendetes Bild schaffen wollen, das sich auf bestimmte Charakteristika konzentriert. In diesem Fall ging es hauptsächlich um die frischen, klaren Farben und ihr Zusammenspiel mit dem Licht. Das Bild wurde in einfachen Schritten von hell nach dunkel aufgebaut. Andere Elemente und Details blieben unberücksichtigt, nur ein Aspekt wurde bewußt herausgearbeitet: die gelängten Schatten der Blumen, die in der Gesamtkomposition eine tragende Rolle spielen.

Die Farben der Blätter und Blüten sind jeweils auf drei Tonabstufungen reduziert – hell, mittel und dunkel. Auch das Gefäß ist vereinfacht wiedergegeben, die weiße Farbe des Papiers scheint an mehreren Stellen durch, um Lichtreflexe anzudeuten. Der Künstler hat sorgfältig darauf geachtet, die optische Brechung der in das Wasser eintauchenden Stengel wiederzugeben.

Bei der Darstellung des Tischs begnügte er sich mit einer gleichmäßigen Schicht brauner Farbe. Auch der Hintergrund besteht aus einer zarten Farbschicht, leicht übermalt mit einem zweiten, etwas dunkleren gebrochenen Ton. Ohne die Textur dieser zweiten Schicht würde der Hintergrund flau und tot wirken.

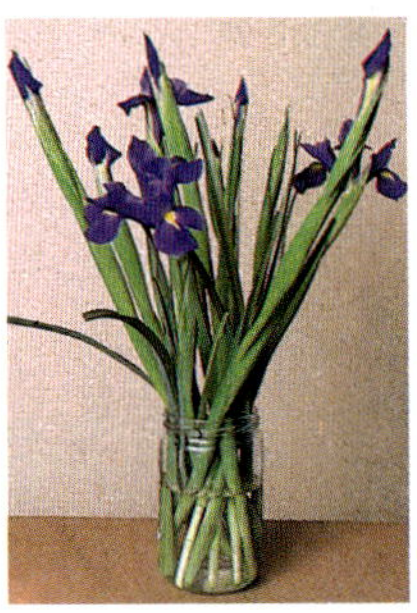

FARBPALETTE	
Saftgrün	Zitronengelb
Lichter Ocker	Ultramarinblau
Karminrot	Umbra Natur
Paynesgrau	
MALGRUND	
Aufgespanntes Bockingford-Papier 508 × 356 mm	

1. ERSTES STADIUM
Die zarten, charakteristischen Formen der Irisblätter wollen sorgfältig und genau wiedergegeben werden. Beginnen Sie deshalb mit einer feinen Bleistiftzeichnung, die Ihnen später beim Auftragen der Farben hilft. Mit einer verdünnten Mischung aus Saftgrün, Zitronengelb und lichtem Ocker – dem hellsten Grünton – skizzieren Sie dann alle Blätter. Lassen Sie die Farbe trocknen.

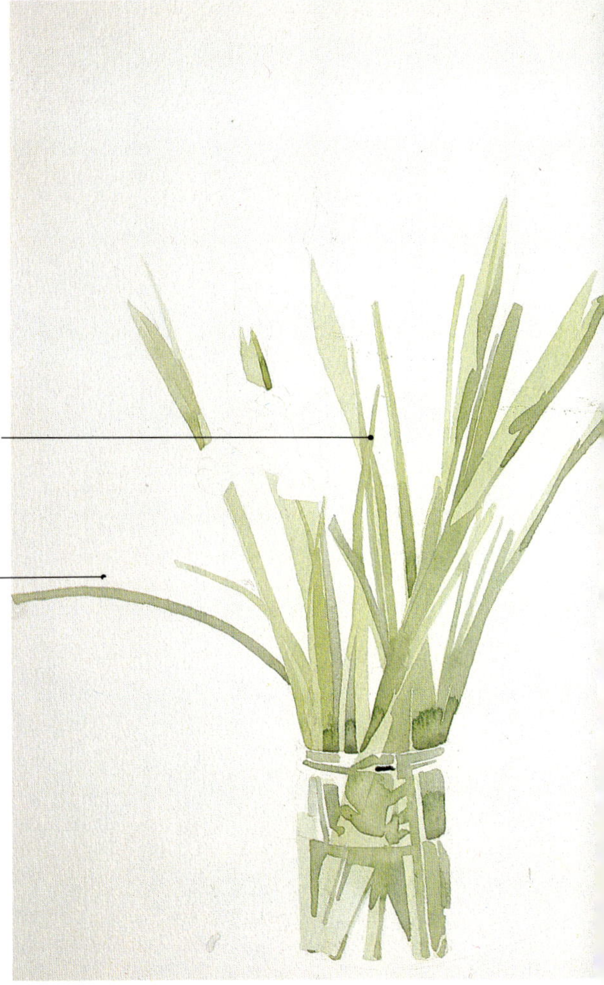

2. MITTLERE GRÜNTÖNE
Arbeiten Sie nun an den Bereichen mittlerer Helligkeit, also denen, die weder im Schatten liegen noch Glanzlichter haben. Malen Sie diese Partien mit einer etwas kräftigeren Mischung aus Saftgrün, Zitronengelb und lichtem Ocker. Vereinfachen Sie, indem Sie gleichmäßige Farbstreifen auftragen, ohne zu versuchen, feine Abstufungen wiederzugeben oder Struktur zu suggerieren. Lassen Sie die Farbe gut trocknen.

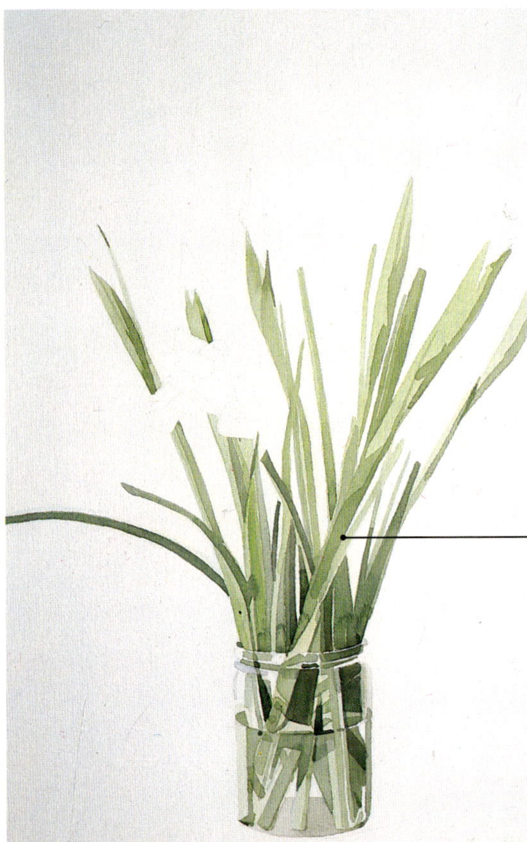

3. DUNKLE GRÜNTÖNE
Vollenden Sie die Blätter mit dem dunkelsten Farbton. Verwenden Sie dazu eine etwas kräftigere, d. h. weniger verdünnte Mischung als zuvor, und arbeiten Sie mit flachen Pinselstrichen. Die grünen Schatten im Glas wirken dunkler; tragen Sie die Farbe hier dicker auf, um den Ton zu vertiefen.

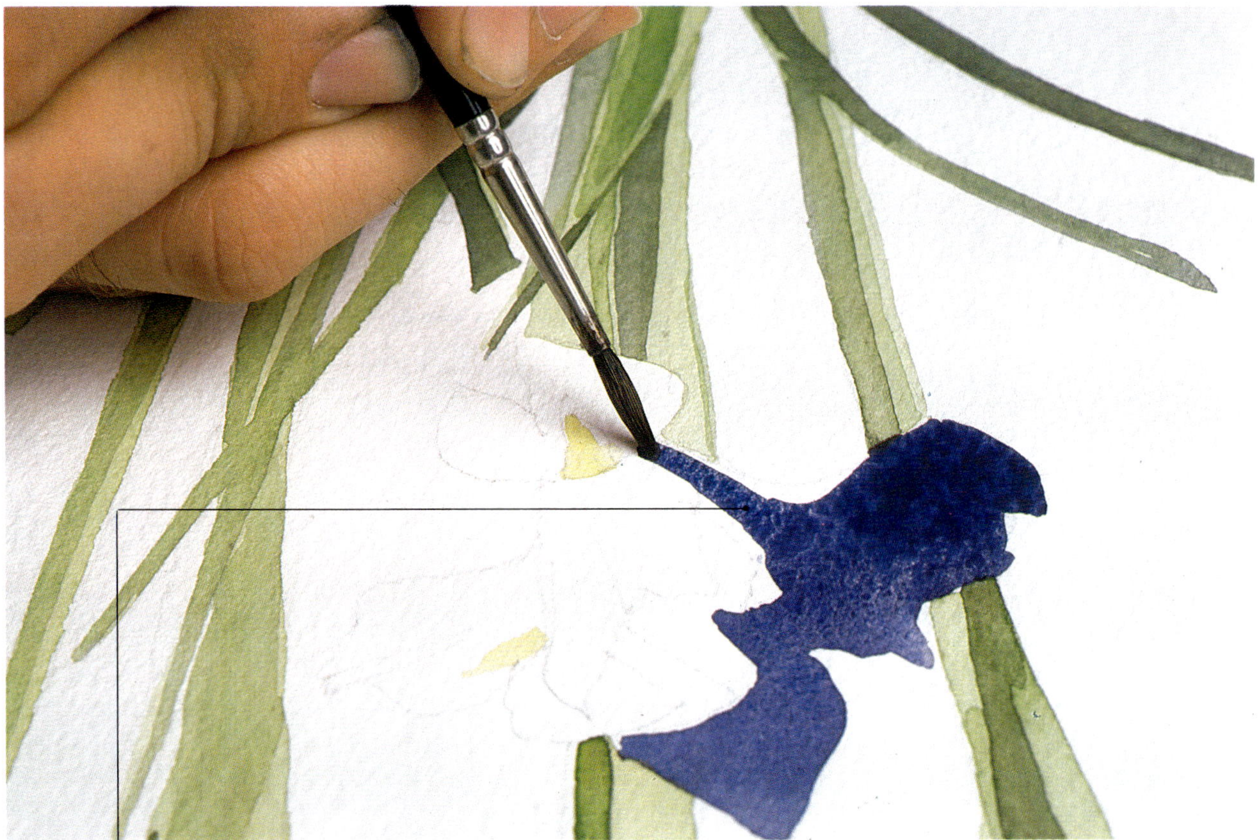

4. BLÜTEN
Behandeln Sie die Blüten ebenso wie die Blätter, indem Sie die verschiedenen Schattierungen auf drei Tonabstufungen reduzieren. Malen Sie den hellsten Ton in einer Mischung aus Ultramarinblau und Karminrot, und lassen Sie die Farbe trocknen.

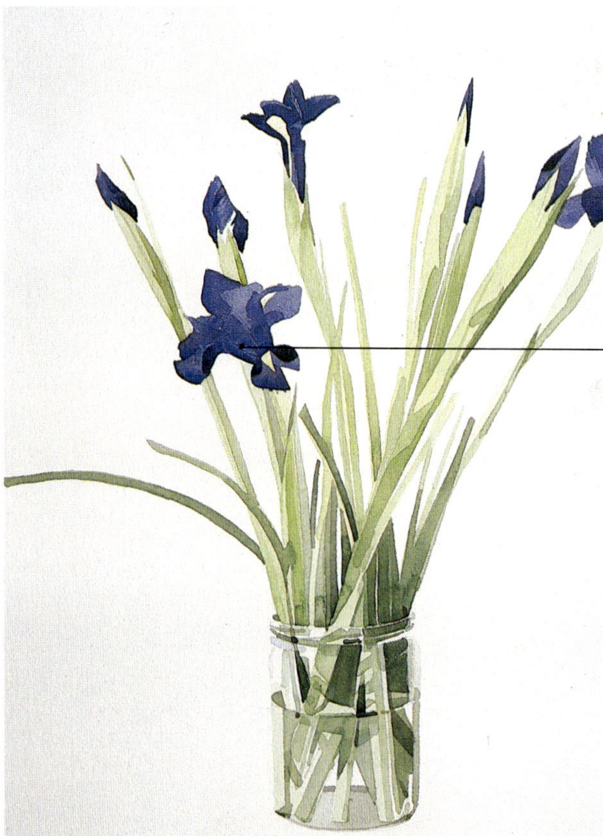

5. MITTLERER BLAUTON
Arbeiten Sie den mittleren Blauton mit einer kräftigen Ultramarinblau-Karminrot-Mischung heraus. Für die gelben Flecken nehmen Sie lichten Ocker und Zitronengelb.

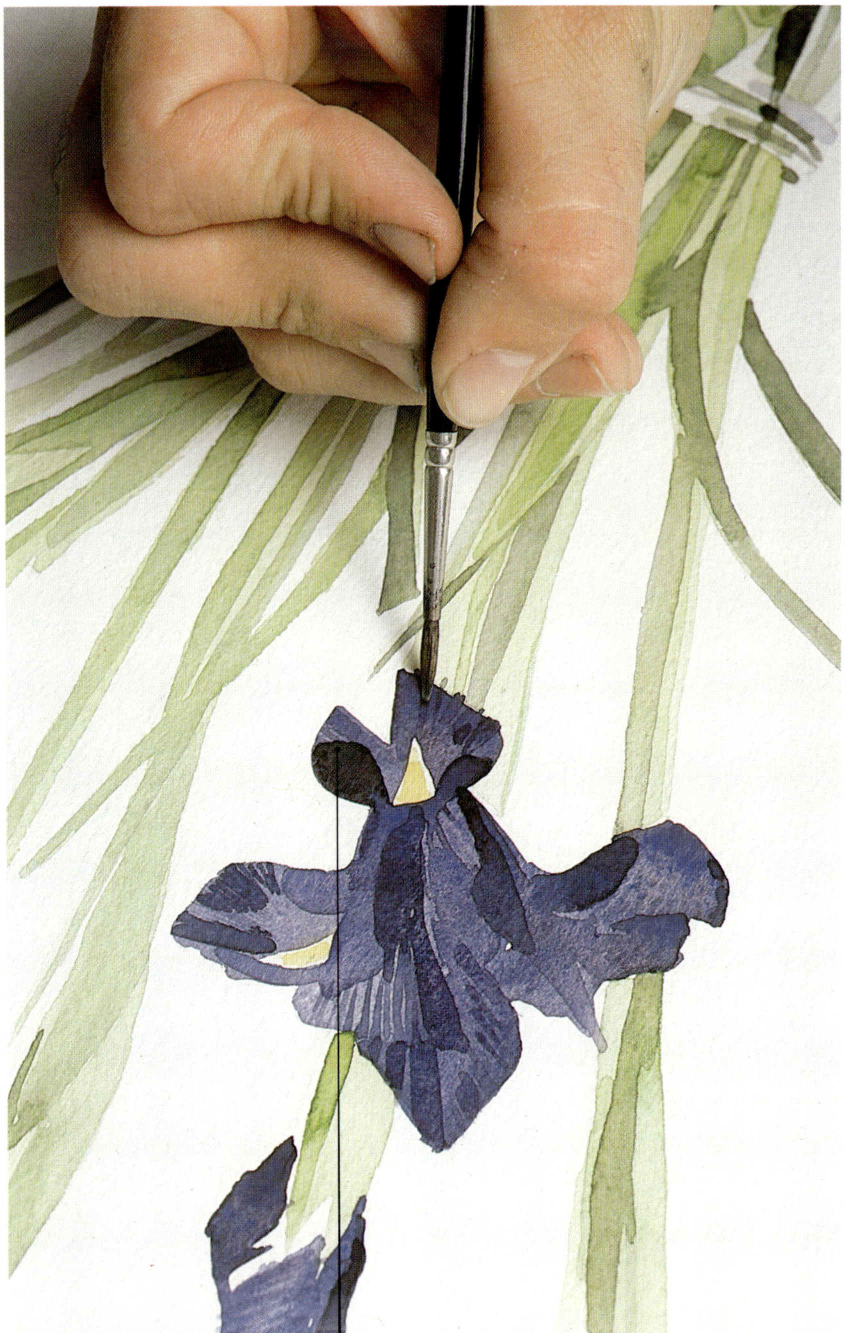

6. DUNKLER BLAUTON
Mischen Sie den dritten, kräftigsten Ton aus Ultramarinblau und Karminrot, und malen Sie die dunkelsten Partien. Achten Sie dabei besonders auf die feine Kräuselung der Blütenblätter. Zeichnen Sie die Blüten genau wie die Laubblätter mit zarten, flachen Strichen.

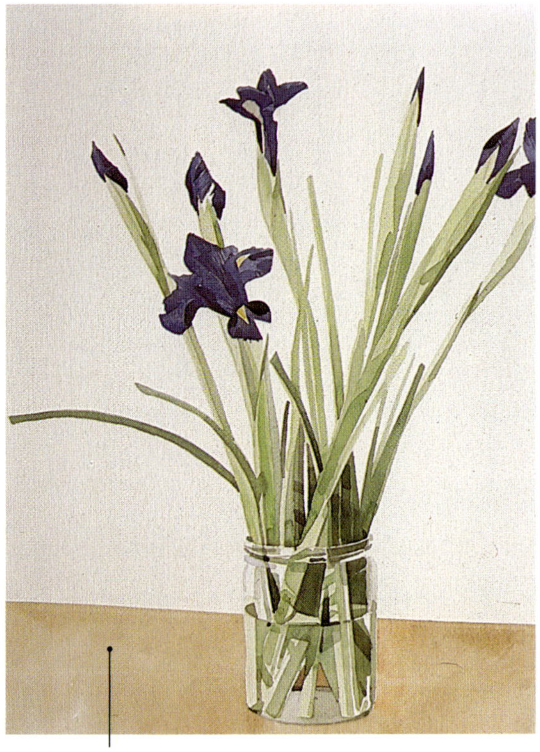

7. TISCHPLATTE
Verwenden Sie eine Mischung aus Umbra Natur, lichtem Ocker und Karminrot, und vergessen Sie nicht, daß der Tisch an einigen Stellen durch das Glas schimmert.

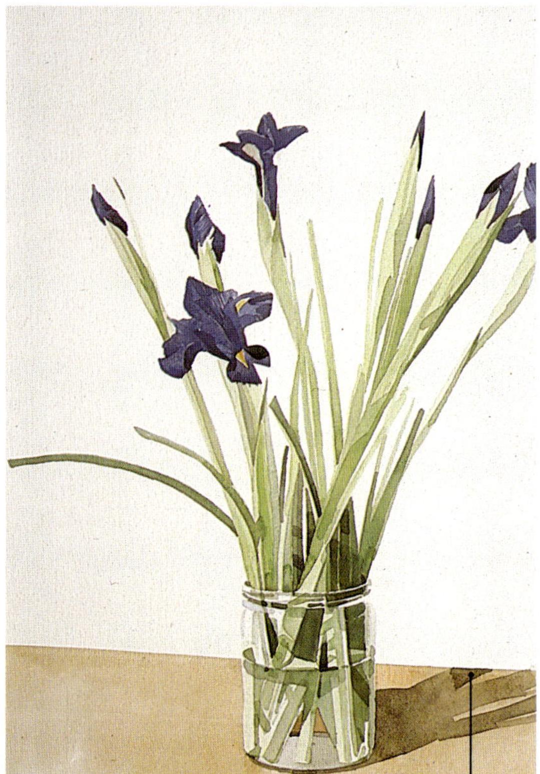

8. SCHATTEN
Malen Sie die Schatten des Glases und der Blumen mit einer Mischung aus Umbra Natur und Paynesgrau. Vereinfachen Sie, um einen harten, graphischen Effekt zu erzielen.

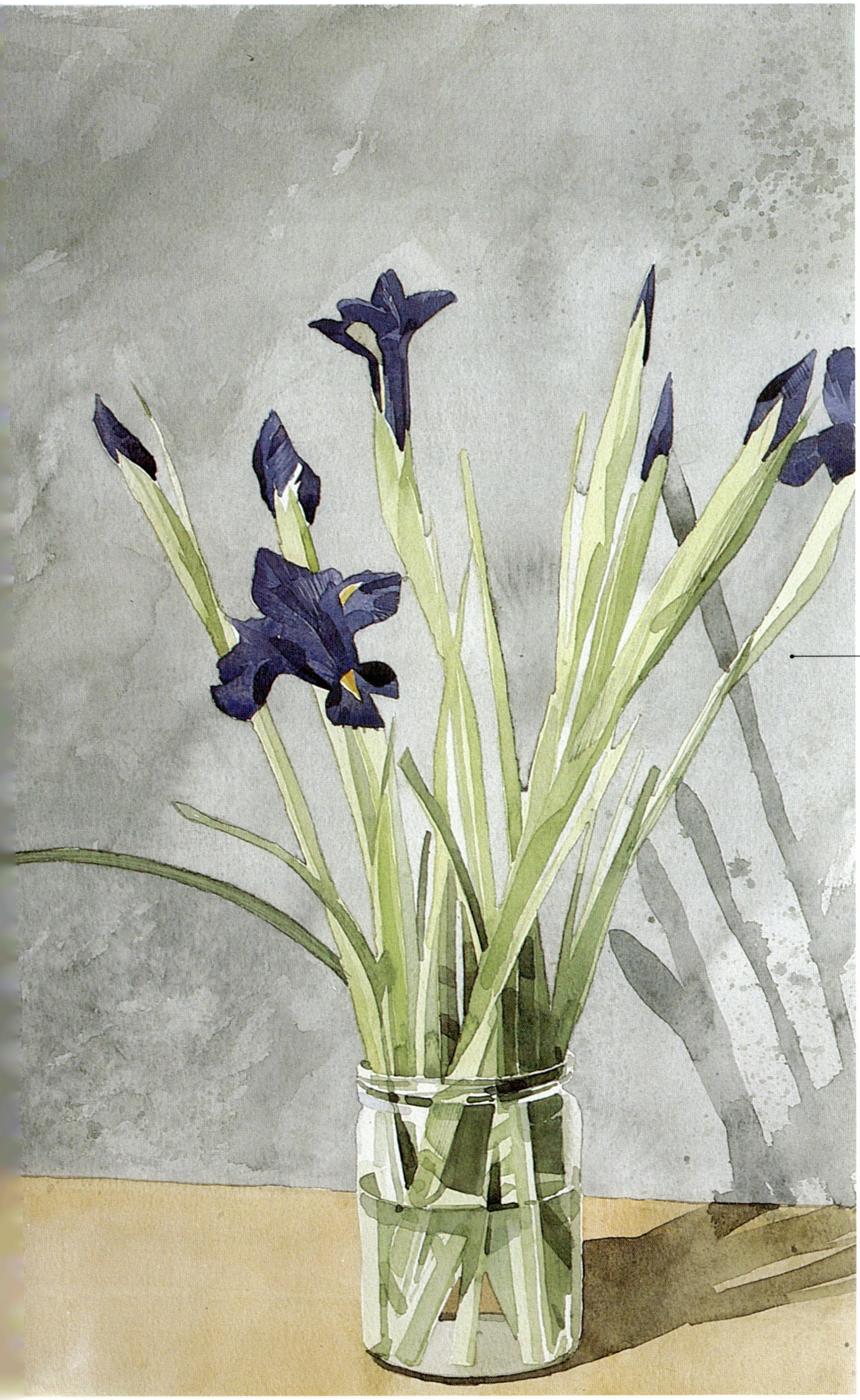

9. ABSCHLUSSARBEITEN
Zum Schluß tragen Sie den Hintergrund mit lockeren, bewegten Pinselstrichen in wäßrigem Paynesgrau auf. Lassen Sie diese Schicht trocknen, und verlängern Sie dann mit kräftigen Pinselstrichen die Schatten die Wand hinauf. Benutzen Sie hierfür einen dunkleren Ton Paynesgrau. Die auffälligen Schatten geben dem Bild Räumlichkeit und Tiefe und lassen die Komposition lebendiger erscheinen.

MASKIEREN

Mit Hilfe verschiedener Techniken kann man Bildpartien abdecken, so daß sie während des Farbauftrags geschützt sind. Wenn die Maskierung entfernt wird, kommen die Stellen darunter unberührt zum Vorschein. Viele Künstler und Illustratoren benutzen diese Methode; man kann damit nicht nur klare, graphische Formen erzielen, sondern sich auch das Arbeiten von hell nach dunkel (s. S. 136f.) erleichtern.

Bestimmte Maskiermittel wie Papierstreifen, Schablonen oder Kreppband eignen sich für Gouache besser als für das reine Aquarell, denn wenn die Farbe nicht relativ dickflüssig ist, sickert sie unter die Abdeckung. Die genannten Techniken sind vor allem in der Öl- und der Acrylmalerei gebräuchlich, aber Gouache wird – obwohl eine Farbe auf Wasserbasis – oft dicker aufgetragen als die klassische Aquarellfarbe.

Maskierflüssigkeit (z. B. Rubbelkrepp) ist für Aquarellfarbe und Gouache ideal. Es handelt sich um eine Art Gummilösung, mit der man Bildteile bestreicht. Wenn die Flüssigkeit getrocknet ist, kann man darübermalen – die Gummischicht schützt das Papier darunter. Maskierflüssigkeit eignet sich besonders für das Aquarellieren von hell nach dunkel. Statt jedes winzige Detail, das als Glanzlicht in Form von weißem Papier oder heller Farbe stehenbleiben soll, vorsichtig mit dem Pinsel zu ummalen, decken Sie die entsprechenden Stellen einfach mit Maskierflüssigkeit ab. Sie können diese Technik beim nächsten Bildbeispiel, »Auf der Veranda« (s. S. 152–155), ausprobieren, denn dort zeigt das Geflecht der Stühle viele winzige Glanzlichter.

MASKIEREN MIT WATTE

1. Legen Sie Wattebäusche auf die Stellen, die keine Farbe abbekommen sollen. Spritzen Sie die Farbe über Papier und Watte, indem Sie einen kleinen Anstreicherpinsel in die Farbe tauchen und die Borstenenden mit dem Finger biegen und zurückschnellen lassen.
2. Heben Sie die Watte ab – vorsichtig, damit die Ränder der abgedeckten Partien nicht verschmieren.

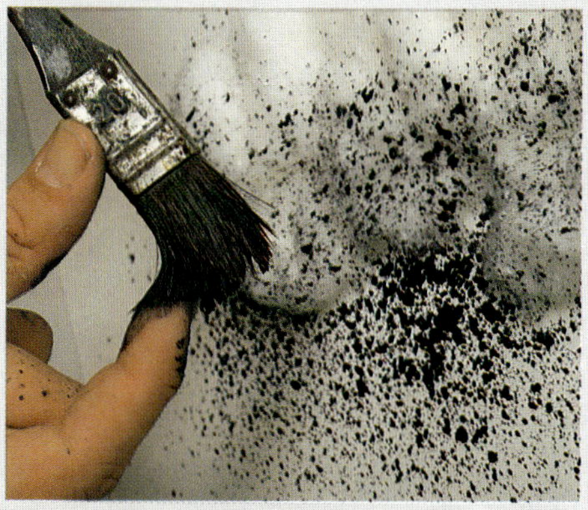

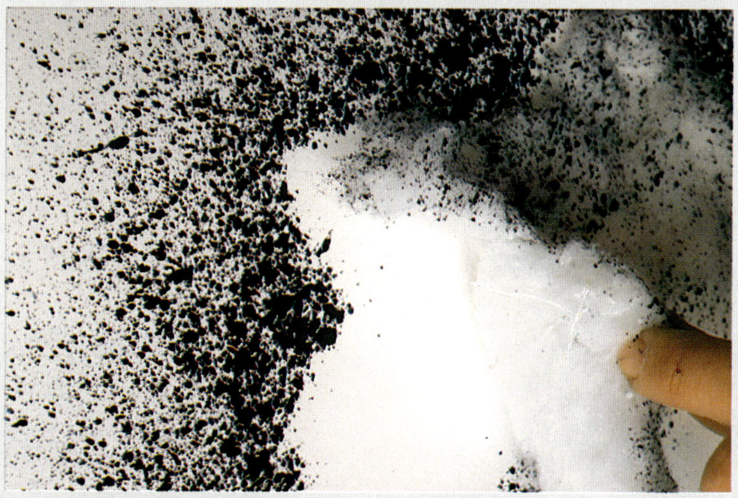

3. Sie erhalten eine saubere, relativ klar umgrenzte weiße Fläche.

MASKIEREN MIT PAPIERSTREIFEN

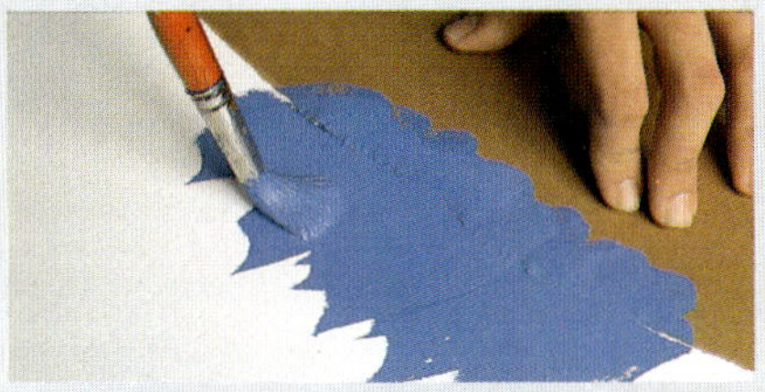

1. Diese Technik eignet sich nur für dickflüssige Farbe wie Gouache. Halten Sie den abgerissenen Papierstreifen fest, und tragen Sie die Farbe bis über den Rand der Maske auf.

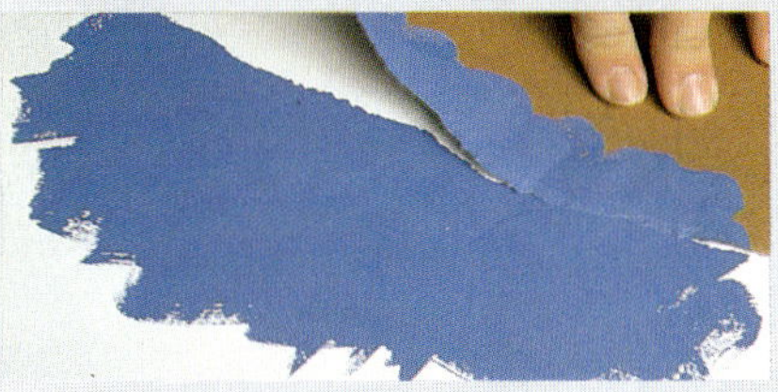

2. Entfernen Sie den Papierstreifen vorsichtig.

3. Ein abgerissener Papierstreifen bewirkt einen charakteristischen, unregelmäßigen Rand, der mit dem Pinsel nur schwer zu erreichen wäre.

KREPPBAND

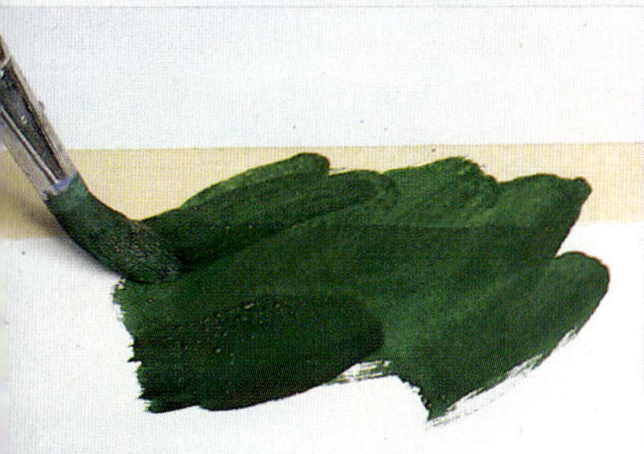

1. Diese Methode ist günstig, wenn man mit dicker Gouache arbeitet. Drücken Sie das Kreppband fest an, und tragen Sie die Farbe bis über den Rand hinaus auf.

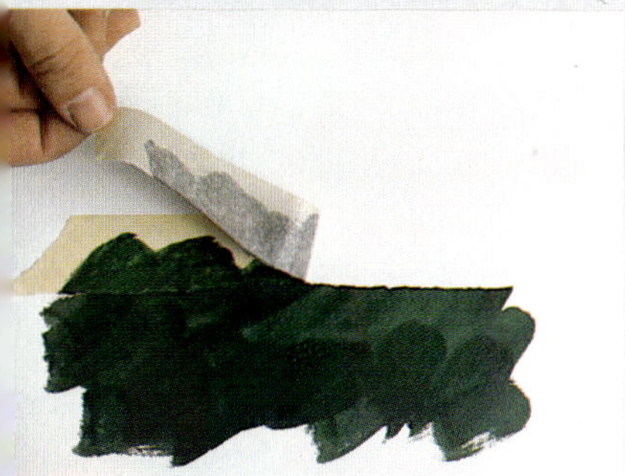

2. Lassen Sie die Farbe trocknen, und ziehen Sie das Kreppband dann vorsichtig ab.

MASKIERFLÜSSIGKEIT

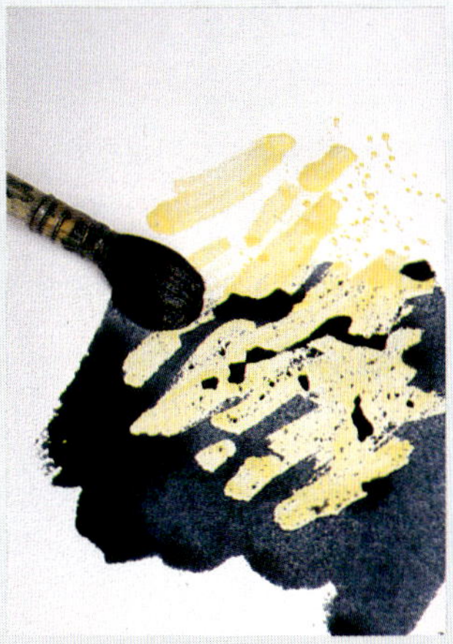

1. Tragen Sie die Maskierflüssigkeit auf die Stellen auf, die weiß bleiben sollen. Nach dem Trocknen malen Sie mit Aquarellfarbe oder Gouache darüber. Lassen Sie die Farbe trocknen.

2. Reiben Sie die Maske mit sauberem Finger oder einem Radiergummi vorsichtig ab.

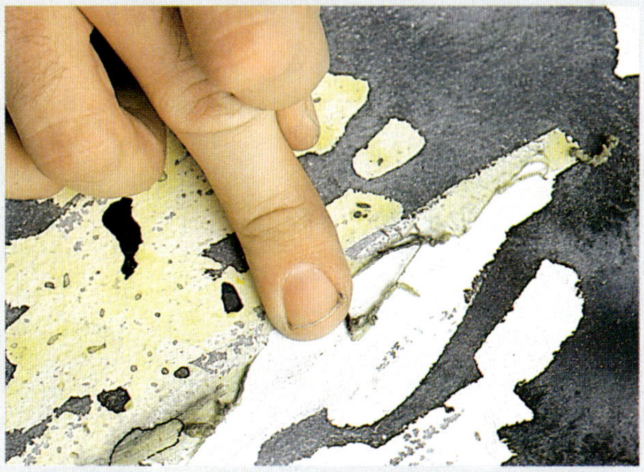

3. Klar umrissene weiße Stellen kommen zum Vorschein.

AUF DER VERANDA

Mit Hilfe von Maskierflüssigkeit ist ein trotz des scheinbar reizlosen Themas – zwei Stühle auf einer Veranda und ein Gefäß mit Geranien – ungewöhnliches Bild entstanden. Die Maskierflüssigkeit ermöglichte es dem Maler, klare, graphische Formen und ein dramatisches Helldunkel zu schaffen. Er hat die Flüssigkeit als allererstes aufgetragen, so daß nach ihrer Entfernung scharf umrissene weiße Stellen als Glanzlichter auf dem Stuhlgeflecht stehenblieben.

Gerade bei einem so simplen Bildthema ist es wichtig, alle ihm innewohnenden Qualitäten auszuschöpfen – in diesem Fall die harten Silhouetten, die Textur des Geflechts und die scharf umgrenzten Negativformen innerhalb der Stühle. Der Künstler hat sich für eine symmetrische Bildkomposition entschieden; horizontal wird die Komposition durch die Verandabrüstung geteilt, vertikal durch den Holzpfosten in der Mitte.

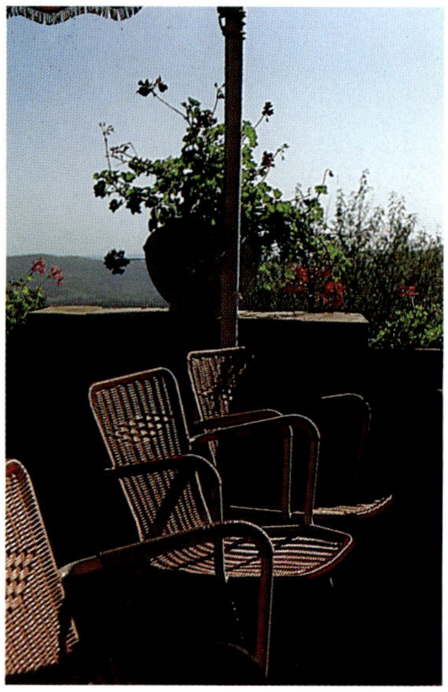

FARBPALETTE	
Kobaltblau	Karminrot
Paynesgrau	Saftgrün
Sepiabraun	Elfenbeinschwarz
Kadmiumrot	Madderbraun

MALGRUND
Aufgespanntes Kartonpapier
356 × 457 mm

1. ERSTES STADIUM
Fertigen Sie zunächst eine feine Bleistiftzeichnung an. Hier hat der Maler einen HB-Bleistift benutzt; Sie können jedoch auch einen weicheren nehmen, wobei die Linien aber so zart ausfallen müssen, daß sie am Ende nicht durch die Farbe scheinen. Nun tragen Sie mit einem alten Pinsel auf alle Stellen der Stühle, die weiß bleiben sollen, Maskierflüssigkeit auf.

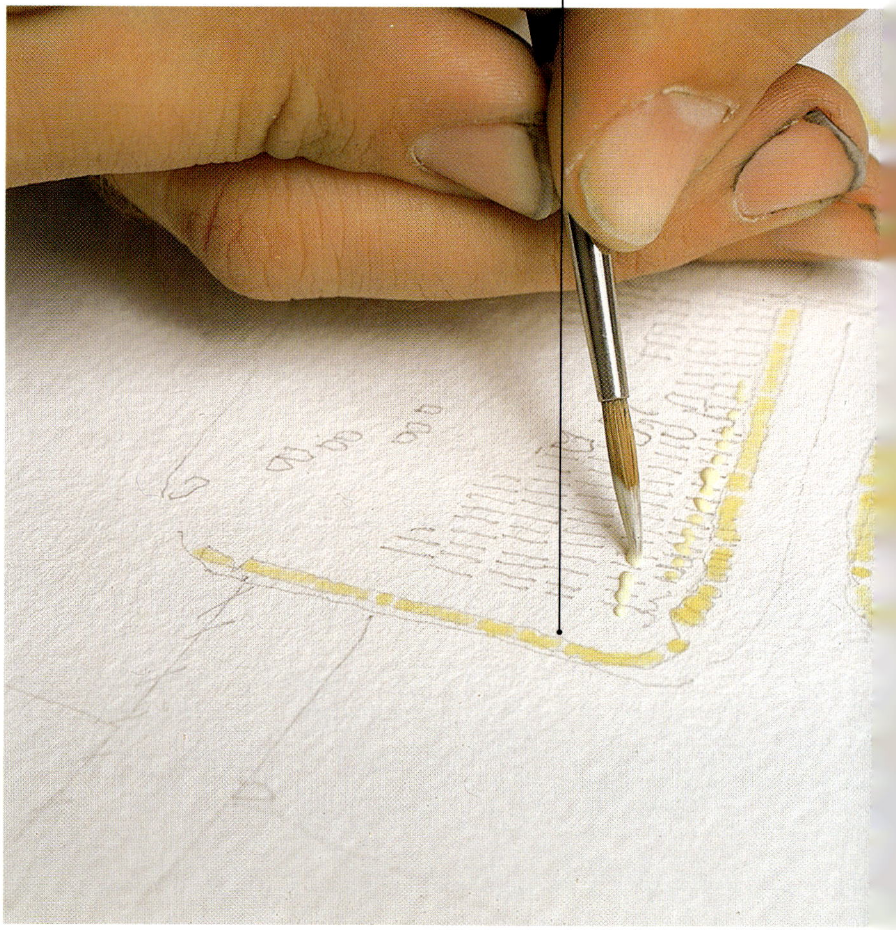

2. STÜHLE
Wenn die Maskierflüssigkeit trocken ist, malen Sie die Stühle in sehr blassem Karminrot. Die Farbe wird auch über die maskierten Stellen gezogen.

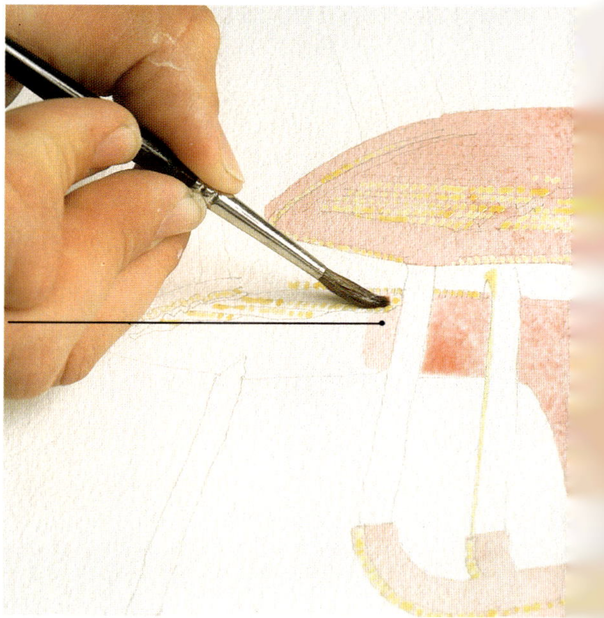

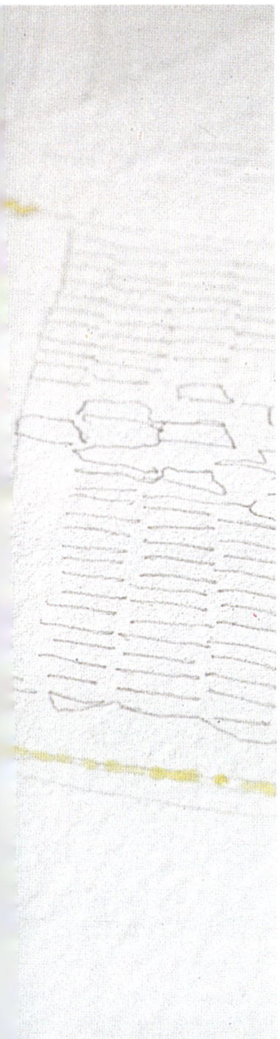

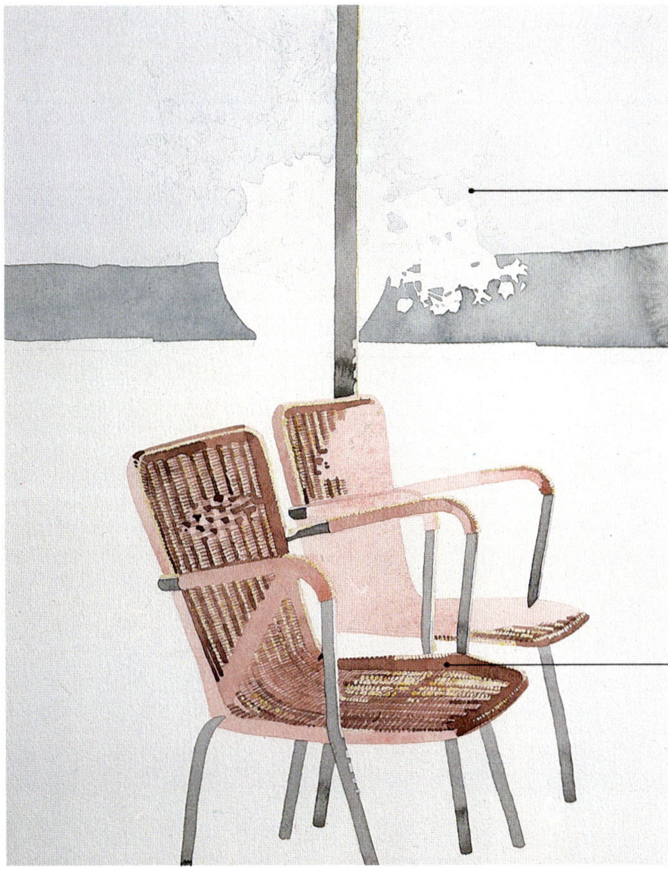

3. HIMMEL UND HÜGEL
Legen Sie den Himmel mit einem großen Verwaschpinsel in stark verdünntem Kobaltblau an, die Hügel in einer Mischung aus Paynesgrau, Saftgrün und Kobaltblau. Um das Blumengefäß herum wird die Farbe mit einem Rundpinsel Nr. 2 aufgetragen.

4. DETAILS
Der mittlere Farbton der Stühle besteht aus einer Mischung von Karminrot und Sepiabraun. Malen Sie die Farbe wieder über die Maskierung. Für die Stuhllehnen und -beine wie für den Holzpfosten in der Mitte nehmen Sie Paynesgrau.

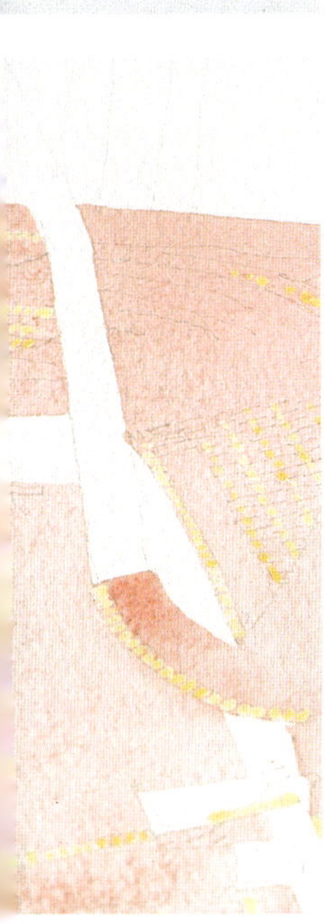

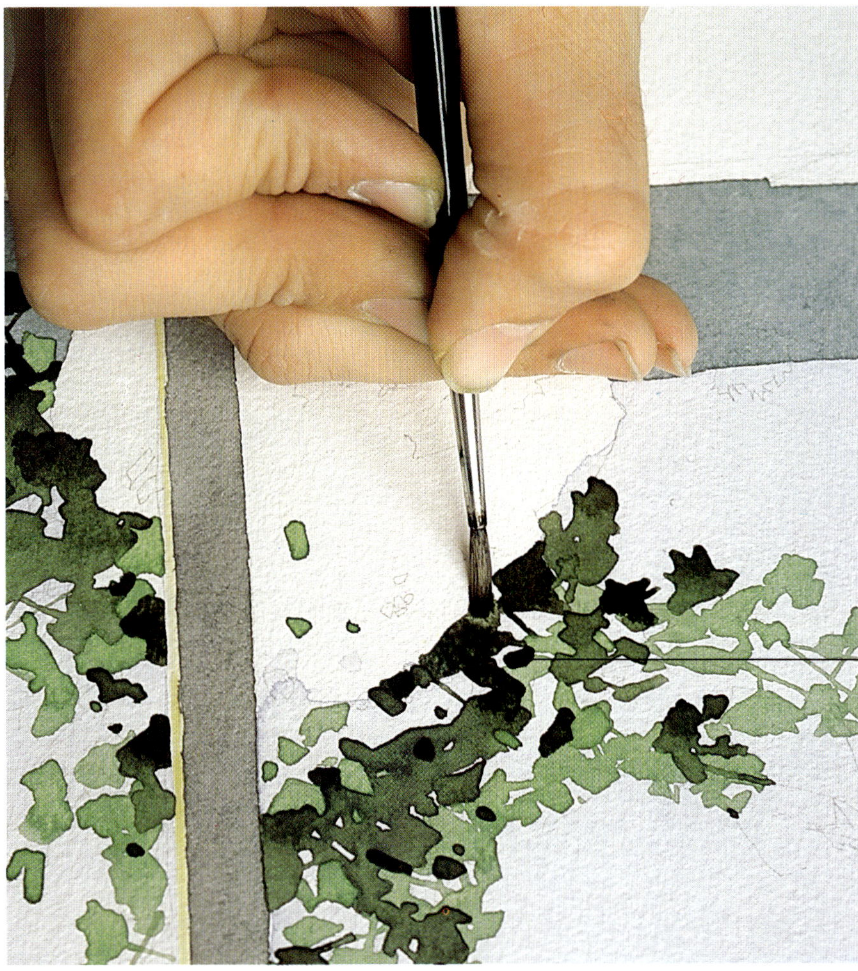

5. GERANIENBLÄTTER
Beschränken Sie sich bei den Schattierungen der Geranienblätter auf zwei Grüntöne. Malen Sie zunächst alle Blätter mit einer sehr verdünnten Mischung aus Saftgrün und Paynesgrau. Wenn diese Schicht trocken ist, geben Sie mehr Farbe in die Mischung und malen die dunkleren Blätter in diesem kräftigeren Ton.

6. VOLLENDUNG DER GERANIEN
Das Blumengefäß zeigt zwei Tonabstufungen von Paynesgrau: Beginnen Sie mit einem hellen Ton für den ganzen Topf, und deuten Sie, wenn diese Farbe trocken ist, die Schatten der Geranien mit einem dunkleren Ton an. Zum Schluß werden die Blüten mit einem Rundpinsel Nr. 2 in Kadmiumrot und Madderbraun gemalt.

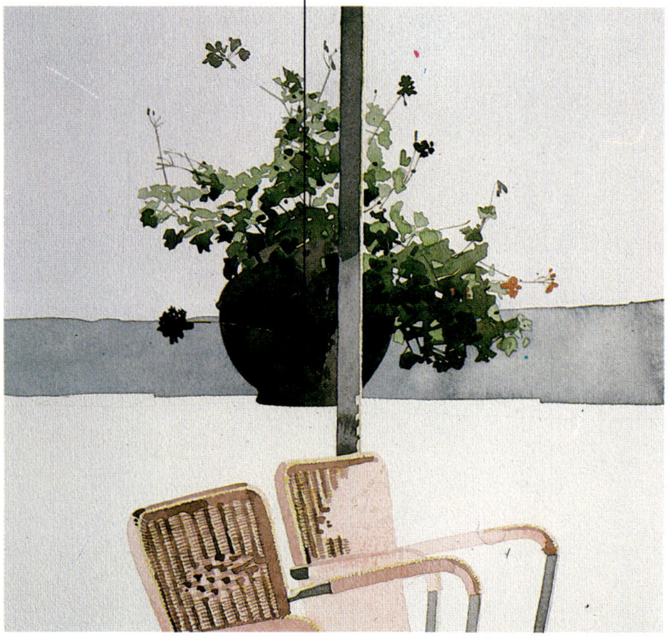

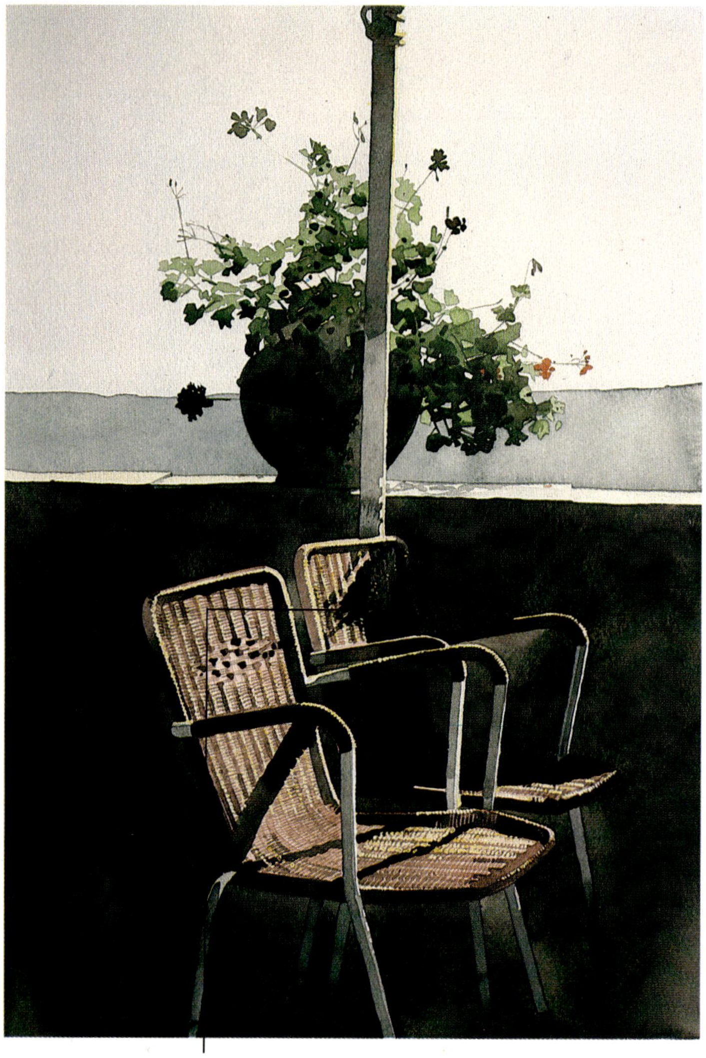

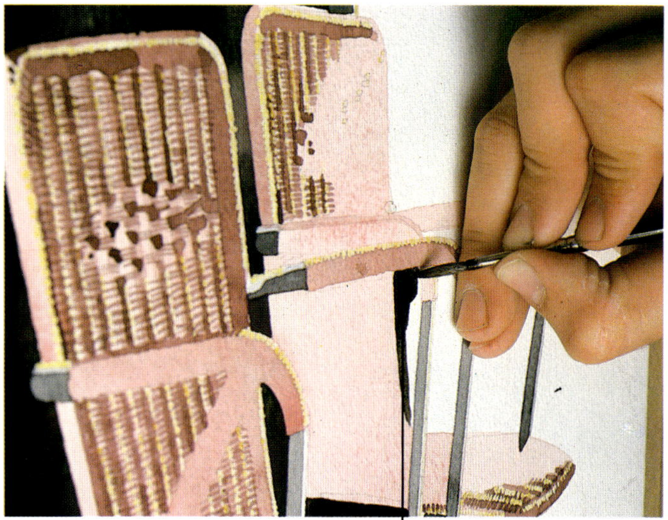

7. VERANDA
Verandamauer und -boden entstehen aus Elfenbeinschwarz und Sepiabraun. Für die großen Flächen verwenden Sie einen Rundpinsel Nr. 7, für die kleineren Zwischenräume einen Rundpinsel Nr. 2. Lassen Sie zwischen den Hügeln und der Verandamauer einen Streifen Papier frei, der die Tiefe der Brüstung andeutet. Tragen Sie eine zweite, dunklere Schicht auf die Wand auf; den Fußboden belassen Sie in dem helleren Ton.

8. SCHATTEN
Malen Sie in einer Paynesgrau-Karminrot-Mischung die Schatten auf den Stühlen.

9. ENTFERNEN DER MASKIERUNG
Wenn die Farbe ganz trocken ist, reiben Sie die Maskierung mit dem Finger oder einem Radiergummi ab.

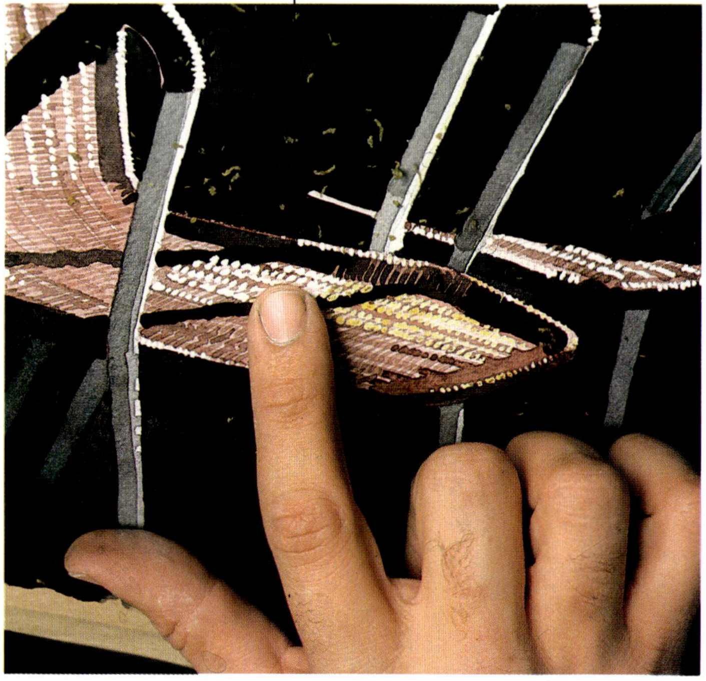

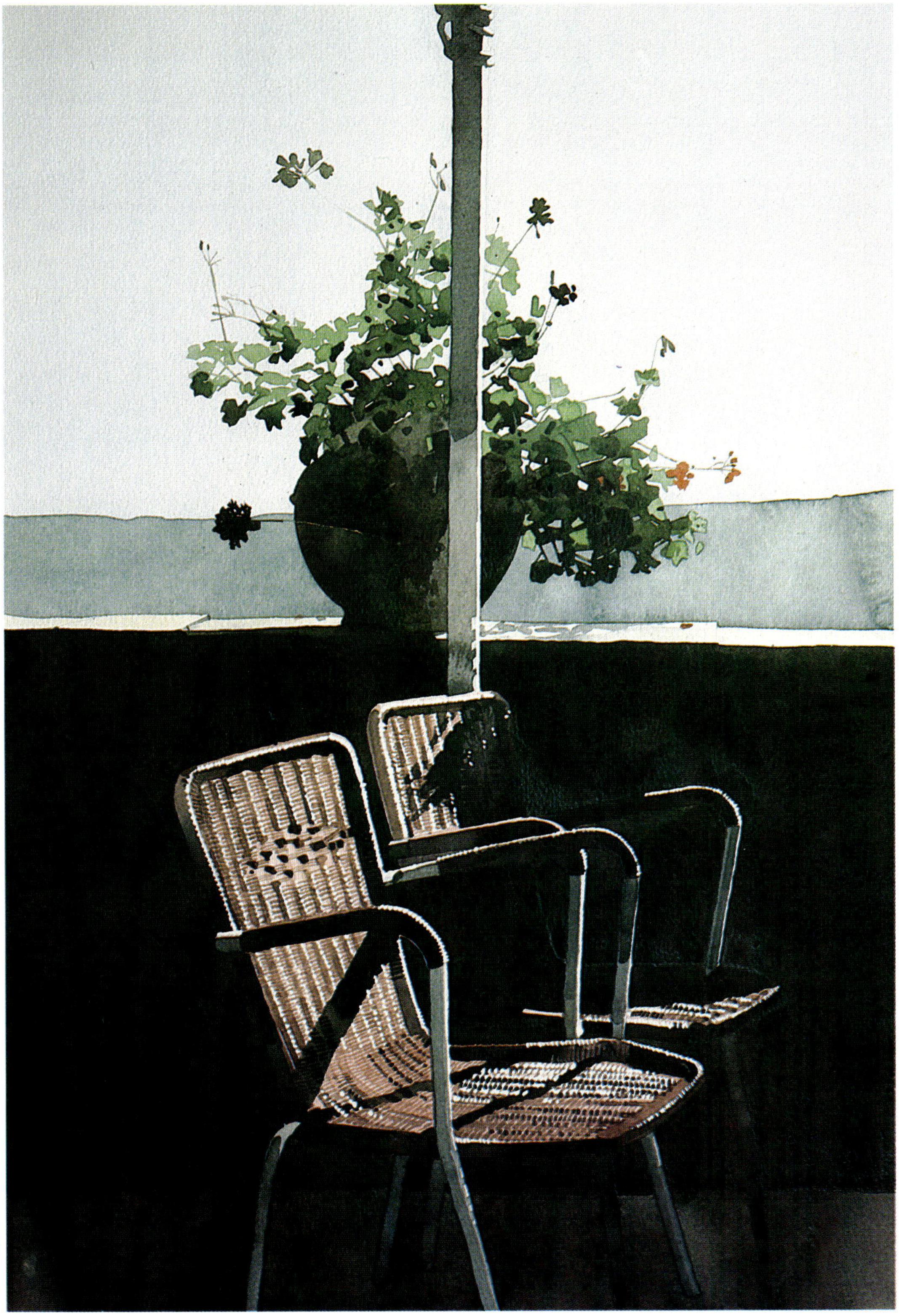

10. ABSCHLUSSARBEITEN
Vollenden Sie das Bild, indem Sie in Karminrot und Paynesgrau feine Schatten auf das Flechtwerk der Stühle zeichnen.

MONOCHROMIE

Als monochrom bezeichnet man Bilder, die in einer einzigen Farbe gehalten sind. Bei der Aquarellmalerei hat man jedoch den Vorteil, daß das weiße Papier die Töne aufhellt.

Monochromes Arbeiten stellt eine ausgezeichnete Übung dar, denn es zwingt dazu, auf die Helldunkelabstufung eines Bildgegenstandes zu achten. Dies ist auch beim Malen mit verschiedenen Farben wichtig, und deshalb erweist es sich als nützlich, das Auge im Wahrnehmen von Helligkeitsunterschieden zu schulen. Sie sind in einer Komposition genauso wichtig wie die Farbe.

Natürlich kommt es bei einem monochromen Bild besonders auf die Farbwahl an, denn alle Töne zwischen hell und dunkel müssen ja aus einer einzigen Farbe entwickelt werden. Wenn Sie von einer an sich hellen Farbe wie Gelb ausgehen, dann können die erzielbaren Helligkeitsstufen nur dem hellen Ende der Grauleiter – von Hellgrau bis Weiß – entsprechen (s. S. 96). Gewöhnlich nimmt man für monochrome Arbeiten Schwarz, Sepia und Braun.

Betrachten Sie Ihr Motiv, und versuchen Sie, jede Farbe in eine Helldunkelskala einzuordnen und entsprechend umzusetzen. So ist z. B. jeder schwarze Bereich des Gegenstandes das Äquivalent zum dunkelsten Ton der von Ihnen im Bild verwendeten Farbe. Weiß entsteht einfach durch das weiße Papier.

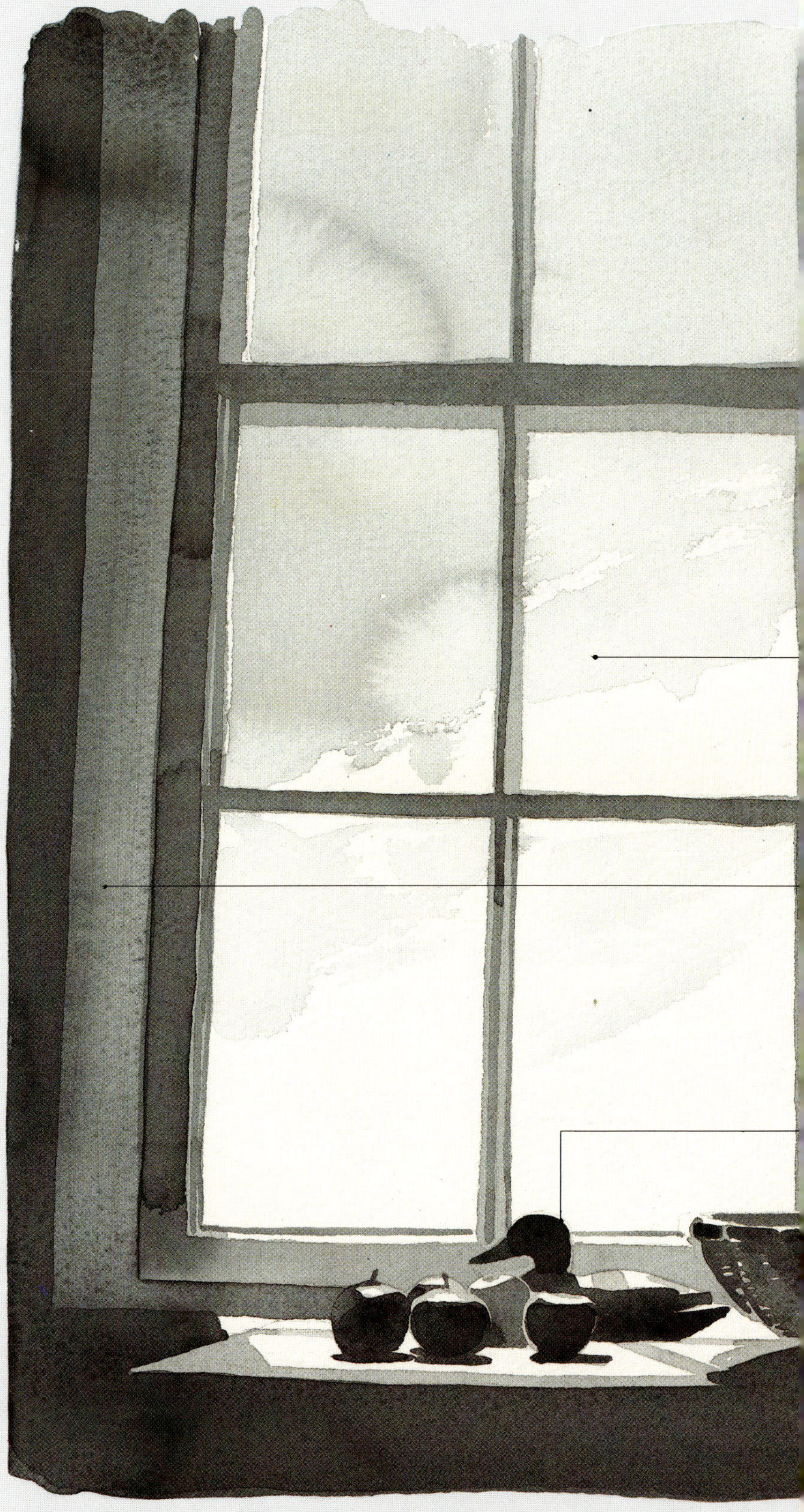

GEGENSTÄNDE AUF DER FENSTERBANK
Der Maler hat die Tonwerte seines Motivs bestimmt und in verschiedene Abschattierungen von Paynesgrau übersetzt. Die dunkelsten Bereiche der Ente und der Äpfel sind mit fast unverdünnter Farbe angegeben, während das weiße Papier die hellsten Töne darstellt. Auf der rechten Seite sehen Sie die gleiche monochrome Komposition in Rot und in Grün.

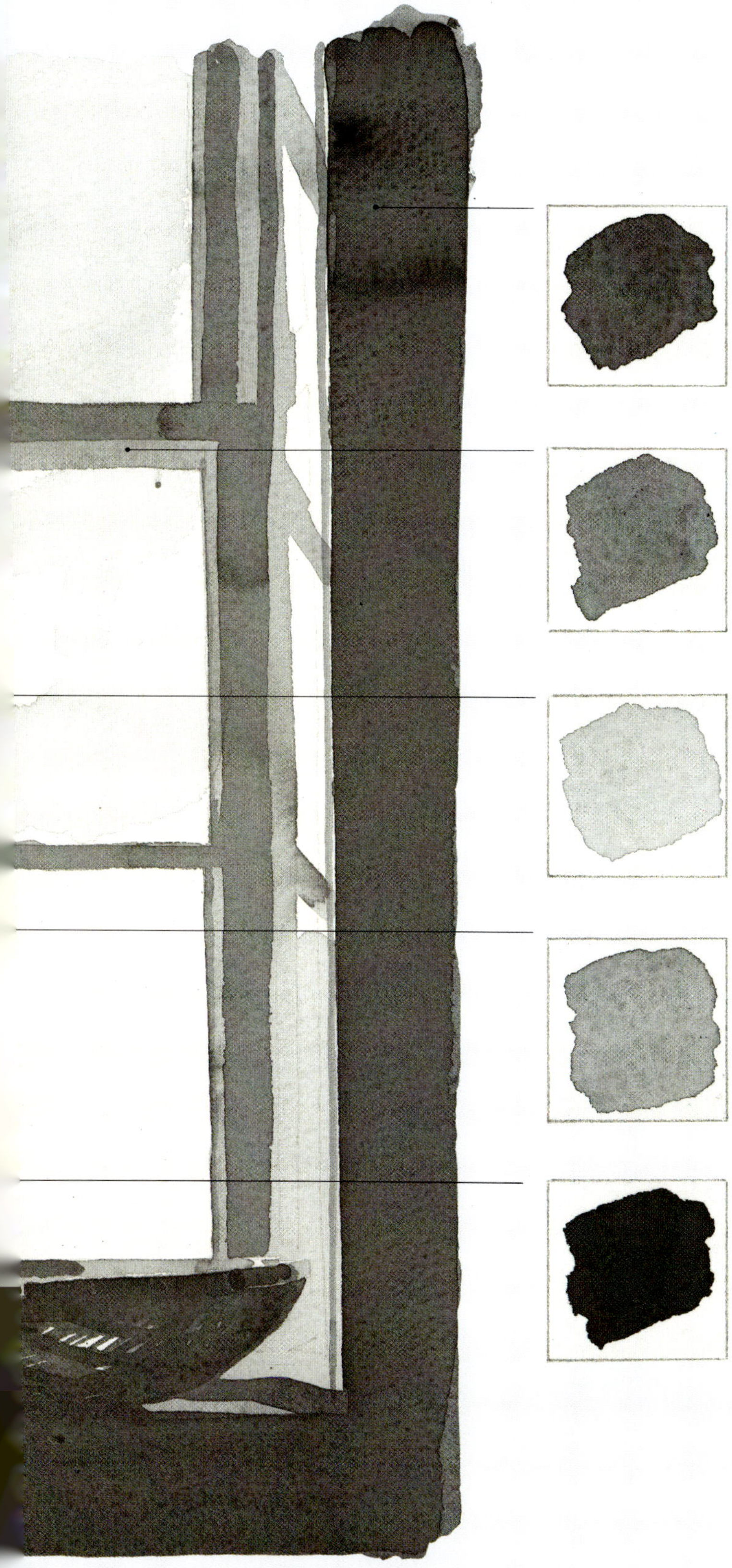

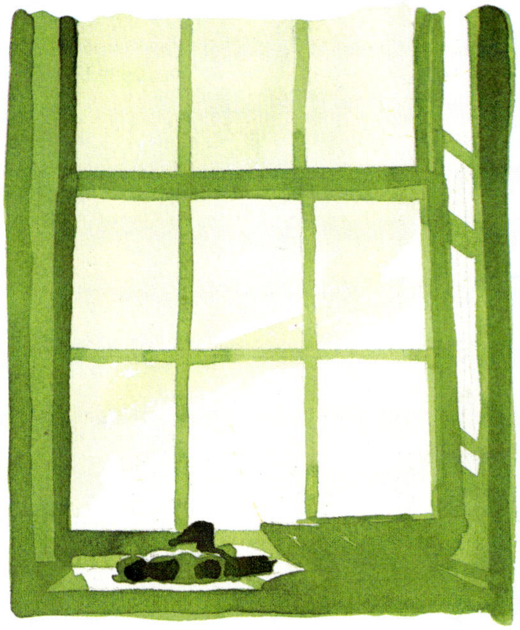

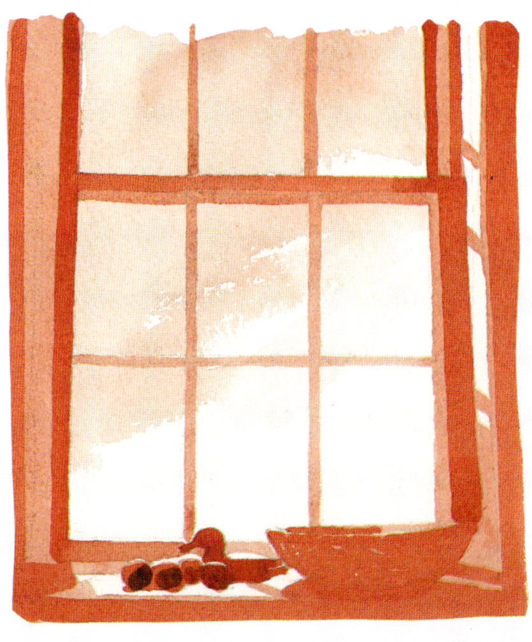

NEBEL-LANDSCHAFT

Aquarellfarbe erlaubt buchstäblich monochromes Arbeiten, ohne daß die gewählte Farbe mit Deckweiß aufgehellt wird. Wenn Sie den Bildaufbau sorgfältig planen und das Weiß des Papiers ausnutzen, können Sie Ihr Motiv in all seinen Helldunkelabstufungen tatsächlich mit nur einer Farbe malen.

Für dieses Bild hat der Maler Paynesgrau gewählt, eine Farbe, die unverdünnt so dunkel ist, daß man sie oft statt Schwarz verwendet. Mittels verschieden starker Verdünnung entstand eine sehr breite Tonskala vom Papierweiß bis zum tiefsten Grau.

Um Räumlichkeit zu suggerieren, hat der Künstler die Regeln der Luftperspektive (s. S. 134 f.) beachtet: Der Hintergrund ist sehr hell, während die Formen weiter im Vordergrund kräftiger und dunkler werden.

Die Nebelatmosphäre verdankt sich einer besonderen Technik: Der ersten Farbschicht wurde Gummilösung beigemischt; dadurch drang nur wenig Pigment in das Papier ein. Dann strich der Maler mit einem feuchten Schwamm über die Bäume im Hintergrund, der Gummi löste sich, und die Farbe ließ sich einfacher entfernen. Auf diese Weise wirken die Formen dunstverhangen.

Die gleiche Technik hat der Maler bei den Bäumen im Vordergrund verwendet. Obwohl diese dunkler und schärfer umrissen sein sollen, mußten ihre Konturen leicht abgemildert werden, damit die Nebelstimmung überzeugend bleibt.

Die Komposition lebt von dem einfachen Nebeneinander der Bäume im Vordergrund und ihrer mächtigen Schatten. Hier wurde die Farbe recht spontan aufgetragen, um Gleichförmigkeit zu vermeiden.

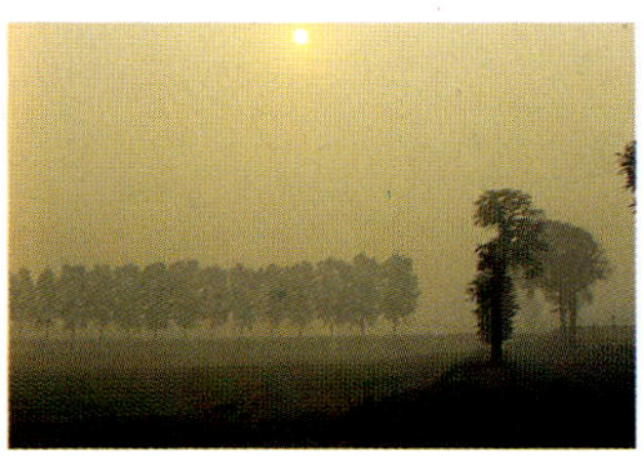

FARBPALETTE

Paynesgrau

MALGRUND

Aufgespanntes Bockingford-Papier

432 × 559 mm

1. ERSTE FARBSCHICHT
Beschränken Sie Ihre Farbpalette auf Paynesgrau (helle Grautöne und Weiß entstehen durch die Farbe des Papiers). Beginnen Sie bei den Bäumen und Feldern im Hintergrund mit verdünntem Paynesgrau, gemischt mit etwas Gummiarabikum.

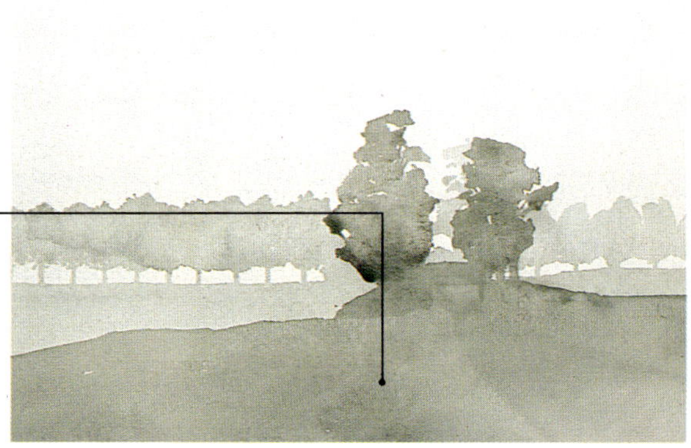

2. DUNKLERE TÖNE
Wenn die erste Schicht ganz trocken ist, malen Sie die Dinge im Vordergrund – die beiden Bäume und die Bodenerhebung – in kräftigerem Paynesgrau, wiederum unter Zugabe von Gummiarabikum. Lassen Sie die Farbe trocknen.

3. SCHATTEN
Malen Sie die Schatten, und strukturieren Sie die Bäume mit noch dunklerem Paynesgrau.

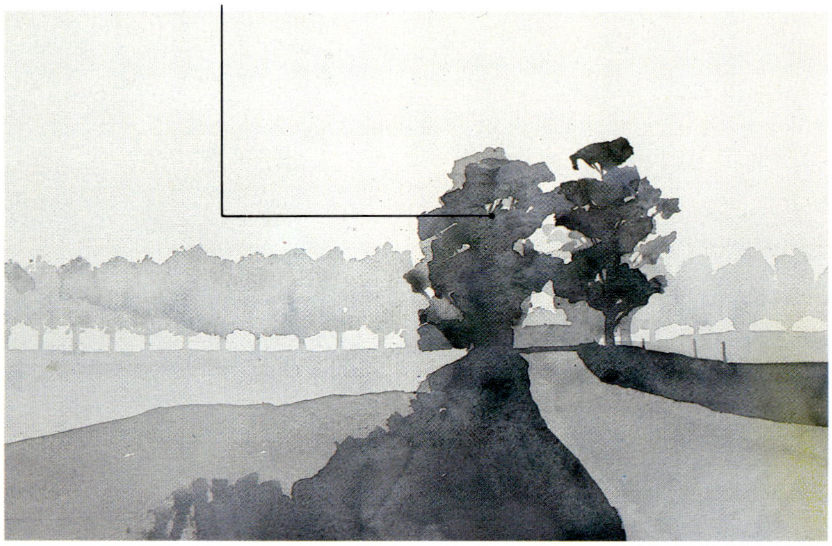

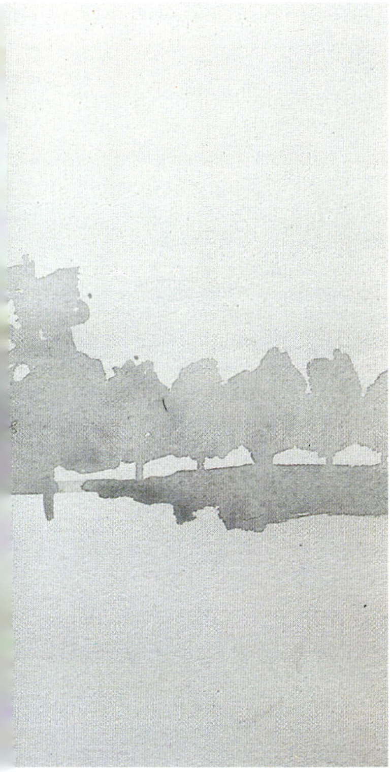

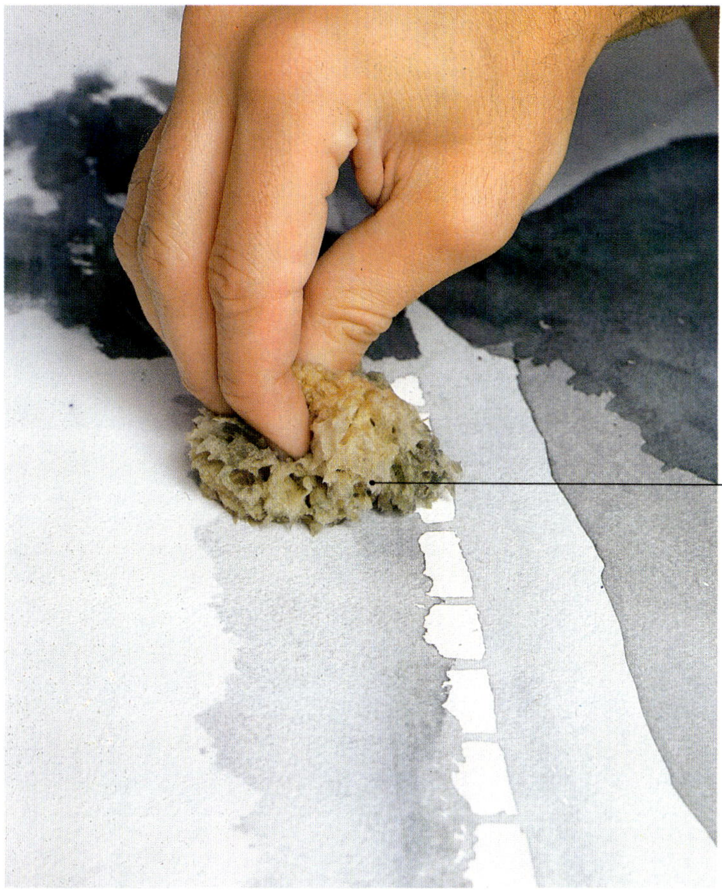

4. NEBEL
Mildern Sie die Kontur der Bäume mit einem Schwamm, um den Eindruck von Nebelschleiern hervorzurufen. Das Gummiarabikum in der Farbe sorgt dafür, daß sie leicht vom Papier gewischt werden kann.

5. ABSCHLUSSARBEITEN
Vertiefen Sie die Farbe der Bäume und Schatten mit einem noch dunkleren Ton, wobei die Pinselstriche Laubmassen und Gras suggerieren sollten.

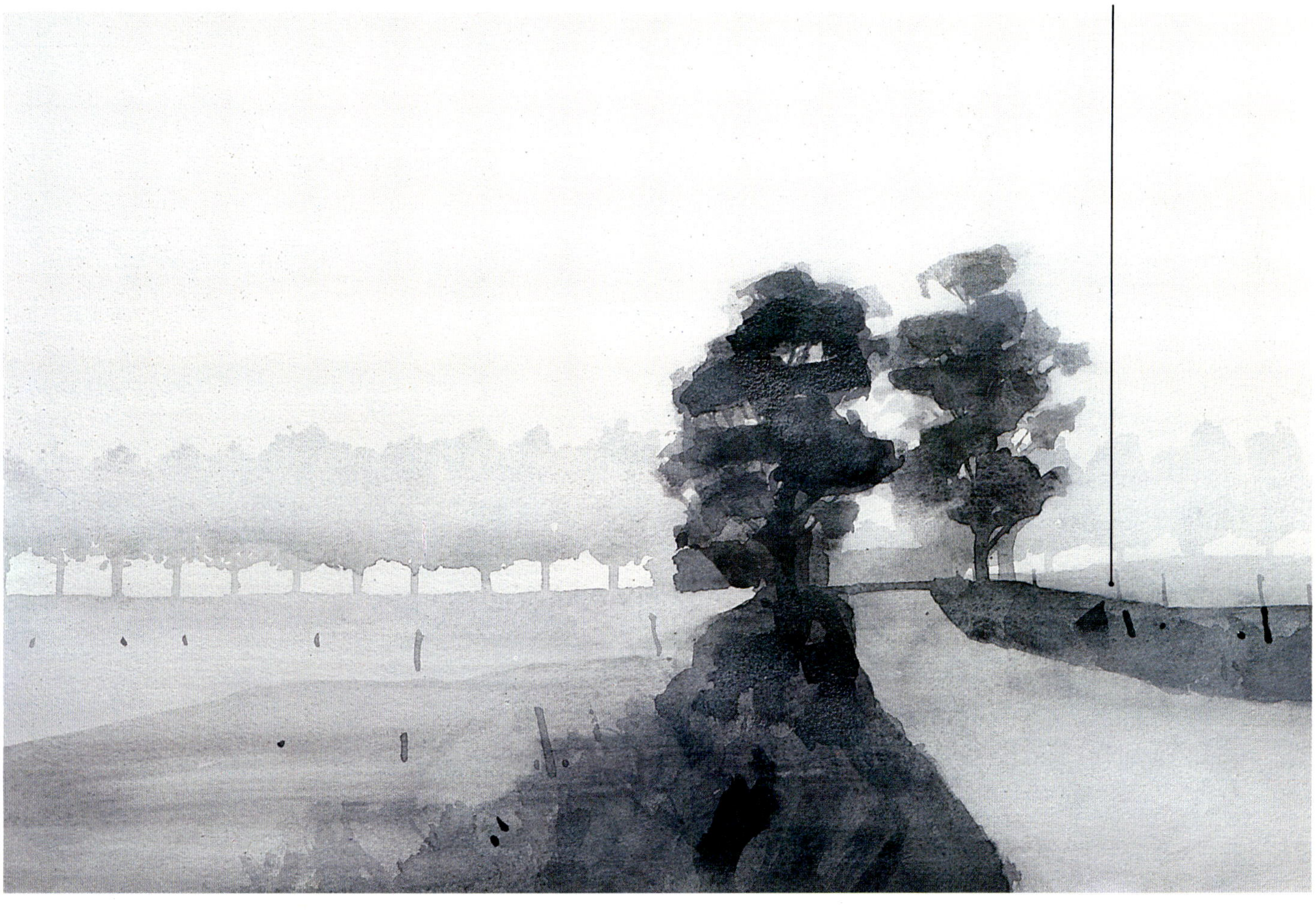

WEISSE STELLEN

Die weiße Farbe des Papiers spielt in der Aquarellmalerei eine wesentliche Rolle; neben dem Aussparen weißer Stellen beim Farbauftrag gibt es weitere Methoden, das Weiß zur Geltung zu bringen, und einige davon tragen auch dazu bei, dem Bild Textur zu verleihen.

Man kann die trockene Farbe mit einem Skalpell, Messer oder anderen scharfen Gegenstand vom Papier kratzen und so weiße Linien oder Sprenkel erzielen. Mittels dieser Sgraffitotechnik lassen sich Farbareale beleben, schimmernde Reflexe auf Wasseroberflächen zaubern und Glanzlichter schaffen. Sandpapier hat einen ähnlichen Effekt.

Mitunter läßt sich ein Farbton auch aufhellen, indem man die Farbe, solange sie noch feucht ist, vom Papier abnimmt. Hierfür eignet sich jedes absorbierende Material, wie Löschpapier, Küchenkrepp, Watteballchen oder -stäbchen, mit denen man auch kleine Fehler oder Farbspritzer beseitigen kann. Haushaltsbleiche oder Gummilösung helfen ebenfalls, Pigment zu entfernen und helle Stellen zu schaffen.

Darüber hinaus kann man auch mit einigen der auf S. 172–175 beschriebenen Techniken (z. B. mit Wachs) und mit Maskierungen (s. S. 150 f.) Weiß erzielen.

SGRAFFITO

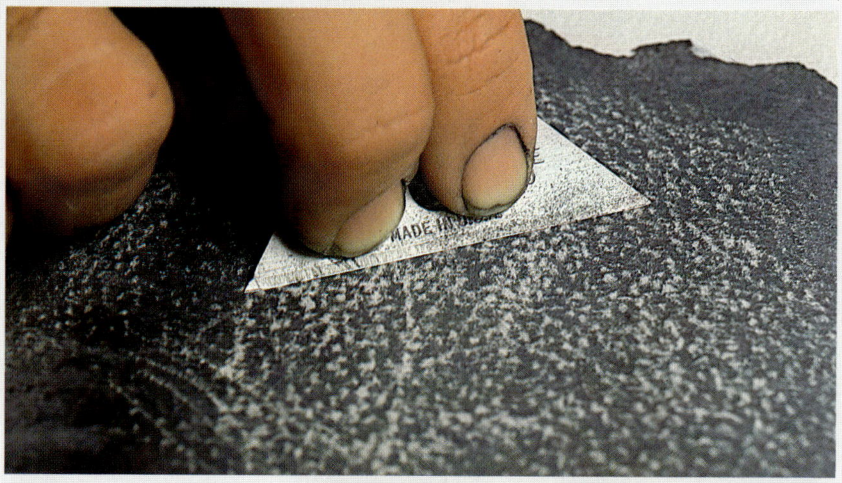

1. Wenn Sie die Kante einer Messerklinge fest über rauhes Papier ziehen, erhalten Sie feine, gleichmäßige weiße Sprenkel.

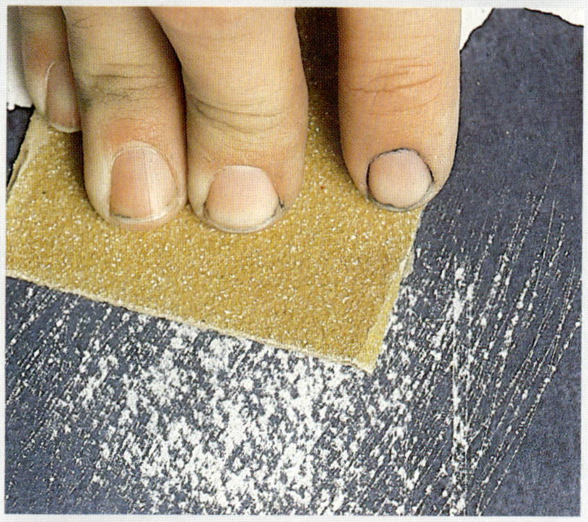

2. Sandpapier sorgt für einen ähnlichen Effekt, die Kratzspuren verlaufen jedoch deutlich in einer Richtung.

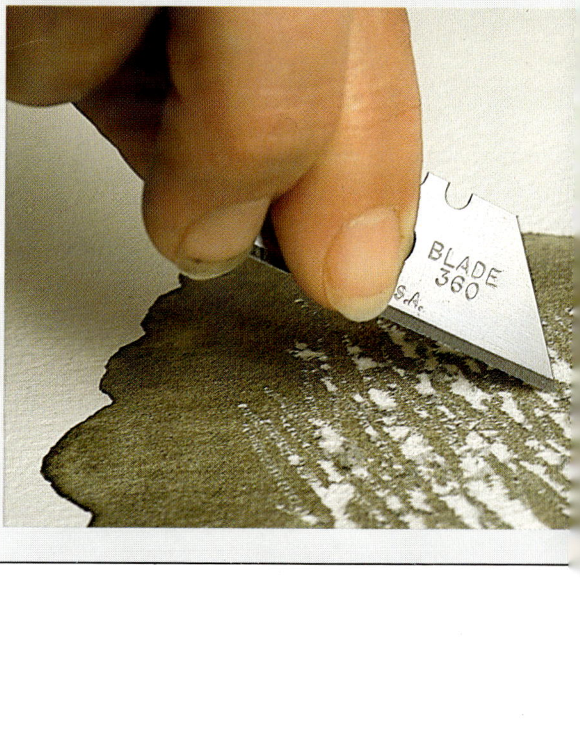

3. Mit der Spitze einer Messerklinge oder eines Skalpells lassen sich Schraffuren in die Farbe kratzen.

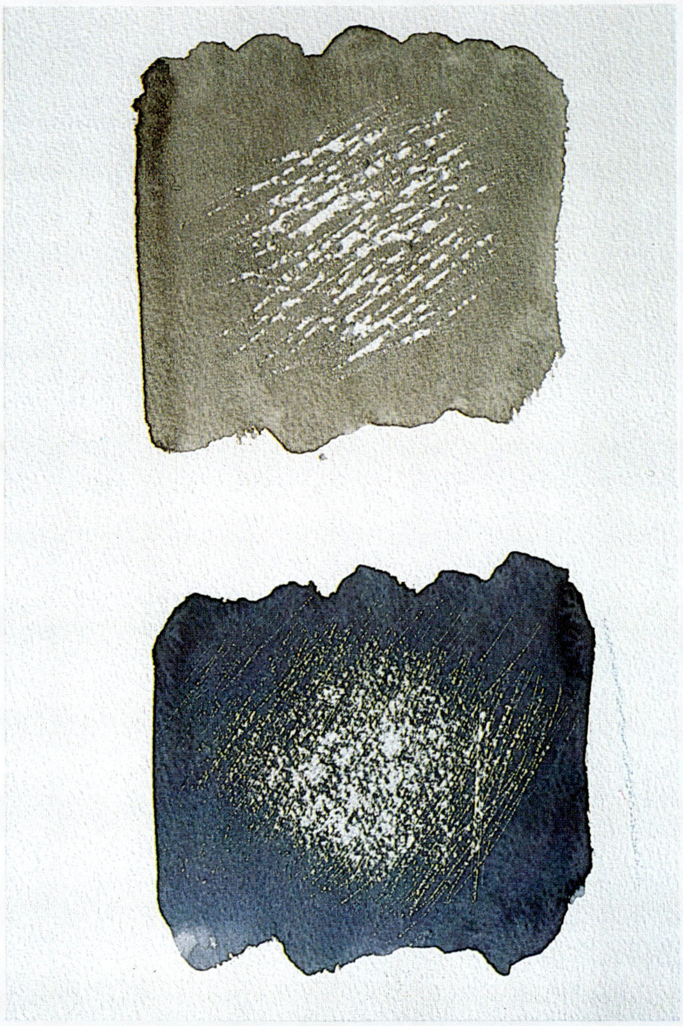

4. Die Struktur wird bei Verwendung von Sandpapier (unten) ebenmäßiger als bei der Benutzung eines Skalpells (oben).

BLEICHEN

1. Streichen Sie mit einem alten Pinsel Haushaltsbleiche auf die Stellen, die heller werden sollen.

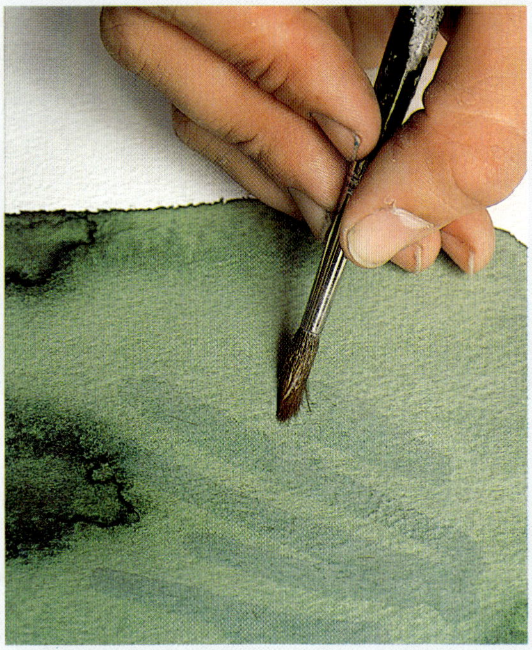

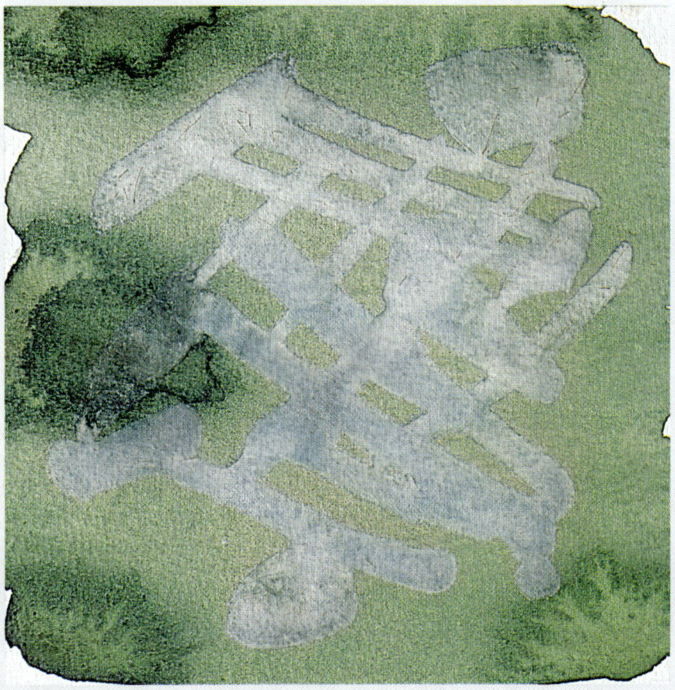

2. Lassen Sie das Bleichmittel trocknen – die Farbe wird heller. Bei einigen Pigmenten kann Bleichmittel den Farbton verschieben, deshalb erst testen.

FEINE LINIEN

1. Feinere Linien lassen sich mit einem scharfen Werkzeug erzielen, wenn Sie in noch feuchte, mit Gummiarabikum versetzte Farbe kratzen.

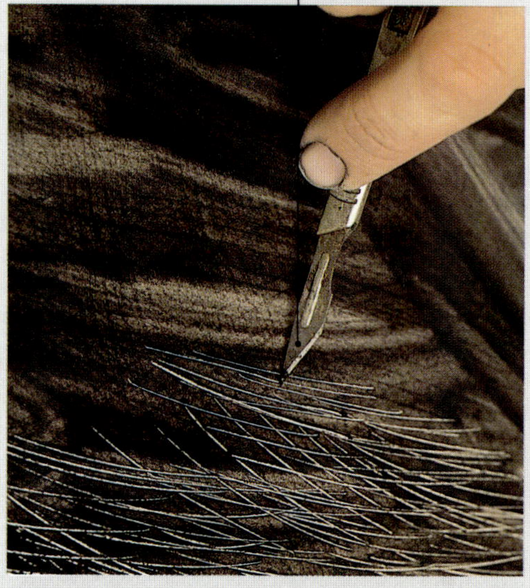

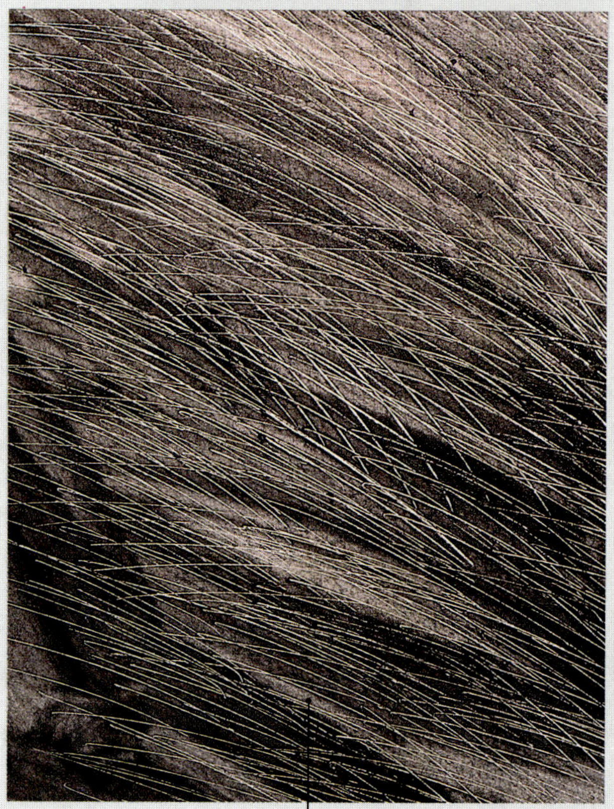

2. Es ergibt sich eine fedrige Struktur.

FARBE ABHEBEN

1. Von größeren Flächen kann feuchte Farbe mit Löschpapier abgenommen werden.

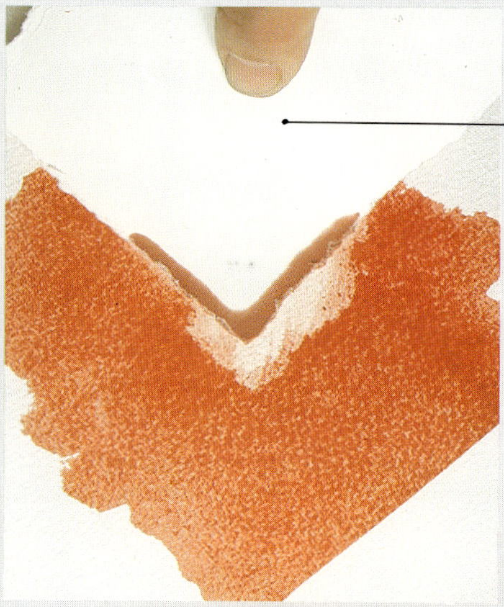

2. Kleinere Partien feuchter Farbe können mit Wattestäbchen entfernt werden.

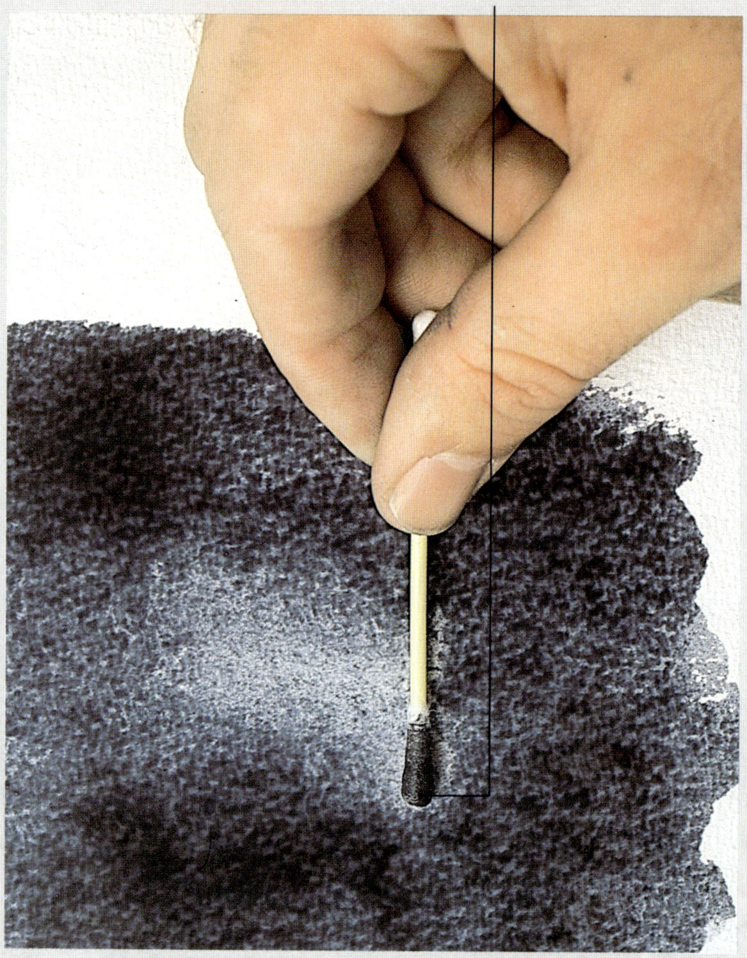

GUMMILÖSUNG UND GUMMIARABIKUM

1. Beimischen von Gummiarabikum oder Gummilösung erleichtert das Entfernen der Farbe.

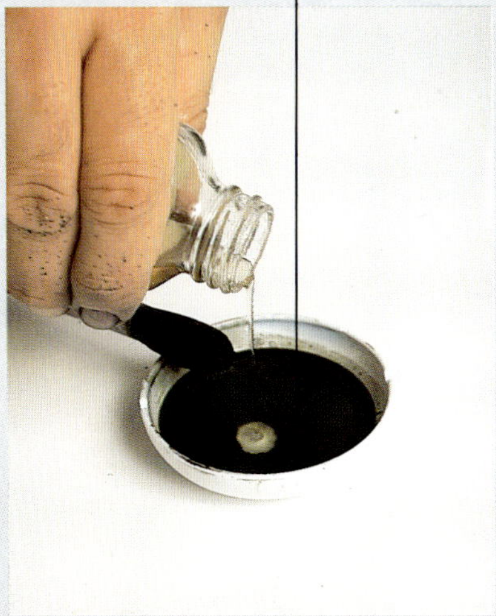

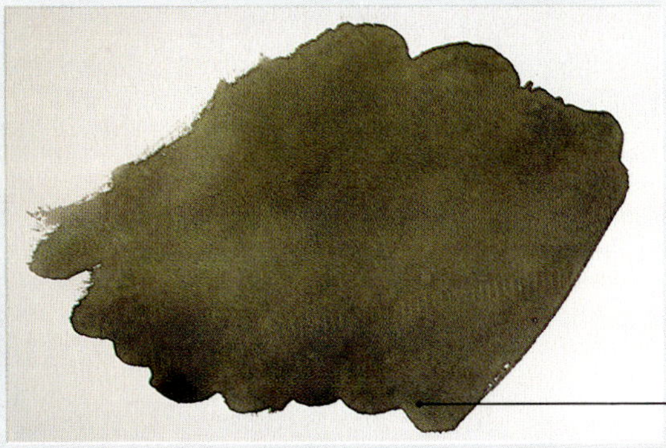

2. Tragen Sie die Farbe auf, und lassen Sie sie trocknen.

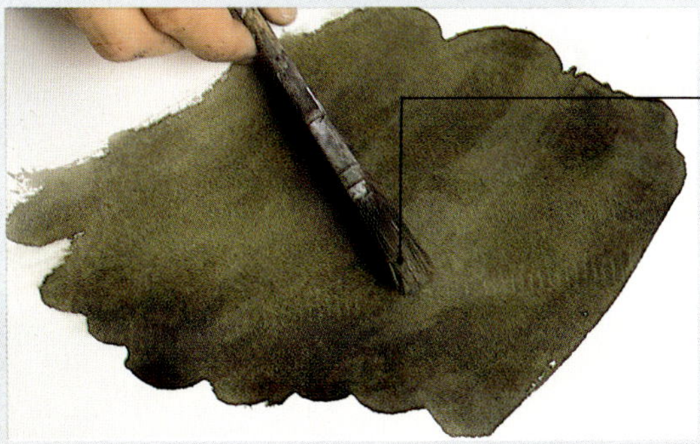

3. Befeuchten Sie die Stellen, die aufgehellt werden sollen, mit klarem Wasser.

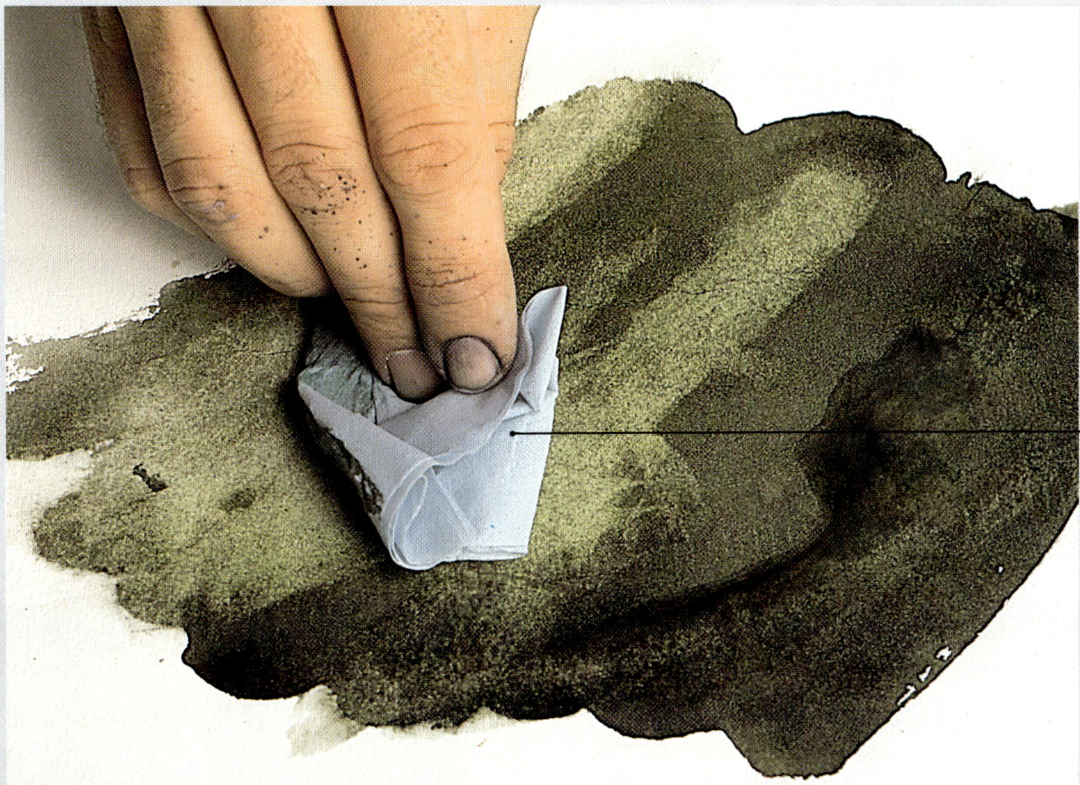

4. Tupfen Sie das Wasser ab. Dabei wird Farbe gelöst, und es entstehen helle Stellen.

STILLEBEN

Die weißen Stellen in diesem Bild entstanden teils durch Kratzen, teils durch Aussparen. Das Thema eignet sich wegen der vielen hölzernen Gegenstände ideal für die Sgraffitotechnik.

Der Maler hat die auffälligen Striche auf der Pfeffermühle und dem Nudelholz mit einem Skalpell gezogen, was eine typische Textur hervorbringt und zugleich etwas von der anheimelnden Atmosphäre einer Küche mit ihren vielbenutzten Kochutensilien vermittelt. Im fertigen Bild steht der Krug mit dem Küchengeschirr auf einer Holztischplatte. Mit einem Messer in die Farbe gezogene Kratzer machen das Weiß des Papiers sichtbar und geben die helle Maserung des Holzes wieder. Schließlich hat der Künstler einige Partien mit Sandpapier bearbeitet, um die Farbe lebendiger erscheinen zu lassen und die Textur zu betonen.

Beachten Sie auch, wie der Maler das Ambiente verändert hat. Realiter stand das Arrangement auf einer weißen Tischplatte vor einer hellbraunen Holzwand. Im Bild sind diese Farben vertauscht, und das Stilleben befindet sich vor einem schlichten weißen Hintergrund. Der Vorwurf für ein Stilleben läßt sich sehr gut auf diese Weise verändern, und viele Künstler entfernen sich völlig vom Modell, das sie nur als eine Art Anregung benutzen.

Die Gegenstände wurden jedoch mit Bedacht ausgewählt, denn dem Künstler ging es um eine Vielzahl von Formen und Oberflächenstrukturen.

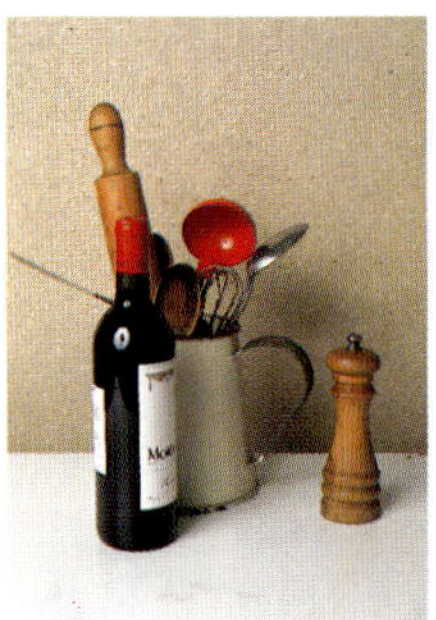

FARBPALETTE	
Madderbraun	Lichter Ocker
Umbra gebrannt	Sepiabraun
Saftgrün	Elfenbeinschwarz
Umbra Natur	Kadmiumrot
Paynesgrau	
MALGRUND	
Aufgespanntes Waterford-Papier (rauh) 432 × 559 mm	

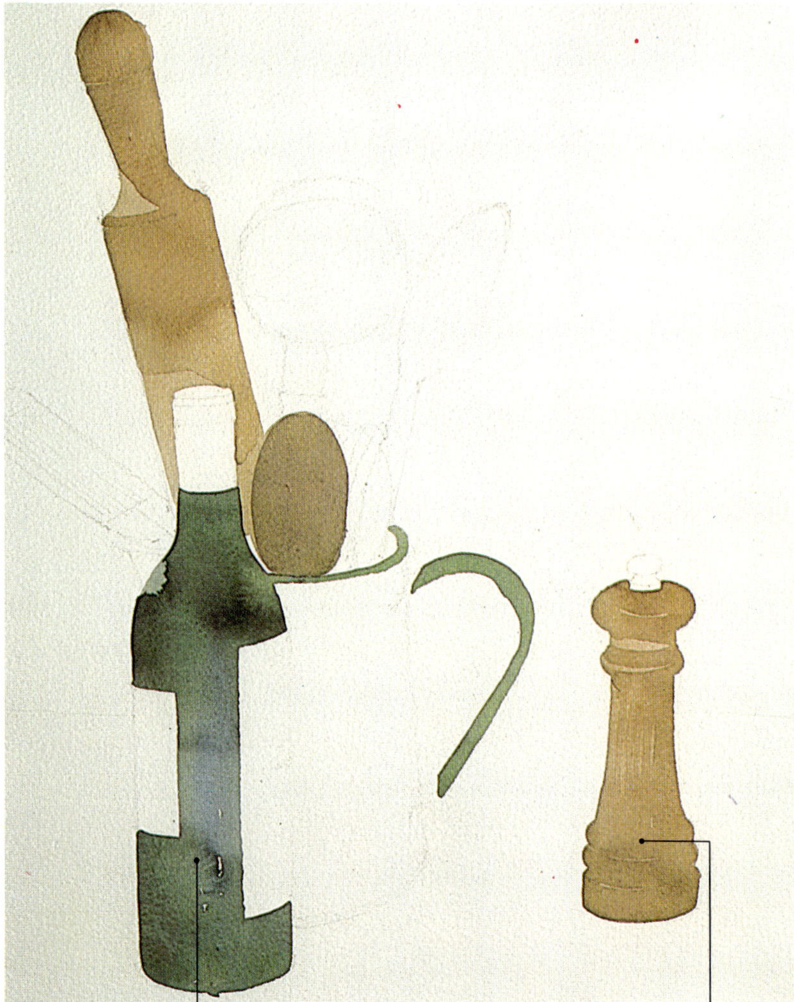

1. ERSTES STADIUM
Beginnen Sie mit einer feinen Bleistiftskizze, und malen Sie dann die größeren Farbareale. Für die Holzgegenstände mischen Sie lichten Ocker, Madderbraun und gebrannte Umbra. Durch Änderungen im Mischungsverhältnis erhalten Sie subtile Farbnuancen für die unterschiedlichen Holzarten. Die Flasche malen Sie in Saftgrün mit Elfenbeinschwarz.

2. AUSARBEITUNG
Skizzieren Sie die weiteren Gegenstände mit dünnen Farbschichten. Für die Kelle und den Flaschenverschluß werden Kadmiumrot und Madderbraun gemischt, für die Metallöffel nehmen Sie Paynesgrau mit einer Spur lichten Ockers und für den Krug lichten Ocker mit etwas Paynesgrau. Naß auf trocken malen Sie die Schatten auf dem Holzlöffel, der Pfeffermühle und dem Nudelholz jeweils in einem etwas kräftigeren Ton.

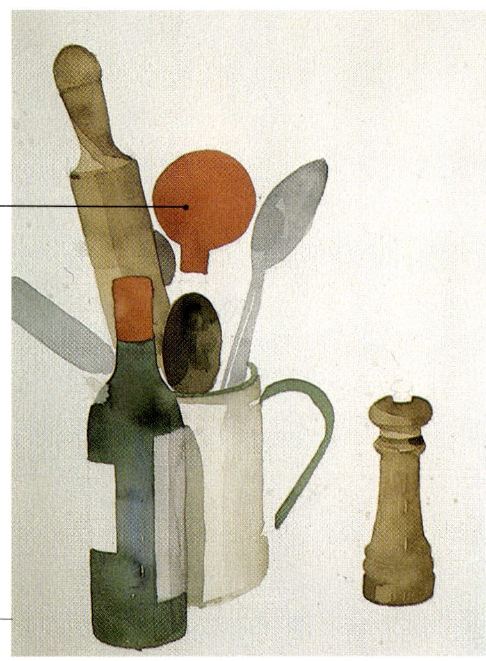

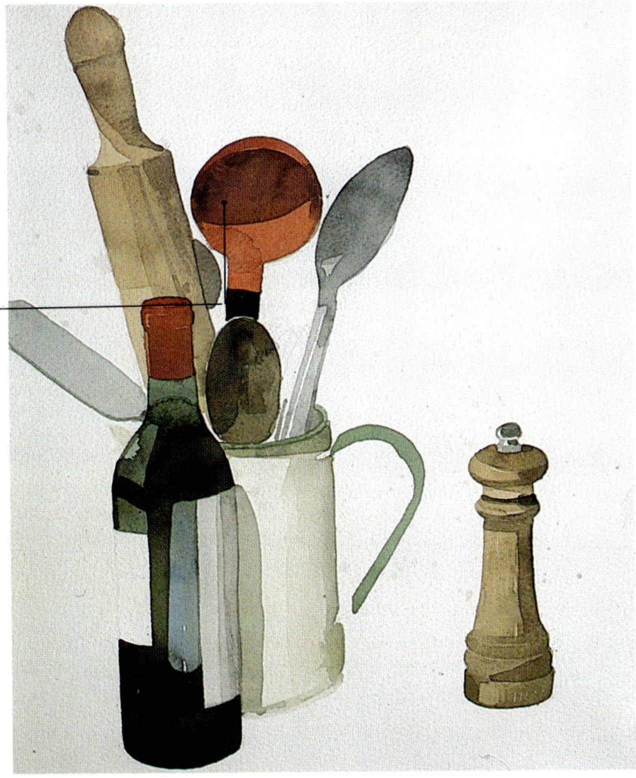

3. PLASTIZITÄT
Entwickeln Sie die Plastizität der Gegenstände, indem Sie die Schatten vertiefen und schärfer umreißen. Malen Sie z. B. Schatten auf Kelle, Löffel und Flasche, und zwar so, daß sie die Krümmung der Oberflächen betonen.

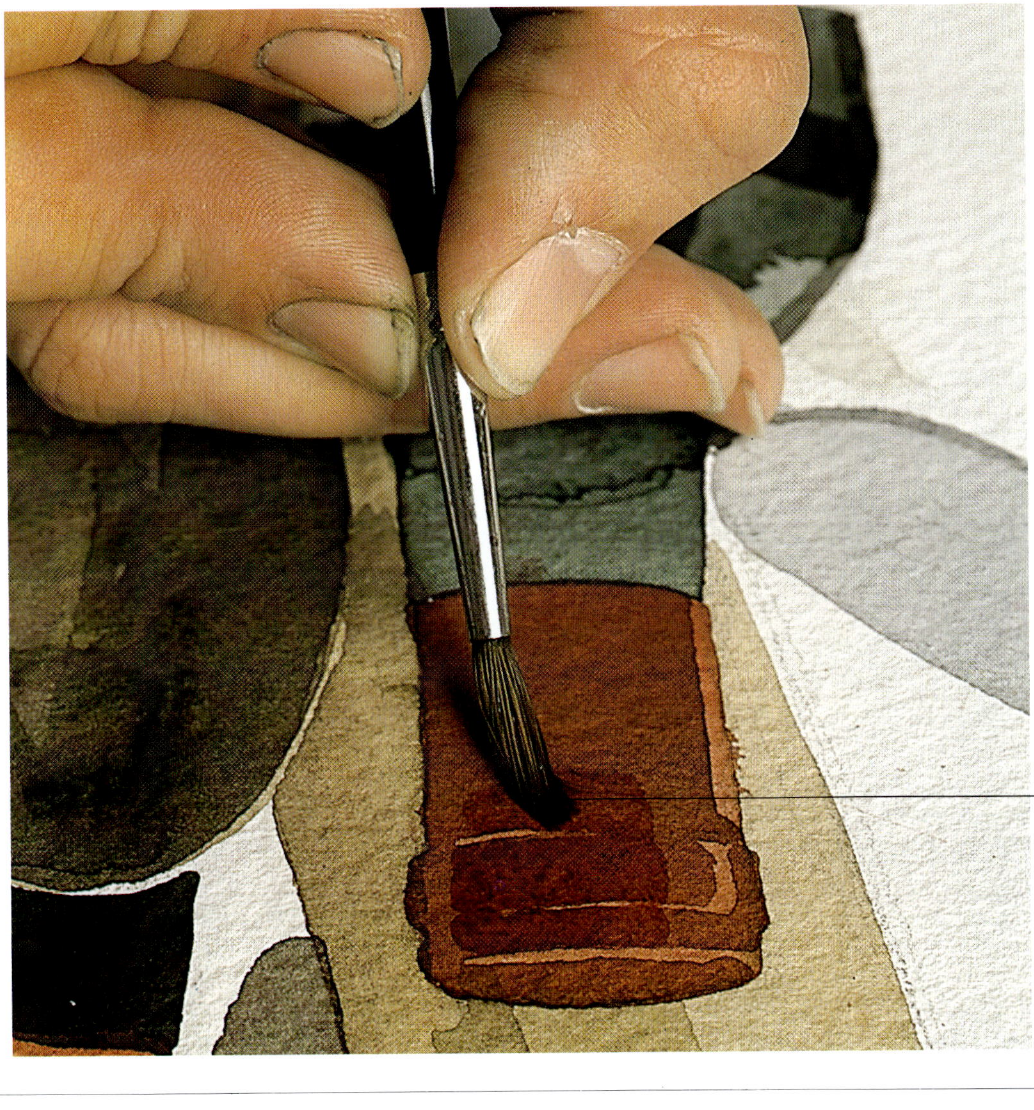

4. FLASCHENVERSCHLUSS
Hier malt der Künstler den Schatten auf dem Flaschenverschluß mit einer dunkleren Mischung aus Kadmiumrot und Sepiabraun. Wieder unterstützt der Schatten die zylindrische Form des Flaschenhalses.

5. TISCH
Malen Sie die Tischplatte mit einer wäßrigen Mischung aus Umbra Natur, lichtem Ocker und Paynesgrau. Wenn diese Schicht trocken ist, geben Sie die Schatten an: auf dem Tisch in Paynesgrau mit Umbra Natur, auf der Wand in Paynesgrau mit lichtem Ocker.

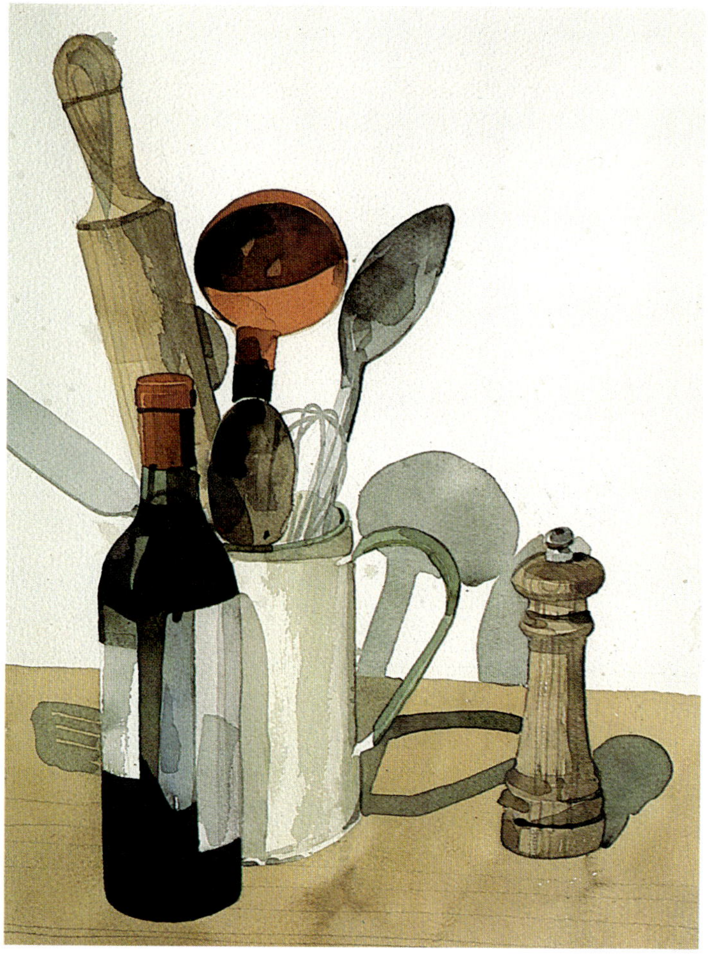

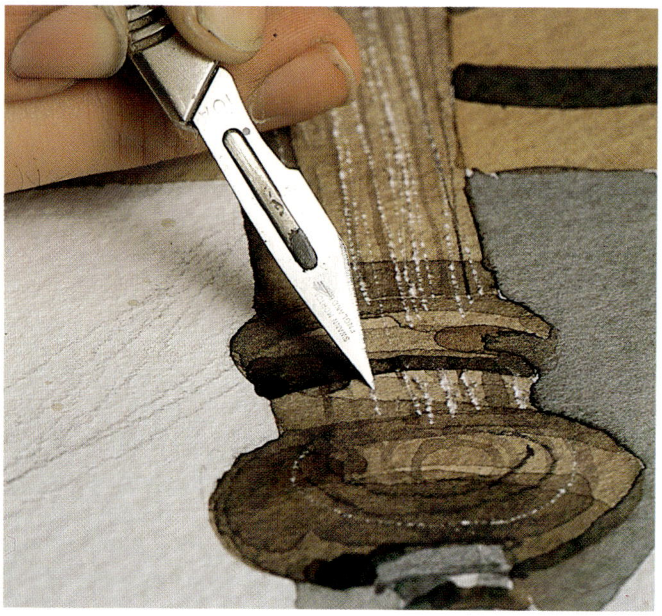

6. TEXTUR
Wenn die Farbe völlig trocken ist, strukturieren Sie die Farbflächen. Hier kratzt der Maler mit der Spitze eines Skalpells feine weiße Linien in die Pfeffermühle.

7. HOLZMASERUNG
Die weißen Kratzer geben zusammen mit den dunklen Pinselstrichen die Holzmaserung überzeugend wieder. Beachten Sie, wie genau die Linien den Konturen und der runden Form der Pfeffermühle folgen. Auch andere Gegenstände, wie das Nudelholz und die Tischplatte, wirken durch Kratzer und feine Pinselstriche lebendiger.

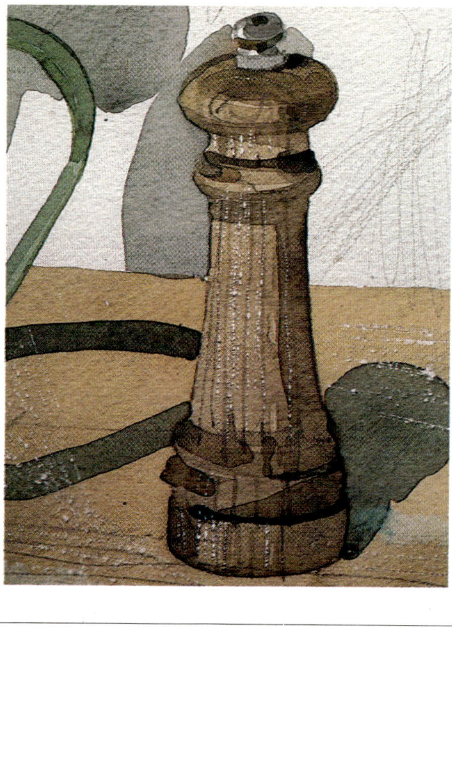

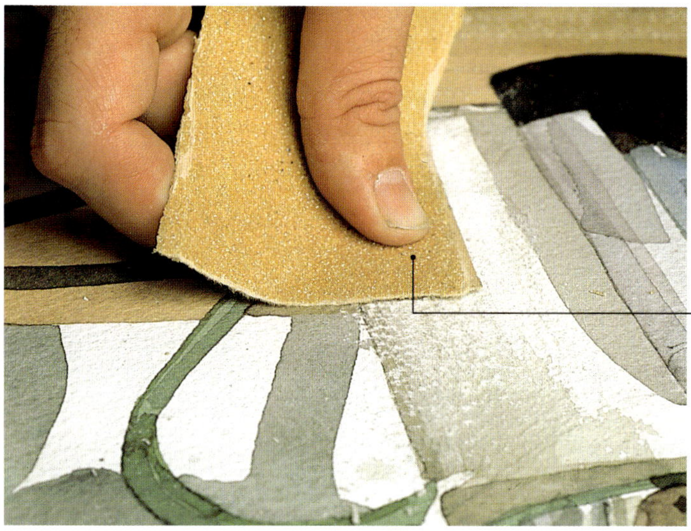

8. SANDPAPIER
Eine sanft gesprenkelte Textur läßt sich mit grobem Sandpapier zustande bringen: Das Sandpapier schmirgelt die Farbe von den winzigen Erhebungen des rauhen Aquarellpapiers ab, und so entstehen kleine, helle Punkte.

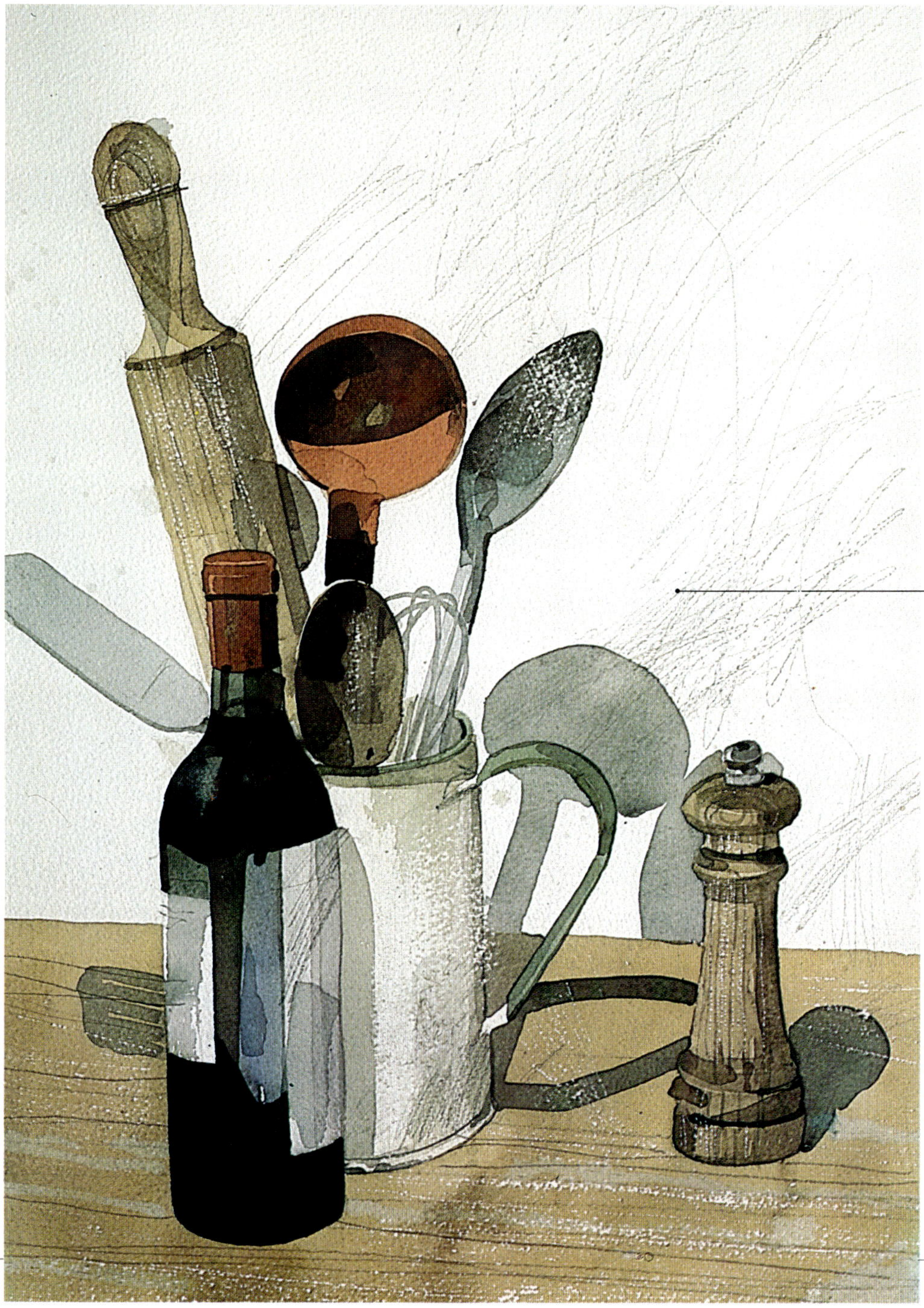

9. DAS FERTIGE BILD
Das fertige Bild zeigt, wie der Künstler das Stilleben mittels verschiedener Techniken lebendig gestaltet hat. Neben Kratzspuren finden sich spontan gesetzte Bleistiftkrakel, die gleichmäßige Farbareale auflockern. Es wird auch deutlich, wie das Modell verändert wurde, um es den Möglichkeiten des Aquarells anzupassen.

SITZENDER AKT

In diesem Bild spielt das weiße Papier eine dominierende Rolle. Sehr markant sind einige Stellen unbemalt geblieben; sie wirken wie gleißendes Sonnenlicht. Durch das Fenster fällt das Licht direkt auf das Modell, umschreibt die Körperkontur und macht aus dem Bild ein hinreißendes Beispiel klassischer Aquarellmalerei.

Schmale weiße Streifen gliedern den Körper und setzen ihn von der Umgebung ab. Sie ziehen sich entlang dem linken Arm und der linken Körper- und Gesichtsseite und deuten Schultern und Schlüsselbeine an. Auf diese Weise bekommt der Akt klare Konturen. Die weißen Streifen erlauben dem Künstler, freier zu arbeiten und die Farben locker aufzutragen, ohne daß die Gestalt ihre Form verliert. Dieser verschwimmende, weniger präzise Farbauftrag bietet sich geradezu an, denn da das Licht von hinten kommt, wirkt der Körper relativ dunkel und unbestimmt. Das Weiß des Papiers wurde auch zur Wiedergabe der Sitzbank und der Lichtreflexe auf dem Fensterrahmen sowie bei der Darstellung des Himmels eingesetzt.

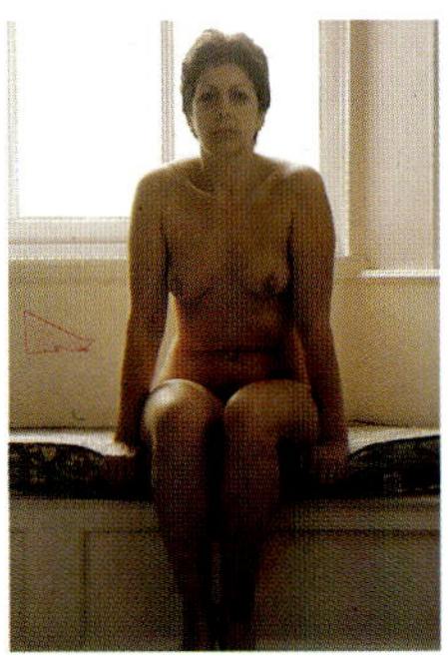

FARBPALETTE	
Madderbraun	Kadmiumorange
Kobaltblau	Paynesgrau
Schwarz	Sepiabraun
Lichter Ocker	Olivgrün
Saftgrün	
MALGRUND	
Daler-Aquarellkarton	
508 × 381 mm	

1. DIE FIGUR
Mischen Sie einen wäßrigen Farbton aus Madderbraun und Kadmiumorange, und malen Sie damit den Körper. Geben Sie für die unteren Bereiche etwas Kobaltblau dazu, um die kühleren, dunkleren Schatten auf Armen und Beinen anzudeuten. Lassen Sie Stellen des weißen Papiers frei, besonders die schmalen Streifen, die bestimmte Partien trennen (z. B. zwischen den Knien und unter dem Kinn).

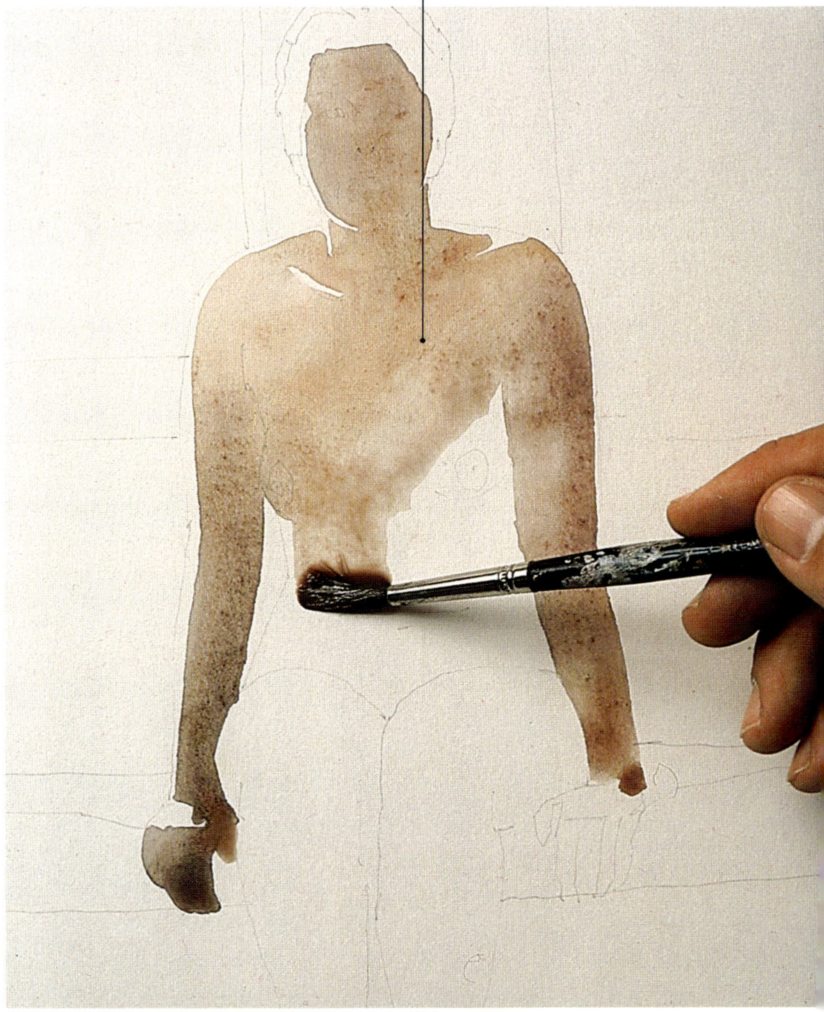

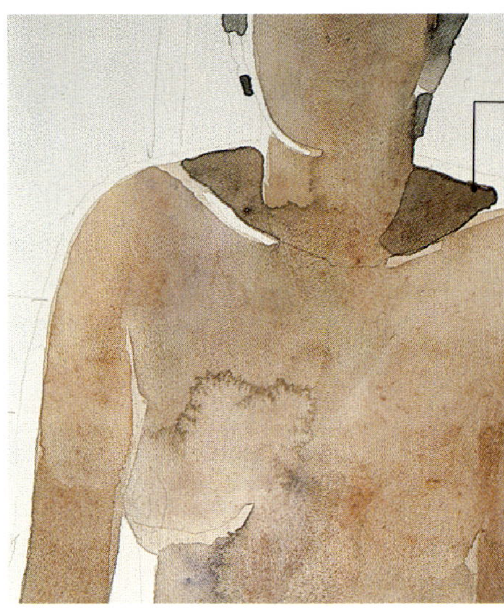

2. DETAILS
Mischen Sie einen kühlen Farbton aus Madderbraun und Paynesgrau, und malen Sie damit die Schattenpartien des Gesichts und der Schultern mi einem Pinsel Nr. 2. Lassen Si die weißen Glanzlichter unberührt. Mit einer etwas kräftige Version der ersten Mischung a Madderbraun und Kadmiumor ge deuten Sie die helleren, wärmeren Bereiche an. Trage Sie diese Farbe auf, bevor die kühlen Schatten ganz trocken sind, so daß die Farben ineinanderlaufen. Auf einige Stellen h der Maler Wasser tropfen lass um helle Flecken zu erzielen, deren Ränder sichtbar bleibe

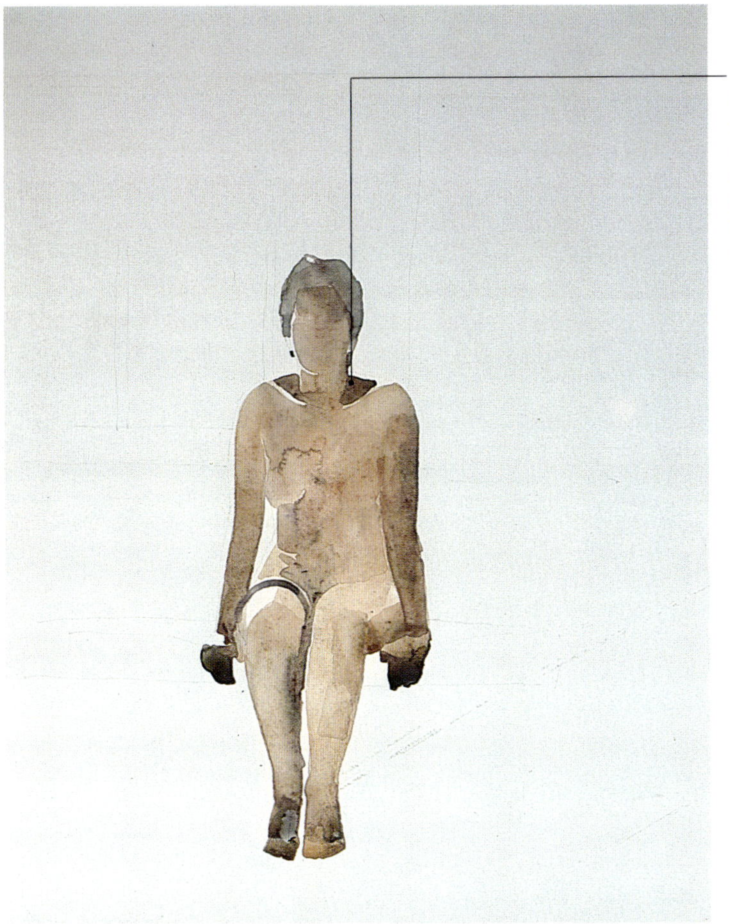

3. VERTIEFEN DER SCHATTEN
Überarbeiten Sie die Schatten mit intensiveren Mischungen der warmen und der kalten Schattenfarbe. Setzen Sie in diese Bereiche, solange sie noch feucht sind, dunkle Tupfer aus Sepiabraun und Schwarz, und lassen Sie diese in die Nachbarfarben ausbluten.

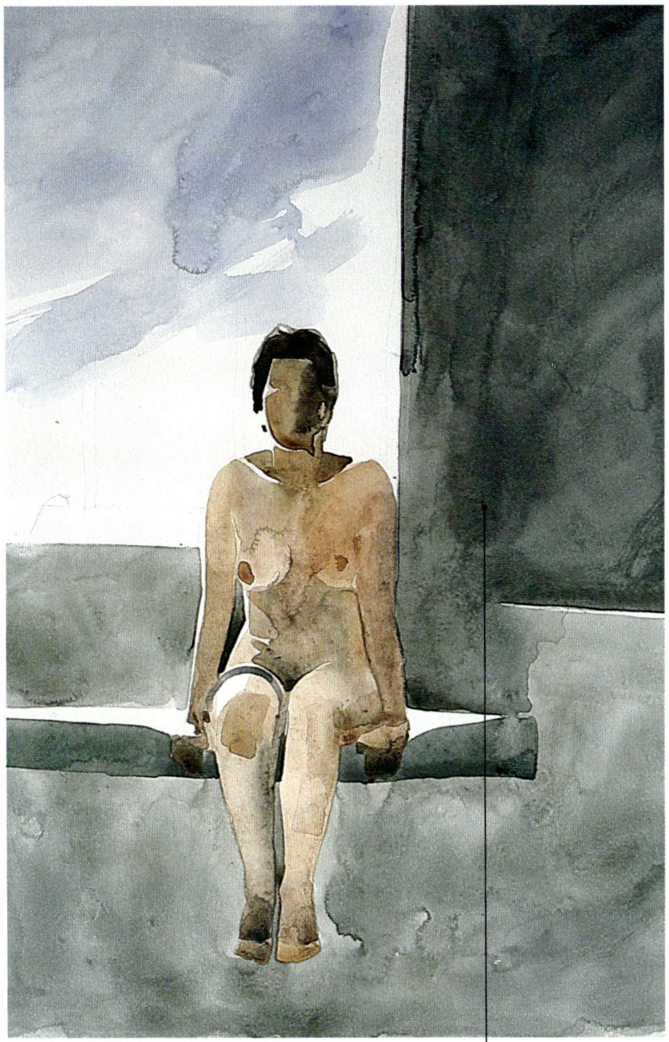

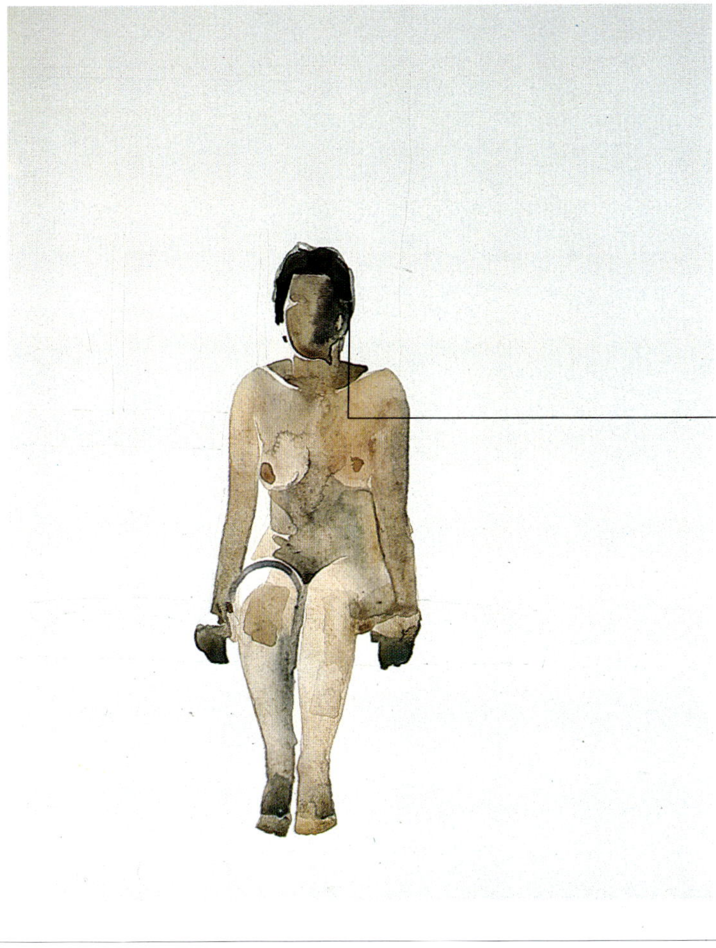

4. ZUFALLSERGEBNISSE
Versuchen Sie, zufällig entstandene Ergebnisse zu nutzen. Hier ist z. B. dunkles Braun in die feuchte Farbe des Gesichts gelaufen, und der Künstler hat diesen unbeabsichtigten Effekt verwertet, indem er die verlaufene Farbe als Schatten auf der rechten Seite des Kopfs dienen läßt.

5. HINTERGRUND
Skizzieren Sie den rechten Teil des Hintergrunds und die Vorderseite des Polsters mit einer Mischung aus Paynesgrau und lichtem Ocker. Verwenden Sie für die großen Flächen einen Verwaschpinsel und an den Konturen der Figur einen Pinsel Nr. 2. Malen Sie den unteren Teil der Wand und die Rückenlehne mit dünnerem Paynesgrau, wobei Sie wiederum schmale Streifen Papier als Glanzlichter frei lassen. Deuten Sie den Himmel mit wenigen lockeren Pinselstrichen in ganz verdünntem Kobaltblau an.

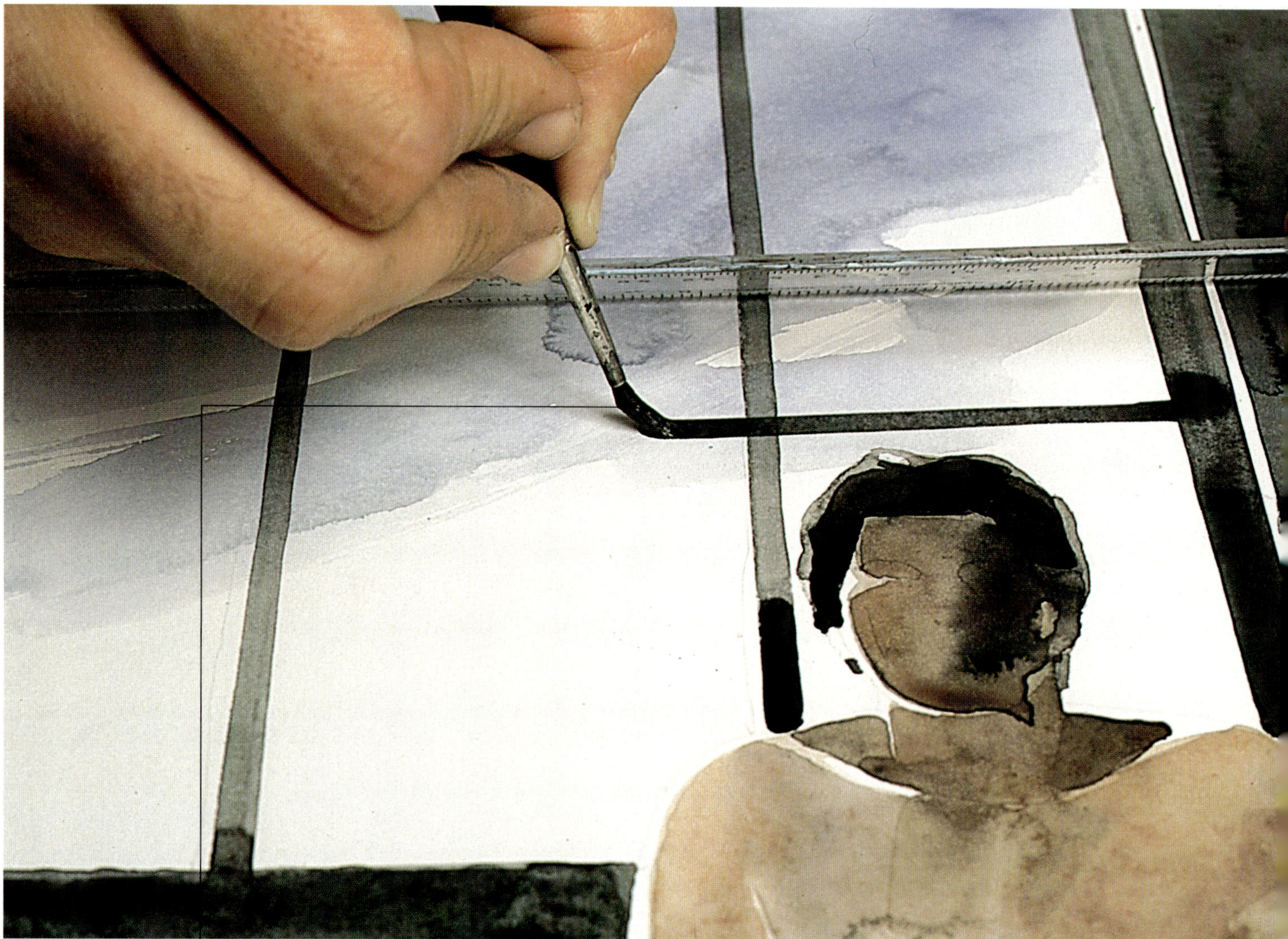

6. FENSTER
Wenn der Himmel getrocknet ist, zeichnen Sie mit Hilfe eines Lineals den Fensterrahmen und die Fenstersprossen. Die Farbe (Paynesgrau) sollte relativ dünn sein; während Sie das Lineal etwas über das Blatt halten, ziehen Sie zügig die Linien, ohne daß die Pinselhaare das Lineal berühren oder das Lineal auf dem Papier liegt, weil sonst die Farbe verschmiert.

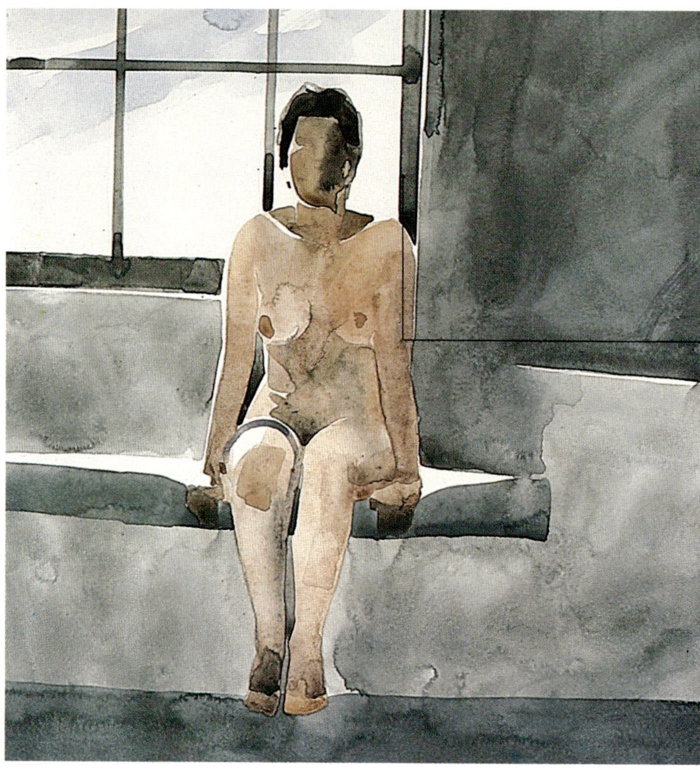

7. FERTIGSTELLUNG DES FENSTERRAHMENS
Vollenden Sie den Fensterrahmen mit Hilfe des Lineals. Die graphische Schlichtheit der geraden Linien bildet einen wirksamen Kontrast zu den weichen, organischen Formen des Aktes.

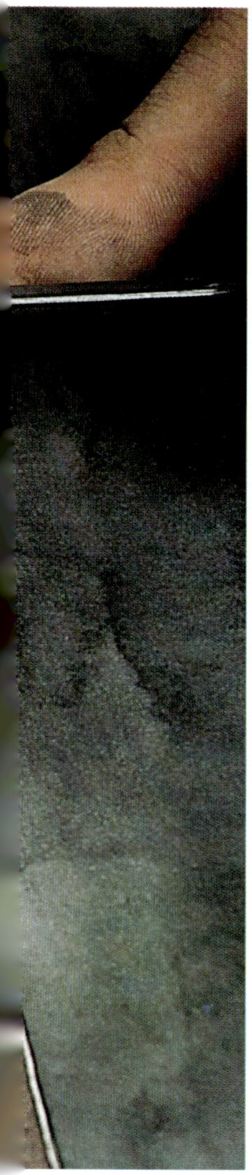

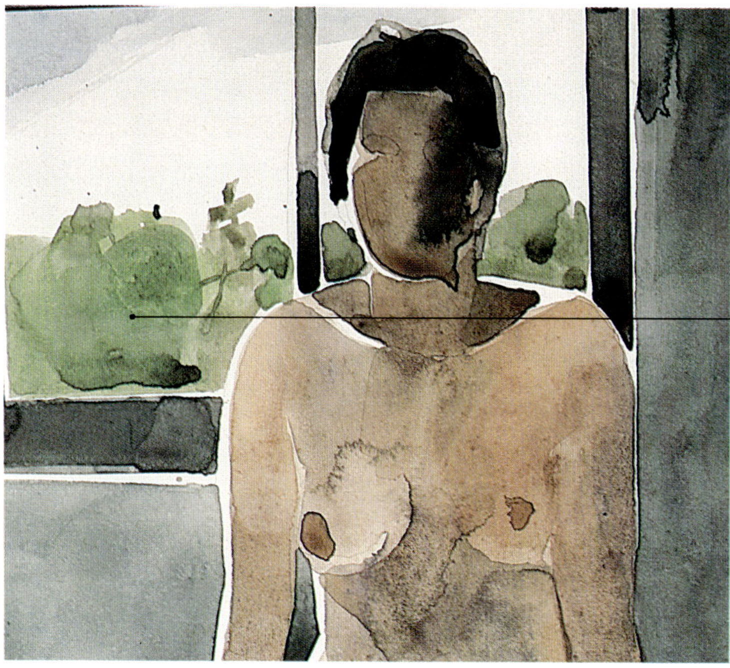

8. BÜSCHE
Wenn der Fensterrahmen völlig trocken ist, malen Sie mit lockeren Pinselstrichen die Büsche und Bäume in Oliv- und Saftgrün.

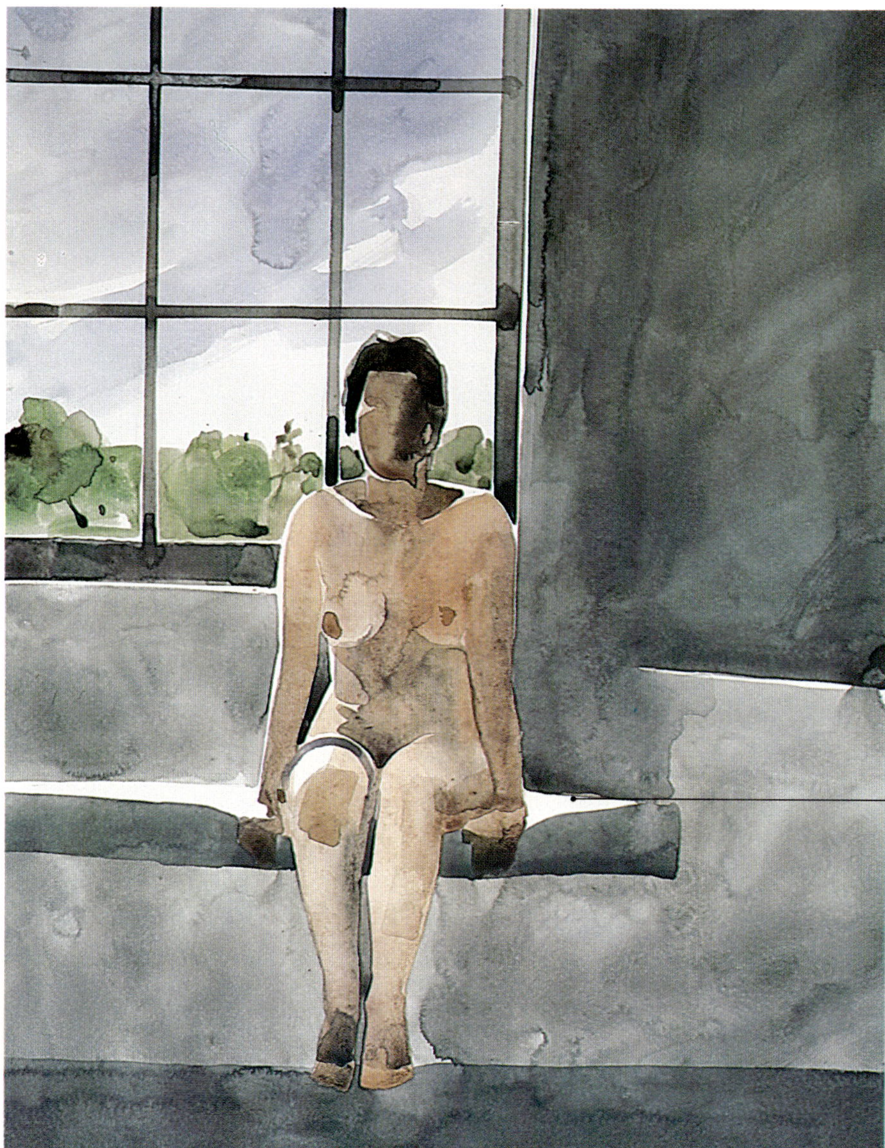

9. DAS FERTIGE BILD
Es ist deutlich zu sehen, welch wichtige Rolle die weißen Glanzlichter spielen. Sie setzen die einzelnen Bildelemente voneinander ab und umreißen die ansonsten amorphen Farbflecken. Sie helfen auch, die Formen selbst zu beschreiben. Als hellste Partien des Bildes repräsentieren sie das Tageslicht, das auf die Figur und die Sitzbank fällt.

TEXTUREN UND MUSTER

Jeder Gegenstand hat eine bestimmte Textur, eine bestimmte Beschaffenheit seiner Oberfläche, ob es sich um die gekräuselte Wasserfläche des Meeres oder um eine rauhe Betonwand handelt. Diese charakteristische Qualität kann oft mit Pinselstrichen nachgeahmt werden, es gibt jedoch noch andere Möglichkeiten.

Eine solche Texturierung dient nicht nur zur naturalistischen Gegenstandswiedergabe, sie vermag auch den Gesamteindruck eines Bildes zu beleben. Drei Haupttechniken bieten sich an: Man kann mit dem Pinsel Unregelmäßigkeiten, Flecke, Spritzer oder andere Effekte erzielen; man kann die Farbe mit anderen Geräten, etwa einem Schwamm, auftragen; und schließlich ist es möglich, die Reaktion der Farbe zu manipulieren, indem man Wachs oder bestimmte Zusätze wie Gummiarabikum verwendet.

Wenn Sie der Farbe Gummiarabikum zufügen, wird sie glänzend, und die Spuren der Pinselstriche bleiben sichtbar. Diese Mischung kann man auch mit einem Kamm, einer Bürste o. ä. bearbeiten, um so ein Muster zu erzeugen. Mit Gummiarabikum oder der dünnflüssigeren Gummilösung versetzte Farbe läßt sich nach dem Trocknen leicht wieder lösen, denn das Gummi sorgt dafür, daß die Pigmente nicht in das Papier einziehen. Diese Eigenschaft bildet die Grundlage einiger der hier gezeigten Spezialeffekte. Hüten Sie sich jedoch vor Übertreibungen: Zuviel des Guten kann ein Bild verderben. Es ist besser, solche Textureffekte sparsam einzusetzen.

SALZ

1. Meersalz, auf feuchte Farbe gestreut, ruft eine unregelmäßig gefleckte Textur hervor.

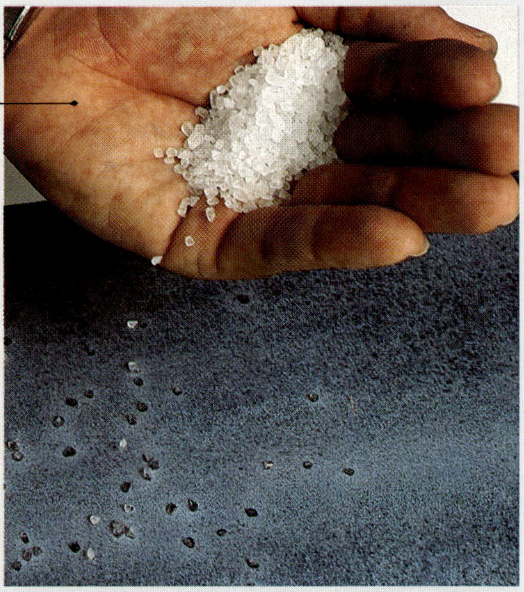

2. Lassen Sie das Salz ein paar Minuten wirken und die feuchte Farbe aufsaugen. Nach dem Trocknen wischen Sie das Salz weg. Die Farbfläche ist nun fleckig gemustert.

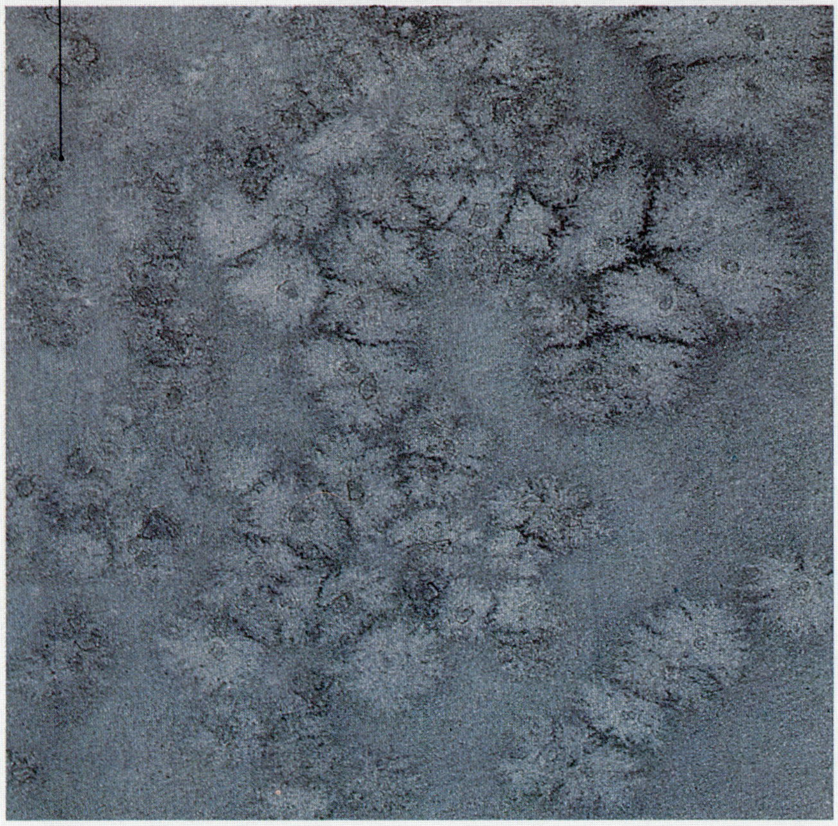

SPRITZTECHNIK AUF FEUCHTEM PAPIER

1. Befeuchten Sie das Papier zunächst mit einem Schwamm und klarem Wasser.

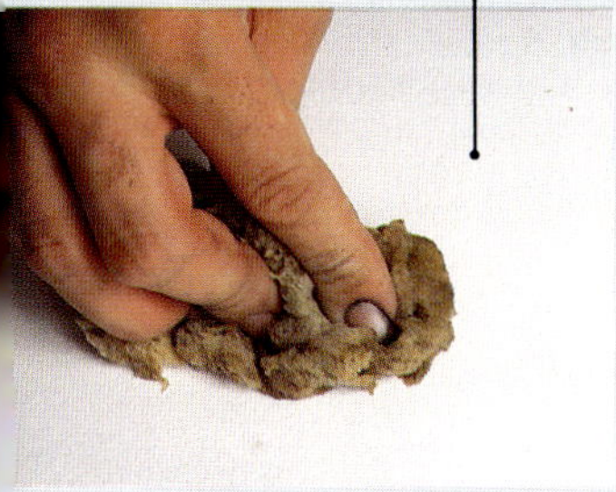

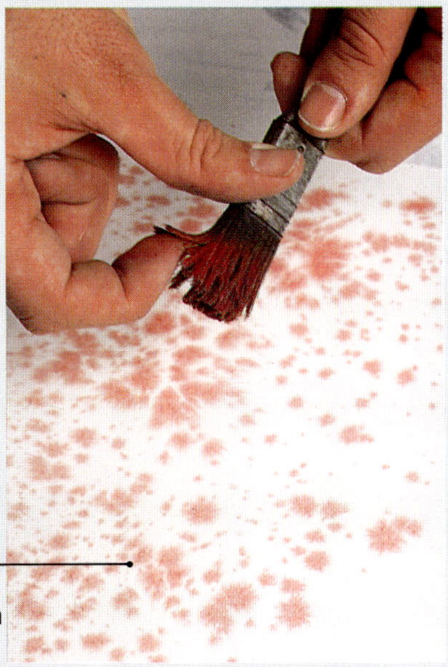

2. Nehmen Sie mit einem kleinen Anstreicherpinsel ziemlich dünnflüssige Farbe auf. Spritzen Sie sie auf das feuchte Papier, indem Sie mit dem Finger über die Borsten fahren.

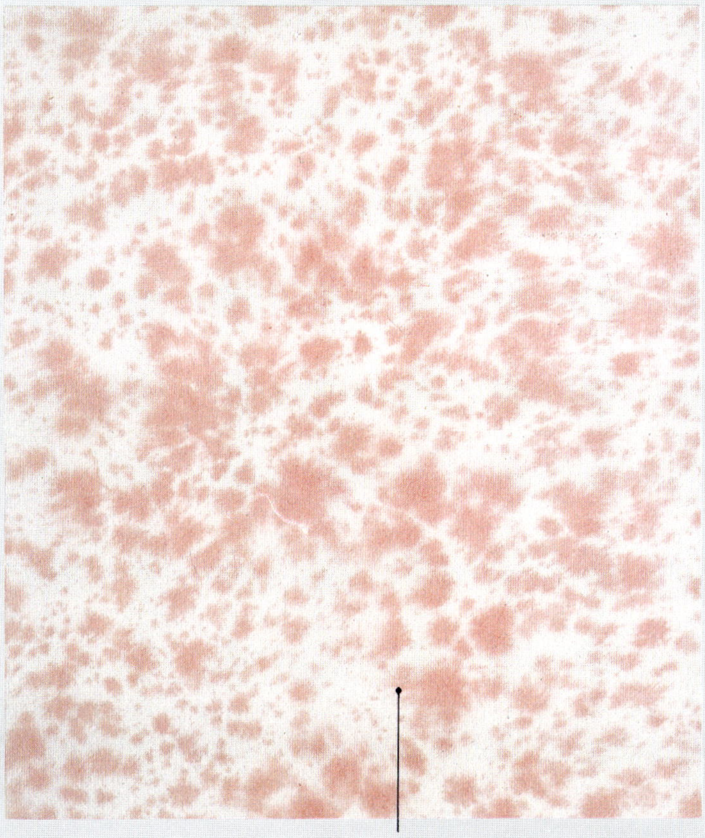

3. Die Farbspritzer verlaufen auf dem feuchten Papier und ergeben ein sanft marmoriertes Muster.

WACHS

1. Reiben Sie mit einer Kerze oder einem Wachsmalstift über die Stellen, die keine Farbe annehmen sollen.

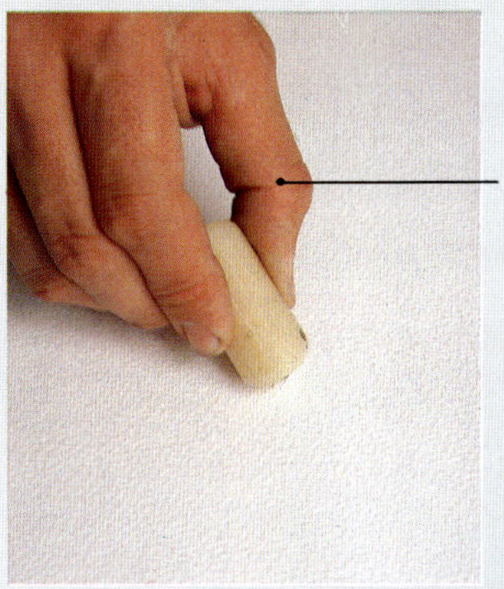

2. Geben Sie Farbe auf das Papier. Jede Art Wasserfarbe eignet sich.

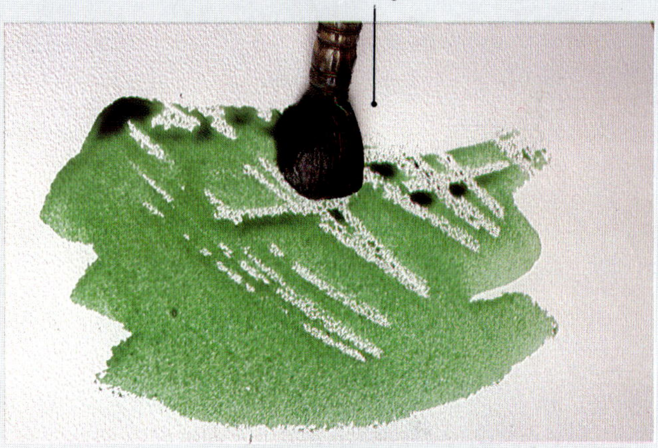

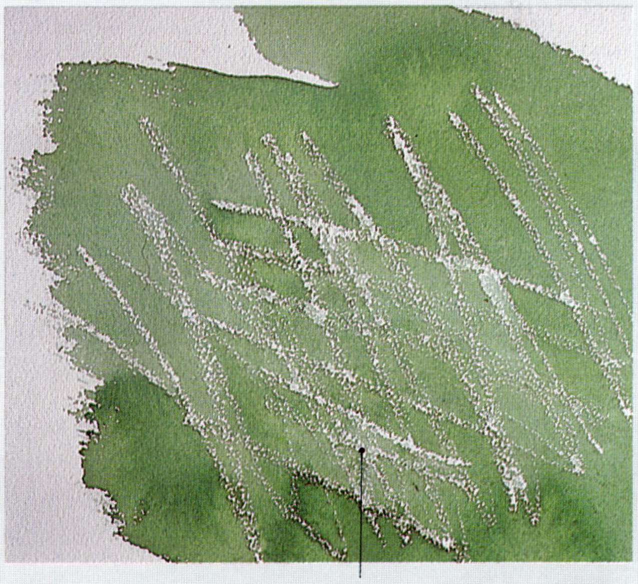

3. Das Wachs stößt die Wasserfarbe ab, und die Wachslinien bleiben sichtbar.

ARBEITEN MIT DEM SCHWAMM

1. Mischen Sie eine Farbe an, nehmen Sie sie mit einem Naturschwamm auf, und tupfen Sie sie auf das Papier.

2. Diese Technik erzeugt relativ weiche, unregelmäßige Formen.

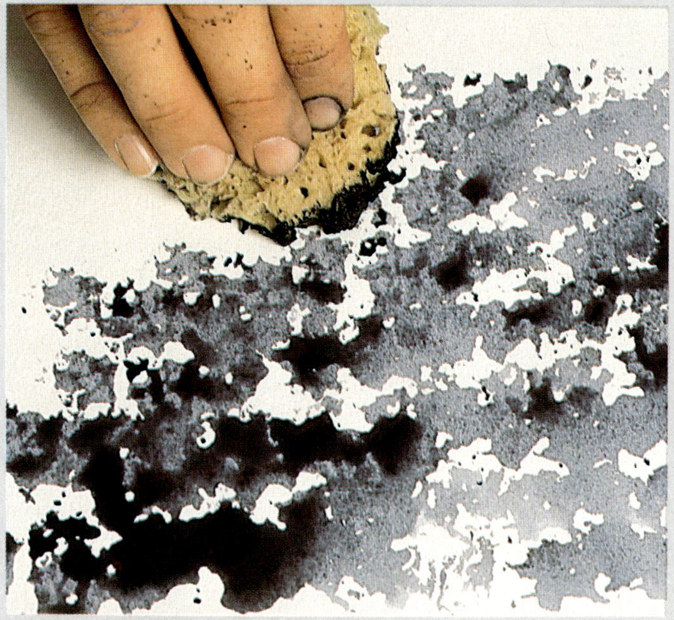

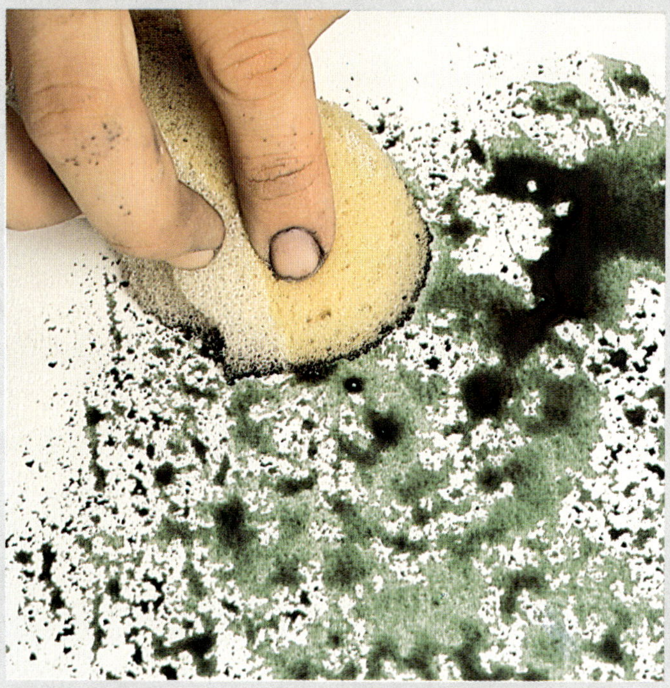

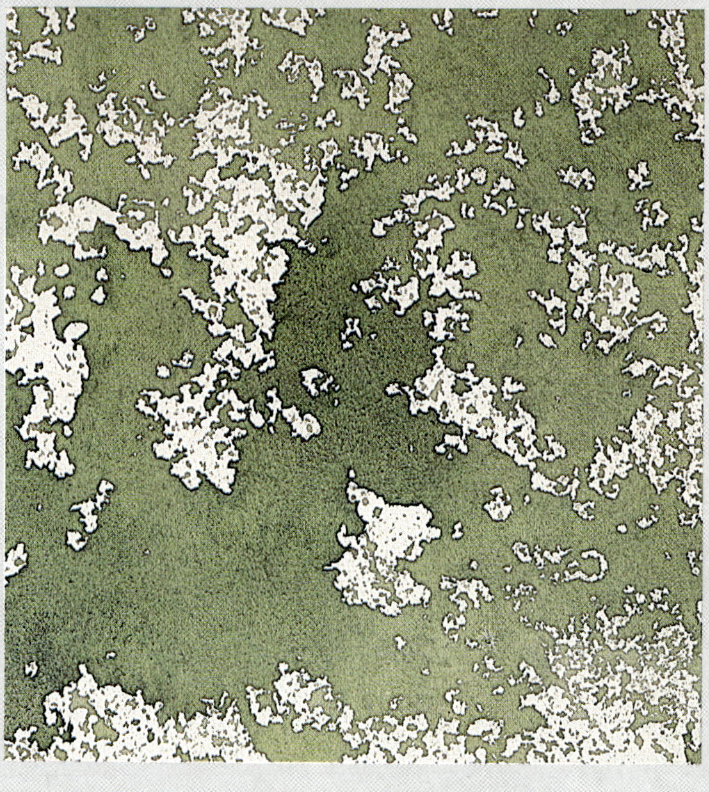

3. Hier wurde ein synthetischer Schwamm verwendet.

4. Die Farbflecke wirken spröder.

GUMMIARABIKUM

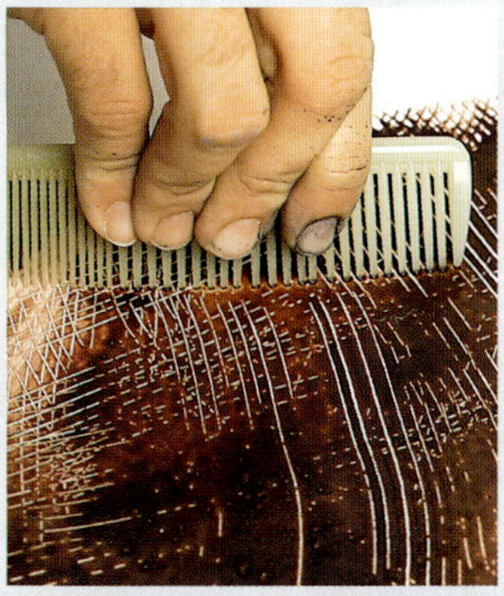

1. Mischen Sie Gummiarabikum mit der Farbe, so daß sie dick und klebrig wird. Tragen Sie die Mischung auf. Nun können Sie sie mit verschiedenen Werkzeugen, z. B. einem Kamm, bearbeiten.

2. Die Farbe hält die Kammspuren.

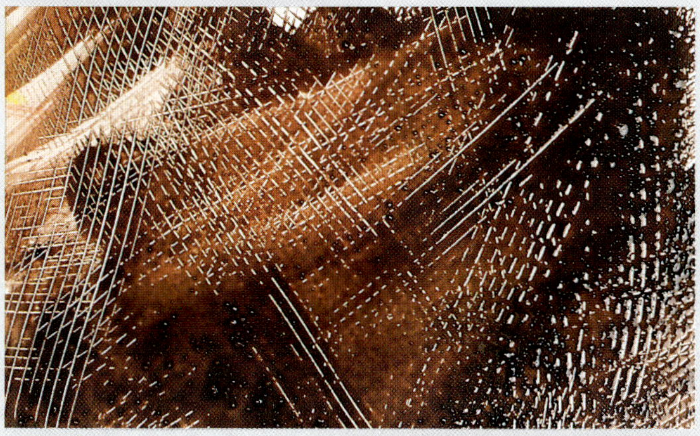

3. Feinere Linien entstehen, wenn Sie eine Bürste (hier ist es eine Nagelbürste) benutzen.

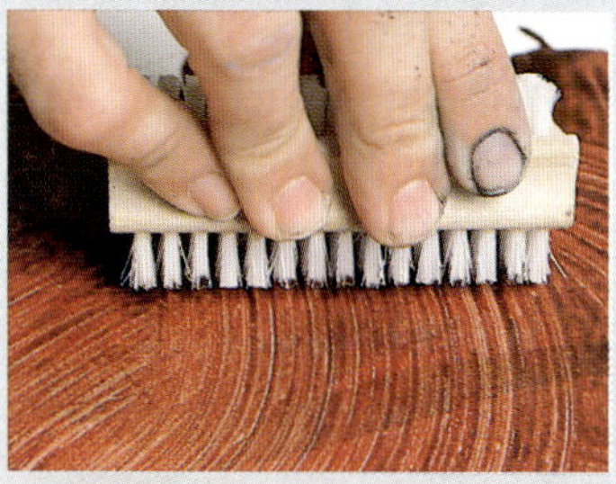

4. Die Farbe zeigt eine haarartige Struktur.

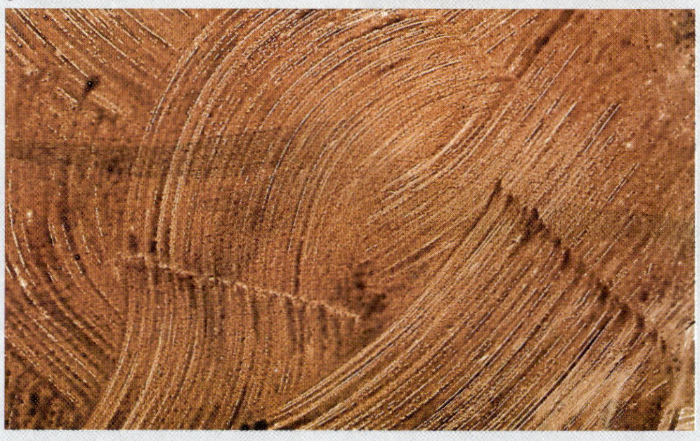

SPRITZTECHNIK MIT GUMMIARABIKUM

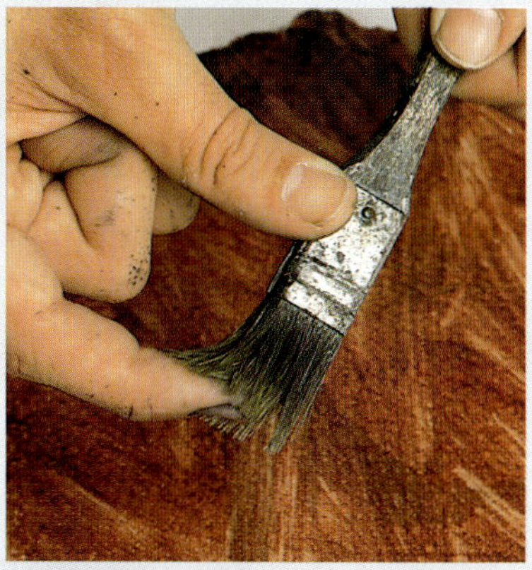

1. Tragen Sie mit Gummiarabikum versetzte Farbe auf, und lassen Sie sie trocknen. Dann spritzen Sie mit einem Anstreicherpinsel Wasser darüber.

2. Tupfen Sie das Papier mit sauberem Löschpapier oder einem Tuch ab.

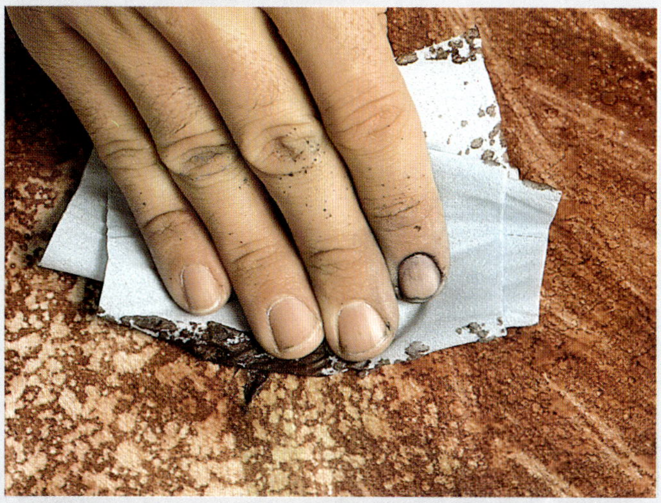

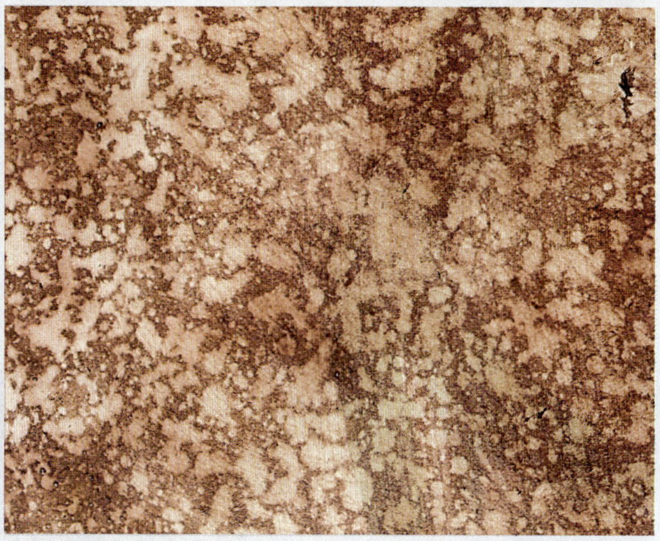

3. Es bleibt ein fleckig gekörntes Muster.

KRABBE

Der Panzer der Krabbe hat eine rauhe, genarbte Oberfläche, die es überzeugend wiederzugeben galt. Der Künstler entschied sich für Gouache, weil sie ihm erlaubte, die kompakten Formen zügig zu entwickeln. Gouache trocknet jedoch matt und opak auf und wirkt etwas stumpf; deshalb mußte der Maler versuchen, die Oberfläche mit interessanten Effekten zu bereichern.

Mit Gouache konnte er hell auf dunkel arbeiten, und ihre Deckkraft ermöglichte es, die Formen realistisch und kompakt mit klar umrissenen Licht- und Schattenzonen wiederzugeben. Schließlich hat der Maler, um die charakteristische Oberfläche des Panzers einzufangen, mit einem Anstreicherpinsel helle Farbflecke aufgespritzt. (Mit einer Zahn- oder Nagelbürste läßt sich ein ähnlicher Effekt erzielen.) So mutet die Darstellung viel lebendiger an.

Auch bei der Maserung des Tischs bediente der Künstler sich einer besonderen Technik. Zunächst malte er die dunkelbraunen Streifen; dann hat er die Farbe mit grobem Sandpapier in horizontaler Richtung bearbeitet, um die hellen Linien der Holzmaserung anzudeuten.

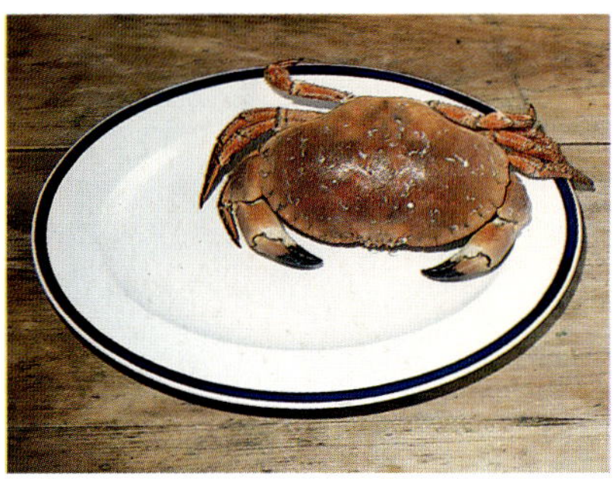

FARBPALETTE	
Gouache	
Kadmiumgelb	Kadmiumrot
Kadmiumorange	Umbra Natur
Weiß	Lichter Ocker
Kobaltblau	Elfenbeinschwarz
Ultramarinblau	
MALGRUND	
Daler-Aquarellkarton	
356 × 457 mm	

1. VORZEICHNUNG
Fertigen Sie zunächst eine Bleistiftskizze an. Die Linien dürfen ruhig etwas kräftiger ausfallen, denn die Gouache ist so opak, daß sie nicht durchschimmern können. Der Maler hat die Gliedmaßen der Krabbe stärker voneinander abgesetzt, um die Komposition spannungsreicher zu machen.

2. DIE KRABBE
Malen Sie den Körper des Tieres mit einer Mischung aus Weiß, lichtem Ocker, Kadmiumorange und ein wenig Schwarz. Um den hellen Rand an der Vorderseite des Panzers anzudeuten, fügen Sie dieser Grundmischung Weiß hinzu, für die dunklen Flecken etwas Schwarz.

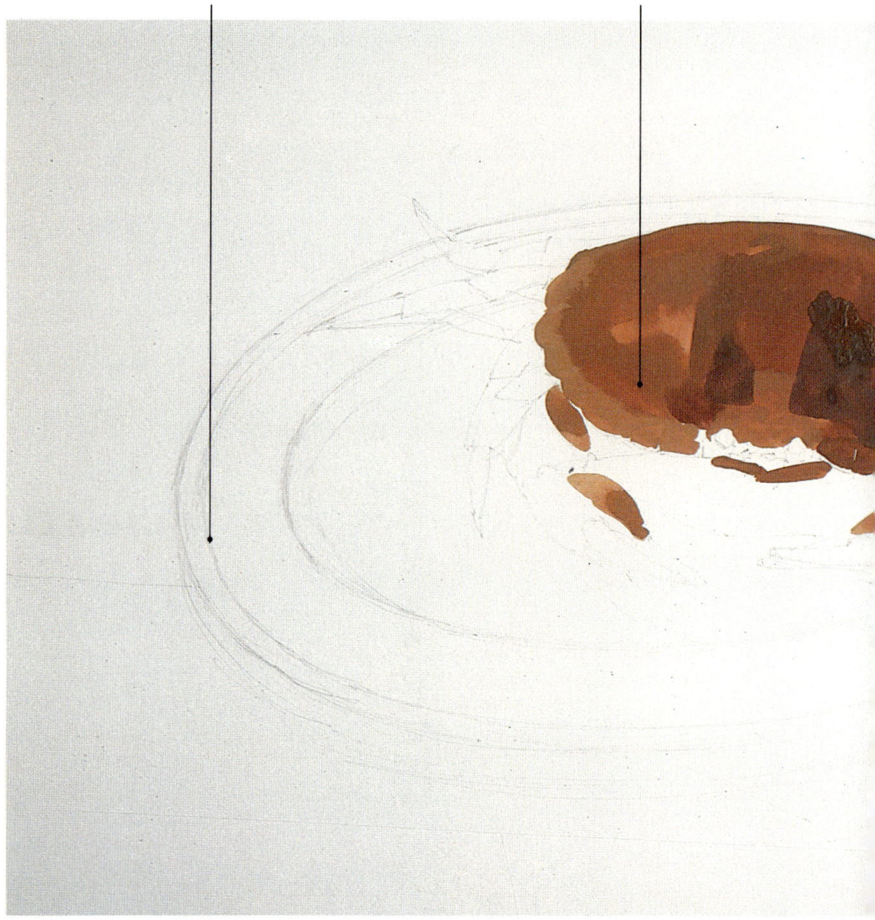

3. SCHATTEN UND TEXTUR
Gestalten Sie den Körper mit Hilfe dunklerer Töne plastischer. Die Pinselstriche deuten die rauhe Oberfläche des Panzers an.

4. LICHT UND SCHATTEN
Mischen Sie aus Weiß, lichtem Ocker, Kadmiumorange und Schwarz verschiedene Farbtöne, und überarbeiten Sie damit Panzer, Vorderbeine und Scheren. Deuten Sie helle Partien und Schatten an. Fügen Sie der Farbe für die helleren Stellen etwas Kadmiumrot und Kadmiumgelb zu. Die dünneren Hinterbeine werden mit einer ebenmäßigen Farbschicht wiedergegeben.

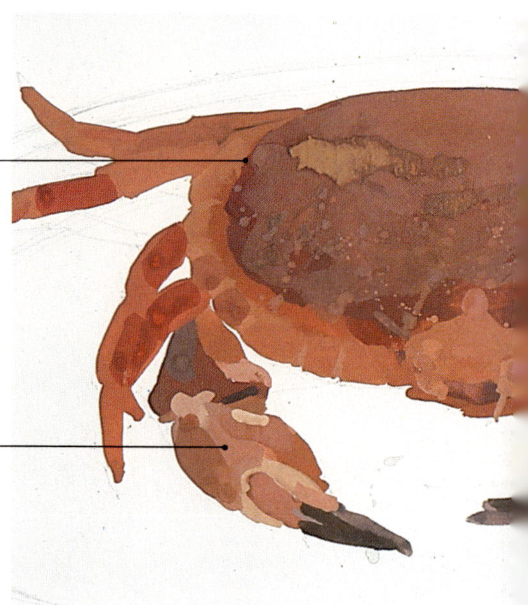

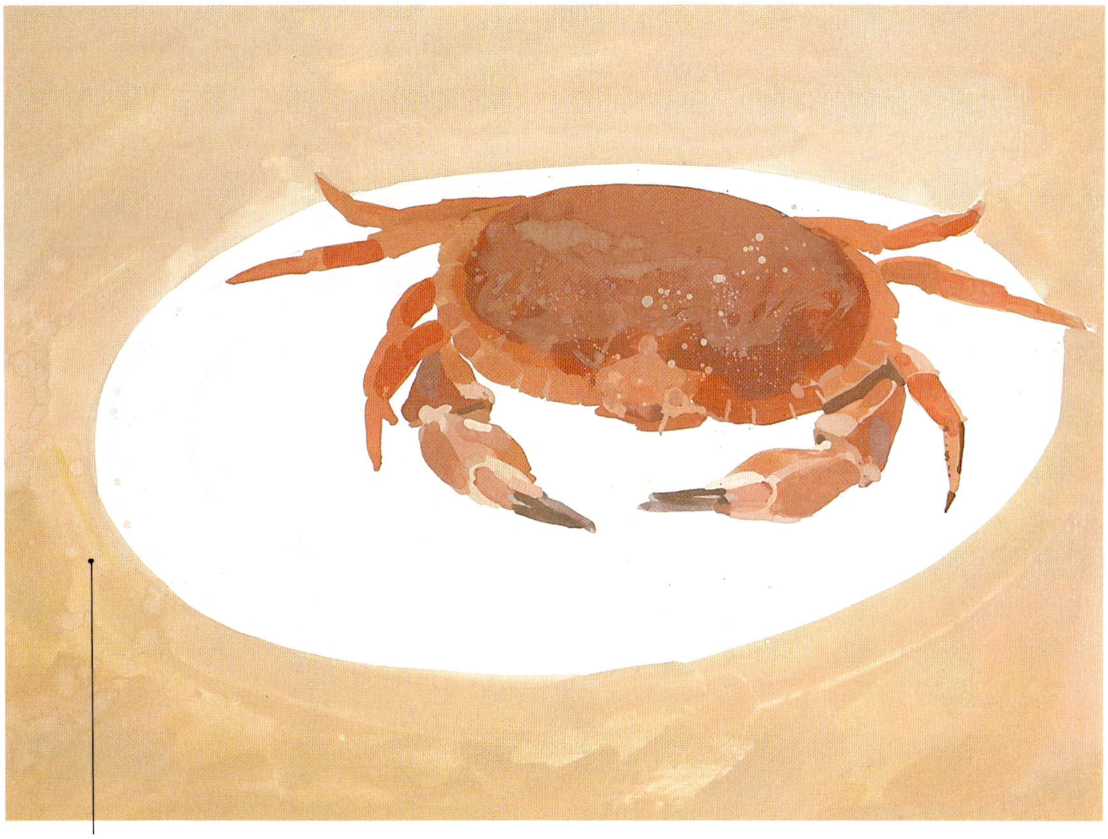

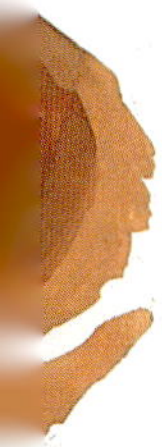

5. TISCHPLATTE
Malen Sie die Tischplatte mit einem großen Verwaschpinsel in einem hellen Ton. Bedenken Sie, daß feuchte Gouache oft scheckig wirkt.

6. SCHATTEN
Zeichnen Sie mit einer Mischung aus Kobaltblau, Schwarz und lichtem Ocker die Schatten unter der Krabbe.

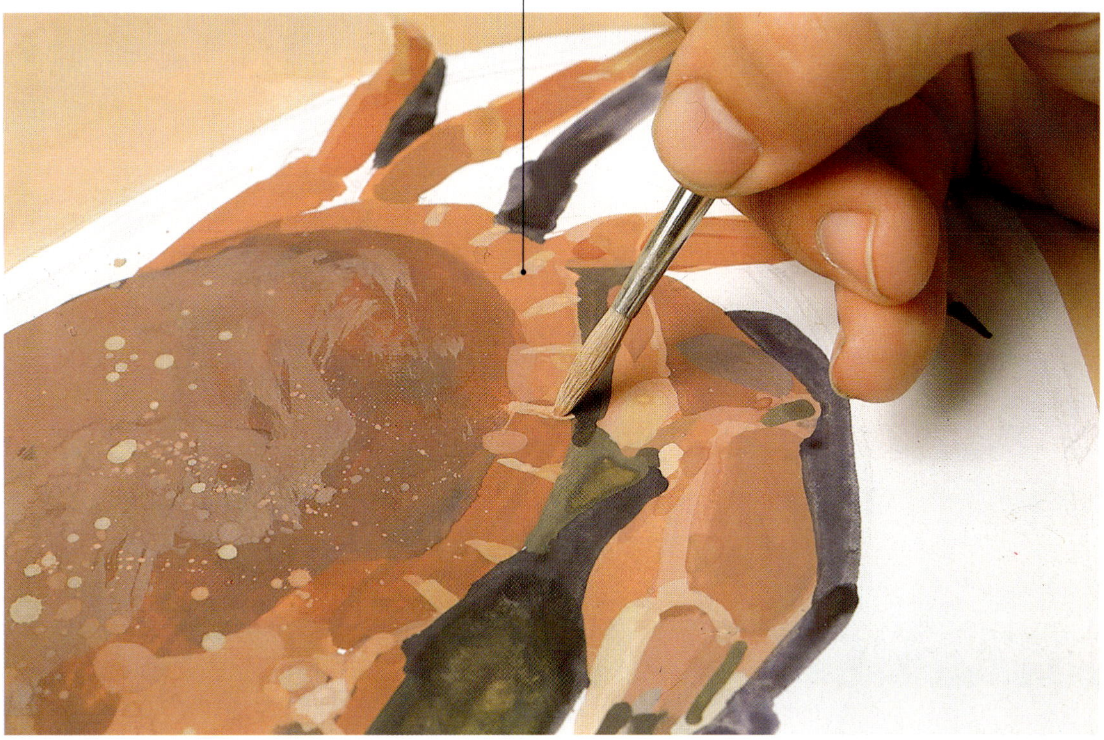

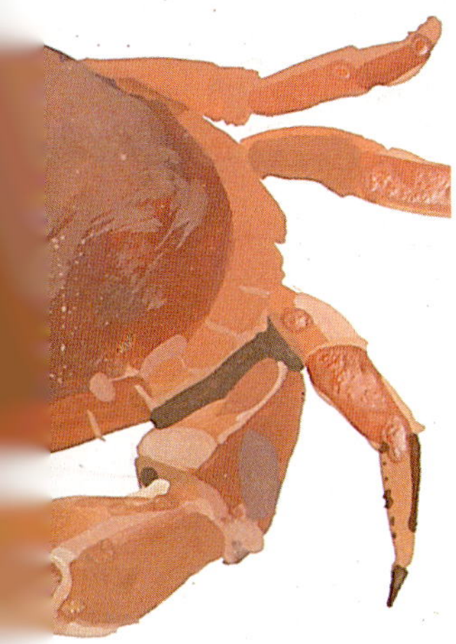

7. TEXTUR DES PANZERS
Um die narbige Rauheit des Panzers wiederzugeben, spritzen Sie mit einem kleinen Anstreicherpinsel ein wenig von dem hellsten Farbton über die Krabbe. Tauchen Sie den Pinsel in die relativ dünnflüssige Farbe, halten Sie ihn dicht über das Papier, und fahren Sie mit dem Finger durch die Borsten. Zum Schluß vertiefen Sie die dunklen Töne auf Panzer und Beinen.

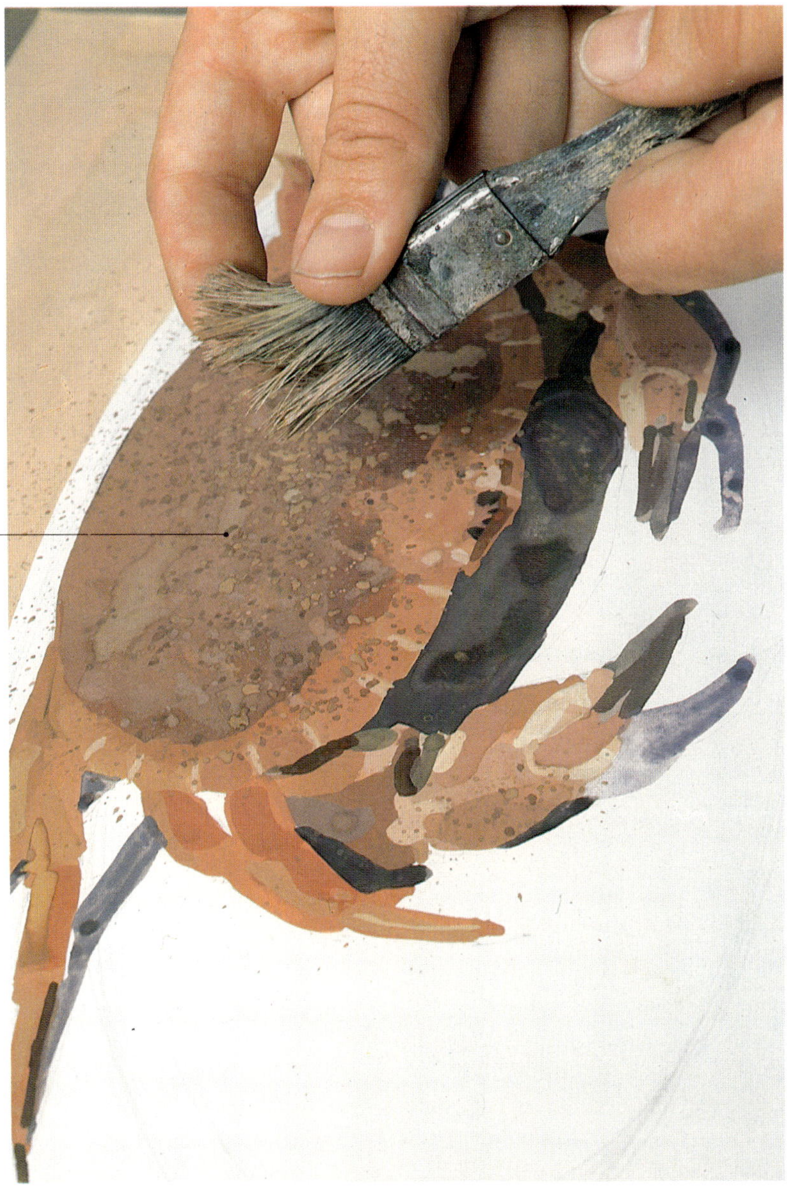

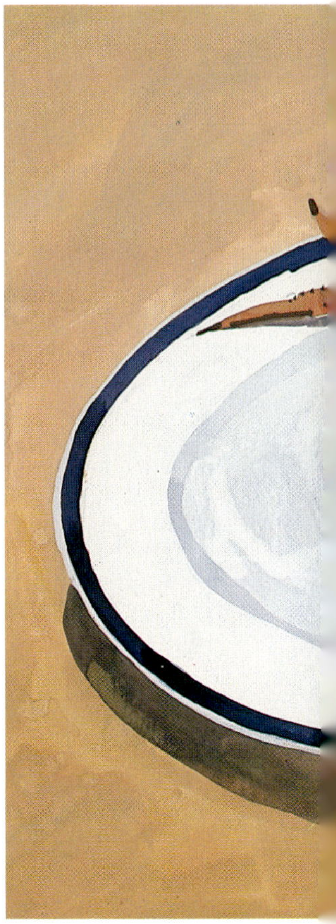

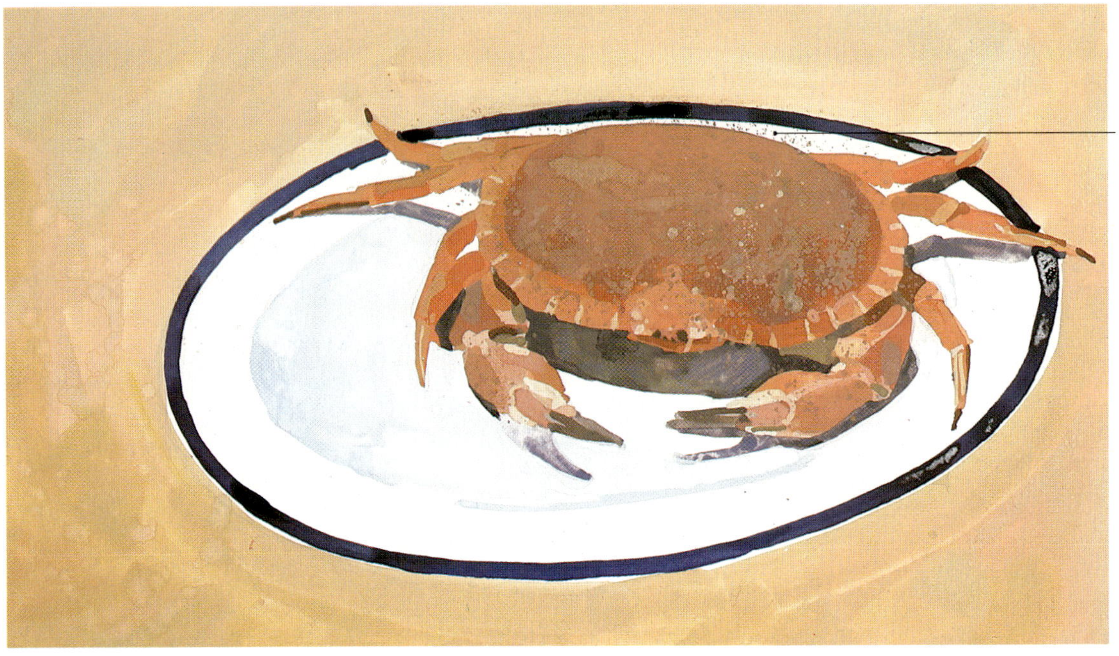

8. TELLER
Zeichnen Sie den Streifen um den Tellerrand mit einer Mischung aus Ultramarinblau und etwas Schwarz. Mischen Sie diesen Farbton mit Weiß, und malen Sie mit einem großen Verwaschpinsel den ovalen Schatten, der die Vertiefung des Tellers andeutet.

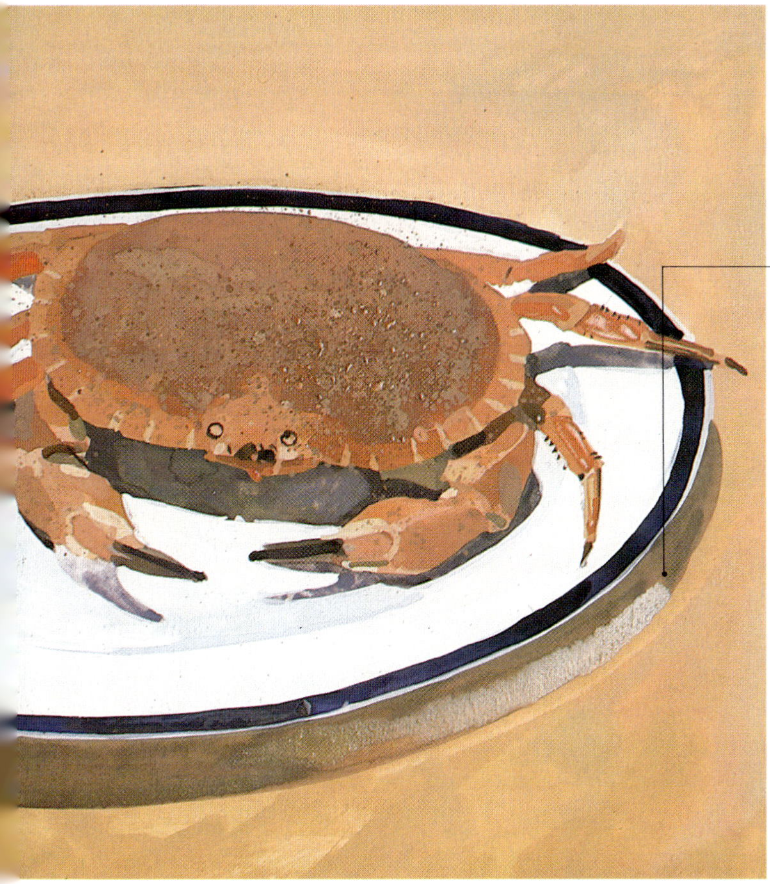

9. SCHATTEN
Mischen Sie Umbra Natur, Schwarz und eine Spur Kadmiumorange. Mit einem großen Pinsel zeichnen Sie nun in einem Zug den Schatten unter dem Tellerrand.

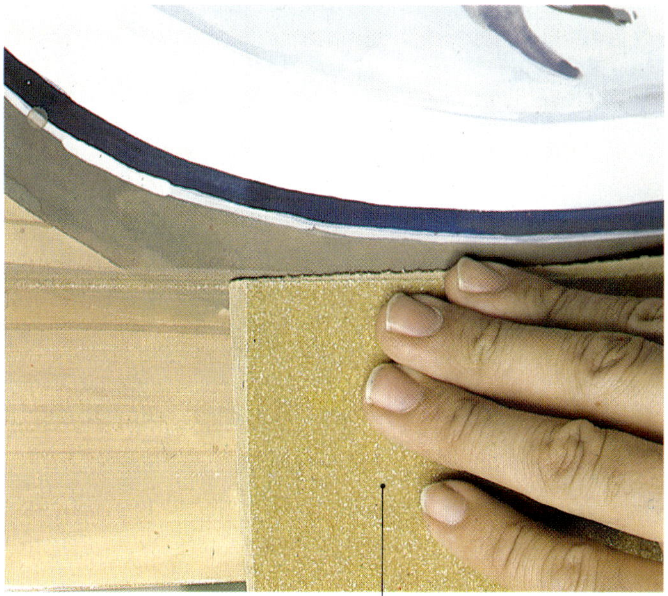

10. HOLZMASERUNG
Mit der gleichen Farbe deuten Sie nun in schmalen horizontalen Linien die Maserung des Holztischs an. Wenn die Farbe trocken ist, reiben Sie mit grobem Sandpapier darüber, um die Struktur des Holzes herauszuarbeiten.

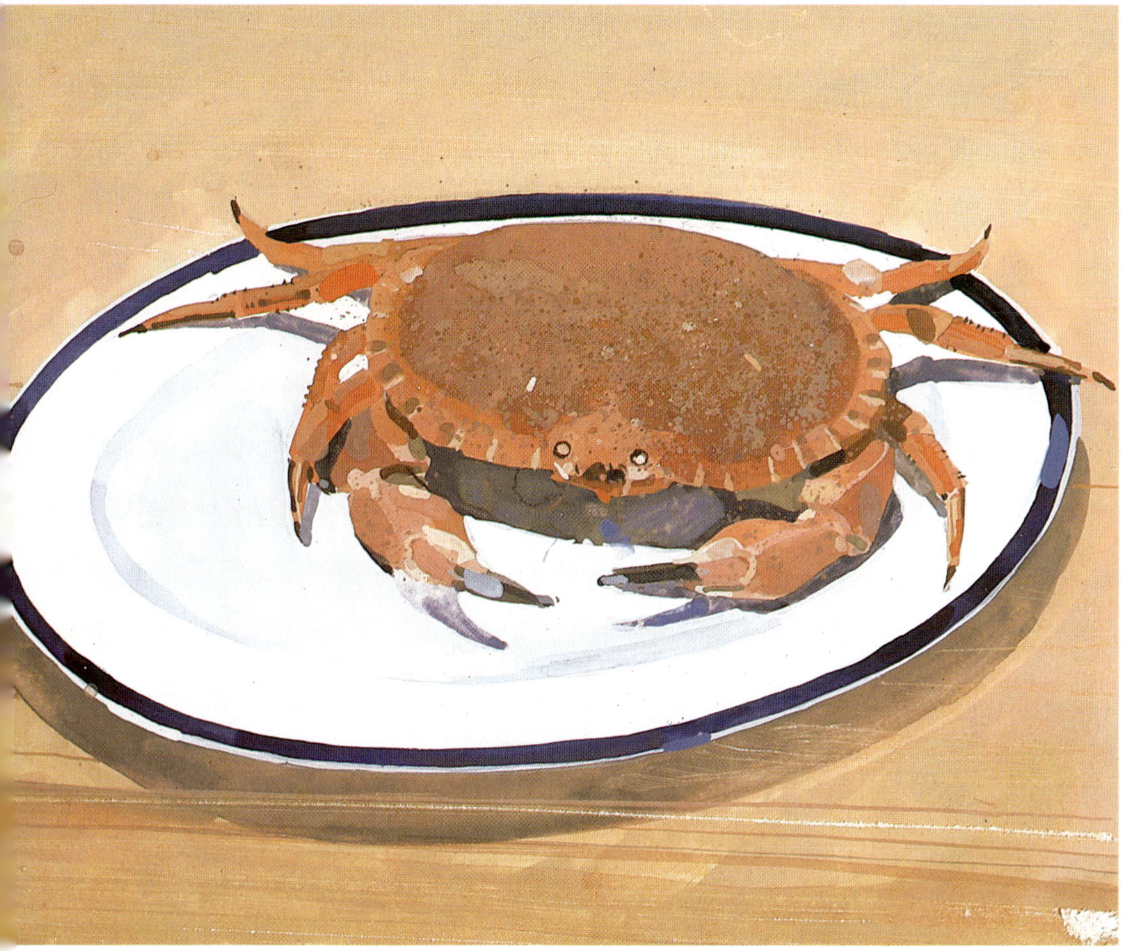

11. DAS FERTIGE BILD
Das fertige Bild zeigt, wie der Künstler aus wenigen Tönen mit der opaken Gouache die einzelnen Farbstufen und Formen aufgebaut hat. Die stumpfe, matte Oberfläche wird durch Textureffekte belebt: aufgespritzte Farbe auf dem Krabbenpanzer, Schleifspuren im Holztisch.

KAPELLE MIT ZYPRESSE

Die geschickte Behandlung der Oberfläche verleiht diesem Bild einen besonderen Reiz. Dem Künstler ging es darum, den groben Verputz der Kirchenwand überzeugend gegen das warme Grün des Nadelbaums abzusetzen, ohne in Effekthascherei zu verfallen.

Zunächst wählte er rauhes Papier, auf dem sich ohnehin ein leicht gesprenkelter Farbauftrag ergibt. Um diese Wirkung noch zu verstärken, hat der Maler über die erste dünne Farbschicht der Kirchenwand Kerzenwachs gerieben. Das Wachs setzt sich auf den erhöhten Stellen des Papiers ab, so daß die Farbe der nächsten, dunkleren Schicht in die Vertiefungen des Papiers einsinkt, während sie von den Wachspünktchen abgestoßen wird. Das Ergebnis ist eine fein gefleckte Oberfläche.

Bei der Darstellung des Baums arbeitete der Künstler mit Gummilösung (s. S. 172); die Lösung verhindert tiefes Eindringen der Pigmente ins Papier. Hier wurden die ersten Farben mit Gummilösung gemischt, und der Baum wurde als geschlossene Form gezeichnet. Nach dem Trocknen bespritzte der Künstler diese Partie mit Wasser, um einen Teil der Pigmente wieder zu lösen. Abtupfen mit Löschpapier ergab die hellen Flecken, die man auf dem fertigen Bild sieht.

FARBPALETTE	
Cölinblau	Elfenbeinschwarz
Lichter Ocker	Umbra Natur
Kadmiumgelb	Sepiabraun
Siena gebrannt	Hookersgrün
Paynesgrau	Madderbraun
Siena Natur	Saftgrün
MALGRUND	
Waterford-Papier (rauh)	
406 × 508 mm	

1. HIMMEL
Beginnen Sie mit einer feinen Bleistiftskizze, und deuten Sie dann den Himmel mit einer zarten Schicht Cölinblau an. Lassen Sie weiße Stellen frei (als Wolken).

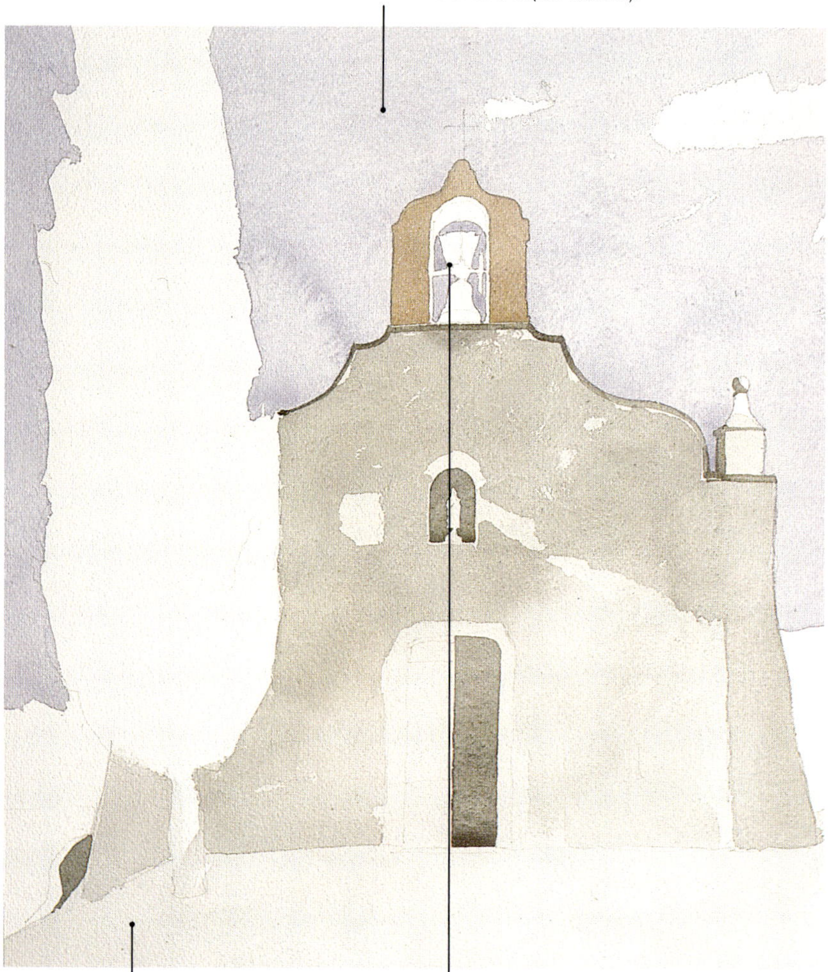

2. VORDERGRUND UND KAPELLE
Tragen Sie mit einem großen Verwaschpinsel einen wäßrigen Farbton aus Elfenbeinschwarz und lichtem Ocker auf: die erste Schicht der Kapelle und der Vordergrund.

3. SCHATTEN UND GLOCKENTURM
Wenn die erste Schicht ganz trocken ist, deuten Sie mit einer kräftigeren Mischung aus Schwarz und lichtem Ocker unregelmäßige Schatten auf der Fassade an. Malen Sie den Glockenturm in einer hellen Mischung aus Umbra Natur, Kadmiumgelb und Madderbraun.

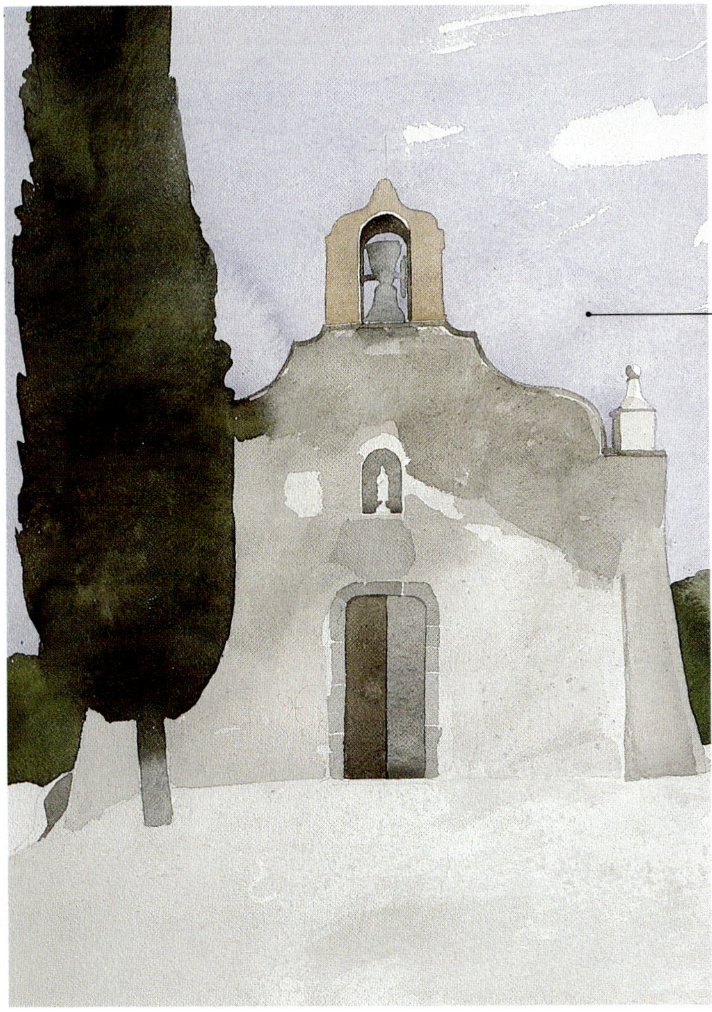

4. DUNKLERE TÖNE
Fahren Sie fort, indem Sie nun die dunkleren Töne auftragen: für den Baum und das Gebüsch im Hintergrund Paynesgrau und Hookersgrün, für den dunkleren Teil der Tür Elfenbeinschwarz.

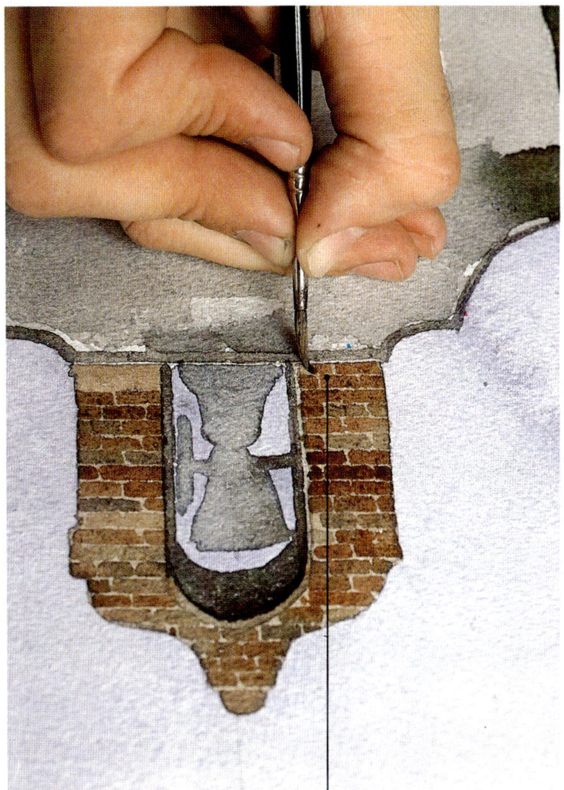

5. ZIEGELSTEINE
Mit der Spitze eines Rundpinsels und verschiedenen Mischungen aus gebrannter Siena, Madderbraun, Siena Natur und Paynesgrau entstehen die Ziegelsteine. Sparen Sie zwischen den Steinen schmale Streifen der hellen Untermalung aus.

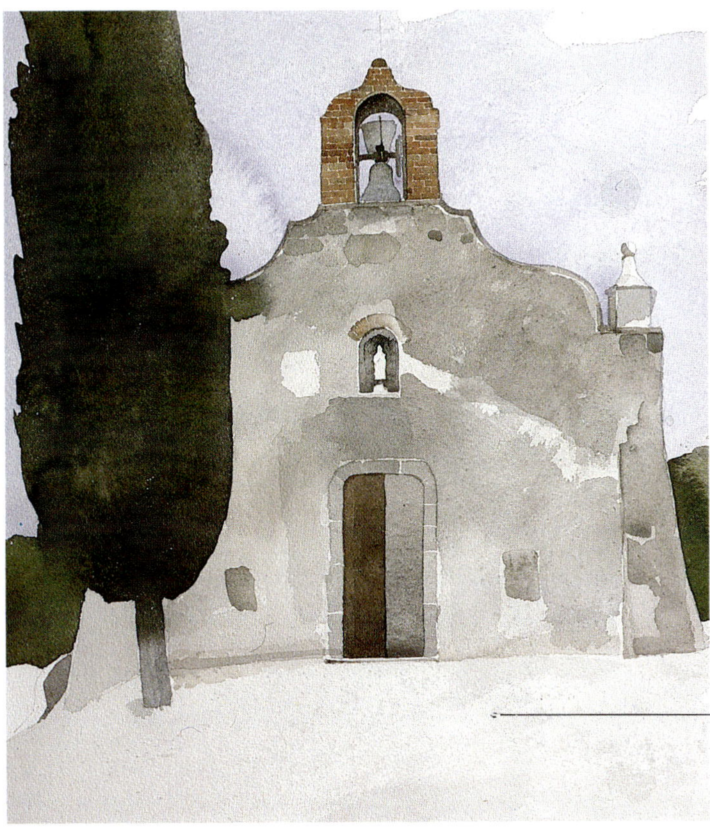

6. TROCKNEN
Die Hauptarbeiten sind nun getan. Lassen Sie die Farben gut trocknen, bevor Sie weitermachen. (In diesem Fall wurde der Prozeß mit einem Fön beschleunigt.)

7. WACHS
Reiben Sie mit einer gewöhnlichen Wachskerze über die trockene graue Farbe der Kapellenwand, um sie wasserabstoßend zu machen.

8. VERPUTZ
Überarbeiten Sie nun die Fassade mit einer Mischung aus Elfenbeinschwarz und lichtem Ocker. Wegen des Wachses auf den erhöhten Stellen des Papiers dringt die Farbe nur in die Vertiefungen ein, und so entsteht der Effekt einer grob verputzten Wand.

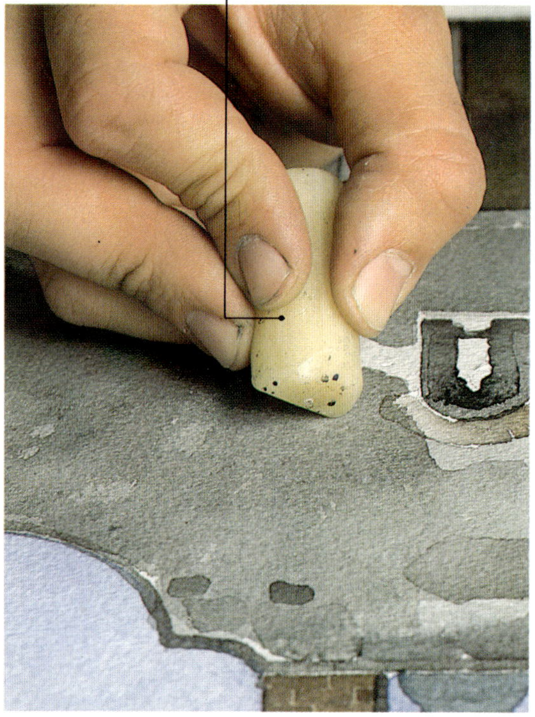

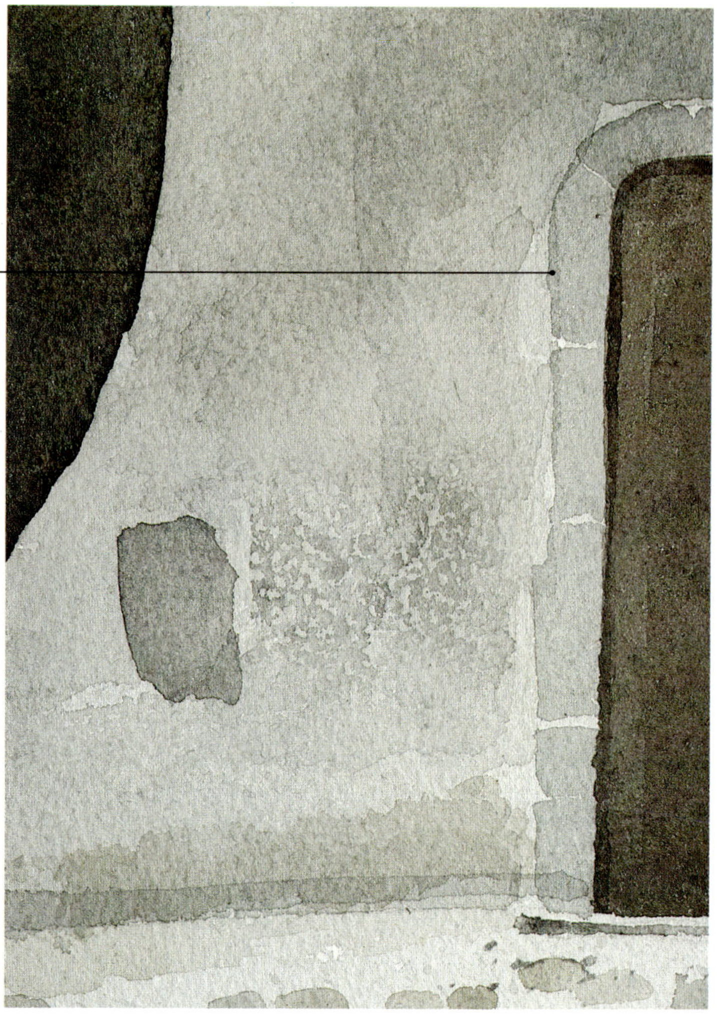

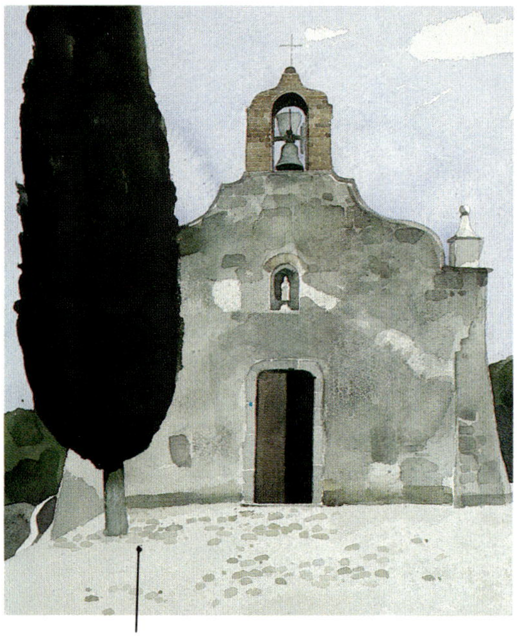

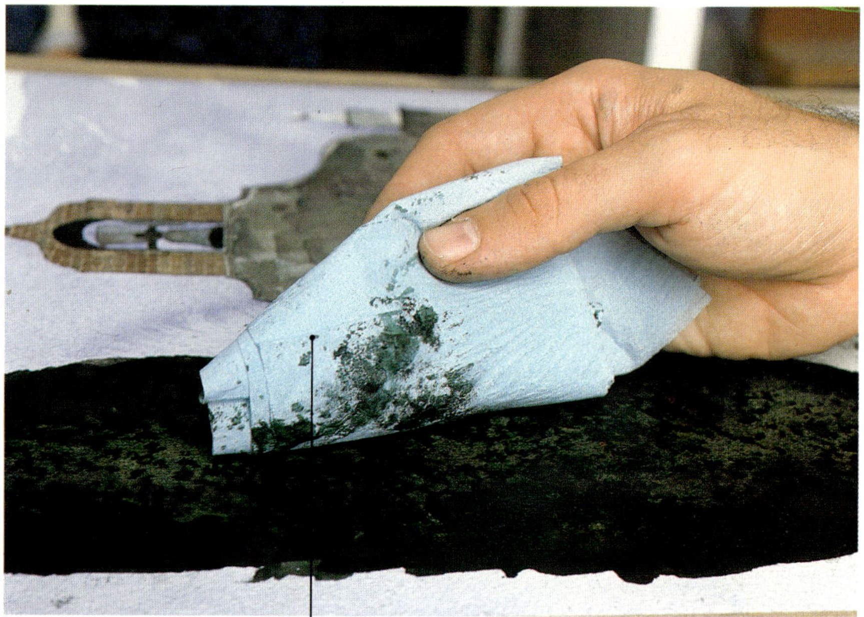

9. PFLASTERSTEINE UND BAUM
Deuten Sie das Pflaster mit verschiedenen Mischungen aus Paynesgrau, lichtem Ocker und Sepiabraun an. Dann mischen Sie Hookersgrün, Saftgrün und Paynesgrau mit ein wenig Gummilösung und vertiefen damit den Grünton der Zypresse. Trocknen lassen.

10. AUSARBEITUNG DES BAUMS
Spritzen Sie etwas Wasser über den Baum, und tupfen Sie es sofort mit einem sauberen, trockenen Tuch wieder ab. Dank der Gummilösung läßt sich die obere Farbschicht mit dem Wasser teilweise entfernen, und so entsteht die Struktur des Baums.

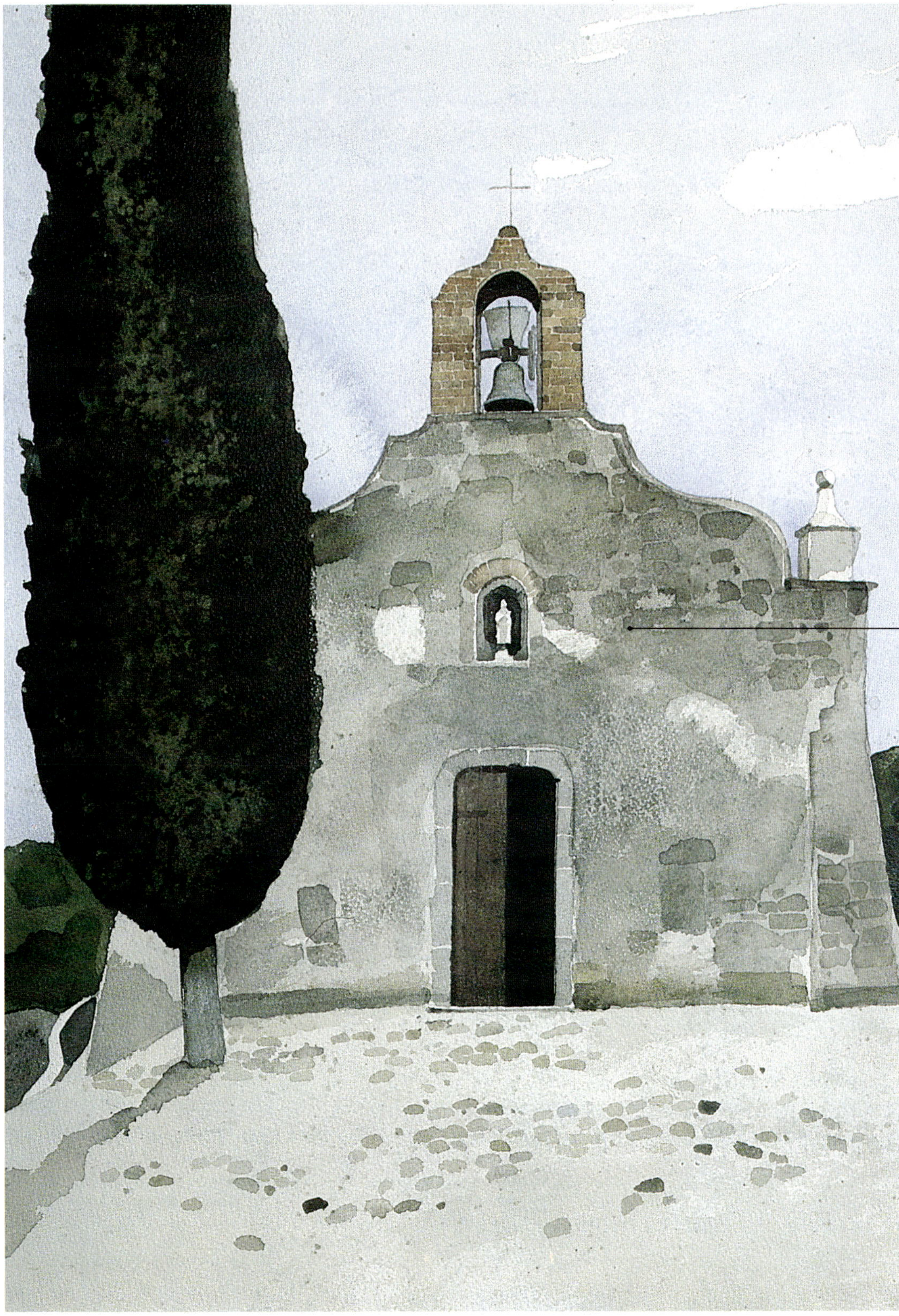

11. DAS FERTIGE BILD
Die verwendeten Techniken tragen viel zur Lebendigkeit des Bildes bei. Man glaubt beinahe, die unterschiedlichen Strukturen an der Bildoberfläche ertasten zu können.

SCHNEE-LANDSCHAFT

Eine simple, aber wirkungsvolle Komposition, die aus nur wenigen Pinselstrichen entstand. Die Pinselführung spielt bei der Darstellung des Schnees und der starren, dunkelgrünen Bäume eine besondere Rolle. Für die weit ausladenden Äste der Tannen hat der Künstler einen kleinen Pinsel mit Farbe getränkt und über das Papier gerollt. Auch die Schatten und feinen Strukturen auf dem Schnee erhalten ihre Form durch die Pinselführung: breite, lockere Striche für die Schatten und zarte, fast kalligraphische Markierungen, um die durch die Schneedecke lugenden Grashalme anzudeuten.

Weiße Spritzer stellen fallenden Schnee dar. Diese Spritzer sind ungleichmäßig verteilt, damit der Effekt nicht künstlich oder steril wie auf einer gedruckten Weihnachtskarte anmutet. Besonders schön wirken die feinen Pünktchen vor den dunklen Silhouetten der Bäume.

FARBPALETTE	
Paynesgrau	Indigo
Sepiabraun	Saftgrün
Gouache	
Titanweiß	
MALGRUND	
Aufgespanntes Bockingford-Papier	
406 × 559 mm	

1. DIE ERSTE SCHICHT
Himmel und Schatten auf dem Boden entstehen aus einer Mischung aus Paynesgrau und Indigo, mit einem Verwaschpinsel in lockeren Strichen zügig aufgetragen.

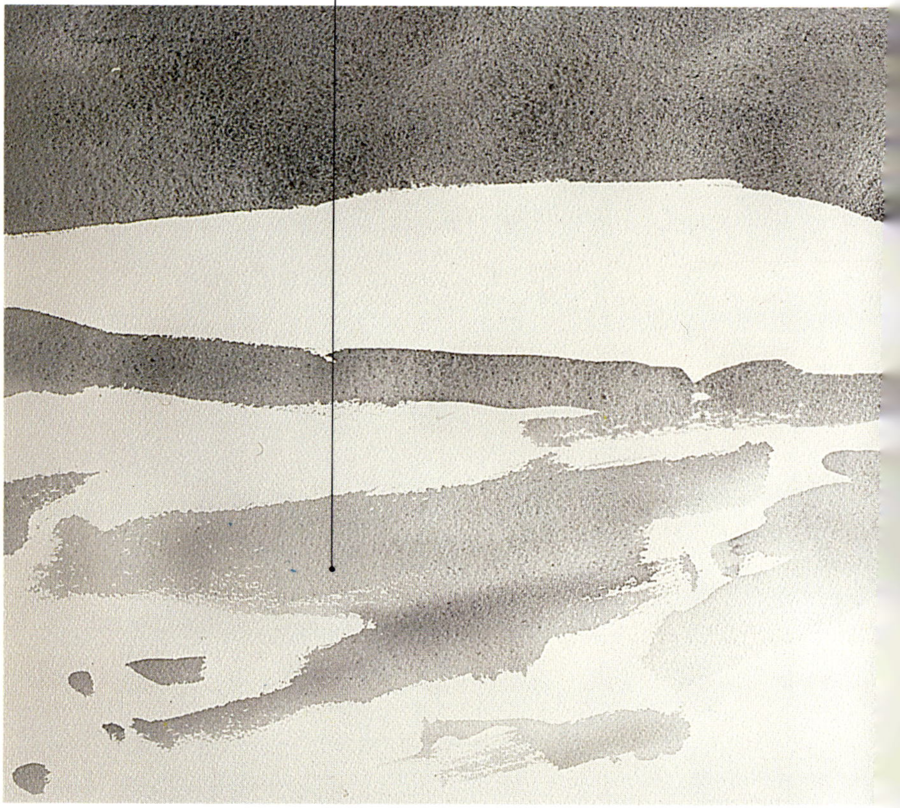

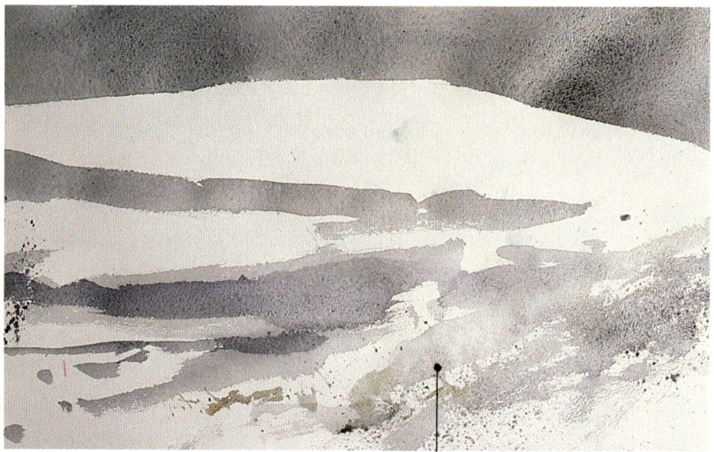

2. SCHATTEN UND DETAILS
Wenn die erste Schicht trocken ist, vertiefen Sie die Schatten partiell mit einem dunkleren Ton derselben Farbe. Mit einem Rundpinsel Nr. 2 und einer Mischung aus Sepiabraun und Paynesgrau werden Tierspuren und verdorrtes Gras im Schnee angedeutet. Arbeiten Sie nicht zu penibel, versuchen Sie, das Spröde, »Knistrige« des Gegenstands einzufangen. Geben Sie den Schnee wieder, indem Sie den Pinsel locker über das Papier rollen.

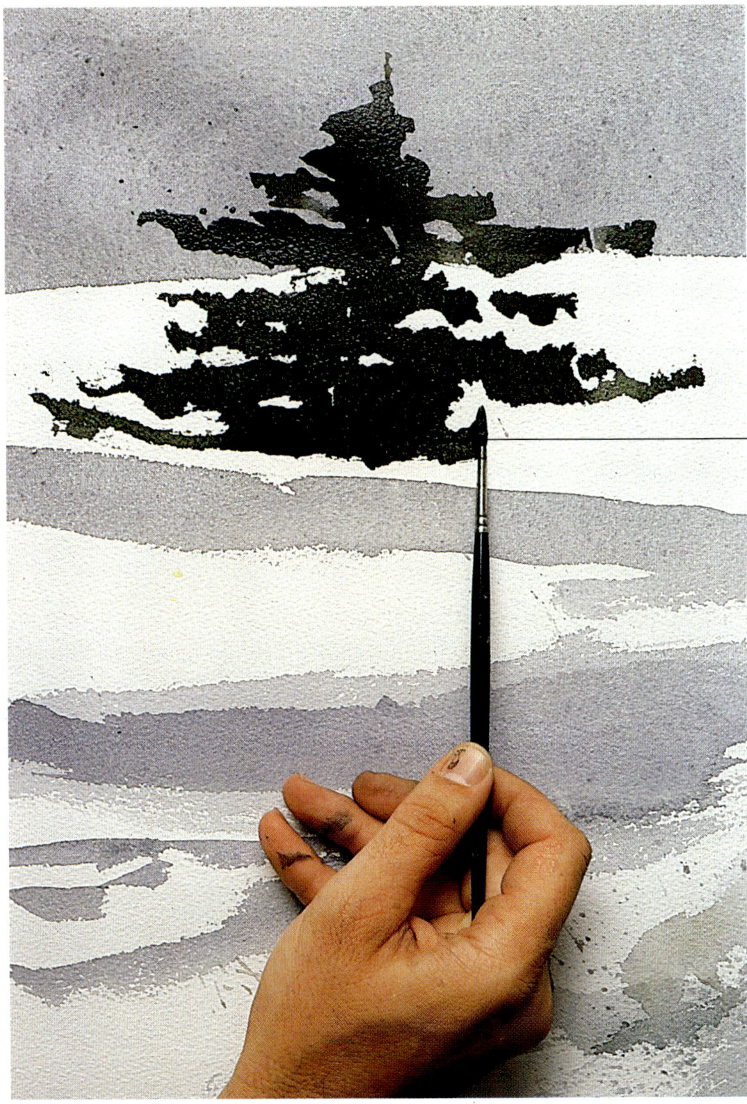

3. BÄUME
Mischen Sie für die Bäume Sepiabraun, Paynesgrau und Saftgrün. Rollen Sie die Farbe mit einem kleinen Pinsel auf das Papier. So entstehen dunkle, unregelmäßige Streifen, die die spitzigen Äste der Tannen darstellen.

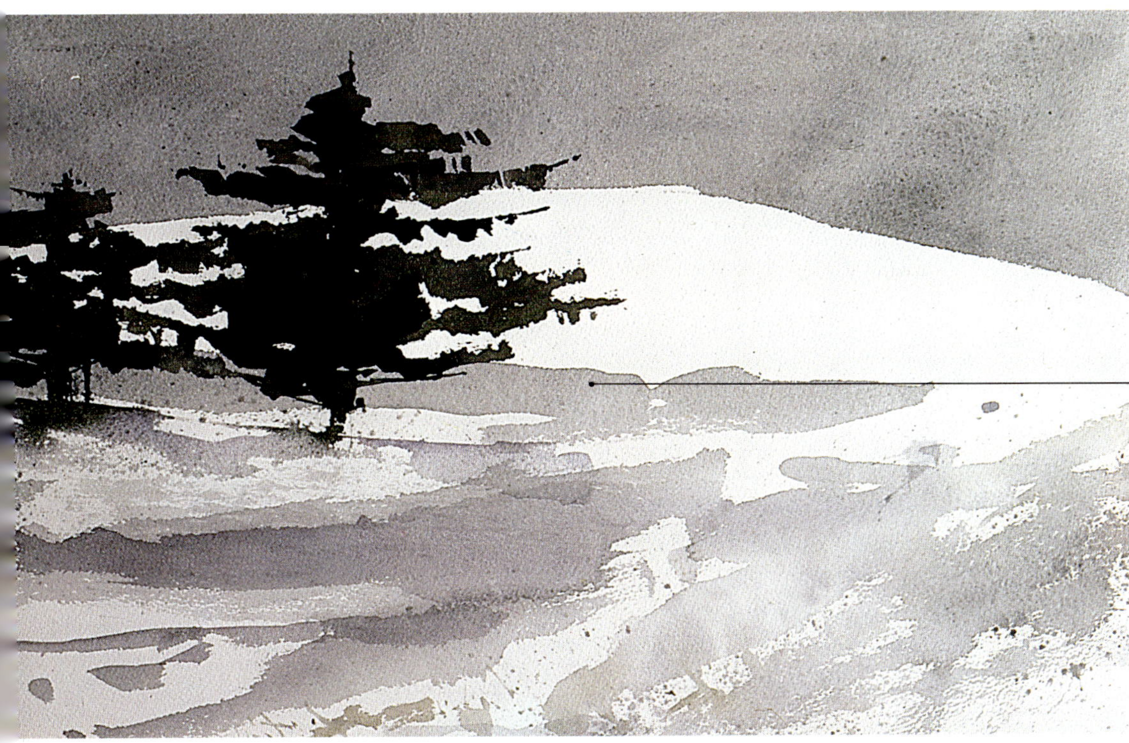

4. SCHATTEN
Malen Sie Schatten mit der Baumfarbe, lassen Sie sie mit Hilfe von klarem Wasser in die umliegenden Bereiche verlaufen.

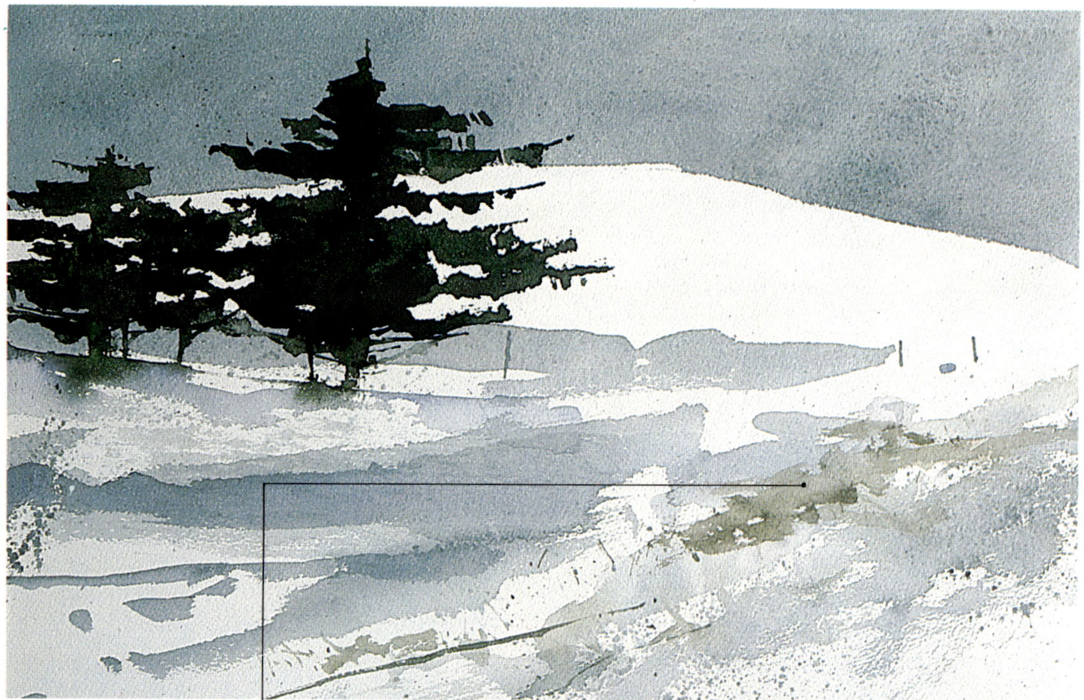

5. VORDERGRUND
Vertiefen Sie die Farben des Vordergrundes mit einer Mischung aus Sepiabraun und Paynesgrau. Der warme Sepiaton bildet einen wirkungsvollen Kontrast zu den kalten Grau- und Grüntönen des Bildes. Tragen Sie die Farbe mit schnellen, kurzen Pinselstrichen auf.

6. SCHNEEFLOCKEN
Versetzen Sie weiße Gouache mit Wasser, und spritzen Sie diese dünnflüssige Mischung mit einem kleinen Anstreicherpinsel als Schneeflocken über das Bild.

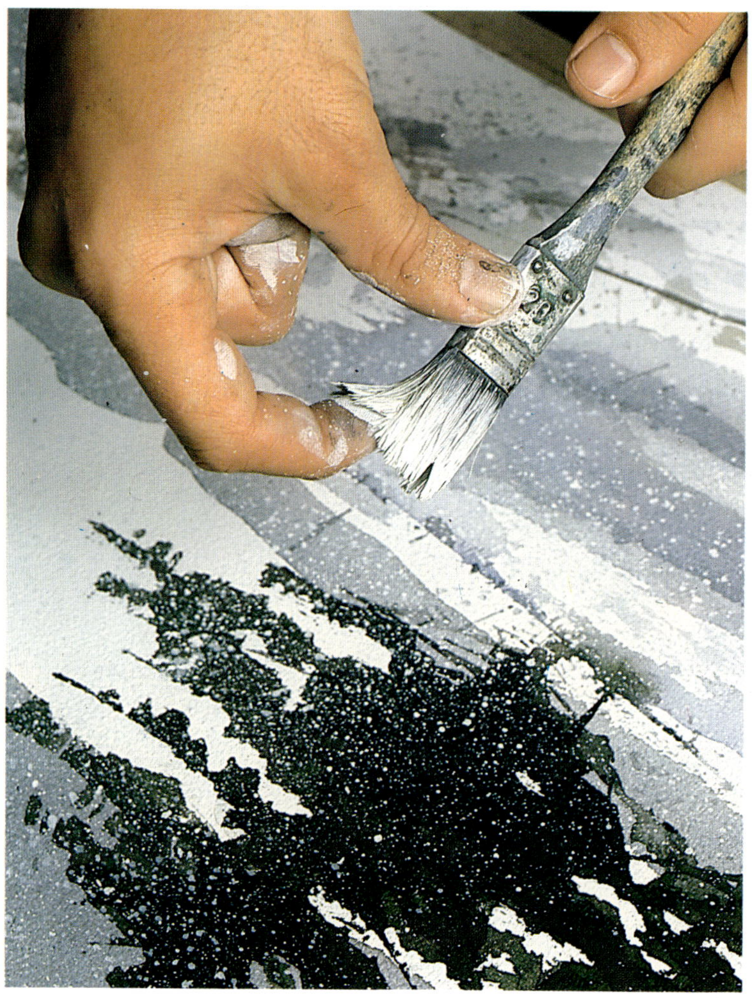

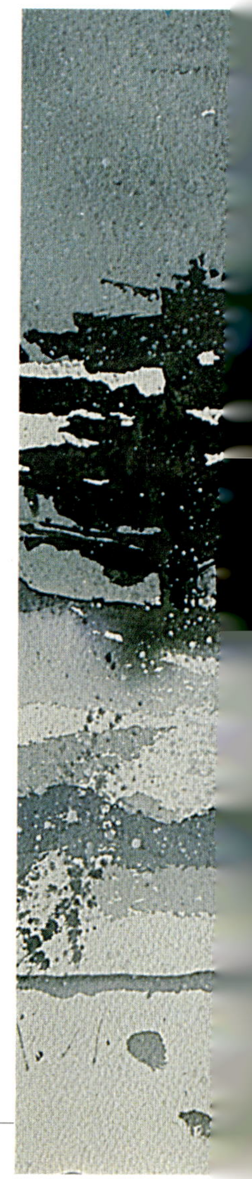

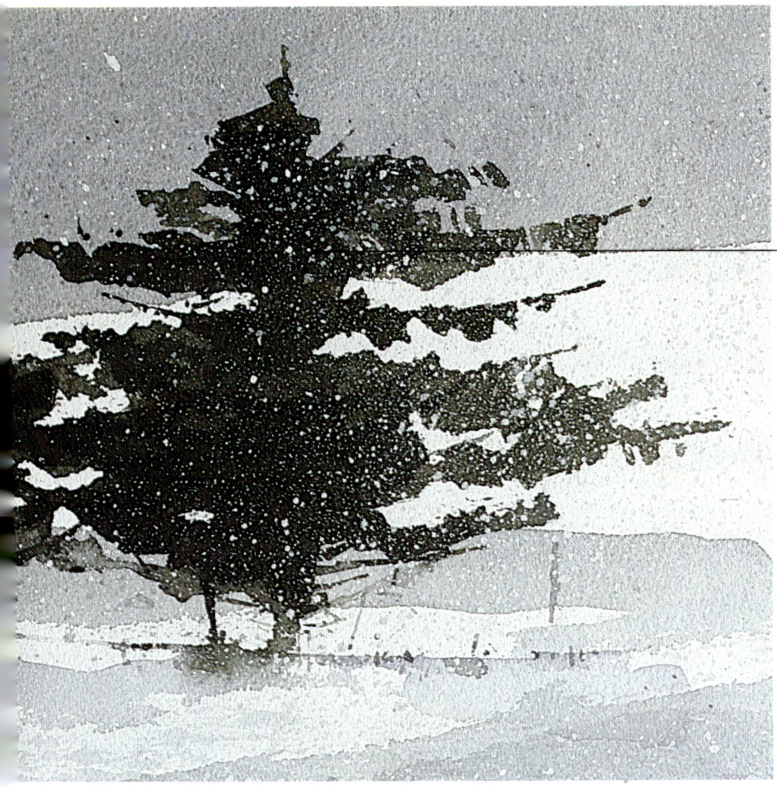

7. SPARSAMKEIT
Übertreiben Sie die Spritzeffekte nicht. Ein paar Spritzer auf den dunkleren Bereichen, z. B. den Bäumen, sind schöner und überzeugender als eine gleichmäßige Verteilung weißer Pünktchen über das gesamte Bild.

8. DAS FERTIGE BILD
Das fertige Bild wirkt frisch und natürlich, weil der Maler zügig gearbeitet und alle Mittel wohldosiert eingesetzt hat. Er wollte einen allgemeinen Eindruck wiedergeben, ohne sich in Details zu verlieren. Zur Darstellung der einzelnen Bildelemente reichten spontane, bewußt unpräzise Pinselstriche aus.

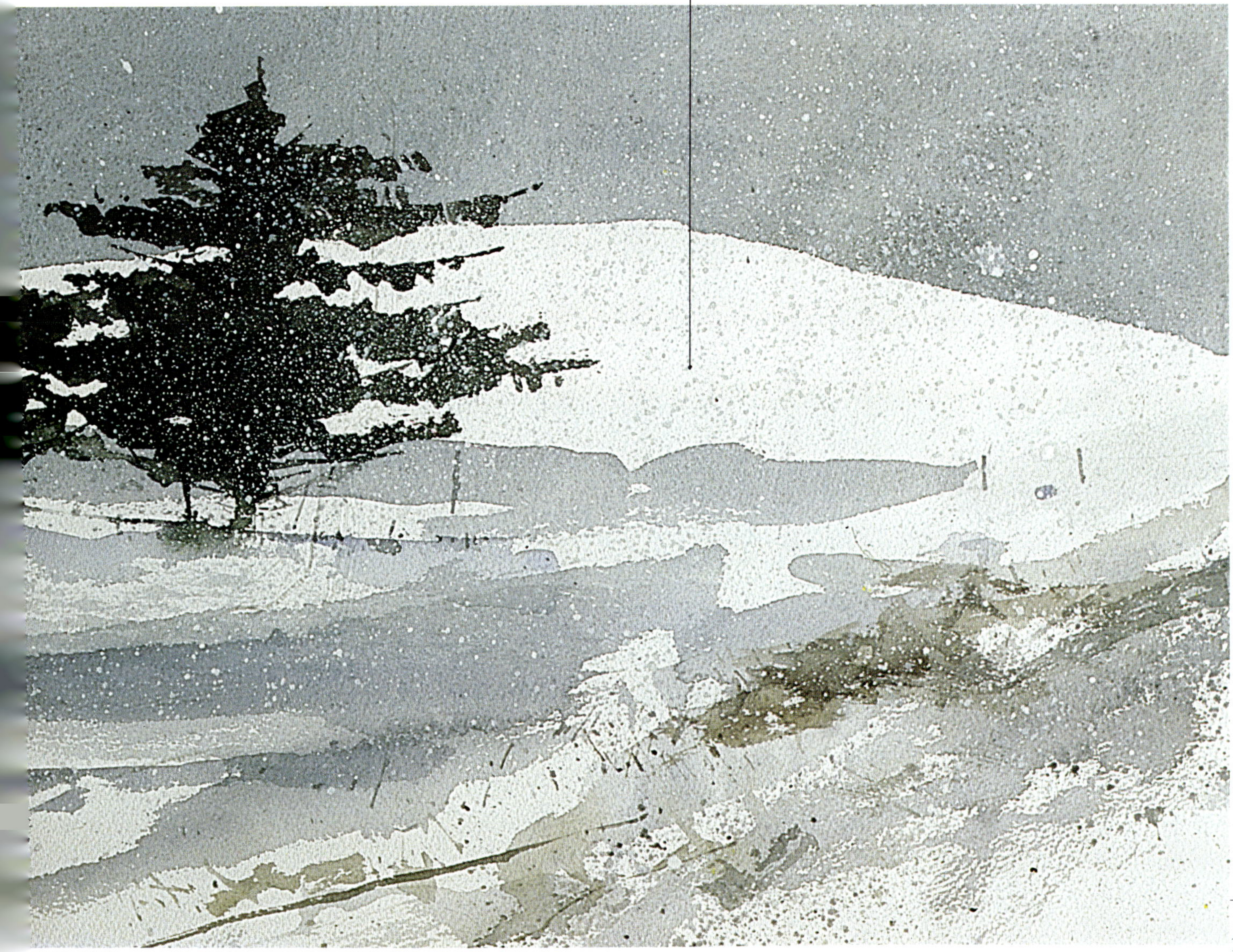

TROCKENE MALWEISE

Mit der trockenen Malweise lassen sich charakteristische subtile Strukturen erzielen. Man drückt dazu die Flüssigkeit aus dem Pinsel, bis die Haare fast trocken sind. Der Farbauftrag wirkt dann ungleichmäßig und fedrig. Dieser Effekt kann gesteigert und auch kontrolliert werden, indem man die Pinselhaare fächerartig spreizt.

Der amerikanische Künstler Andrew Wyeth (s. S. 65) ist ein Meister dieser Technik. Er verwendet sie bevorzugt für Helligkeitsabstufungen. Zunächst trägt er eine helle Farbschicht auf; diese überarbeitet er dann mit trockenem Pinsel in einem dunkleren Ton derselben Farbe. Wyeth setzt diese Methode z. B. ein, um Gras oder die rauhe Oberfläche einer Wand wiederzugeben.

VERSCHIEDENE PINSELSPUREN

1. Mit einem fast trockenen Pinsel und kurzen, gleichmäßigen Strichen erhält man eine lockere, fedrige Struktur.

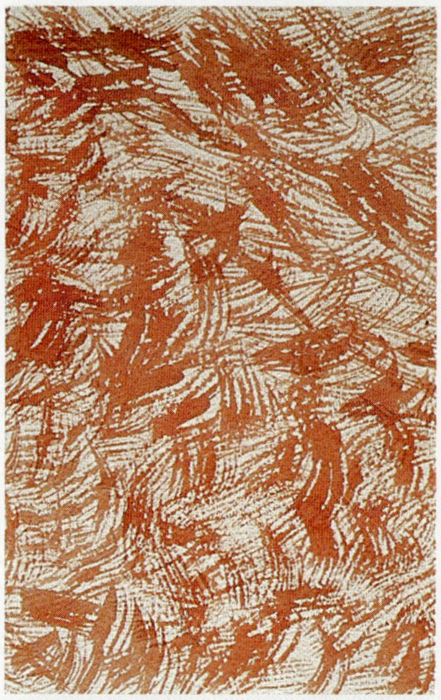

2. Hier entstand aus schwungvoll auf- und abwärts geführten Pinselstrichen ein eher vertikales Muster.

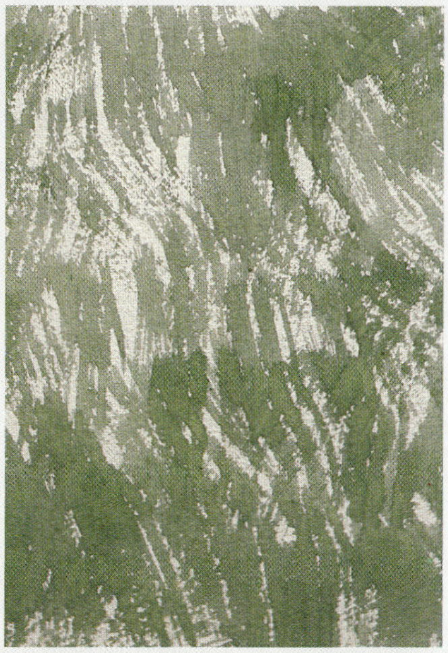

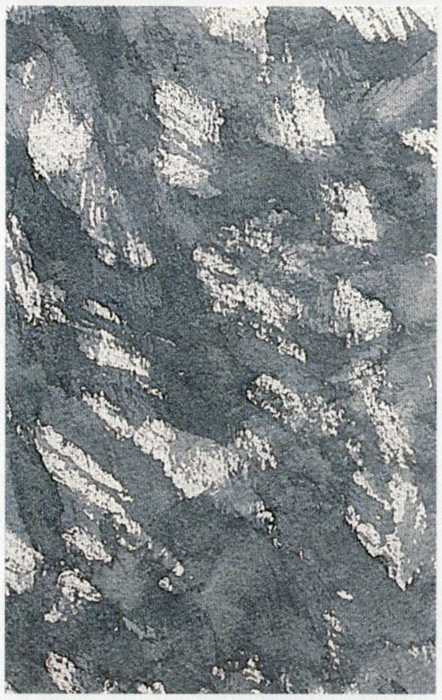

3. Beginnen Sie mit lockeren Tupfen Dunkelgrau, und malen Sie dann mit dem trockenen Pinsel einen helleren Farbton darüber. Das Ergebnis ist ein ungleichmäßiges Fleckenmuster.

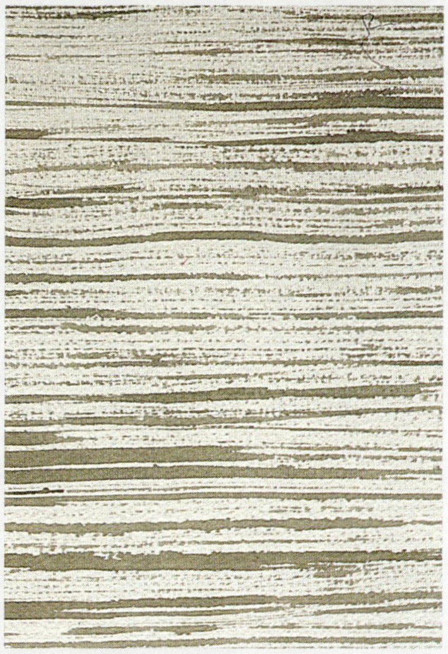

4. Tauchen Sie den getrockneten Pinsel in Farbe, spreizen Sie die Haare zu einem Fächer, und tragen Sie die Farbe dann in gleichmäßigen, horizontalen Strichen auf.

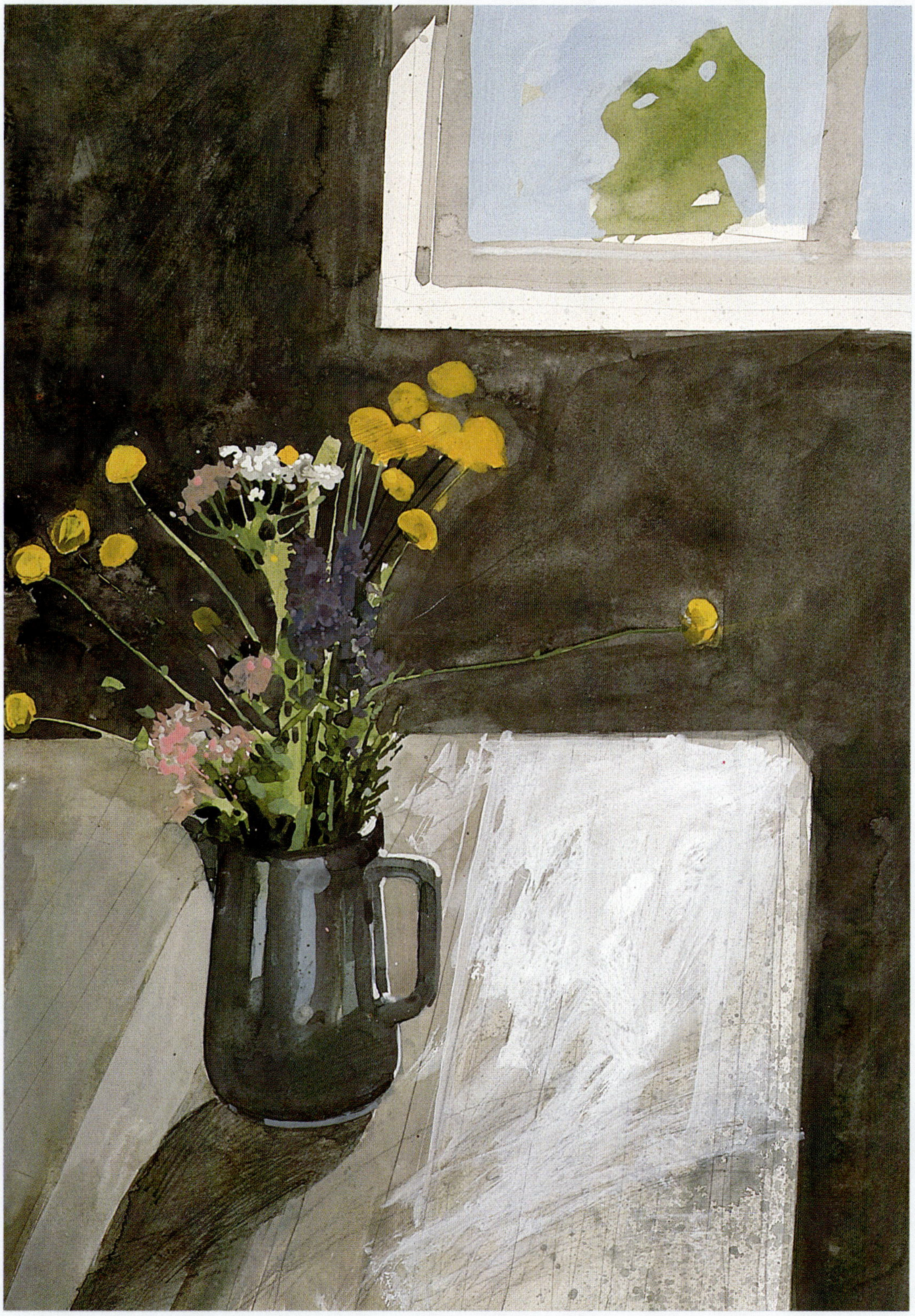

STILLEBEN

Dieses Blumenstillleben verdankt der Trockenpinseltechnik einiges. Die ausgedehnten Flächen um den Krug mit den Blumen wurden auf diese Weise strukturiert, so daß sie nicht monoton wirken.

1. Der Hintergrund entstand, indem der Maler mit einem trockenen Pinsel Paynesgrau über einem helleren Grauton auftrug. Dadurch erhielt die Wand hinter den Blumen ein individuelles Gepräge.

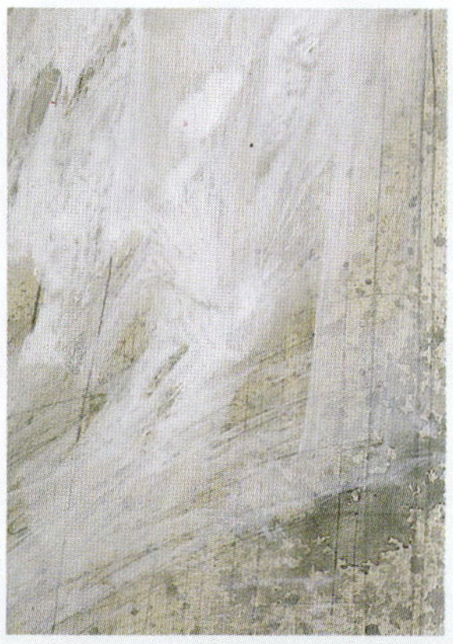

2. Bei der Tischplatte ging der Künstler umgekehrt vor und malte mit dem trockenen Pinsel einen hellen, opaken Ton über einen dunkelgrauen Grund.

FENSTER MIT SCHLAGLÄDEN

In diesem ungewöhnlichen Bild gibt es praktisch keine Tiefenausdehnung, keine Einteilung in Vorder-, Mittel- und Hintergrund. Die Komposition ist, im Gegensatz zu traditionellen Bildern, die dem Betrachter die Illusion von Räumlichkeit zu vermitteln suchen, völlig flach. Der Künstler stand vor der Aufgabe, dieser Flachheit, die das Bild leicht hätte langweilig erscheinen lassen können, etwas entgegenzusetzen.

Er entschloß sich, verschieden strukturierte Oberflächen und Schatten wiederzugeben, wobei es gerade bei den Struktureffekten wichtig war, nicht zu übertreiben. Der grobe, rauhe Verputz der Wand wurde mit dem trockenen Pinsel gestaltet. Der Maler hat zunächst eine helle Untermalung aufgetragen und die dunkleren Töne und Schatten mit dem trockenen Pinsel darübergelegt. So kann die erste Schicht durchscheinen.

Auch das schmale Ziegelband über den Fenstern sollte in seiner Struktur möglichst genau wiedergegeben werden. Die einzelnen Ziegelsteine wurden in verschiedenen, aus Grau und Braun ermischten Tönen bald hell, bald dunkel ausgeführt.

Ansonsten ist das Bild sehr einfach: dunkle, klar umgrenzte Fensterscheiben, schmucklos graublaue Läden. Obwohl die Schatten der Fensterläden mühelos zu malen sind, haben sie innerhalb der Komposition eine wichtige Funktion, denn sie sorgen dafür, daß das Bild nicht zu flach wirkt.

Die Betrachtung des fertigen Bildes zeigt, wie sehr die etwas befremdliche Komposition durch die Trockenpinseltechnik und einige sorgfältig ausgeführte Details (Schatten und Ziegelband) an Lebendigkeit und Attraktivität gewinnt. Man sieht, wie zurückhaltend eingesetzte Textureffekte eine Darstellung reizvoll machen können. Hier scheint das Sonnenlicht direkt auf eine kahle Wand, während hinter den Fenstern eine tiefe, kühle, beinah geheimnisvolle Dunkelheit nistet.

FARBPALETTE	
Sepiabraun	Paynesgrau
Elfenbeinschwarz	Indigo
Ultramarinblau	Hookersgrün
MALGRUND	
Aufgespanntes Waterford-Papier 508 × 356 mm	

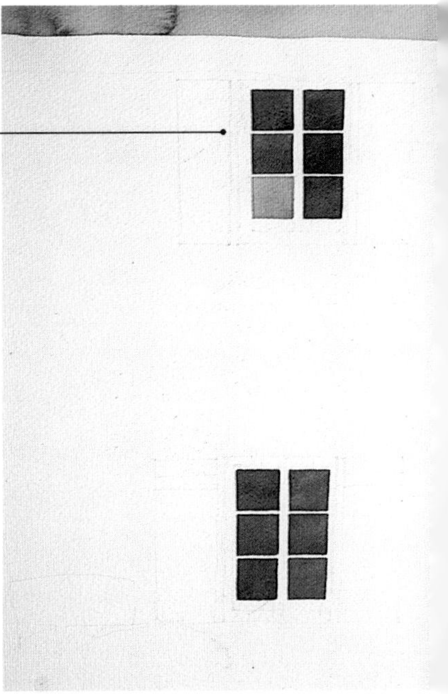

1. ERSTES STADIUM
Deuten Sie in einer Bleistiftskizze die Position der Fenster, des oberen Mauerstreifens und der Hecke an. Dann malen Sie den Mauerstreifen mit einer dünnen Schicht Sepiabraun und die Fensterscheiben mit einer Paynesgrau-Indigo-Mischung.

2. HAUSWAND
Malen Sie mit einem Verwaschpinsel einen helleren Ton der Paynesgrau-Indigo-Mischung auf die Hausfassade. Lassen Sie diese Schicht trocknen, und überarbeiten Sie die Wand dann in der gleichen Farbe, diesmal mit lockeren Pinselstrichen, damit das Ganze nicht zu flach und monoton wirkt.

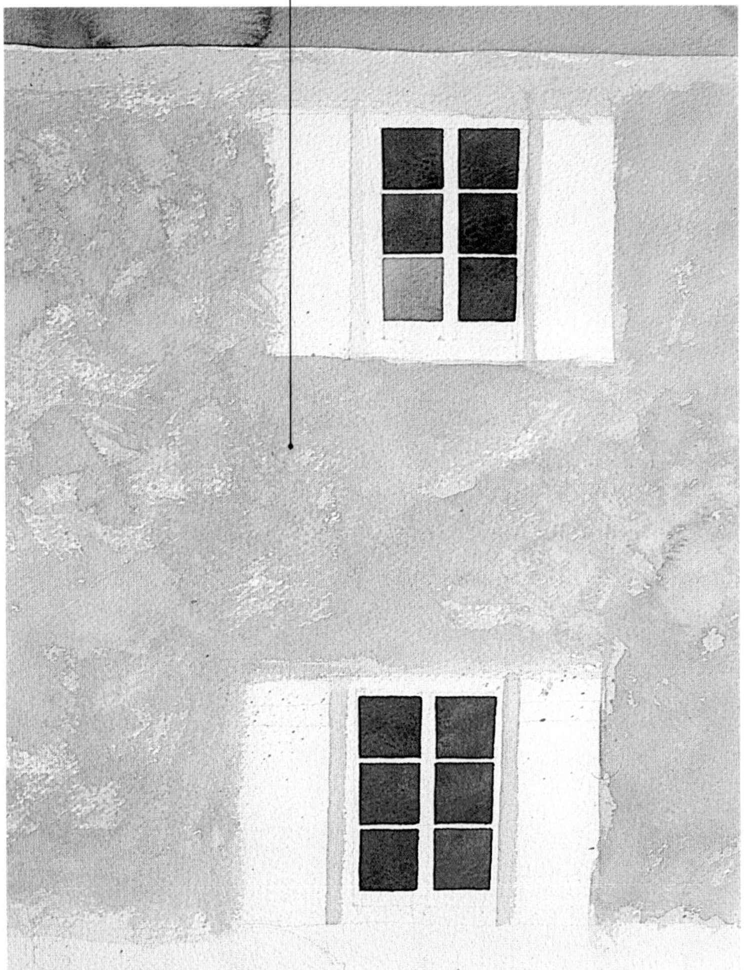

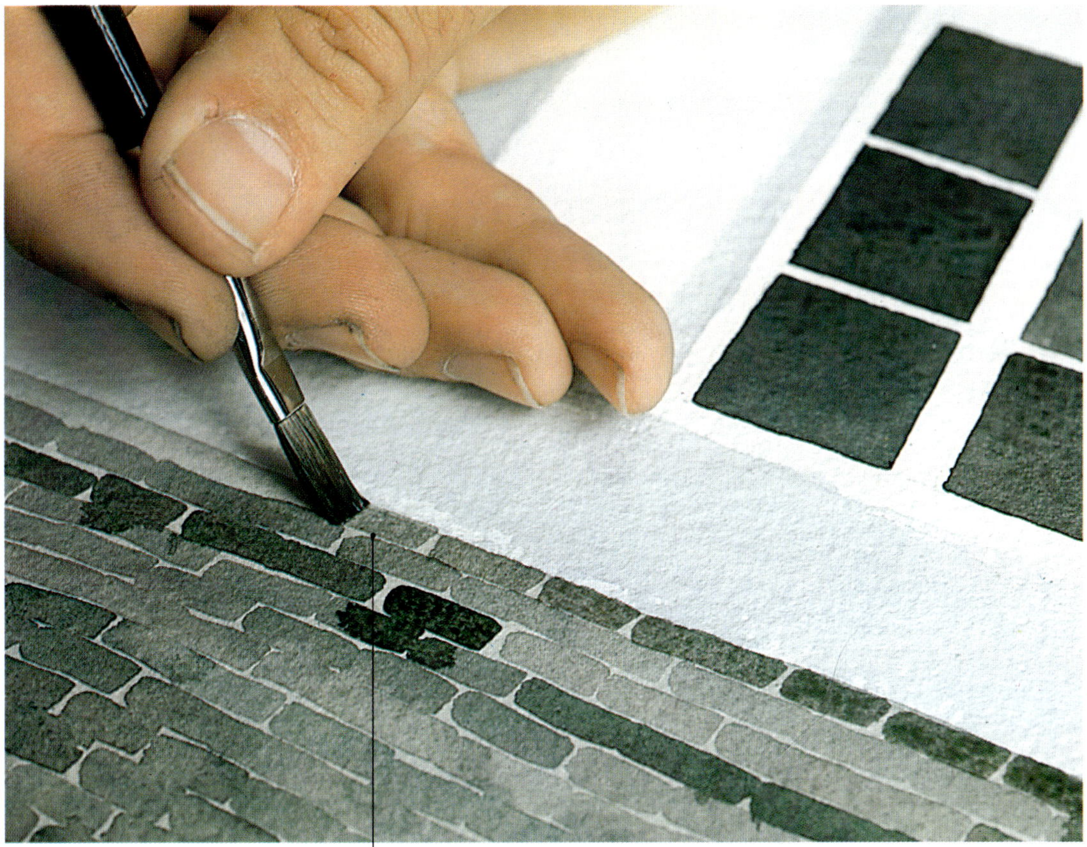

3. ZIEGEL
Zeichnen Sie die Ziegel mit einem Flachpinsel in gleichmäßigen, einzelnen Farbstrichen. Die Breite der Steine bestimmt der Pinsel. Verwenden Sie verschiedene Mischungen aus Sepiabraun und Paynesgrau, um die Schattierungen der Ziegelsteine zu variieren.

4. TROCKENPINSELTECHNIK
Legen Sie die Fensterläden in Schwarz und Ultramarinblau an. Danach überarbeiten Sie die Wand noch einmal mit einem trockenen Pinsel und einer Mischung aus Indigo und Paynesgrau. Hierfür drücken Sie das überschüssige Wasser aus dem Pinsel, bevor Sie ihn in die Farbe tauchen, und reiben diese dann aufs Papier. Verwenden Sie für die Schatten unter dem Fenster einen dunkleren Ton der gleichen Farbmischung.

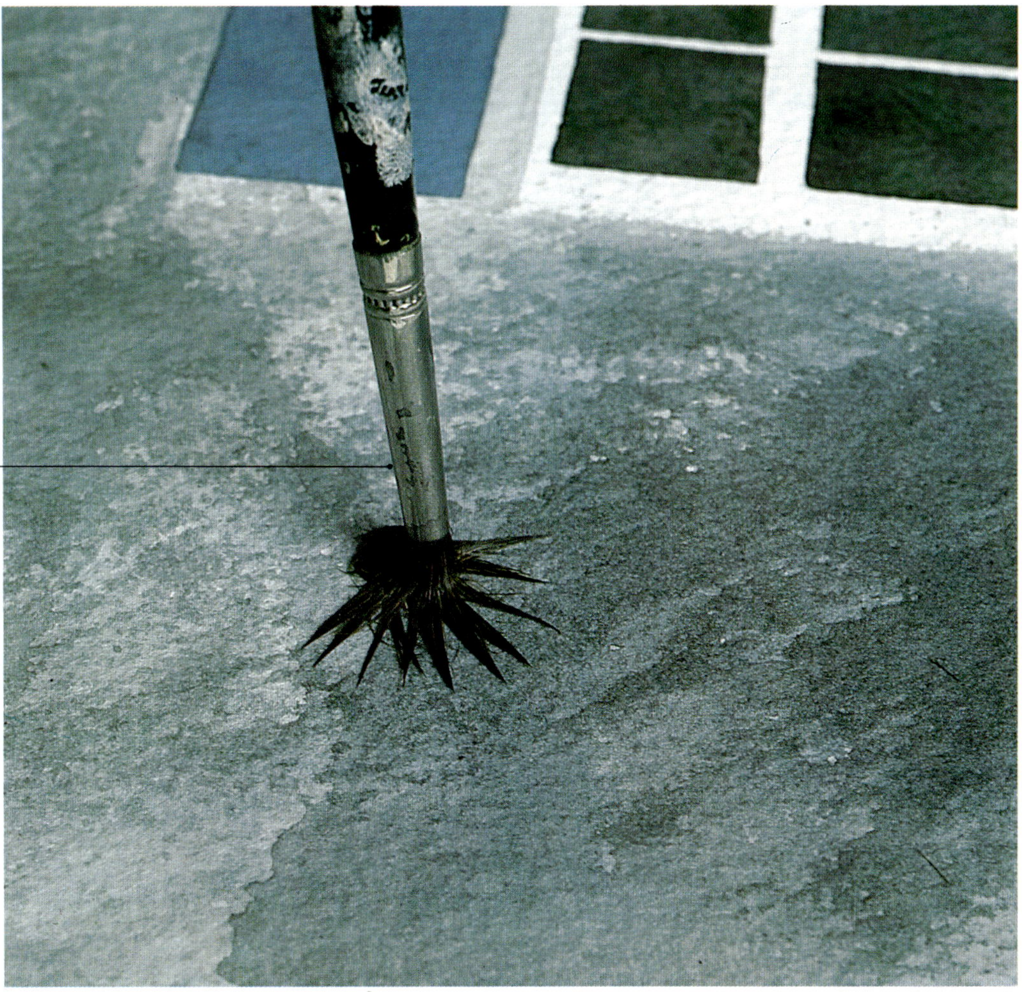

5. HECKE
Für die Hecke nehmen Sie Hookersgrün und Schwarz, vermischt mit etwas Gummilösung. So wird die Farbe glänzender.

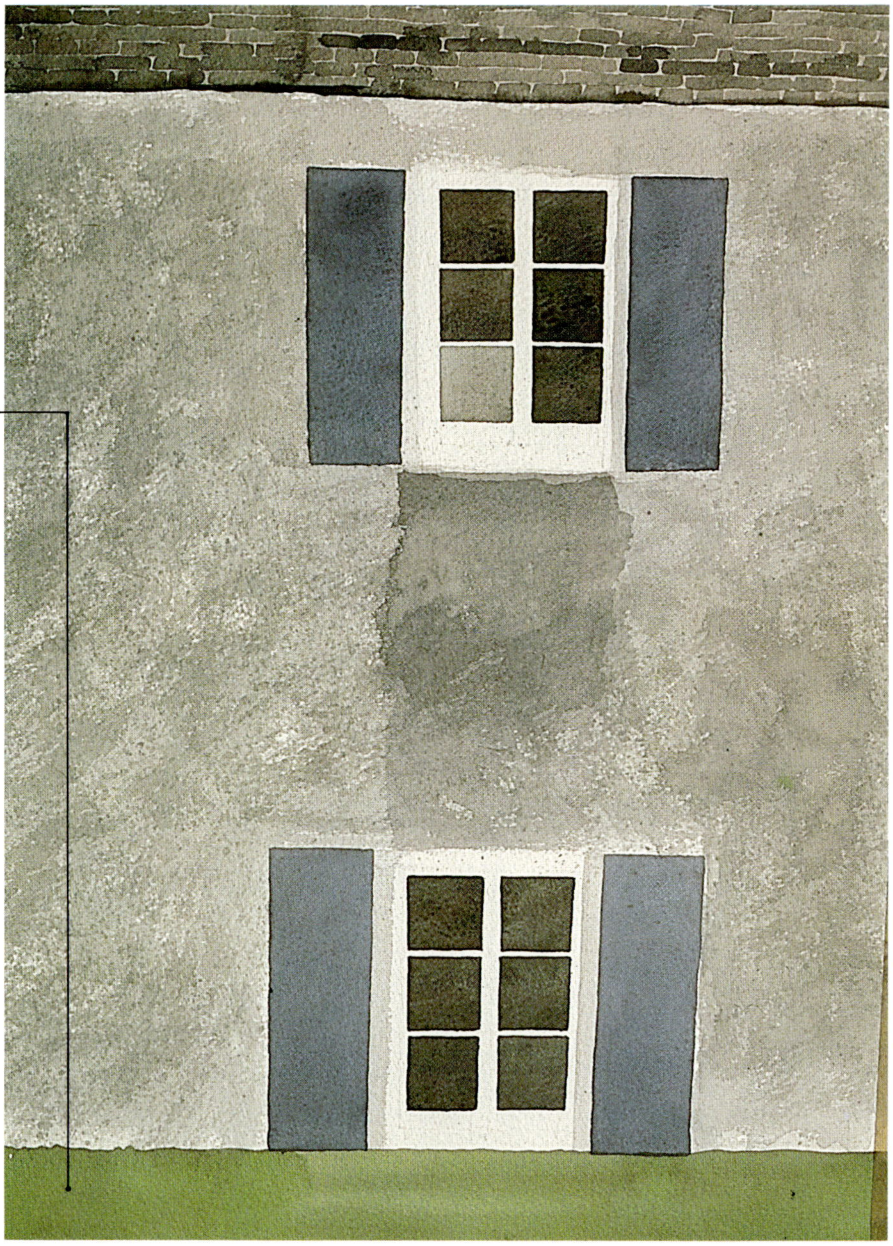

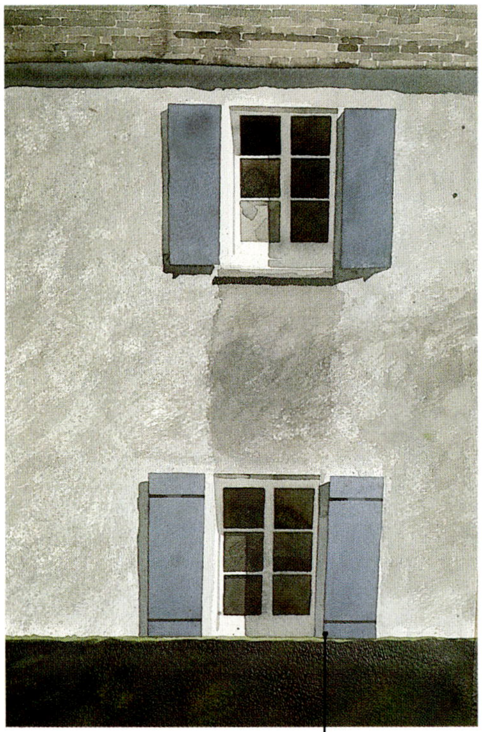

6. DETAILS
Zeichnen Sie mit einem Rundpinsel Nr. 2 die schmalen Schatten um die Fenster, unter das Gesims und auf die Fensterläden. Verwenden Sie hierfür eine Mischung aus Indigo und Schwarz. Vertiefen Sie den Ton der Hecke mit einer dunkleren Schattierung der gleichen Farbe.

7. ABSCHLUSSARBEITEN
Fügen Sie letzte Details hinzu. Hier malt der Künstler mit Hilfe eines Lineals die dunklen Linien der Fensterrahmen.

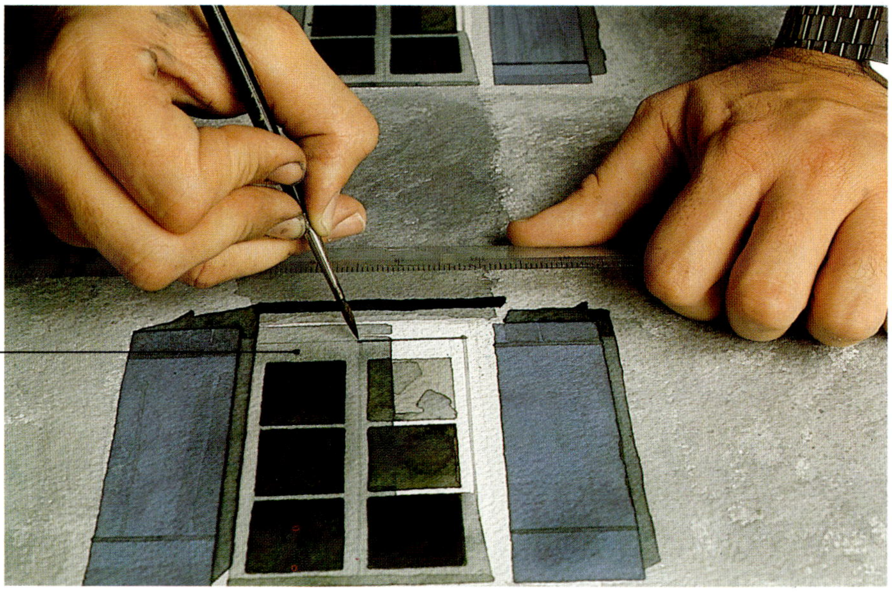

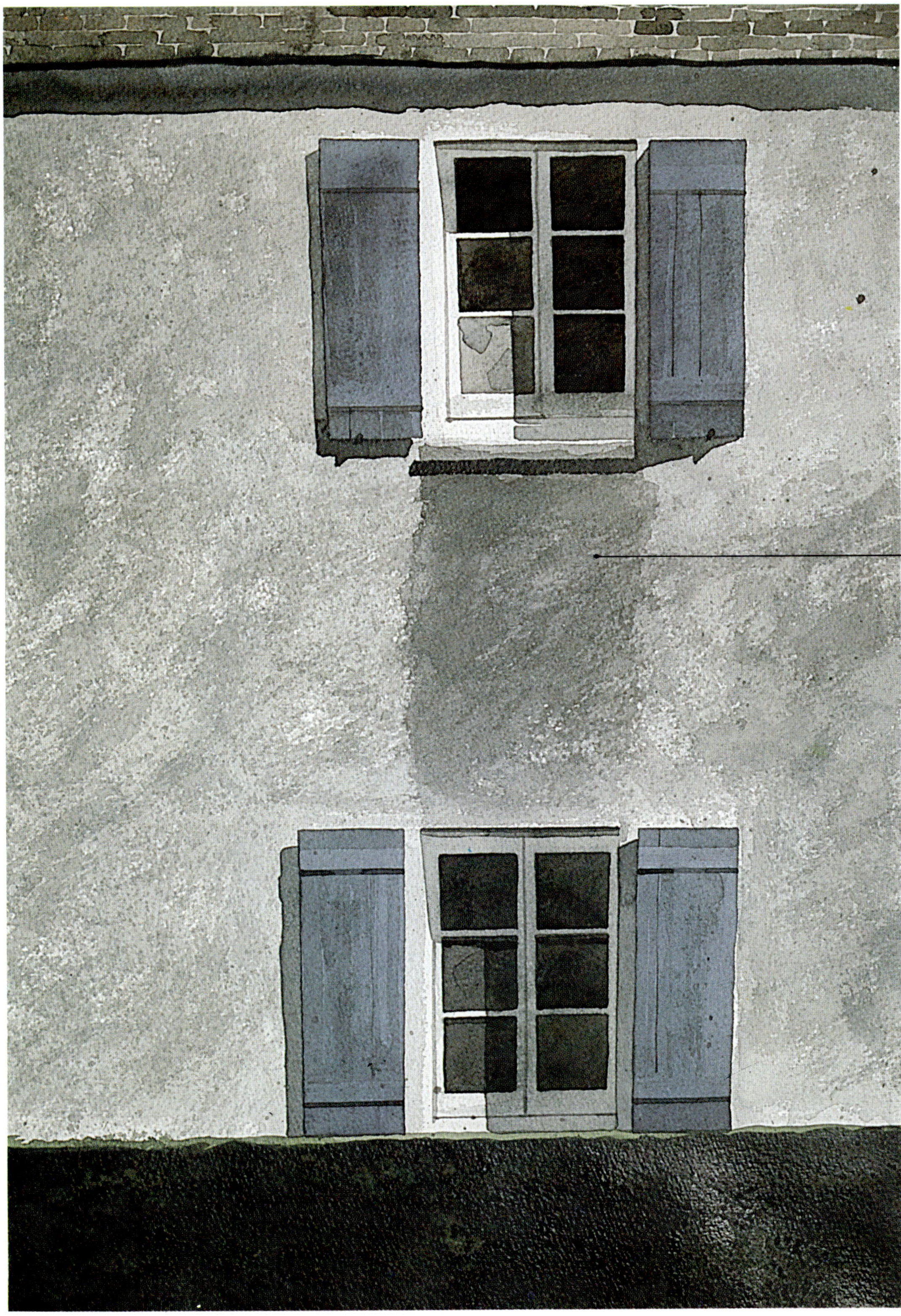

8. DAS FERTIGE BILD
Bei einem Sujet, dem es so an Räumlichkeit mangelt, muß der Künstler sich auf die Herausarbeitung von Struktur und Textur konzentrieren. Besonders wichtig ist hier der rauhe Verputz der Wand, den der Künstler mit dem trockenen Pinsel wiedergegeben hat.

WARME UND KALTE FARBEN

Der Farbkreis auf S. 94 zeigt, daß man Farben in zwei Gruppen einteilen kann: warm und kalt. Blau-, Grün- und Violettöne sind kalte Farben, während Rot, Orange und Gelb warm erscheinen. Im täglichen Leben läßt sich kaum etwas finden, was nicht gleichzeitig warme und kalte Schattierungen enthält, wobei natürlich eine der beiden Richtungen vorherrschen kann. Dies bedeutet, daß Sie bei so gut wie jedem Bild warme und kalte Farben verwenden werden, und es ist wichtig, dabei einen harmonischen Ausgleich zu schaffen. Selbst die »Schneelandschaft« (s. S. 184–187), die sehr kühl wirkt, bekommt durch die Sepiatöne einen Hauch von Wärme.

Es ist mitunter schwer abzuschätzen, ob eine Farbe eher warm oder eher kalt ist, wenn man sie isoliert betrachtet. Gelb etwa gilt im allgemeinen als warme Farbe, aber wenn man zwei Gelbtöne nebeneinandersetzt, z. B. Zitronengelb und Goldgelb, dann wirkt das Zitronengelb kühl und das Goldgelb warm. Auch neutrale Töne haben eine bestimmte »Temperatur«. Wenn Sie eine Reihe von Grautönen nebeneinander betrachten, merken Sie sofort, daß einige zum Blau, andere zum Braun tendieren, weshalb die einen kühl, die anderen wärmer wirken.

Für den Maler ist das Spiel warmer und kalter Schattierungen auf der menschlichen Haut wohl eines der fesselndsten künstlerischen Probleme. Die Schattenpartien erscheinen dunkler und kühler, mit Grau-, Blau- und Grüntönen. Die Bereiche, auf die das Licht fällt, zeigen hauptsächlich warme Farben. Dies trifft auf jeden Teint zu. Bei dem Porträt auf S. 203 hat der Künstler das Gesicht aus verschiedenen Flächen kühler dunkler und heller warmer Farben aufgebaut.

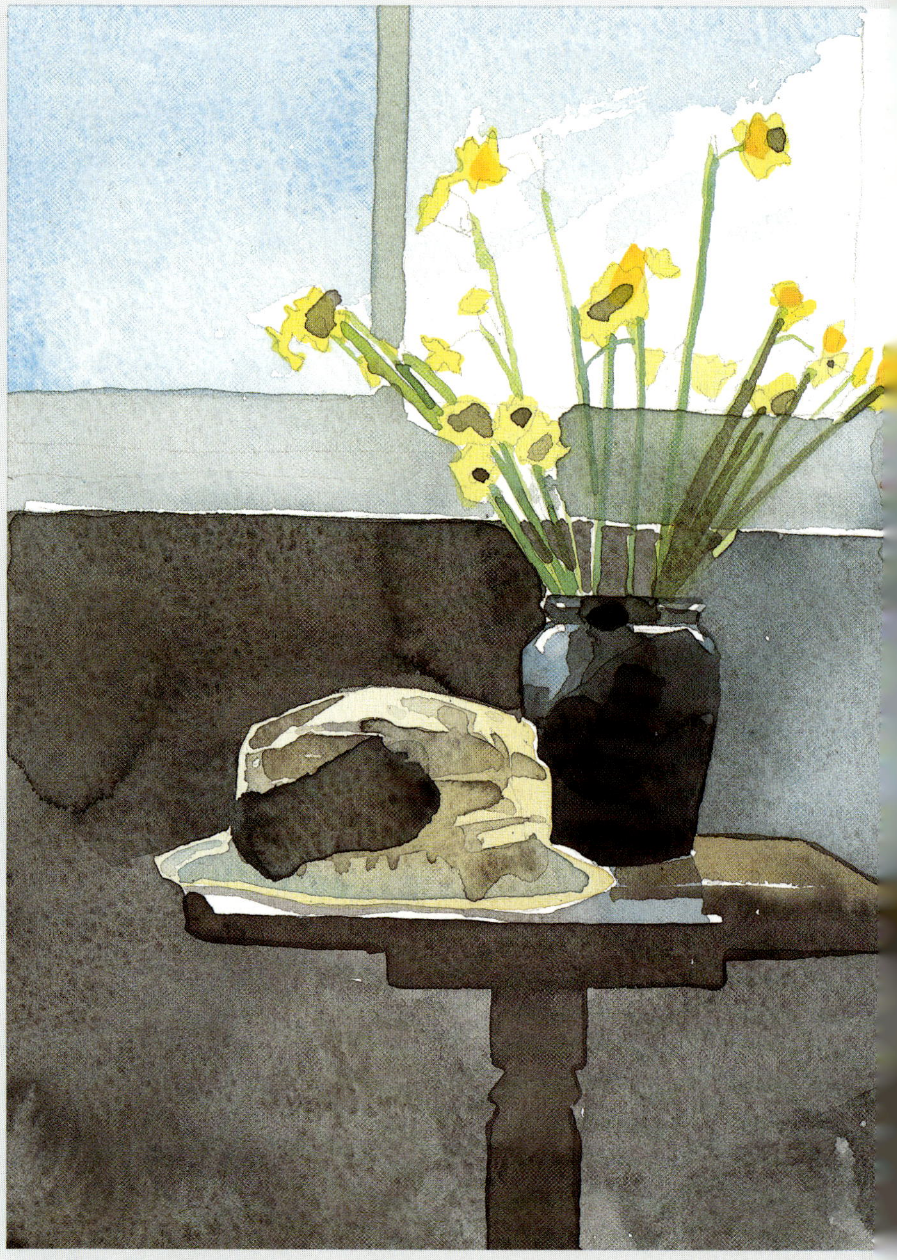

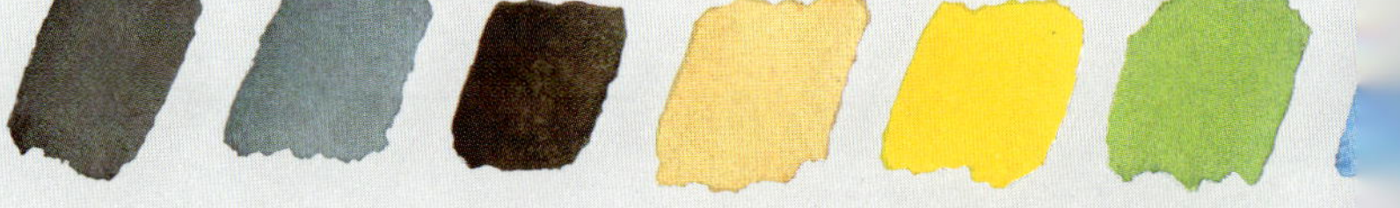

STILLEBEN IN KALTEN UND IN WARMEN FARBEN

Die Stimmung eines Bildes hängt stark davon ab, ob es in warmen oder in kalten Farben gehalten ist. Diese beiden Stilleben sind hinsichtlich der Komposition identisch; die unterschiedliche Wirkung beruht darauf, daß der Künstler einmal mit kalten Farben (links), das andere Mal mit warmen Farben (rechts) gearbeitet hat.

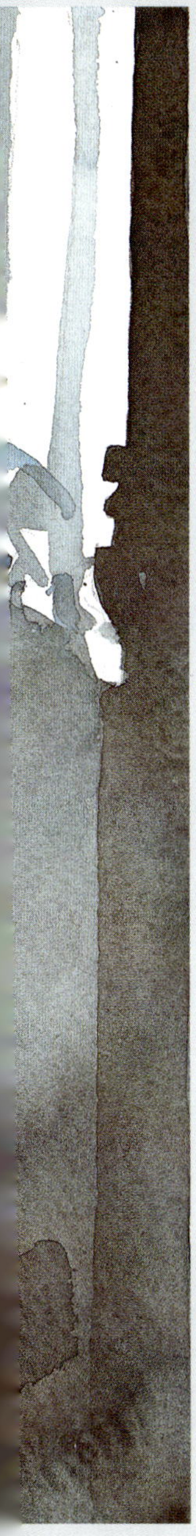

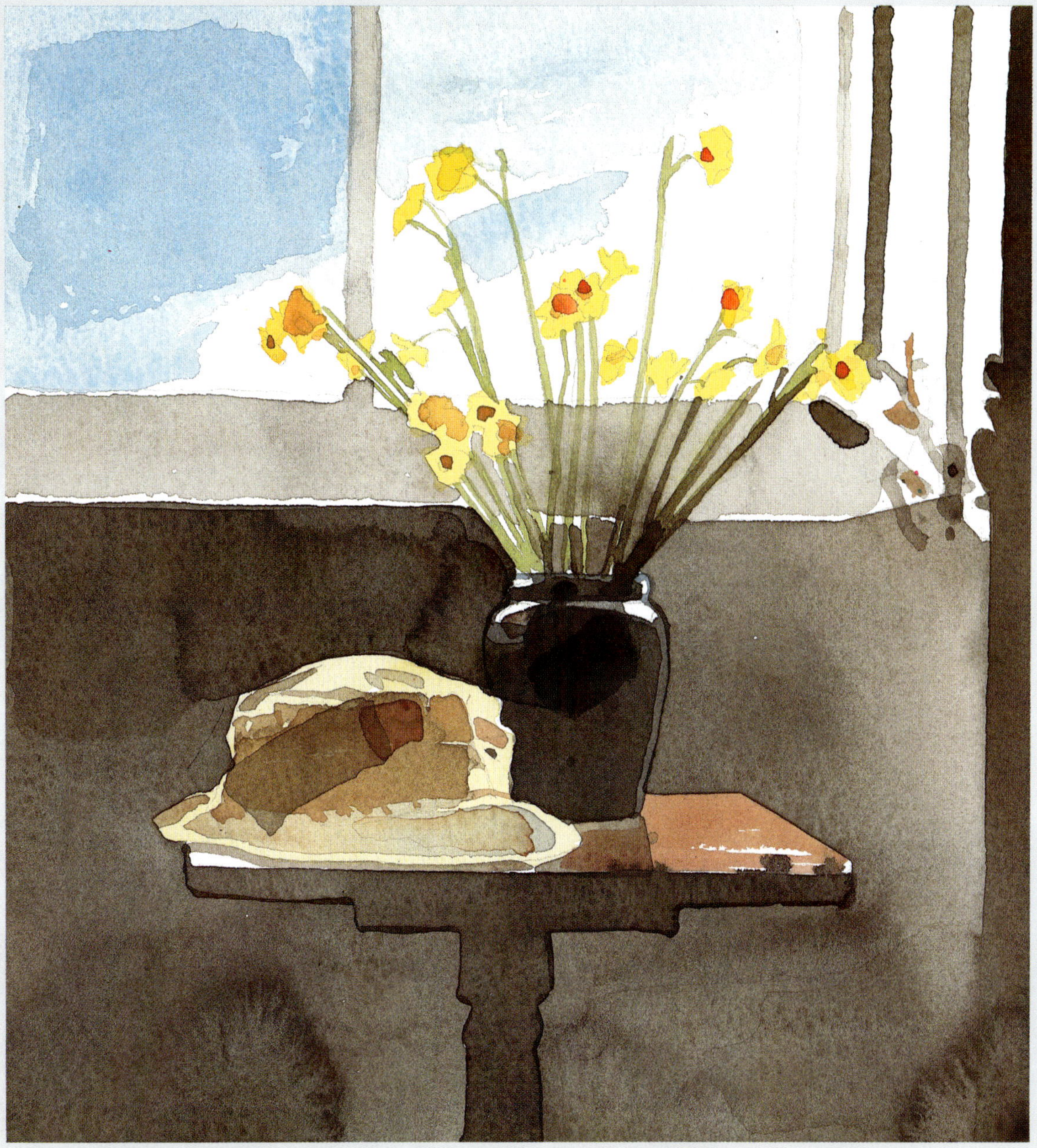

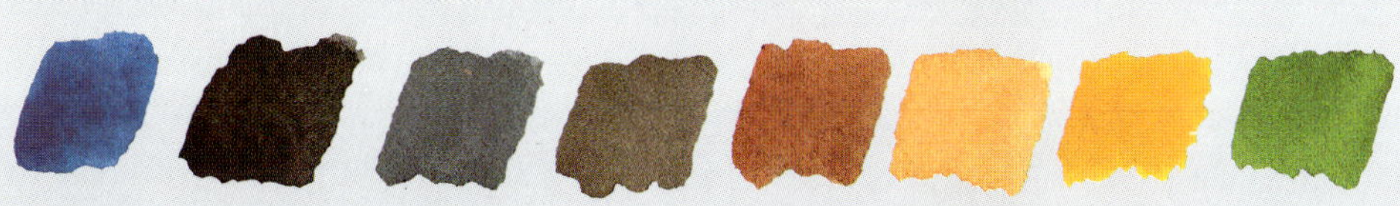

ÄPFEL

Diese Studie zeigt, wie warme und kalte Farben optimal eingesetzt werden können. Die Äpfel, der wichtigste Teil des Bildes, sind rot und grün, aber der Maler hat das Wechselspiel warmer und kalter Farben auch noch an anderen Stellen seiner Komposition ausgenutzt. Die warmen Brauntöne des Tischs bilden z. B. einen wirkungsvollen Kontrast zum kalten Grau des Hintergrunds und den graublauen Schatten auf dem Teller.

Die Äpfel sind naß in naß gemalt, so daß sich aus Grün und Rot stellenweise ein neutraler bräunlicher Zwischenton ergibt. Der Maler ließ die Farben ineinanderlaufen, ohne mit dem Pinsel nachzuhelfen, denn dadurch könnten sie schmutzig-trüb wirken und ihre Frische verlieren.

Allzu strenge Linien und starre Symmetrie wären der Komposition abträglich, und deshalb hat der Künstler sie sorgfältig vermieden. Der Teller steht leicht versetzt am unteren Rand des Blattes. Die Tischkante verläuft schräg durch das Bild; damit es optisch nicht auseinanderfällt, überschneidet einer der Äpfel diese Linie.

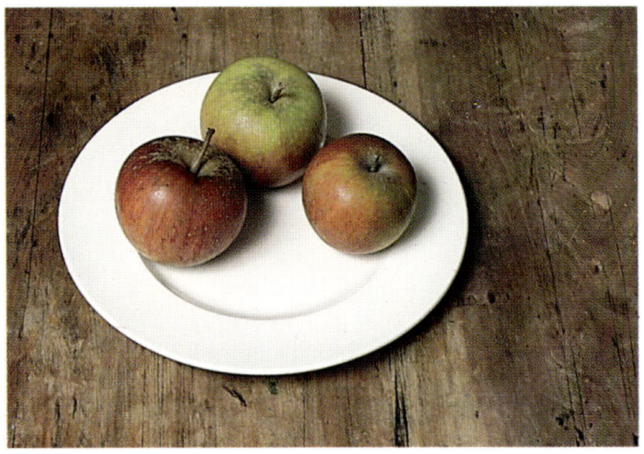

FARBPALETTE	
Saftgrün	Lichter Ocker
Karminrot	Umbra Natur
Paynesgrau	
MALGRUND	
Aufgespanntes Kartonpapier	
356 × 508 mm	

1. ERSTES STADIUM
Fertigen Sie zunächst eine feine Bleistiftzeichnung an, und skizzieren Sie dann die Äpfel mit einer dünnflüssigen Mischung aus Saftgrün und lichtem Ocker, wobei Sie weiße Stellen als Glanzlichter frei lassen. Saugen Sie mit einem Wattestäbchen die noch feuchte Farbe von den Partien, die rot werden sollen.

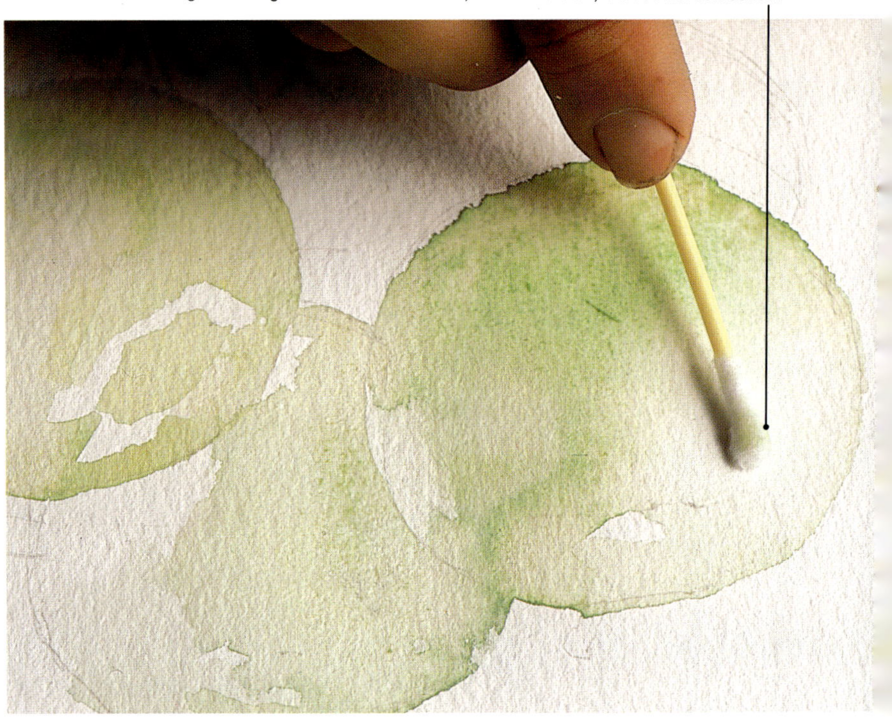

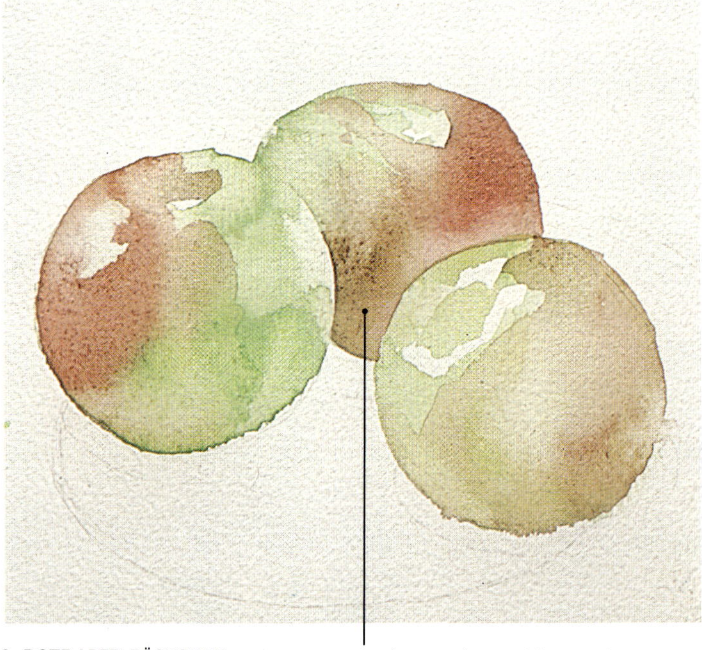

2. ROTE APFELBÄCKCHEN
Tragen Sie eine Karminrot-Umbra-Natur-Mischung auf die Stellen der Äpfel auf, die rötlich schimmern sollen. Arbeiten Sie zügig, ohne die Farbe trocknen zu lassen. Wenn nötig, mit sauberem Wasser wieder anfeuchten. Rot und Grün vermischen sich, was eine natürliche Modellierung ergibt.

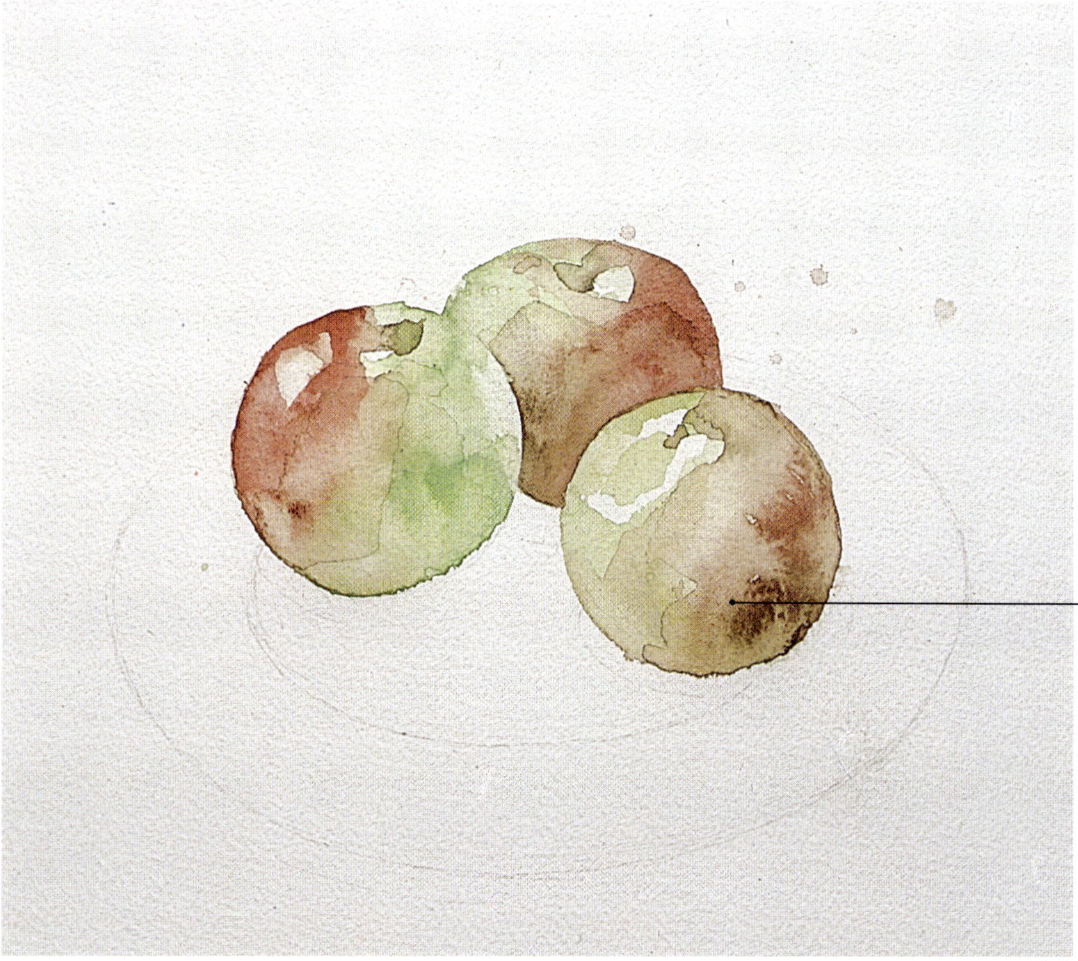

3. SCHATTEN AUF DEN ÄPFELN
Malen Sie etwas Umbra Natur auf die noch feuchten Äpfel, und lassen Sie die Farbe in das Rot und das Grün verlaufen. Dieser Ton stellt die helleren Schatten auf den Früchten dar und verleiht ihnen mehr Plastizität.

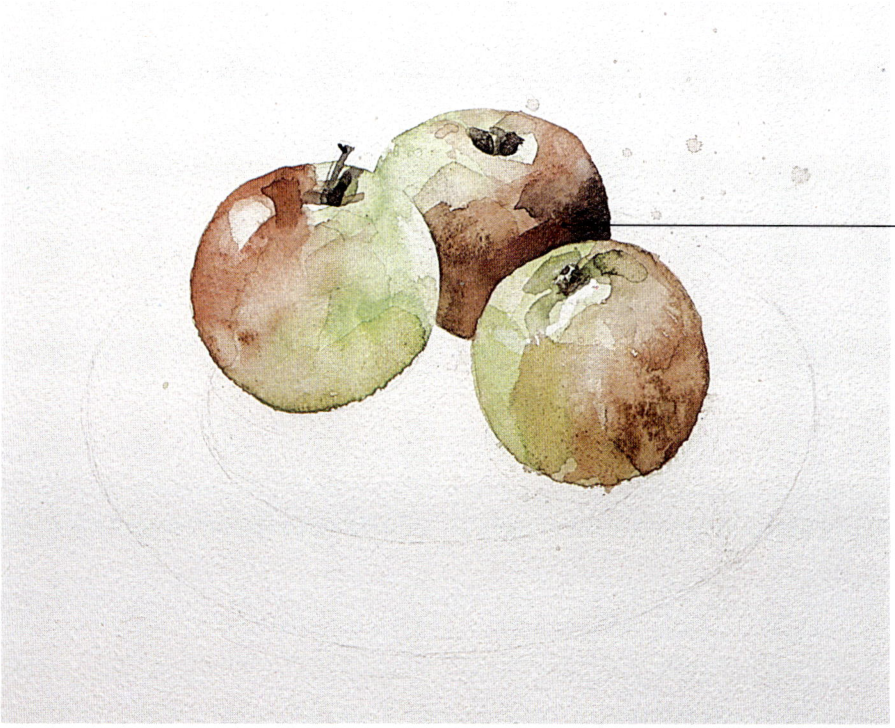

4. DUNKLERE SCHATTEN
Für die tiefsten Schatten mischen Sie Paynesgrau mit etwas Karminrot und malen damit die dunkelsten Partien auf den Äpfeln. Auch hier sorgt die Naß-in-naß-Technik dafür, daß der kühle Ton sanft in das warme Rotbraun der Äpfel übergeht.

5. TELLER
Der Tellerrand entsteht aus dünnem Paynesgrau; deuten Sie mit diesem Ton auch die Schatten unter den Äpfeln an.

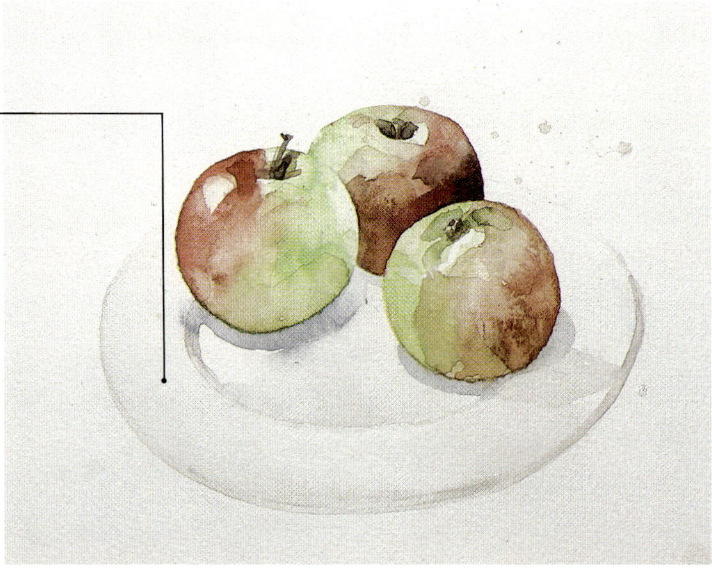

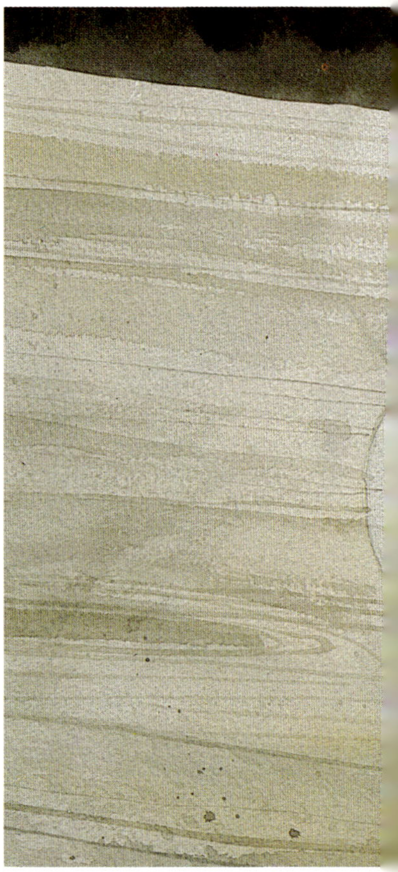

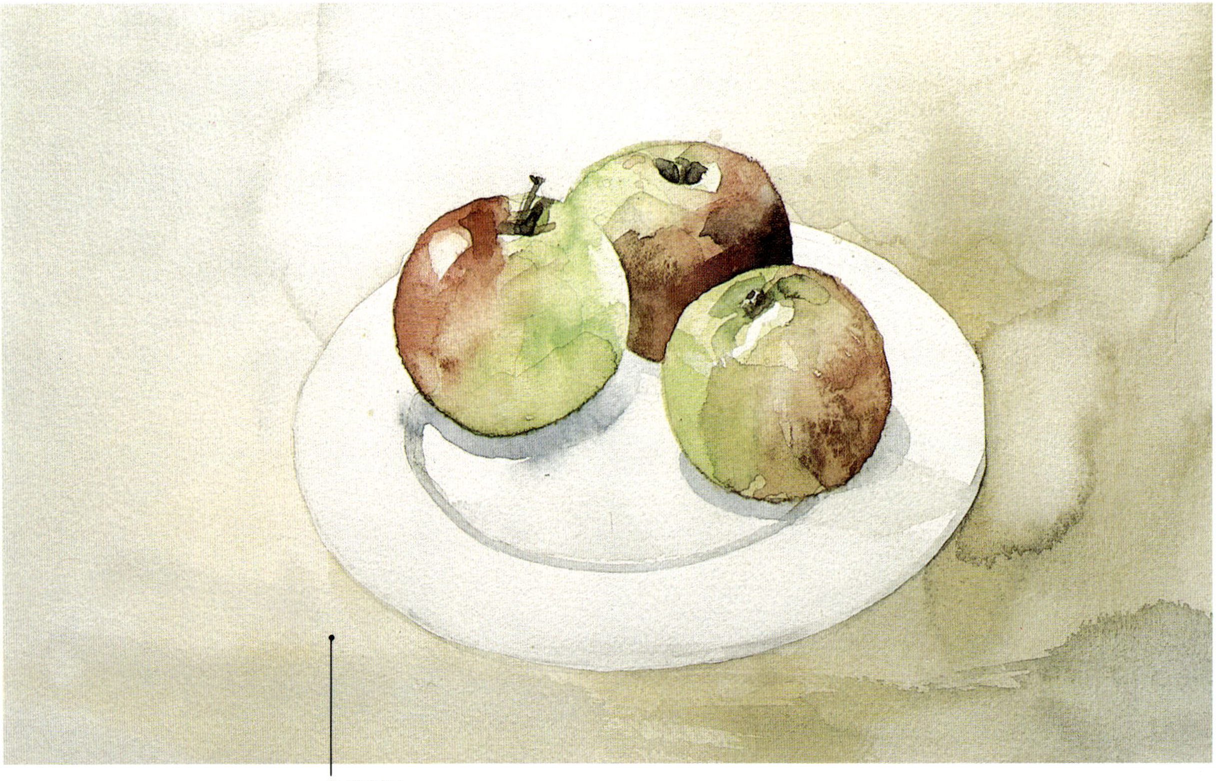

6. TISCH
Skizzieren Sie mit sehr wäßriger Umbra Natur und einem Verwaschpinsel den Tisch, wobei der Ton zum Vordergrund hin etwas dunkler werden sollte. Deuten Sie mit dunklen Strichen in derselben Farbe die Holzmaserung an.

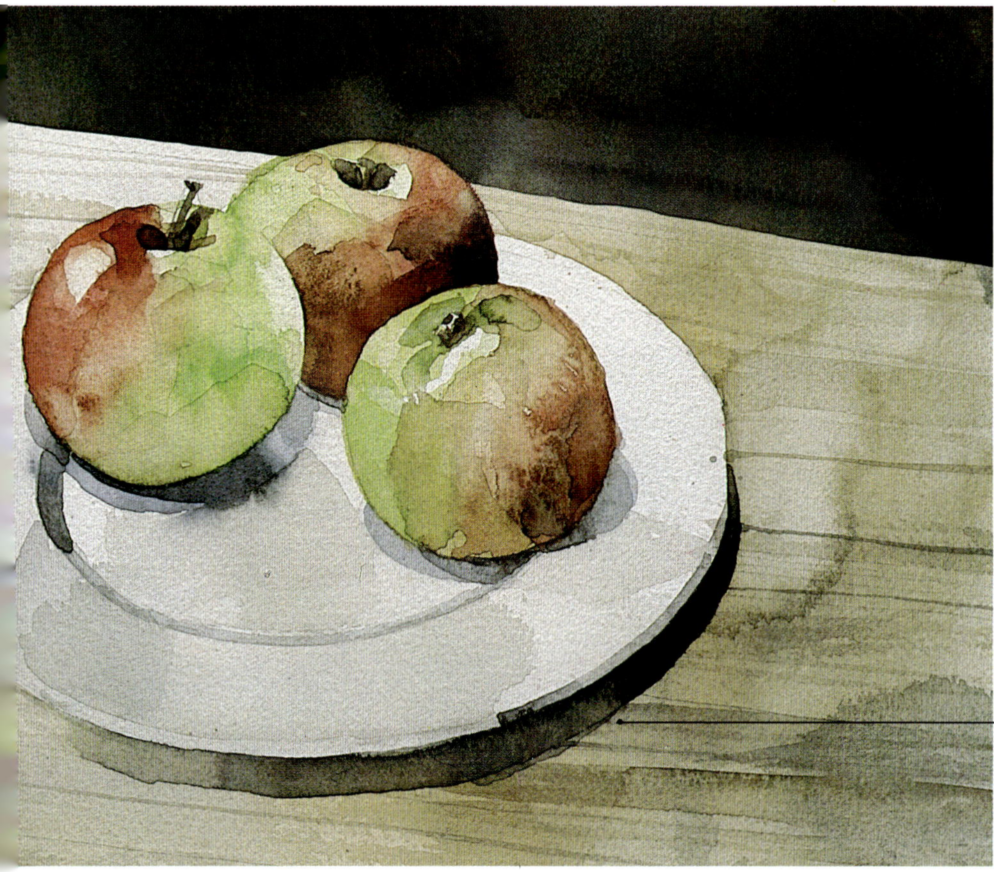

7. SCHATTEN UNTER DEM TELLER
Geben Sie den Schatten unter dem Tellerrand in Paynesgrau an, und vertiefen Sie die Grautöne auf dem Teller entsprechend.

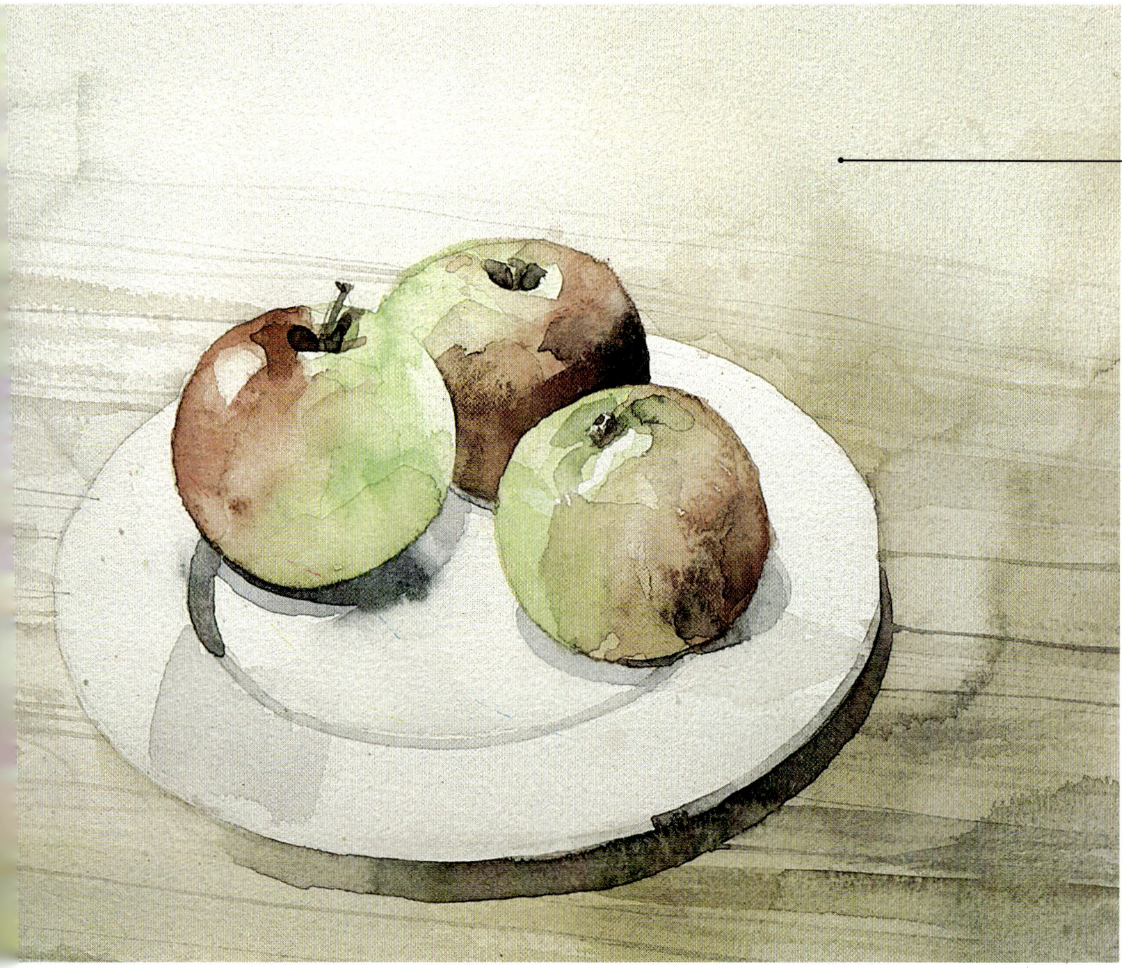

8. HINTERGRUND
Zum Schluß malen Sie den Hintergrund in Paynesgrau, wobei dieser Ton etwa so dunkel wie die tiefsten Schattenpartien auf den Äpfeln sein sollte.

DER VATER DES KÜNSTLERS

In diesem Porträt ist die Verwendung warmer und kalter Farben beim Inkarnat – von jeher eine Herausforderung des Künstlers – besonders wichtig. Lichtbeschienene Partien der menschlichen Haut wirken gewöhnlich wärmer und heller als sonst, die Schatten kühler und dunkler. Diese Regeln sind von Künstlern jahrhundertelang beachtet, verfeinert und individuell modifiziert worden. Auch in diesem Fall hat der Maler eine persönliche Handschrift gefunden. Er hat Madderbraun, Kadmiumorange und Sepiabraun für die warmen Bereiche verwendet und Paynesgrau, Indigo und Schwarz für die kälteren. Die Farben wurden in zarten Schichten übereinander aufgetragen. Die dunkelsten Schatten in den Augenhöhlen, unter dem Kinn und am Hals sind hauptsächlich in einem kühlen Grau wiedergegeben; Spuren warmer Töne sorgen für eine farbliche Beziehung zum Rest des Gesichts. Den hellsten Ton auf der linken Seite des Gesichts bildet die weiße Papierfarbe.

Der Hintergrund ist saftgrün. Der Farbe wurde Gummilösung zugesetzt; so wirkt sie lebendiger und strahlender. Die Gestaltung des Hintergrunds schafft einen Gegensatz zu den relativ flach und ebenmäßig aufgetragenen Farben der Kleidung.

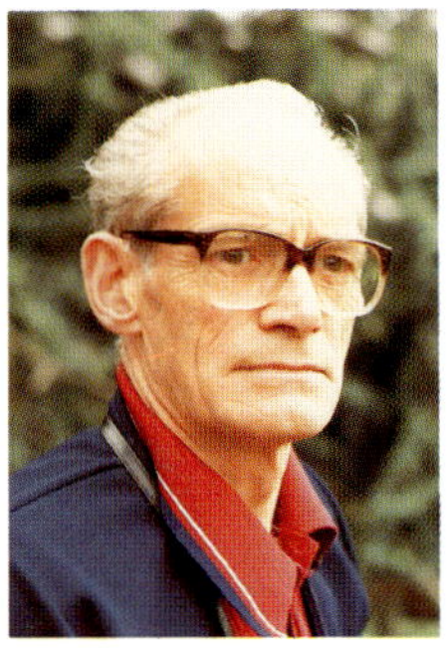

FARBPALETTE	
Madderbraun	Kadmiumorange
Sepiabraun	Paynesgrau
Indigo	Elfenbeinschwarz
Saftgrün	Kadmiumrot
Umbra Natur	
MALGRUND	
Aufgespanntes Kartonpapier 406 × 558 mm	

1. ERSTES STADIUM
Skizzieren Sie zunächst – eventuell von einer feinen Bleistiftzeichnung ausgehend – die warmen, hellen Gesichtstöne mit einer sehr dünnen Mischung aus Madderbraun und Kadmiumorange. Es ist am einfachsten, mit der Stirn zu beginnen und die Lage der Augenhöhlen dann mit kühleren Farben anzudeuten. Entwickeln Sie dann die Schattenpartien, indem Sie die Schichten behutsam übereinanderlegen. Im allgemeinen sollten Sie sie jeweils gut trocknen lassen, aber hier und da können Sie auch naß in naß arbeiten, damit die Hauttöne weicher ineinander übergehen.

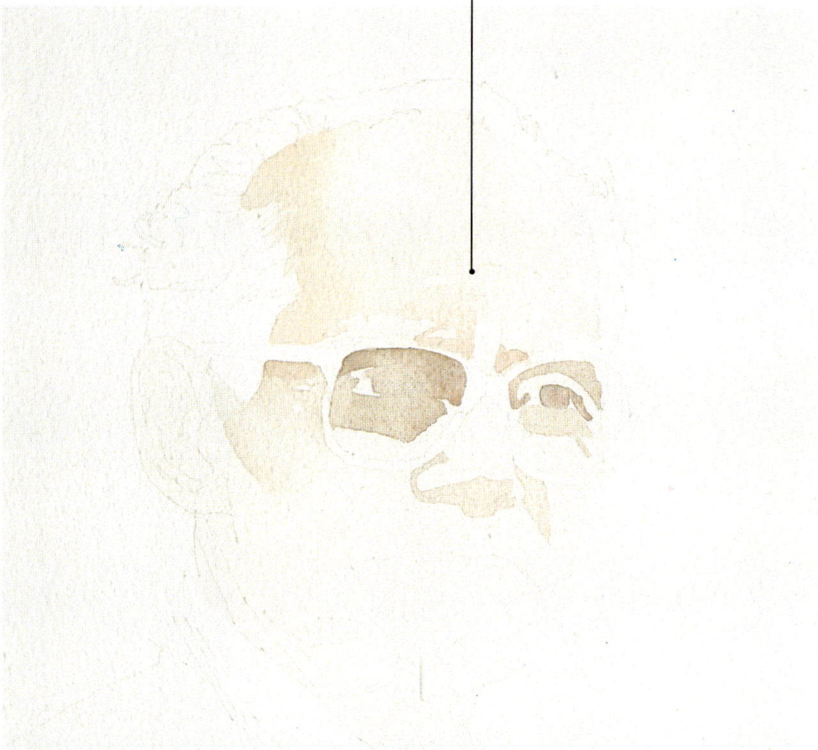

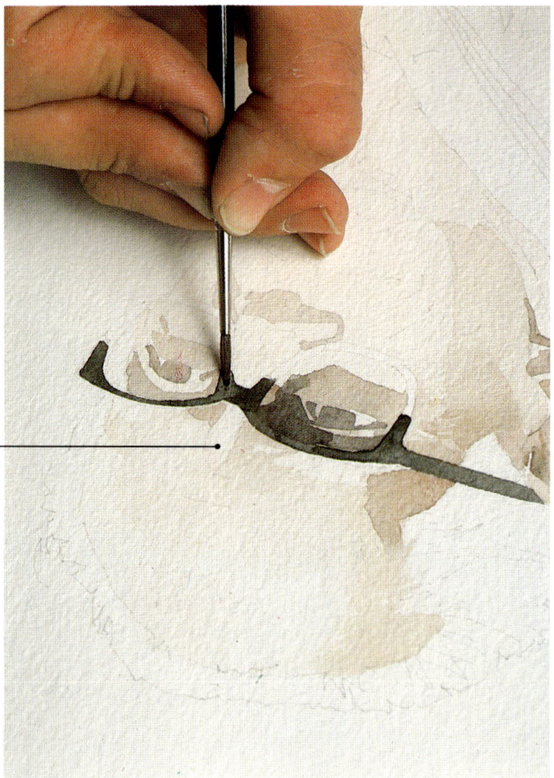

2. BRILLE
Zeichnen Sie das Brillengestell mit der Spitze eines Rundpinsels Nr. 4 in einer Mischung aus Paynesgrau und Umbra Natur. Dieser kompakte, kräftige Ton gibt ein Richtmaß bei der Abschätzung der folgenden hellen und dunklen Schattierungen ab.

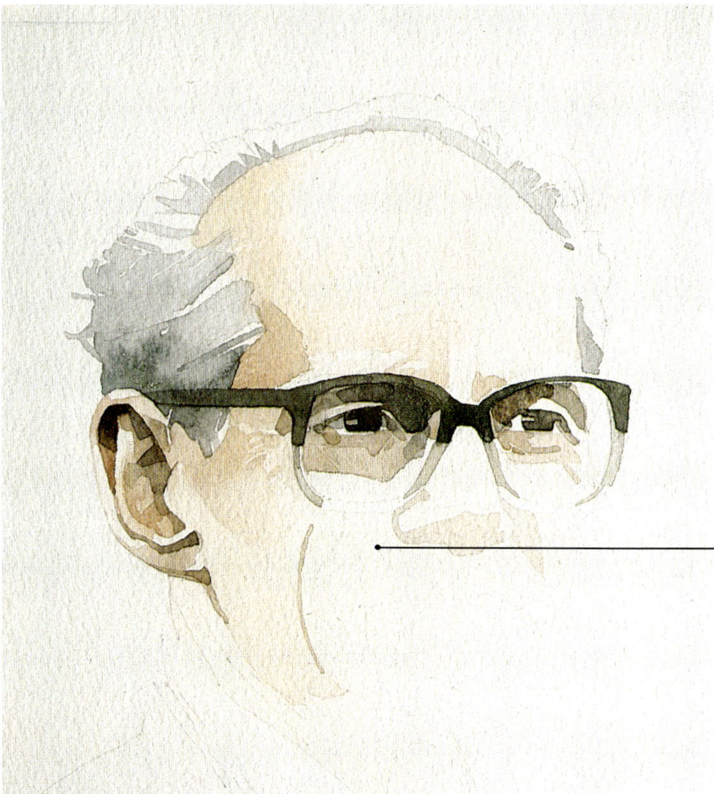

3. GESICHT UND HAAR
Arbeiten Sie am Inkarnat weiter. Für die warmen Partien verwenden Sie Madderbraun und Kadmiumorange – ab und zu, um einzelne Bereiche zu variieren, mit Sepiabraun und einer Spur Paynesgrau vermischt. Für die kühleren, dunklen Schatten mischen Sie Indigo, Schwarz und etwas mehr Paynesgrau in den warmen Farbton. Lassen Sie weiße Glanzlichter stehen. Für das Haar nehmen Sie eine Mischung aus Indigo und Schwarz.

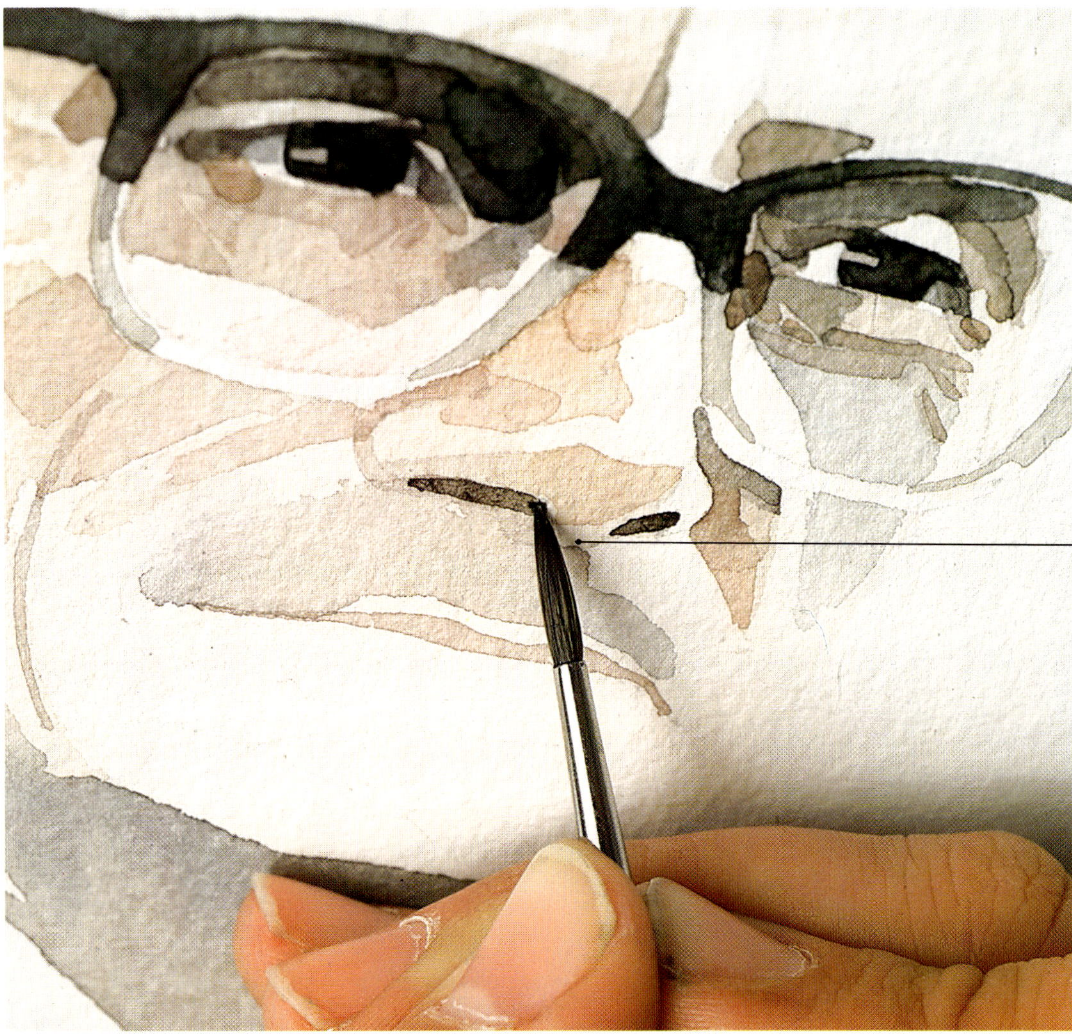

4. PLASTIZITÄT
Arbeiten Sie das Gesicht weiter aus. Aus sich überlappenden kleinen Bezirken kalter und warmer Töne entwickelt sich die plastische Form des Kopfs. Malen Sie die dunklen Töne in den Augen und die Nasenlöcher mit einer Mischung aus dem Fleischton und viel Paynesgrau.

5. SCHATTEN

Gestalten Sie die wichtigsten Schattenzonen. Der Bereich unter dem Kinn besteht aus Paynesgrau und Indigo, gemischt mit ein wenig von der warmen Fleischfarbe. Achten Sie besonders auf die Form dieses Schattens, denn er umschreibt Kinn und Hals. Wenn diese Farbschicht völlig trocken ist, skizzieren Sie das Hemd in Kadmiumrot mit etwas Sepiabraun als flache Form. Trocknen lassen.

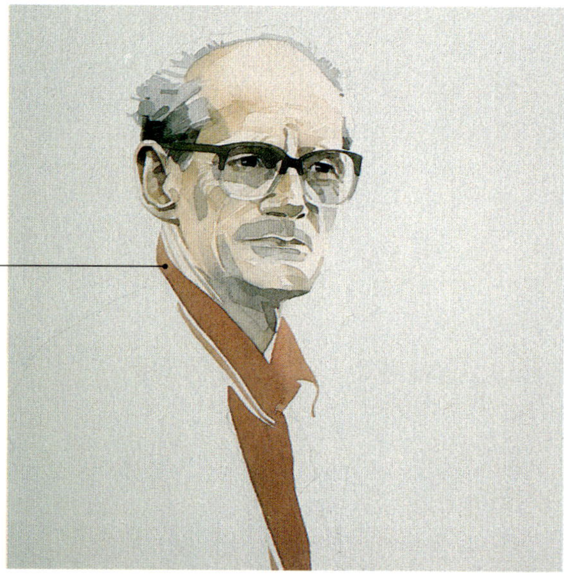

6. JACKE

Verwenden Sie für die Jacke Paynesgrau. Tragen Sie die Farbe in einer relativ gleichmäßigen Schicht auf, aber in den verschatteten Bereichen unter dem Kragen und am Ärmel etwas dicker.

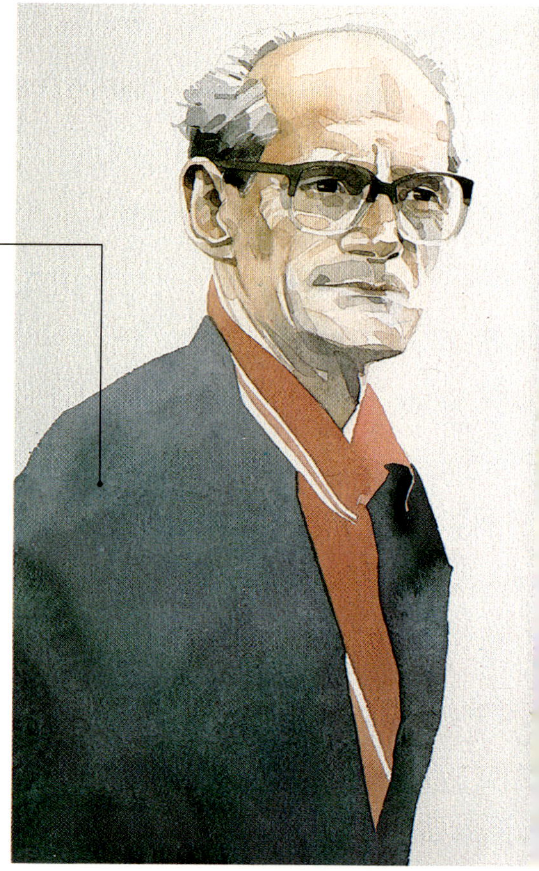

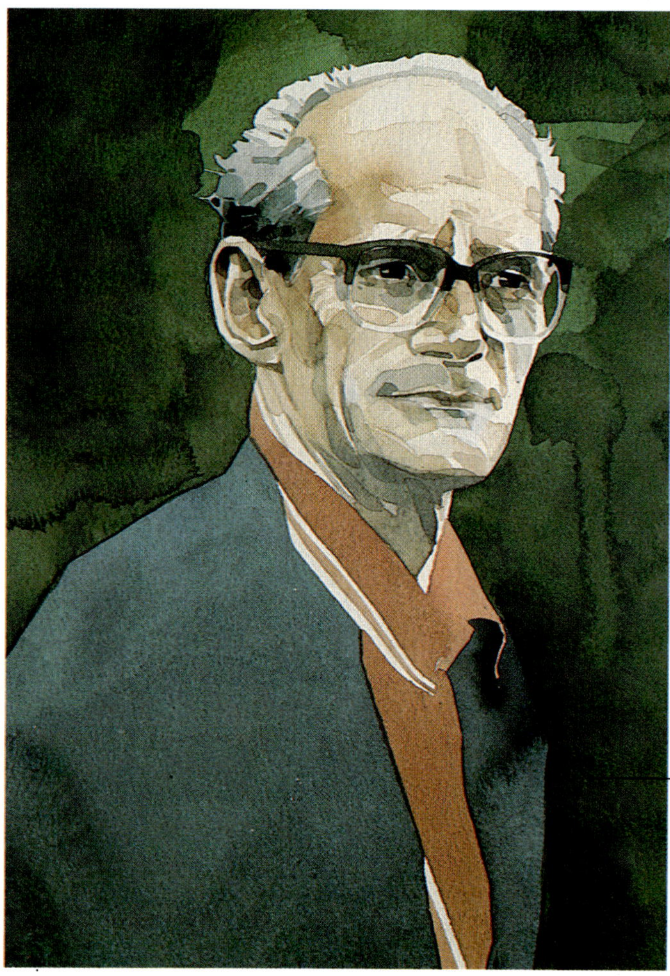

7. HINTERGRUND

Malen Sie den Hintergrund in Saftgrün mit etwas Gummilösung, aufgetragen mit einem Verwaschpinsel in lockeren, kühnen Pinselstrichen. Gummilösung verleiht der Farbe einen lebendigen Glanz, was einen reizvollen Kontrast zu den eher spröden, matten Flächen bildet.

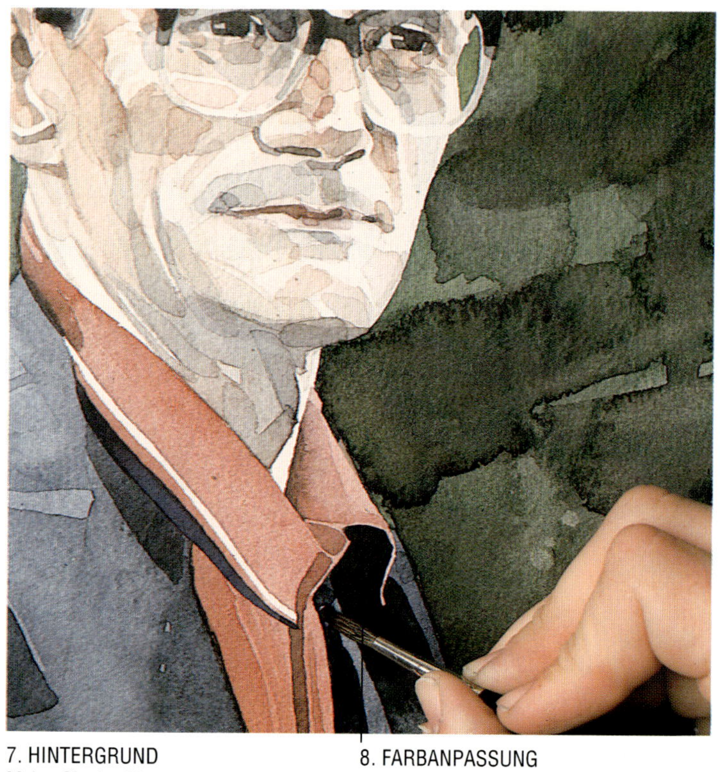

8. FARBANPASSUNG

Vor dem kräftigen Hintergrund wirken einige Schattierungen des Porträts nun ausgelaugt und verschossen. Hier überarbeitet der Künstler die Schatten auf der Kleidung und paßt sie dem dunklen Ton des Hintergrunds an.

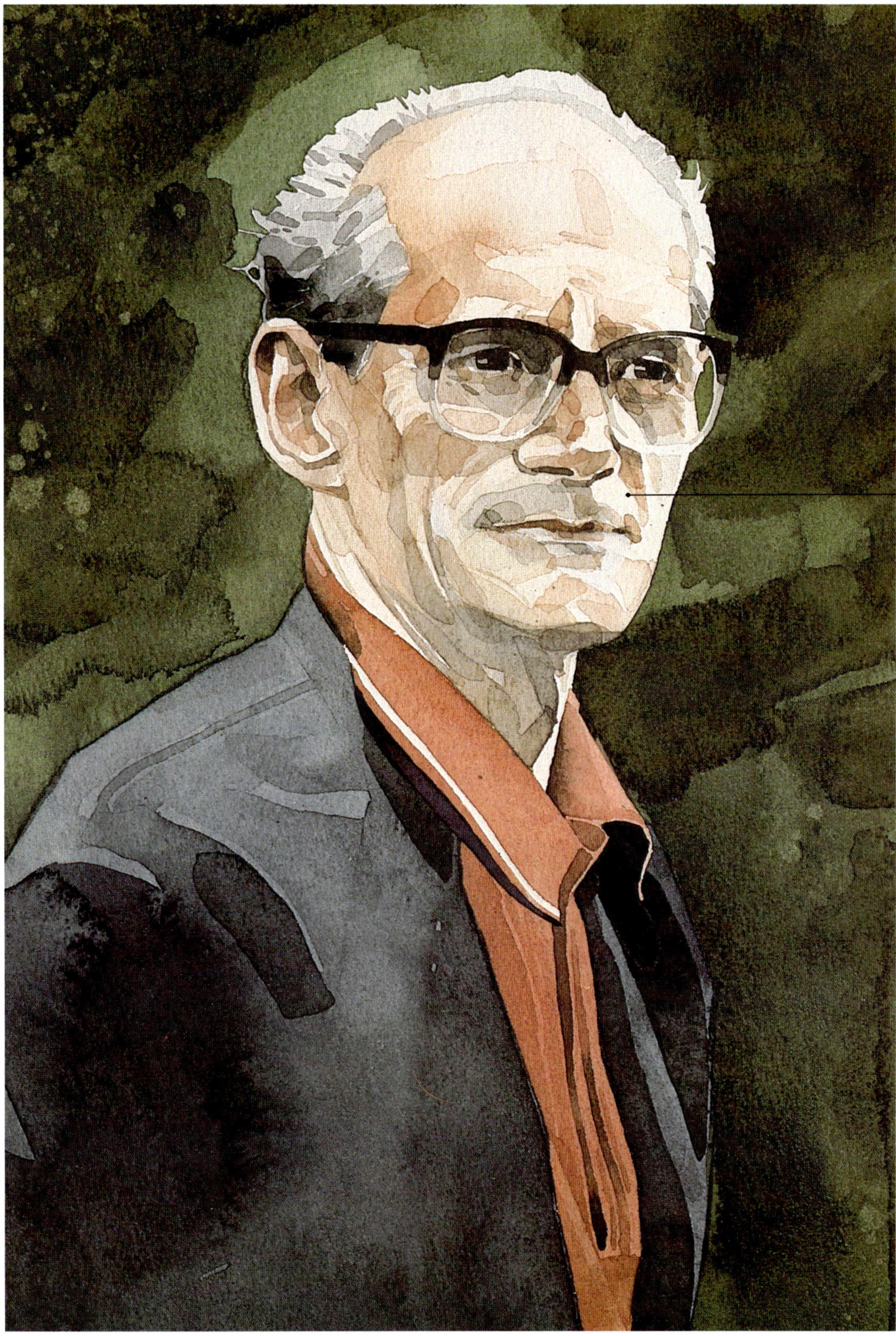

9. DAS FERTIGE BILD
Alle Töne sind noch einmal vertieft und intensiviert worden, was die Formen des Gesichts deutlicher hervortreten läßt und dem Porträt auch im Verhältnis zum Hintergrund mehr Gewicht verleiht.

VON DUNKEL NACH HELL

Von dunkel nach hell kann man nur mit opaker Farbe arbeiten, also etwa mit Gouache. Diese Technik läßt dem Künstler mehr Freiheit als die traditionelle Aquarellmethode, bei der von hell nach dunkel gearbeitet wird (s. S. 136f.). Wenn Sie mit Gouache malen, müssen Sie nicht im voraus ein für allemal festlegen, welche Partien hell bleiben sollen. Statt dessen können Sie Ihre Konzeption beim Malen verändern und wie bei der Ölmalerei helle Töne oder Glanzlichter in einem späten Stadium setzen. Sie sollten jedoch zügig arbeiten und nicht vergessen, daß Gouache ein wasserlösliches Medium ist: Wenn Sie z. B. eine rote Blüte gemalt haben und dann ein gelbes Herz hineinsetzen, werden Sie feststellen, daß das Rot sich mit der frischen feuchten Farbe vermischt, wenn Sie zu ausgiebig mit dem Pinsel rühren.

Gouache wird oft mit reinem Aquarell kombiniert, besonders um zartere Töne oder Glanzlichter hinzuzufügen. Diese Technik verwendet man schon seit Jahrhunderten.

PLASTIZITÄT
Während der Zylinder auf S. 136f. in transparenten Schichten von hell nach dunkel aufgebaut wurde, ist die Reihenfolge hier umgekehrt. Beginnen Sie mit dem dunkelsten Ton einer opaken Farbe, und nehmen Sie für die folgenden Schichten einen jeweils etwas helleren Ton. Zum Schluß malen Sie den hellsten Ton auf die Oberseite des Zylinders.

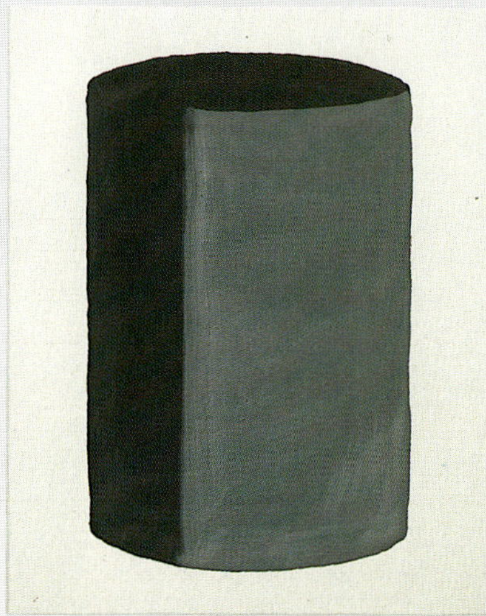

FARBSCHICHTEN
Bei Verwendung von Gouache kann man helle Farben über dunklen auftragen. Wenn die Gouache nicht sehr stark verdünnt ist, deckt die obere Farbe die untere völlig ab.

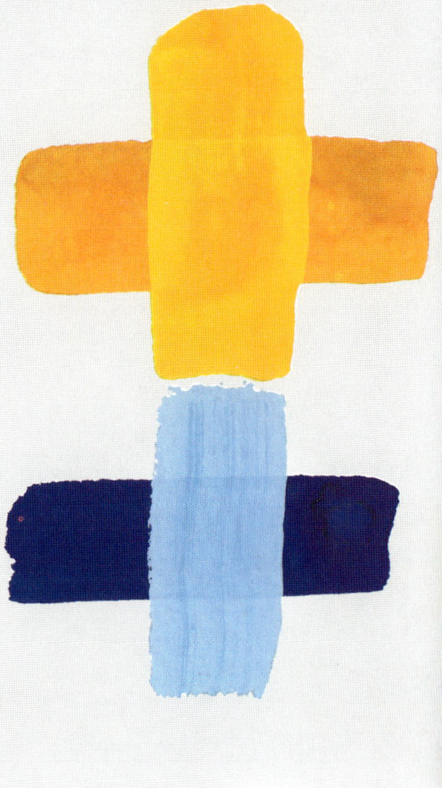

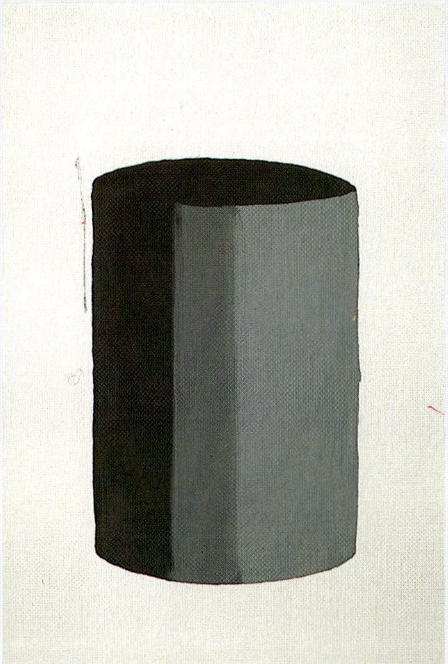
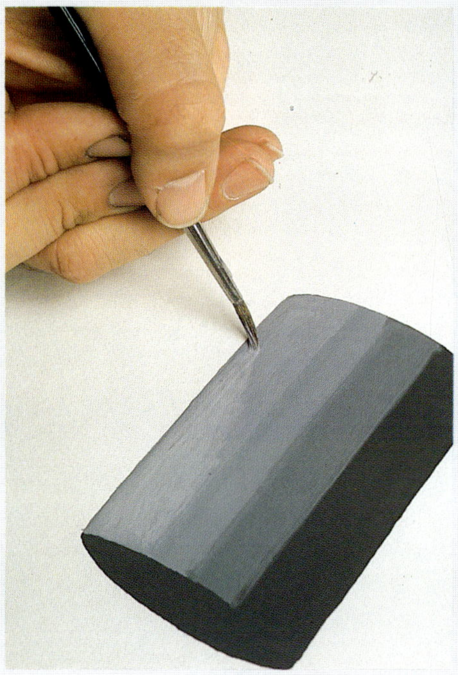
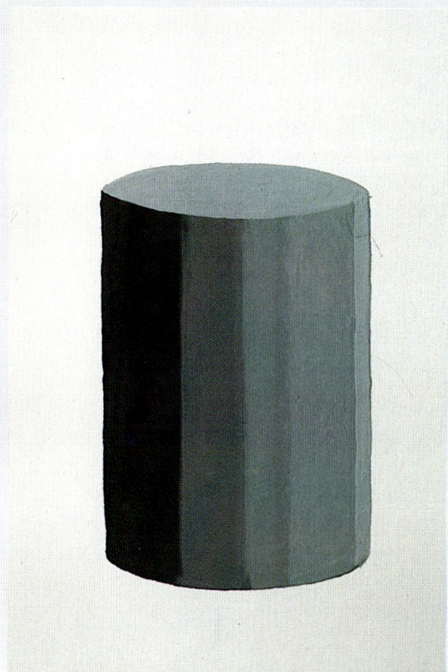
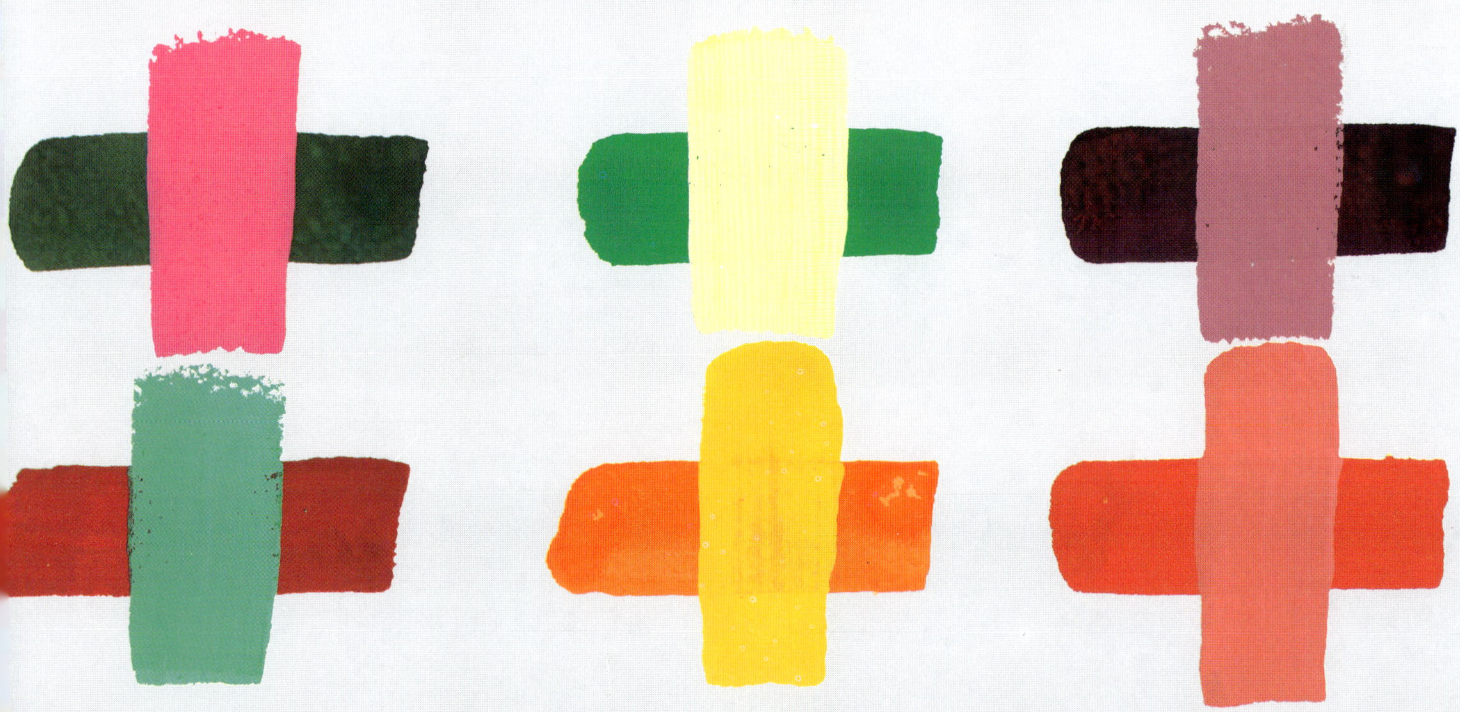

STILLEBEN MIT TONGEFÄSSEN

Bei diesem freundlichen, ansprechenden Bild hat der Künstler alle Möglichkeiten der Gouache ausgenutzt. Es lebt durch die warmen, erdigen Töne mit den Glanzlichtern des reflektierten Tageslichts. Grundton ist das Sepiabraun des Papiers; mit der opaken Gouache konnte der Maler hellere Töne über dunklen auftragen.

Es finden sich aber auch Parallelen zum klassischen Aquarell. Die Gouache wurde sehr stark verdünnt, und an einigen Stellen schimmert die Papierfarbe durch – wie das weiße Papier bei der traditionellen Von-hell-nach-dunkel-Aquarellmalerei.

Das Papier spielt eine entscheidende Rolle, denn sein warmer Ton dient stellenweise unmittelbar als Gegenstandsfarbe, z. B. bei der Stuhllehne. Die Blumen strahlen als bunter Farbfleck zwischen den Brauntönen. Sie wurden von dunkel nach hell gemalt. Der Künstler hat die Blüten zunächst mit einem dunklen Ton skizziert, und zwar jeweils in der mit Schwarz abgedunkelten Lokalfarbe. So entstanden grobe Umrißformen. Dann wurden die helleren Farbtöne aufgetragen, wobei der Pinselstrich die charakteristischen Formen der verschiedenen Blütenblätter, wie z. B. die kurzen, spitzen Blätter der Chrysanthemen, nachahmt.

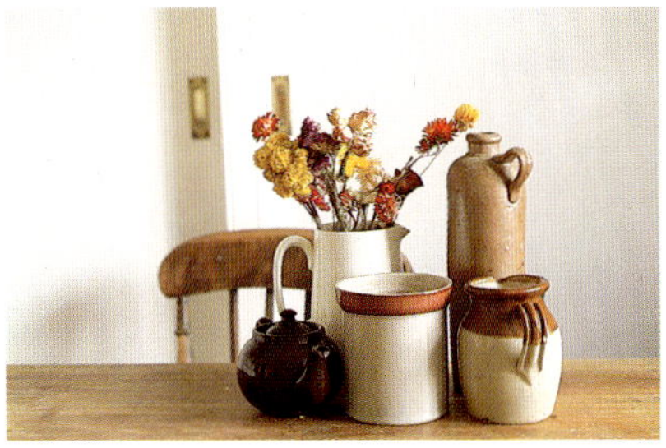

FARBPALETTE	
Gouache	
Jetschwarz	Lichter Ocker
Umbra Natur	Siena gebrannt
Kadmiumgelb	Zitronengelb
Titanweiß	Ultramarinblau
Kadmiumrot	Karminrot
MALGRUND	
Sepiafarbener Karton	
533 × 533 mm	

1. ERSTES STADIUM
Entscheiden Sie, wie Sie die Gegenstände auf dem Bild arrangieren wollen, und fertigen Sie eine feine Bleistiftzeichnung an. Dann skizzieren Sie mit Schwarz, Weiß, lichtem Ocker, Umbra Natur und gebrannter Siena die dunkelsten Töne.

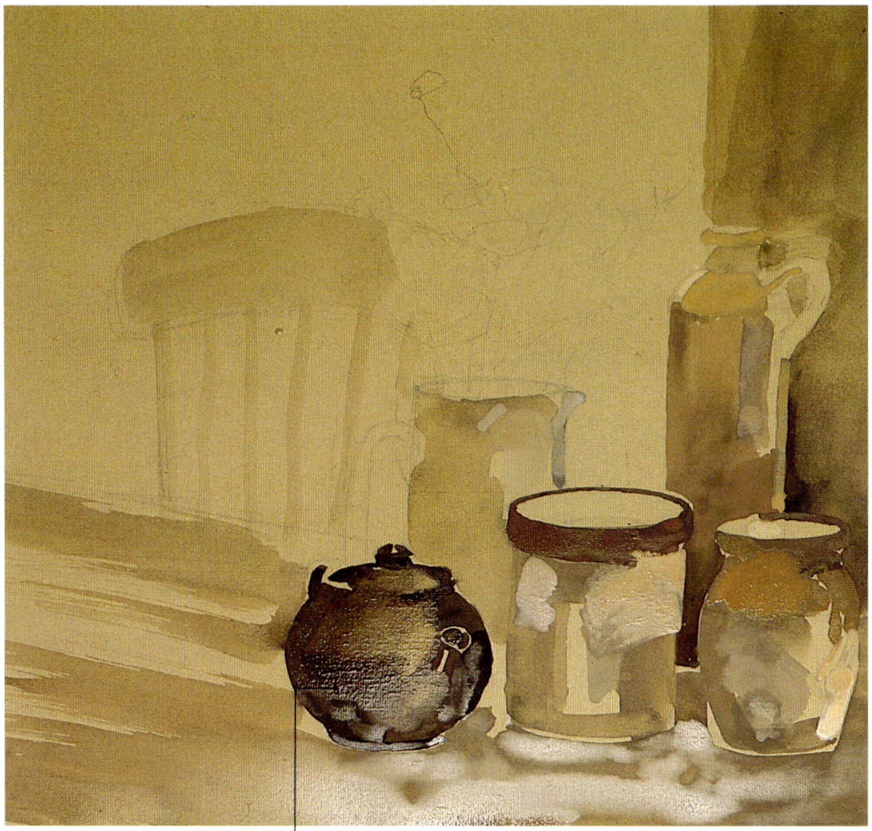

2. SCHATTIERUNGEN
Bevor die erste Schicht getrocknet ist, tragen Sie die helleren Töne und Lokalfarben auf. Verwenden Sie Schwarz und Umbra Natur für die Teekanne, Umbra Natur, Kadmiumrot und Schwarz für den Rand des mittleren Gefäßes. Für die helleren Töne mischen Sie Weiß in die Lokalfarbe.

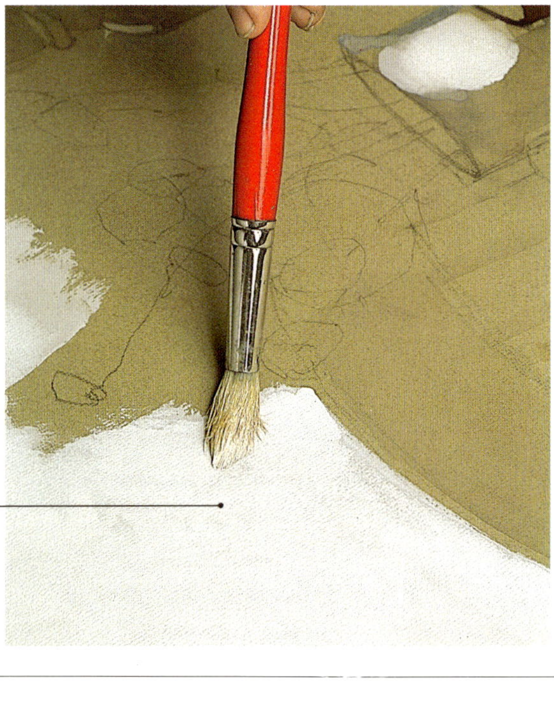

3. HINTERGRUND
Malen Sie die großen Flächen des Hintergrunds in Weiß mit kleinen Zusätzen von Umbra Natur und lichtem Ocker. Verwenden Sie dazu einen großen Pinsel (hier Nr. 12).

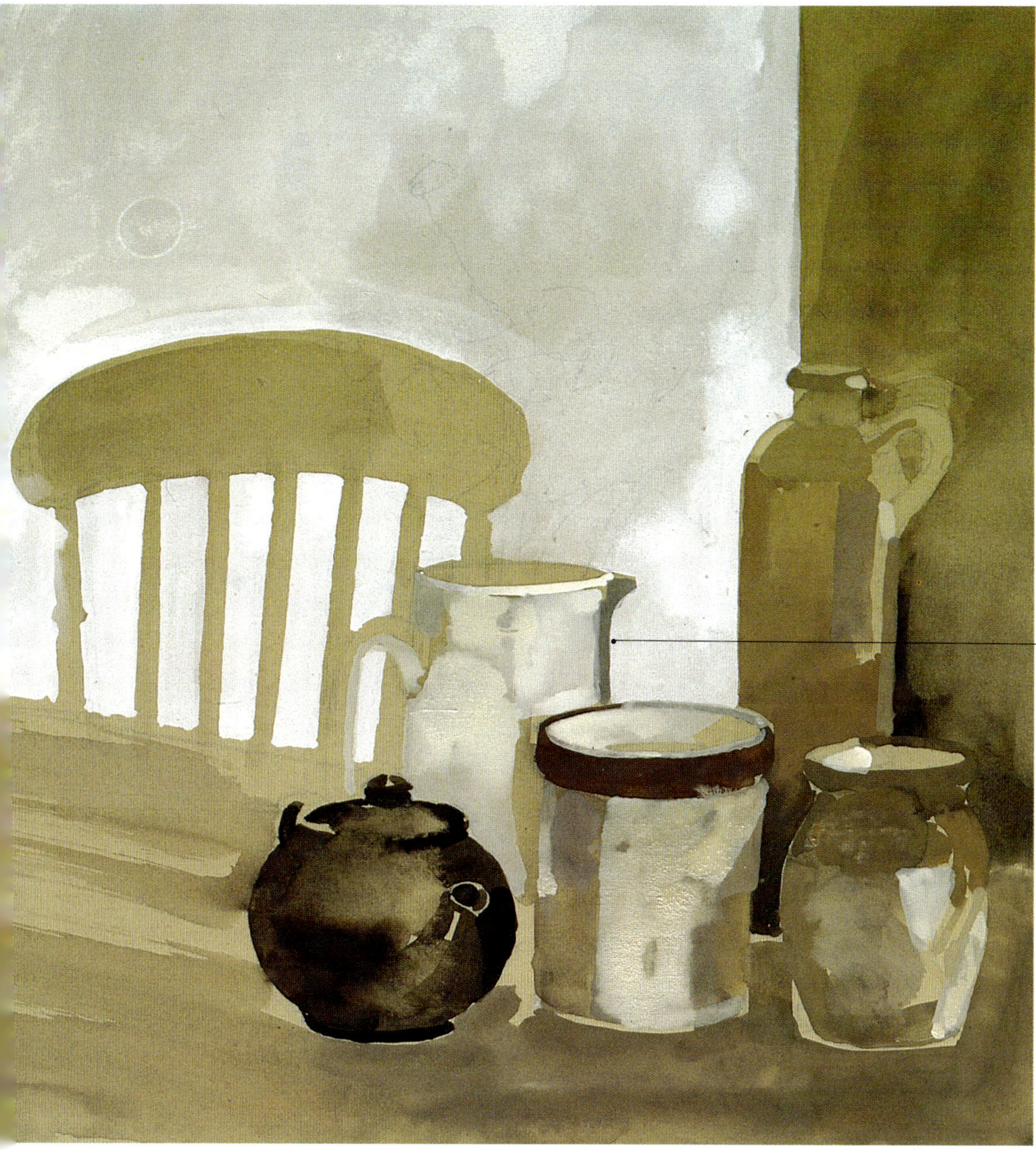

4. KONTUREN
Nehmen Sie nun einen feineren Pinsel – Nr. 6 ist ideal –, und ziehen Sie die Farbe des Hintergrunds bis an die Konturen der Bildgegenstände. Arbeiten Sie mit klaren, sauberen Strichen, so daß der Stuhl und die Gefäße auf dem Tisch als kraftvolle graphische Formen hervortreten.

5. AUSARBEITUNG
Nun arbeiten Sie an den einzelnen Bildgegenständen. Tragen Sie großflächige Licht- und Schattenbereiche auf, um den Gefäßen Volumen zu geben. Der weiße Krug kann z. B. mit nur zwei Farbtönen gestaltet werden, beide aus Weiß, lichtem Ocker und Schwarz ermischt. Ähnlich lassen sich die Teekanne und der Tontopf daneben aus zwei bis drei Abstufungen der jeweiligen Farbe malen. Weil die Gegenstände glasiert sind, bestehen die Glanzlichter aus fast reinem Weiß, nur ganz leicht abgetönt.

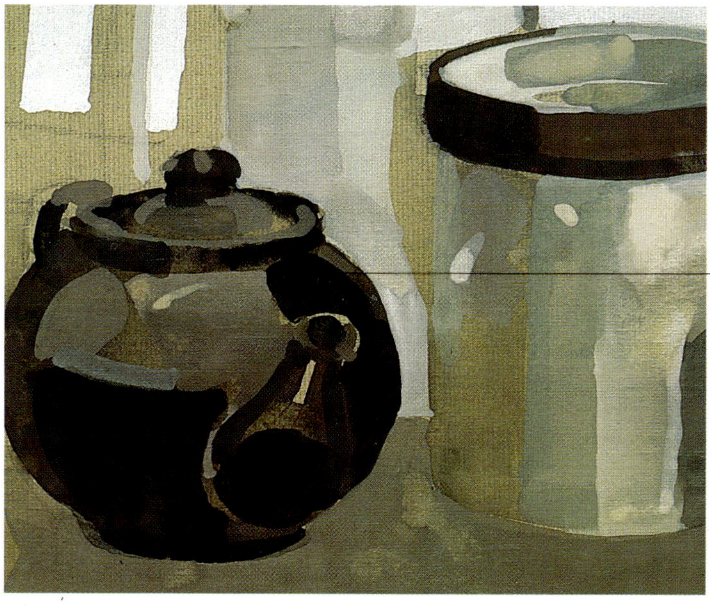

6. BLÜTEN
Malen Sie nun die Blüten; achten Sie dabei darauf, daß sich jede an der richtigen Stelle befindet. Beginnen Sie mit dem stumpfsten und dunkelsten Ton jeder Blüte, aufgetragen als flacher Fleck. Für die roten Blüten mischen Sie Kadmiumrot mit etwas Schwarz, für die gelben Kadmiumgelb, Weiß und Schwarz.

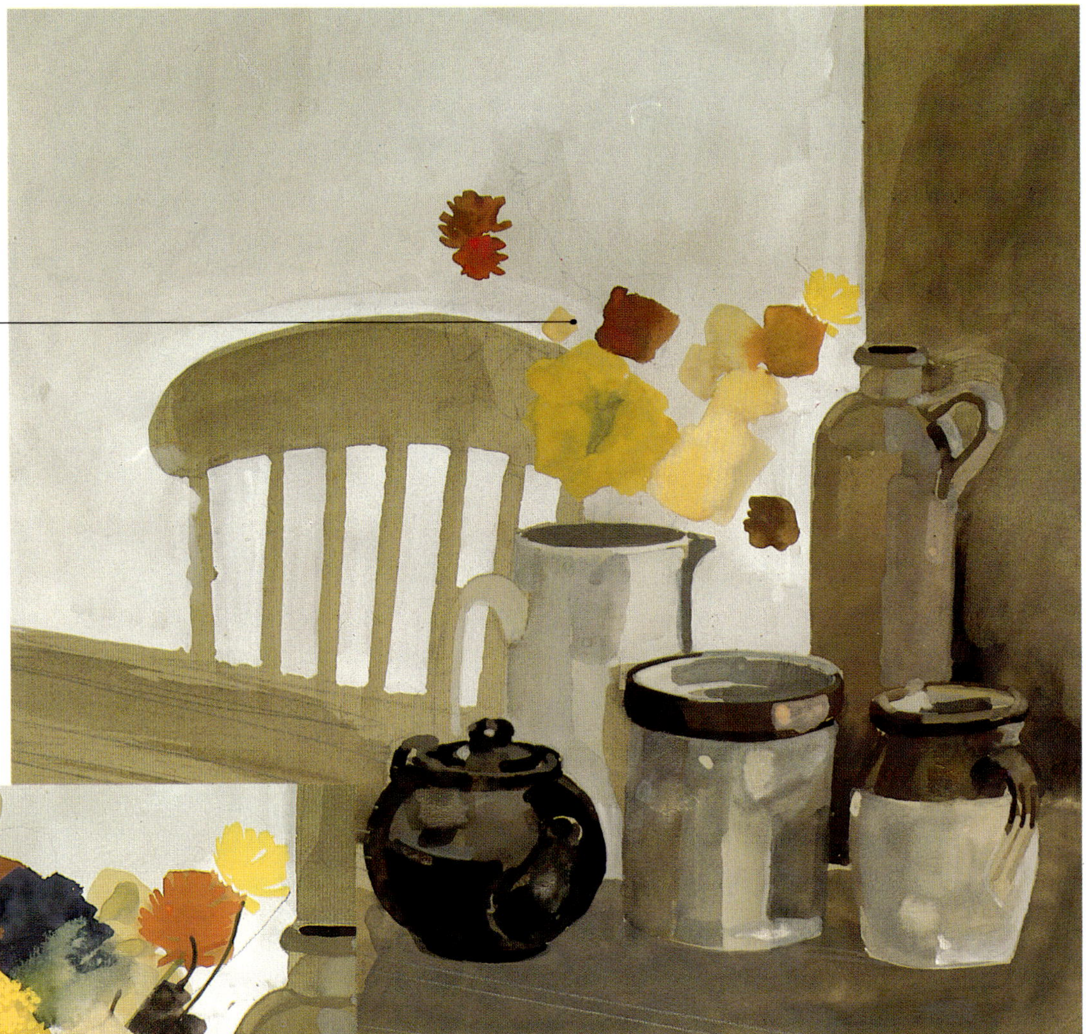

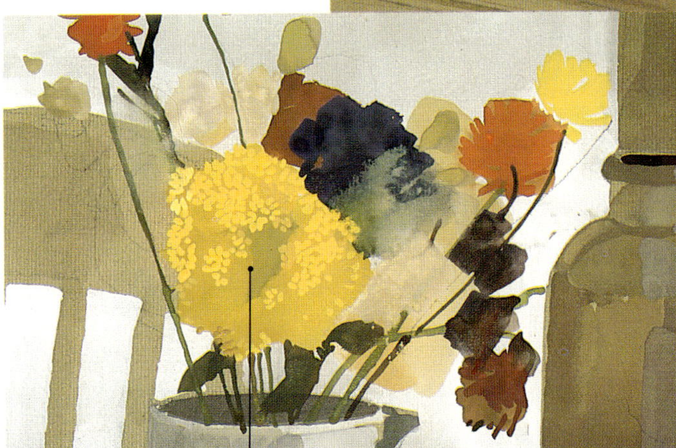

7. AUSARBEITUNG
Für die farbige Ausarbeitung der Blüten verwenden Sie einen Rundpinsel Nr. 4. Weil die Farbe opak ist, lassen sich helle Töne über dunkle malen.

8. STRUKTUR UND DETAILS
Versuchen Sie, Formen und charakteristische Merkmale jeder Blüte genau zu erfassen und mit sorgfältiger und geschickter Pinselführung überzeugend wiederzugeben.

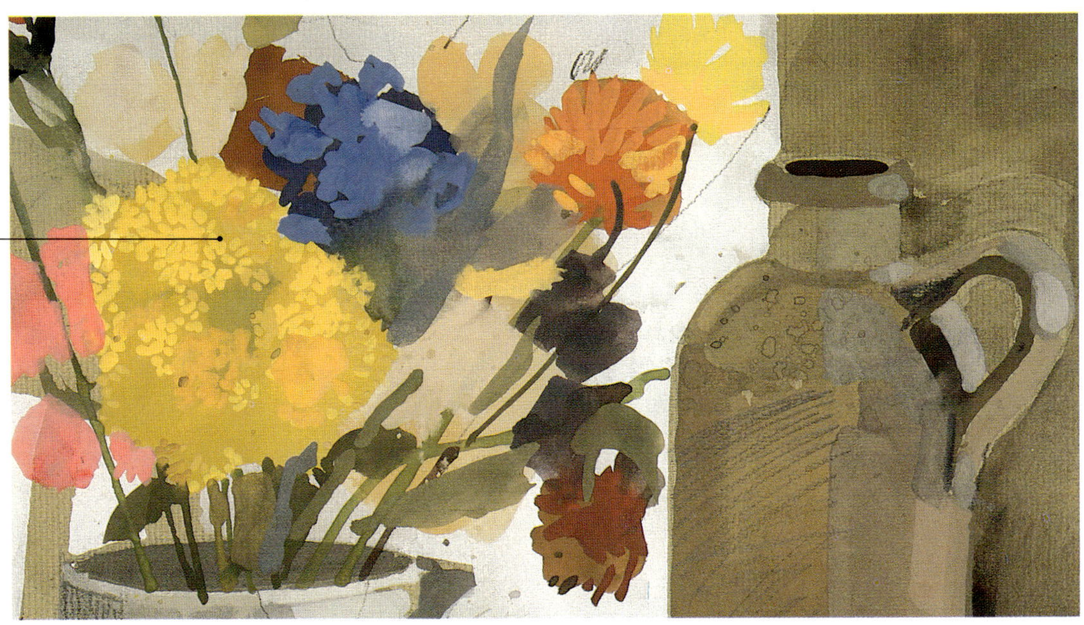

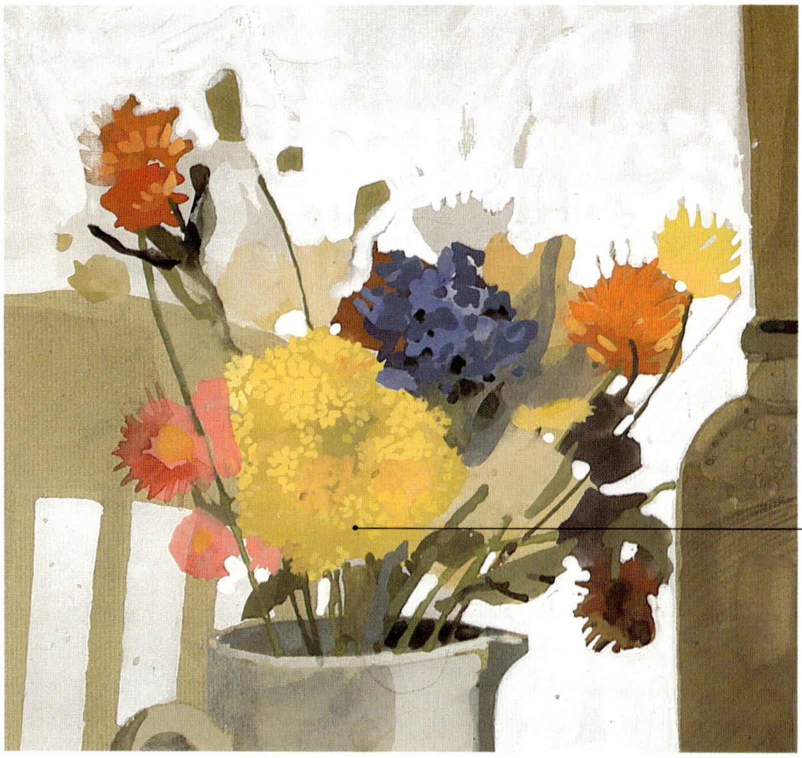

9. WEITERE DETAILS
Zeichnen Sie mit Kadmiumgelb, Zitronengelb und Weiß die hellen Flecke auf die große gelbe Blume. Bei der blauen verwenden Sie Ultramarinblau und Weiß, bei der hellroten Kadmiumrot, Kadmiumgelb und Weiß und bei der rosafarbenen Karminrot und Weiß.

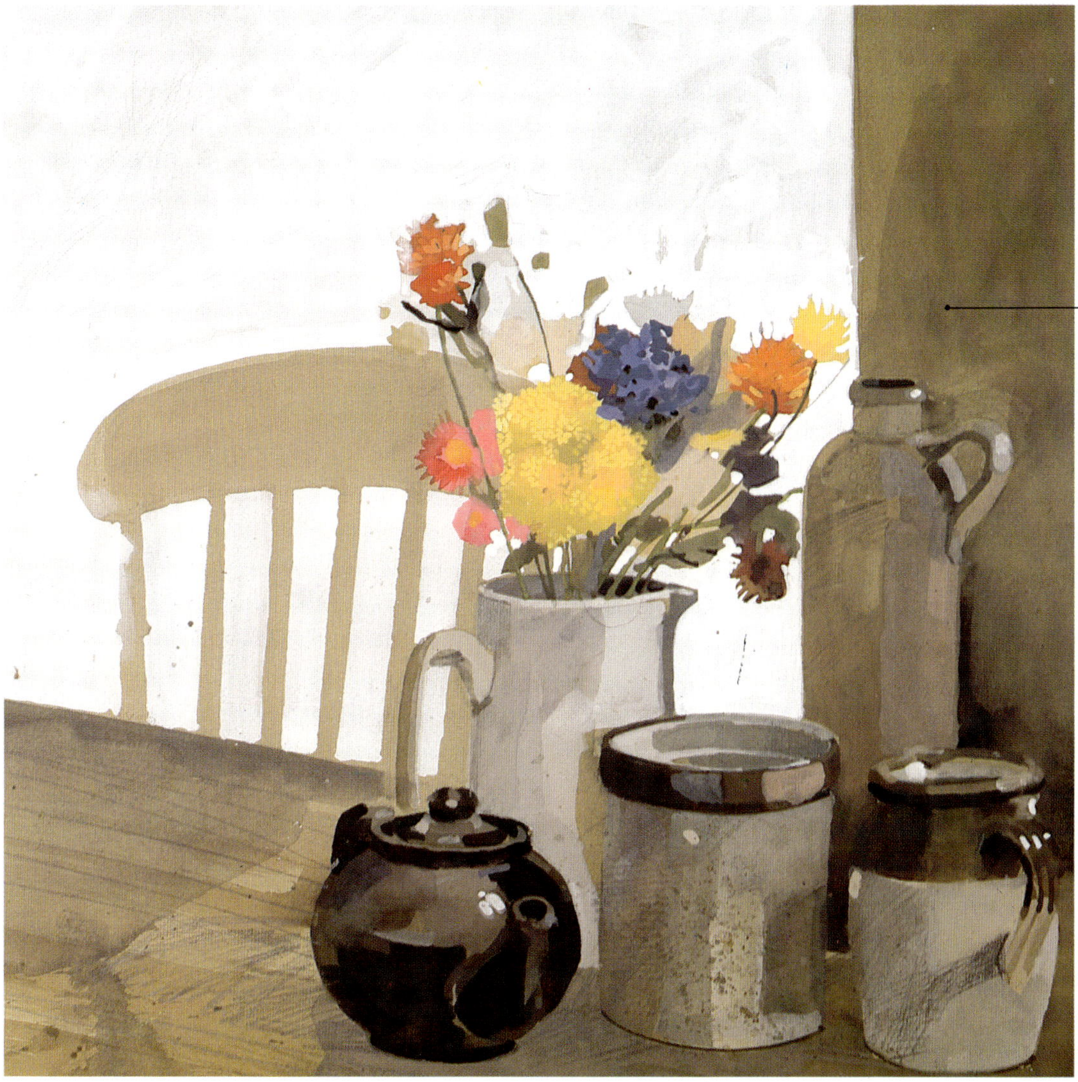

10. DAS FERTIGE BILD
Der warme, harmonische Zusammenklang der Farben wird durch das Braun des Malgrunds verstärkt. Der erdige Sepiaton ist an vielen Stellen sichtbar und hält sozusagen als Generalbaß die Kompositionselemente zusammen.

SONNIGE WIESE

Mit der opaken Gouache konnte der Maler hell auf dunkel arbeiten, und so entstand dieses reizvolle Bild einer sonnenbeschienenen Wiese. Die graphischen Züge sind typisch für diesen Künstler, der früher als Illustrator gearbeitet hat; abstrahierte Formen und die Behandlung von Licht und Schatten fallen ins Auge. Lineare Elemente wie der Stacheldrahtzaun stehen neben verschiedenen pflanzlichen Strukturen, die einen Kontrast zu der leicht stilisierten, vereinfachten Form der Komposition bilden.

Der Künstler wünschte einen gleichmäßig eingetönten Hintergrund. Während man bei der Ölmalerei den Malgrund, etwa Leinwand, vor dem eigentlichen Malprozeß problemlos eintönen kann – ein recht gebräuchliches Verfahren –, ist dies mit Aquarellfarben wegen ihrer Transparenz nicht gut möglich. Auch mit Gouache läßt sich diese Methode nicht einsetzen, denn selbst nach dem Trocknen bleibt die Farbe wasserlöslich. Man kann sich helfen, indem man eine Schicht wasserfest auftrocknender Acrylfarbe aufträgt. In unserem Fall jedoch wählte der Künstler grün getöntes Papier, das genau zu seiner Farbskala paßte. So war der mittlere Tonwert bereits vorhanden, und die im Vergleich zum Papier helleren oder dunkleren Töne wurden danach aufgetragen.

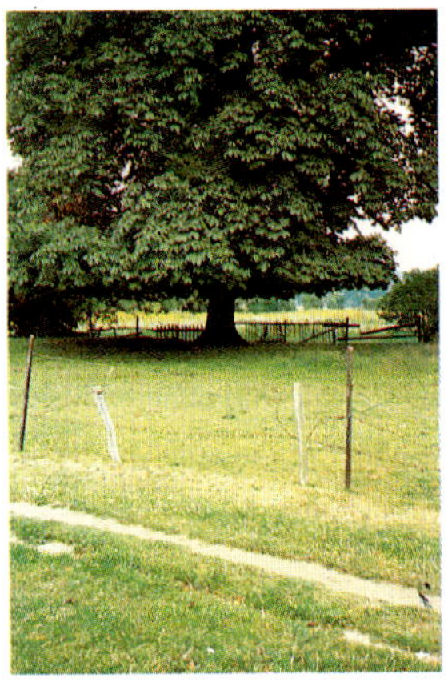

FARBPALETTE	
Gouache	
Saftgrün	Sepiabraun
Elfenbeinschwarz	Lichter Ocker
Titanweiß	Kadmiumgelb
Cölinblau	
MALGRUND	
Grün getöntes Papier	
356 × 508 mm	

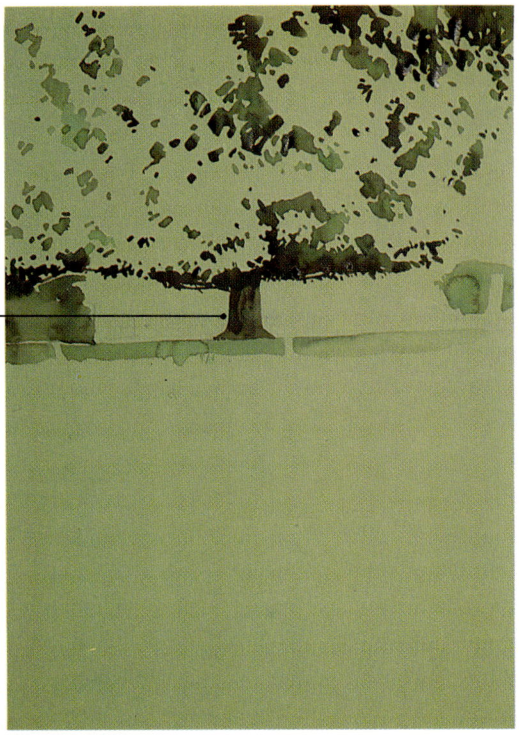

1. ERSTES STADIUM
Beginnen Sie mit einer feinen Umrißzeichnung in Bleistift. Dann malen Sie die dunkelsten Töne der Komposition, in diesem Falle die Schatten im Laub des Baums. Tragen Sie die Mischung aus Saftgrün, Sepiabraun und Elfenbeinschwarz mit einem Rundpinsel Nr. 2 auf. Verwenden Sie dieselbe Farbe für den Baumstamm. Der helle Grünton wird von der Eigenfarbe des Papiers gebildet, für den mittleren nehmen Sie Saftgrün mit Sepiabraun.

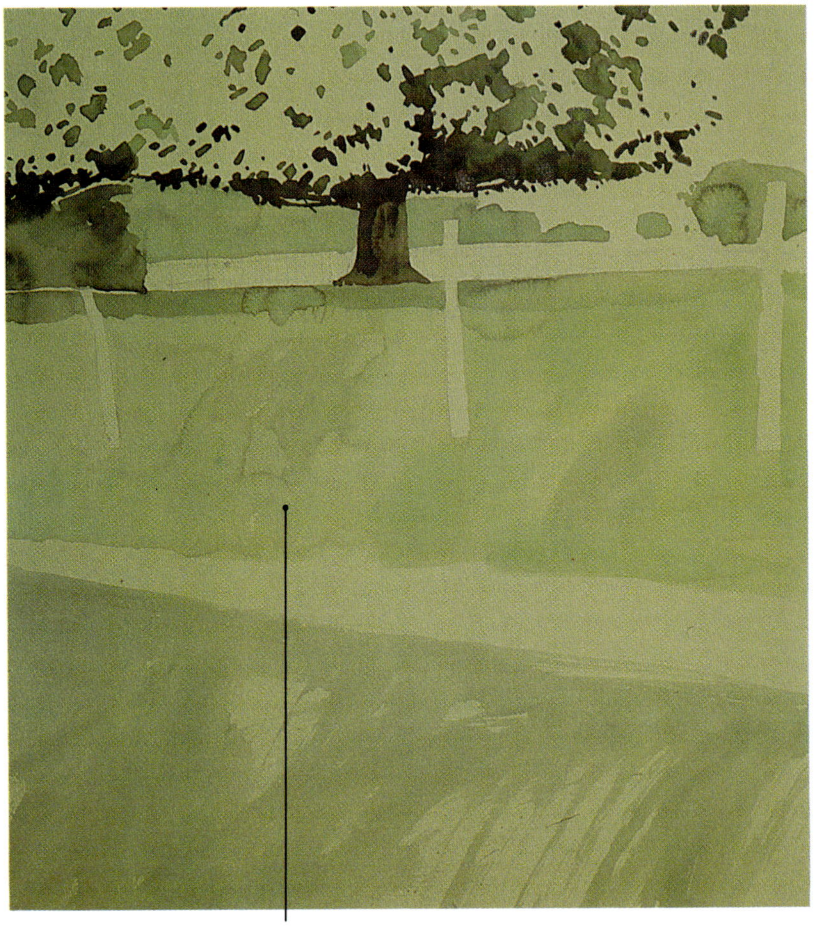

2. WIESE
Malen Sie die Wiese in einer zarten Schicht aus lichtem Ocker und Saftgrün mit einem Verwaschpinsel. Lassen Sie das Papier hier und da frei, um die helleren Partien des Bodens wiederzugeben.

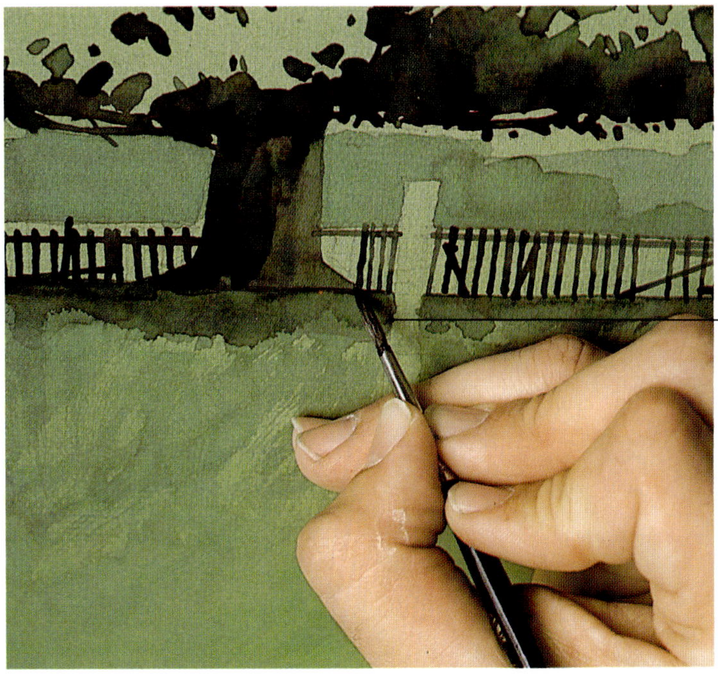

3. ZAUN
Zeichnen Sie den Zaun in einer Mischung aus Elfenbeinschwarz und Sepiabraun mit einem Rundpinsel Nr. 2.

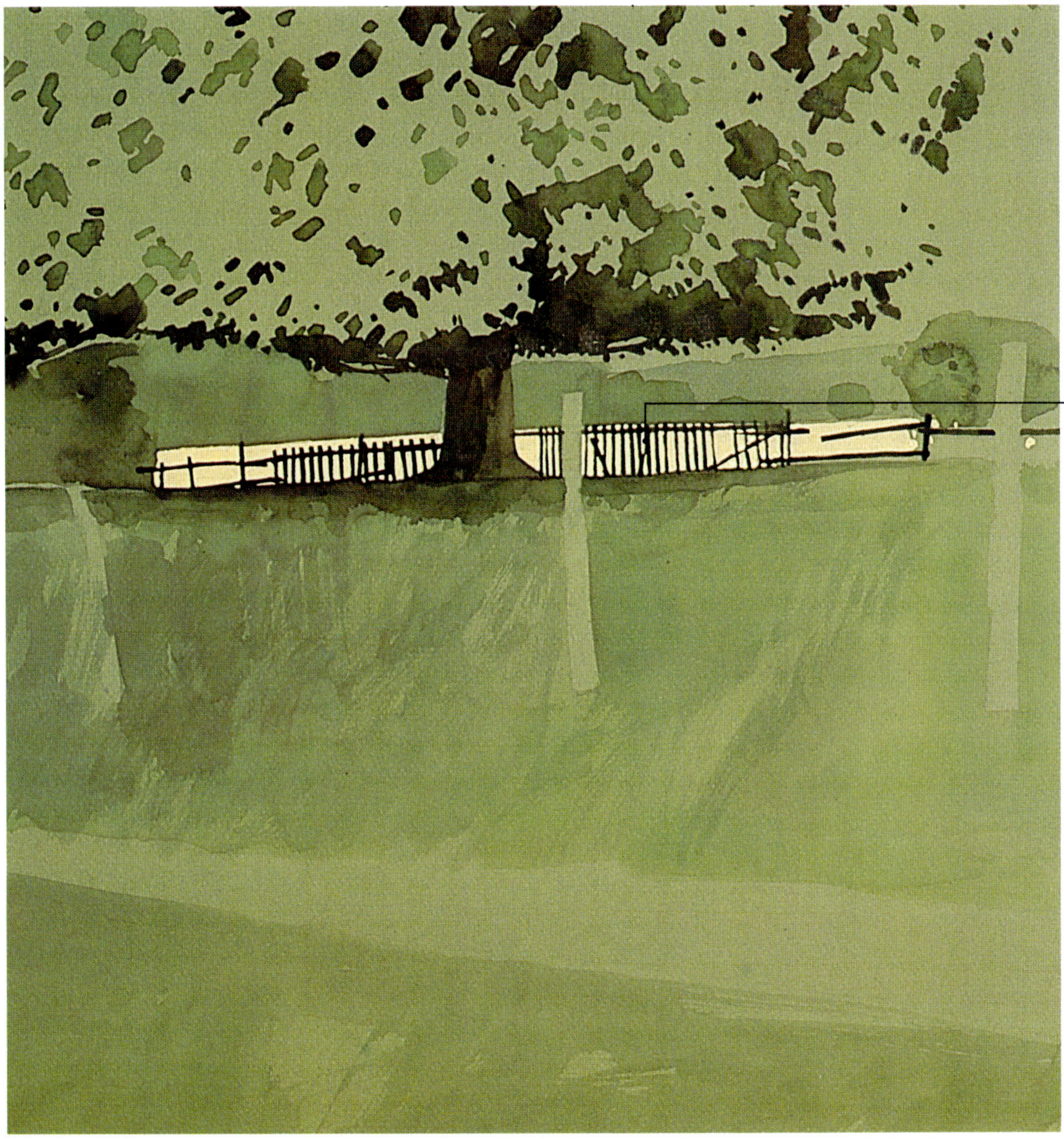

4. NEGATIVFORMEN
Mischen Sie für das sonnenbeschienene Feld Titanweiß und Kadmiumgelb, und arbeiten Sie die Negativformen, d. h. die Räume zwischen den Zaunlatten, heraus. Ziehen Sie die gelbe Farbe sorgfältig bis an die dunklen Latten, damit ihre Formen klar hervortreten und der Zaun eine scharfe Silhouette vor dem blassen Hintergrund bildet.

5. HIMMEL
Für den Himmel mischen Sie Weiß mit etwas Cölinblau. Verwenden Sie diese Farbe für die kleinen Fleckchen Himmel, die durch das Laub schimmern, und skizzieren Sie damit auch den größeren Bereich hinter dem Baum.

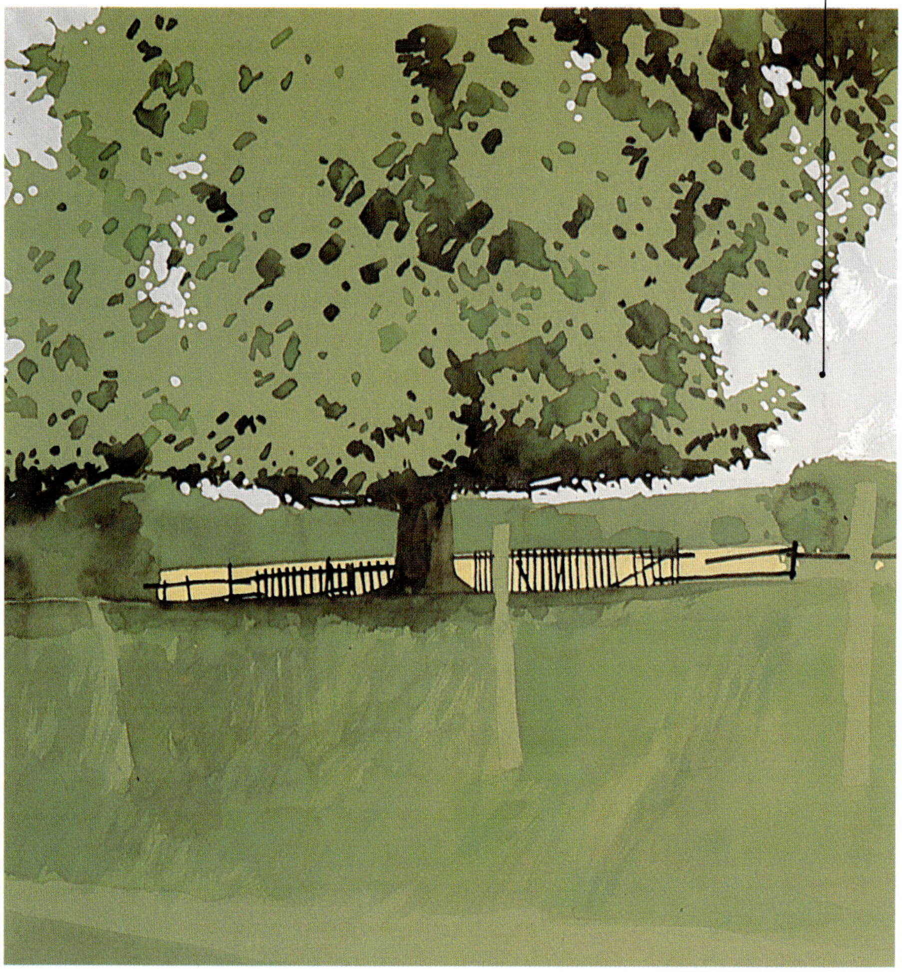

6. GRAS
Zeichnen Sie das Gras mit ungezwungenen, kühnen Strichen. Hier benutzt der Künstler grünen Farbstift und simplen Bleistift, um die hohen, wogenden Halme anzudeuten.

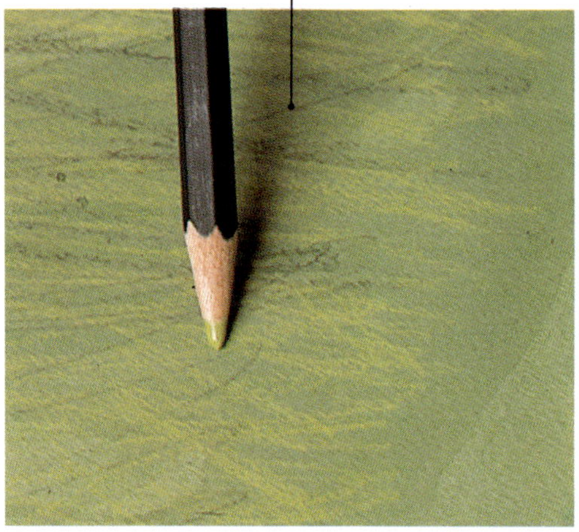

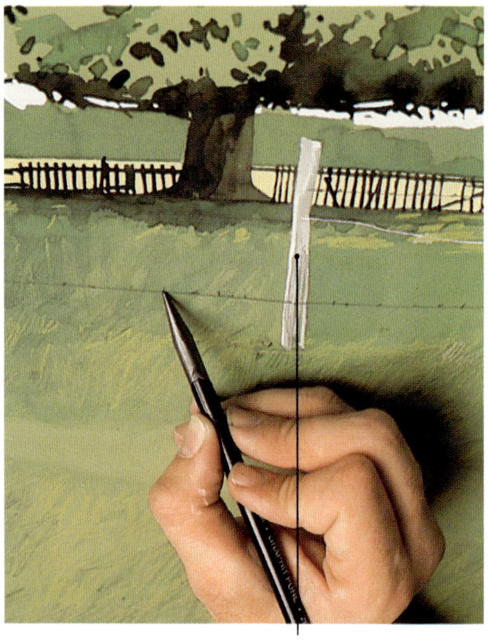

7. STACHELDRAHTZAUN
Für die Zaunpfähle im Vordergrund nehmen Sie Weiß. Beginnen Sie mit einer ganz dünnen Schicht, und entwickeln Sie die Form mit Streifen dichterer Farbe. Geben Sie den Stacheldraht mit einem Graphitstift wieder.

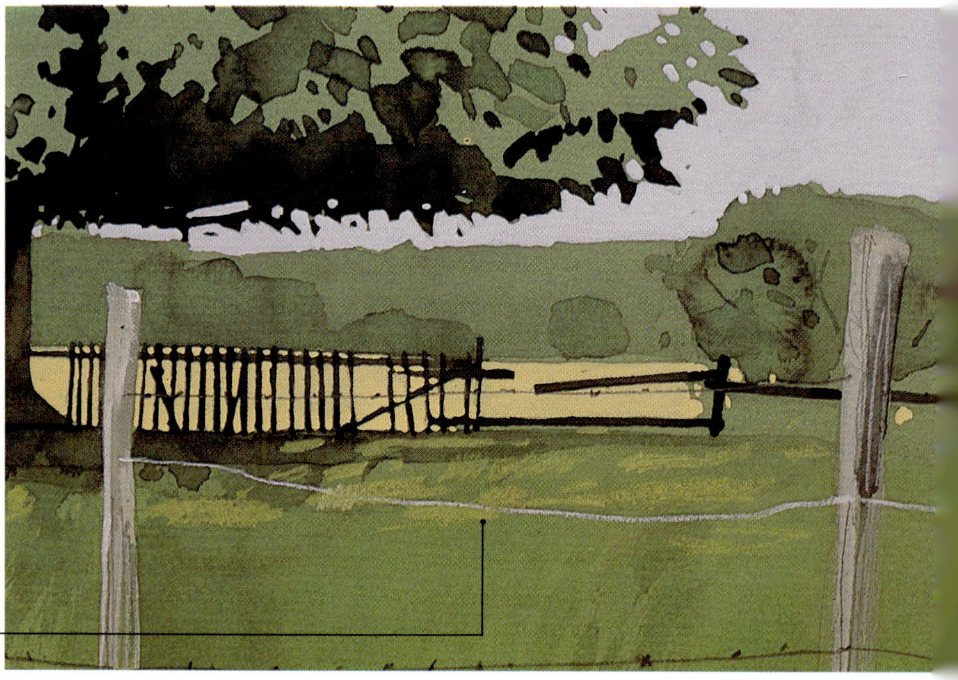

8. STACHELDRAHT
Den obersten Draht bildet eine feine, hellgraue Farbstiftlinie.

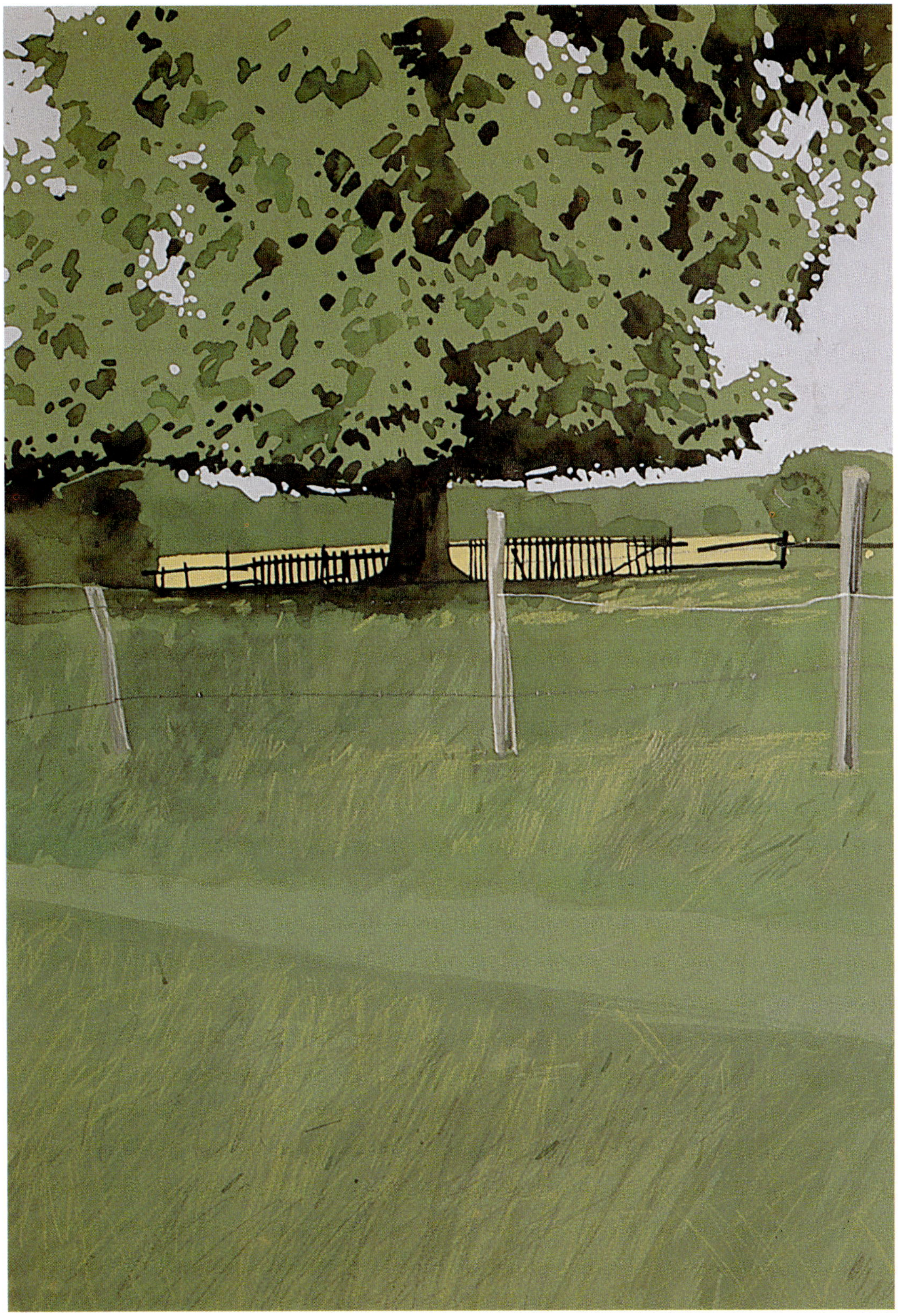

9. DAS FERTIGE BILD
Durch die Verwendung heller und dunkler Töne auf mittelgrünem Papier ist es dem Künstler gelungen, die helle, sonnendurchflutete Sommerlandschaft mit ihren wenigen kühlen Schattenflecken überzeugend wiederzugeben. Die subtilen Strukturen bilden einen reizvollen Kontrast zu der stumpfen Gouache und verwandeln das Arrangement flacher Farbflecken in eine lebendige und ungewöhnliche Komposition.

AQUARELL-STIFTE

Mit Aquarellstiften kann man wie mit gewöhnlichen, nicht wasservermalbaren Farbstiften lockere Skizzen anfertigen, aber auch sehr sauber und detailgenau zeichnen. Wenn die Zeichnung ganz oder in Teilen fertig ist, können Sie die Farben mit Hilfe eines feuchten Pinsels ineinandermischen oder verlaufen lassen.

Die Ergebnisse lassen sich allerdings nicht so gut kontrollieren wie bei herkömmlicher Aquarellfarbe, weil der Farbton der Stifte durch Feuchtigkeit oft dunkler und leuchtender wird. Wenn die Striche zu kräftig ausfallen, kann das Wasser sie nicht vollständig auflösen, und sie bleiben sichtbar. Es ist wichtig, etwas Erfahrung zu sammeln, damit Sie wissen, was Sie erwartet.

Besonders gut zur Geltung kommen die Qualitäten des Mediums, wenn Sie nur einzelne Teile des Bildes mit Wasser überarbeiten. So entsteht ein reizvoller Kontrast zwischen »gemalten« und strukturierten, gezeichneten Partien.

Für Aquarellstifte eignen sich nicht alle Papiersorten. Bei Studien zur »Frau am Fenster« (s. S. 216 – 219) mußte der Künstler feststellen, daß sich bei einigen Papierqualitäten die Oberfläche ablöste. Schließlich griff er zu glattem Zeichenkarton.

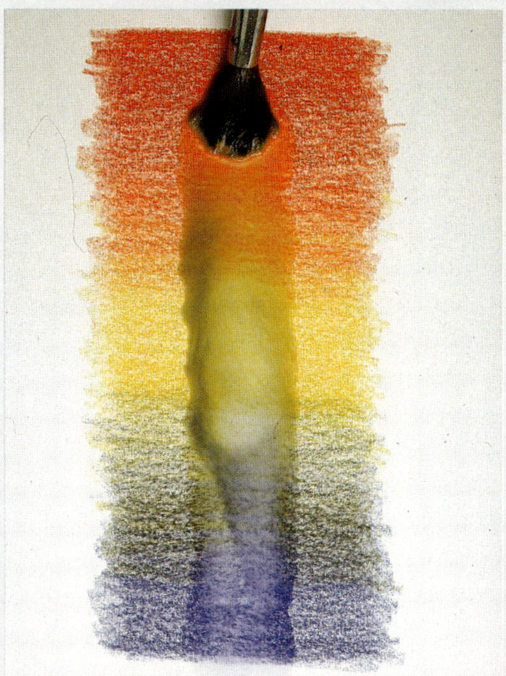

Hier wird ein nasser Pinsel über ein mit Aquarellstiften gemaltes Farbspektrum gezogen. Machen Sie eigene Versuche.

AUF FEUCHTEM PAPIER

1. Befeuchten Sie jeweils nur kleinere Partien des Papiers.

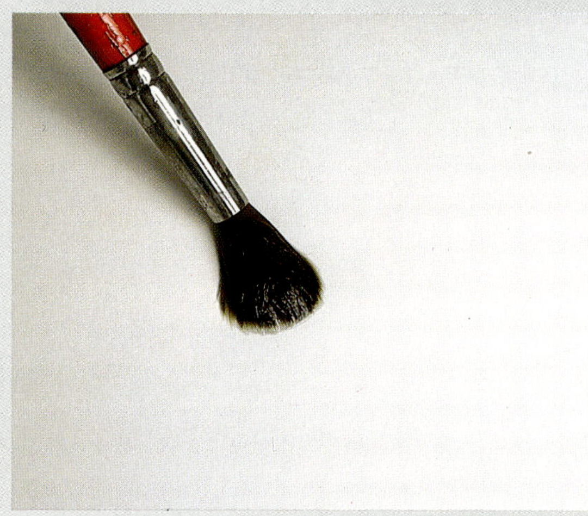

2. Schraffieren Sie mit lockeren Strichen einer Farbe.

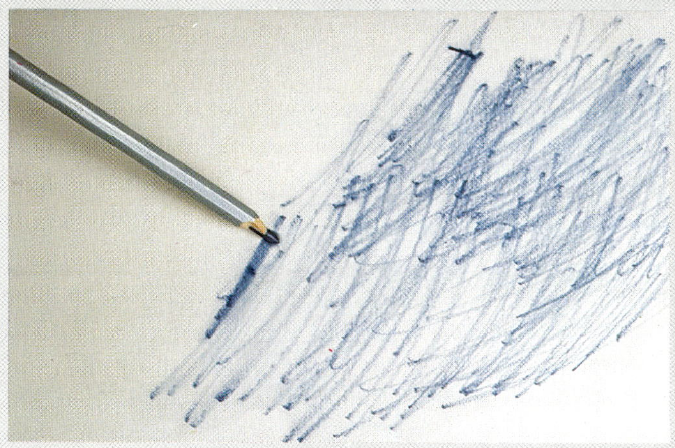

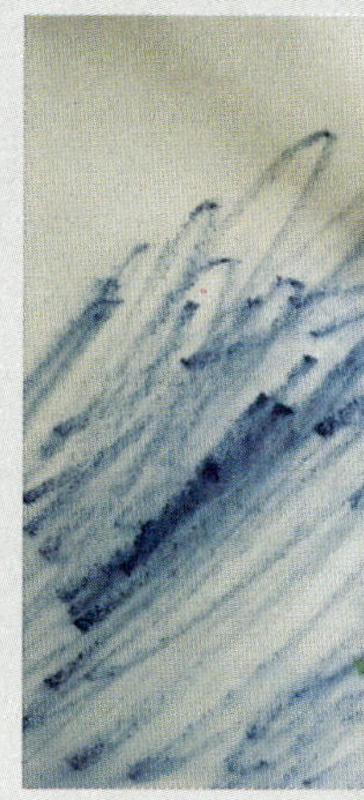

4. Auf dem feuchten Papier verlaufen die Farben ineinander.

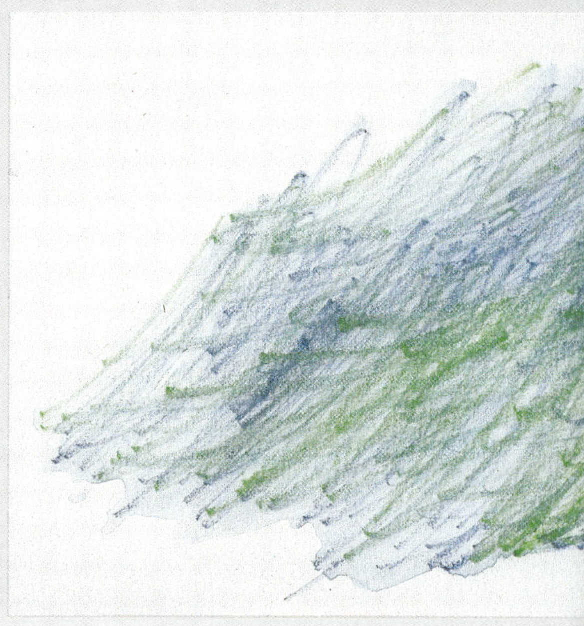

3. Legen Sie eine zweite Schraffur in einer anderen Farbe über die erste. Das Ganze darf nicht zu dicht und schwer werden.

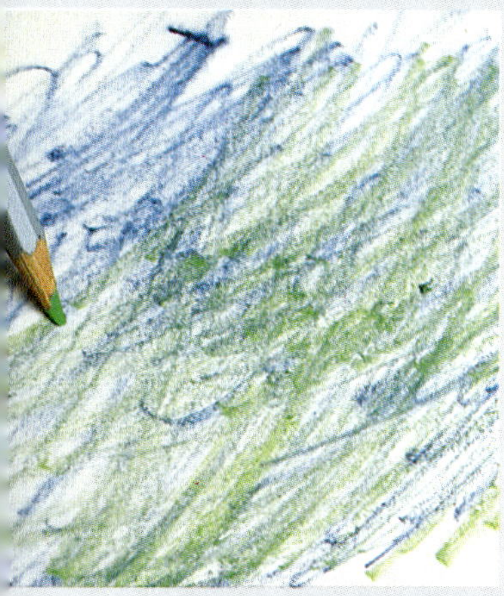

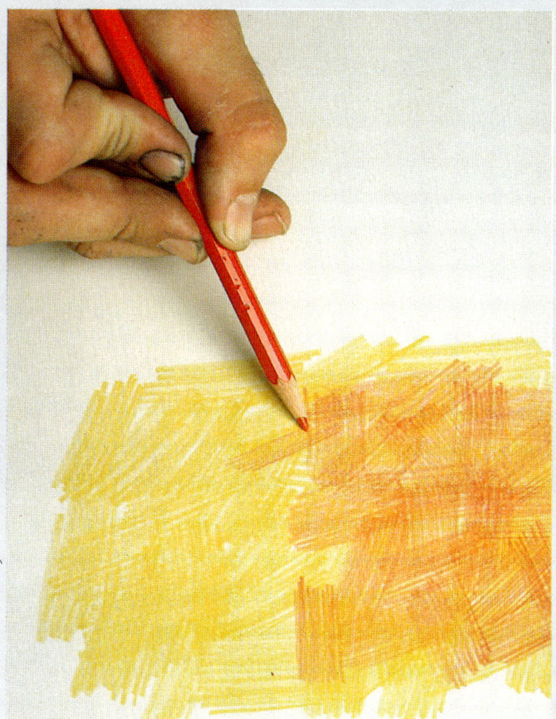

TRADITIONELLE METHODE

1. Gewöhnlich werden Aquarellstifte wie normale Farbstifte auf trockenem Papier benutzt. Man kann Farben übereinandermalen.

2. Um die Farben zu vermischen, bearbeitet man die bemalte Fläche vorsichtig mit einem nassen Pinsel.

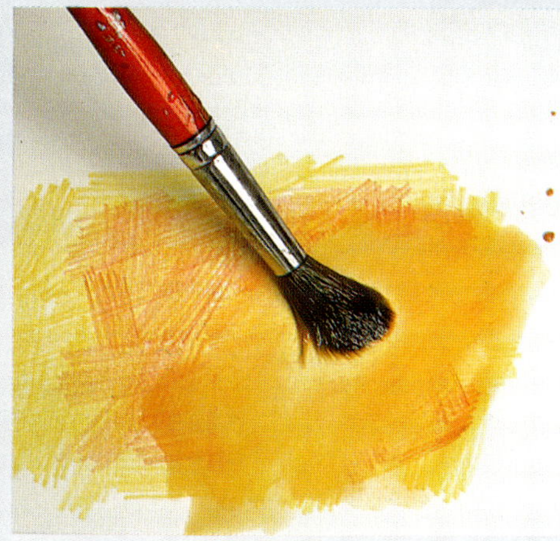

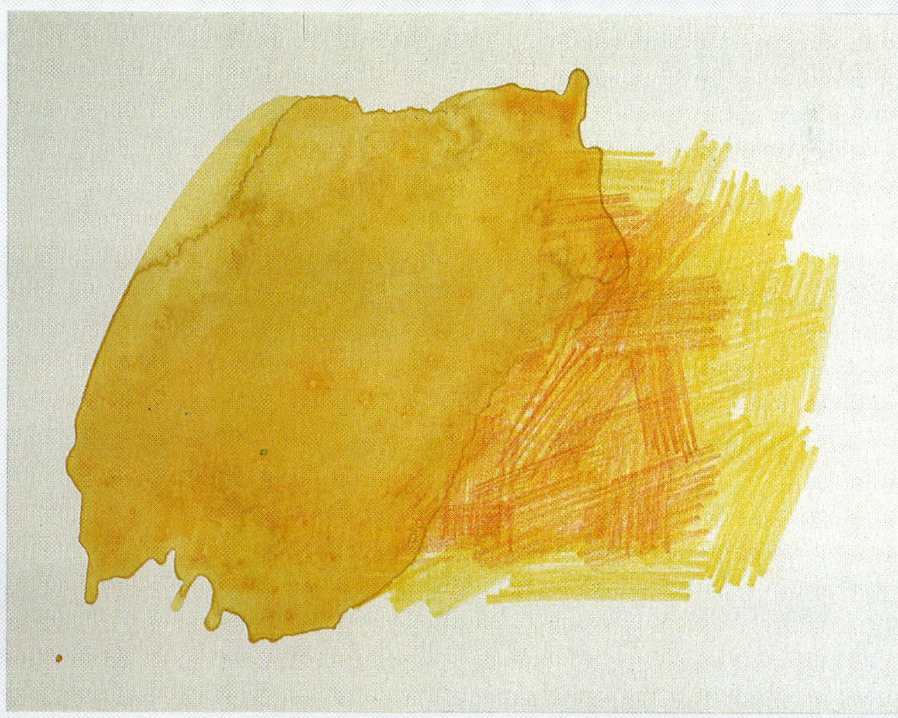

3. Das Ergebnis wirkt wie ein herkömmliches Aquarell.

FRAU AM FENSTER

Bei diesem sensibel gearbeiteten Bild einer Frau, die versunken aus einem Fenster schaut, hat der Künstler sich die Vielseitigkeit der Aquarellstifte vollendet zunutze gemacht. Hauptsächlich wurden sie in zeichnerischer Manier verwendet, und so entstanden bald feinere, bald gröbere Schraffuren; stellenweise wurden sie mit Wasser vermalt, was weiche Aquarelleffekte bewirkte. Es besteht ein Kontrast zwischen der Darstellung der Figur und des Fensters einerseits und der Szenerie jenseits des Fensters andererseits. Letztere hat der Maler in ein Aquarell verwandelt, indem er die Farben mit Wasser gelöst hat. So entstand ein Bild im Bild. Insgesamt wirkt die Handschrift des Künstlers locker und unverkrampft, und auch die Frauengestalt im Zentrum ist recht spontan gezeichnet.

Wenn Sie Aquarellstift mit Wasser vermalen, ist es oft günstiger, das Bild aus Arealen reiner, ungemischter Farben zu komponieren. Wenn Sie nämlich mit Stiften viele Farben übereinanderlegen, ergibt sich leicht eine verschmierte, krümelig-klumpige Oberfläche. Deshalb hat der Maler die Figur einfach und klar gehalten und lediglich den dramatischen Kontrast zwischen hell und dunkel genutzt, ohne komplizierte Farbschichten aufzubauen. Die im Schatten liegenden Partien sind einfach schwarz angegeben; das Profil blieb papierweiß. Zwischen diesen Extremen gibt es nur ganz wenige Farben: ein paar Fleischtöne und das strahlende Rot des Kleides.

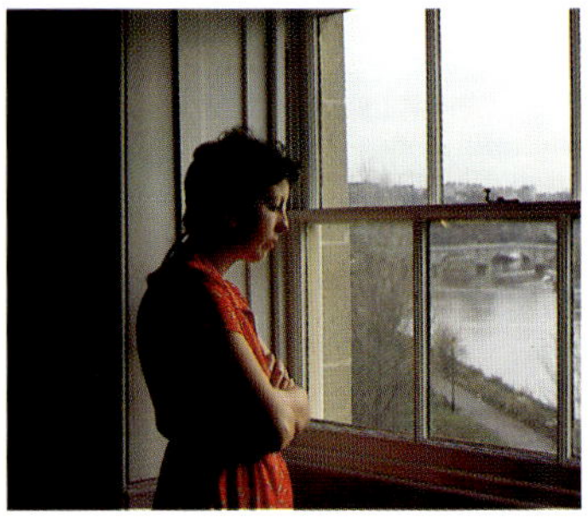

FARBPALETTE

Ein Kasten mit 24 Aquarellstiften

MALGRUND

Glatter Zeichenkarton

356 × 508 mm

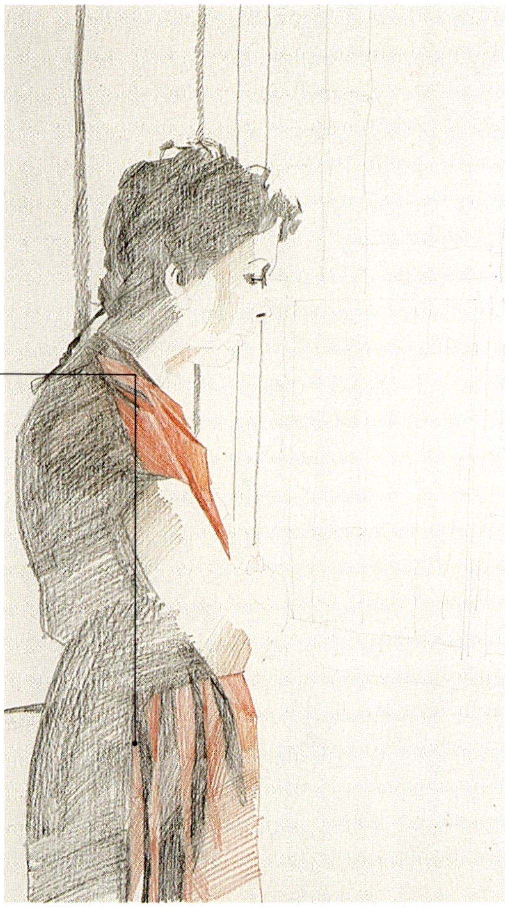

1. ERSTES STADIUM
Skizzieren Sie die Schattenpartien des Kleides mit Schwarz, die helleren Bereiche mit Rot und die Hauttöne mit zartem Rosa. Handhaben Sie die Aquarellstifte wie normale Farbstifte, legen Sie Schraffuren und Kreuzschraffuren an. Für das Haar nehmen Sie Schwarz.

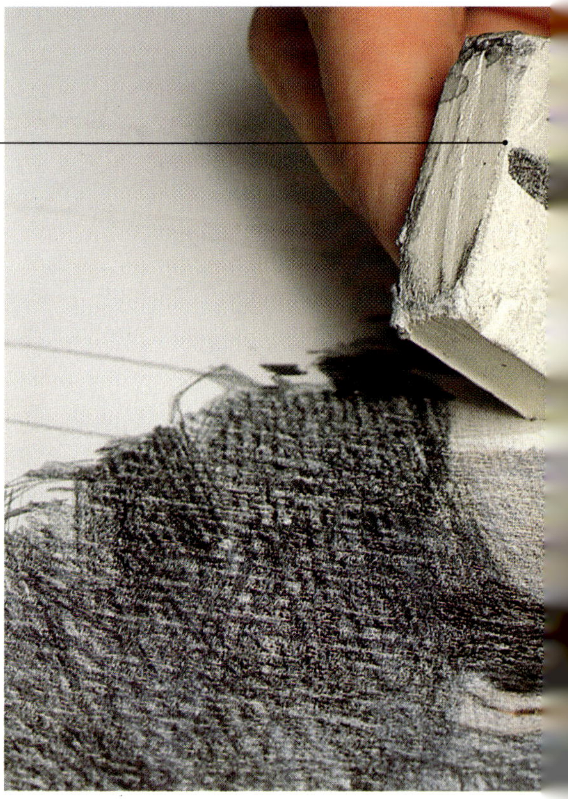

2. GESICHT
Verwenden Sie einen mittleren Braunton und Blau für die Schatten im Gesicht. Mit Hilfe eines Radiergummis lassen sich weiche Übergänge zwischen hellen und dunklen Bereichen schaffen.

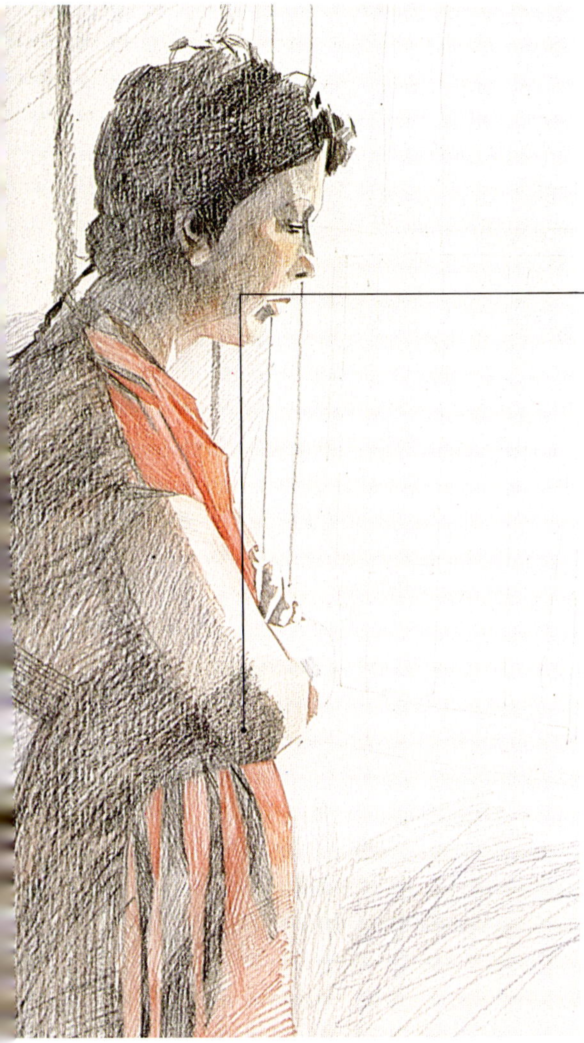

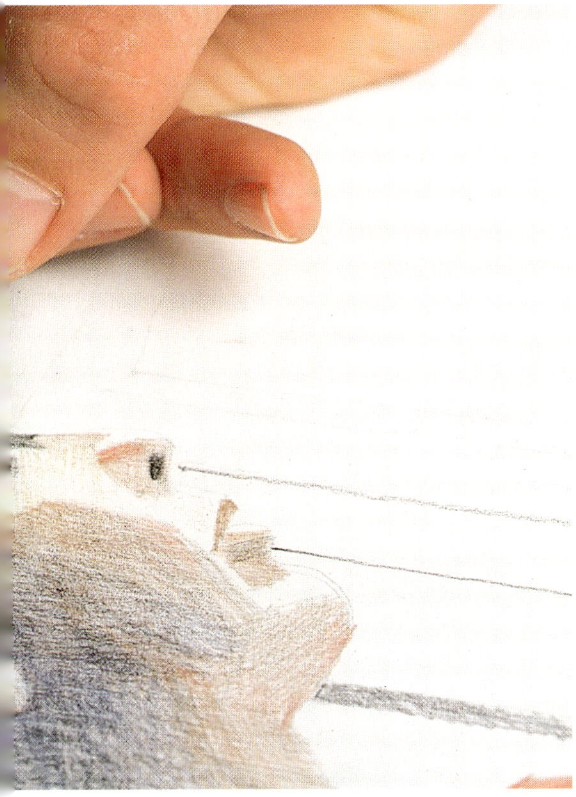

3. SCHATTIERUNGEN
Bauen Sie die dunkleren Töne aus vielen leichten Strichen übereinander auf. Dies ist besser, als zu versuchen, einen dunklen Ton auf einmal mit starkem Druck auf den Stift zu erzielen. Die dünnen Schichten wirken nicht nur sensibler, sondern man kann die Farben bei dieser Technik auch besser kontrollieren.

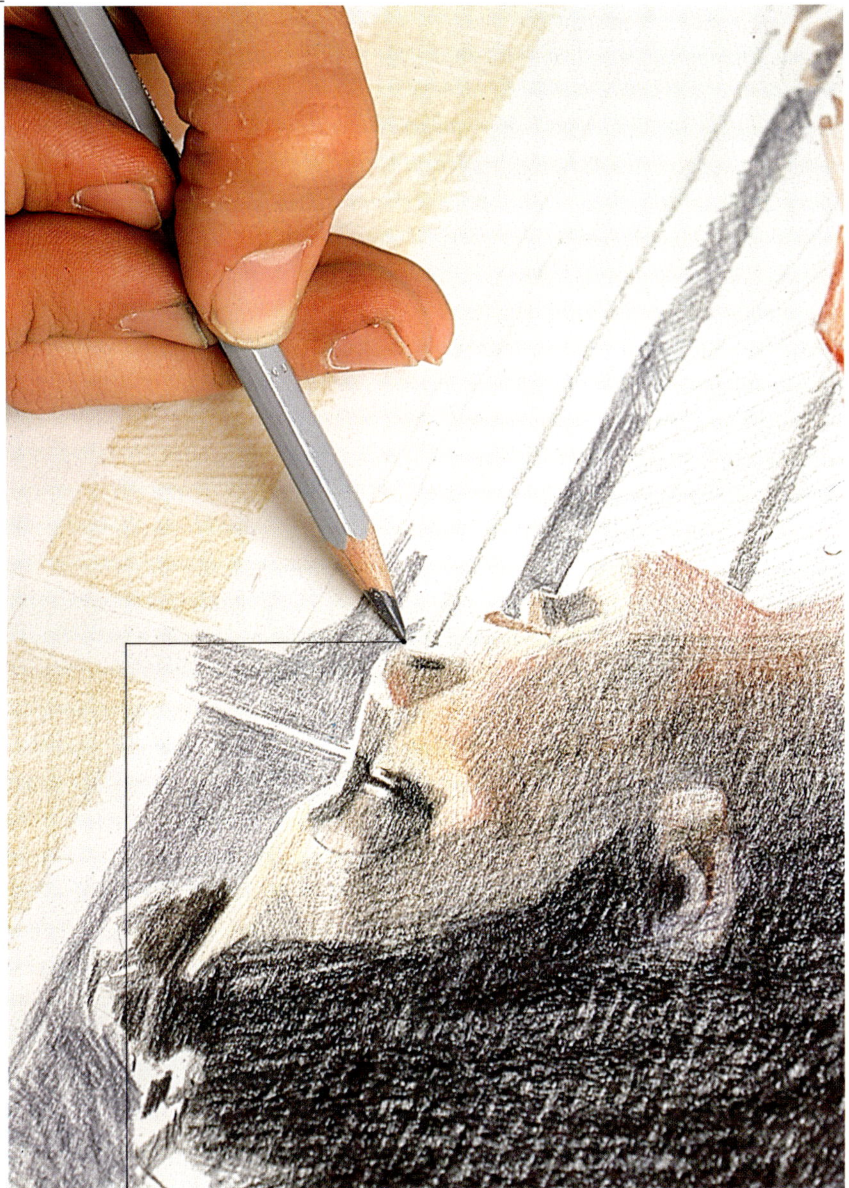

4. GLANZLICHTER
Wenn Sie die Partien um die Figur zeichnen, nutzen Sie das weiße Papier, um die Glanzlichter entlang der Profillinie darzustellen. Verwenden Sie einen gut gespitzten Stift, damit die Formen klar werden.

5. INNENRAUM
Ziehen Sie die geraden Linien des Fensterrahmens mit einem Lineal, und geben Sie die Sprossen mit kurzen, parallelen Strichen wieder. Skizzieren Sie die Wand unter dem Fenster und den Schatten hinter der Figur mit lockeren Strichen.

6. AUSBLICK
Skizzieren Sie die Landschaft hinter dem Fenster mit leichten Strichen, deuten Sie die ungefähren Farben und Formen von Brücke, Bäumen und Fluß an.

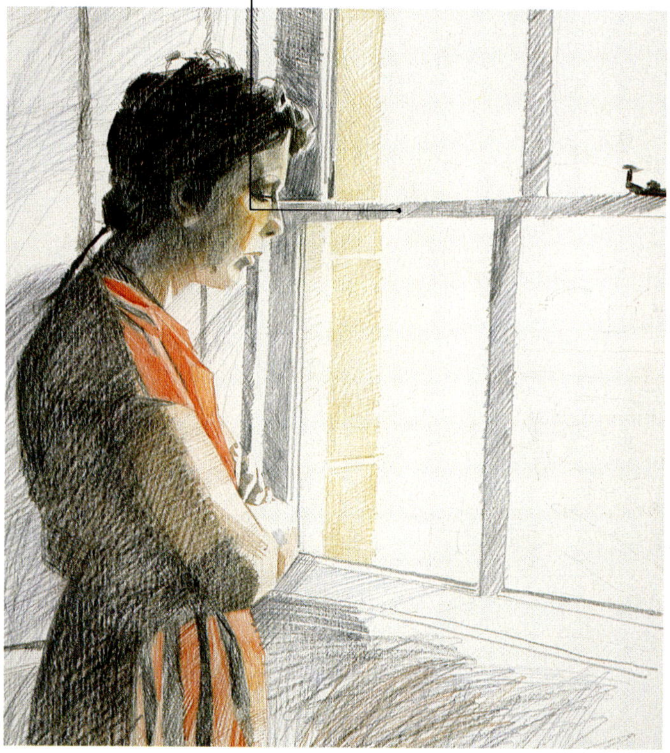

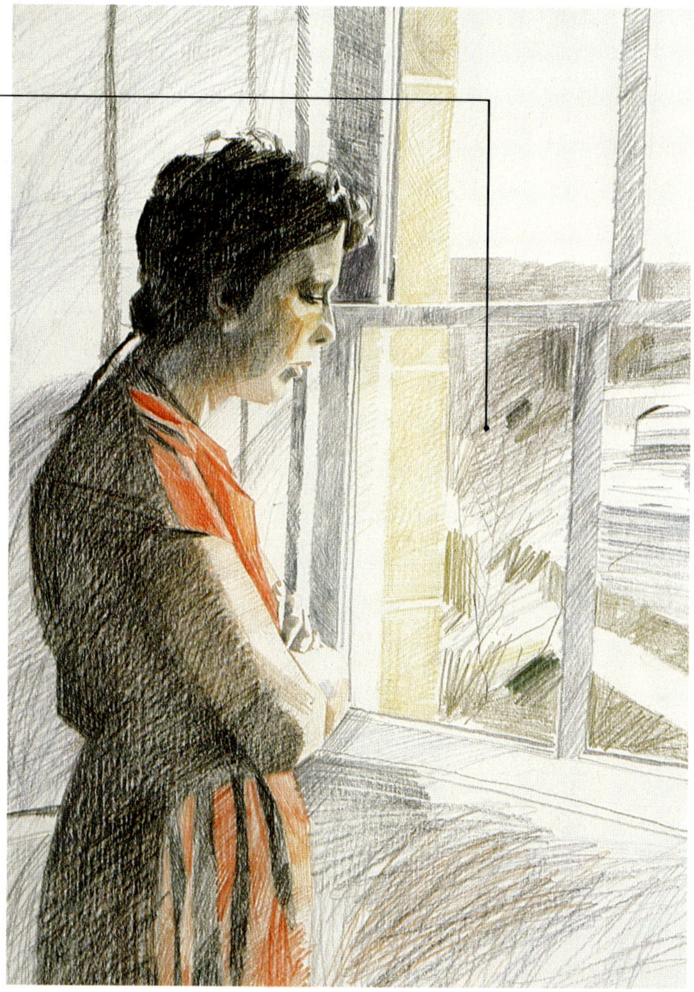

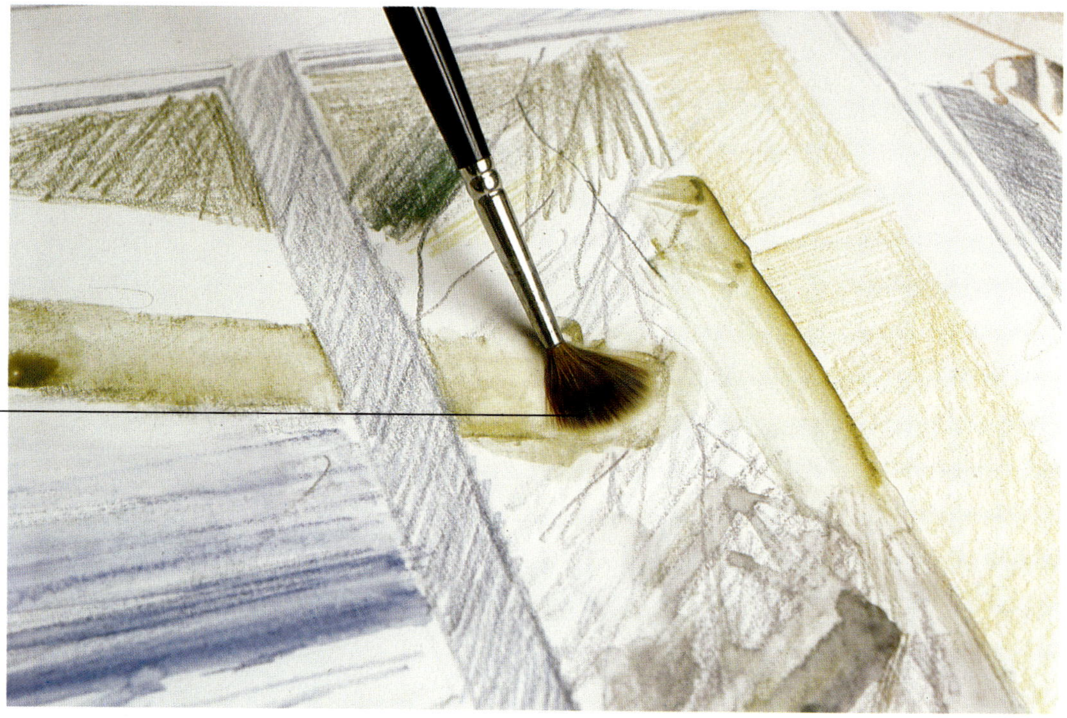

7. ÜBERARBEITUNG MIT WASSER
Beginnen Sie nun die Formen der Landschaft hinter dem Fenster mit einem Rundpinsel und klarem Wasser zu überarbeiten.

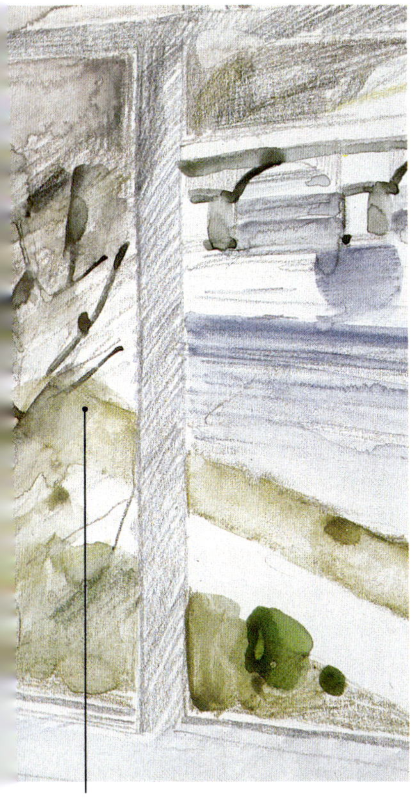

8. AQUARELLEFFEKT
Halten Sie sich nicht an Details fest, sondern entwickeln Sie sanfte, fließende Konturen und Flecke. Das Ergebnis wird einem herkömmlichen Aquarell ähneln.

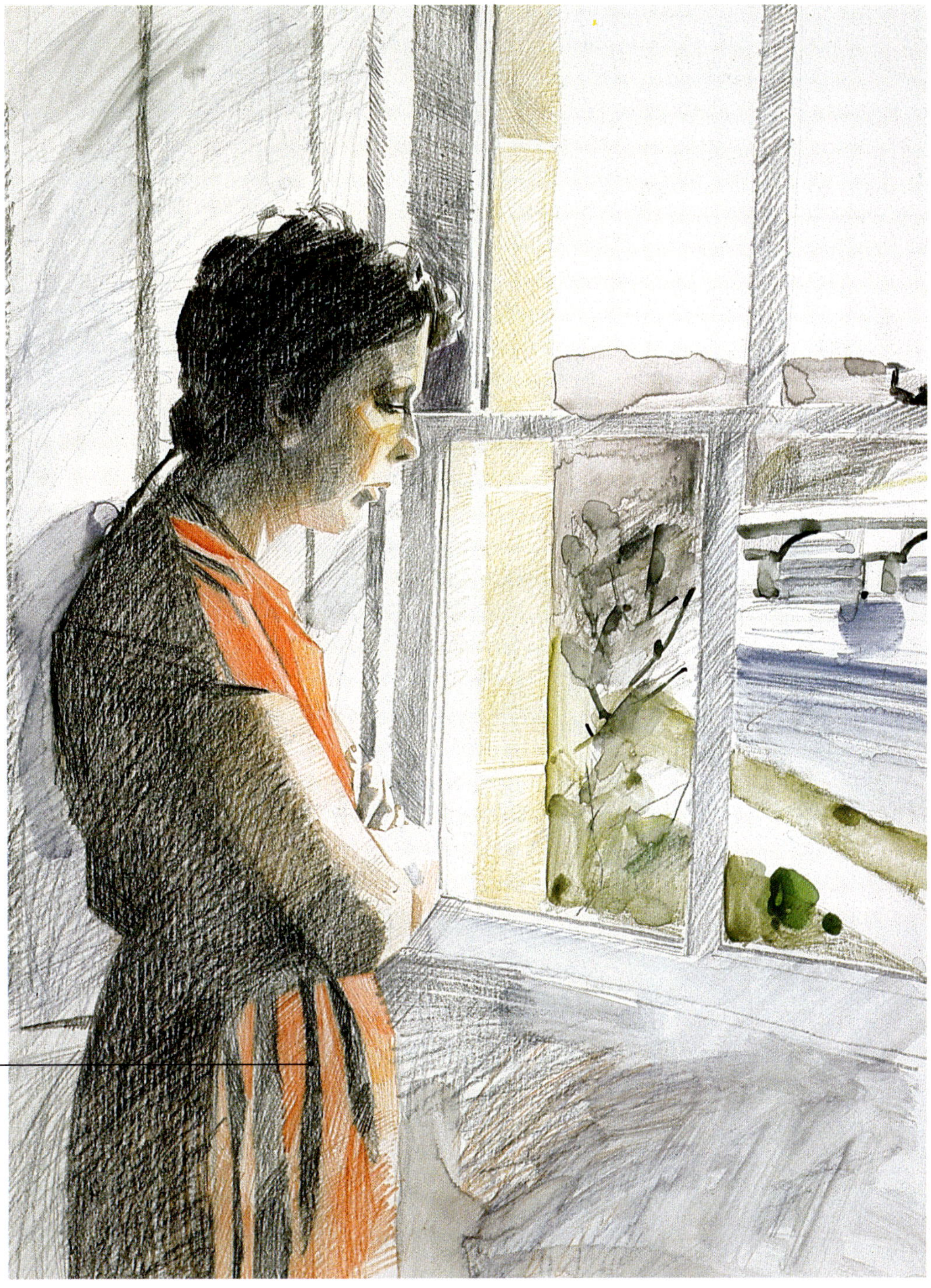

9. DAS FERTIGE BILD
Das fertige Bild zeigt, wie kreativ verschiedene Techniken – lockeres Stricheln und weiches Verwischen der Farben mit Wasser – in ein Kunstwerk einfließen können. Durch das Verwischen der Farben in der Landschaft hat der Künstler ein Bild im Bild geschaffen, das einen Kontrast zu der Szene im Zimmer abgibt.

MISCH-TECHNIKEN

Aquarellfarbe läßt sich mit fast jedem anderen Medium, sogar mit Ölfarbe, kombinieren. Da sie in zarten, dünnen Schichten aufgetragen werden kann und trocknet, ohne die Textur des Papiers zu verändern, können Sie auf einem so aquarellierten Bildgrund mit ganz verschiedenen Materialien weiterarbeiten: mit Tusche, Kohle, Farbstiften, Filzstiften, Pastellkreide und vielen anderen Medien, die wiederum einzeln oder miteinander kombiniert verwendbar sind.

Man kann sich auch die Tatsache zunutze machen, daß Wasserfarbe sich nicht mit Wachs oder Öl verbindet. Wenn Sie zuerst mit Wachsfarbe, Ölkreide oder dünner Ölfarbe malen, wird danach aufgetragene Wasserfarbe an diesen Stellen abgestoßen, so daß der mit fetthaltigem Material bearbeitete Bereich intakt bleibt und in Farbe und Struktur ein Teil des Bildes wird.

Die Kombination verschiedener Medien eröffnet dem Künstler viel Freiraum für Phantasie und eigenes Experimentieren. Wenn Sie verschiedene Materialien ausprobieren, bekommen Sie ein sicheres Gefühl für die jeweiligen Qualitäten und das Zusammenspiel. Mit der Praxis wachsen Ihr Selbstvertrauen und Ihr Geschick. Gerade auf diesem Gebiet spielen der persönliche Geschmack und die eigene Kreativität eine wichtige Rolle.

AQUARELLFARBE AUF ÖLKREIDE

1. Tragen Sie die Ölkreide auf.

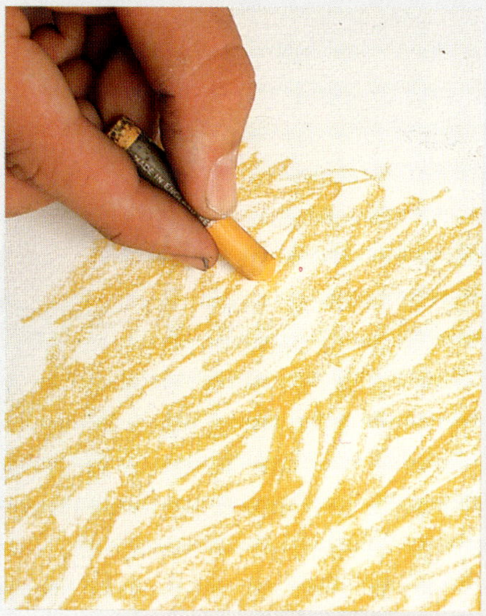

2. Malen Sie die Aquarellfarbe in leichten Strichen über die Ölkreide.

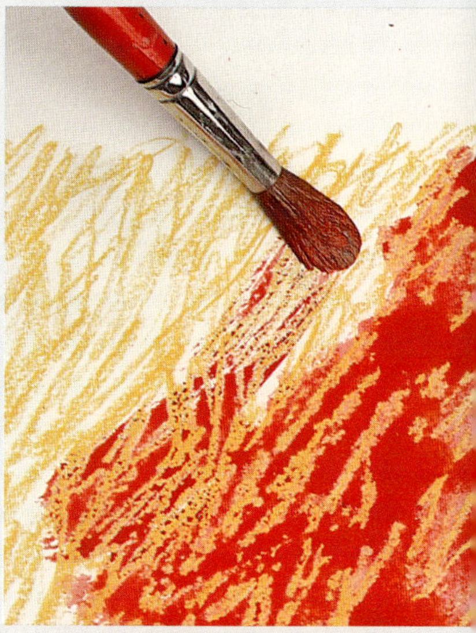

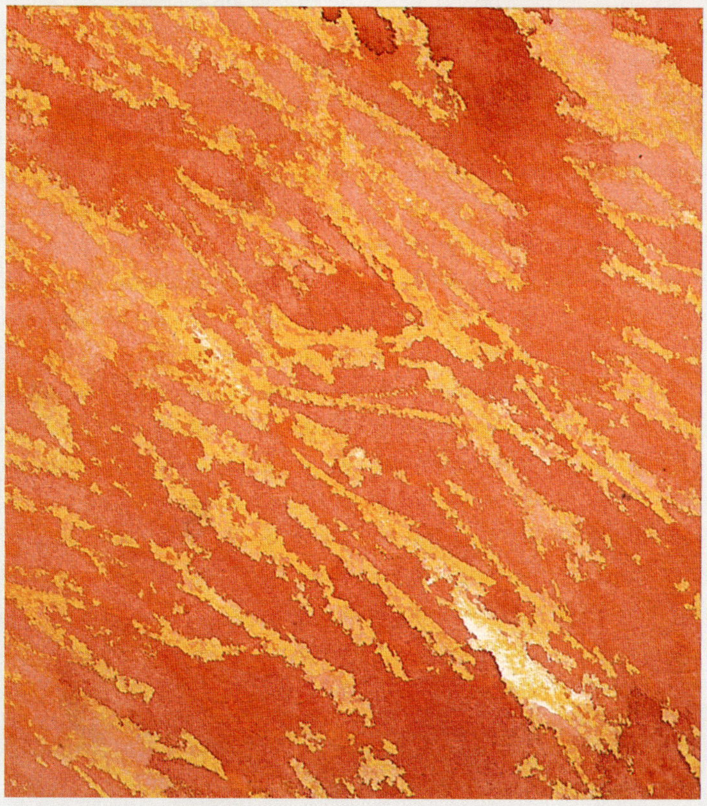

3. Die Ölkreide stößt die Wasserfarbe ab und bleibt deshalb sichtbar.

GOUACHE, KOHLE UND ÖLKREIDE

1. Tragen Sie zunächst eine Schicht Gouache auf.

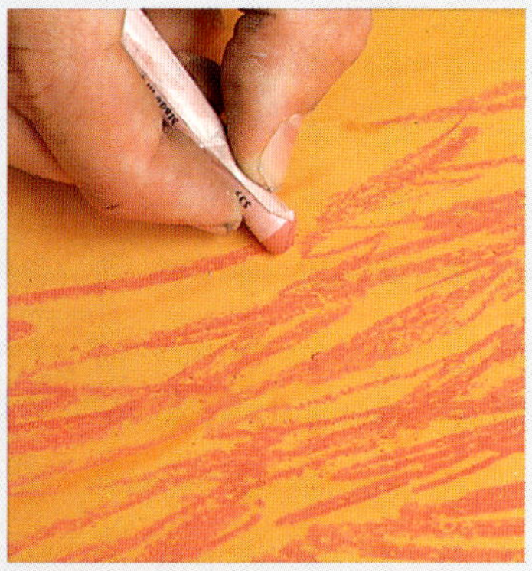

2. Übermalen Sie die Gouache mit Ölkreide.

3. Sie können auch mit Kohle auf der Gouache zeichnen.

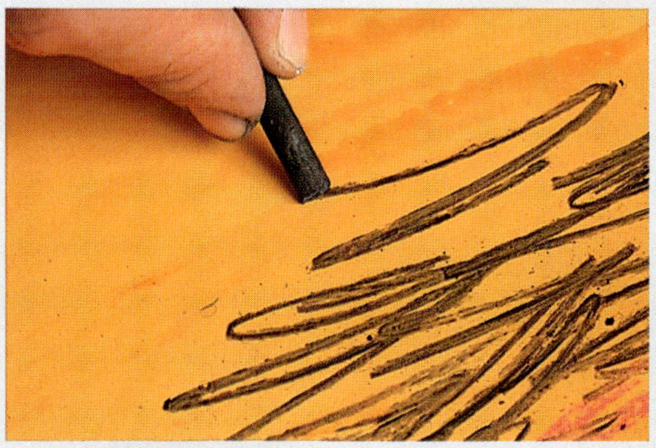

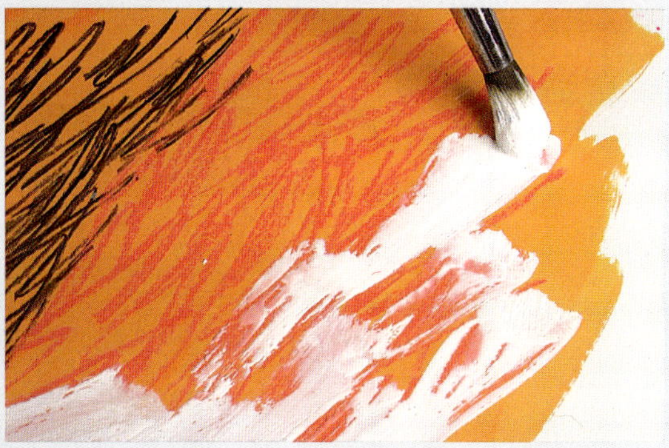

4. Nun malen Sie mit Aquarellfarbe oder Gouache weiter. Die Ölkreide stößt die Wasserfarbe ab, aber die Kohle mischt sich mit ihr, es sei denn, sie ist fixiert worden.

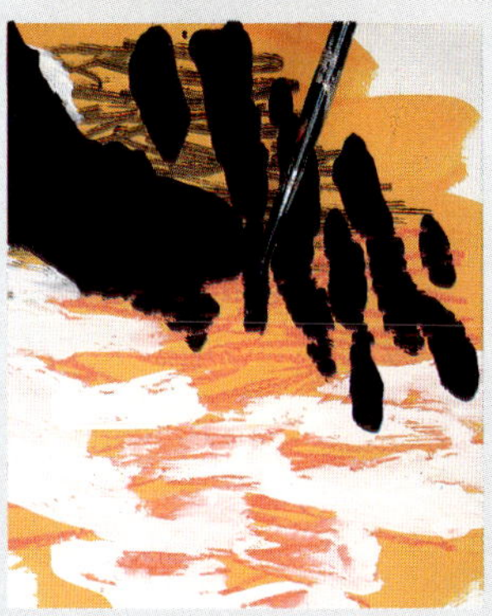

5. Tragen Sie weitere Farben auf. Mit Tusche, Bleistift oder Kreide können ebenfalls interessante Effekte erzielt werden.

6. Alle verwendeten Materialien tragen zum Ergebnis bei.

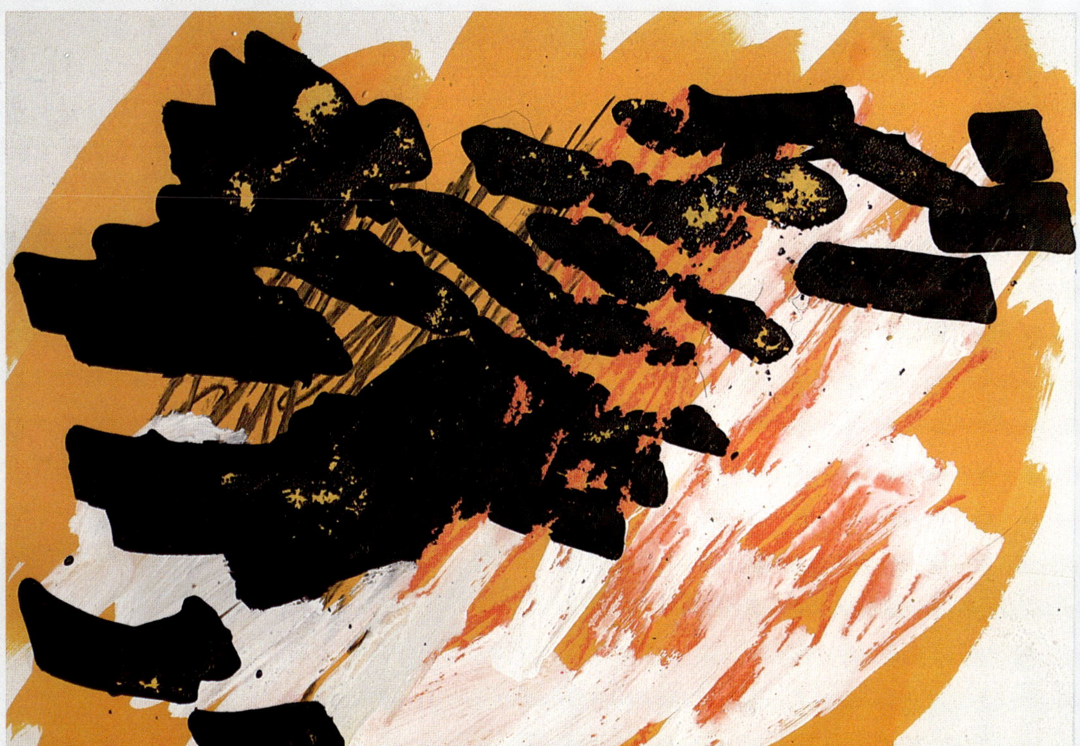

MAISKOLBEN

Ein Experiment mit einem simplen Bildgegenstand in einer einfachen, strengen Komposition, das leicht hätte schiefgehen können, aber dank der Verwendung verschiedener Medien frisch und ansprechend wirkt.

Der Maler hat hauptsächlich mit Aquarellfarben gearbeitet, aber für die nachträglich aufgetragenen hellen Töne, Glanzlichter und feinen linearen Strukturen weiße Gouache verwendet. Von Anfang an ging es dem Künstler um eine ausdrucksstarke, graphisch einfache Gestaltung. Die Schatten wurden mit Absicht in einem flachen, stumpfen Grau gemalt und spielten zunächst lediglich eine kompositorische Rolle, wobei ihre strengen Linien durch die organische Form des Maiskolbens gemildert werden. Um ihre Flächigkeit zu beleben, hat der Maler in die Schattenstreifen mit schwarzem Stift lockere Kreuzschraffuren gesetzt, besonders bei dem dunklen Schatten des Maiskolbens.

Die Kreuzschraffuren und andere graphische Elemente entstanden mit Farbstiften und Bleistift. Beide Stifte haften sehr gut auf einer stumpfen Oberfläche, ihr Nachteil ist jedoch, daß man sie nur schwer wieder entfernen kann. Wenn Sie erst wenig Übung haben, setzen Sie Farbstifte besser nur an solchen Stellen ein, die Spontaneität vertragen und wo nicht unbedingt alles exakt stimmen muß. Außerdem sollten Sie besondere Struktureffekte auf einzelne, ausgewählte Bildbereiche beschränken.

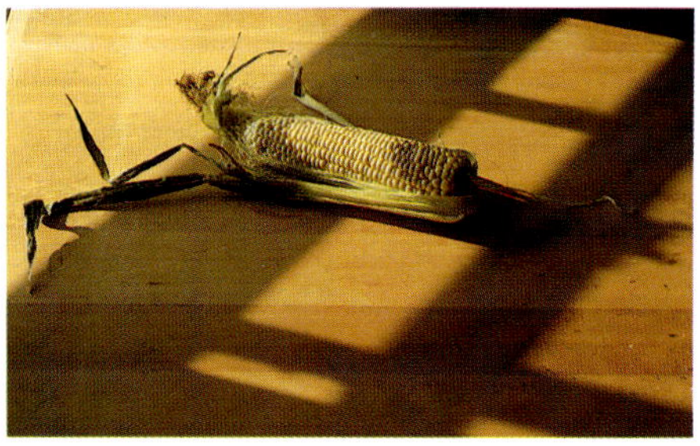

FARBPALETTE	
Lichter Ocker	Umbra Natur
Kadmiumgelb	Saftgrün
Paynesgrau	Elfenbeinschwarz
Zitronengelb	
Gouache	
Titanweiß	
MALGRUND	
Ivorex-Karton	
381 × 508 mm	

1. HAUPTFORMEN
Arbeiten Sie ohne Vorzeichnung; deuten Sie die Elemente des Maiskolbens mit dünnen Farbschichten an, und achten Sie darauf, daß er sich ungefähr in der Mitte des Bogens befindet und rundherum genug Platz bleibt. Verwenden Sie für die Blätter Saftgrün und für die Körner Kadmiumgelb und lichten Ocker.

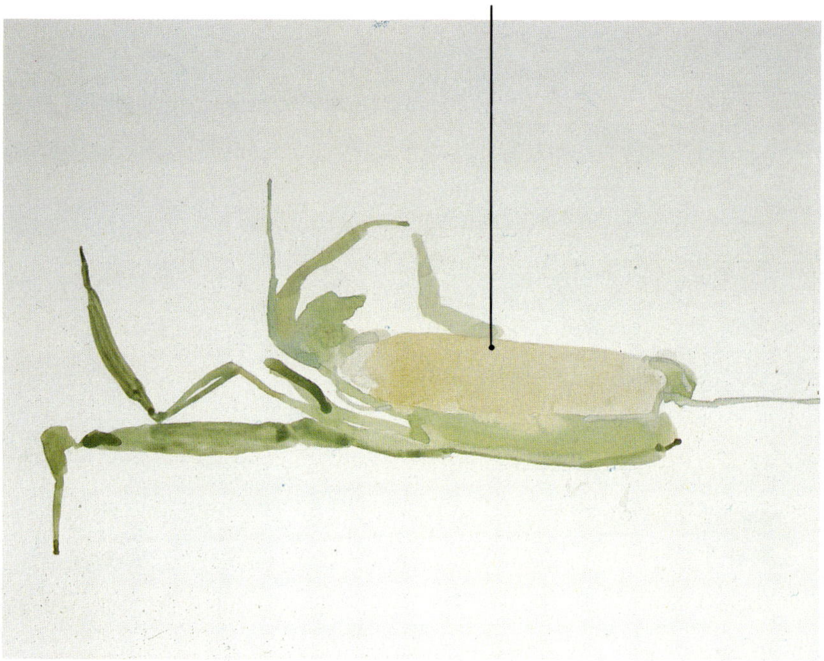

2. STRUKTURIERUNG
Überarbeiten Sie den Maiskolben mit dunkleren Tönen der Ausgangsfarben, deuten Sie auf diese Weise Plastizität und Struktur an.

3. TISCH
Skizzieren Sie die Tischfläche mit e dünnflüssigen Mischung aus lichte Ockergelb und Umbra Natur. Wenn diese Schicht trocken ist, zeichnen mit Paynesgrau die Schatten auf de Tisch.

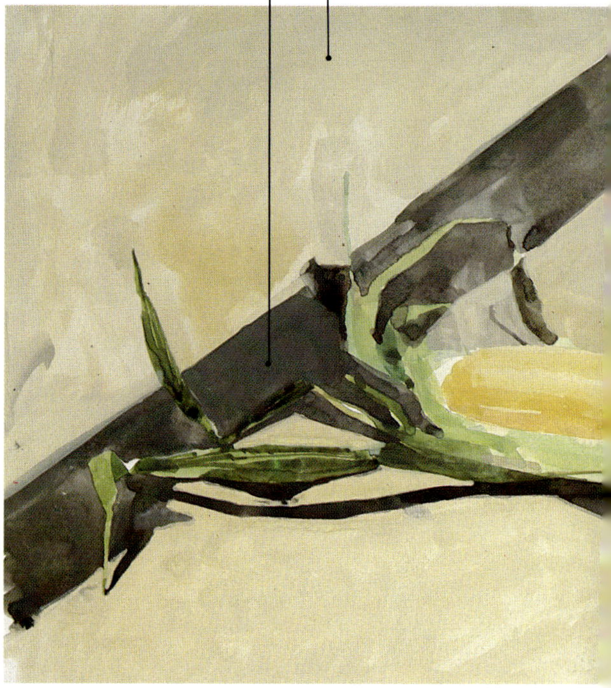

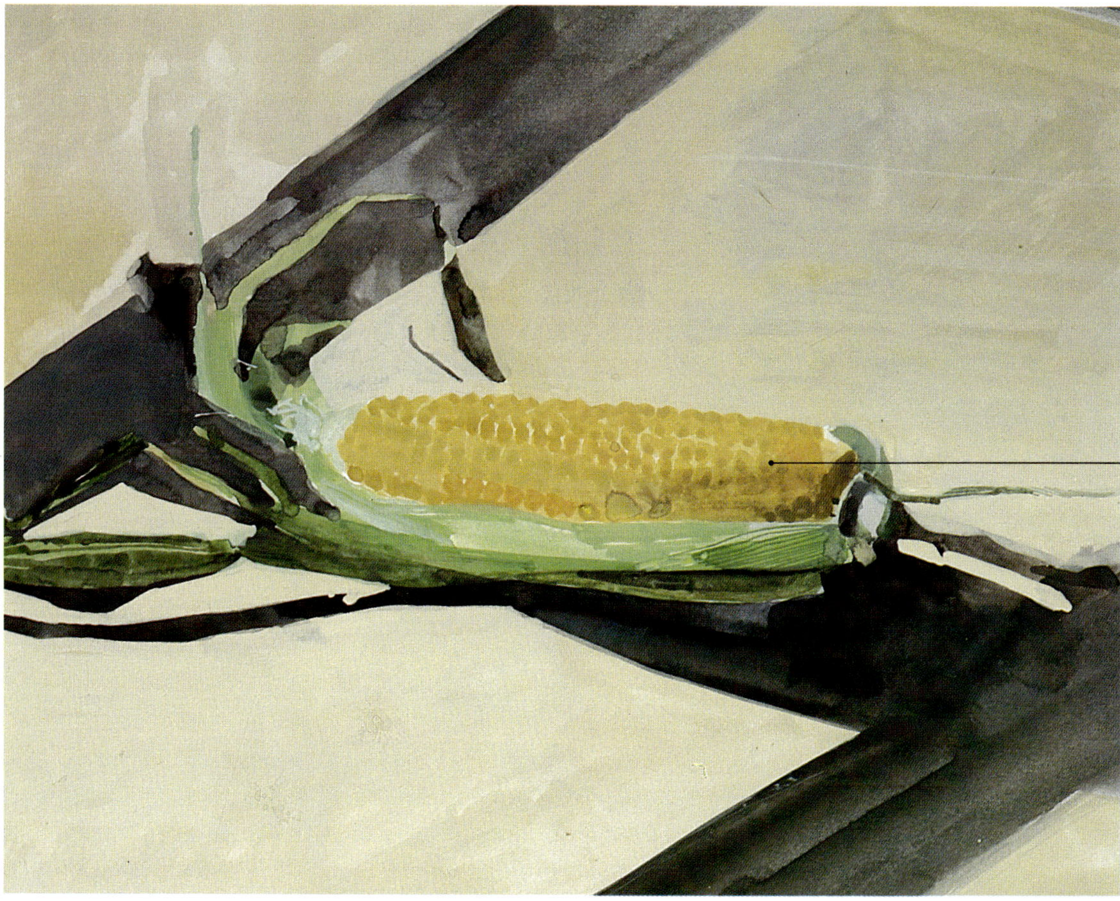

4. MAISKOLBEN
Malen Sie mit der Spitze eines Pinsels Nr. 3 die Maiskörner und die Details auf dem Kolben. Zeichnen Sie die Blattrippen in Saftgrün mit einem Hauch Elfenbeinschwarz. Die dunklen Flecken auf dem unteren Teil des Kolbens werden mit Umbra Natur angedeutet, die Oberfläche des Maiskolbens wird mit gleichmäßigen Pinselstrichen in Kadmiumgelb und Umbra Natur überarbeitet.

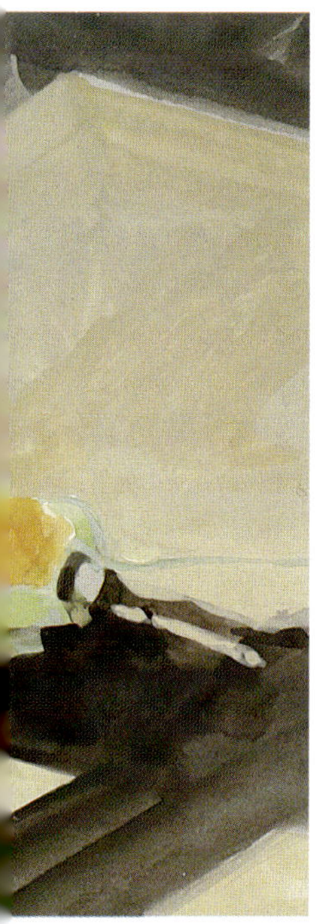

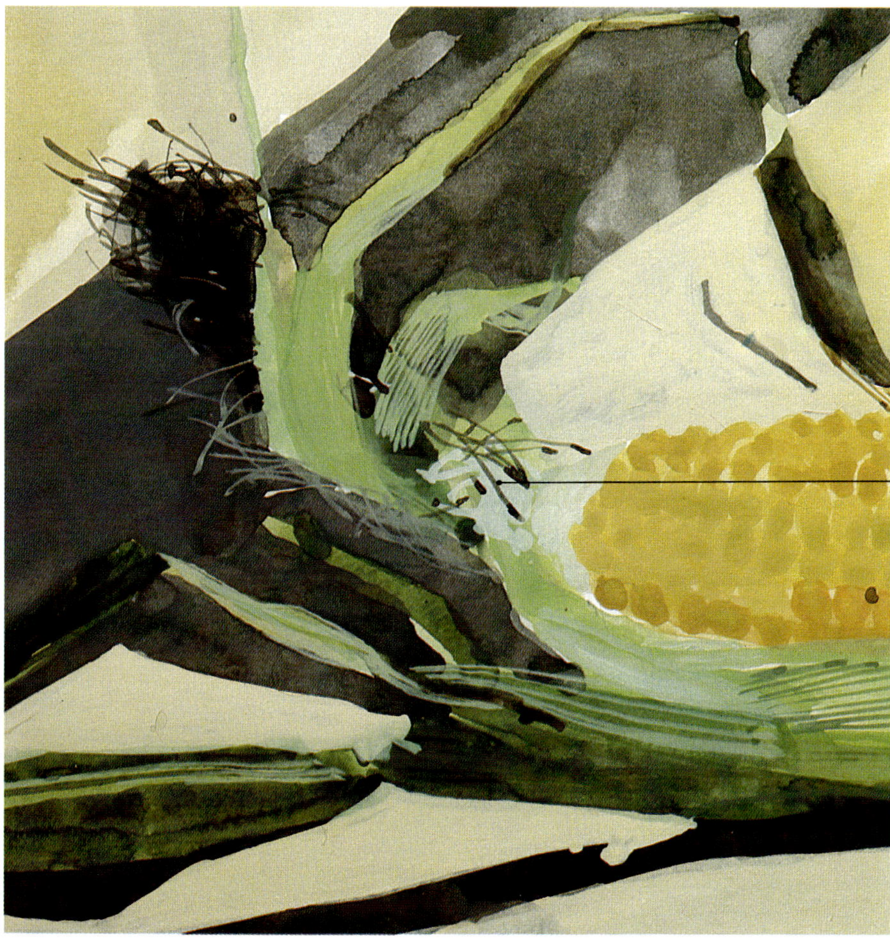

5. FASERBÜSCHEL
Zeichnen Sie mit dem gleichen Pinsel die Faserbüschel an der Spitze des Maiskolbens. Sie werden als feine, transparente schwarze oder weiße Linien wiedergegeben. Vereinfachen Sie, bewahren Sie aber die subtilen Strukturen des Vorbilds. Dicke Striche würden die Darstellung verderben.

6. MAISKÖRNER
Arbeiten Sie mit einer Mischung aus weißer Gouache und Zitronengelb die kleinen Maiskörner aus, und tupfen Sie dann mit Umbra Natur kleine dunkle Schattenpunkte dazwischen. Wenn diese trocken sind, setzen Sie auf jedes Korn ein weißes Glanzlicht, um Plastizität zu schaffen.

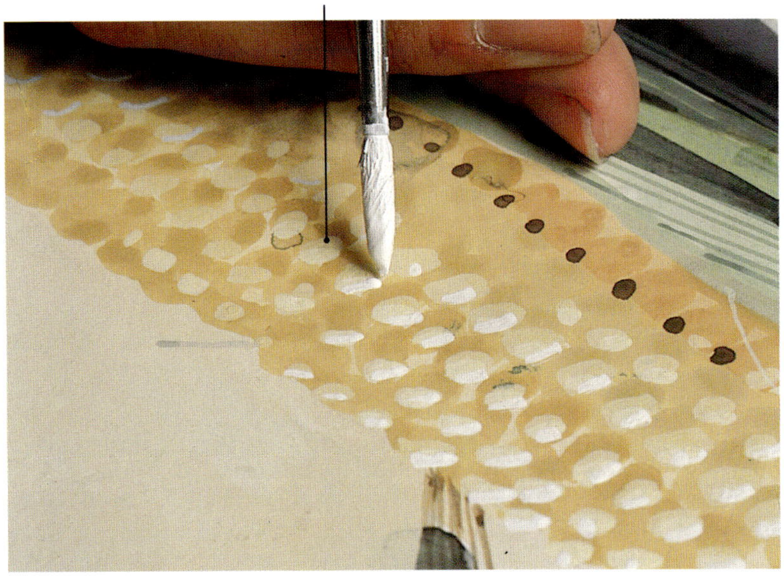

7. BLÄTTER
Geben Sie mit hellen Linien in dünner weißer Gouache die Rippen auf den Blättern an.

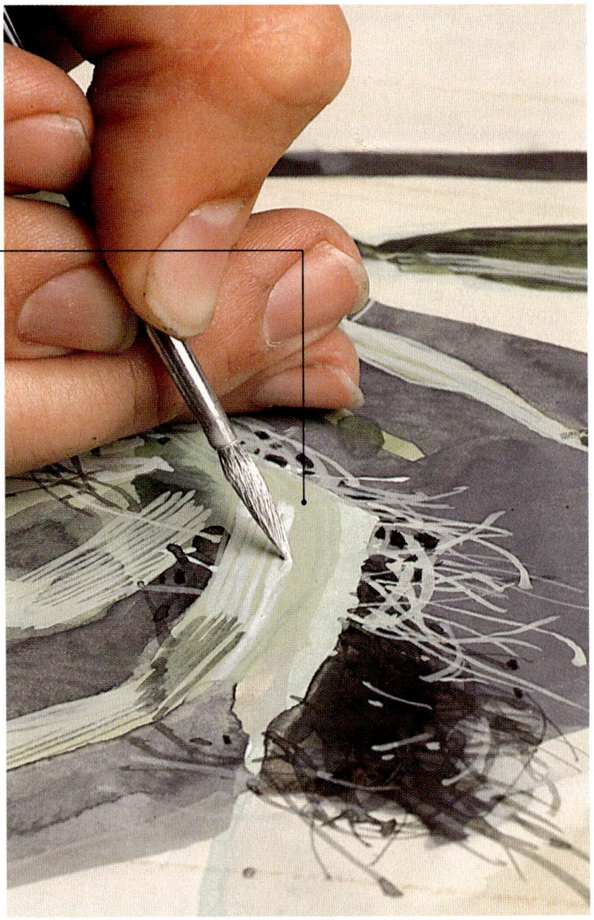

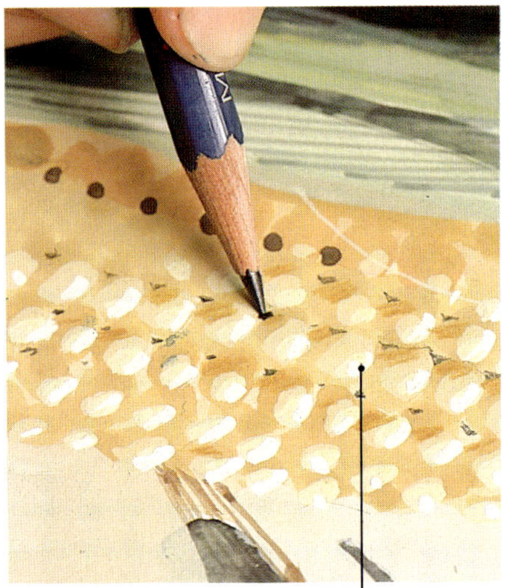

8. SCHATTENPUNKTE
Vertiefen Sie mit einem Bleistift die Schattenpunkte auf dem Maiskolben. Der Bleistift haftet auf der stumpfen Oberfläche sehr gut, und selbst zarte Spuren kommen recht dunkel und intensiv heraus.

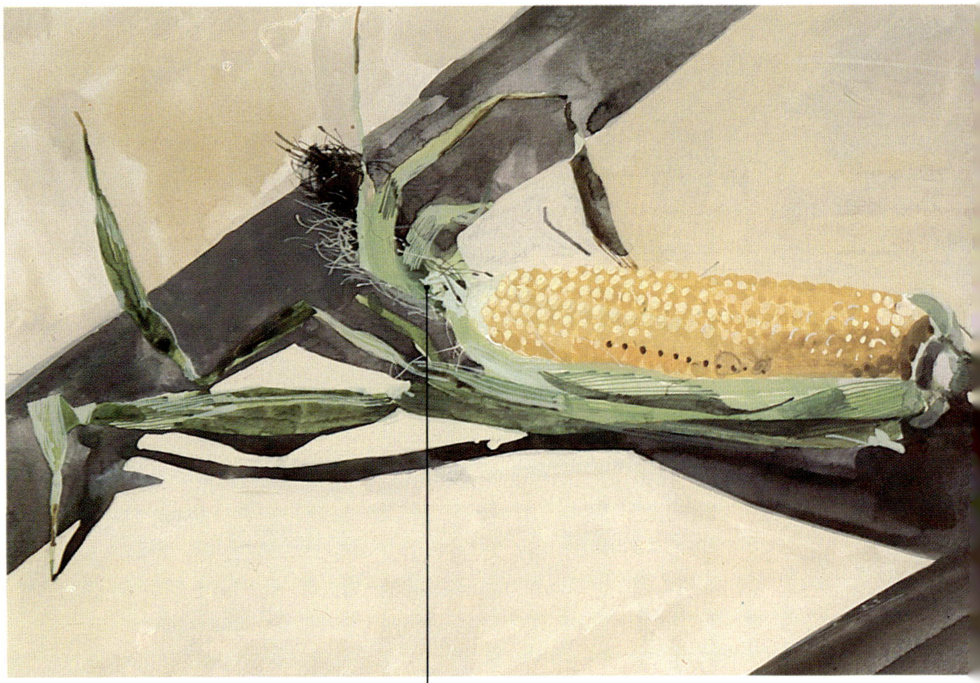

9. DETAILS
Zeichnen Sie mit Farbstiften weitere lineare Details. Hier wurden die Blätter mit Dunkelgrün und Grau weiter strukturiert, Glanzlichter mit Hellgrau angedeutet.

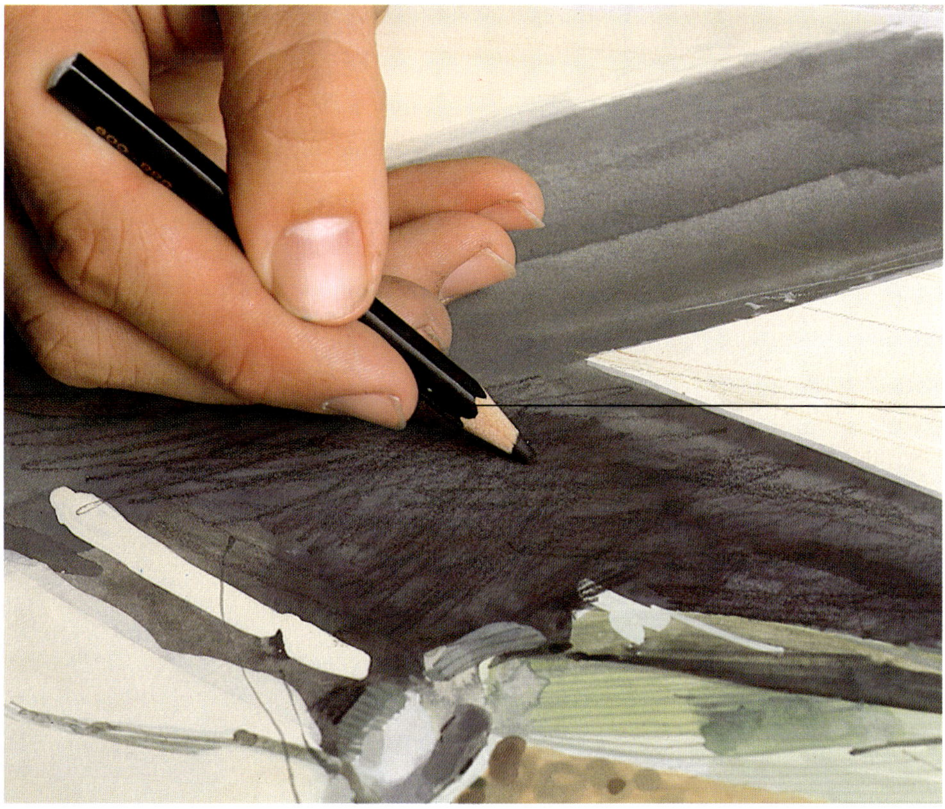

10. VERTIEFEN DER SCHATTEN
Überarbeiten Sie die vom Fensterrahmen geworfenen Schatten mit einem schwarzen Stift, so daß ihre flachen Formen eine lebhafte, dunkle Struktur erhalten. Verwenden Sie lockere Kreuzschraffuren, auch für die Schatten um den Maiskolben.

11. DAS FERTIGE BILD
Dem Künstler ist es gelungen, die charakteristische Form des Maiskolbens mit Aquarellfarbe und Gouache genau einzufangen, wobei lediglich zum Schluß an einigen Stellen auch Farbstifte verwendet wurden. Aus der weißen Gouache mischte er die hellen Töne und die Glanzlichter, und mit ihrer Hilfe und den Bleistiftpünktchen wurde die Struktur des Maiskolbens wiedergegeben.

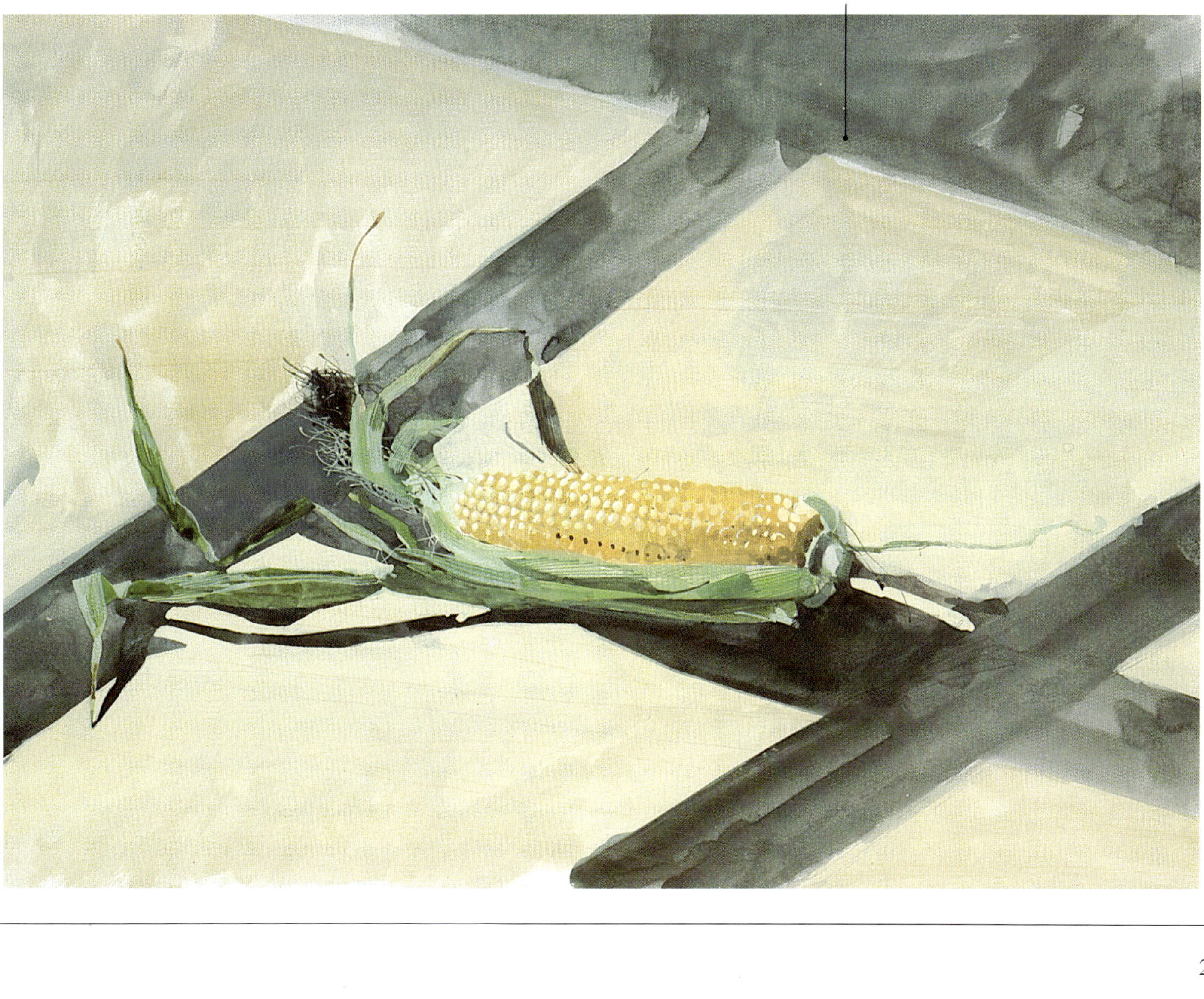

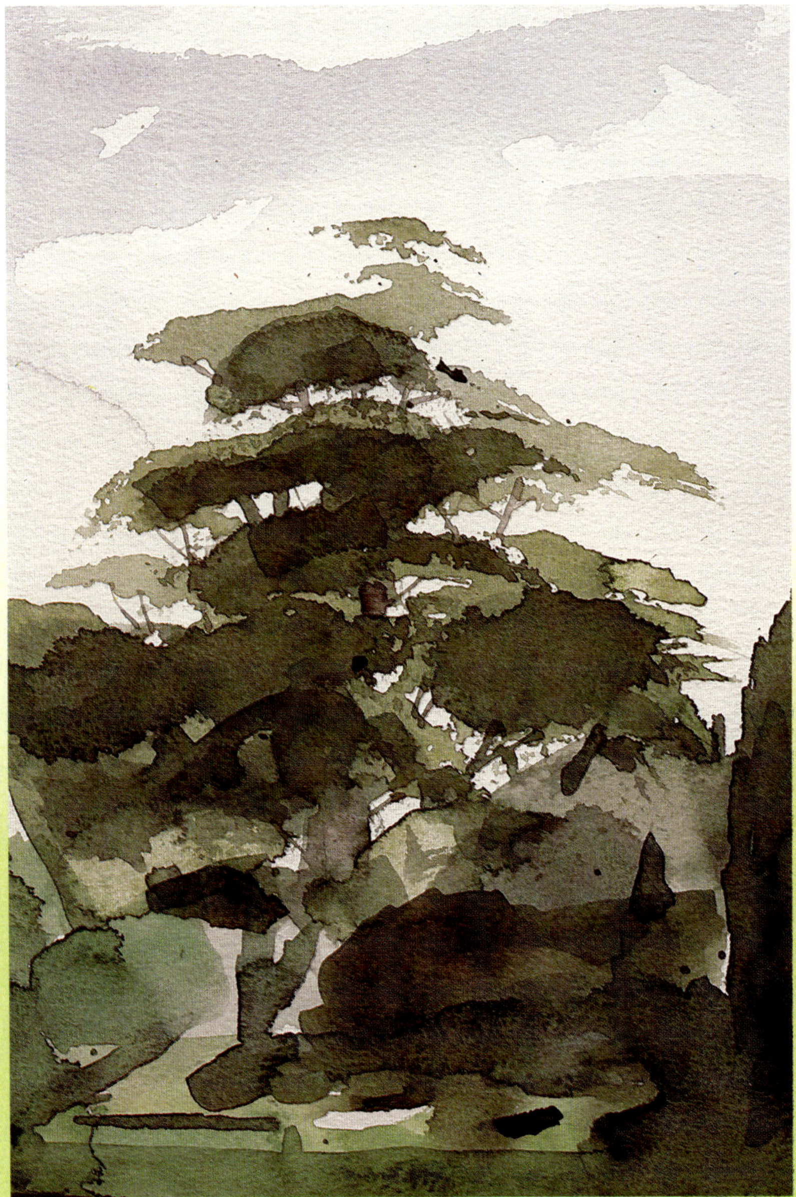

EINFACHE TECHNIKEN

Mit manchen Bildgegenständen, die Ihnen zunächst kompliziert oder schwierig vorkommen, läßt es sich oft auf ganz einfache Weise fertig werden. Viele Künstler gestalten Teile ihrer Bilder nach Standardformeln, die sie im Laufe der Zeit für die Lösung bestimmter Probleme entwickelt haben.

Nichts spricht dagegen, sich an erprobte Rezepte zu halten, denn sie können oft helfen, einen besonders vertrackten Gegenstand wiederzugeben. Anfänger finden es z. B. oft fast aussichtslos, Wasser, Himmel oder Bäume darzustellen. Wenn Sie jedoch die Arbeiten professioneller Künstler betrachten, werden Sie feststellen, daß sie mit den gleichen Problemen zu kämpfen hatten und oft überraschend einfache Lösungen gefunden haben.

BÄUME IM WINTER

Es ist wichtig, einen Baum beim Malen genauso zu betrachten wie die menschliche Gestalt, deren sichtbare Linien und Formen durch Knochen und Muskeln definiert werden. Auch Bäume haben so ein Skelett, ein Gerüst, das Form und Gestalt des Ganzen festlegt, auch wenn es vielleicht von dichtem Laub verborgen wird. Wenn Sie Bäume überzeugend wiedergeben wollen, müssen Sie diese innere Struktur im Auge behalten.

An winterkahlen Bäumen können Sie den Aufbau von Stamm, Ästen und Zweigen deutlich erkennen. Beim Zeichnen oder Malen sollten Sie mit dem Stamm und den großen Ästen beginnen, wie der Maler es auch bei unserem Beispiel gemacht hat, und sich dann den kleineren Zweigen widmen. Achten Sie besonders auf den Raum zwischen den Ästen und Zweigen: Er kann Ihnen helfen, die Positivformen, d. h. die Äste selbst, darzustellen.

FARBPALETTE	
Schwarz	Umbra Natur
MALGRUND	
Aufgespanntes Kartonpapier 254 x 356 mm	

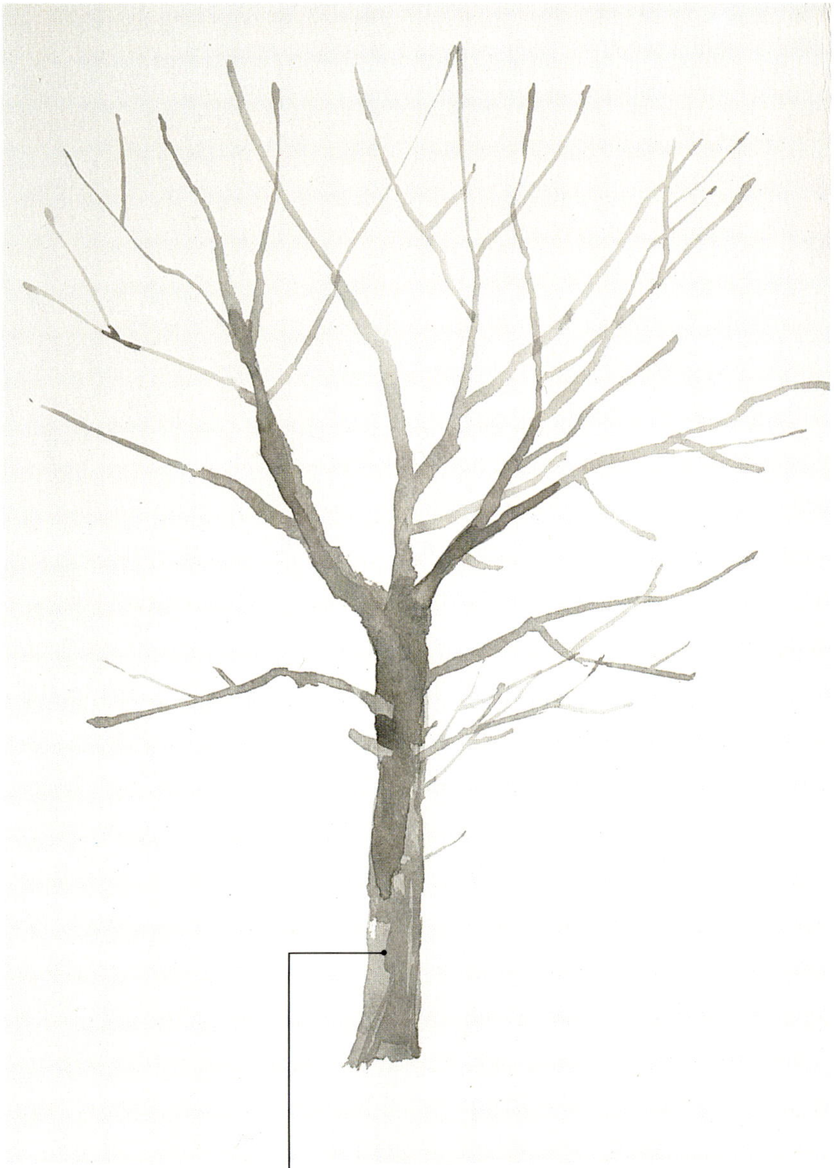

1. GRUNDFORM
Beginnen Sie mit dem Stamm und den Hauptästen. Achten Sie darauf, wie die Äste vom Stamm ausgehen und wie der Raum zwischen den Ästen umgrenzt ist. Verwenden Sie zuerst dünne Farbe – hier Schwarz und Umbra Natur –, und deuten Sie dann mit einem dunkleren Ton derselben Farbe die Schatten auf den gerundeten Formen an.

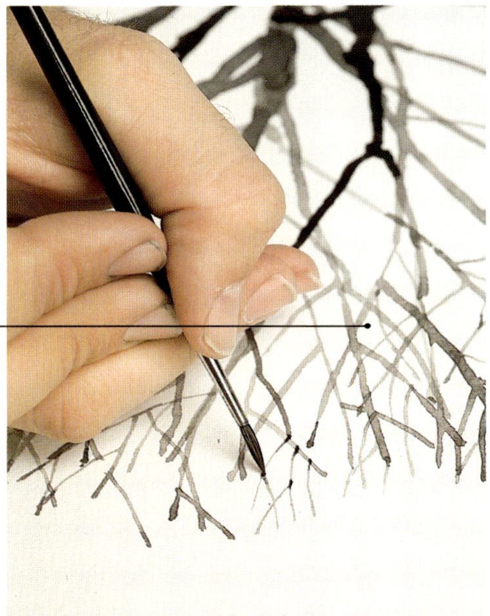

2. ZWEIGE
Zeichnen Sie die kleinen Zweige mit der Pinselspitze; arbeiten Sie dabei zur Peripherie hin.

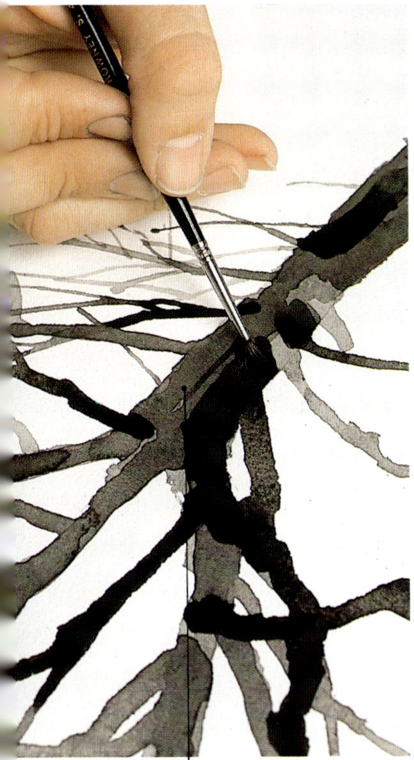

3. SCHATTEN
Zeichnen Sie kompakte, tiefschwarze Schatten auf den Stamm und die dickeren Äste. So erhält der Baum Plastizität und Körperlichkeit.

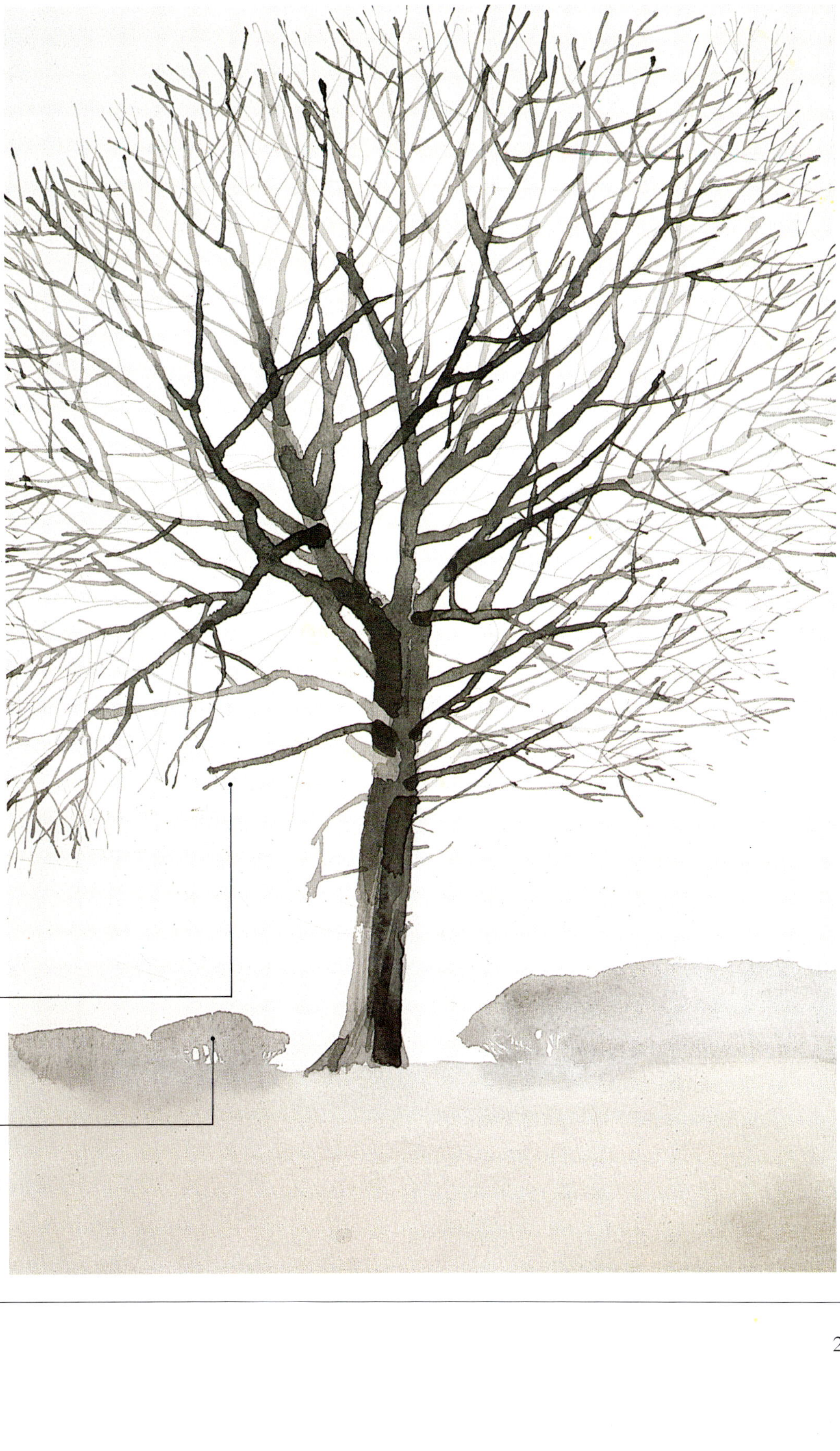

4. ÄSTE IM VORDERGRUND
Der Eindruck von Räumlichkeit läßt sich dadurch erreichen, daß Sie einige der Äste im Vordergrund dunkler zeichnen und sie so betonen.

5. DER FERTIGE BAUM
Weil alle Bäume eine ähnliche Struktur haben, können Sie immer nach dieser Grundmethode vorgehen. Gleichzeitig ist jeder Baum aber auch ein Individuum, und deshalb sollten Sie Ihr jeweiliges Modell sorgfältig betrachten und analysieren.

BÄUME IM SOMMER

Wenn Sie in der Ferne befindliche Bäume malen, sollten Sie der Versuchung widerstehen, Details anzugeben, die man von weitem gar nicht wahrnehmen kann. Statt dessen sollten Sie sich darum bemühen, die besondere Form und Struktur der Bäume einzufangen, die auch aus der Entfernung deutlich wird.

Denken Sie auch daran, daß man Bäume nicht »richtig« oder »falsch« malen kann; dieses Bild zeigt, daß es unterschiedliche Techniken gibt. Man kann mit dem Pinsel von hell nach dunkel arbeiten und das Blattwerk entweder mit kleinen Farbtupfen andeuten oder das Laub als einheitliche Masse behandeln. Sie können auch einen Schwamm verwenden: Das gerundete Ende eines Synthetikschwamms eignet sich ideal für die Wiedergabe der schirmförmig geschwungenen Äste mancher Bäume.

FARBPALETTE	
Kobaltblau	Saftgrün
Zitronengelb	Sepiabraun
Paynesgrau	
MALGRUND	
Aufgespanntes Bockingford-Papier 356 × 533 mm	

1. HIMMEL
Arbeiten Sie auf aufgespanntem Papier. Skizzieren Sie den Himmel mit einem Verwaschpinsel Nr. 18 in verdünntem Kobaltblau. Sparen Sie für die Wolken weiße Stellen aus, und lassen Sie die Farbe zum Horizont hin zarter werden, indem Sie sie mit Wasser ausziehen.

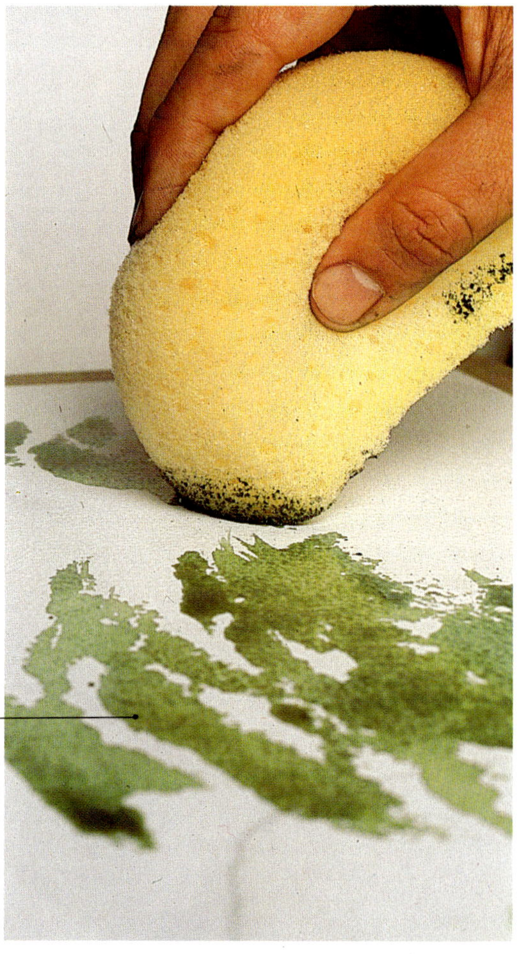

2. ÄSTE UND LAUB
Mischen Sie in einem flachen Schälchen Saftgrün, Zitronengelb und etwas Sepiabraun für die Bäume. Tupfen Sie die Umrisse der belaubten Äste mit dem gerundeten Ende eines Synthetikschwamms auf das Papier.

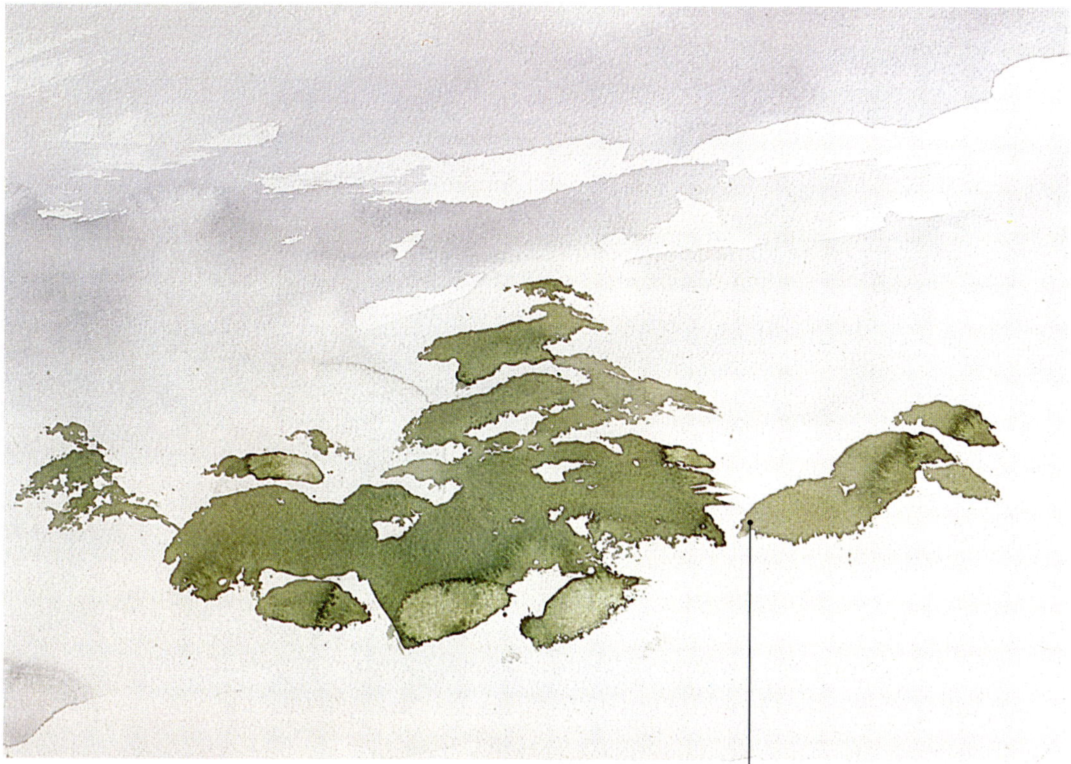

3. WEITERE FORMEN
Tupfen Sie diesen hellen Grundton mit dem Schwamm auf, bis die Hauptumrißlinien der Bäume stehen.

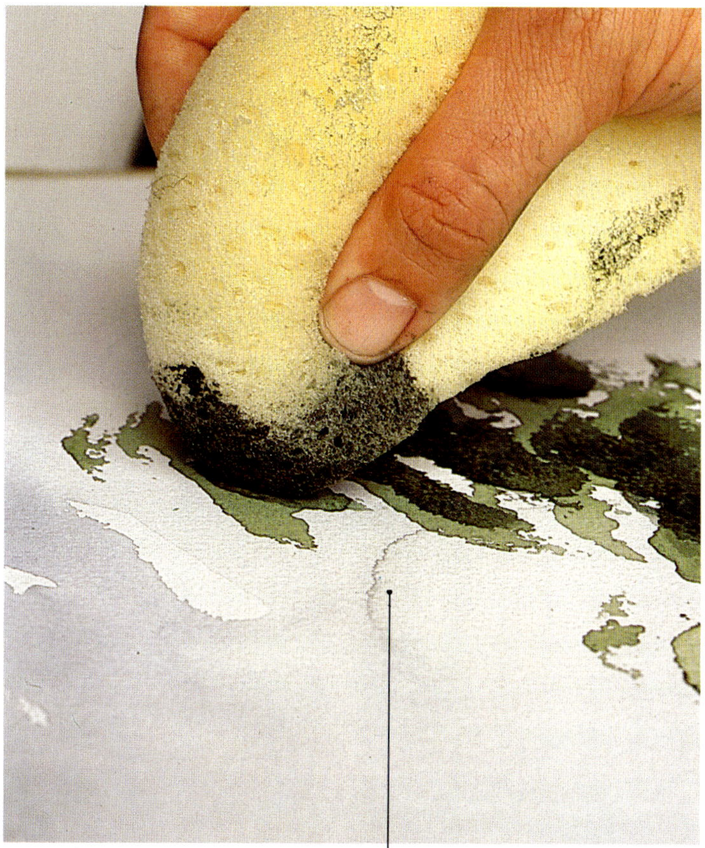

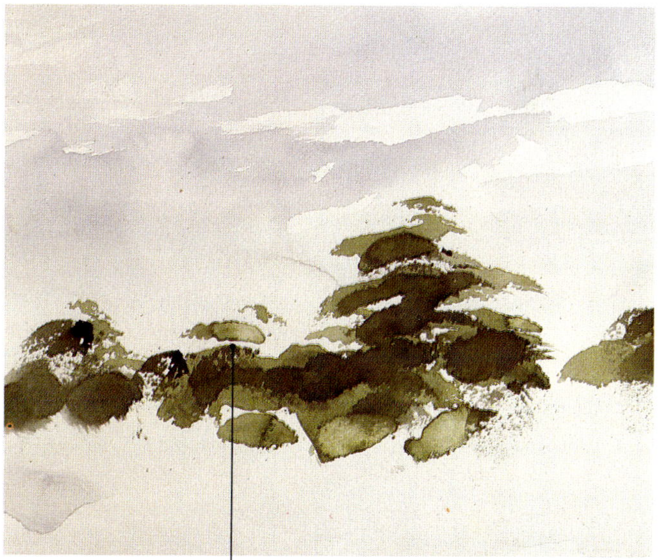

4. DUNKLE TÖNE
Mischen Sie für die dunkleren Grüntöne Paynesgrau, Saftgrün und Sepiabraun. Tupfen Sie weiterhin mit der gerundeten Schwammseite die Schatten etwas versetzt über die helleren Partien.

5. SPARSAMKEIT
Übertreiben Sie die Arbeit mit dem Schwamm nicht, sonst wirkt das Bild flach, und feine Texturen gehen verloren. Wie hier genügen ein paar spontane Flecke, um die Form eines belaubten Astes anzudeuten.

6. ZWEIGE UND ÄSTE
Zeichnen Sie mit der Spitze eines Rundpinsels Zweige und Äste in wäßrigem Paynesgrau.

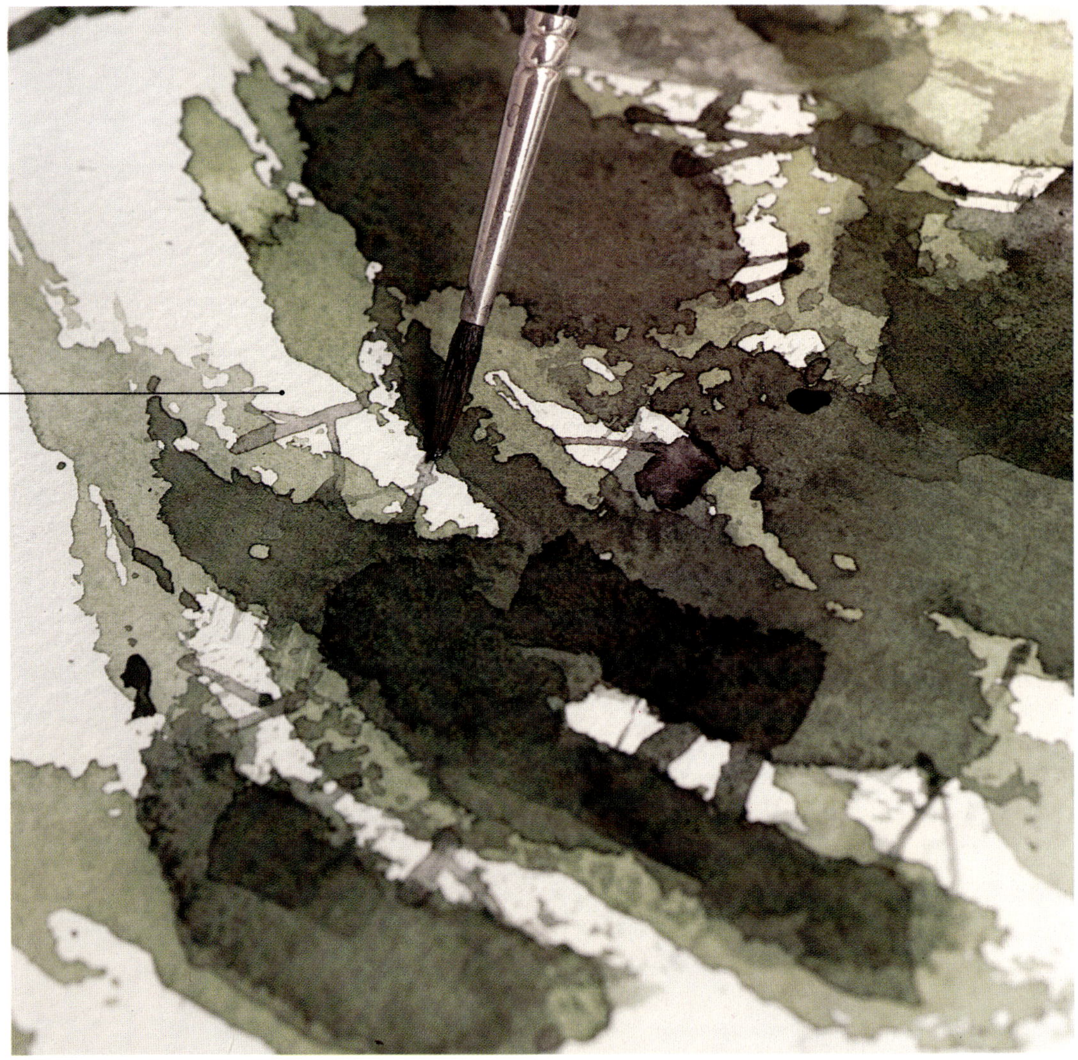

7. KONIFEREN
Mischen Sie Paynesgrau und Saftgrün für die Koniferen, und geben Sie diese zunächst als flache Formen an.

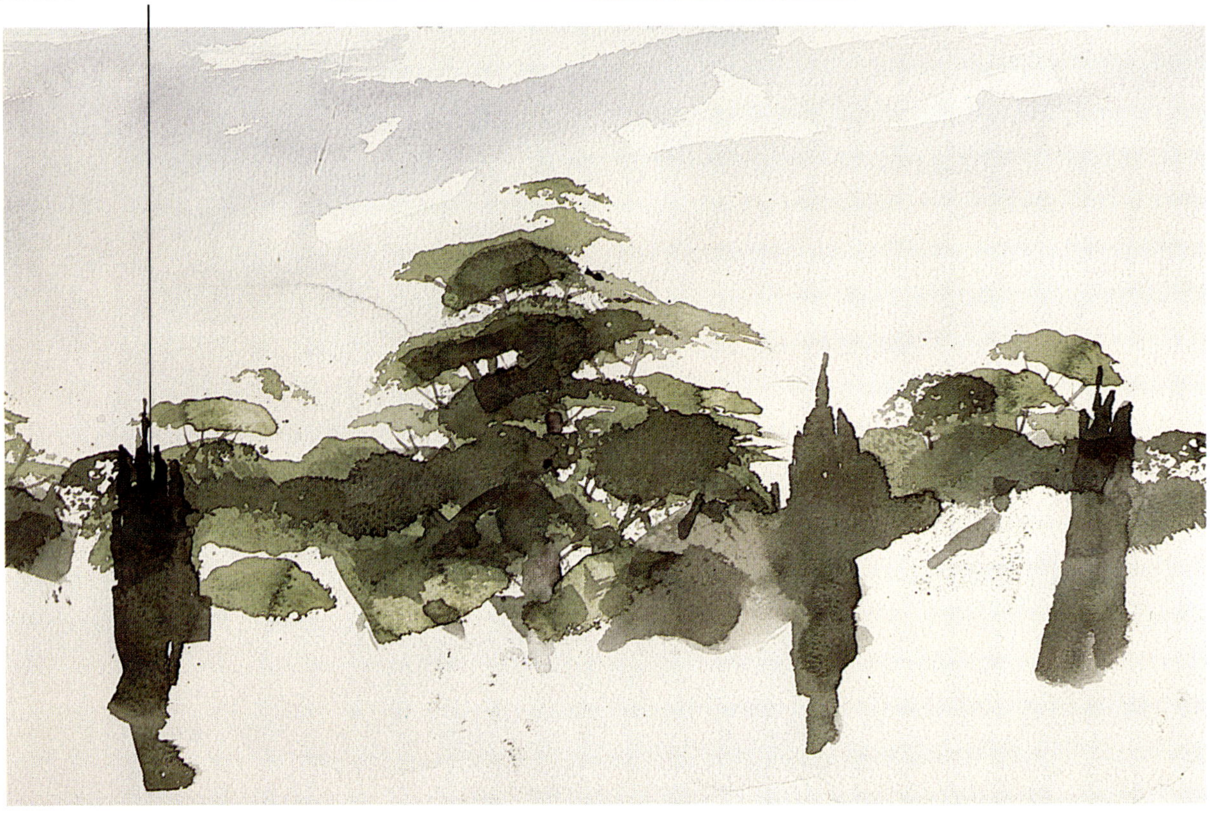

8. AUSARBEITUNG DER KONIFEREN
Strukturieren Sie die Formen der Koniferen mit der Kante eines breiten Flachpinsels. Setzen Sie kräftige Spuren in einer dunkleren Mischung aus Paynesgrau und Saftgrün.

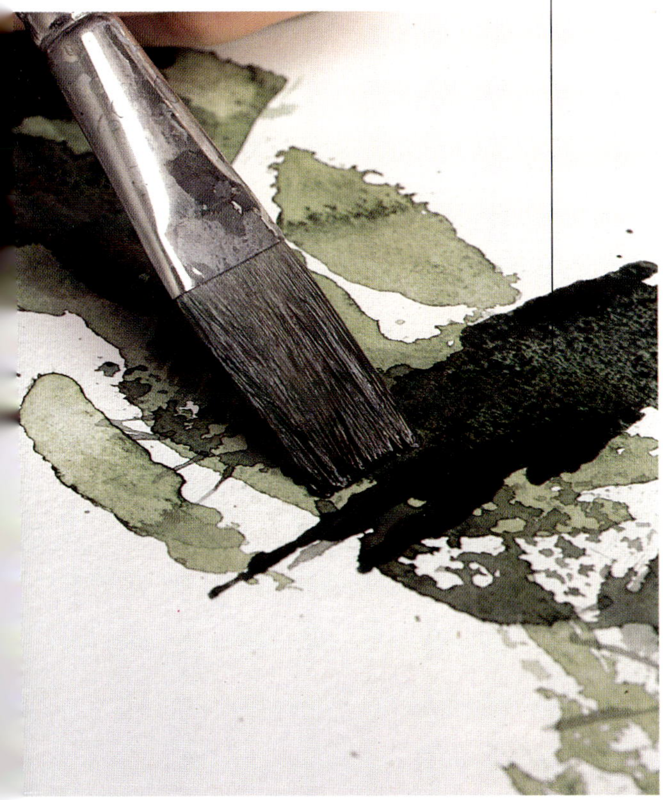

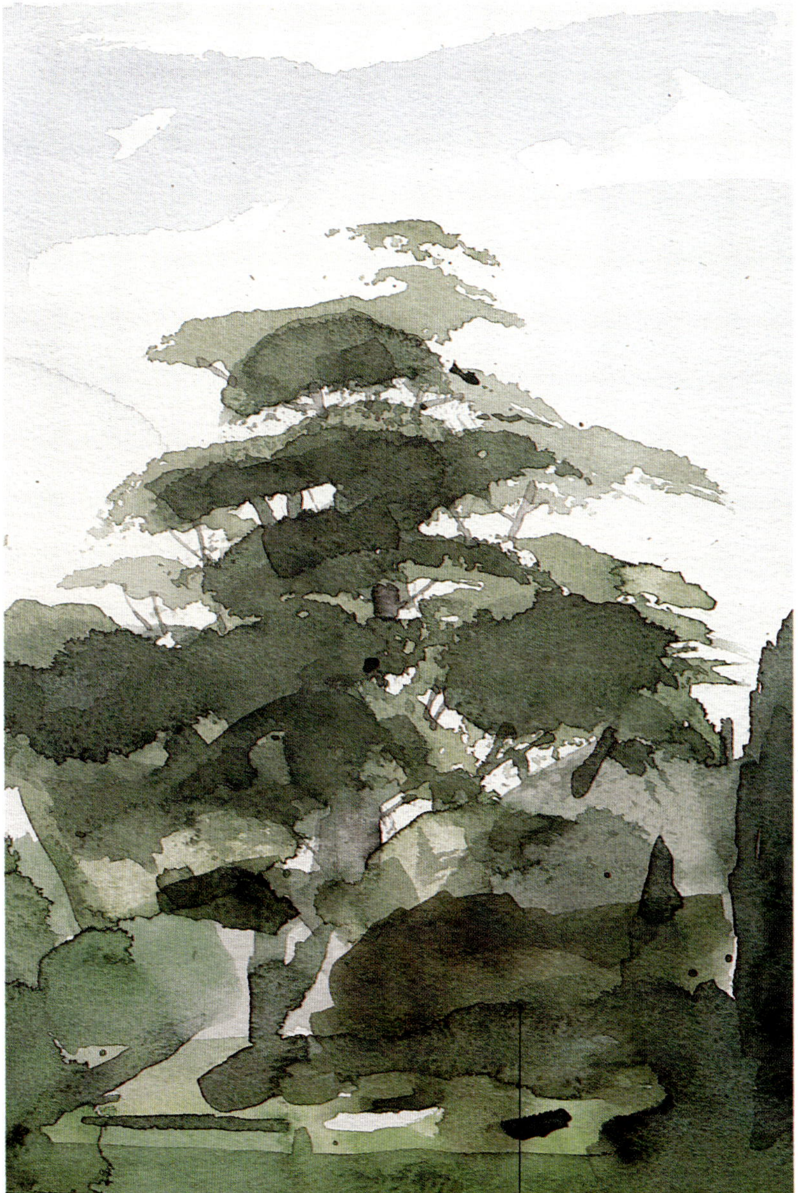

9. VERTIEFEN DER GRÜNTÖNE
Verwenden Sie diesen dunklen Ton auch an anderen Stellen der Gesamtkomposition. Arbeiten Sie zügig, und lassen Sie die weichen Farbflecke und die Pinselstriche Umriß und Struktur der Laubmassen bestimmen.

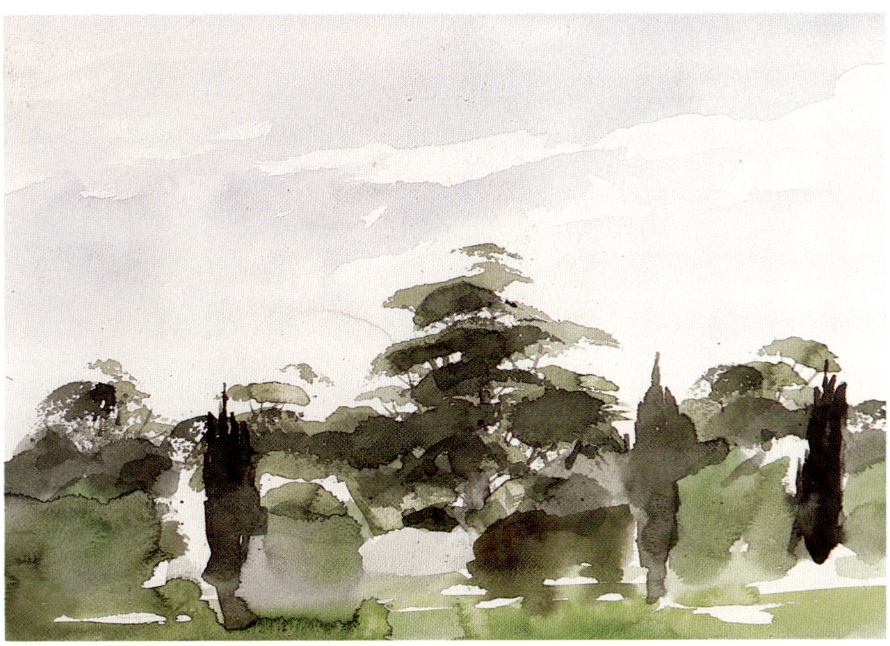

10. ABSCHLUSSARBEITEN
Zum Schluß entsteht der Vordergrund in Paynesgrau und Saftgrün. Tupfen Sie hier und da etwas Zitronengelb hinein, um Sonnenkringel wiederzugeben.

WOLKEN

Obwohl der Himmel oft vage und verschleiert wirkt, kann er durchaus auch deutliche Formen und Farbstufungen aufweisen. Unser Künstler hat dies erkannt und die Wolken zunächst mit Maskierflüssigkeit skizziert, jede in klar umrissener Form. Die scharfen Ränder wurden in einem späteren Stadium abgemildert und modifiziert, die Grundformen mit Schatten und Lichtreflexen bereichert. Bedenken Sie, daß die meisten Wolken eine körperhafte, dreidimensionale Form haben, die durch Licht und Schatten umschrieben werden kann.

FARBPALETTE	
Cölinblau	Paynesgrau
Indigo	Elfenbeinschwarz
Lichter Ocker	

MALGRUND
Aufgespanntes Kartonpapier
275 × 350 mm

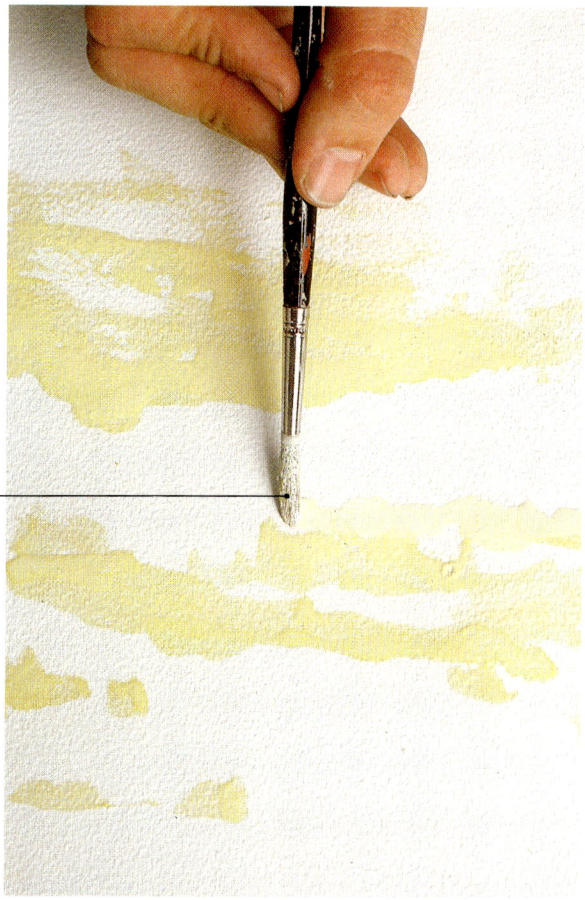

1. WOLKENFORMEN
Nehmen Sie einen alten Pinsel, um mit Maskierflüssigkeit die Wolkenformen zu malen. Gut trocknen lassen.

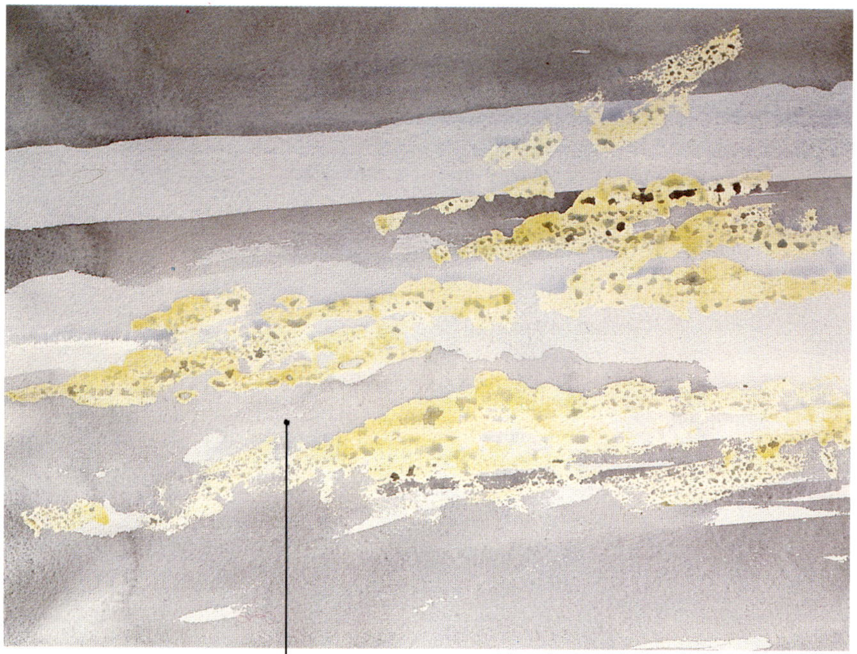

2. ERSTE FARBSCHICHT
Tragen Sie eine zarte Schicht Cölinblau auf; zum unteren Bildrand hin sollte sie blasser werden, was sich durch zunehmendes Verdünnen der Farbe mit Wasser bewerkstelligen läßt. Arbeiten Sie mit einem großen Verwaschpinsel, und zwar so, daß das weiße Papier hier und da durchschimmert. Lassen Sie die Farbe trocknen. Malen Sie dann mit demselben Pinsel und einer dünnflüssigen Mischung aus Paynesgrau und Indigo dunkle, horizontale Streifen über den Himmel, wiederum nach unten hin heller werdend. Trocknen lassen.

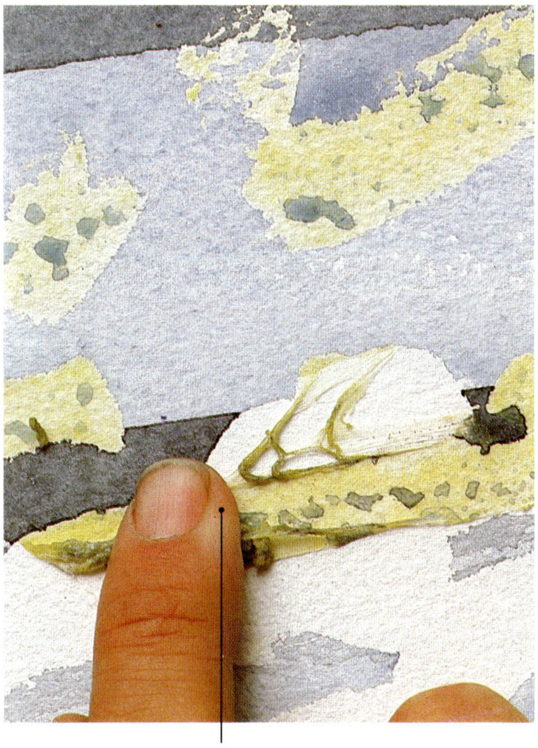

3. ENTFERNEN DER MASKIERUNG
Reiben Sie die Maskierung vorsichtig ab. Finger bzw. Radiergummi müssen ganz sauber sein, denn jeglicher Schmutz hinterläßt Schmierstreifen auf dem Papier.

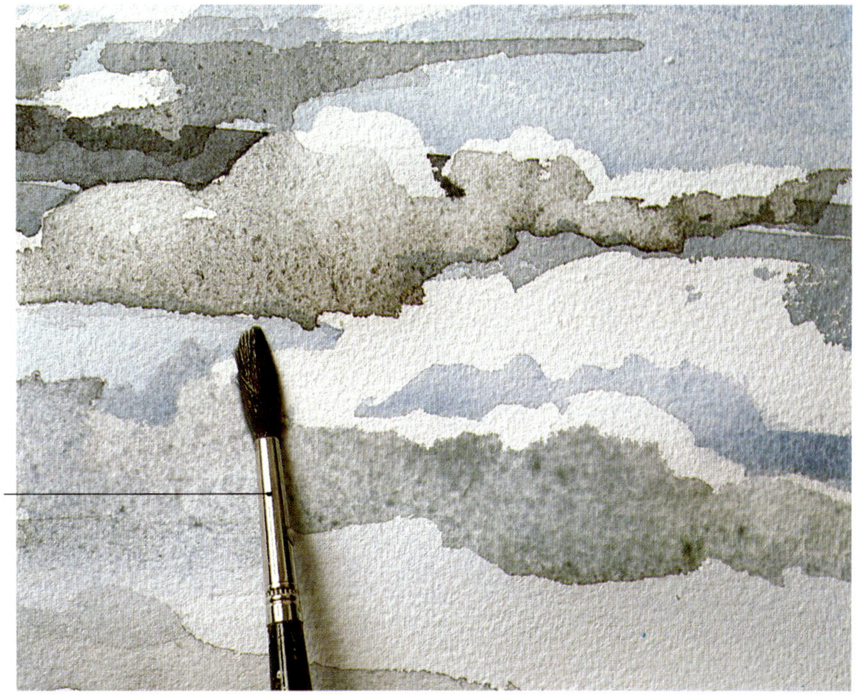

4. AUSARBEITUNG DER WOLKEN
Um die harten Konturen der Wolken zu mildern, überarbeiten Sie sie mit einem Rundpinsel Nr. 7 in einer wäßrigen Mischung aus Elfenbeinschwarz und etwas lichtem Ocker.

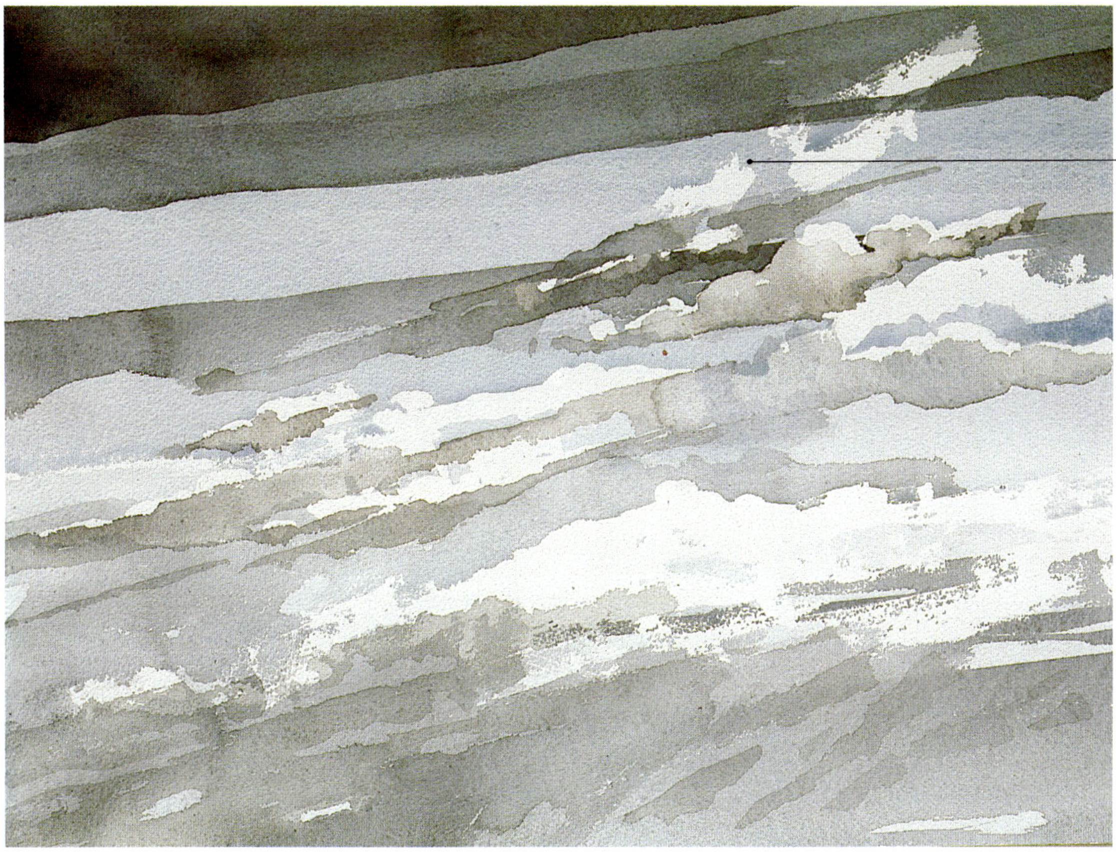

5. ABSCHLUSSARBEITEN
Malen Sie mit derselben Mischung aus Schwarz und lichtem Ocker kleine dunkle Wolkenfetzen an den Himmel, um die breiten, flachen Streifen der ersten Farbschicht zu beleben.

SONNEN-UNTERGANG

Der Himmel bietet unendlich viele Motive, von tiefhängenden Gewitterwolken bis zu leuchtendroten und gelben Sonnenuntergängen wie hier demonstriert. Man sollte den Himmel genauso prüfend betrachten wie jedes andere Bildelement, um seine individuellen Merkmale, Farben und Lichtreflexe festhalten zu können. Das hier gezeigte Aquarell ist hauptsächlich in Rot und Gelb gehalten, die dunkleren Partien bestehen aus warmem Davysgrau. Diese gebrochenen grauen Streifen bestimmen die Komposition maßgeblich, denn sie verleihen dem roten und gelben Farbenspiel Gestalt und Tiefe.

FARBPALETTE	
Zitronengelb	Kadmiumrot
Davysgrau	

MALGRUND
Aufgespanntes Kartonpapier
275 × 356 mm

1. FARBVERLAUF
Befeuchten Sie das Papier, und überziehen Sie es mit einer von Zitronengelb nach Kadmiumrot verlaufenden dünnen Farbschicht. Arbeiten Sie schnell. Ein großer Verwaschpinsel hilft Ihnen, sanfte Übergänge zu erzielen.

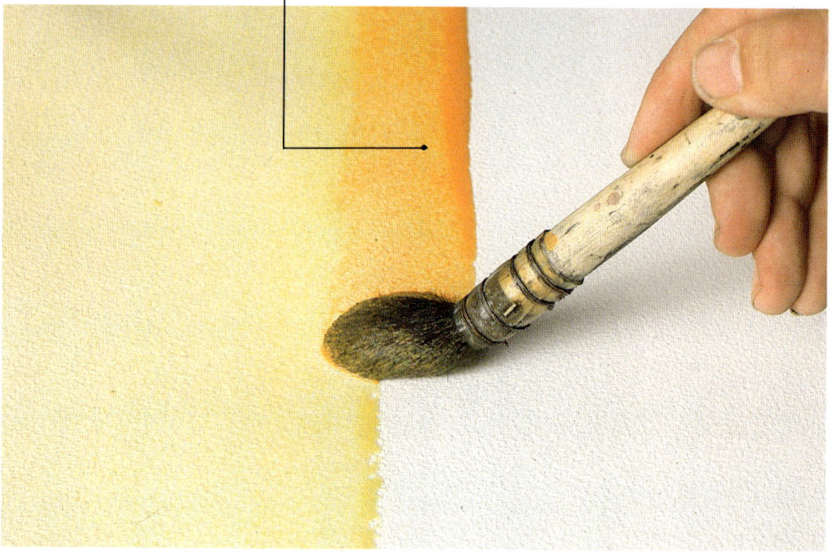

2. TROCKNEN
Lassen Sie diese Untermalung gut trocknen, bevor Sie weiterarbeiten.

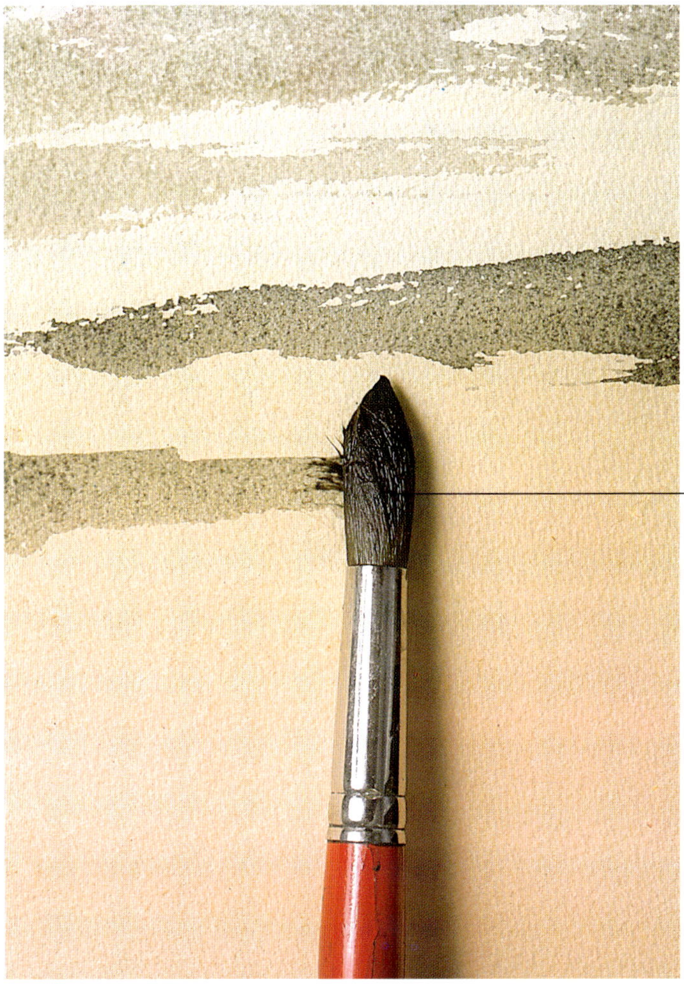

3. GRAUTÖNE
Mischen Sie eine wäßrige Lösung aus Davysgrau (einem besonders warmen Grauton), und skizzieren Sie die Wolken am oberen Bildrand. Mildern Sie den Wolkensaum mit klarem Wasser ab. Rollen Sie einen mit der Farbe getränkten Rundpinsel Nr. 10 über das Bild, so daß unregelmäßige Wolkenstreifen entstehen. Trocknen lassen.

4. VERTIEFEN DER GRAUTÖNE
Überarbeiten Sie den oberen Bereich des Himmels mit einem dunkleren Ton Davysgrau, lassen Sie aber den hellen Ton nach unten hin noch hervorschauen.

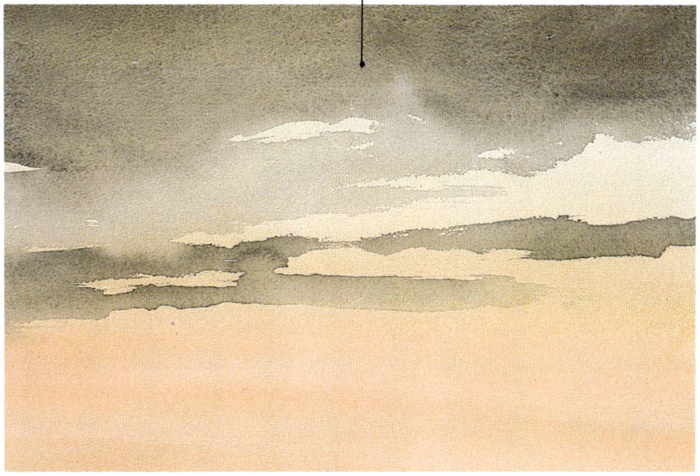

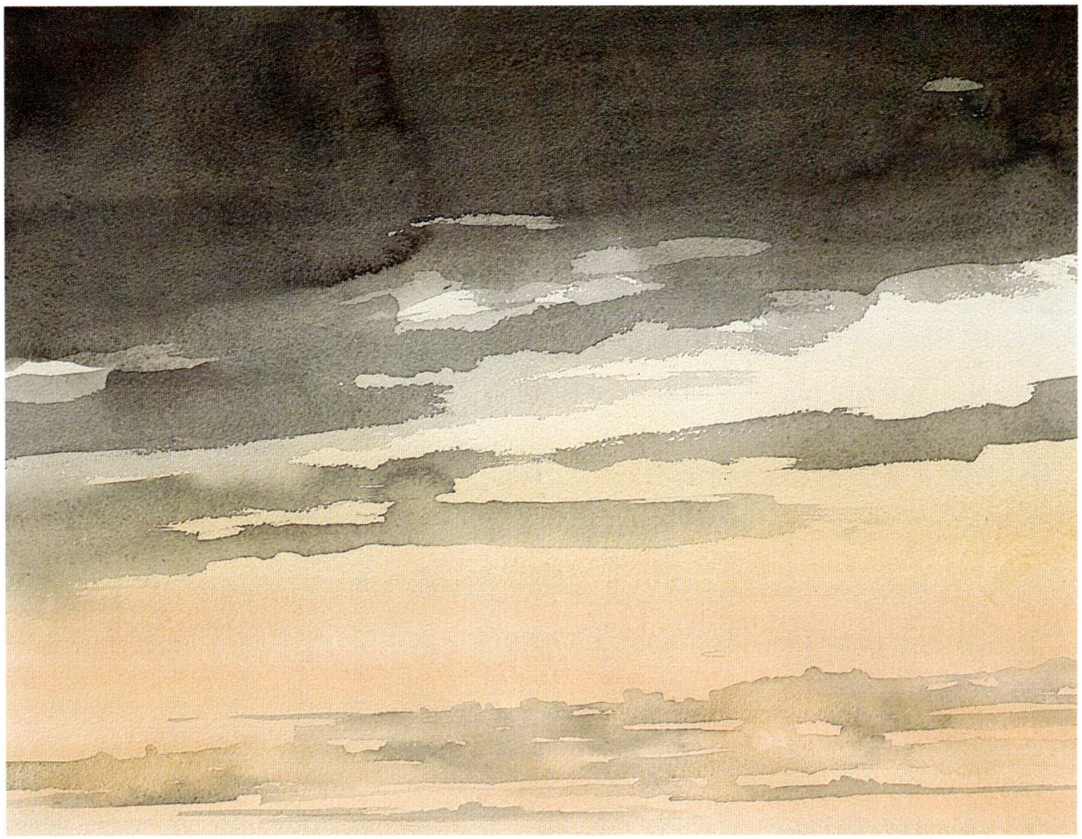

5. DAS FERTIGE BILD
Für diese eindrucksvolle Darstellung eines Sonnenuntergangs hat der Maler lediglich drei Farben benötigt. Die Technik ist einfach und schnell zu handhaben, man braucht nur etwas Geduld, die Farben zwischen den einzelnen Arbeitsgängen trocknen zu lassen.

HIMMEL IN GOUACHE

Im allgemeinen sollte man es vermeiden, den Himmel in ebenmäßigem Blau zu malen, denn eine solche Gestaltung läßt das fertige Bild langweilig erscheinen. Wenn Sie sich mit dem Himmel keine Mühe geben und Wetter- und Lichteffekte ignorieren, wird das Ergebnis flach und nichtssagend sein. Selbst wenn er nur mit ganz wenigen Pinselstrichen und einem Minimum an Farbe angedeutet wird, ist der Himmel doch ein zentraler Teil der Gesamtkomposition und trägt zur Wirkung des Bildes entscheidend bei. Hier hat der Maler mit einigen Streifen Gouache einen lebendigen, bewegten Wolkenhimmel geschaffen.

FARBPALETTE	
Gouache	
Cölinblau	Titanweiß
Elfenbeinschwarz	Lichter Ocker
MALGRUND	
Ivorex-Karton	
356 × 508 mm	

1. ERSTES STADIUM
Tragen Sie mit einem Verwaschpinsel eine Mischung aus Cölinblau und Weiß locker auf den oberen Teil des Bildes auf. Versuchen Sie, die Konsistenz der Farbe zu variieren. Sie trocknet dann unregelmäßig-scheckig, was den Farbmodulationen, Wolkenschleiern und Lichtreflexen des realen Himmels entspricht.

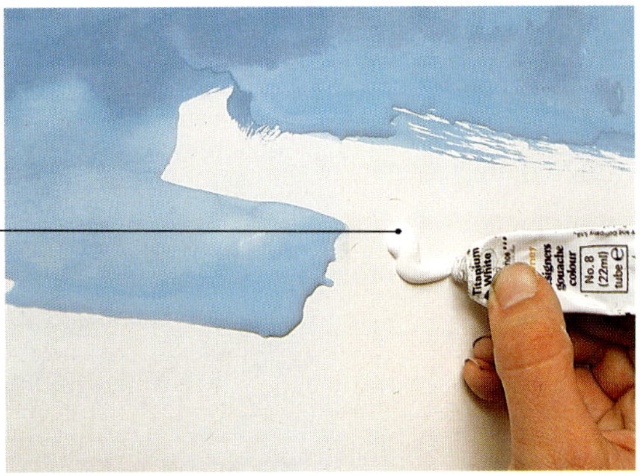

2. AUFTRAG OHNE PINSEL
Drücken Sie, solange das Cölinblau noch teilweise feucht ist, weiße Gouache direkt aus der Tube auf den unteren Teil des Bildes.

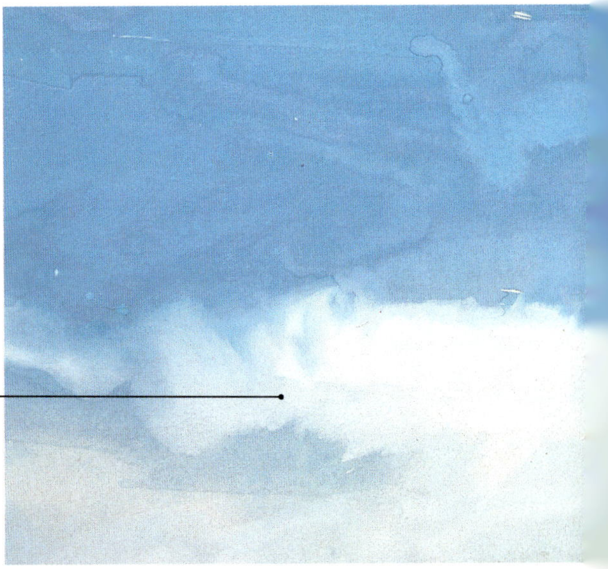

3. VERTEILEN DER GOUACHE
Verteilen Sie die weiße Farbe schnell mit dem Verwaschpinsel, und ziehen Sie sie in das feuchte Blau. Mit etwas Wasser wird die dickflüssige Gouache leichter streichbar.

4. WOLKEN
Rollen Sie den Pinsel durch die weiße Gouache und über das Blau des Himmels. So entstehen zarte Wölkchen. Versuchen Sie, den Pinsel so locker wie möglich zu führen, damit die Wolken gleichsam aus sich selbst heraus entstehen. Die weißen Spuren sollten nicht mehr überarbeitet werden, denn jedes Herumbessern würde den flaumigen Charakter verderben.

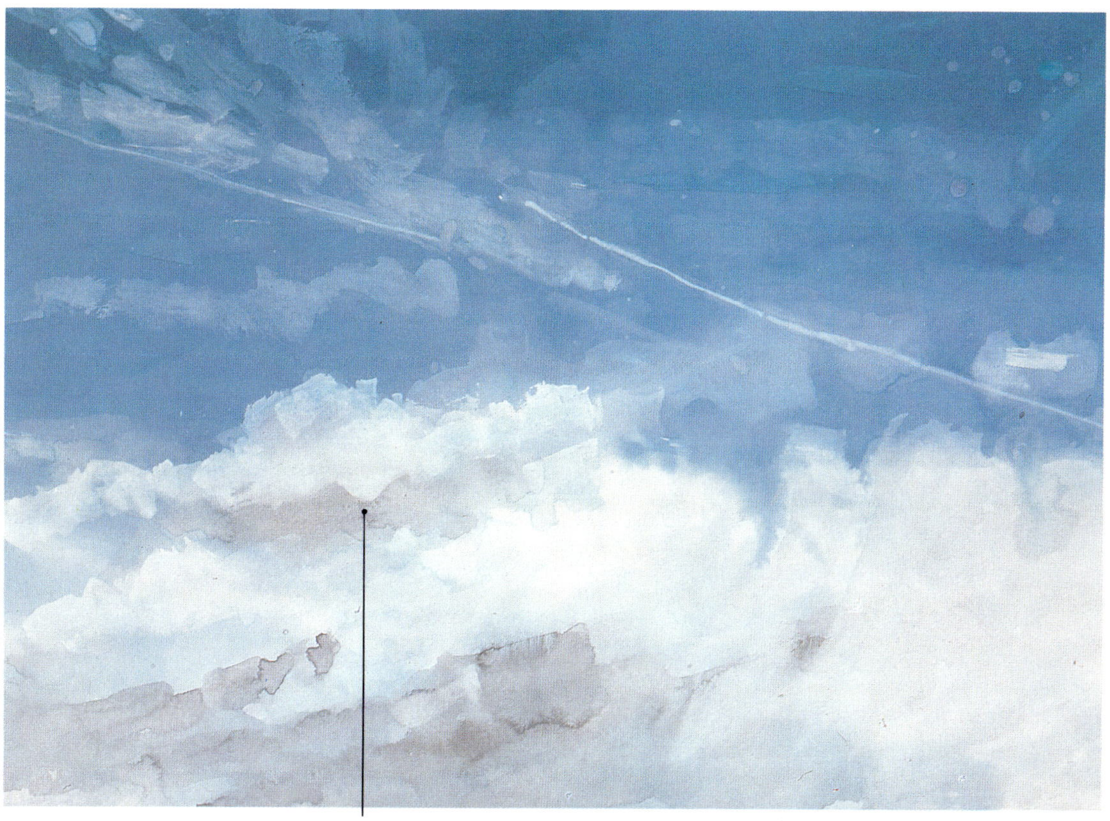

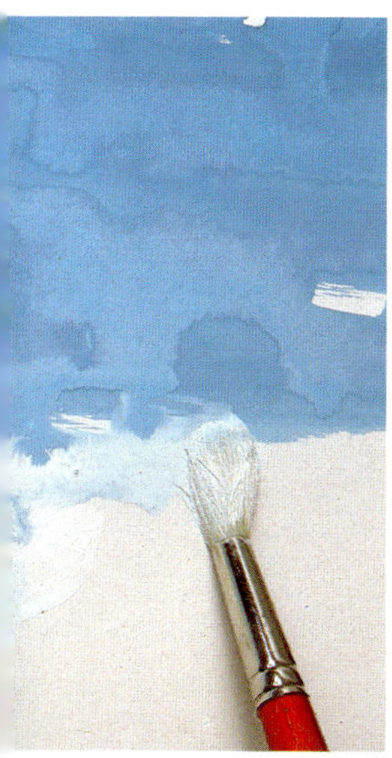

5. ABSCHLUSSARBEITEN
Zum Schluß geben Sie den Wolken mehr Volumen, indem Sie ein wenig dünnflüssiges Elfenbeinschwarz, gemischt mit lichtem Ocker, auftragen.

ARBEITEN MIT DEM SCHWAMM

Obwohl der Himmel einen unendlichen Reichtum an Formen und Schattierungen aufweist, kann man beim Malen fast immer mit einer dünnen Farbschicht beginnen und dann Teile davon mit einem Schwamm wieder aufsaugen, um so Wolken und helle Partien darzustellen.

Über dieser Untermalung läßt sich dann beliebig weiterarbeiten und sowohl ein strahlend heller Sommerhimmel als auch eine dunkle, regenschwere Stimmung entwickeln. Hier hat der Maler dunkle Farbtöne verwendet, und so kündigen die tiefhängenden Wolken ein Gewitter an.

1. ERSTES STADIUM
Tragen Sie eine dünnflüssige Mischung aus Kobaltblau und Indigo auf das gesamte Blatt auf. Verdünnen Sie die Mischung zum Horizont hin noch stärker.

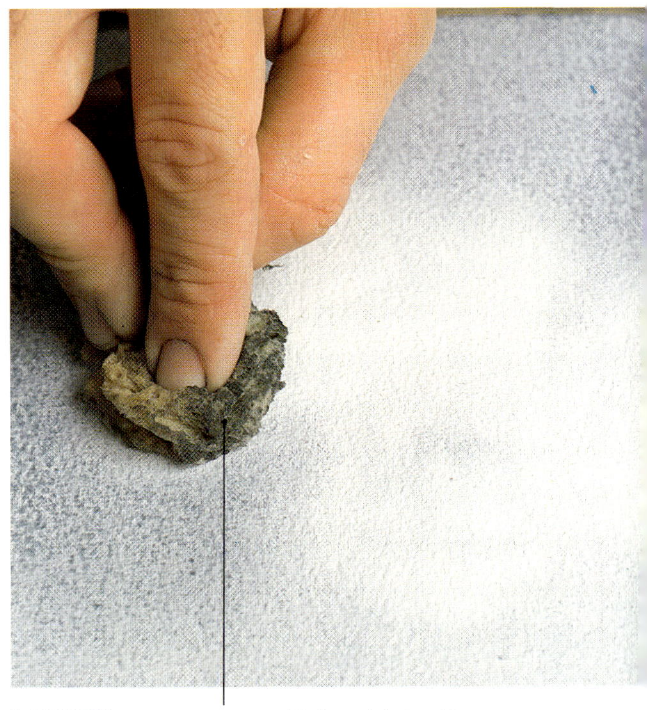

2. WOLKEN
Lassen Sie die Untermalung etwas antrocknen, und betupfen Sie die noch leicht feuchte Farbe dann mit einem kleinen Schwamm. Er saugt einen Teil der Farbe wieder auf, und so entstehen die Wolken. Arbeiten Sie so lange mit dem Schwamm, bis die Farbe fast völlig verschwunden ist. Lassen Sie kleine, unregelmäßige Flecken der blaßblauen Farbe zwischen den weißen Wolken stehen.

FARBPALETTE	
Kobaltblau	Indigo
Karminrot	Elfenbeinschwarz
MALGRUND	
Aufgespanntes Bockingford-Papier 254 × 330 mm	

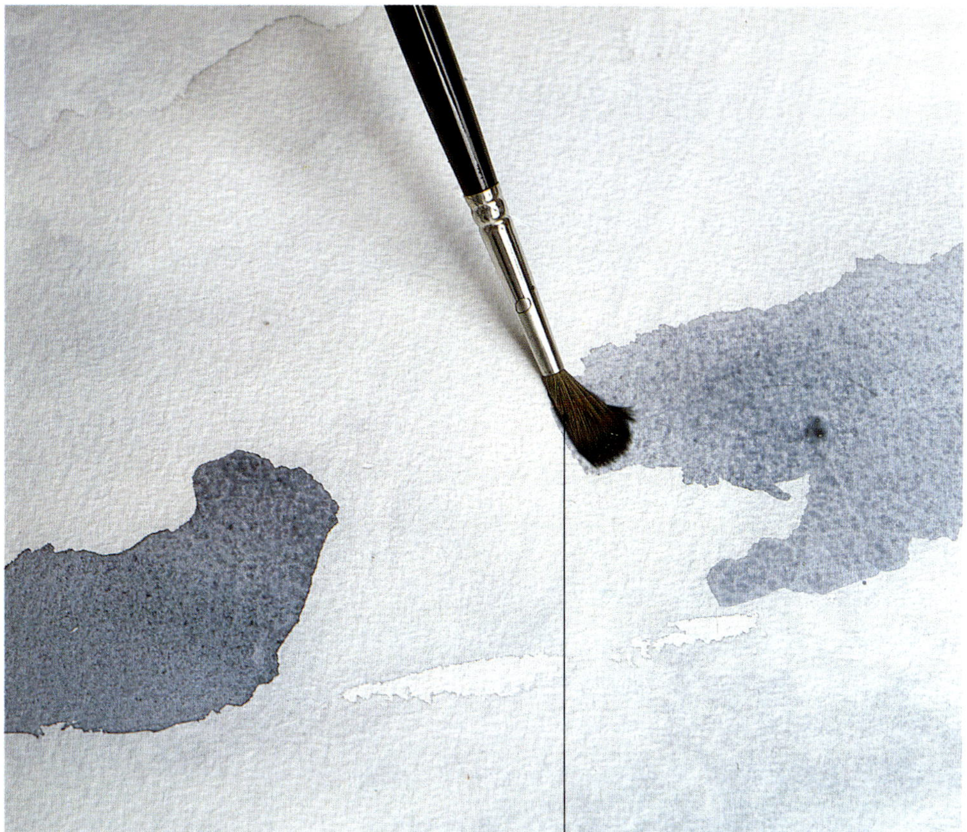

3. HIMMELSBLAU
Wenn die untere Schicht trocken ist, malen Sie das Himmelsblau mit einer dunkleren Mischung aus Karminrot, Indigo und Schwarz in unregelmäßigen Streifen. Rollen Sie dabei den Pinsel über das Papier.

4. DAS FERTIGE BILD
Durch die dunklen Farben wirkt der Himmel düster und gewittrig. Wenn Sie die Farben und Schattierungen modifizieren, können Sie völlig andere Stimmungen und Wettereffekte erzielen.

BRANDUNG

Schäumende Meereswellen sind ein Lieblingsmotiv unseres Künstlers, der eine ganz individuelle Technik zur Wiedergabe dieses Themas entwickelt hat. Am Anfang zeichnet er mit horizontalen Pinselstrichen die reflektierenden Flächen des Wassers; dann vertieft er diese Töne, indem er schrittweise dunklere Farbe hinzufügt.

Besonders wichtig ist bei diesem Bild die weiße Gouache, die zunächst dick mit dem Pinsel rollend aufgetragen wird, um die Gischt anzudeuten. Danach wird verdünnte weiße Gouache über die Wellen im Vordergrund gespritzt. So entstehen die hellen Wassertropfen der Brandung.

FARBPALETTE	
Saftgrün	Paynesgrau
Cölinblau	
Gouache	
Titanweiß	
MALGRUND	
Daler-Aquarellkarton	
356 × 406 mm	

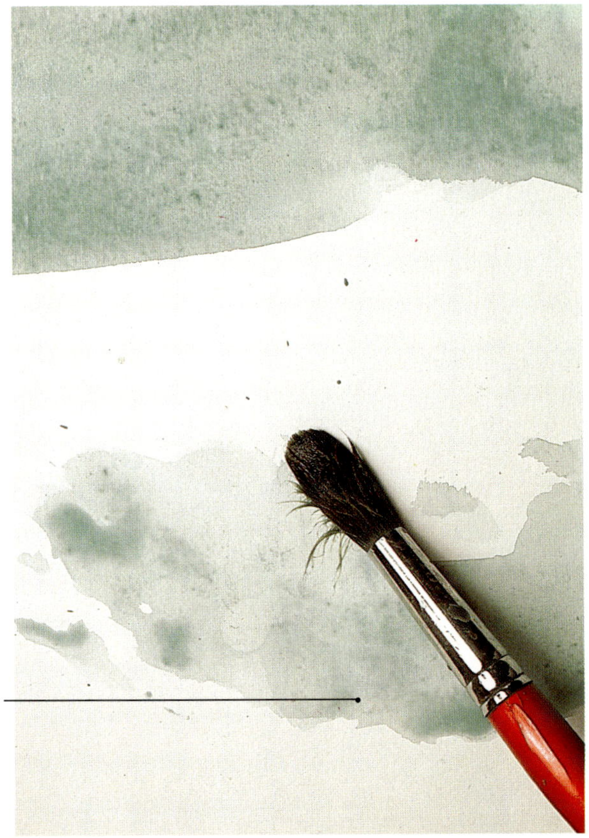

1. WASSERFLÄCHEN
Mischen Sie eine dünnflüssige Lösung aus Saftgrün und Paynesgrau, und tragen Sie sie mit einem Verwaschpinsel in breiten Streifen auf. Sie stellen die dunklen Wasserflächen zwischen den Wellen dar.

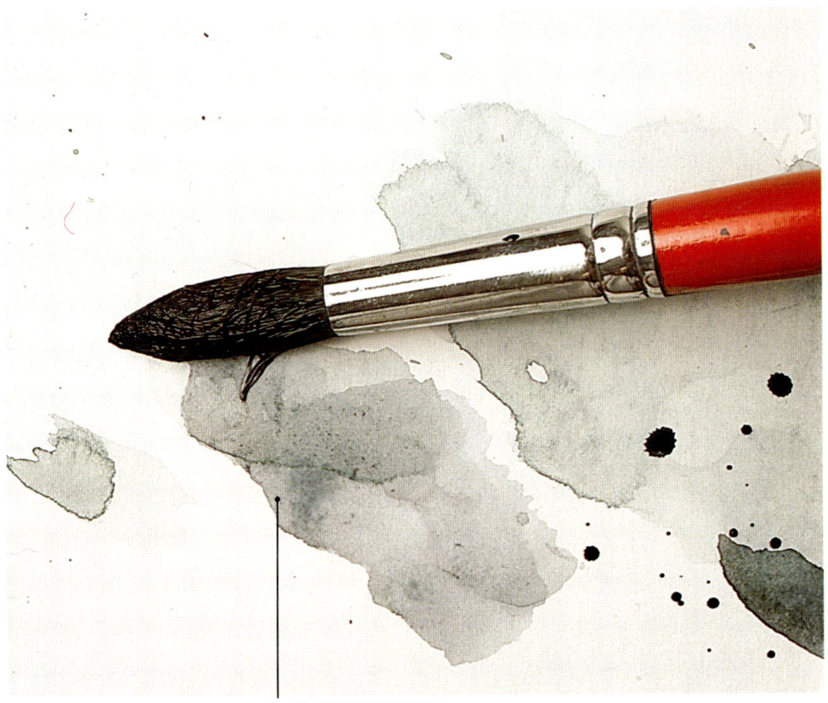

2. KLEINE WELLEN
Wenn diese Schicht trocken ist, überarbeiten Sie sie mit einer dunkleren Version der gleichen Farbe, gemischt mit etwas Cölinblau. Tragen Sie die neue Farbe in horizontalen Strichen auf, die die Schatten der Wellen darstellen. Die Wellen im Vordergrund sollten unruhiger wirken als die im Hintergrund.

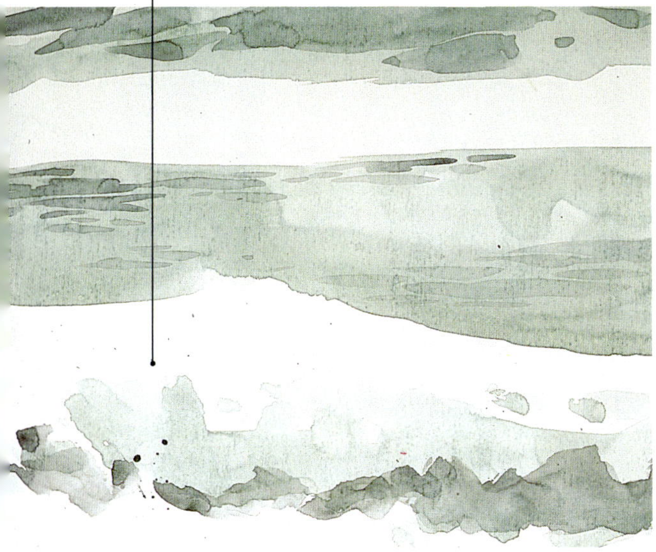

3. GOUACHE
Rollen Sie dickflüssige weiße Gouache über die weißen Stellen des Papiers, um den Wellenschaum wiederzugeben.

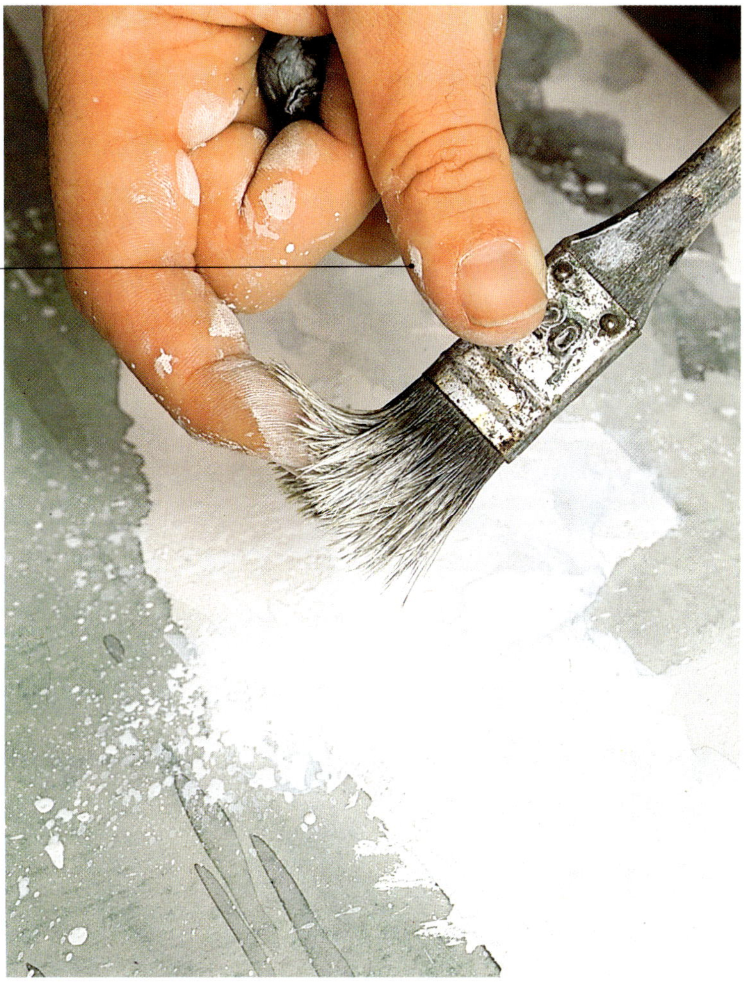

4. SPRITZTECHNIK
Verdünnen Sie ein wenig weiße Gouache, und überspritzen Sie die Wellenkämme mit einem kleinen Anstreicherpinsel. So entsteht die Gischt.

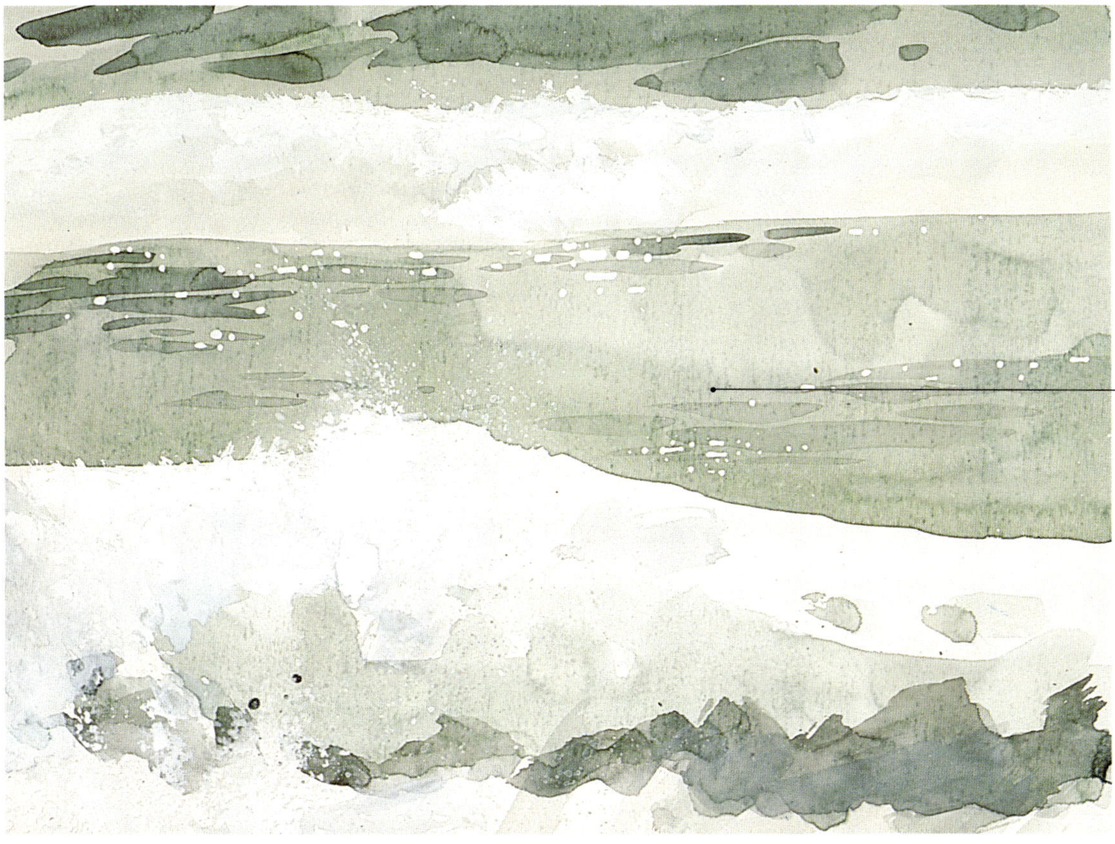

5. ABSCHLUSSARBEITEN
Tupfen Sie zum Schluß mit einem kleinen Pinsel winzige weiße Punkte in das Bild, die Schaumspuren auf dem ruhigeren Wasser darstellen.

WASSERFALL

Ein niedriger Wasserfall ergießt sich in einen felsengesäumten Teich. Der Maler hat die Bewegung durch die halbkreisförmigen Rippen auf der Wasseroberfläche genau eingefangen. Diese Wellen sind in Helldunkelabstufungen wiedergegeben, und wenige kleine Farbspritzer lassen den Wasserfall lebendig und naturalistisch erscheinen.

1. ERSTES STADIUM
Skizzieren Sie die Fläche des Teichs mit einem Verwaschpinsel in einem sehr blassen Ton aus Saftgrün und Indigo. Malen Sie die obere, ruhige Wasserfläche in kräftigem Saftgrün; lassen Sie die Farbe trocknen.

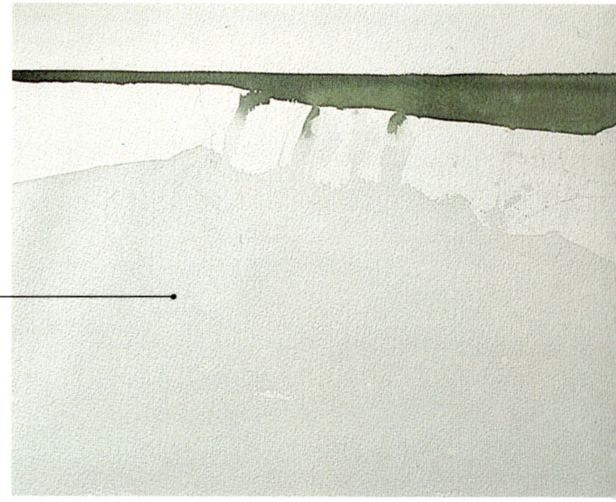

2. WASSER UND FELSEN
Mit einer etwas dunkleren Kobaltblau-Elfenbeinschwarz-Mischung überarbeiten Sie die Oberfläche des Teichs, so daß im Zusammenspiel mit der Untermalung zarte Wellenformen entstehen. Skizzieren Sie die dunkle Vegetation am oberen Bildrand in Saftgrün und Elfenbeinschwarz, und malen Sie die Felsen in einer sehr blassen Mischung aus Elfenbeinschwarz und lichtem Ocker.

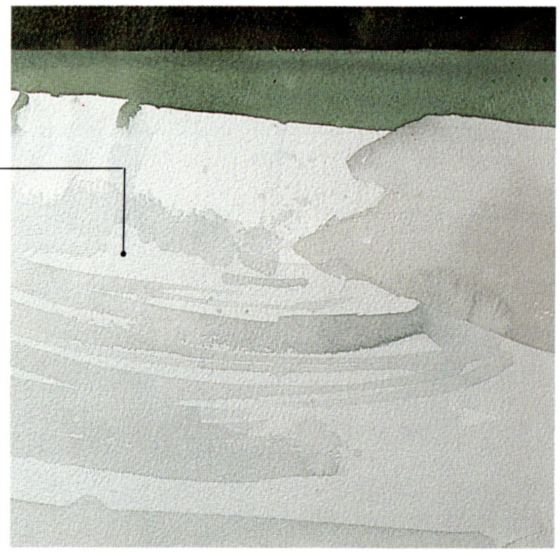

3. AUSARBEITUNG
Wenn die Farbe trocken ist, gestalten Sie die Wellen mit einer dunkleren Mischung aus Saftgrün, Kobaltblau und etwas Schwarz plastischer, indem Sie wiederum Streifen der Untermalung unberührt lassen. Geben Sie die im Schatten liegenden Teile der Felsen in Elfenbeinschwarz wieder, und ziehen Sie diese Farbe auch in den Wasserbereich, um die Spiegelung wiederzugeben.

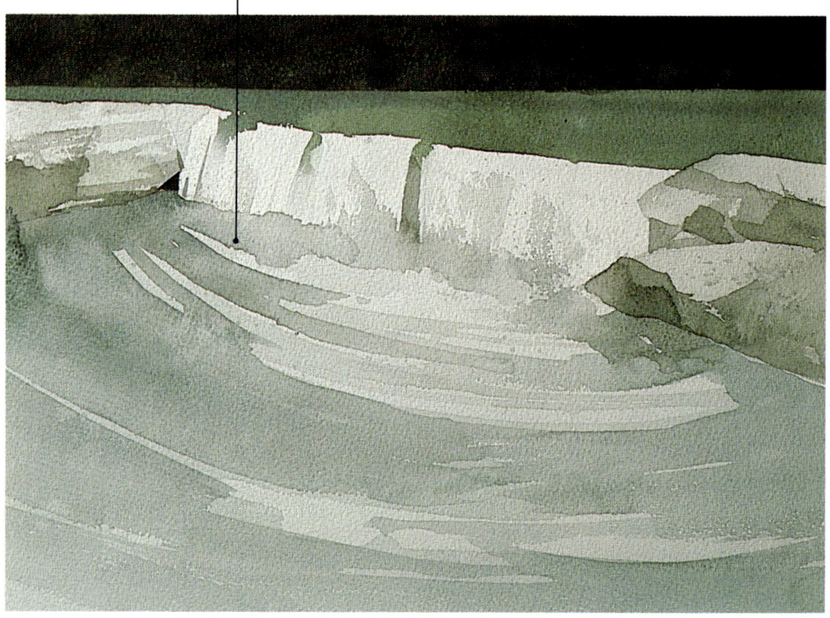

FARBPALETTE	
Saftgrün	Indigo
Kobaltblau	Elfenbeinschwarz
Lichter Ocker	

MALGRUND
Aufgespanntes Kartonpapier
305 × 381 mm

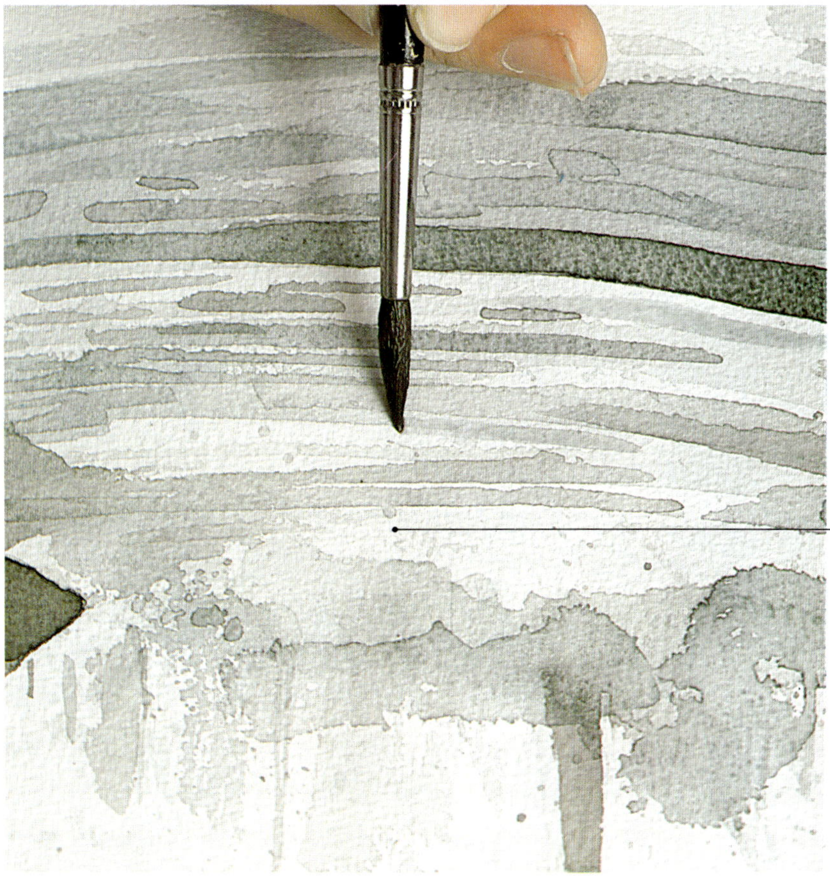

4. WEITERE DETAILS
Malen Sie mit einem feinen Rundpinsel (Nr. 4) die Schatten der Wellen in Schwarz, Saftgrün und Kobaltblau. Fügen Sie vor dem Wasserfall weitere kleinere Wellen in dieser Farbe hinzu.

5. ABSCHLUSSARBEITEN
Betonen Sie mit derselben Farbe den dunkel verschatteten Saum am Fuß des Wasserfalls. Vollenden Sie das Bild, indem Sie auf den hellen oberen Teil des Wasserfalls ein paar Farbspritzer setzen, die die weiße Fläche beleben und an sprühende Tropfen denken lassen.

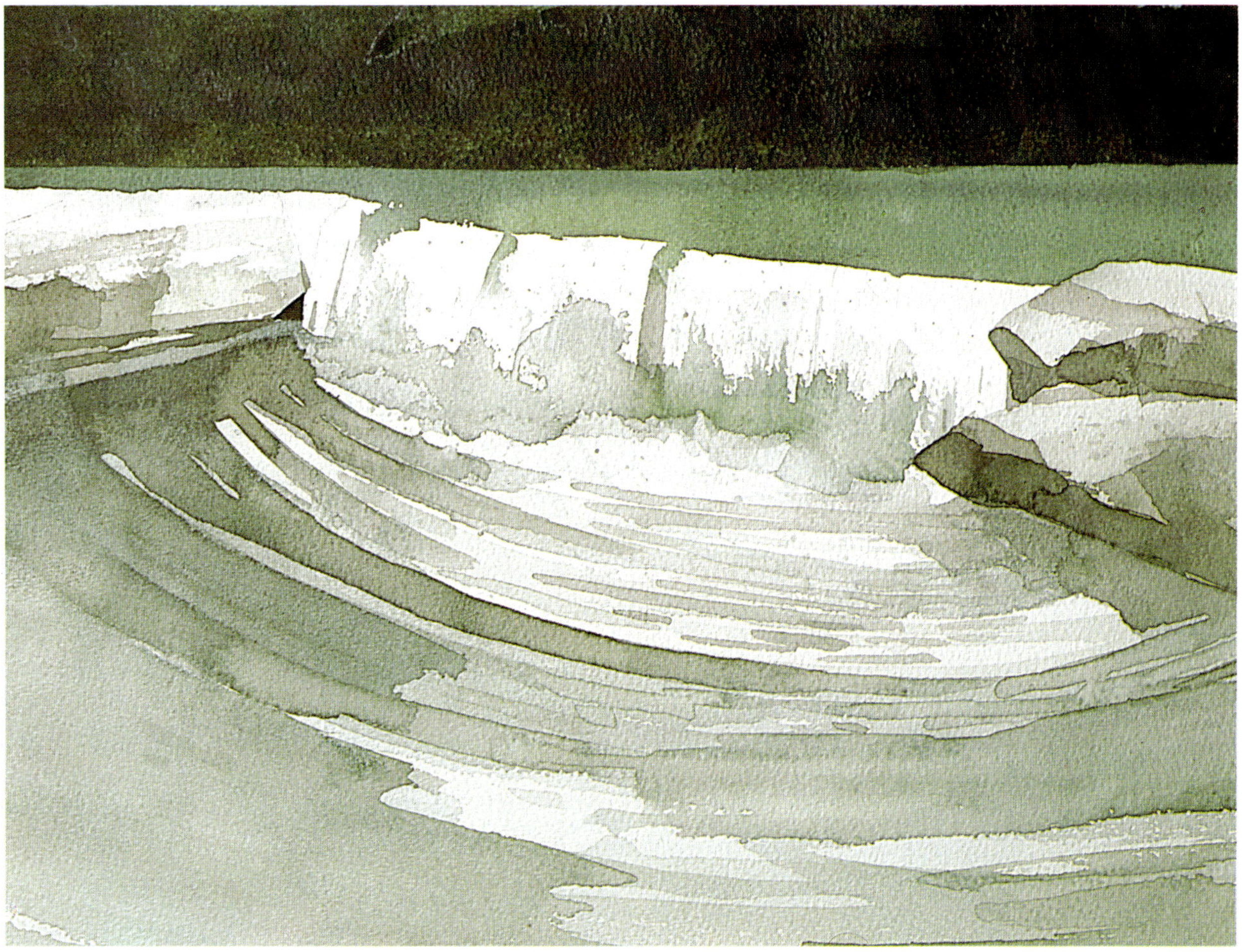

SCHWIMM-BECKEN

Das Schwierige bei der Darstellung dieser Frau im Schwimmbecken waren die sich ständig verändernden Reflexe und Bewegungen auf der Wasseroberfläche. Der Maler hat das Spiel der Wellen und Lichter sorgfältig studiert und sich dann um eine eigene Interpretation bemüht, statt das Foto sklavisch zu kopieren.

Die Bewegung der Wasseroberfläche wird auch durch die verzerrten Formen des Frauenkörpers unter Wasser ausgedrückt.

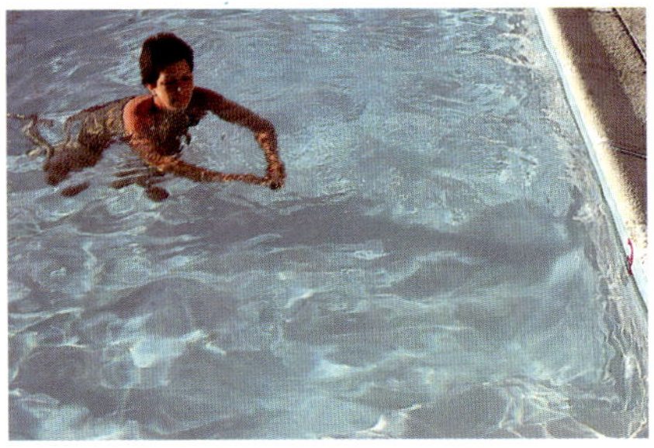

FARBPALETTE	
Karminrot	Kadmiumgelb
Madderbraun	Sepiabraun
Ultramarinblau	Schwarz
Scharlachrot	Manganblau
MALGRUND	
Aufgespanntes Bockingford-Papier 381 × 508 mm	

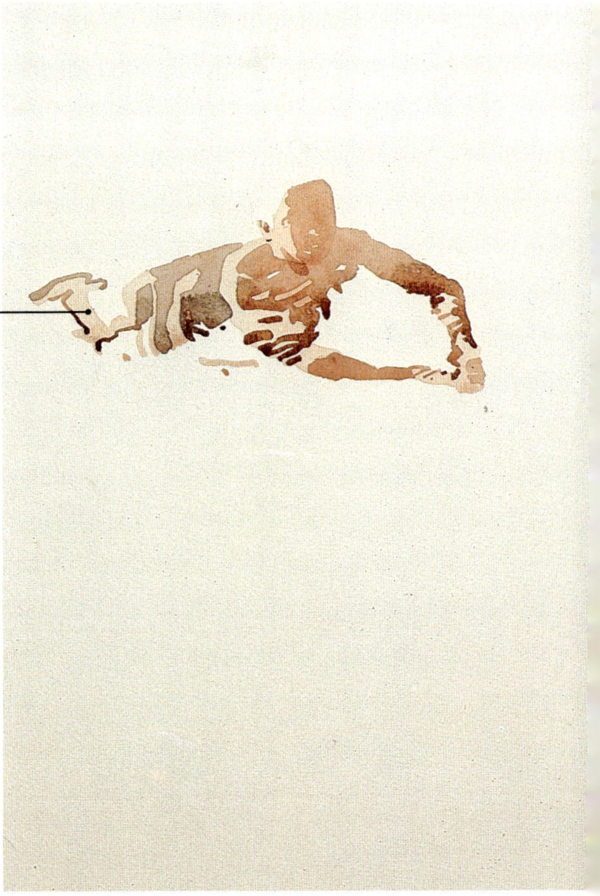

1. ERSTES STADIUM
Fertigen Sie mit einem H-Bleistift eine zarte Umrißskizze der Frau an. Danach malen Sie die hellen Hauttöne mit einem Rundpinsel Nr. 2 in einer blassen Mischung aus Karminrot und Kadmiumgelb. Ist diese Schicht trocken, dann tragen Sie den zweithellsten Ton, gemischt aus Sepiabraun und Madderbraun, auf. Beachten Sie, wie die Körperformen durch die Wellen verzerrt werden. Mischen Sie etwas Ultramarinblau in die Fleischtöne, und malen Sie damit die Schatten der Körperteile, die sich unter Wasser befinden.

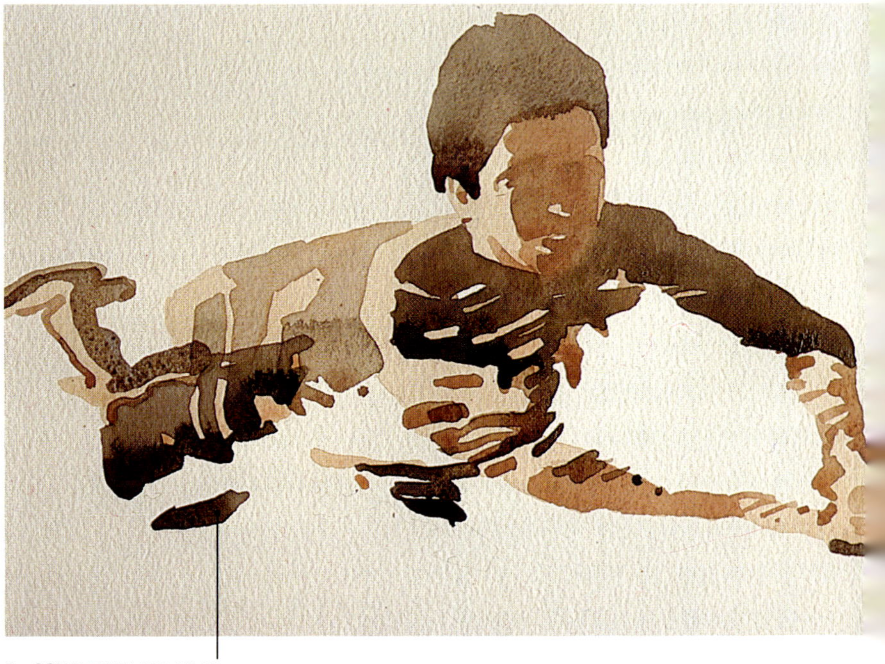

2. SCHATTEN UND HAAR
Mischen Sie einen dunkleren Schattenton, und vertiefen Sie damit die Schatten unter Wasser. Verwenden Sie diesen Ton auch für das Haar.

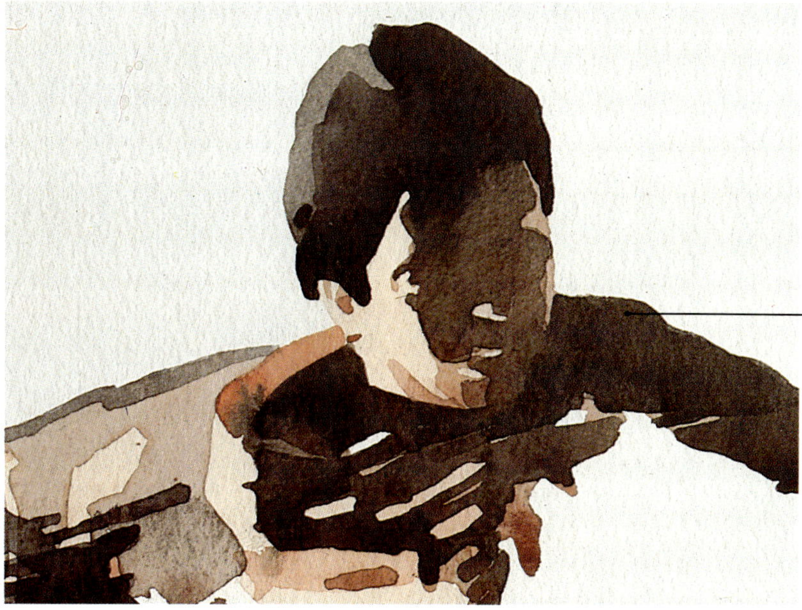

3. VERTIEFUNG DER SCHATTEN
Die dunkelsten Schattenpartien auf dem Körper der Frau geben Sie mit einer Mischung aus Schwarz und Ultramarinblau an. Kontrastierend zu dieser kühlen Farbe arbeiten Sie hier und da einen warmen Ton aus Madderbraun und Scharlachrot ein. Trocknen lassen.

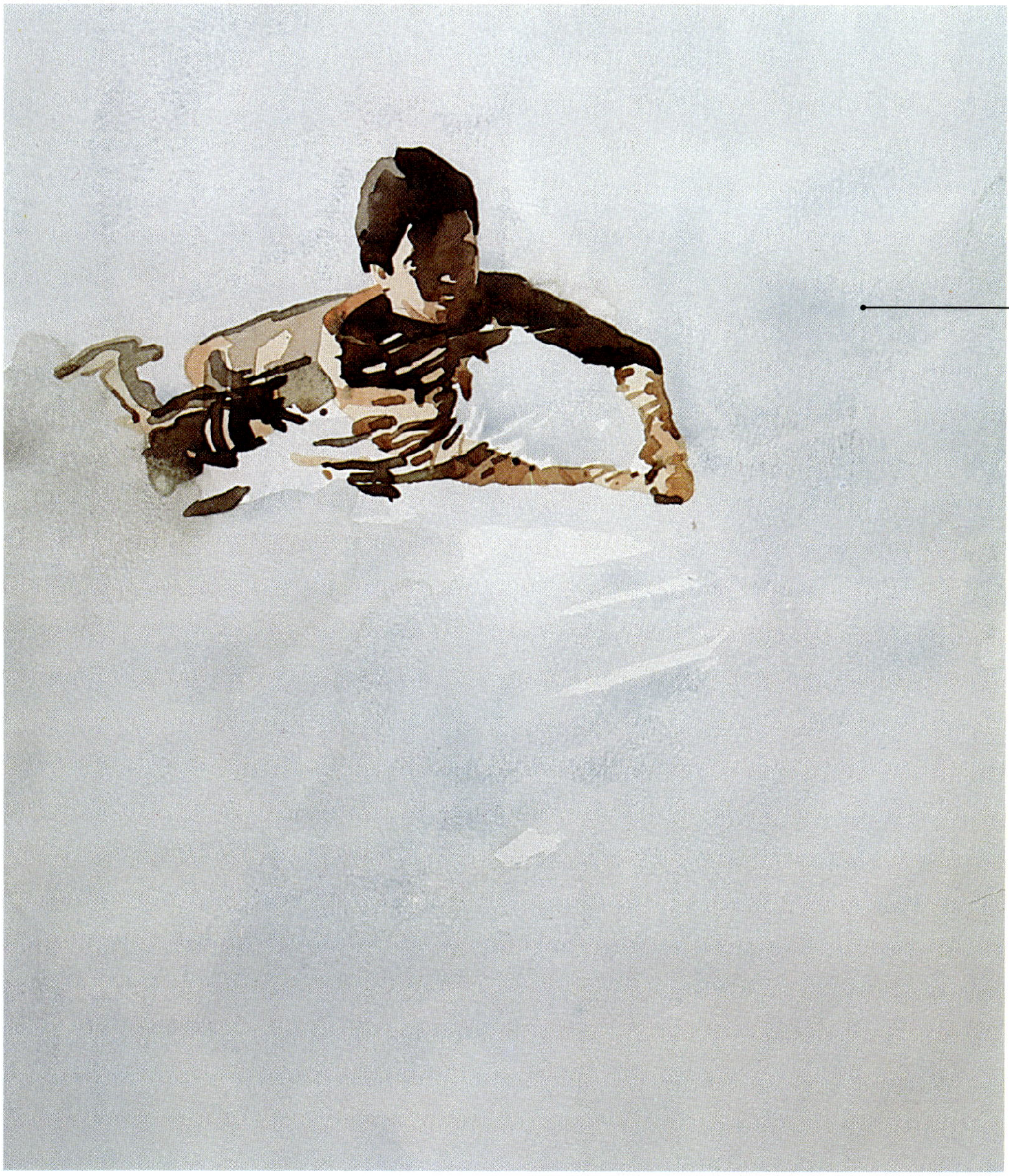

4. WASSERFLÄCHE
Tragen Sie mit einem Verwaschpinsel stark verdünntes Manganblau als hellsten Wasserton auf. Lassen Sie an einigen Stellen das weiße Papier als Glanzlicht durchschimmern. Ziehen Sie die Farbe mit einem kleinen Pinsel um die Konturen der Figur. Trocknen lassen.

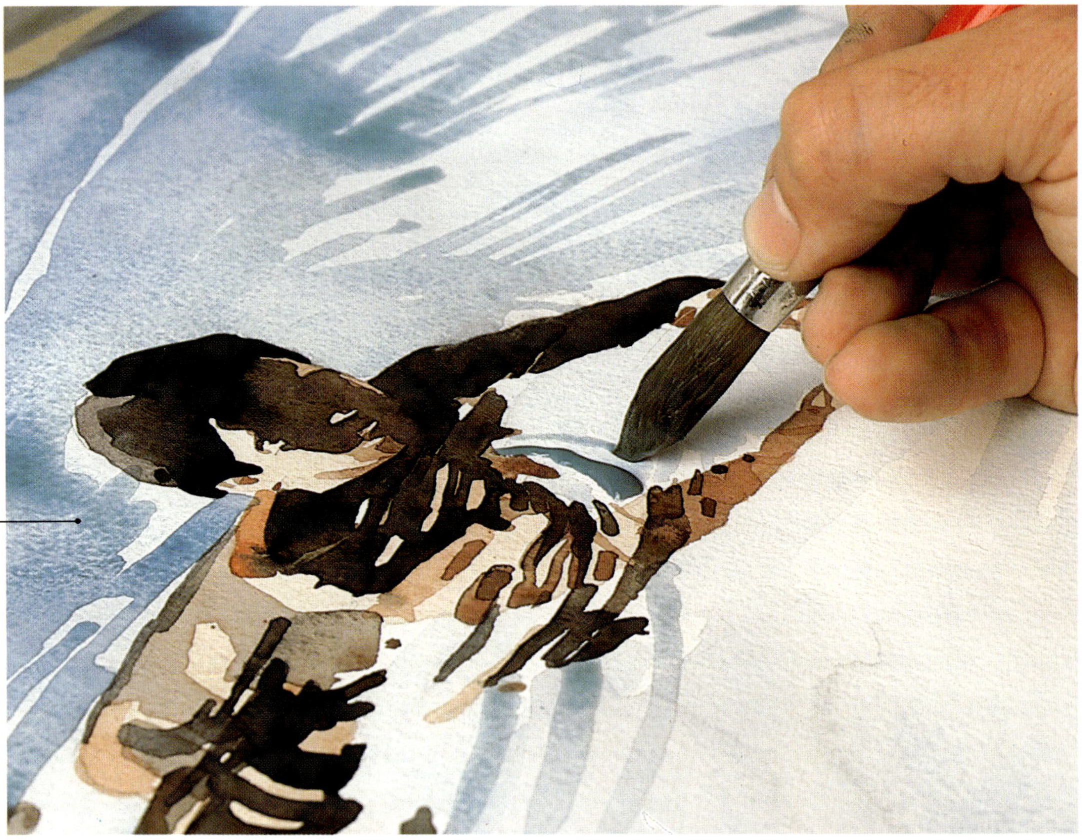

5. MITTLERER TON
Malen Sie den mittelblauen Farbton des Wassers mit weniger verdünntem Manganblau. Verwenden Sie hierfür einen Pinsel Nr. 4.

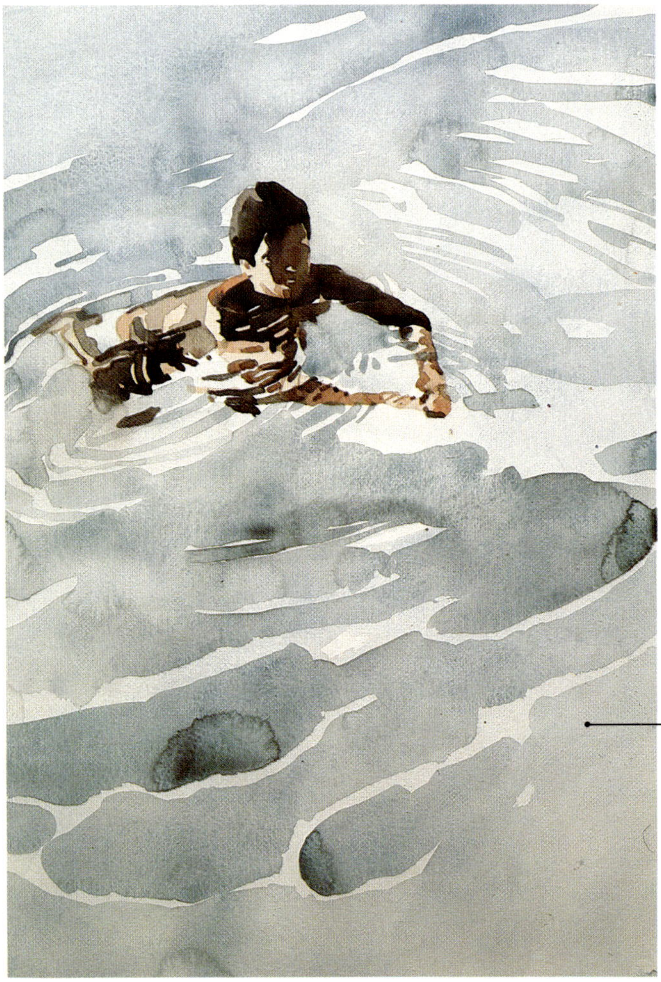

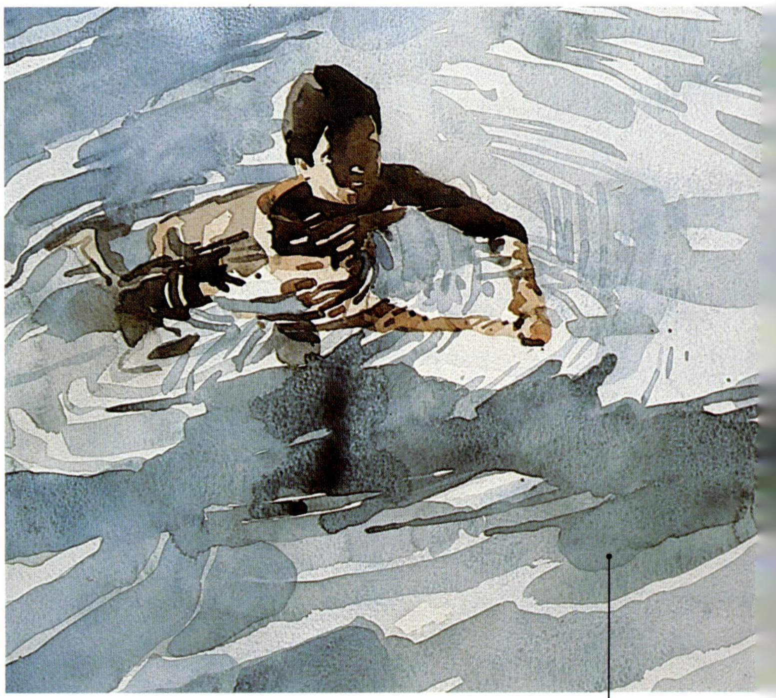

6. BEWEGUNG
Überarbeiten Sie die Wasseroberfläche, indem Sie die Farbe mit lockeren, schwingenden Pinselstrichen auftragen, die die Bewegung des Wassers wiedergeben sollen. Setzen Sie dem Blau zum unteren Bildrand hin ein wenig Kadmiumgelb zu. So bekommt das Wasser einen grünlichen Schimmer.

7. DUNKLER TON
Wenn die Farbe trocken ist, überarbeiten Sie das Wasser mit einer Mischung aus Ultramarin- und Manganblau als dunkelstem Ton.

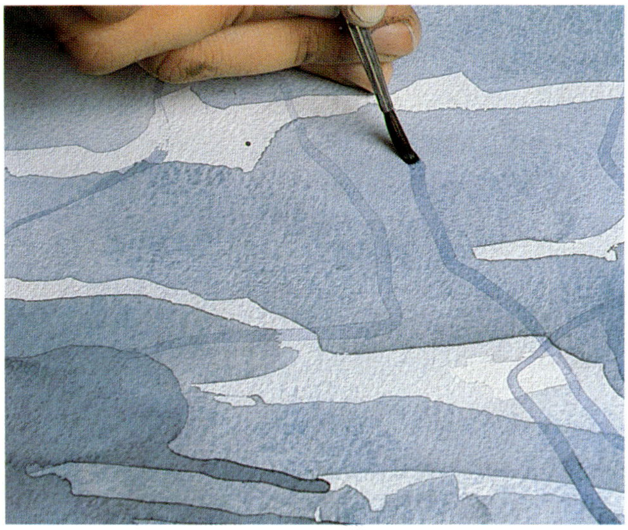

8. WEITERE LICHTREFLEXE
Zeichnen Sie mit einem Rundpinsel Nr. 2 feine Zickzacklinien, die Bewegung und Lichtreflexe suggerieren.

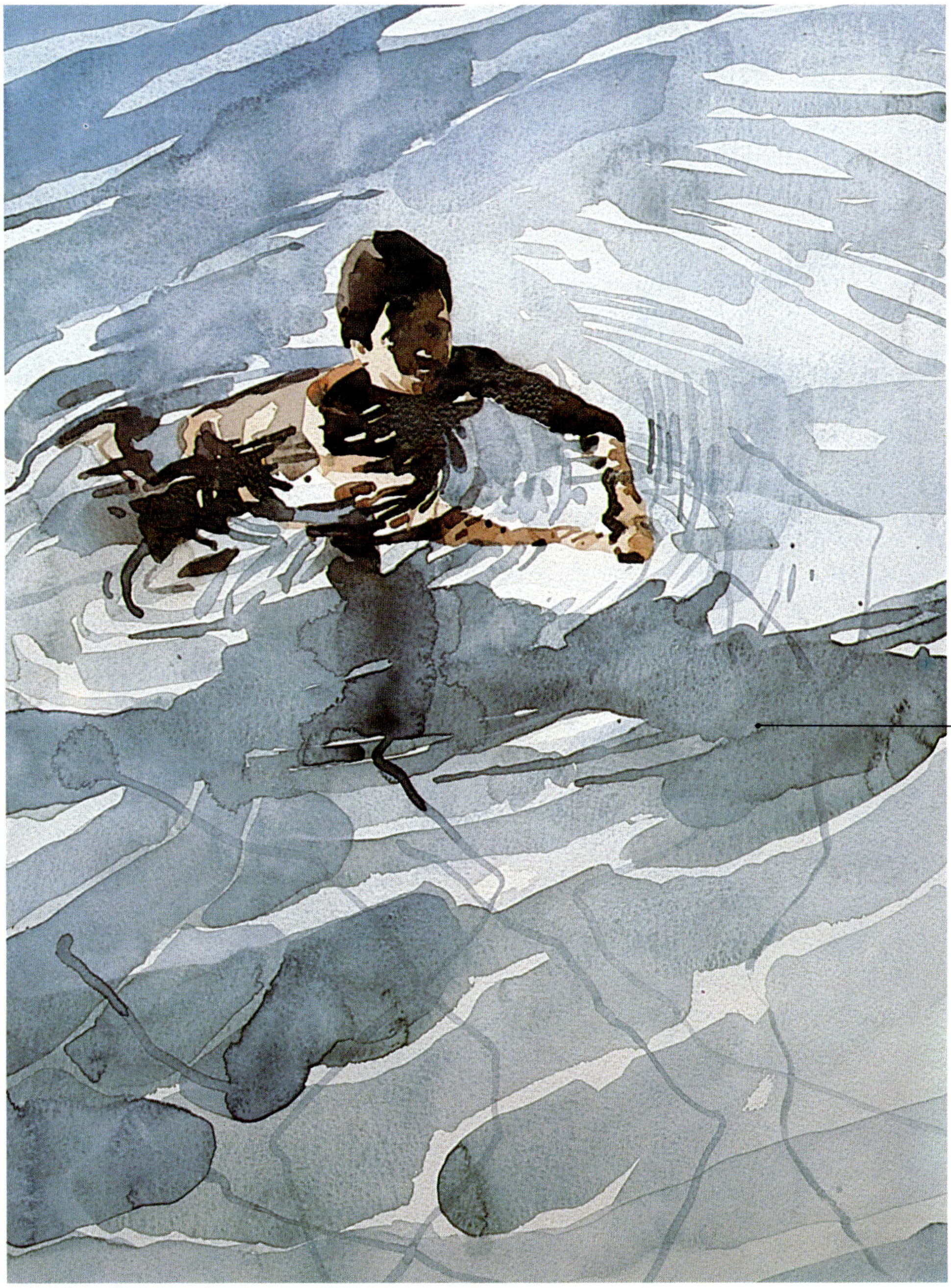

9. DAS FERTIGE BILD
Die verwendete Technik ist im Grunde recht simpel. Der Maler hat mit drei Blautönen gearbeitet, die er jeweils gut trocknen ließ. Die Farbschichten wurden von hell nach dunkel übereinandergelegt, und so entstand der Eindruck von sich bewegendem Licht und flackernden Reflexen auf der Wasseroberfläche.

GLOSSAR

ABSTRAKTE KUNST Kunstrichtung, die ein Thema nicht als realistisches Bild, sondern mit Hilfe ungegenständlicher Formen, mit Farben und Zeichen wiedergibt.

ACRYLFARBE Farbe, in der die Pigmente mit Kunstharz gebunden sind; in den zwanziger und dreißiger Jahren unseres Jahrhunderts entwickelt. Acrylfarben werden mit Wasser verdünnt, sind nach dem Trocknen jedoch nicht mehr wasserlöslich. Man kann die Farbe dickflüssig wie Ölfarbe verwenden, aber in entsprechender Verdünnung mit ihr auch Aquarelleffekte erzielen.

ADDITIVE FARBMISCHUNG Mischung farbiger Lichter. Rotes, grünes und blaues Licht z. B. ergibt zusammen klares, »weißes« Licht.

ALKOHOL Mit 96%igem Alkohol läßt sich die Trocknungszeit von Farbe verkürzen.

ALTSTEINZEIT (Paläolithikum) Die erste Phase der Steinzeit, in der Werkzeuge und Geräte aus Stein und Feuerstein gefertigt wurden. Begann vor etwa 2,5 Millionen Jahren und endete um 8000 v. Chr.

APERSPEKTIVISCH So nennt man eine Darstellung, bei der Dinge oder Personen ohne Rücksicht auf ihr natürliches Aussehen wiedergegeben werden. In der ägyptischen Malerei werden Personen entweder im Profil oder in Frontalansicht dargestellt. Landschaften und Architekturdarstellungen fehlen Perspektive und einheitlicher Maßstab.

AQUARELLFARBE Transparente Wasserfarbe, bestehend aus Pigment, Bindemittel (Gummiarabikum) und Wasser.

BINDEMITTEL Stoff, der die Pigmente aneinander- und an den Malgrund bindet, bei Aquarellfarben Gummiarabikum.

BISTER Bräunliches Pigment, aus dem Ruß eines holzbeheizten Kamins hergestellt. Im 18. Jahrhundert Grundstoff für die Tuscheherstellung. Rembrandts Federzeichnungen sind ein gutes Beispiel.

DECKFARBE Opake Farbe, etwa Gouache, die darunterliegende Farbtöne nicht durchschimmern läßt. Deckweiß wird manchmal mit reiner Aquarellfarbe gemischt, um diese weniger transparent zu machen.

ERDFARBEN Farben, die natürliche Mineralpigmente enthalten. Dazu gehören die Siena-, Umbra- und Ockertöne.

FIGURATIV Terminus für Kunstwerke, in denen konkrete, wiedererkennbare Gegenstände und Formen dargestellt sind.

FIRNIS Transparente, harzige Flüssigkeit, die man zum Schutz der Oberfläche auf das fertige Bild aufträgt. Bei Aquarellen nicht gebräuchlich.

FLUCHTPUNKT Der (theoretische) Punkt, an dem sich bei linearperspektivischer Komposition die konvergierenden parallelen Linien treffen.

FRESCO BUONO »Echtes« Fresko, Wandmalerei mit wasserlöslichen Farben, bei der die Farbe auf den noch feuchten Putz aufgetragen wird. Durch diese Technik, mit der die italienischen Künstler seit dem 13. Jahrhundert arbeiteten, werden die Gemälde haltbar und unempfindlich gegen äußere Einflüsse.

FRESCO SECCO Weniger haltbares, auf trockenen Putz gemaltes Bild.

FUTURISMUS Eine künstlerische Bewegung, die 1909 in Italien entstand und sich gegen die statische, kalkulierbare zeitgenössische Kunst richtete. Ihre Inspirationsquellen waren statt dessen Bewegung, Maschinen und Kraft.

GIPS Mineral, aus dem u. a. feiner Stuck hergestellt wird. Eines der ersten weißen Pigmente, die in der Malerei Verwendung fanden.

GLYZERIN Dreiwertiger, sirupartiger Alkohol, der aus pflanzlichem oder tierischem Fett und Öl gewonnen und zur Herstellung von Aquarellfarben verwendet wird. Glyzerin hält die Farbe feucht.

GOUACHE Opake (deckende) Wasserfarbe, besteht aus Pigment, Bindemittel (Leim) und Deckweiß.

GRAPHIT Modifikation des Kohlenstoffs, u. a. zur Herstellung von Bleistiften verwendet. Für die Bleistiftherstellung wird Graphit mit Ton vermischt, er ist jedoch auch rein als Stäbchen oder in Pulverform erhältlich.

GUMMIARABIKUM Wasserlösliche Substanz, die aus Akazienrinde gewonnen und als Bindemittel bei der Herstellung von Aquarellfarbe und Gouache verwendet wird.

HOCHRENAISSANCE Phase der italienischen Renaissance zwischen 1500 und 1527. In dieser Zeit entstanden die Werke Leonardo da Vincis und Michelangelos.

ILLUMINIERUNG Ausmalen von Handschriften, Buchmalerei.

IMPRESSIONISMUS Eine der wichtigsten modernen Kunstrichtungen. Der Impressionismus entwickelte sich ab 1874 in Paris, und seine Vertreter, zu denen Monet, Sisley, Renoir und Pissarro gehören, beschäftigten sich hauptsächlich mit der Wirkung von Licht und Farbe und weniger mit Linienführung und festgelegten Strukturen. Sie arbeiteten hauptsächlich mit hellen Farben, mit denen sie das schimmernde Licht auf den Gegenständen einzufangen versuchten.

KALLIGRAPHISCH »Kalligraphische« Pinselstriche sind gewöhnlich spontan und locker und formen einen optischen Rhythmus, der an Handschrift erinnert.

KALTE FARBEN Blau, Grün oder Violett empfinden wir als kalt.

KARTON Eine originalgroße Zeichnung oder ein Entwurf auf Papier für ein Gemälde, ein Wandbild oder ein anderes Kunstwerk. Der Entwurf wird mit Hilfe von Nadellöchern und Kohlenstaub auf den Malgrund übertragen. Eine andere Möglichkeit ist, die Rückseite des Kartons zu kälken und dann die Umrißlinien nachzuziehen. So erhält man eine feine weiße Pauszeichnung.

KLASSISCH Bezeichnung für Stil und Inhalt der antiken griechischen und römischen Kunstwerke. Im 18. Jahrhundert bemühte man sich intensiv, von der Antike zu lernen, daher der Begriff »Neoklassik«.

KOMPLEMENTÄRFARBEN Jede Primärfarbe – Rot, Blau und Gelb – hat eine Gegen- oder Komplementärfarbe, die entsteht, wenn man die beiden übrigen Primärfarben mischt: So ist z. B. Rot die Komplementärfarbe von Grün, das aus Blau und Gelb besteht.

KOMPOSITION Das Arrangieren verschiedener Elemente zu einem durchdachten Ganzen, z. B. die Anordnung von Formen und Farben in einem Gemälde.

KORN Struktur von Papier oder Karton. Das Korn kann fein oder grob sein und spielt bei bestimmten Farbeffekten eine wichtige Rolle.

KREUZSCHRAFFUR Sich überschneidende Bündel paralleler Linien. Die Kreuzschraffur wird gewöhnlich beim Zeichnen zur Erzielung von Schatten angewendet.

KUBISMUS Eine moderne künstlerische Richtung, die im frühen 20. Jahrhundert in Paris von Picasso und Braque entwickelt wurde. Die Kubisten versuchten, Struktur, Räumlichkeit und Farbe eines Gegenstands zu analysieren und zu interpretieren, anstatt ihn einfach realistisch darzustellen. Der Kubismus wird allgemein als Vorläufer der gesamten abstrakten Kunst betrachtet.

LASIEREN Auftragen sehr dünner, transparenter Farbschichten übereinander, die klassische Aquarelltechnik.

LAVIEREN Verwaschen einer aufgetragenen Farbe mit klarem Wasser oder mit einer anderen Farbe, so daß sich einfarbige Schattierungen bzw. sanfte Farbübergänge ergeben.

LICHTECHTHEIT Die Eigenschaft von Pigmenten, sich unter Einfluß von Licht nicht zu verändern. Die Hersteller geben gewöhnlich den Lichtechtheitsgrad ihrer Farben an.

LINEARPERSPEKTIVE Sie beruht auf der Regel, daß parallele Linien, die auf der gleichen Ebene liegen, in einem Punkt, dem Fluchtpunkt, zusammenlaufen. Ein Maler konstruiert sein Bild nach den Regeln der Linearperspektive, um korrekte Größenverhältnisse und Abstände zu erzielen.

LOKALFARBE Die Farbe eines Gegenstands, die nicht durch Licht, Schatten oder sonstige Effekte verändert wurde.

LUFTPERSPEKTIVE Darstellung von Raum und Entfernung mittels Farbgebung. Gegenstände in der Ferne werden blasser und bläulich wiedergegeben.

MALGRUND Papier, Leinwand, Karton oder anderes Material, auf dem man malt oder zeichnet.

MANIERISMUS Italienischer Kunststil zwischen 1520 und 1600, der sehr stark von Michelangelo geprägt wurde. Typisch für ihn sind gelängte, gedrehte Figuren und theatralische Gesten.

MASKE Abdeckung, mit der der Malgrund oder Teile eines Bildes geschützt werden, bevor eine neue Farbe aufgetragen wird.

MEDIUM Das Material, mit dem ein Gemälde oder eine Zeichnung angefertigt wird: Aquarellfarbe, Ölfarbe, Farbstifte usw. Der Begriff wird auch für die verschiedenen Zusätze verwendet, die der Künstler in die Farbe mischen kann, um bestimmte Effekte oder Konsistenzveränderungen zu erzielen.

MEZZOTINTO Tiefdrucktechnik, die besonders im 18. Jahrhundert beliebt war. Mit ihr konnte der Künstler sehr feine Hell-dunkel-Abstufungen erzielen.

MISCHTECHNIK Die Kombination verschiedener Medien in einem Kunstwerk. Zeitgenössische Arbeiten bestehen oft aus ganz unterschiedlichen Materialien.

MONOCHROMIE Einfarbigkeit. Zeichnungen oder Gemälde, die in einer einzigen Farbe gehalten sind, wobei die Farbe in verschiedenen Helligkeitsstufen vorkommen kann.

NASS AUF TROCKEN Technik, bei der man die Farbe auf völlig trockenes Papier aufträgt. So werden die Formen scharf, und die Pinselstriche lassen sich besser kontrollieren.

NASS IN NASS Technik, bei der die Farbe auf eine noch feuchte andere Farbe oder auf nasses Papier aufgebracht wird, damit die Formen weicher werden und die Farben ineinander verlaufen.

NEOKLASSIK Künstlerische Bewegung des 18. Jahrhunderts, die Form und Stil der griechischen und römischen Antike wiederaufleben lassen wollte.

OPAK Deckend. Opake Farben lassen einen darunterliegenden Ton nicht durchschimmern.

PALETTE Tablett, Brett oder Schälchen für das Mischen und Verdünnen von Farben. Der Begriff wird auch für die individuelle Farbwahl eines Künstlers oder die in einem bestimmten Bild auftauchenden Farben verwendet.

PERGAMENT Schreib- oder Malgrund, der gewöhnlich aus Schafs- oder Ziegenleder hergestellt wurde.

PIGMENT Feinstgemahlene Farbmittel mineralischer, tierischer oder pflanzlicher Herkunft, heute auch synthetisch hergestellt.

PLAKATFARBE Eine opake Wasserfarbe. Plakatfarbe ähnelt der Gouache, ist jedoch gröber und nur in relativ wenigen Tönen erhältlich.

POINTILLISMUS Maltechnik, die mit der optischen Farbmischung arbeitet. Die Farben werden nicht auf der Palette gemischt, sondern rein nebeneinandergetupft, und die Pünktchen mischen sich dann im Auge des Betrachters. So kann eine grüne Fläche z. B. aus unzähligen gelben und blauen Pünktchen bestehen.

PRÄRAFFAELITISCHE BRUDERSCHAFT Englische Künstlervereinigung des 19. Jahrhunderts, die sich von der italienischen Malerei des 14. und 15. Jahrhunderts inspirieren ließ. Die Maler verwendeten strahlende Farben und arbeiteten sehr naturund detailgetreu. Bevorzugt stellten sie mythologische und symbolistische Themen dar.

PRIMÄRFARBEN In der Malerei stellen Rot, Gelb und Blau die Primärfarben dar. Theoretisch kann man aus ihnen alle anderen Farben mischen, in der Praxis ist dies jedoch nicht oder nur mit Einschränkungen möglich.

RENAISSANCE Künstlerische und kulturelle Wiedergeburt der klassischen Ideale, die zwischen dem 14. und 16. Jahrhundert in Europa, besonders in Italien, ihre Blütezeit erlebte.

ROMANTIK Eine künstlerische Richtung des 18. Jahrhunderts, deren Exponenten sich hauptsächlich um die Wiedergabe und Übersteigerung idealisierter menschlicher Gefühle bemühten.

ROTMARDERPINSEL Aus den Schweifhaaren von Mardern verschiedener Arten gefertigter Pinsel. Am hochwertigsten und teuersten sind Kolinsky-Rotmarderpinsel aus den Schweifhaaren von Mustela sibirica.

RUBBELKREPP Gummilösung, die auf bestimmte Bildbereiche aufgetragen wird, um sie vor Farbe zu schützen. Rubbelkrepp kann übermalt und am Ende mit dem Finger oder einem Radiergummi abgerieben werden.

SÄTTIGUNG Begriff, der die Stärke oder Intensität eines Farbtons beschreibt.

SCHABLONE Karton oder Pappe, aus dem ein Muster oder eine Form ausgeschnitten ist. Die Schablone wird auf das Papier gelegt und die Farbe über das ausgeschnittene Motiv verteilt, so daß dieses nach Abnahme der Schablone als Positivform zu sehen ist.

SCHLEPPER Weicher Pinsel mit langen, spitz zulaufenden Haaren, der besonders von Kalligraphen und Plakatmalern verwendet wird. Mit ihm lassen sich besonders fließende, wellige Linien ziehen.

SCHRAFFIEREN Abdunkeln von Bildteilen mit Hilfe paralleler Linien.

SEKUNDÄRFARBE Farbe, die aus zwei Primärfarben gemischt wird. In der Malerei sind Orange, Grün und Violett Sekundärfarben.

SEPIA Bräunliches Pigment, das früher aus der Tinte des Tintenfisches gewonnen wurde.

SGRAFFITO Kratz- oder Schabtechnik, bei der mit einem scharfen Werkzeug die Farbe vom Blatt entfernt wird, um das weiße Papier darunter freizulegen.

SKALPELL Messer mit auswechselbarer Klinge. Das Skalpell wurde ursprünglich im medizinischen Bereich verwendet, gehört aber heute auch zum Werkzeug von Künstlern, Designern und Handwerkern.

SKIZZE Grobe Vorzeichnung, die die wichtigsten Elemente eines Themas umfassen soll. Oft fertigt man eine Skizze an, um vor dem endgültigen Gemälde einen bestimmten Bildteil zu entwerfen, oft dient sie auch als Gedächtnisstütze, wenn ein Bild erst später vollendet werden soll.

SPRITZTECHNIK Texturieren einer glatten Farbfläche, indem man einen mit Farbe getränkten Pinsel über dem Blatt ausschlägt oder mit dem Finger die Borsten zurückfedern läßt.

STICH Abdruck, der von einer eingefärbten Metallplatte genommen wird, in die vorher ein Muster oder ein Bild graviert worden ist.

SUBTRAKTIVE FARBMISCHUNG Mischung von Malfarben. Dabei wird Strahlungsenergie weggenommen. Rote, gelbe und blaue Malfarbe ergibt Dunkelgrau.

TERTIÄRFARBEN Farben, die aus der Mischung einer Primärfarbe mit einer Sekundärfarbe entstehen.

TOPOGRAPHISCHE DARSTELLUNG Detaillierte, genaue Wiedergabe, die die besonderen Merkmale einer Landschaft abbildet. Eine topographische Zeichnung soll Informationen über den Gegenstand vermitteln und weniger eine persönliche Interpretation darstellen.

TROCKENPINSELTECHNIK Eine Technik, bei der das Wasser so weit wie möglich aus dem Pinsel gedrückt wird, bevor man damit dickflüssige oder unverdünnte Farbe aufnimmt. Streicht man damit über das Papier, entstehen spröde, stark strukturierte Spuren.

VORTIZISMUS Englische, dem Kubismus verwandte künstlerische Bewegung, die von dem Maler und Schriftsteller Wyndham Lewis ins Leben gerufen wurde.

WARME FARBEN Rot-, Orange- und Gelbtöne empfinden wir als warm.

WASSERABSTOSSENDE SUBSTANZEN Beim Arbeiten mit diesen Mitteln macht man sich das chemische Gesetz zunutze, daß Fett Wasser abstößt. Hierfür kann man Kerzen, Wachsmalstifte oder andere fettige Substanzen verwenden.

WASSERFARBE Überbegriff, der Aquarellfarbe, Deckfarbe und Gouache umfaßt. Das Bindemittel (Gummiarabikum, Leim) ist wasserlöslich.

REGISTER

Kursiv gesetzte Ziffern verweisen auf Abbildungen.

Danksagung und Fotonachweis

Verlag und Autorin danken allen, die zu diesem Buch beigetragen haben. Insbesondere gilt unser Dank George Short für seine Geduld und seinen journalistischen Ratschlag, Ian Sidaway und Ian Howes für ihre unermüdliche Arbeit als Maler und Fotograf der praktischen Beispiele sowie den Firmen Daler-Rowney und Schmincke, die großzügig Material zur Verfügung stellten.

Ferner danken wir für die Genehmigung zum Abdruck von Fotos:

11 The Bridgeman Art Library; 12 Michael Holford; 13 The British Library; 14–15 The Bridgeman Art Library; 17, 18 reproduziert mit freundlicher Genehmigung des Kuratoriums des British Museum; 19 Michael Holford; 21 Graphische Sammlung Albertina, Wien; 23 The Bridgeman Art Library; 25 Foto Vatikanische Museen; 27, 29 reproduziert mit freundlicher Genehmigung des Kuratoriums des British Museum; 31, 33 mit freundlicher Genehmigung des Verwaltungsdirektoriums des Victoria and Albert Museum; 34 National Portrait Gallery, London; 35 mit freundlicher Genehmigung des Verwaltungsdirektoriums des Victoria and Albert Museum; 37 reproduziert mit freundlicher Genehmigung des Kuratoriums des British Museums; 39 The Bridgeman Art Library; 43 Tate Gallery, London; 44 reproduziert mit freundlicher Genehmigung des Kuratoriums des British Museum; 45 The Bridgeman Art Library; 47 The Bridgeman Art Library; 49 reproduziert mit freundlicher Genehmigung des Kuratoriums des British Museum; 50 The Bridgeman Art Library; 51 reproduziert mit freundlicher Genehmigung des Kuratoriums des British Museum; 53 The Bridgeman Art Library; 54, 55 National Museum of Wales; 57 Sterling and Francine Clark Institute, Williamstown, Mass.; 58 Nationalmuseum, Stockholm; 61 The Metropolitan Museum of Art, New York, Fletcher Fund, 1925 (25.97.1); 62 Hunterian Art Gallery, University of Glasgow, Birnie Philip Gift; 63 Worcester Art Museum, Worcester, Mass.; 64 Geschenk von Eleanor Conway Sawyer, Dickinson College, Carlisle, Penn.; 65 The Bridgeman Art Library; 67 Courtauld Institute Galleries, London (Courtauld Collection); 68 The Imperial War Museum; 69 Solomon R. Guggenheim Museum, New York (Foto: David Heald), © ADAGP 1986; 70 The Justin K. Thannhauser Collection, Solomon R. Guggenheim Museum, New York (Foto: David Heald), © DACS 1986; 71 mit freundlicher Genehmigung des Verwaltungsdirektoriums des Victoria and Albert Museum; 85, 86 Daler-Rowney